Medizinische Embryologie

W0358613

Taschenlehrbuch der gesamten Anatomie

mit Schlüssel zum Gegenstandskatalog

Band 4

Band 1: Allgemeine Anatomie
Spezielle Anatomie I, 3. Auflage
von H. Frick, H. Leonhardt, D. Starck

Band 2: Allgemeine Anatomie
Spezielle Anatomie II, 3. Auflage
von H. Frick, H. Leonhardt, D. Starck

Band 3: Histologie, Zytologie und
Mikroanatomie des Menschen, 7. Aufl.
von H. Leonhardt

Medizinische Embryologie

Die normale menschliche Entwicklung und ihre Fehlbildungen

Jan Langman

Deutsche Übersetzung von Ulrich Drews

8., überarbeitete Auflage

298 Abbildungen

Zeichnungen von Jill Leland

1989

Georg Thieme Verlag Stuttgart · New York

Titel der Originalausgabe:
Medical Embryology.
4. edition.
© The Williams & Wilkins Company, Baltimore, Md

Autor:

Jan Langman, M. D., Ph. D.,
Professor of Anatomy, University of Virginia, School of Medicine, Charlottesville, Va.

Übersetzer:

Prof. Dr. med. Ulrich Drews,
Anatomisches Institut der Universität Tübingen

Wichtiger Hinweis: Medizin als Wissenschaft ist ständig im Fluß. Forschung und klinische Erfahrung erweitern unsere Kenntnisse, insbesondere was Behandlung und medikamentöse Therapie anbelangt. Soweit in diesem Werk eine Dosierung oder eine Applikation erwähnt wird, darf der Leser zwar darauf vertrauen, daß Autoren, Herausgeber und Verlag größte Mühe darauf verwandt haben, daß diese Angabe genau dem **Wissensstand bei Fertigstellung des Werkes** entspricht. Dennoch ist jeder Benutzer aufgefordert, die Beipackzettel der verwendeten Präparate zu prüfen, um in eigener Verantwortung festzustellen, ob die dort gegebene Empfehlung für Dosierungen oder die Beachtung von Kontraindikationen gegenüber der Angabe in diesem Buch abweicht. Das gilt besonders bei selten verwendeten oder neu auf den Markt gebrachten Präparaten und bei denjenigen, die vom Bundesgesundheitsamt (BGA) in ihrer Anwendbarkeit eingeschränkt worden sind.

CIP-Titelaufnahme der Deutschen Bibliothek

Taschenlehrbuch der gesamten Anatomie. – Stuttgart ; New York : Thieme
Teilw. mit Erscheinungsort Stuttgart.
Bd. 4. Langman, Jan: Medizinische Embryologie. – 8. Aufl. – 1989

Langman, Jan:
Medizinische Embryologie : die normale menschliche Entwicklung und ihre Fehlbildungen / Jan Langman. Dt. übers. von Ulrich Drews. Zeichn. von Jill Leland. – 8. Aufl. – Stuttgart ; New York : Thieme, 1989
(Taschenlehrbuch der gesamten Anatomie ; Bd. 4)
Einheitssacht.: Medical embryology ⟨dt.⟩

1. Auflage 1970
2. Auflage 1972
3. Auflage 1974
4. Auflage 1976
5. Auflage 1977
6. Auflage 1980
7. Auflage 1985

Geschützte Warennamen (Warenzeichen) werden *nicht* besonders kenntlich gemacht. Aus dem Fehlen eines solchen Hinweises kann also nicht geschlossen werden, daß es sich um einen freien Warennamen handele.

Alle Rechte, insbesondere das Recht der Vervielfältigung und Verbreitung sowie der Übersetzung, vorbehalten. Kein Teil des Werkes darf in irgendeiner Form (durch Photokopie, Mikrofilm oder ein anderes Verfahren) ohne schriftliche Genehmigung des Verlages reproduziert oder unter Verwendung elektronischer Systeme verarbeitet, vervielfältigt oder verbreitet werden.

© 1970, 1989 Georg Thieme Verlag,
Rüdigerstraße 14, D-7000 Stuttgart 30
Printed in Germany
Satz: Setzerei Lihs, Ludwigsburg, gesetzt auf Linotype System 4
Druck: Clausen & Bosse, Leck

ISBN 3-13-446608-2 2 3 4 5 6

Aus dem Vorwort der 4. englischen Auflage

Die gute Aufnahme, die die vorhergehenden Auflagen der „Medical Embryology“ weltweit gefunden haben und die vielen Übersetzungen zeigen, daß das Buch den Bedürfnissen der Studenten gerecht wird, die sich auf den ärztlichen Beruf vorbereiten. Aufgrund der vielen Verbesserungsvorschläge von Studenten und Kollegen wurden in die neue Auflage wieder wesentliche Veränderungen eingebracht. Die medizinisch relevanten angeborenen Mißbildungen wurden in den Text der normalen Entwicklung integriert und werden nicht mehr in getrennten Unterkapiteln abgehandelt. Dadurch wird eine bessere Zuordnung zwischen der normalen und der gestörten Entwicklung erreicht. Weiterhin wurde an jedes Kapitel eine Zusammenfassung angefügt, so daß der Student die wesentlichen zuvor abgehandelten Punkte auf einen Blick erfassen kann. Die dritte und vielleicht wesentlichste Veränderung betrifft die Neuordnung des Materials, durch die eine bessere Korrelation zur menschlichen Anatomie entsteht. Einige Kapitel wurden gekürzt und einige neu hinzugefügt. Die Veränderungen in dieser Auflage machen die „Medical Embryology“ zu einem besser illustrierten, besser integrierten und gestrafften und hoffentlich zu einem insgesamt verbesserten Buch zum Studium der normalen Entwicklung und ihrer Bedeutung für die Klinik.

Wie in den vorhergehenden Auflagen hat Jill Leland die Zeichnungen in hervorragender Weise ausgeführt. Die neuen Zeichnungen und Fotografien stammen von Betsy Cochran und Barbara Haynes. Insbesondere möchte ich Rudolf Johannes Müller aus Berlin danken, der die Kolorierung und einige neue Zeichnungen in ausgezeichneter Weise ausgeführt hat.

In besonderer Weise möchte ich Sara Finnegan, Vize-Präsident und Herausgeber der Williams & Wilkins Co., danken, die für so viele Jahre keine Mühe gescheut hat, um dieses Buch auf seinem Feld zu einem Erfolg zu führen. Mein Dank gilt auch Nan Tyler, George Stamathis, und Patrick Hudson für ihre ausgezeichnete Kooperation und hervorragende Arbeit bei der Produktion des Buches. Mein besonderer Dank gilt Dr. Thomas W. Sadler, der mein Mit-Autor in der 5. Auflage der „Medical Embryology“ sein wird.

Jan Langman

Vorwort des Übersetzers zur 8. deutschen Auflage

Der Übersetzung liegt die 4. Auflage der „Medical Embryology“ von J. LANGMAN zugrunde. Die Ergänzung der Abbildungen früher menschlicher Embryonen durch Rasteraufnahmen des Mausembryos in „Langman's Medical Embryology“ (5. Auflage) von T. W. SADLER habe ich nicht übernommen, um den Charakter einer rein medizinischen Embryologie zu bewahren. Auf einige Besonderheiten der deutschen Ausgabe soll hingewiesen werden: Die nun in den Text über die normale Entwicklung eingefügten Hinweise auf Fehlentwicklungen und Mißbildungen sind am Rand durch ein großes M gekennzeichnet. Dort, wo die „angeborenen Mißbildungen“ zusammenhängende Texte darstellen, wurde auch die gemeinsame Überschrift belassen. Die Zusammenfassungen am Ende der Kapitel sind durch Unterüberschriften noch stärker strukturiert und textlich erweitert. Die Darstellung des „Respirationstraktes“ bleibt als ein Unterabschnitt des Schlunddarms im Kapitel 13. Ebenso wurde kein eigenes Kapitel „Kopf und Hals“ eingeführt, sondern die entsprechenden Neubearbeitungen bei der „Entwicklung des Vorderdarms“ bzw. des „Skelettsystems“ eingefügt. Um im Rahmen des Taschenbuchs zu bleiben, wurde auf die Literatur im Anschluß an die Kapitel verzichtet. Der Leser muß daher in dieser Beziehung auf die englische Originalausgabe und auf die weiterführende Literatur verwiesen werden. Aus dem gleichen Grund wurde auch die Kolorierung der Abbildungen in entsprechende Raster übertragen. Das Kapitel „Experimentelle Embryologie“ wurde in der von mir bearbeiteten Form beibehalten, jedoch an den Schluß des Buches gesetzt.

Bei der Darstellung der Entwicklung des primären Dottersackes und des extraembryonalen Mesoderms folgt der deutsche Text der neueren Auffassung von LUCKETT (1978), die mit neuen tierexperimentellen Daten zur Entstehung dieser Gewebe übereinstimmt. Die Darstellungen am Ende des Buches (Abb. 20–**1** und 20–**2**) geben die Möglichkeit, die zwangsläufig innerhalb des Buches verstreuten Alters- und Größenangaben in einem Zusammenhang mit der Gesamtentwicklung zu sehen. Sie sind an den definierten Stadien der menschlichen Entwicklung, den Carnegie-Stadien, orientiert.

Um das Prüfungslernen zu erleichtern, wurden Stichworte und Merksätze fett herausgehoben. Zur Vorbereitung auf die ärztliche Vorprüfung wurde der Schlüssel zum Gegenstandskatalog auf der Grundlage der Ausgabe 1988 des Katalogs vollständig neu bearbeitet.

Tübingen, im Juni 1989 ULRICH DREWS

Inhaltsverzeichnis

ALLGEMEINE EMBRYOLOGIE

Kapitel 1

Gametogenese

Die Entwicklung eines Menschen beginnt mit der Befruchtung. Eine männliche und eine weibliche Keimzelle, ein **Spermium** und eine **Oozyte**, vereinigen sich und bilden einen neuen Organismus, die **Zygote**. Bei der Vorbereitung auf die Befruchtung durchlaufen die männlichen und die weiblichen Keimzellen eine Reihe von Entwicklungsstadien, in denen nicht nur die Chromosomen, sondern auch das Zytoplasma verändert werden. In dieser Entwicklung wird zweierlei erreicht:

1. Die Zahl der Chromosomen wird im Vergleich zur normalen somatischen Zelle auf die Hälfte reduziert, das heißt von 46 auf 23. Dies geschieht in den **Reifeteilungen**. Die Reduktion der Chromosomenzahl ist notwendig, weil ohne sie die Verschmelzung einer männlichen und einer weiblichen Keimzelle ein Individuum ergeben würde, das doppelt so viele Chromosomen besitzt wie die Zellen der Eltern.

2. Die äußere Form der Keimzellen wird für die Befruchtung verändert. Die zunächst große und runde männliche Keimzelle verliert praktisch ihr ganzes Zytoplasma und entwickelt einen Kopf, einen Hals und einen Schwanz. Die weibliche Keimzelle dagegen vermehrt ihr Zytoplasma und wird dadurch immer größer. Die reife Eizelle hat schließlich einen Durchmesser von etwa 120 µm.

Obwohl bei der Keimzellenreifung die Reduktion der Chromosomenzahl und die Veränderungen des Zytoplasmas miteinander verknüpfte Vorgänge sind, sollen sie in den folgenden Abschnitten getrennt behandelt werden.

Die Chromosomen bei der Keimzellenreifung

Die Zellen des menschlichen Körpers enthalten 46 Chromosomen. 44 davon sind **Autosomen** und zwei sind **Geschlechtschromosomen**. Die weiblichen Geschlechtschromosomen bestehen aus zwei X-Chromosomen, die männlichen aus einem X- und einem sehr viel kürzeren Y-Chromosom. Jedes Autosom besitzt ein Partnerchromosom mit den gleichen morphologischen Merkmalen. Zusammen bilden sie ein **Paar von Homologen**. Obwohl das X- und das Y-Chromosom beim Mann morphologisch nicht identisch sind, spricht man beim Menschen von 23 Paaren oder von einem **diploiden** Chromosomensatz (δίπλους =

doppelt). **Ein Chromosom von jedem Paar stammt von der Mutter, das andere vom Vater**.

Die Chromosomen werden nach ihrer Gesamtlänge, der Lage ihres Zentromers und nach der Länge der vom Zentromer ausgehenden Arme klassifiziert (Abb. 1–**1** A, B). Bei dieser Anordnung gleicht das X-Chromosom den Autosomen der 6–12-Gruppe, während das sehr viel kleinere Y-Chromosom eher wie die der 21–22-Gruppe aussieht. Diese Klassifikation und Anordnung in Paaren ist eine geeignete Methode, um Chromosomenmuster miteinander zu vergleichen. In den diploiden Zellen des Körpers liegen die Glieder eines homologen Paares weder in der Ruhezelle noch während der Mitose nebeneinander.

Die **Reifeteilungen (Meiose)** laufen im Prinzip wie andere Zellteilungen (Mitose) ab. In der verlängerten Prophase der ersten Reifeteilung paaren sich jedoch die homologen Chromosomen, so daß ein Austausch von Genabschnitten möglich sein wird. Die zweite Reifeteilung schließt sich ohne DNS-Synthese-Phase an die erste Reifeteilung an, so daß haploide Eizellen oder Spermien mit einem einfachen Chromosomensatz entstehen (ἁπλους = einfach). Zum besseren Verständnis der Vorgänge bei den Reifeteilungen wird eine kurze Darstellung der Mitose gegeben.

DNS-Reduplikation und Mitose

In einer normalen, nicht in Teilung begriffenen Zelle, sind die Chromosomen entspiralisiert. Sie lassen sich mit dem Lichtmikroskop nicht erkennen. Kurz vor der Mitose verdoppelt jedes Chromosom seine Bestandteile. Unter diesen ist das DNS-Molekül, das aus zwei Fäden besteht, das wichtigste. Die Chromosomenverdoppelung beruht beim Menschen auf dem gleichen Prinzip wie die DNS-Reduplikation beim Bakterium.

Das DNS-Molekül besteht aus einer komplementär aufgebauten Doppelhelix, deren Fäden durch Seitenketten aus Purin- und Pyrimidinbasen miteinander verbunden sind (Abb. 1–**2** A, B). Nach Watson u. Crick werden bei der Reduplikation die Seitenketten wie bei einem Reißverschluß voneinander gelöst. Nach einem Prägemechanismus werden zwei neue Fäden gebildet (Abb. 1–**2** C). Als Ergebnis der Reduplikation entstehen zwei identische DNS-Helices (Abb. 1–**2** C). Bevor eine Zelle in die Mitose eintritt, haben auf diese Weise alle Chromosomen ihren DNS-Gehalt verdoppelt und jedes Chromosom ist in Wirklichkeit schon doppelt vorhanden (Abb. 1–**2** D, E). Die Tochterchromosomen selbst werden allerdings erst in der Prometaphase sichtbar.

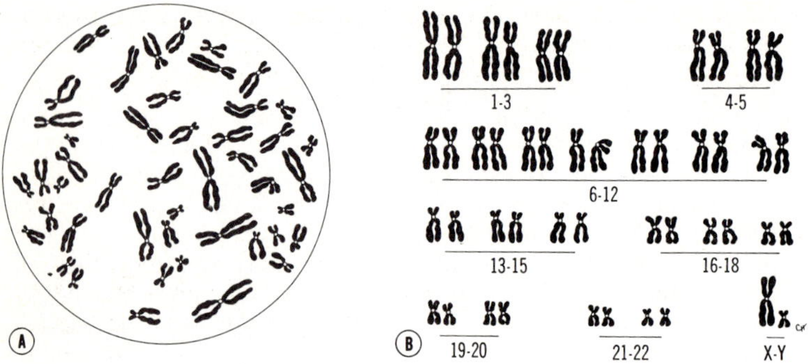

Abb. 1–1 A. Karyotyp einer normalen menschlichen Zelle. Die Chromosomen werden dargestellt, indem man Zellen in einem künstlichen Medium kultiviert und anschließend mit einer Kolchizin-Lösung behandelt, um die Mitosen in der Metaphase zu blockieren. Im Anschluß an eine kurze Behandlung mit einer hypotonen Salzlösung werden die Zellen fixiert, auf einem Objektträger ausgebreitet, gefärbt und fotografiert. B. Anordnung der in A dargestellten Chromosomen im Karyogramm. Die Chromosomen sind nach ihrer Gesamtlänge und nach der Lage des Zentromers geordnet.

Wenn die Mitose beginnt, rollen sich die Chromosomen ein, ziehen sich zusammen und verdichten sich. In der **Prophase** sind sie im Lichtmikroskop als schlanke Fäden sichtbar. Die beiden paarigen Untereinheiten **(Chromatide)** lassen sich jedoch noch nicht als einzelne Einheiten unterscheiden (Abb. 1–**3** A). Während der **Prometaphase** kontrahieren sich die Chromosomen zu kompakten Stäbchen. Jedes Chromosom besteht aus zwei Chromatiden, die am Zentromer zusammengehalten werden (Abb. 1–**3** B, C). Dadurch ensteht bei den metazentrischen Chromosomen des Menschen (das Zentromer liegt in der Mitte) die typische X-Struktur. Während der **Metaphase** ordnen sich die Chromosomen in der **Äquatorialplatte** an (Abb. 1–**3** D). Anschließend teilt sich jedes Chromosom auch am Zentromer in der Längsrichtung und die Tochterchromosomen wandern auf die einander entgegengesetzten Zellpole zu (Abb. 1–**3** E, F). Jede Tochterzelle erhält eine Hälfte des verdoppelten Chromosomenmaterials. Sie besitzt dann die gleiche Chromosomenzahl wie die Mutterzelle.

Die erste Reifeteilung

Kurz vor Beginn der ersten Reifeteilung verdoppeln die weiblichen und die männlichen Keimzellen ihre DNS in genau der gleichen Weise, wie es für die Mitose beschrieben wurde. Wenn die Teilung beginnt, enthalten also die Zellen die doppelte Menge an DNS (4 n), und jedes der 46 Chromosomen ist in seiner Struktur verdoppelt (Abb. 1–**4**). Mit 1 n oder 1 c (complement) wird die DNS-Menge des einfachen (haploiden) Chromosomensatzes einer Spezies bezeichnet.

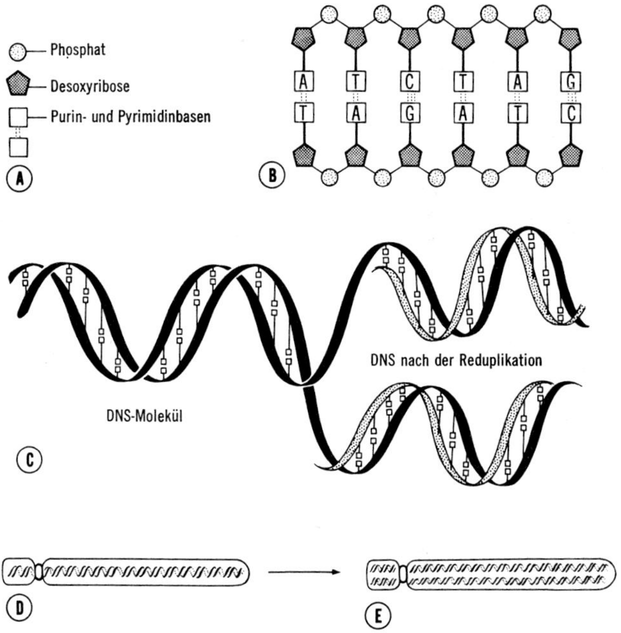

Abb. 1–**2** A. Verbindungen, aus denen die Desoxyribonukleinsäure (DNS) zusammengesetzt ist: Phosphat, Desoxyribose, Purinbasen (Adenin und Guanin) und Pyrimidinbasen (Thymin und Zytosin). B. Schematische Darstellung des DNS-Moleküls. Zwei Polynukleotide sind über Seitenketten aus Basen derart miteinander verbunden, daß das Adenin (A) dem Thymin (T) und das Guanin (G) dem Zytosin (C) gegenüberstehen. C. Reduplikation des DNS-Moleküls. Links das ursprüngliche Molekül mit den komplementären Helices, die über Basenseitenketten miteinander verbunden sind. Auf der rechten Seite ist die Verdoppelung der Helices dargestellt. Zuerst lösen sich die Wasserstoffbrücken zwischen den basischen Gruppen, dann werden zwei neue DNS-Stränge synthetisiert. Die Anordnung der Basen in den neuen Strängen ist in bezug auf den ursprünglichen DNS-Strang komplementär. D, E. Schematische Darstellung eines Chromosoms vor und nach der DNS-Reduplikation.

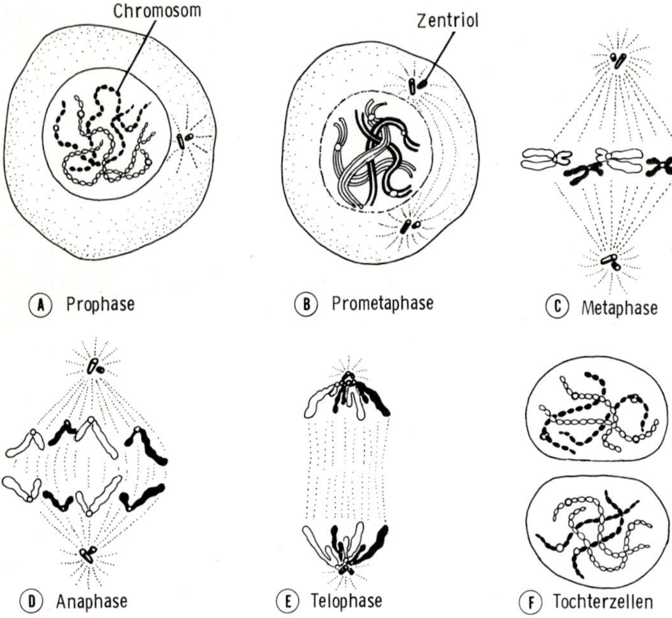

Abb. 1–**3** Schematische Darstellung einzelner Mitose-Schritte. In der Prophase sind die Chromosomen als schlanke Fäden sichtbar. Die paarigen Chromatide sind nicht als getrennte Einheiten zu erkennen. In der Prometaphase dagegen lassen sich die paarigen Chromatide gut unterscheiden. Die homologen Chromosomen paaren sich nicht.

Die Prophase der ersten Reifeteilung ist beträchtlich länger als in der Mitose. **Im Unterschied zur Mitose paaren sich in der Prophase der ersten Reifeteilung die homologen Chromosomen** (Abb. 1–**4** A, B). Die Paarung erfolgt in genau einander entsprechenden Punkten. Nur die XY-Kombination bildet eine Ausnahme. Die ungleichen Geschlechtschromosomen lagern sich in einer Tandemformation hintereinander. Die Zentromerabschnitte der homologen Chromosomen verbinden sich nicht miteinander. **Da jedes einzelne Chromosom zwei Chromatide enthält, bestehen die homologen Chromosomenpaare aus vier Chromatiden** (Abb 1–**4** C).

Ein weiteres wesentliches Merkmal der ersten Reifeteilung ist **der Austausch von Chromatidabschnitten zwischen gepaarten homologen Chromosomen** (Abb. 1–**4** D, E). Die parallel nebeneinanderliegenden Chromatide zerbrechen an einer oder an mehreren Stellen, und es kommt zu einem Austausch von Chromatidabschnitten. Anschließend weichen die homologen Chromosomen auseinander. Nur an den Punk-

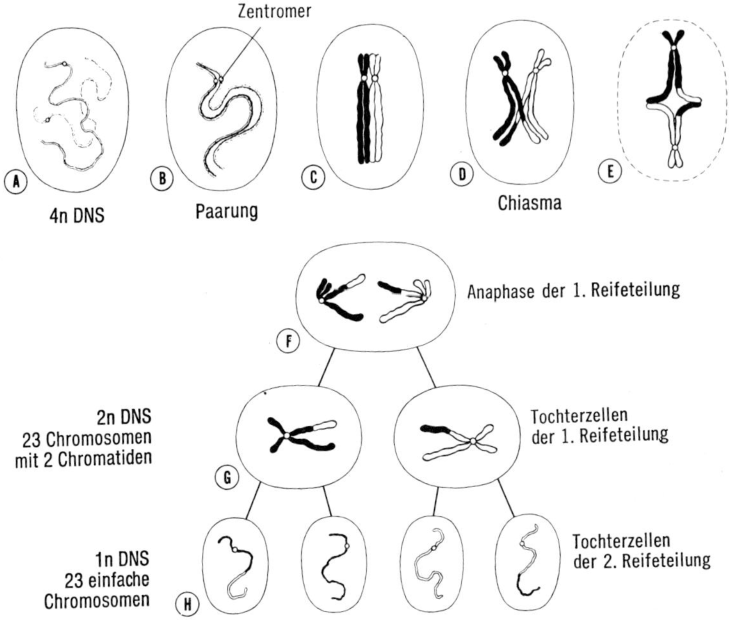

Abb. 1–**4** Schematische Darstellung zweier homologer Chromosomen in der ersten und zweiten Reifeteilung. A. Die Chromosomen werden im Zellkern sichtbar. B. Anders als in der Mitose legen sich die homologen Chromosomen aneinander. C. In den Chromatiden der eng gepaarten Chromosomen kommt es zu Brüchen und zum Austausch von Chromatidabschnitten. D. Die Chromosomen treten auseinander. Dort wo ein Austausch stattgefunden hat, überkreuzen sich die entsprechenden Chromatide (Chiasma). E. Mit dem Auseinanderrücken der Chromosomen auf der Spindel verlagern sich die durch Chiasmata entstandenen Haftpunkte zwischen den Chromosomen nach distal, um sich dann aufzulösen. F. Die Chromosomen wandern auf der Teilungsspindel auseinander. Die Zelle teilt sich. G. Jede Tochterzelle enthält 23 doppelfädige Chromosomen. H. Ohne DNS-Synthese schließt sich die 2. Reifeteilung an. Jede Tochterzelle erhält 23 einfache Chromosomen, die aufgrund des Austausches von Chromatidabschnitten weder untereinander noch mit den ursprünglichen Chromosomen identisch sind.

ten, an denen ein Austausch stattgefunden hat, bleiben sie noch vorübergehend aneinander haften. Dadurch entsteht eine X-förmige Struktur, die als **Chiasma** bezeichnet wird (Abb. 1–**4** D). Das Chiasma ist der morphologische Ausdruck für ein genetisches Phänomen, das **Crossing over** heißt. Dabei findet ein Austausch von Chromatidbruchstücken mit den entsprechenden Genkomplexen zwischen den homologen Chromosomen statt. Mit dem Fortschreiten der Zellteilung lassen sich die teilweise voneinander getrennten Chromosomen gut unterscheiden (Abb. 1–**4** E). In der Metaphase sind die Glieder eines jeden Paares auf der Teilungsspindel orientiert. In den folgenden Stadien wandern sie an die einander entgegengesetzten Zellpole (Abb. 1–**4** F).

Wenn die erste Reifeteilung abgeschlossen ist, enthält jede Tochterzelle eine Hälfte von jedem Chromosomenpaar und besitzt damit einen haploiden Chromosomensatz (Abb. 1–**4** G). Jedes Chromosom besteht jedoch noch aus zwei Chromatiden, so daß der Gesamtgehalt an DNS in jeder Tochterzelle dem in den übrigen Somazellen entspricht (2 n).

Die zweite Reifeteilung

Im Anschluß an die erste Reifeteilung treten die Zellen sofort in die zweite Reifeteilung ein. **Der zweiten Reifeteilung geht keine DNS-Synthese voraus**. Die 23 doppelfädigen Chromosomen spalten sich am Zentromer auf und jede der neugebildeten Tochterzellen erhält 23 einzelne Chromosomen (Abb. 1–**4** H). Der DNS-Gehalt in den neugebildeten Zellen ist nun halb so groß wie in den normalen Somazellen. Es wird also zweierlei durch die Reifeteilungen erreicht:

a) die Glieder der homologen Chromosomenpaare haben die Möglichkeit, Abschnitte mit genetischem Material auszutauschen (bei der ersten Reifeteilung); b) jede Keimzelle wird mit einem Chromosomensatz und der halben DNS-Menge einer normalen Somazelle versehen (in der zweiten Reifeteilung).

Bei den Reifeteilungen entstehen aus einer weiblichen Keimzelle (44 plus 2 X-Chromosomen) vier Tochterzellen, die jede 22 Autosomen und 1 X-Chromosom besitzen. Nur eine davon entwickelt sich zu einer reifen Eizelle. Die anderen drei, die **Polkörperchen**, erhalten kaum Zytoplasma und degenerieren in der weiteren Entwicklung (Abb. 1–**5** A). Aus der männlichen Keimzelle entstehen zwei Tochterzellen mit 22 Autosomen plus 1 X-Chromosom und zwei mit 22 Autosomen plus 1 Y-Chromosom (Abb. 1–**5** B).

M Störungen bei den Reifeteilungen

Die komplizierten Vorgänge während der Reifeteilungen verlaufen offensichtlich nicht immer ohne Störungen. Gleichzeitig mit der Aufklärung des normalen Chromosomenmusters beim Menschen entdeckte man, daß einige Menschen eine anomale Chromosomenzahl besitzen.

Die Störungen im Chromosomenmuster entstehen bei den Reifeteilungen. Normalerweise trennen sich die beiden Glieder eines homologen Chromosomenpaares bei der ersten Reifeteilung, so daß jede Tochter-

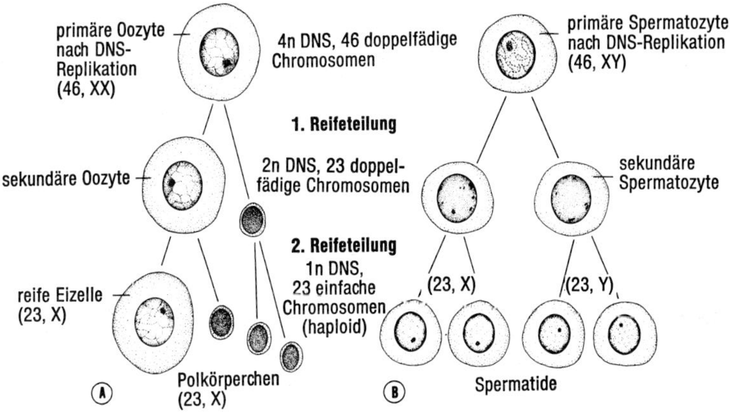

Abb. 1–**5** Schematische Darstellung der Vorgänge während der ersten und zweiten Reifeteilung. A. Die weibliche Keimzelle (primäre Oozyte) bildet nur eine reife Zelle, die reife Eizelle. B. Die männliche Keimzelle (primärer Spermatozyt) bildet vier Spermatide, die sich alle zu Spermien entwickeln.

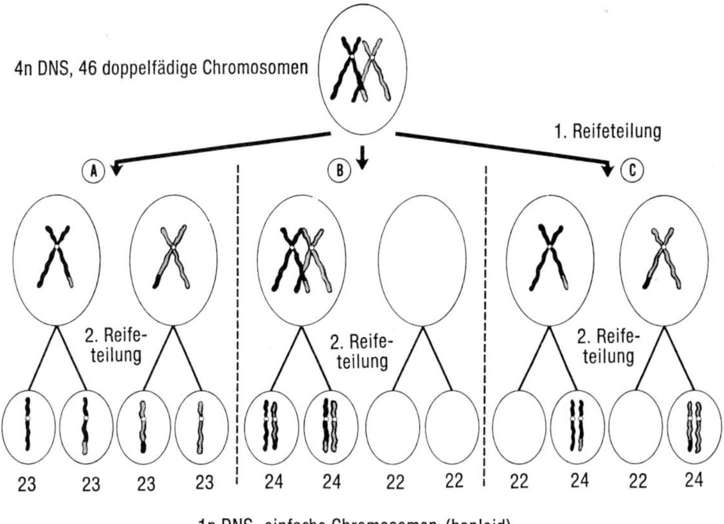

Abb. 1–**6** A. Normale Reifeteilungen. B. Non-disjunction in der ersten Reifeteilung. C. Non-disjunction in der zweiten Reifeteilung.

zelle die Hälfte eines jeden Paares erhält (Abb. 1–**6** A). Manchmal bleibt jedoch die Trennung aus **(Non-disjunction)** und beide Glieder eines Paares wandern in eine Zelle. Durch Non-disjunction erhält eine Zelle 24 Chromosomen und die andere nur 22, anstatt, wie normal, 23 Chromosomen. Wenn bei der Befruchtung ein Gamet mit 23 Chromosomen mit einem Gameten verschmilzt, der 24 oder 22 Chromosomen besitzt, entsteht ein Organismus mit 47 Chromosomen **(Trisomie)** oder mit 45 Chromosomen **(Monosomie)**. Non-disjunction kommt in der Regel nur bei der Eizellenreifung vor und nicht in der Spermiogenese. Non-disjunction kann in der ersten und in der zweiten Reifeteilung auftreten (Abb. 1–**6** B, C).

Morphologie der Keimzellenreifung

Auftreten und Wanderung der Urkeimzellen

Die reifen männlichen und weiblichen Keimzellen sind direkte Abkömmlinge der **Urkeimzellen**, die beim menschlichen Embryo in der dritten Woche sichtbar werden. Sie sitzen in der Wand des Dottersackes (Abb. 1–**7**). Von dort wandern sie mit amöboiden Bewegungen in die Gonadenanlage ein. Sie kommen dort gegen Ende der vierten oder Anfang der fünften Woche an (vgl. Kap. II, Abb. 11–**15**). Die von den übrigen (somatischen) Zellen abgetrennte Entwicklung der Keimzellen wird als **Keimbahn** bezeichnet.

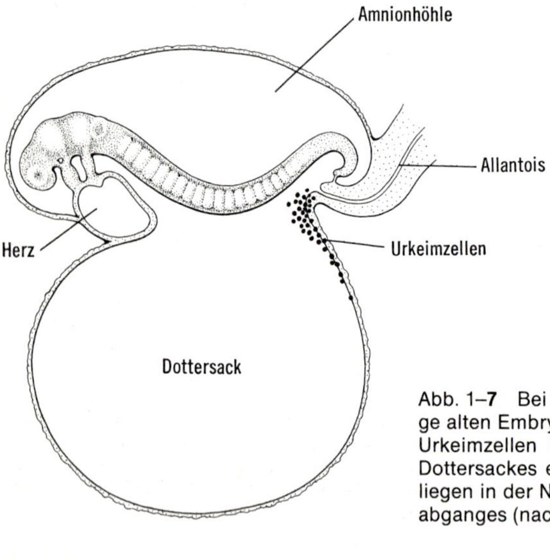

Abb. 1–**7** Bei einem etwa 25 Tage alten Embryo ist die Lage der Urkeimzellen in der Wand des Dottersackes eingezeichnet. Sie liegen in der Nähe des Allantoisabganges (nach *Witschi*).

Oogenese

Pränatale Entwicklung

Wenn die Urkeimzellen in der Gonadenanlage eines genetisch weiblichen Organismus angekommen sind, differenzieren sie sich zu **Oogonien** (Abb. 1–**8** A, B). Die Zellen durchlaufen eine Reihe von mitotischen Teilungen. Am Ende des dritten Monats bilden sie Zellballen, die von einer Schicht aus flachen Epithelzellen umgeben sind (Abb. 1–**9** A). Alle Oogonien in einem Zellballen stammen wahrscheinlich von einer einzelnen Urkeimzelle ab. Die flachen epithelartigen Zellen sollen vom Oberflächenepithel, das die Keimdrüse bedeckt, abstammen.

Während sich die Mehrzahl der Oogonien weiter teilt, differenzieren sich einige zu den sehr viel größeren **primären Oozyten** die im dritten Entwicklungsmonat zumeist im Inneren der Gonade angetroffen werden. Nach Replikation ihrer DNS treten die primären Oozyten in die Prophase der ersten Reifeteilung ein (Abb. 1–**8** und 1–**9** A). In den folgenden Monaten vermehren sich die Oogonien rasch. Im fünften Entwicklungsmonat erreicht die Gesamtzahl der Keimzellen im Ovar ihr Maximum. Sie wird auf 7 Millionen geschätzt. Zu diesem Zeitpunkt setzt eine Zelldegeneration ein. Viele Oogonien und primäre Ozyten werden atretisch. Im siebten Monat ist die Mehrzahl der Oogonien zugrunde gegangen mit Ausnahme weniger Zellen in der Nähe der Oberfläche. Alle überlebenden primären Oozyten haben dann bereits die erste Reifeteilung begonnen. Die meisten sind jetzt einzeln von einer Schicht aus flachen Epithelzellen umgeben (Abb. 1–**9** B).

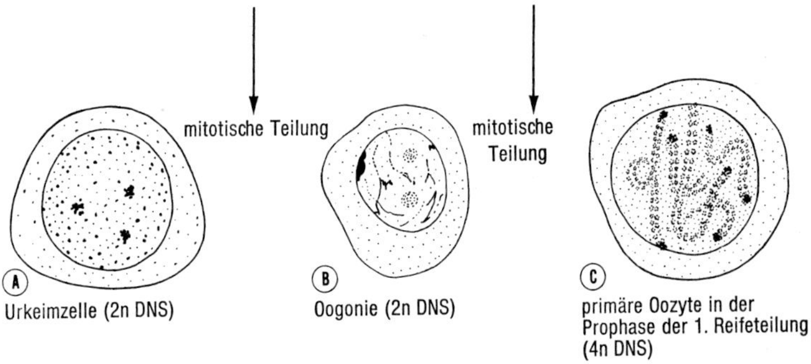

Abb. 1–**8** Die Differenzierung der Urkeimzellen zu Oogonien beginnt kurz nach ihrer Ankunft im Ovar. Im dritten Monat der Schwangerschaft treten die primären Oozyten in die Prophase der ersten Reifeteilung ein. Die Prophase kann sich über 40 Jahre erstrecken. In dieser Zeit enthält die Eizelle 46 doppelfädige Chromosomen und 4n DNS.

Eine primäre Oozyte bildet zusammen mit den sie umgebenden Epithelzellen einen **Primordialfollikel** (Abb. 1–**10**).

Postnatale Entwicklung

Bei der Geburt befinden sich die Oozyten noch in der Prophase der ersten Reifeteilung. Anstatt in die Metaphase einzutreten, kommen sie in das **Diktyotänstadium**, ein Ruhestadium zwischen Prophase und Metaphase, das durch ein fädiges Chromatinnetzwerk charakterisiert ist (Abb. 1–**9** C). **Die primären Oozyten beenden die erste Reifeteilung erst nach der Pubertät**. Die Gesamtzahl der primären Oozyten wird bei der Geburt auf etwa 700000 bis 2 Millionen geschätzt. Da in den Jahren vor der Geschlechtsreife die Mehrheit der Oozyten atretisch wird, sind zu Beginn der Pubertät nur noch etwa 40000 vorhanden. Jetzt erst entwickeln sich die Primärfollikel zu reifen Graaf-Follikeln weiter. Die primären Oozyten beenden die erste Reifeteilung kurz vor der Ovulation.

Man muß sich an dieser Stelle klarmachen, daß einige Oozyten, die im Leben erst später zur Reife gelangen, für 40 Jahre oder auch mehr im

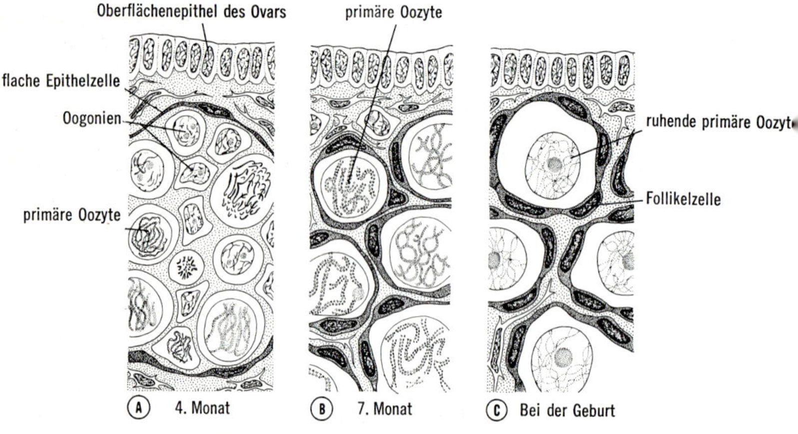

Abb. 1–**9** Schematische Darstellung eines Ovarialsegmentes in verschiedenen Entwicklungsstadien. A. Im vierten Monat. Eiballen in der Rindenzone des Ovars. Einige Oogonien befinden sich in der Mitose, andere haben sich bereits zu primären Oozyten differenziert und sind in die Prophase der ersten Reifeteilung eingetreten. B. Im siebten Monat. Fast alle Oogonien haben sich zu primären Oozyten umgewandelt und befinden sich in der Prophase der ersten Reifeteilung. C. Bei der Geburt. Es sind keine Oogonien mehr vorhanden. Jede primäre Oozyte ist von einer einschichtigen Lage aus Follikelzellen umgeben (Primordialfollikel). Die Oozyten sind in das Diktyotänstadium eingetreten, in dem sie bis kurz vor der Ovulation verharren. Erst dann treten sie in die Metaphase der ersten Reifeteilung ein (modifiziert nach *Ohno* u. Mitarb.).

Diktyotänstadium der ersten Reifeteilung schlummern. Man weiß heute noch nicht, ob das Diktyotänstadium besonders geeignet ist, um die Oozyte gegen Umwelteinflüsse, die auf das Ovar während des Lebens einwirken, zu schützen. Wenn man bedenkt, daß die Zahl von Kindern mit chromosomalen Defekten mit dem Alter der Mutter zunimmt, muß man sich fragen, ob nicht die lang hingezogene Reifeteilung die primäre Oozyte gerade gegen schädigende Einflüsse empfindlich macht.

Mit dem Einsetzen der Pubertät beginnt eine Reihe von **Primordialfollikeln** mit jedem Ovarialzyklus zu reifen. Die primäre Oozyte, die sich noch im Diktyotänstadium befindet, nimmt an Größe zu, während die sie umgebenden Epithelzellen, die **Follikelzellen**, kubisch werden (Abb. 1–**10** A, B). Mit der Ausbildung eines kubischen Follikelepithels wird der Primordialfollikel zum **Primärfollikel**. Anfänglich sitzen die Follikelzellen der Oozyte dicht auf. Schon bald aber wird eine Schicht aus extrazellulärem, aus Glykoproteinen bestehendem Material auf der Oberfläche der Oozyte abgelagert. Diese Schicht wird allmählich dicker und bildet die **Zona pellucida** (Abb. 1–**10** C). Kleine fingerartige Fortsätze der Follikelzellen ziehen durch die Zona pellucida und bleiben mit der Zellmembran der Oozyte in Verbindung. Diese Fortsätze sollen für den Stofftransport von den Follikelzellen zu der Oozyte von Bedeutung sein.

Im weiteren Verlauf der Entwicklung vermehren sich die Follikelzellen und bilden dadurch eine dicke Zellschicht um die Oozyte (Abb. 1–**10** C). Ein Follikel mit mehrschichtigem Follikelepithel heißt **Sekundärfollikel**. Anschließend entstehen flüssigkeitsgefüllte Räume zwischen den Follikelzellen. Diese Hohlräume fließen zusammen und bilden die **Follikelhöhle**. Mit der Ausbildung der Höhle entsteht der **Tertiärfollikel** oder **Bläschenfollikel (Graaf-Follikel)**. Anfangs erscheint die Höhle halbmondförmig, weitet sich dann aber stark aus (Abb. 1–**11** A, B). Die Follikelzellen, die die Oozyte umgeben, bleiben erhalten und bilden den **Cumulus oophorus**. Der reife Follikel wird von zwei Bindegewebsschichten umgeben: einer inneren gefäßreichen Zellschicht, der **Theca interna**, und einer äußeren fibrösen Schicht, der **Theca externa**, die allmählich in das Ovarialstroma übergeht (Abb. 1–**11**). Der Follikel hat jetzt einen Durchmesser zwischen 6 und 12 mm.

Die Theca interna besteht aus endokrinem Gewebe und ist die wichtigste Quelle für Östrogene. Obwohl bei jedem Ovarialzyklus eine Reihe von Follikeln mit der Entwicklung beginnen, erreicht normalerweise nur einer die volle Reife. Die übrigen degenerieren und werden atretisch. **Sobald der Follikel reif ist, verläßt die primäre Oozyte das Diktyotänstadium und setzt ihre erste Reifeteilung fort**.

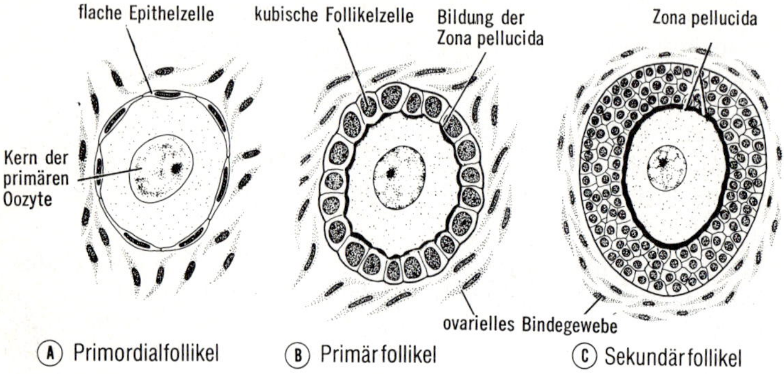

Abb. 1–**10** A. Schematische Darstellung eines Primordialfollikels, der aus einer primären Oozyte besteht, die von einer flachen Epithelschicht umgeben ist. B. Bei der Reifung des Follikels werden die Follikelzellen kubisch (Primärfollikel). Sie beginnen jetzt die Zona pellucida abzuscheiden, die als unregelmäßige Verdichtung an der Oberfläche der Oozyte sichtbar wird. C. Mit fortschreitender Reife bilden die Follikelzellen eine immer dickere Schicht um die Oozyte (Sekundärfollikel). Die Zona pellucida ist gut zu erkennen (modifiziert nach *Shettles*).

Aus dieser Teilung gehen zwei unterschiedlich große Tochterzellen hervor, die je 23 Chromosomen besitzen. In jedem Chromosom ist der DNS-Faden bereits repliziert, so daß wie in den somatischen Zellen 2 n DNS vorhanden ist (Abb. 1–**12** A, B). Eine der beiden Zellen ist die **sekundäre Oozyte**; sie erhält das gesamte Zytoplasma. Die andere wird zum **ersten Polkörperchen**. Sie kommt zwischen die Zona pellucida und die Zellmembran der sekundären Oozyte zu liegen (Abb. 1–**12** B). Die **erste Reifeteilung** wird kurz vor der Ovulation abgeschlossen.

Die **zweite Reifeteilung** schließt sich **ohne DNS-Replikation** direkt an die erste Reifeteilung an, bevor der Kern der sekundären Oozyte in die Ruhephase zurückgekehrt ist. Die Spindel der zweiten Reifeteilung erscheint, wenn die Eizelle bei der Ovulation aus dem Ovar ausgestoßen wird (Abb. 1–**12** C). **Die zweite Reifeteilung wird nur vollendet, wenn die Oozyte befruchtet wird**. Im anderen Fall degeneriert die Zelle ungefähr 24 Stunden nach der Ovulation. Ob das erste Polkörperchen regelmäßig eine zweite Teilung durchläuft, ist nicht sicher. Es wurden jedoch befruchtete Eizellen beobachtet, die drei Polkörperchen besaßen.

Menschliche Eizellen können durch **Follikelpunktion** *intra operationem* oder bei einer Laparoskopie gewonnen und in Nährmedium weiter kultiviert werden. Unter diesen Bedingungen gingen die Oozyten

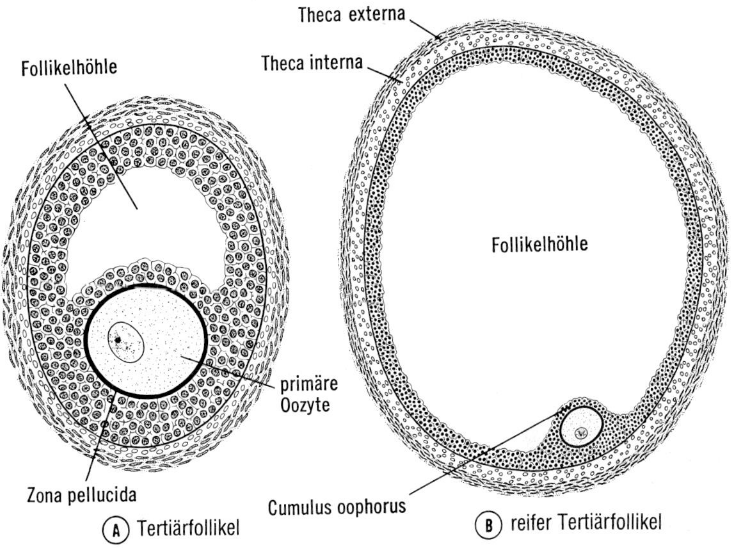

Abb. 1–**11** Schematische Darstellung der Follikelreifung. A. Die von der Zona pellucida umgebene Oozyte liegt exzentrisch. Durch Zusammenfließen von Interzellularspalten hat sich eine Follikelhöhle entwickelt. Beachte die Anordnung der Zellen in der Theca interna und externa. B. Reifer Tertiärfollikel. Die Höhle hat sich beträchtlich vergrößert und mit Follikelflüssigkeit gefüllt. Sie wird von der Follikelschicht begrenzt. Die Oozyte ist in einer Anhäufung von Follikelzellen eingebettet, die als Cumulus oophorus bezeichnet wird.

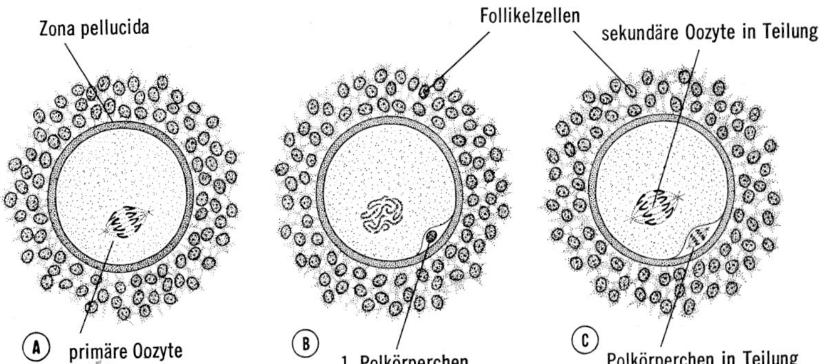

Abb. 1–**12** Reifung der Oozyte. A. Primäre Oozyte mit der Spindel der ersten Reifeteilung. B. Sekundäre Oozyte und erstes Polkörperchen. Beachte, daß die Kernmembran fehlt. C. Sekundäre Oozyte mit der Spindel der zweiten Reifeteilung. Das erste Polkörperchen befindet sich ebenfalls in Teilung (modifiziert nach verschiedenen Vorlagen).

aus dem Diktyotänstadium 25 bis 28 Stunden nach Kulturbeginn in die Diakinese über. Nach 36 bis 43 Stunden wurden das Ausstoßen des ersten Polkörperchens und die Metaphase der zweiten Reifeteilung beobachtet.

Spermatogenese

Nach einer Phase der mitotischen Vermehrung werden die männlichen Keimzellen in die Keimstränge der Gonadenanlage aufgenommen. Sie treten in eine Ruhephase ein, die bis zur Pubertät dauert. Zum Zeitpunkt der Geburt sitzen die **Spermatogonien** als große, helle Zellen in den soliden Keimsträngen, umgeben von Zellen, die sich später zu **Sertoli-Zellen** (Stützzellen) differenzieren (Abb. 1–**13** A).

Kurz vor der Pubertät erhalten die Keimstränge ein Lumen und wandeln sich damit in Samenkanälchen um (Abb. 1–**13** B, C). Im basalen Kompartment des Kanälchens vermehren sich die Spermatogonien. Sie bilden eine **Stammzellpopulation**, aus der neue Spermatogonien und **primäre Spermatozyten** hervorgehen.

Nach Replikation ihrer DNS treten die primären Spermatozyten in die Prophase der ersten Reifeteilung ein. Sie dauert etwa 16 Tage. Anschließend beenden sie sehr schnell die erste Reifeteilung, aus der zwei **sekundäre Spermatozyten** hervorgehen (Abb. 1–**5** B, 1–**13** B und

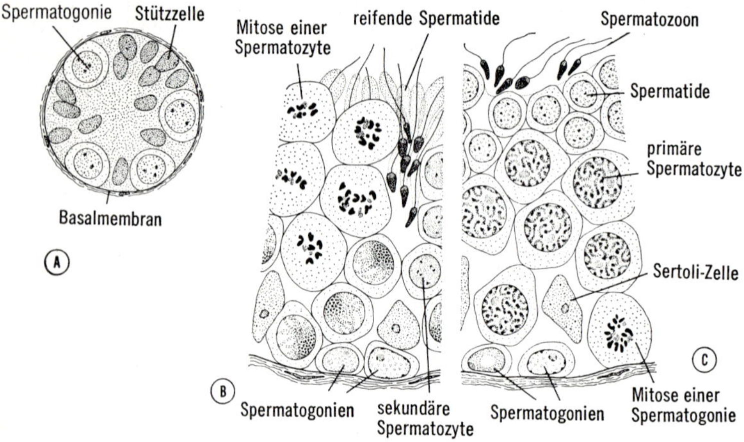

Abb. 1–**13** A. Querschnitt durch ein Samenkanälchen eines Neugeborenen mit Spermatogonien und Stützzellen, die von der Basalmembran umgeben sind. B und C. Zwei verschiedene Abschnitte eines Hodenkanälchens beim Erwachsenen im Querschnitt. Die beiden Abschnitte zeigen verschiedene Phasen der Spermatogenese.

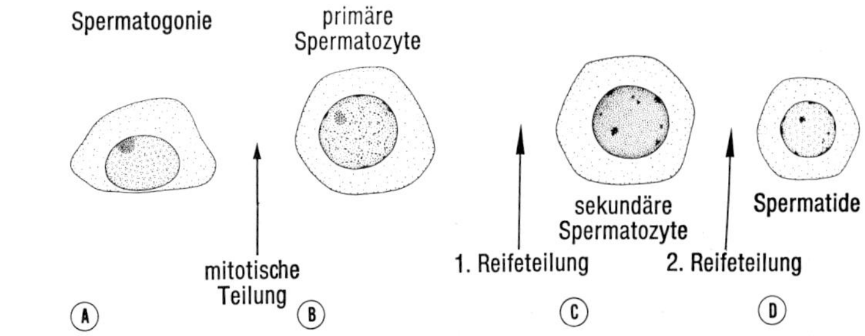

Abb. 1–**14** Schematische Darstellung der Spermatogenese beim Mann.

1–**14**). Die sekundären Spermatozyten schließen direkt die **zweite Reifeteilung** an, bei der zwei **Spermatide** entstehen (Abb. 1–**5** C). Eine Spermatide enthält 23 Chromosomen und eine DNS-Menge von 1 n (Abb. 1–**5** B und 1–**14**).

Spermiogenese

Die Spermatide entwickelt sich zu einem **Spermium** und erfährt dabei folgende Veränderungen (Abb. 1–**15** A–D): 1. Ausgehend vom Golgi-Apparat entwickelt sich ein Lysosom, das sich als **Akrosom** über den vorderen Pol des Zellkerns stülpt. 2. Das Kernchromatin kondensiert auf engstem Raum. 3. Die Mitochondrien ordnen sich im Mittelstück ringförmig um den vom Zentriol ausgehenden Schwanzfaden an. 4. Das restliche Zytoplasma wird abgestoßen. Beim Menschen dauert die Entwicklung eines Spermiums aus einer Spermatogonie 90 Tage.

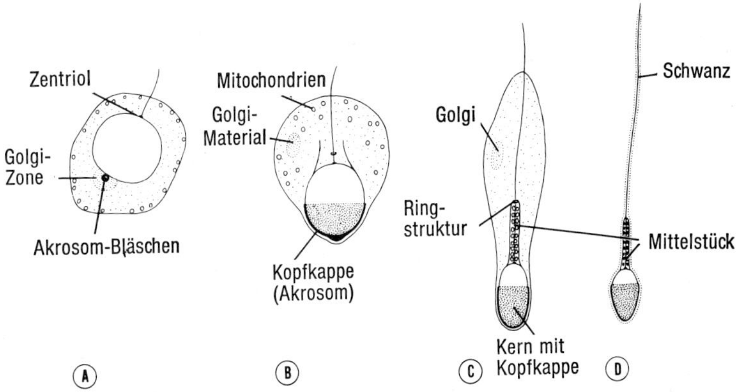

Abb. 1–**15** Die wichtigsten Stadien im Verlauf der Entwicklung einer menschlichen Spermatide zum reifen Spermium (nach *Clermont* u. *Leblond*).

Wenn die Spermatozoen vollständig differenziert sind, treten sie in das Lumen der Samenkanälchen ein. Sie werden durch Pulsationen in der Wand der Tubuli seminiferi und der Ductuli efferentes in den Nebenhoden transportiert. Zunächst sind die Spermatozoen nur wenig beweglich. Ihre volle Beweglichkeit erhalten sie im Nebenhoden.

M Mißgebildete Gameten

Beim Menschen sowie bei den meisten Säugetieren enthält ein Ovarialfollikel manchmal zwei oder drei deutlich voneinander zu unterscheidende primäre Oozyten (Abb. 1–**16** A). Aus diesen Oozyten können Zwillinge oder Drillinge entstehen. Normalerweise gehen sie aber vor dem Erreichen der Reife zugrunde. In seltenen Fällen besitzt eine primäre Oozyte zwei oder sogar drei Kerne (Abb. 1–**16** B). Solche zwei- oder dreikernigen Oozyten sterben jedoch immer ab, bevor es zur Bildung eines reifen Follikels kommt.

Im Gegensatz zu atypischen Oozyten lassen sich mißgebildete Spermatozoen häufig beobachten. Dabei können sowohl der Kopf als auch der Schwanz mißgebildet sein. Sie können zu groß oder zu klein sein. Manchmal sind sie miteinander verwachsen (Abb. 1–**16** C). 10% der Spermatozoen können fehlgebildet sein, ohne daß die Fertilität beeinträchtigt wird. Wenn jedoch ein Viertel oder mehr mißgebildet sind, ist die Fruchtbarkeit zumeist gestört.

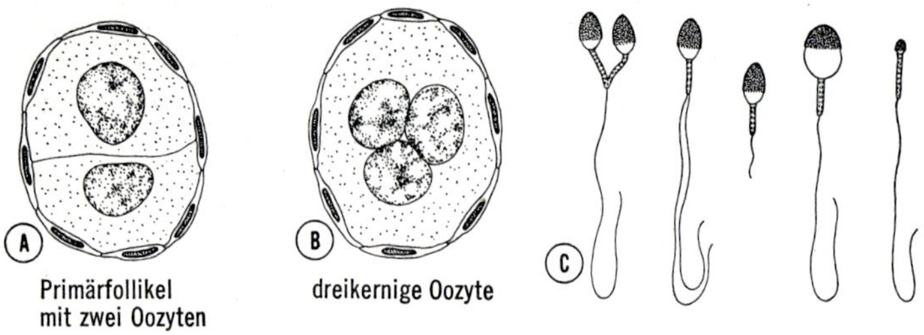

Abb. 1–**16** Abnorme weibliche und männliche Keimzellen. A. Primärfollikel mit zwei Oozyten. B. Dreikernige Oozyte. C. Verschiedene Mißbildungsformen von Spermatozoen.

Zusammenfassung: Gametogenese

Die Differenzierung der männlichen und weiblichen Keimzellen wird als **Gametogenese** bezeichnet. Im Zentrum der Gametogenese stehen die Reifeteilungen.

1. Reifeteilungen
In der ersten Reifeteilung paaren sich die homologen Chromosomen und tauschen Genmaterial aus. Die zweite Reifeteilung schließt sich ohne erneute Replikation der DNS an, so daß Gameten mit einem haploiden Chromosomensatz entstehen (Abb. 1–**4**).

2. Urkeimzellen
Die Keimzellen werden als Urkeimzellen in der **Wand des Dottersackes** in der dritten Woche sichtbar (Abb. 1–**7**). Sie wandern in der fünften Woche in die **indifferente Gonadenanlage** ein. Die männliche Entwicklung der Keimzellen heißt Spermatogenese, die weibliche Entwicklung Oogenese.

3. Oogenese
Die Stammzelle der Oogenese heißt **Oogonie**. In der embryonalen Gonadenanlage durchlaufen die Oogonien eine Phase der mitotischen Vermehrung. Sie treten noch während der Embryonalzeit als **primäre Oozyten** in die Prophase der ersten Reifeteilung ein. Jede umgibt sich mit einer Lage aus flachen Follikelzellen **(Primordialfollikel)** (Abb. 1–**9**). Im Primordialfollikel wird die erste Reifeteilung am Ende der Prophase arretiert **(Diktyotän-Stadium)**. In dieser Entwicklung gehen die meisten Oozyten zugrunde. Im siebten Monat befinden sich alle noch vorhandenen primären Oozyten im Diktyotän-Stadium. Bei der Geburt beträgt ihre Zahl zwischen 700000 und 2 Millionen, und zu Beginn der Pubertät 40000.

In jedem Ovarialzyklus treten eine Reihe von Primordialfollikeln in die weitere Entwicklung zum **Primär-, Sekundär-** und **Tertiär-Follikel** ein. Nur ein Follikel reift bis zur Ovulation heran. **Kurz vor der Ovulation beendet die Oozyte die erste Reifeteilung und stößt ein Polkörperchen aus**. Die sekundäre Oozyte tritt sofort in die zweite Reifeteilung ein. **Die zweite Reifeteilung wird in der Metaphase arretiert und erst bei der Befruchtung mit dem Ausstoß des zweiten Polkörperchens beendet** (Abb. 1–**12**, 2–**1** und 2–**4**).

4. Spermatogenese
Die Stammzelle der Spermatogenese heißt **Spermatogonie**. Die Spermatogonien werden im embryonalen Hoden zusam-

men mit den Sertoli-Zellen in die **soliden Keimstränge** aufgenommen und ruhen dort bis zur Pubertät (Abb. 1–**13**). Mit der Pubertät entwickeln sich aus den Keimsträngen Samenkanälchen. Die Spermatogonien treten erst jetzt in die Phase der mitotischen Vermehrung ein. Es entstehen fortlaufend **primäre Spermatozyten**, aus denen in den Reifeteilungen zwei **sekundäre Spermatozyten** und schließlich **vier Spermatiden** hervorgehen. Die Differenzierung der Spermatiden zu Spermatozoen oder Spermien wird als **Spermiogenese** bezeichnet (1–**15**). Die Entwicklung von der Spermatogonie bis zum Spermium dauert beim Menschen 90 Tage.

Kapitel 2

Erste Woche

Von der Ovulation bis zur Implantation

Ovulation und Ovarialzyklus

Mit der Pubertät beginnt bei der Frau der monatliche Zyklus. Die zyklischen Veränderungen gehen vom Hypothalamus aus. Die Nervenzellen im Hypothalamus produzieren Releasing-Faktoren, die die Sekretion von **Gonadotropinen** im Hypophysenvorderlappen kontrollieren. Die Gonadotropine, das **Follikel-stimulierende Hormon (FSH)** und das **luteinisierende Hormon (LH)** steuern die zyklischen Veränderungen im Ovar (Abb. 2–**10**).

In den ersten Tagen eines jeden Ovarialzyklus beginnen mehrere **Primordialfollikel** – es sind etwa 5 bis 12 – unter dem Einfluß von FSH zu wachsen (vgl. Oogenese, Abb. 1–**10** und 1–**11**). Nur einer von diesen Follikeln erreicht die volle Reife und nur eine Oozyte wird ausgestoßen. Die übrigen gehen zugrunde und werden atretisch. Im nächsten Zyklus beginnt eine andere Follikelgruppe mit dem Wachstum, und wieder erreicht nur einer das Stadium der Reife. Infolgedessen geht die Mehrzahl der Follikel zugrunde, ohne die volle Reife zu erreichen. Die atretischen Follikel werden durch Bindegewebe ersetzt. Es entsteht ein **Corpus atreticum**. In der Wachstumsphase des Follikels vermehren sich die Follikel- und die Thekazellen. Die Follikelzellen produzieren als **Granulosazellen Progesteron**, das bei intaktem Follikel in die Follikelhöhle ausgeschieden wird und die Reifung der Eizelle unterstützt. Die Zellen der **Theca interna** produzieren **Östrogene**, die in den Blutkreislauf sezerniert werden. Kurz vor der Ovulation kommt es zu einem steilen Östrogenanstieg. Dadurch wird die Hypophyse zur Ausschüttung von luteinisierendem Hormon (LH) angeregt, das seinerseits die Ovulation auslöst.

In den unmittelbar der **Ovulation** vorangehenden Tagen vergrößert sich der Graaf-Follikel schnell und wächst auf einen Durchmesser von etwa 15 mm heran. Die Oberfläche des Ovars wölbt sich an der entsprechenden Stelle vor. An der am weitesten vorgewölbten Stelle erscheint ein gefäßloser Fleck, das **Stigma**. Auf Grund der Ausziehung der Ovarialoberfläche an dieser Stelle sickert Follikelflüssigkeit durch das Stigma und eröffnet es allmählich. Dann – mit zunehmendem Austritt von Flüssigkeit – läßt der Druck im Follikel nach. Die Oozyte löst sich zusammen mit den Cumulus-oophorus-Zellen los und treibt mit

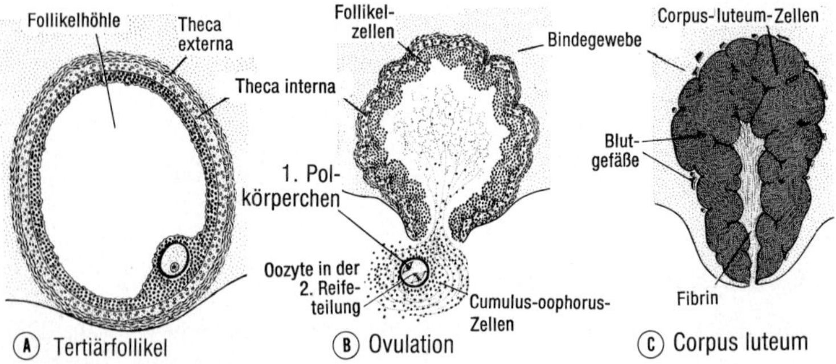

Abb. 2–**1** A. Graaf-Follikel kurz vor der Ruptur. Die Follikelzellen produzieren als Granulosazellen Progesteron. B. Ovulation. Die Oozyte, die gerade die zweite Reifeteilung durchläuft, wird aus dem Ovar zusammen mit einer großen Zahl von Cumulus-oophorus-Zellen ausgestoßen. Die im Follikel zurückbleibenden Follikelzellen entwickeln sich zu Corpus-luteum-Zellen. C. Corpus luteum. Beachte die starke Vermehrung der Corpus-luteum-Zellen. Die Resthöhle des Follikels ist nun mit Fibrin ausgefüllt.

der Follikelflüssigkeit aus dem Ovar heraus (Abb. 2–**1**). Wenn die Oozyte das Ovar verläßt, hat sie die erste Reifeteilung gerade beendet und tritt in die 2. Reifeteilung ein (Abb. 2–**1** B). Bei einigen Frauen macht sich die Ovulation durch den sogenannten **„Mittelschmerz“** bemerkbar.

Der Ausstoß einer Oozyte in periodischen Abständen und die regelmäßige Reifung einer Reihe von Primärfollikeln ist die Grundlage für die zyklischen Vorgänge im Ovar, die als **Ovarialzyklus** bezeichnet werden. Die Ovulation findet einmal in einem Zyklus etwa 14 Tage ± 1 Tag vor dem Einsetzen der nächsten Periodenblutung statt. Die Zeitspanne zwischen der Ovulation und der folgenden Periodenblutung ist recht konstant. Die Zeitspanne zwischen der Ovulation und der vorhergehenden Menstruation dagegen ist sehr variabel und hängt von der Zeit ab, die der Follikel bis zur Reifung benötigt.

Mit der Ovulation werden die in der Wand des geplatzen Follikels sitzenden Granulosazellen von den umgebenden Gefäßen aus vaskularisiert. Dadurch kommt es zu einem **Progesteronanstieg** im Blut. Unter dem Einfluß von LH wandeln sich die Granulosazellen zum **Corpus luteum** um. Die Umwandlung besteht in einer Zellvermehrung und einer Gelbfärbung als Ausdruck eines gesteigerten Lipidstoffwechsels (Abb. 2–**1** C). Das im Corpus luteum gebildete Progesteron versetzt im Zusammenspiel mit den Östrogenen aus der Theca interna die Uterusschleimhaut in die **Sekretionsphase** (Abb. 2–**10**).

Kurz vor der Ovulation legen sich die Fimbrien des Eileiters auf die Oberfläche des Ovars. Der Eileiter kontrahiert sich rhythmisch. Die von den Cumuluszellen umgebene Oozyte wird durch wischende Bewegungen der Fimbrien und durch den Flimmerschlag der Epithelauskleidung in die Tube transportiert (Abb. 2–**2**). In der Tube lösen sich die Cumuluszellen von der Oozyte ab, indem sie ihre Zytoplasmafortsätze aus der Zona pellucida zurückziehen.

Im Eileiter selbst wird die Oozyte durch die Kontraktionen der Wandmuskulatur in Richtung auf die Uterushöhle weiterbefördert. Die Transportgeschwindigkeit wird etwas durch die hormonalen Verhältnisse während und nach der Ovulation bestimmt. Beim Menschen erreicht die befruchtete Oozyte jedoch in etwa 3 bis 4 Tagen das Uteruslumen (Abb. 2–**9**).

Wenn die Befruchtung ausbleibt, erreicht das Corpus luteum den Höhepunkt seiner Entwicklung etwa 9 Tage nach der Ovulation. Man kann es gut als gelbliche Vorwölbung an der Oberfläche des Ovars erkennen. Anschließend nimmt das Corpus luteum an Größe ab. Die Corpus-luteum-Zellen degenerieren und wandeln sich in fibröses Narbengewebe, das **Corpus albicans**, um. Gleichzeitig fällt der Progesteronspiegel ab und löst so die Periodenblutung aus.

Wenn dagegen die Oozyte befruchtet worden ist und sich einnistet, wird die Degeneration des Corpus luteum durch **gonadotropes Hormon (HCG)** verhindert, das im Trophoblast des Embryo gebildet wird (Abb. 2–**10**). Das Corpus luteum wächst dann weiter und wandelt sich in das **Corpus luteum graviditatis** um. Am Ende des dritten Monats nimmt dieses etwa ein Drittel bis die Hälfte des gesamten Ovars ein. Die Corpus-luteum-Zellen sezernieren weiterhin bis zum Ende des 4. Monats Progesteron. Anschließend bilden sie sich langsam zurück. Die Entfernung des Corpus luteum graviditatis vor dem 4. Monat führt normalerweise zur Fehlgeburt.

Die **hormonale Kontrazeption** beruht auf der hemmenden Wirkung von Östrogen und Progesteron auf Hypothalamus und Hypophyse (Feedback-Mechanismus). Die Anwendung als „Pille“ wurde durch die Synthese oral wirksamer Steroidhormone möglich: Die zur Ovulationsauslösung notwendige LH-Ausschüttung wird unterdrückt. Das gesamte Ovar wird ruhiggestellt. Hinzu kommen die direkten Wirkungen: Die Tubenmotilität wird gehemmt. Die Uterusschleimhaut wandelt sich in einen für die Einnistung nicht geeigneten Zustand um (Bild der „starren Sekretion“). Durch die Gestagenkomponente wird der Zervixschleim verfestigt und dadurch die Wanderung der Spermien blockiert. Prinzipiell sind synthetische Gestagene und Östrogene auch allein wirksam. Durch ein Mischpräparat werden Nebenwirkungen vermindert und Zwischenblutungen verhindert. Es wird eine menstruationsartige Entzugsblutung erzielt.

Befruchtung

Die Befruchtung, das heißt die Verschmelzung der männlichen und weiblichen Gameten, findet in der Pars ampullaris des Eileiters statt (Abb. 2–**2**). Bei einigen Säugetieren sollen sich die Oozyte und die Spermien chemotaktisch beeinflussen. Diese Annahme ist jedoch nicht hinreichend bewiesen. Bei menschlichen Spermien haben *In-vitro*-Untersuchungen gezeigt, daß sie dicht an der Oozyte vorbeischwimmen können, ohne daß sich ein anziehender Einfluß bemerkbar macht.

Die Spermien gelangen sehr schnell aus der Vagina in den Uterus und von dort in die Tube. Das rasche Aufsteigen im weiblichen Genitaltrakt kommt durch die Kontraktionen der Uterus- und Eileitermuskulatur zustande und wird vom Schlagen der Spermienschwänze unterstützt. Die Spermien sind zunächst noch nicht in der Lage, Eizellen zu befruchten. Sie machen im weiblichen Genitaltrakt erst einen Prozeß durch, der als **„Kapazitation"** bezeichnet wird. Dabei werden auf den Spermien sitzende Hemmfaktoren entfernt. Beim Menschen dauert

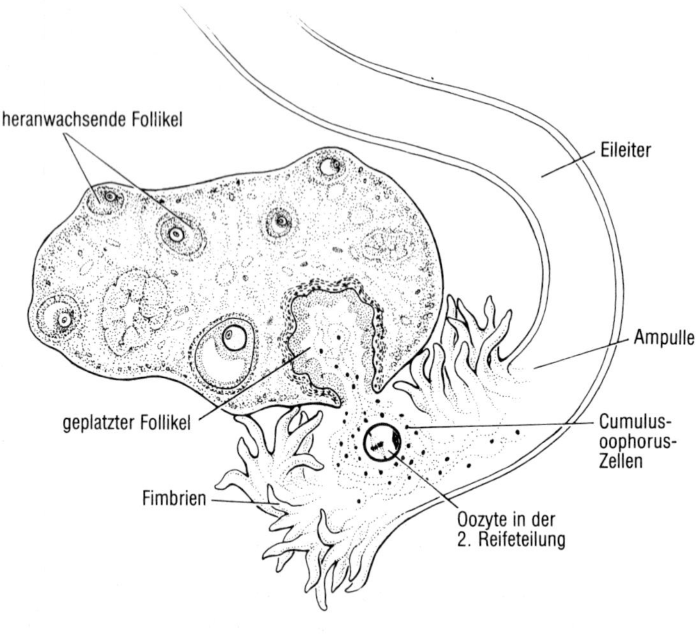

Abb. 2–**2** Die Beziehung zwischen Eileiter und Ovar. Vor dem Follikelsprung führen die Fimbrien wischende Bewegungen an der Oberfläche des Ovars über dem reifen Follikel aus.

die Kapazitation etwa 7 Stunden. Erst danach können Faktoren aus Follikelzellen, die die Eizelle begleiten, die **Akrosomreaktion** auslösen: Die Zellmembran des Spermiums verschmilzt punktförmig mit der Membran des Akrosoms. In den Verschmelzungspunkten entstehen Poren, durch die die akrosomalen Enzyme austreten können (Abb. 2–**3**).

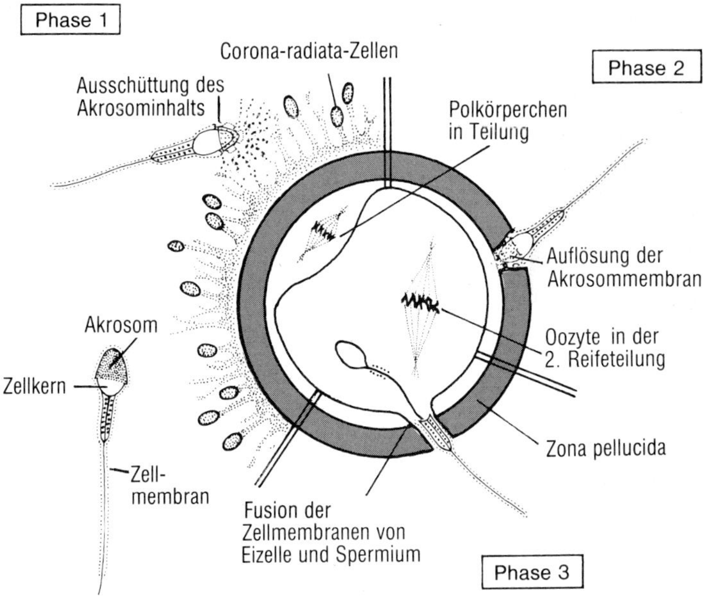

Abb. 2–**3** Schematische Darstellung der drei Phasen bei der Befruchtung. In der 1. Phase durchdringt das Spermatozoon die Corona radiata. In der 2. Phase dringt es unter Auflösung des Akrosoms in die Zona pellucida ein. In der 3. Phase vereinigen sich die Zellmembranen beider Gameten miteinander. Links ein Spermium mit dem kappenartig über den Zellkern gestülpten Akrosom.

Entsprechend den Strukturen, die das Spermium durchdringen muß, läßt sich der Vorgang der Befruchtung in drei Phasen unterteilen (Abb. 2–**3**):

Phase 1:
Durchdringen der Corona radiata. Von den 200 bis 300 Millionen Spermien, die im weiblichen Genitaltrakt deponiert werden, erreichen nur 300 bis 500 den Ort der Befruchtung. Nur eines von ihnen ist zur Befruchtung notwendig. Die übrigen helfen möglicherweise beim Durchdringen der Corona radiata. Die Corona radiata wird von Zellen

des Cumulus oophorus gebildet, die noch an der Zona pellucida haften, wenn die Befruchtung erfolgt (Abb. 2–**3**). Vor dem Eindringen in die Corona radiata läuft die **Akrosomreaktion** ab. Aus dem Akrosom werden Hyaluronidase und Proteasen (Akrosin) freigesetzt, die durch Auflösung der Interzellularsubstanz der Corona radiata und durch Auflösung der Zona pellucida den Weg zur Eizelle bahnen.

Phase 2:
Durchdringen der Zona pellucida. Wenn ein Spermium die Zona pellucida berührt, bleibt es fest an ihr haften und beginnt in sie einzudringen (Abb. 2–**3**). Dabei löst sich der poröse Membranbezirk über dem Akrosom auf, so daß die über dem Kern liegende innere Akrosommembran in die Zellmembran eingeschaltet und damit zur führenden Komponente wird. Bei der Auflösung der Zona pellucida sind Enzyme wirksam, die auf der inneren Membran des Akrosoms sitzen.

Phase 3
Fusion der Zellmembranen. Der Kopf des Spermiums legt sich tangential an die von feinen Mikrovilli bedeckte Oberfläche der Oozyte an. Da die Zellmembran über der akrosomalen Kopfkappe bei der Akrosomreaktion verloren gegangen ist, erfolgt die Verschmelzung mit der Zellmembran der Oozyte im hinteren Kopfbereich. Beim weiteren Eindringen in die Eizelle bleibt die Zellmembran des Spermiums an der Oberfläche der Eizelle zurück. Neben dem Kopf und dem Halsabschnitt des Spermiums dringen bei den Säugern und beim Menschen auch die fädigen Strukturen des Schwanzfadens in das Zytoplasma der Eizelle ein. Sie lösen sich später auf.

Die Eizelle reagiert auf das Eindringen des Spermiums in dreifacher Weise:

① **Kortikale Reaktion und Reaktion der Zona pellucida.** Bei der Berührung der Eizelle durch das Spermium werden spezifische Membranrezeptoren aktiviert. Es entsteht ein umlaufendes Aktionspotential. In der Rindenzone der Eizelle (Cortex) lösen sich in einer Kettenreaktion präformierte zytoplasmische Vesikel und schütten ihren Inhalt in den **perivitellinen Raum** zwischen Eizelle und Zona pellucida aus (kortikale Reaktion). Die Zona pellucida ändert schlagartig ihre Struktur. Dabei werden wahrscheinlich spezifische Rezeptoren für die Spermien unzugänglich (Reaktion der Zona pellucida).

Obwohl zunächst mehrere Spermien an der Zona pellucida haften können, kann aufgrund dieser beiden Reaktionen nur eines in die Eizelle eindringen (Abb. 2–**4** B). Wenn als äußerst seltenes Ereignis zwei Spermien gleichzeitig eindringen **(Polyspermie)**, entstehen triploide Embryonen mit 69 Chromosomen, die jedoch in der Regel bald absterben.

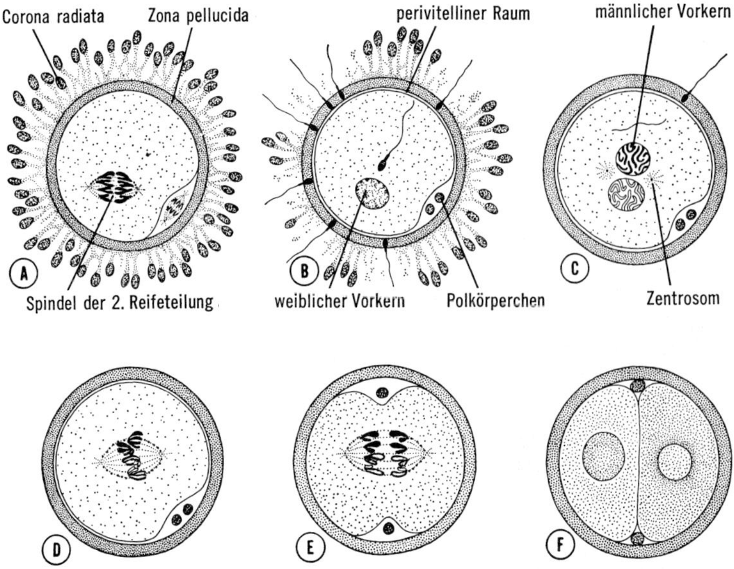

Abb. 2–**4** A. Schematische Zeichnung der Oozyte direkt nach der Ovulation mit der Teilungsspindel der zweiten Reifeteilung, der Zona pellucida und den Cumulus-oophorus-Zellen, die die Corona radiata bilden (modifiziert nach *Hamilton*). B. Ein Spermatozoon ist in die Oozyte eingedrungen, die ihre zweite Reifeteilung vollendet und das zweite Polkörperchen ausgestoßen hat. Die Chromosomen liegen in einem bläschenförmigen Kern, dem weiblichen Vorkern. Die Zellen der Corona radiata sind teilweise abgelöst. Mehrere Spermatozoenköpfe sitzen in der Zona pellucida. C. Stadium mit männlichem und weiblichem Vorkern. D und E. Die Chromosomen ordnen sich auf der Spindel an, spalten sich in der Längsrichtung und wandern an die einander gegenüberliegenden Zellpole. F. Zweizellenstadium.

② **Beendigung der 2. Reifeteilung.** Die nach der Ovulation begonnene 2. Reifeteilung bleibt in der unbefruchteten Eizelle in der Metaphase stehen. Mit der Befruchtung wird die Teilung fortgesetzt und es kommt zum Ausstoß des zweiten Polkörperchens. Der zurückbleibende haploide Zellkern wandelt sich sogleich in den **weiblichen Vorkern** um (Abb. 2–**4** B).

③ **Aktivierung der Eizelle.** Die Eizelle wird durch die Befruchtung aktiviert. Im Zytoplasma erhöht sich der Stoffumsatz. Die Translation präformierter RNS setzt ein. Mit der Aktivierung beginnt die eigentliche Embryogenese. Eine Aktivierung der Eizelle ohne Eindringen eines Spermiums führt zur Parthenogenese.

Das Spermium dringt inzwischen weiter vor, bis es in die Nähe des weiblichen Vorkernes zu liegen kommt. Sein Kern schwillt an und bildet den **männlichen Vorkern** (Abb. 2–**4** C). Morphologisch lassen sich weiblicher und männlicher Vorkern nicht voneinander unterscheiden (Abb. 2–**5** A). Der Schwanz des Spermiums hat sich vom Kopf getrennt und löst sich im Zytoplasma der Eizelle auf.

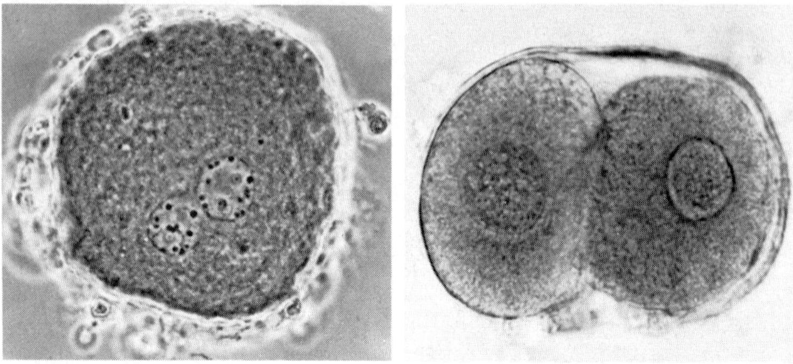

Abb. 2–**5** A. Befruchtetes menschliches Ei mit weiblichem und männlichem Vorkern, umgeben von Corona-radiata-Zellen. Phasenkontrast (Dr. L. Dickmann und Dr. R. Noyes, Vanderbilt University). B. Menschliche Zygote aus dem Eileiter im Zweizellenstadium mit zwei Polkörperchen. (Mit freundlicher Genehmigung der Carnegie Institution of Washington.)

Der weibliche und der männliche Vorkern reduplizieren getrennt ihre DNS. **Im Anschluß an die DNS-Synthese in den Vorkernen ordnen sich die reduplizierten Chromosomen auf einer gemeinsamen Spindel an**. Auf der Teilungsspindel sitzen wie bei einer regulären Mitose 46 Chromosomen. Die Schwesterchromatide wandern an die Zellpole und leiten die erste Zellteilung ein, aus der das Zweizellstadium hervorgeht (Abb. 2–**4** C–F).

Bei der Befruchtung wird folgendes erreicht: 1. Die **Wiederherstellung eines diploiden Chromosomensatzes**, der sich durch die Kombination je eines homologen Chromosoms vom Vater und von der Mutter von dem beider Eltern unterscheidet. 2. Die **Determination des genetischen Geschlechtes** des neuen Organismus. Ein ein X-Chromosom enthaltendes Spermium führt zur Entwicklung eines weiblichen (XX) und ein ein Y-Chromosom enthaltendes Spermium zur Entwicklung eines männlichen (XY) Embryo. 3. Die **Induktion von Furchungsteilungen**. Wenn die Eizelle nicht befruchtet wird, stirbt sie etwa 12–24 Stunden nach der Ovulation ab. Die Spermien können im weiblichen Genitaltrakt für etwa 24 Stunden überleben.

In-vitro-Befruchtung beim Menschen

Die Befruchtung menschlicher Eizellen *in vitro* ist in den letzten Jahren an mehreren Orten gelungen. Inzwischen konnte die Methode in Einzelfällen zur Überwindung einer auf dem Verschluß der Eileiter beruhenden Unfruchtbarkeit eingesetzt werden.

Die Eizelle wird aus dem Ovarialfollikel kurz vor der Ovulation abgesaugt, wenn sie gerade die Metaphase der ersten Reifeteilung erreicht hat. In einem einfachen Kulturmedium wird die Befruchtung durch Zugabe von Sperma sofort durchgeführt. Die Zygoten können bis zum Stadium der frühen Blastozyste kultiviert werden und müssen dann in den Uterus der Mutter reimplantiert werden.

Die Behandlung einer Infertilität durch In-vitro-Befruchtung hat eine geringe Erfolgsquote und ist mit einer großen körperlichen und psychischen Belastung der Mutter verbunden. Die Anwendung beim Menschen darf nach Ansicht der beteiligten Arbeitsgruppen wie bei anderen medizinischen Behandlungsmethoden nur aus ärztlicher Indikation und nicht zu wissenschaftlichen oder anderen Zwecken erfolgen [der Übers.].

M Abweichungen bei der Befruchtung

Superfetatio

Als Superfetatio wird eine Ovulation und Befruchtung während einer bestehenden Schwangerschaft bezeichnet. Normalerweise ist im Anschluß an eine Implantation die Ovulation blockiert. Superfetatio wurde trotzdem als äußerst seltenes Ereignis beschrieben.

Superfecundatio

Superfecundatio kann vorkommen, wenn in einem Zyklus mehrere Eizellen ovuliert und von Spermatozoen verschiedener Männchen befruchtet werden. Sie kommt bei verschiedenen Säugern vor.

Parthenogenese

Aus einem weiblichen Gameten kann kein Embryo entstehen ohne die Mitwirkung eines männlichen Gameten. Gelegentlich wird jedoch eine Oozyte aktiviert, ohne daß ein Spermium eingedrungen ist, und beginnt mit der Entwicklung. Eine derartige Entwicklungsanregung heißt Parthenogenese. Eine parthenogenetische Entwicklung der frühen Stadien von Säuger-Oozyten läßt sich durch Abkühlung, lokale Hitzeeinwirkung, durch Hyperthermie und andere Stimuli anregen. Über die Geburt eines lebensfähigen Organismus, der auf diese Weise erzeugt worden ist, wurde allerdings bisher noch nicht berichtet. In einigen Fällen wurden Furchungsstadien von Oozyten im Ovar beobachtet, die sich möglicherweise zu einem Ovarialteratom entwickeln können.

Furchung

Die befruchtete Eizelle wird als **Zygote** bezeichnet. Wenn die Zygote das Zweizellen-Stadium erreicht hat, durchläuft sie ein Reihe weiterer Mitosen, so daß die Zellzahl schnell ansteigt. Die Zellen werden mit jeder Furchungsteilung kleiner und heißen **Blastomeren** (Abb. 2–**6**). Wenn sich die Zygote wiederholt geteilt hat, sieht sie schließlich wie eine Maulbeere aus und heißt **Morula**.

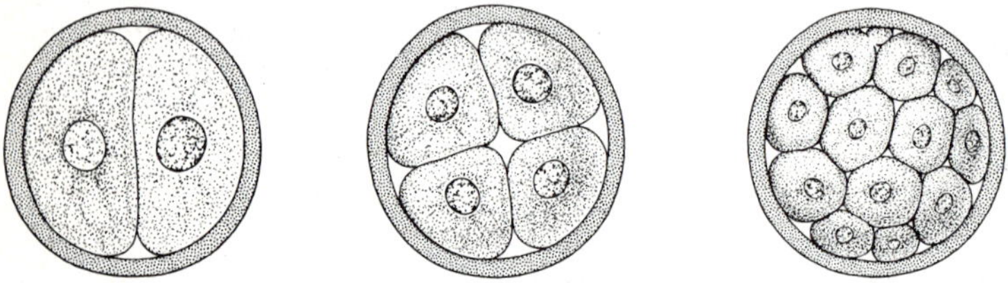

Abb. 2–**6** Schematische Darstellung der Zygotenentwicklung vom Zweizellenstadium bis zur späten Morula. Das Zweizellenstadium wird etwa 30 Stunden nach der Befruchtung erreicht, das Vierzellenstadium etwa 40 Stunden danach, das Zwölf- und Sechzehnzellenstadium etwa nach 3 Tagen und die späte Morula etwa nach 4 Tagen. Während dieser Entwicklung sind die Blastomeren noch von der Zona pellucida umgeben. Diese verschwindet erst am Ende des vierten Tages.

Bisher sind nur wenige Furchungsstadien beim Menschen beschrieben worden. Hertig u. Mitarb. konnten ein Zweizellen-Stadium mit zwei Polkörperchen und einer Zona pellucida aus dem Eileiter isolieren (Abb. 2–**6** B). Sein Alter ist unbekannt. Experimente *in vitro* haben jedoch gezeigt, daß die menschliche Zygote das Zweizellen-Stadium etwa 30 Stunden nach der Befruchtung erreicht. Dies scheint mit dem Zweizellen-Stadium beim Affen übereinzustimmen, das aus dem Eileiter 29½ Stunden nach der Ovulation gewonnen wurde. In diesem Stadium ist eine der Zellen gewöhnlich größer und teilt sich vermutlich zuerst, so daß ein Dreizellen-Stadium entsteht. Anschließend teilt sich die kleinere Zelle. *In vitro* wird das Vierzellen-Stadium 40 bis 50 Stunden nach der Befruchtung erreicht.

Während die Furchung fortschreitet, wandert die Zygote den Eileiter hinunter. Wenn sie das 12- bis 16-Zellen-Stadium erreicht hat, besteht sie aus einer zentral liegenden **inneren Zellmasse** und aus einer diese umgebenden **äußeren Zellschicht**. In diesem Stadium sehen alle Morulazellen noch gleich aus. Auf Grund der weiteren Entwicklung weiß man jedoch, daß die innere Zellmasse die Gewebe für den eigentlichen Embryo liefert, während die äußere Zellschicht den **Trophoblast** bildet, der sich später zur **Plazenta** entwickelt. Die Morula soll die Gebärmutterhöhle etwa im 12- bis 16-Zellen-Stadium erreichen. Die Gebärmutterschleimhaut befindet sich zu diesem Zeitpunkt in der frühen Sekretionsphase (Abb. 2–**9**).

Entwicklung der Blastozyste

Etwa um die Zeit, wenn die Morula in die Gebärmutterhöhle gelangt, beginnt Flüssigkeit in die Interzellularspalten der inneren Zellmasse einzudringen. Die Interzellularräume konfluieren allmählich miteinander und bilden schließlich eine einheitliche Höhle, die **Blastozystenhöhle** (Abb 2–**7** B und 2–**8** A). Jetzt löst sich auch die Zona pellucida innerhalb kurzer Zeit auf und die Zygote heißt nun **Blastozyste**. Die Zellen der inneren Zellmasse, die jetzt als **Embryoblast** bezeichnet

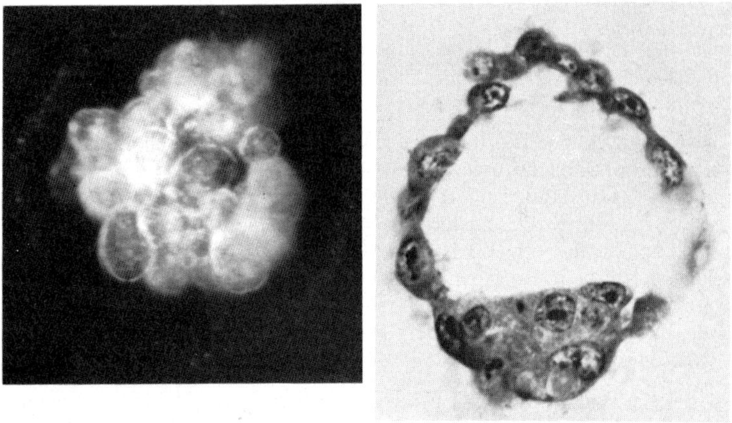

Ⓐ Ⓑ

Abb. 2–**7** A. Menschliche Zygote im Morula-Stadium (32 Zellen) nach Invitro-Kultivation von 32 Stunden. Beachte die unterschiedliche Größe der Blastomeren und den weiten Spaltraum unter der Zona pellucida (Prof. *L. B. Shettles*, Columbia Presbyterian Medical Center, New York). B. Schnitt durch eine menschliche Blastozyste aus 107 Zellen mit abgrenzbarem Embryoblast und Trophoblast. (Mit freundlicher Genehmigung der Carnegie Institution of Washington.)

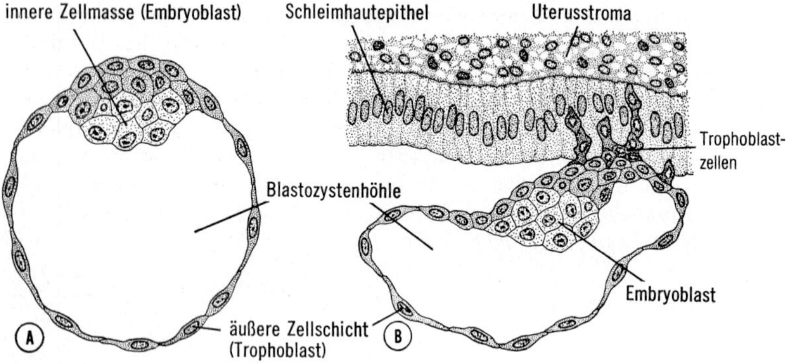

Abb. 2–**8** A. Schematisches Schnittbild durch eine menschliche Blastozyste, die im Alter von etwa 4½ Tagen aus der Uterushöhle isoliert wurde. Die hell gezeichneten Zellen gehören zur inneren Zellmasse (Embryoblast), die dunkel gezeichneten zur äußeren Zellschicht (Trophoblast) (modifiziert nach *Hertig* u. *Rock*). B. Schematisches Schnittbild durch die Blastozyste eines Rhesusaffen am 9. Entwicklungstage. Die Trophoblastzellen am embryonalen Pol der Blastozyste beginnen in die Uterusschleimhaut einzudringen (modifiziert nach *Wislocki* u. *Streeter*). Die menschliche Blastozyste beginnt wahrscheinlich am 5. oder 6. Entwicklungstag in die Uterusschleimhaut einzudringen.

werden, kommen auf einer Seite zu liegen, während die der äußeren Zellschicht oder des **Trophoblast** sich abflachen und die epitheliale Wand der Blastozyste bilden (Abb. 2–**8** A).

Zwei menschliche Blastozysten, die aus 58 und 107 Zellen bestanden und deren Alter auf etwa 4 bzw. 4½ Tage geschätzt wurde, konnten aus der Uterushöhle isoliert werden (Abb. 2–**7** B). *In vitro* wurde eine Blastozyste in fortgeschrittenem Stadium etwa 100 und 140 Stunden nach der Befruchtung beobachtet. Die aus 107 Zellen bestehende Blastozyste enthielt einen Embryoblast aus acht großen, vakuolisierten Zellen, während die übrigen 99 zum Trophoblast gehörten. Von diesen bildeten 69 die Wand der Blastozystenhöhle und 30 lagen über dem Embryoblast.

Über die **Anheftung** der Blastozyste in die Uterusschleimhaut liegen für den Menschen noch keine Beobachtungen vor. Aller Wahrscheinlichkeit nach tritt sie jedoch 5½ bis 6 Tage nach der Ovulation ein. Man nimmt an, daß der Vorgang der Anheftung mit dem beim Rhesusäffchen vergleichbar ist, bei dem die Einnistung 9 Tage nach der Ovulation stattfindet. Zu diesem Zeitpunkt beginnen die Trophoblastzellen an dem Pol der Blastozyste, an dem der Embryoblast liegt, zwischen die Epithelzellen der Uterusschleimhaut einzudringen (Abb. 2–**8** B). Wahrscheinlich sind das Eindringen und die anschließende Erosion des Schleimhautepithels der Wirkung proteolytischer Enzyme aus dem Trophoblast zuzuschreiben. Zweifellos unterstützt aber auch die Uterusschleimhaut die Trophoblasttätigkeit, so daß die Einnistung das Ergebnis einer gegenseitigen Beeinflussung darstellt. Die menschliche Zygote hat also am Ende der ersten Entwicklungswoche das Morula- und das Blastozystenstadium durchlaufen und damit begonnen, sich in der Uterusschleimhaut einzunisten (Abb. 2–**9**).

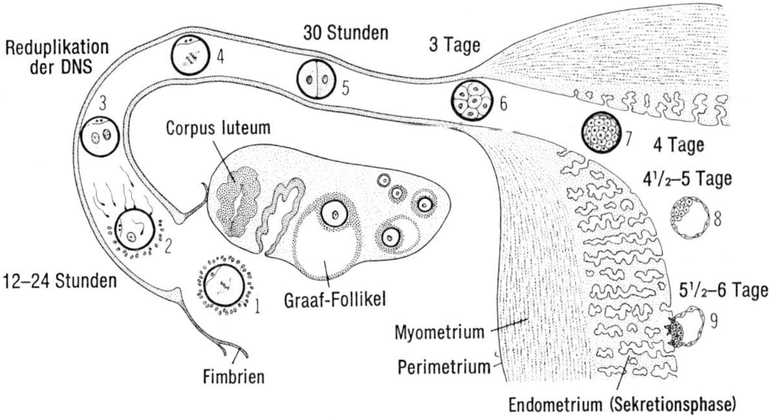

Abb. 2–**9** Schematische Darstellung der Entwicklungsvorgänge beim Menschen in der ersten Woche. (1) Oozyte direkt nach der Ovulation. (2) Befruchtung etwa 12 bis 24 Stunden nach der Ovulation. (3) Stadium mit männlichem und weiblichem Vorkern. (4) Teilungsspindel der 1. Furchungsteilung. (5) Zweizellenstadium (etwa 30 Stunden alt). (6) Morula mit 12 bis 16 Blastomeren (etwa 3 Tage alt). (7) Älteres Morulastadium beim Eintritt in das Uteruslumen (etwa 4 Tage alt). (8) Junge Blastozyste (etwa 4½ Tage alt). Die Zona pellucida ist verschwunden. (9) Frühes Stadium der Implantation (etwa 6 Tage alte Blastozyste). Im Ovar sind Entwicklungsstadien vom Primärfollikel bis zum Graaf-Follikel eingezeichnet sowie ein Corpus luteum. Das Endometrium befindet sich in der Sekretionsphase.

M Fehlgebildete Zygoten

Von mehreren Autoren wurden fehlgebildete Zygoten im Vorimplantationsstadium beschrieben. Von insgesamt acht Zygoten, die von Hertig u. Mitarb. aus dem Eileiter gewonnen wurden, schienen vier normal zu sein, während die übrigen vier fehlgebildet waren. In den fehlgebildeten Zygoten im Alter zwischen drei und fünf Tagen fanden sich vielkernige Blastomeren und in verschiedenem Ausmaß die Zeichen der Zelldegeneration. Es ist zweifelhaft, ob diese Zygoten zur Implantation fähig gewesen wären. Alle vier stammten jedoch von Patientinnen mit normaler Fruchtbarkeit. Aus derartigen Untersuchungen geht hervor, daß 16% aller Eizellen nicht mit der Furchung beginnen, obwohl sie Kontakt mit Spermien gehabt haben. Entweder kann kein Spermium eindringen, oder der Mechanismus der Zellteilung ist defekt. Weitere 15% gehen in der ersten Woche während der Furchung oder im Blastozystenstadium zugrunde. Da viele abnormale Zygoten in den Frühstadien der Entwicklung verlorengehen, ist dieser Vorgang häufig als „Selbstreinigung" gedeutet worden. Die nicht funktionsfähigen frühen Entwicklungsstadien werden eliminiert, ohne daß die Mutter es bemerkt.

Der Uterus bei der Implantation

Die Uteruswand wird von drei Schichten gebildet: 1. der inneren Schleimhautauskleidung, dem **Endometrium**, 2. einer dicken Schicht aus glatter Muskulatur, dem **Myometrium** und 3. dem Peritonealüberzug auf der Außenfläche, dem **Perimetrium** (Abb. 2-**9**).

Nach einer Ovulation tritt die Uterusschleimhaut in die **Sekretionsphase** ein (Abb. 2–**10**). Die Sekretionsphase wird durch das Progesteron hervorgerufen, das vom Corpus luteum gebildet wird. Die ersten Anzeichen einer Progesteronwirkung lassen sich zwei oder drei Tage nach der Ovulation erkennen. Die Schleimhautdrüsen und die Arterien beginnen sich zu schlängeln, das Stroma wird saftiger. Im Endometrium lassen sich schließlich drei Schichten gegeneinander abgrenzen: eine oberflächliche **Zona compacta**, eine lockere Zwischenschicht, die **Zona spongiosa**, und eine dünne **Zona basalis** (Abb. 2–**10**).

Menstruation

Wenn die Oozyte nicht befruchtet wird und keine Implantation stattfindet, füllen sich die Venolen und sinusoidalen Zwischenräume immer mehr mit Blutzellen an. Vor der Menstruation setzt eine vermehrte Diapedese roter und weißer Blutkörperchen in das Stroma ein. Mit dem Einsetzen der **Menstruation** tritt wahrscheinlich infolge einer vorübergehenden Konstriktion der Spiralarterien Blut aus den oberflächlichen Arterien aus. Kleine Stroma- und Drüsenstückchen lösen sich ab. In den folgenden drei oder vier Tagen werden die Zona compacta und Zona spongiosa aus dem Uterus ausgestoßen. Die Basalschicht bleibt als einziger Teil des Endometriums zurück (Abb. 2–**10**).

Gegen Ende der Menstruation ist das Endometrium auf ⅕ bis ⅒ seiner ursprünglichen Dicke reduziert. Der Ausfluß besteht aus Blut, Epithelzellen und Zerfallsprodukten und abgestorbenen Zellen. Es kommt zu keiner normalen Blutgerinnung, weil die für die Koagulation notwendigen Eiweißkörper von Enzymen abgebaut werden. Der Blutverlust während der Menstruation beträgt im Durchschnitt 50–60 ml. Die Zona basalis mit den kontrahierten Stümpfen der **Spiralarterien** stellt die Regenerationsschicht dar, aus der heraus die Drüsen und Arterien in der **Proliferationsphase** wieder aufgebaut werden (Abb. 2–**10**).

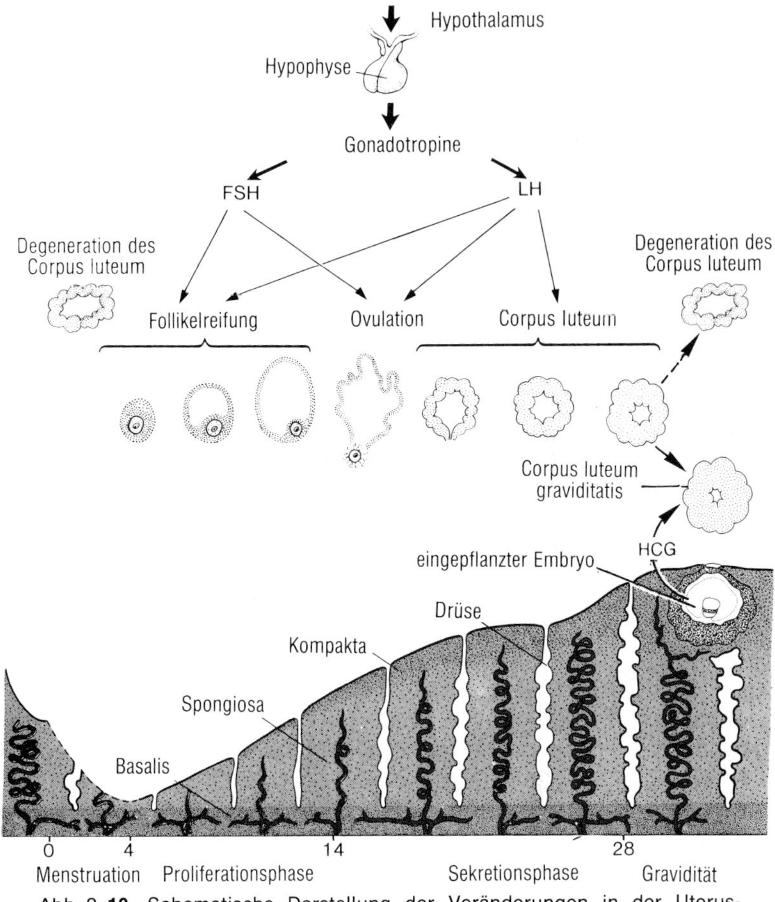

Abb. 2–**10** Schematische Darstellung der Veränderungen in der Uterusschleimhaut bezogen auf die Verhältnisse im Ovar und der Hypophyse (die Feed-back-Mechanismen sind nicht dargestellt). Die implantierte Blastozyste sezerniert HCG, so daß das Corpus luteum erhalten bleibt. Die sekretorische Aktivität des Endometriums nimmt infolge der großen Progesteronmengen, die vom Corpus luteum graviditatis ausgeschüttet werden, ständig zu.

Implantation

Die Blastozyste des Menschen implantiert sich im Bindegewebe (Interstitium) der Zona compacta der Uterusschleimhaut direkt unter dem Epithel **(interstitielle Implantation)** (Abb. 2–**10**).

Die Arterien, die die Zona spongiosa und Zona compacta versorgen, schlängeln sich und bilden ein dichtes Kapillarnetz direkt unter dem

Uterusepithel. Das Endometerium wird hochgradig ödematös und sieht blaß aus. Die zu diesem Zeitpunkt erwartete Abstoßung der Schleimhaut (Menstruation) wird von der implantierten Blastozyste durch die Sekretion von **Gonadotropem Hormon** *(HCG, Human Chorionic-Gonadotropin)* verhindert. Das HCG wird im Trophoblast gebildet. Es stimuliert nun anstelle des Luteotrophen Hormons (LH) das Corpus luteum im Ovar (Abb. 2–**10**). Das Corpus luteum geht nicht zugrunde, sondern wandelt sich in ein **Corpus luteum graviditatis** um. Der Progesteron-Spiegel fällt nicht ab. Die Menstruation bleibt aus.

Die Produktion von HCG ist die erste wesentliche Differenzierungsleistung des Embryo. Wenn sie fehlt oder defekt ist, geht die Blastozyste unbemerkt in der Regelblutung ab. Der Schwangerschaftstest beruht auf dem Nachweis von HCG im Harn der Mutter. Er ist erst nach erfolgter Implantation positiv.

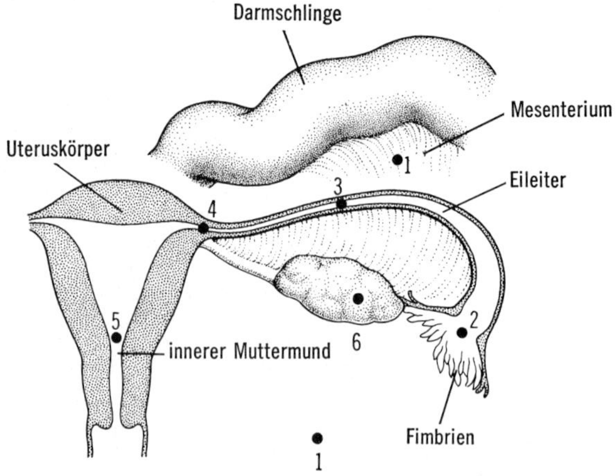

Abb. 2–**11** Abweichende Einnistungsorte der Blastozyste. (1) Implantation in der Leibeshöhle. Das Ei setzt sich am häufigsten in der Excavatio rectouterina (Douglas-Raum) fest. Es kann sich jedoch grundsätzlich überall im Peritoneum implantieren. (2) Implantation in der Ampulle des Eileiters. (3) Implantation im Eileiter. (4) Intramurale Implantation, das heißt, im engen Abschnitt der Tuba uterina. (5) Implantation im Bereich des inneren Muttermundes, die häufig zu Placenta praevia führt. (6) Implantation im Ovar (modifiziert nach *Hamilton, Boyd* u. *Mossman*).

M Abweichende Einnistungsorte

Die Blastozyste nistet sich beim Menschen normalerweise im Endometrium an der hinteren oder vorderen Wand des Uteruskörpers ein. Dort setzt sie sich zwischen den Drüsenöffnungen des Endometriums oder gelegentlich in der Mündung einer der Drüsengänge fest.

Aber selbst die Implantation innerhalb des Uterus kann gelegentlich zu schweren Komplikationen führen. Dies ist besonders der Fall, wenn sich die Blastozyste in der Nähe des inneren Muttermundes einnistet. Die Plazenta legt sich dann über den inneren Muttermund **(Placenta praevia)** und verursacht starke Blutungen in der zweiten Hälfte der Schwangerschaft und bei der Geburt.

Nicht selten findet die Implantation außerhalb des Uterus statt und führt so zu einer **ektopischen** oder **extrauterinen Gravidität**. Dies kann überall in der Bauchhöhle, dem Ovar oder dem Eileiter der Fall sein (Abb. 2–**11**). Eine ektopische Schwangerschaft führt gewöhnlich zum Absterben des Keimes und zu einer schweren mütterlichen Blutung im zweiten Schwangerschaftsmonat. Innerhalb der Bauchhöhle setzt sich die Blastozyste zumeist im Peritoneum der **Excavatio rectouterina (Douglas-Raum)** fest (Abb. 2–**12**). Die Blastozyste kann sich aber auch im Peritonealüberzug des Verdauungstraktes oder im Omentum implantieren. Eine extrauterine Schwangerschaft kann nur in den seltensten Fällen ausgetragen werden.

Manchmal entwickelt sich die Blastozyste im Ovarium selbst und verursacht eine **primäre Ovarialschwangerschaft**. In den meisten Fällen sitzt die ektopische Schwangerschaft im Eileiter **(Tubargravidität)**. Bei einer Tubargravidität platzt die Eileiter in der Regel im zweiten

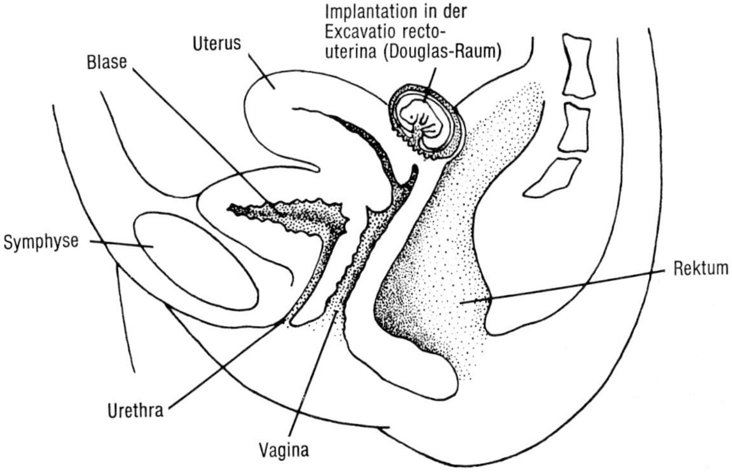

Abb. 2–**12** Extrauterine Gravidität. Der Embryo hat sich in der Excavatio rectouterina (Douglas-Raum) zwischen Rektum und Uterus eingenistet. Da das Ovar auf der Dorsalseite des Lig. latum sitzt, kommen befruchtete Eier, die zwischen Ovar und Fimbrienkranz herausrutschen, bevorzugt an diese Stelle zu liegen.

Schwangerschaftsmonat. Bedingt durch die starke Vaskularisation am Einnistungsort kommt es dann bei der Mutter zu einer schweren inneren Blutung (Abb. 2–**13**).

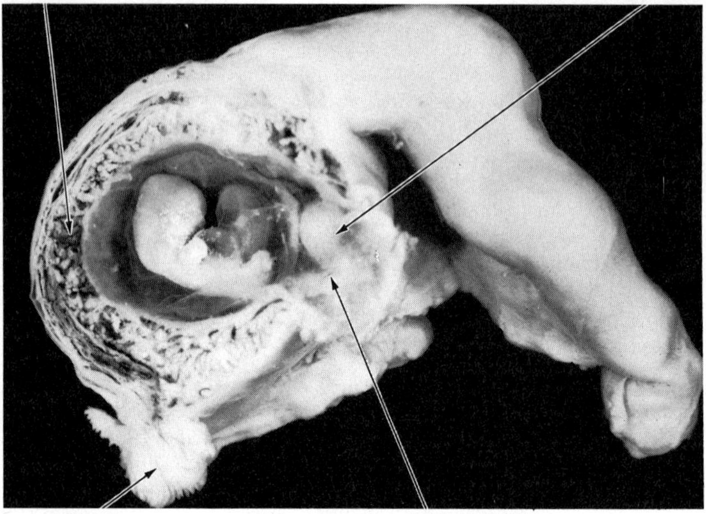

Abb. 2–**13** Eileiter mit Tubargravidität im Bereich der Ampulle. Der Embryo ist etwa 2 Monate alt. Die Infiltration der Eileiterwand durch den Trophoblast hat zur Eileiterruptur mit nachfolgender schwerer Blutung geführt.

Zusammenfassung: Erste Woche Von der Ovulation zur Implantation

1. Ovulation

Bei der Ovulation wird die **Oozyte** mit den Follikelepithelzellen des **Cumulus oophorus** aus dem Ovar ausgestoßen (Abb. 2–**2**). Die Eizelle wird durch die wischenden Bewegungen der Fimbrien in den Eileiter befördert. Die Eizelle hat kurz vor der Ovulation die **erste Reifeteilung beendet** und befindet sich bei der Ovulation in der Metaphase der 2. Reifeteilung.

2. Befruchtung

Die Befruchtung erfolgt innerhalb 6–12 Std. nach der Ovulation in der **Ampulle des Eileiters**. Bevor ein Spermium eine Eizelle befruchten kann, muß es (1) den Vorgang der **Kapazitation** durchlaufen – bei der Kapazitation werden im weiblichen

Genitaltrakt maskierende Glykoproteine vom Kopf des Spermiums entfernt – und (2) die **Akrosomreaktion** durchführen – dabei werden aus dem Akrosom Hyaluronidase und Proteasen (Akrosin) freigesetzt, die den Weg des Spermiums zur Eizelle bahnen. Bei der Befruchtung durchdringt das Spermatozoon die folgenden Schichten: (1) die **Corona radiata**, (2) die **Zona pellucida** und (3) durch Fusion die **Zellmembran der Oozyte** (Abb. 2–**3**).

Nach der Befruchtung laufen folgende Vorgänge ab: (1) Die Eizelle **beendet ihre zweite Reifeteilung** und bildet den **weiblichen Vorkern** aus. (2) Die Zona pellucida wird für weitere Spermien undurchdringlich **(Reaktion der Zona pellucida)**. (3) Der Kopf des Spermiums trennt sich vom Schwanz und schwillt zum **männlichen Vorkern** an (Abb. 2–**4**).

Beide Vorkerne duplizieren ihre DNS. Die verdoppelten Chromosomen ordnen sich auf einer **gemeinsamen Teilungsspindel** an, aus der durch Fortsetzung der Mitose das Zwei-Zell-Stadium entsteht.

Durch die Befruchtung kommt es (1) zur Wiederherstellung eines **diploiden Chromosomensatzes**, (2) zur **Determination des genetischen Geschlechtes** und (3) zur **Aktivierung der Eizelle** und zum Einsetzen der Furchung.

3. Furchung
Bei der Furchung durchläuft die Eizelle innerhalb der Zona pellucida eine Serie von Zellteilungen aus der die **Blastomeren** hervorgehen (Abb. 2–**6**). Am 3. Tag nach der Befruchtung erreicht die Zygote im 12- bis 16-Zellenstadium als **Morula** die Gebärmutterhöhle. Sie verliert ihre Zona pellucida und bildet eine Blastozystenhöhle aus. Die Zellen der **Blastozyste** gliedern sich in eine **äußere Zellmasse**, aus der der **Trophoblast** hervorgeht, und in eine **innere Zellmasse**, aus der der eigentliche Embryo entsteht **(Embryoblast)** (Abb. 2–**8** und 2–**9**).

4. Implantation
Die Blastozyste heftet sich zwischen dem 5. und 6. Tag an die
Schleimhaut an (Abb. 2–**8**). Im Verlauf der **zweiten Woche**
dringt sie in die Zona compacta der Gebärmutterschleimhaut
M ein **(Implantation)** (Abb. 3–**1**). Eine **Extrauteringravidität** kann
entstehen, wenn der Transport im Eileiter behindert ist. Die
Einnistung kann in der Tube selbst, im Douglas Raum oder im
Mesenterium erfolgen. Die Invasion des Trophoblast bei einer
Implantation außerhalb des Uterus kann zu einer lebensbedrohlichen Blutung bei der Mutter führen.

Kapitel 3

Zweite Woche

Implantation und zweiblättrige Keimscheibe

Im folgenden wird die Entwicklung nach dem **Alter in Tagen** dargestellt. Die Gliederung nach Tagen ist einprägsam und allgemein üblich. Sie hat jedoch Nachteile. In bezug auf die Befruchtung gleich alte Keime entwickeln sich nicht notwendigerweise gleich schnell. Als Befruchtungstermin wird der Zeitpunkt der Ovulation angenommen, da der Befruchtungstermin nicht bestimmt werden kann. Ovulationstermin und Befruchtung können bis zu 12 Stunden voneinander abweichen. Auch der Zeitpunkt der Ovulation läßt sich für die wenigsten Exemplare nachträglich exakt feststellen. Die Nachteile einer Einteilung in Tagen lassen sich durch eine Einteilung in Entwicklungsstadien weitgehend ausgleichen (vgl. die Darstellung der **Carnegie-Stadien** S. 409).

Achter Entwicklungstag

Trophoblast. Am achten Entwicklungstag ist die Blastozyste teilweise in das Endometriumstroma eingebettet. **Sie dringt mit dem embryonalen Pol,** das heißt mit dem Bereich, in dem der Embryoblast liegt, weiter **in die Schleimhaut ein**. Im Kontakt mit der Schleimhaut verdickt sich der Trophoblast. Im verdickten Bereich besteht er aus einer inneren Schicht mit einkernigen Zellen, dem **Zytotrophoblast**, und einer äußeren, vielkernigen Schicht ohne klare Zellgrenzen, dem **Synzytiotrophoblast** oder dem **Synzytium** (Abb. 3–**1** und 3–**2**). Mitosen findet man gewöhnlich im Zytotrophoblast, jedoch nicht im Synzytium. Da die Dicke des Synzytiums aber beträchtlich zunimmt, liegt die Vermutung nahe, daß die Trophoblastzellen sich im Zytotrophoblast teilen und anschließend in den Synzytiotrophoblast wandern. Am abembryonalen Pol bleibt der Trophoblast zunächst undifferenziert. Der nicht in die Schleimhaut eingedrungene Wandabschnitt besteht noch wie bei der freien Blastozyste (vgl. Abb. 2–**7** B) aus einem dünnen einschichtigen Epithel (Abb. 3–**1** und 3–**2**).

Embryoblast. Die Zellen im Zentrum des Embryoblast ordnen sich zu einer Epithelstruktur aus hochzylindrischen Zellen an. Das hochzylindrische, mehrreihige Epithel ist das **Ektoderm**. Gegen die Blastozy-

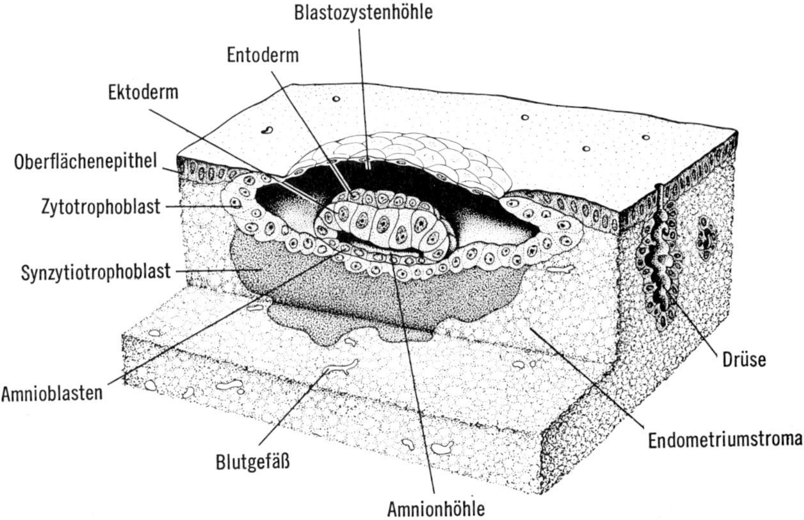

Abb. 3–**1** Die Zeichnung zeigt eine 7½ Tage alte menschliche Blastozyste, die teilweise in das Endometriumstroma eingebettet ist. Der Trophoblast besteht aus einer äußeren Schicht mit hellen einkernigen Zellen, dem Zytotrophoblast, und einer äußeren Schicht ohne klare Zellgrenzen, dem Synzytiotrophoblast. Der Embryoblast besteht aus einer Ektoderm- und einer Entodermschicht. Die Amnionhöhle erscheint als schmaler Spaltraum.

stenhöhle grenzt sich der Embryoblast durch eine Schicht aus kleinen polyedrischen Zellen ab, dem **Entoderm**. Beide Keimblätter zusammen bilden die zweiblättrige **Keimscheibe** (Abb. 3–**1**).

Bei der Formierung des Ektoderms entstehen im Embryoblast auf der dem Trophoblast zugewandten Seite Spalträume. Sie fließen zur **Amnionhöhle** zusammen. Gegen den Trophoblast wird die Amnionhöhle von flachen Zellen ausgekleidet, den **Amnioblasten**, die nach neuerer Ansicht vom Embryoblast abstammen. Die Schicht der Amnioblasten geht an den Rändern der Keimscheibe in das Ektoderm über.

Die Blastozyste dringt mit dem embryonalen Pol in die Schleimhaut ein (vgl. Abb. 2–**8** und 3–**1**). Am embryonalen Pol liegt der Embryoblast. Da sich dorsal das Ektoderm und ventral das Entoderm ausbildet, steht der Embryo relativ zur Oberfläche der Uterusschleimhaut auf dem Kopf. Auf den folgenden Darstellungen (Abb. 3–**2**ff.) ist daher der embryonale Pol immer nach oben und der abembryonale Pol und das Oberflächenepithel der Schleimhaut nach unten orientiert.

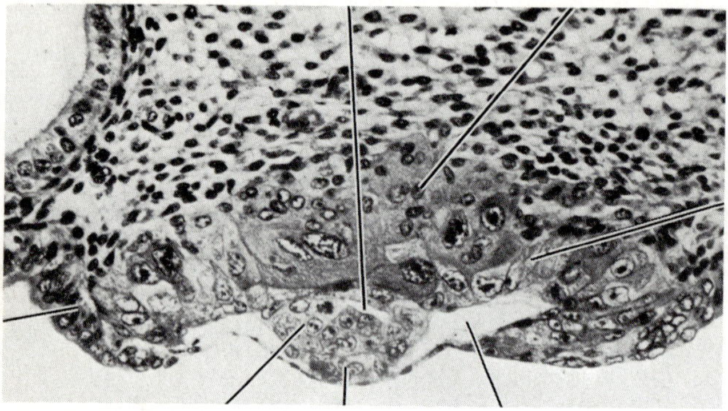

Abb. 3–**2** Histologischer Schnitt durch eine menschliche 7½ Tage alte Blastozyste (100 x). Der Synzytiotrophoblast erscheint als Anschnitt durch eine vielkernige Zelle. Der Zytotrophoblast ist am embryonalen Pol dick, am abembryonalen Pol gegen das Uteruslumen zu dagegen dünn ausgezogen. Über dem Ektoderm entsteht als Spaltraum die Amnionhöhle. (Mit freundlicher Genehmigung der Carnegie Institution of Washington.)

Das Endometriumstroma ist in der Nähe der Implantationsstelle ödematös und stark vaskularisiert. Die langen gewundenen Drüsen sezernieren reichlich Glykogen und Schleim.

Neunter Entwicklungstag

Trophoblast. Die Blastozyste ist noch tiefer in das Endometrium eingebettet. Der durch das Eindringen im Oberflächenepithel entstandene Defekt hat sich mit einem Fibrinkoagulum verschlossen (Abb. 3–**3**). Der Trophoblast hat sich besonders am embryonalen Pol beträchtlich weiterentwickelt. Dort erscheinen einzelne Vakuolen im Synzytium. Diese Vakuolen fließen zusammen und bilden weite Lakunen. Daher heißt diese Phase in der Trophoblastentwicklung **lakunäres Stadium** (Abb. 3–**3**).

Embryoblast. Während der Trophoblast weiter in das Endometrium eindringt, wandern vom Embryoblast abstammende Entodermzellen auf der Innenseite der Trophoblastschicht vor und kleiden schließlich die ehemalige Blastozystenhöhle ganz aus. Die Blastozystenhöhle wird durch den **primären Dottersack** ersetzt. (Abb. 3–**3**).

Die ursprünglichen Untersucher waren der Meinung, daß die dünne Wand des primären Dottersackes durch Delamination vom Tropho-

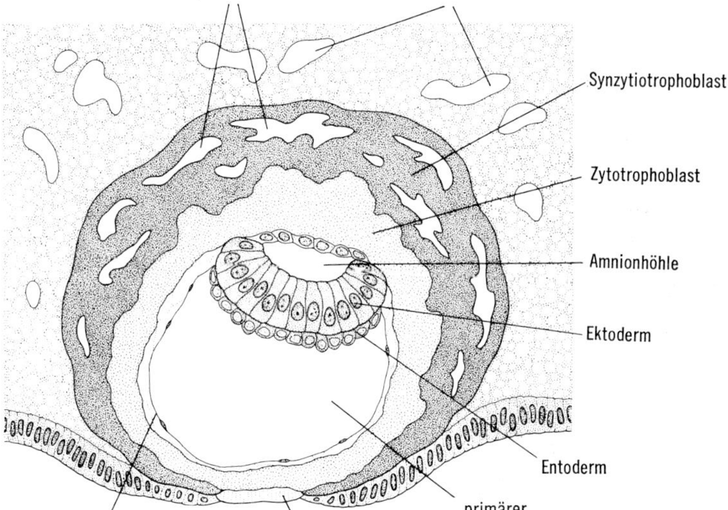

Abb. 3–**3** Schematische Darstellung einer 9 Tage alten menschlichen Blastozyste. Im Synzytiotrophoblast sind Lakunen vorhanden. Auf der Innenseite des Trophoblast breiten sich entodermale Zellen aus und bilden den primären Dottersack. Die zweiblättrige Keimscheibe besteht aus einer Schicht von hochzylindrischen Ektodermzellen und einer Schicht kleiner polyedrischer Entodermzellen. Die Amnionhöhle ist gut abgegrenzt. Der ursprüngliche Oberflächendefekt wird von einem Fibrinkoagulum verschlossen.

blast entsteht (Heuser-Membran). Nach den neueren Untersuchungen von LUCKETT (1978) kann man davon ausgehen, daß der primäre Dottersack wie bei den übrigen Säugern auch beim Menschen vom Embryoblast abstammt.

Elfter bis zwölfter Entwicklungstag

Trophoblast. Am elften bis zwölften Entwicklungstag ist die Blastozyste vollständig im Endometriumstroma eingebettet und das umgebende Oberflächenepithel wächst über den ursprünglichen Defekt im Schleimhautepithel hinweg (Abb. 3–**4** und 3–**5**). Die Blastozyste verursacht nur noch eine leichte Vorwölbung der inneren Uterusoberfläche.

Die Entwicklung des Trophoblast hat gegenüber dem neunten Tag bedeutende Fortschritte gemacht. Die lakunären Zwischenräume im Synzytium bilden ein kommunizierendes Netz. Besonders deutlich ist

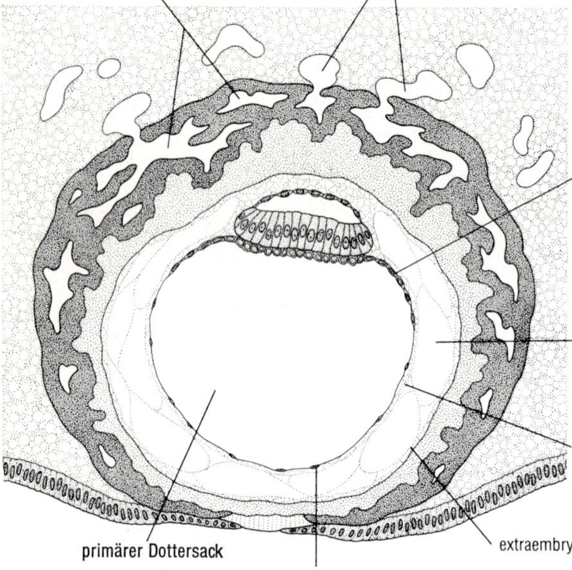

Abb. 3–**4** Schematische Darstellung einer etwa 12 Tage alten menschlichen Blastozyste. Die Trophoblastlakunen am embryonalen Pol stehen mit den mütterlichen Sinusoiden des Endometriumstromas in offener Verbindung. Am abembryonalen Pol ist der Trophoblast wenig differenziert. Durch die starke Ausdehnung des Trophoblast entsteht zwischen primärem Dottersack und Trophoblast ein Spaltraum, der von extraembryonalem Retikulum ausgefüllt wird, das nach neuerer Ansicht vom Entoderm und nicht vom Trophoblast abstammt.

dies am embryonalen Pol ausgeprägt. Am abembryonalen Pol besteht der Trophoblast hauptsächlich aus Zytotrophoblastzellen und weist nur wenig Lakunen auf (Abb. 3–**4** und 3–**5**).

Um die Einnistungsstelle herum sind die mütterlichen Kapillargefäße gestaut und erweitert. Es bilden sich **Sinusoide** aus. Man nimmt an, daß der Trophoblast einen Stoff produziert, der imstande ist, die Blutgefäße zu erweitern und auf diese Weise die Bildung von Sinusoiden zu fördern.

Die Synzytiumzellen dringen tiefer in das Stroma ein und beginnen, die endotheliale Auskleidung der mütterlichen Sinusoide zu zerstören. Mütterliches Blut tritt in das Lakunensystem über (Abb. 3–**4**).

Mit dem weiteren Eindringen des Trophoblast in das Stroma werden mehr und mehr Bluträume eröffnet, und an vielen Stellen entwickeln sich Verbindungen zwischen den Lakunen und dem arteriellen oder venösen Schenkel des mütterlichen Kreislaufsystems (Abb. 3–**5**).

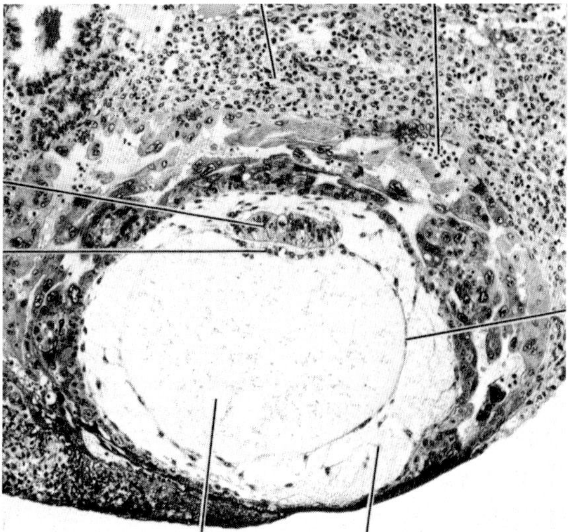

Abb. 3–**5** Histologischer Schnitt durch eine 12 Tage alte menschliche Blastozyste (100 x). Sie ist vollständig in die Uterusschleimhaut eingebettet. Die Trophoblastlakunen füllen sich mit mütterlichem Blut. (Mit freundlicher Genehmigung der Carnegie Institution of Washington.)

Infolge der Druckdifferenz zwischen arteriellen und venösen Kapillaren beginnt das mütterliche Blut durch die Trophoblastlakunen zu fließen. Damit ist der **uteroplazentare Kreislauf** entstanden.

Die Zellen im Endometrium werden polyedrisch und beladen sich mit Glykogen und Lipiden; die Interzellularräume füllen sich mit Flüssigkeit und das Gewebe wird ödematös. Diese Umwandlung, die **deziduale Reaktion,** beschränkt sich zunächst auf die unmittelbare Nachbarschaft des Einnistungsortes, breitet sich jedoch bald auf das gesamte Endometrium aus.

Embryoblast. Im Verhältnis zu dem expandierenden Trophoblast wächst die zweiblättrige Keimscheibe nur wenig. Der Durchmesser der gesamten Blastozyste beträgt etwa 0,75 mm, der Durchmesser der

Keimscheibe jedoch nur 0,15–0,2 mm. Das enorme Wachstum des Trophoblast bei der Implantation führt jedoch schnell zu einem Mißverhältnis zwischen der Größe des Dottersacks und der Trophoblasthöhle. Der zwischen primärem Dottersack und innerer Oberfläche des Trophoblast entstehende Spaltraum wird durch ein lockeres extraembryonales Retikulum ausgefüllt, das ebenfalls von den Entodermzellen des Embryoblast abstammt **(entodermales Retikulum)** (Abb. 3–**4** u. 3–**5**).

Dreizehnter Entwicklungstag

Am dreizehnten Entwicklungstag ist der Oberflächendefekt im Endometrium gewöhnlich abgeheilt. Manchmal kann es jedoch zu einer **Blutung an der Einnistungsstelle** kommen, die durch einen vermehrten Bluteinstrom in die lakunären Räume am abembryonalen Pol verursacht wird. Da diese Blutung ungefähr am 28. Tag des Menstruationszyklus eintritt, kann sie mit einer normalen Menstruationsblutung verwechselt werden und so zu einem Fehler bei der Berechnung des erwarteten Geburtstermins führen.

Der Trophoblast entwickelt sich besonders am embryonalen Pol weiter. Die Trabekel des Synzytiums richten sich so aus, daß sie vom Zytotrophoblast strahlenförmig ausgehen (Abb. 3–**6**). In die Trabekel wachsen Zytotrophoblastzellen hinein. Diese werden damit zu **Primärzotten** (Abb. 3–**6** und 4–**7** A).

Im Inneren der Blastozyste kommt es zu einer grundlegenden Umorganisation der Embryonalanlage durch zwei miteinander verbundene Vorgänge:

(1) Am hinteren Pol der Keimscheibe entsteht **extraembryonales Mesoderm**, das sich auf der Innenfläche des Trophoblasten ausbreitet und damit die Trophoblasthöhle in die Chorionhöhle umwandelt.

(2) Der primäre Dottersack zerreißt. Seine freien Ränder schließen sich zum sehr viel kleineren **sekundären Dottersack** zusammen.

Diese Umorganisation führt dazu, daß die Keimscheibe nun zwischen der Amnionhöhle und dem sekundären oder definitiven Dottersack ausgespannt ist. Die gesamte Embryonalanlage mit Amnionhöhle und Dottersack ist ihrerseits über einem Haftstiel aus extraembryonalem Mesoderm in einer weiten Chorionhöhle aufgehängt (Abb. 3–**6** u. 3–**7**).

Entwicklung von extraembryonalem Mesoderm. Am hinteren Pol der Keimscheibe bildet sich eine vom Ektoderm ausgehende Verdickung zwischen beiden Keimblättern. Aus ihr gehen Mesodermzellen hervor, die sich zunächst außerhalb der Keimscheibe (extraembryonal) auf der Oberfläche des Trophoblast sowie auf dem Dach der Amnionhöhle und entlang der Wand des primären Dottersacks ausbreiten (Abb. 3–**6**). Aus der Verdickung am kaudalen Pol der Keimscheibe entsteht

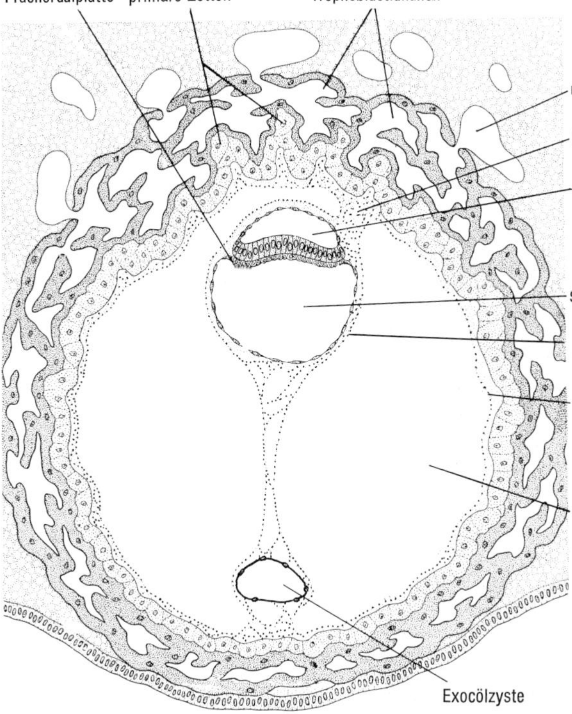

Abb. 3–**6** Schematische Zeichnung einer 13 Tage alten menschlichen Blastozyste, die vollständig in das Endometrium eingebettet ist. Die Trophoblastlakunen sind jetzt sowohl am embryonalen als auch am abembryonalen Pol vorhanden. Der uteroplazentare Kreislauf hat begonnen. Beachte die Entstehung der primären Stammzotten und des extraembryonalen Zöloms. Der sekundäre Dottersack besitzt eine Wandung aus Entoderm und Dottersack-Mesoderm (extraembryonales viszerales Mesoderm). Die Exozölzyste innerhalb des extraembryonalen Zöloms stellt ein Überbleibsel des primären Dottersackes dar.

im folgenden Stadium der Primitivstreifen, aus dem das intraembryonale Mesoderm hervorgeht.

Entstehung der Chorionhöhle. Die Chorionhöhle entspricht einem extraembryonalen Zölom. Entsprechend kann die Mesodermauskleidung der Außenwand als **extraembryonales parietales Mesoderm** und die Auskleidung der Innenwand als **extraembryonales viszerales Mesoderm** bezeichnet werden (Abb. 3–**6**). Die für die Ernährung des Embryos notwendige frühzeitige Differenzierung des Trophoblast führt dazu, daß die **extraembryonale Leibeshöhle (Zölom)** eher entsteht als die eigentliche intraembryonale Leibeshöhle. Der von Meso-

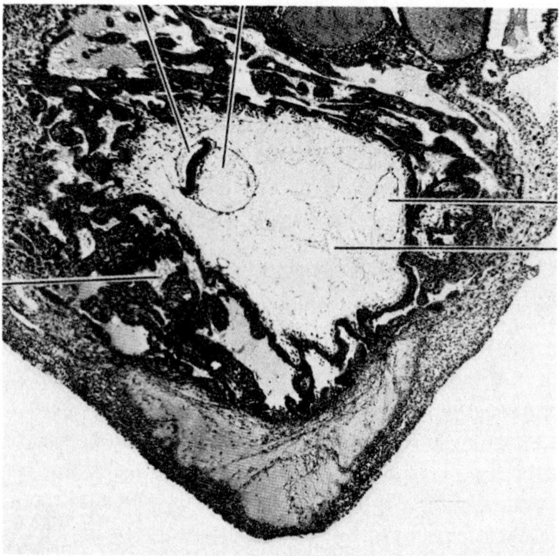

Abb. 3–**7** Schnitt durch den Implantationsort eines 13 Tage alten Embryos. Die Keimscheibe ist zwischen Amnionhöhle und Dottersack ausgespannt. Die relativ kleine Embryonalanlage ist am Haftstiel in der großen Chorionhöhle befestigt. (Mit freundlicher Genehmigung der Carnegie Institution of Washington.)

derm bedeckte Trophoblast wird als **Chorion** bezeichnet. Das **Chorionmesoderm** (extraembryonales parietales Mesoderm) dringt im folgenden Stadium in die Zotten ein und ist der Ausgangspunkt für die Entwicklung von Choriongefäßen (vgl. Abb. 4–**9**).

Umwandlung des primären in den sekundären Dottersack

Die Ausbildung von zwei Dottersacksystemen kommt nur bei den Primaten vor. Sie hängt funktionell wahrscheinlich mit der enormen Ausbildung des Trophoblasten oder des Chorions bei der interstitiellen Implantation zusammen. Durch das „Platzen" des primären Dottersacks wird die Bildung eines kleineren definitiven Dottersacks möglich. Vom primären Dottersack bleiben abgesprengte Teile zusammen mit entodermalem extraembryonalen Retikulum in der Chorionhöhle als Exozölzysten zurück (Abb. 3–**6** und 3–**7**). Der vom großen primären Dottersack eingenommene Raum geht in der Chorionhöhle auf.

Haftstiel

Der Haftstiel besteht aus extraembryonalem Mesoderm, das die Embryonalanlage mit dem Chorion verbindet (Abb. 3–**6**). Im Haftstiel entwickeln sich später die Nabelgefäße. In den Haftstiel hinein erstreckt sich die Allantois (vgl. Abb. 5–**10**).

Die Erstbeschreiber der frühen Implantationsstadien des Menschen nahmen an, daß das extraembryonale Mesoderm vom Trophoblast abstammt. Die erneute Untersuchung dieser Frage an den menschlichen Exemplaren der Carnegie-Sammlung durch Luckett (1978) ergab, daß auch das extraembryonale Mesoderm aus dem Embryoblast hervorgeht.

Am Ende der zweiten Woche besteht die Keimscheibe aus zwei aufeinanderliegenden Zellschichten: dem **Ektoderm**, das den Boden der sich ständig ausweitenden **Amnionhöhle** bildet, und dem **Entoderm**, das das Dach des sekundären **Dottersackes** bildet. In seinem kranialen Abschnitt weist das Entoderm eine leichte Verdickung auf, die **Prächordalplatte**. Dabei handelt es sich um einen Bezirk aus zylindrischen Zellen, die dem darüberliegenden Ektoderm fest anliegen (Abb. 3–**6** und 4–**1**).

M Störungen der Entwicklung

In der zweiten Woche ist eine normale Schwangerschaft noch nicht erkennbar. Ein Frühabort fällt mit der Regelblutung zusammen und bleibt unbemerkt. Unsere Kenntnis der frühen Implantationsstadien des Menschen geht auf die einmalige Zusammenarbeit des Gynäkologen J. Rock und des Pathologen A. T. Hertig mit der embryologischen Arbeitsgruppe am Carnegie-Institut, Washington, zurück. In einer Zusammenstellung beschrieben sie eine Serie von 26 implantierten Blastozysten im Alter von 7 ½ bis 17 Tagen (Hertig, Rock and Adams: Amer. J. Anat. 98 [1956] 435). Alle Keime stammten von Patientinnen mit normaler Fruchtbarkeit. Überraschenderweise waren neun (34,6%) von ihnen fehlgebildet. Einige bestanden nur aus Synzytium, während andere eine mehr oder weniger ausgeprägte Hypoplasie des Trophoblast aufwiesen. Bei zweien fehlte der Embryoblast und bei einigen anderen lag eine abnorme Orientierung der Keimscheibe vor (Abb. 3–**8**).

Wahrscheinlich hätten die meisten der fehlgebildeten Blastozysten überhaupt keine Schwangerschaftszeichen hervorgerufen, da der Trophoblast so schlecht ausgebildet war, daß das Corpus luteum nicht erhalten geblieben wäre. Sie wären höchstwahrscheinlich bei der nächsten Menstruation abgegangen. Andere hätten vielleicht noch einige Zeit überlebt, um dann zu einem späteren Zeitpunkt abortiert zu werden.

Hertig hat seine langjährigen Erfahrungen bei Absuchen von Hysterektomiematerial auf Implantationsorte folgendermaßen zusammenge-

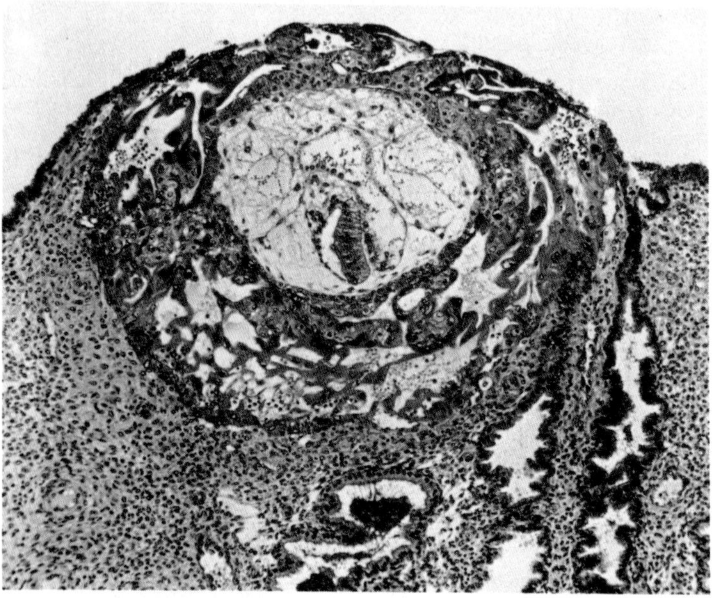

Abb. 3–**8** Histologischer Schnitt durch eine fehlgebildete, 12 Tage alte menschliche Blastozyste. Vgl. Abb. 3–**5**. Die Uterusschleimhaut mit Dezidua und Drüsenschläuchen befindet sich unten im Bild. Die Orientierung der Keimscheibe und die Lage und Größe des Dottersackes sind abnorm. Es ist nicht sicher, ob diese Frucht abortiert worden wäre. (Mit freundlicher Genehmigung der Carnegie Institution of Washington.)

faßt: Unter optimalen Bedingungen für eine Schwangerschaft werden 15 % der Eizellen nicht befruchtet. Bei weiteren 10–15 % beginnt zwar die Furchung, es kommt aber nicht zu einer Implantation. Von den restlichen 70–75 % überleben nur 58 % bis zum Ende der zweiten Woche. Von ihnen sind wiederum 16 % fehlgebildet. Infolgedessen überleben nur 42 % der mit Sperma in Berührung gekommenen Eier bis zum Zeitpunkt der ersten bei einer Schwangerschaft ausbleibenden Menstruation. Von diesen geht ein Teil noch in den folgenden Wochen ab oder wird schließlich mißgebildet geboren.

Bei einigen der mißgebildeten Blastozysten zeichnet sich der Trophoblast durch eine gesteigerte Proliferation aus. Es entsteht ein vom kindlichen Gewebe ausgehender Tumor. Die gutartige, nichtinvasive Form wird als **Blasenmole** (Mola hydatidosa) bezeichnet. Der Embryo stirbt ab, die Uterushöhle ist von Wucherungen des Trophoblast mit blasenförmig erweiterten Zotten ausgefüllt. Die bösartige, invasive und metastasierende Form ist das **Chorionepitheliom**.

Zusammenfassung: Zweite Woche
Implantation und zweiblättrige Keimscheibe

Entwicklung des Trophoblast

1. Zytotrophoblast und Synzytiotrophoblast
In der 2. Woche dringt die Blastozyste in die Schleimhaut ein **(interstitielle Implantation)**. Der Trophoblast bildet eine innere, aktiv proliferierende Schicht, den **Zytotrophoblast**, und eine äußere vielkernige Schicht, den **Synzytiotrophoblast** (Abb. 3–**1** und 3–**2**).

2. Entstehung des uteroplazentaren Kreislaufs
Im Synzytiotrophoblast treten **Lakunen** auf (Abb. 3–**3**). Aus den arrodierten mütterlichen Gefäßen strömt mütterliches Blut in die Lakunen ein, so daß ein **einfacher uteroplazentarer Kreislauf** entsteht (Abb. 3–**6**).

Der Synzytiotrophoblast produziert **Choriongonadotropin (HCG)**, das das **Corpus luteum graviditatis** erhält und das im **immunologischen Schwangerschaftstest** im Harn der Schwangeren nachgewiesen werden kann.

Entwicklung des Embryoblast

1. Ektoderm und Entoderm
Die Zellen des Embryoblast bilden eine **Entoderm-** und eine **Ektodermschicht** aus, so daß eine **zweiblättrige Keimscheibe** entsteht (Abb. 3–**1**).

2. Amnionhöhle und primärer Dottersack
Über dem **Ektoderm** entsteht die **Amnionhöhle**. Die **Entodermzellen** kleiden die Blastozystenhöhle aus und bilden so den **primären Dottersack**. Zwischen Trophoblast und primärem Dottersack entsteht ein Spaltraum, der von **entodermalem Retikulum** ausgefüllt wird (Abb. 3–**4**).

3. Chorionhöhle und sekundärer Dottersack
Durch die enorme **Ausdehnung des Trophoblast** vergrößert sich die Trophoblasthöhle. Am 13. Tag entsteht am verdickten kaudalen Pol der Keimscheibe Mesoderm, das sich als **extraembryonales Mesoderm** in der Trophoblasthöhle ausbreitet. Der primäre Dottersack platzt und wandelt sich in den kleineren **definitiven (sekundären) Dottersack** um. Es entsteht die vom Mesoderm ausgekleidete **Chorionhöhle**, in der die Embryonalanlage mit Amnionhöhle und Dottersack am mesodermalen **Haftstiel** aufgehängt ist (Abb. 3–**6**).

Dritte Woche

Die dreiblättrige Keimscheibe

Bildung des Primitivstreifens

Nachdem am Ende der zweiten Woche das extraembryonale Mesoderm aus dem verdickten Bereich am kaudalen Pol der Keimscheibe hervorgegangen ist, schließt sich zu Beginn der dritten Woche die Bildung des **intraembryonalen Mesoderms** an. Die kaudale Verdikkung der Keimscheibe wächst als **Primitivstreifen** auf die Prächordalplatte zu. Der Primitivstreifen wird auf der Oberfläche des Ektoderms am Boden der Amnionhöhle als unscharf begrenzter Streifen sichtbar (Abb. 4–**1,** 4–**2** A und 4–**6**). Bei einem 15 bis 16 Tage alten Embryo ist

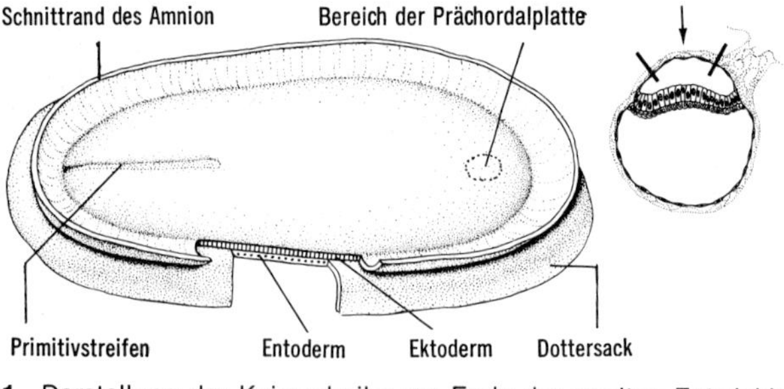

Abb. 4–**1** Darstellung der Keimscheibe am Ende der zweiten Entwicklungswoche. Die Amnionhöhle ist eröffnet, so daß man von dorsal her auf das Ektoderm herabsieht (s. Ausschnitt rechts oben). An einer Stelle sind Amnion und Dottersackwand entfernt, um den engen Kontakt zwischen dem Entoderm und dem Ektoderm zu zeigen. Beachte die Bildung des Primitivstreifens.

er bereits deutlich als eine Rinne mit beiderseits erhöhten Rändern zu erkennen. Kranial endet der Primitivstreifen im **Primitivknoten**, einem leicht erhöhten Bezirk mit einer kleinen Grube (Abb. 4–**2**). Auf einem Querschnitt durch die Keimscheibe im Bereich des Primitivstreifens nehmen die Zellen eine birnenförmige Gestalt an und stehen mit einer neuen lockeren Zellschicht in Verbindung, die sich zwischen Ektoderm und Entoderm entwickelt (Abb. 4–**2** B).

In Analogie zu Beobachtungen bei anderen Wirbeltieren nimmt man an, daß auch beim Menschen Ektodermzellen an der Oberfläche der Keimscheibe auf den Primitivstreifen zuwandern (Abb. 4–**3**). Im Bereich des Streifens runden sich die Zellen ab und wandern in die

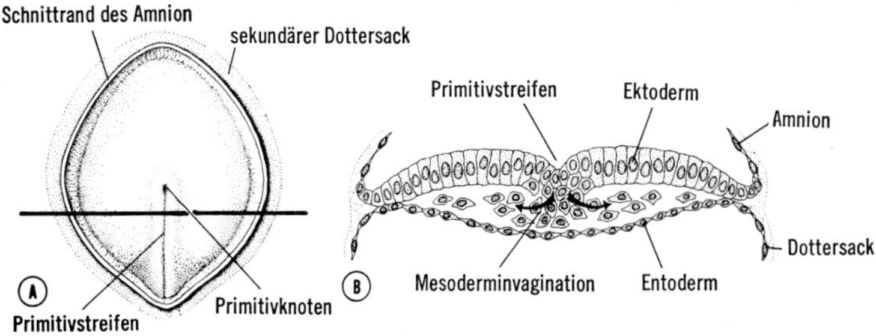

Abb. 4–**2** A. Schematische Zeichnung eines 16 Tage alten Embryos kurz vor der Somitenbildung in der Ansicht von dorsal (modifiziert nach *Streeter*). Primitivstreifen und -knoten sind gut erkennbar. B. Querschnitt im Bereich des Primitivstreifens wie in A eingezeichnet. Die invaginierten Mesodermzellen wandern nach lateral.

Primitivrinne hinein. Diese Bewegung heißt **Invagination.** Die invaginierten Zellen wandern zwischen Ektoderm und Entoderm nach lateral und bilden so ein **mittleres Keimblatt,** das **Mesoderm** (Abb. 4–**2** B).

Immer mehr Zellen schieben sich zwischen Ektoderm und Entoderm ein und wandern als intraembryonales Mesoderm in lateraler und kranialer Richtung (Abb. 4–**3**). Am Rand der Keimscheibe verschmilzt

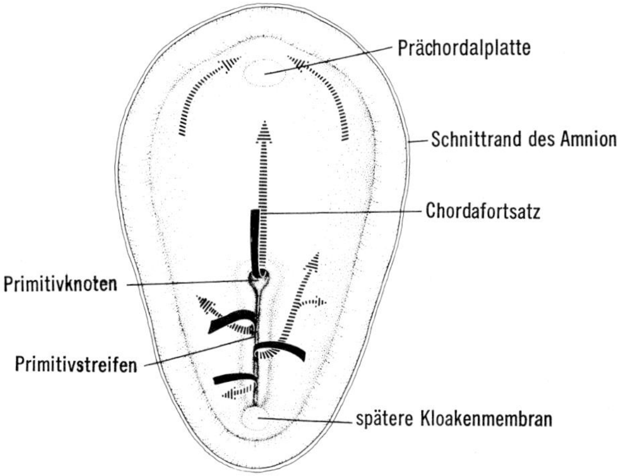

Abb. 4–**3** Schematische Darstellung einer Keimscheibe von dorsal. Die schwarzen Pfeilabschnitte veranschaulichen die Bewegung der Oberflächenzellen auf den Primitivstreifen und -knoten zu. Die durchbrochenen Pfeilabschnitte zeigen die anschließende Wanderung der Mesodermzellen zwischen Ektoderm und Entoderm. Der Chordafortsatz erstreckt sich in der Mittellinie vom Primitivknoten bis zur Prächordalplatte.

das intraembryonale mit dem extraembryonalen Mesoderm (Abb. 4–**4** B). Die Zellen, die nach kranial noch an der Prächordalplatte vorbeiwandern, bilden den Ausgangspunkt für das spätere Herzblastem (Abb. 4–**3**).

Chordafortsatz. Die im Bereich des Primitivknotens invaginierten Zellen wandern direkt nach kranial. Sie bilden einen röhrenförmigen Fortsatz, der als **Chordafortsatz** bezeichnet wird (Abb. 4–**4** A). Der Chordafortsatz ist die Anlage des primitiven Achsenorgans, der **Chorda dorsalis.** Der kleine Zentralkanal im Chordafortsatz kann als Aussackung der Primitivgrube im Primitivknoten aufgefaßt werden.

Am **17. Entwicklungstag** trennt die Mesodermschicht zusammen mit dem Chordafortsatz das Entoderm und das Ektoderm vollständig voneinander. Eine Ausnahme bildet in dieser Beziehung kranial der Bereich der **Prächordalplatte.** Hier liegen Entoderm und Ektoderm noch direkt aufeinander. Das Entoderm ist verdickt, da es Mesodermmaterial für den Kopfbereich enthält, das erst mit der Ausbildung der Mundbucht als Teil des unabhängig vom Primitivstreifen gebildeten Kopfmesenchyms aus der Entodermschicht auswandert (vgl. Abb. 13–**1**). Kaudal befindet sich ebenfalls ein Bezirk, in dem Ektoderm und Entoderm direkt aufeinanderliegen. Dies ist der Bereich der späteren **Kloakenmembran** (Abb. 4–**4** A).

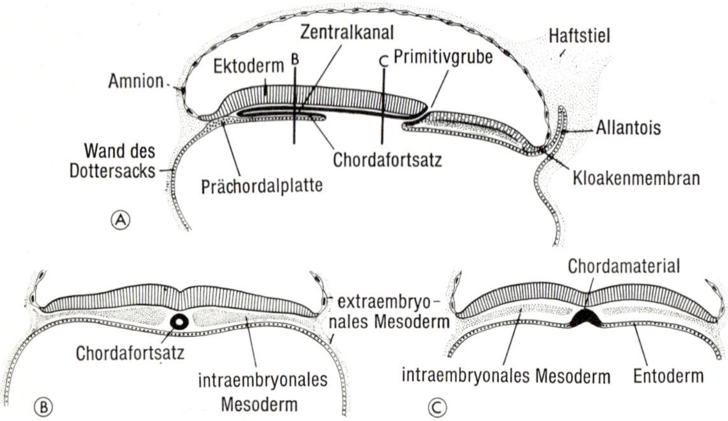

Abb. 4–**4** A. Schematischer Längsschnitt durch einen 17 Tage alten Embryo, der die Lage des Chordafortsatzes zeigt. Der Zentralkanal im Chordafortsatz geht von der Primitivgrube aus. B. Querschnitt im vorderen Bereich, in dem der Chordafortsatz in seiner ursprünglichen Form mit einem Zentralkanal noch vorhanden ist. C. Querschnitt durch den Bereich, in dem das Material des Chordafortsatzes vorübergehend in das Entoderm eingeschaltet ist.

Canalis neurentericus. Am **18. Entwicklungstag** wird der Chordafortsatz vorübergehend in die Entodermschicht inkorporiert. Die Einschaltung der Chorda in das Entoderm kommt nur beim Menschen und nicht bei den übrigen höheren Säugern, jedoch auch beim Meerschweinchen vor. Es handelt sich um einen Entwicklungsvorgang, der an die Verhältnisse bei niederen Wirbeltieren erinnert. Der Boden des Chordafortsatzes verschmilzt mit dem darunterliegenden Entoderm. Das Lumen des Chordafortsatzes verschwindet (Abb. 4–**4** A). Als Rest bleibt ein kleiner Kanal zurück, der vorübergehend den Dottersack mit der Amnionhöhle und nach Schluß des Neuralrohres mit dem Neuralkanal verbindet **(Canalis neurentericus)** (Abb. 4–**4** A und 4–**5** A). Das Zellmaterial des Chordafortsatzes ist damit als längliche Zellplatte in das Entoderm eingeschaltet (Abb. 4–**4** C). Anschließend löst sich die Anlage der Chorda als solider Strang wieder aus dem Entoderm heraus. Das Entoderm bildet unter der Chorda wie zuvor eine ununterbrochene Zellschicht als Dach des Dottersackes (Abb. 4–**5** B).

Parallel zur Bildung der Kloakenmembran entsteht an der Hinterwand des Dottersackes ein kleines Divertikel, das sich in den Haftstiel hinein erstreckt. Dieses Divertikel, das **Allantois-Divertikel** oder die **Allan-**

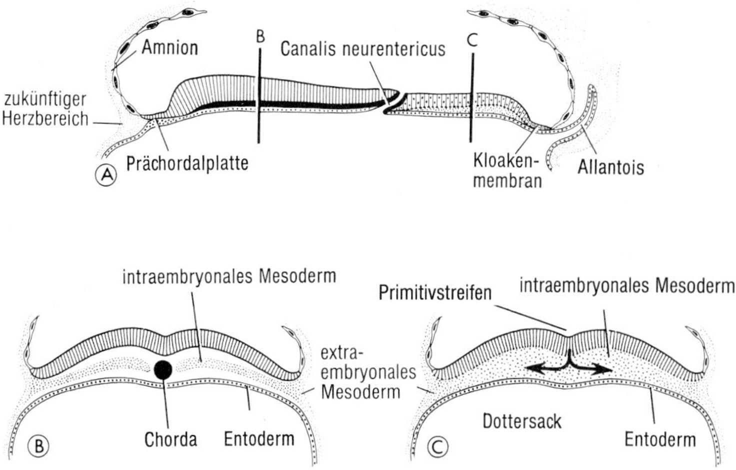

Abb. 4–**5** Schematischer Längsschnitt durch einen 18 Tage alten Embryo. Die definitive Chorda hat sich gebildet. Als Überbleibsel der Einschaltung in das Entoderm ist noch der Canalis neurentericus zwischen Amnionhöhle und Dottersack erhalten. B. Querschnitt durch den kranialen Teil der Keimscheibe mit Chorda und intraembryonalem Mesoderm. C. Querschnitt durch den kaudalen Teil. Hier ist der Primitivstreifen noch vorhanden. Die Invagination von Mesoderm hält bis in die vierte Woche an.

tois tritt etwa am 16. Entwicklungstag auf (Abb. 4–**4** und 4–**5**) (Zur Funktion vgl. S. 72).

Die ursprünglich flache, runde Keimscheibe zieht sich allmählich in die Länge und besteht am 18. Tag aus einem breiten kranialen und einem schmalen kaudalen Abschnitt (Abb. 4–**6** A, B). Ein Vergleich mit jüngeren Stadien zeigt deutlich, daß sich die Keimscheibe besonders kranial vergrößert, während sie im Bereich des Primitivstreifens in ihrer Größe mehr oder weniger gleich bleibt. Man muß sich hier klarmachen, daß die Vergrößerung und Verlängerung des kranialen Keimscheibenabschnittes zum großen Teil auf die andauernde Wanderung von Zellen aus dem Primitivknoten in kranialer Richtung zurückzuführen ist. Dabei handelt es sich zum Teil um eine relative Bewegung, da die Primitivknotenstruktur sich ständig nach kaudal zurückzieht, während sich gleichzeitig die Chordaanlage verlängert. Im kaudalen Bereich der Keimscheibe soll die Invagination von Mesodermmaterial bis zur vierten Woche andauern.

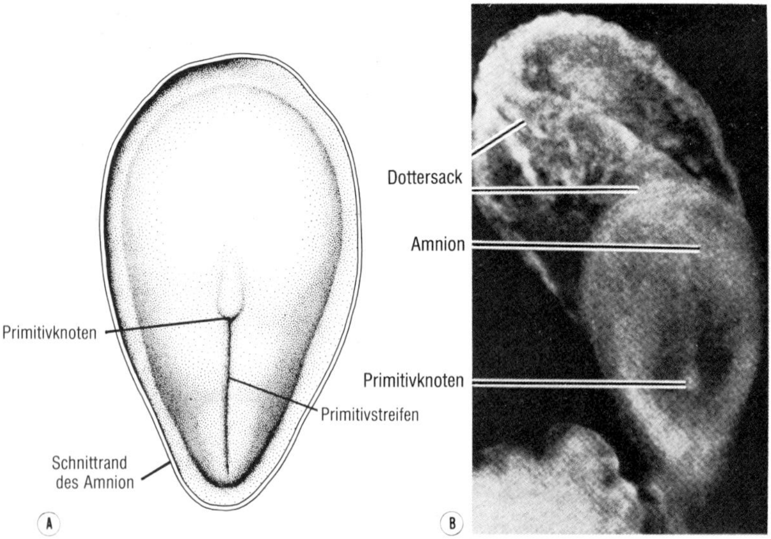

Abb. 4–**6** A. Zeichnung einer 18 Tage alten Keimscheibe eines menschlichen Embryos von dorsal. Die Keimscheibe hat einen pantoffelförmigen Umriß. Kaudal sind der Primitivstreifen und der Primitivknoten zu erkennen. B. Photographie eines 18 Tage alten menschlichen Embryos in Dorsalansicht. Vor dem Primitivknoten ist als Streifen die Anlage der Chorda zu erkennen, die durch das Ektoderm hindurchschimmert. Der Dottersack sieht etwas fleckig aus. Der Embryo ist 1,25 mm lang und 0,68 mm breit. (Aus C. H. Heuser: Contrib. Embryol. 23, [1932], 253 – mit freundlicher Genehmigung der Carnegie Institution of Washington.)

Von da ab treten im Primitivstreifen regressive Veränderungen auf. Er wird kleiner und verschwindet bald ganz. Es kommt jedoch vor, daß
M **Reste des Primitivstreifens** zurückbleiben und bei der Geburt große **Tumoren** in der **Kreuz- und Steißbeinregion** hervorrufen. Sie enthalten dann von allen drei Keimblättern abstammende Gewebe. Die spezifische Differenzierung der drei Keimblätter beginnt kranial in der Mitte der dritten Woche, im kaudalen Abschnitt dagegen erst am Ende der vierten Woche. Sie soll insgesamt im nächsten Kapitel beschrieben werden.

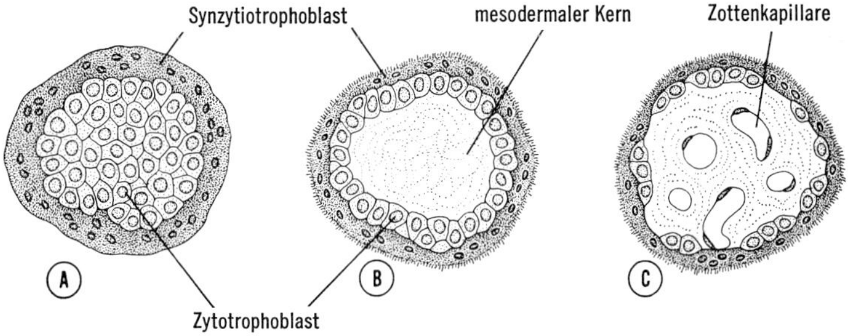

Abb. 4–**7** Schematische Darstellung der Zottenentwicklung. A. Querschnitt durch eine Primärzotte mit einem Kern aus Zytotrophoblastzellen, bedeckt von einer Synzytiumschicht. B. Querschnitt einer Sekundärzotte. Der mesodermale Kern ist von einer einschichtigen Lage aus Zytotrophoblastzellen umgeben, die ihrerseits wieder vom Synzytium bedeckt werden. C. Tertiärzotte. Im Mesoderm treten Kapillaren auf.

Die weitere Entwicklung des Trophoblast

Chorionzotten. Zu Beginn der 3. Woche besitzt der Trophoblast eine große Anzahl von **Primärzotten**, die aus einem Zytotrophoblastkern bestehen, der von einer Synzytiumschicht überzogen ist (Abb. 4–**7** A und 3–**6**). In der weiteren Entwicklung dringen Mesodermzellen aus dem extraembryonalen parietalen Mesoderm (Chorionmesoderm, Chorionplatte) in den Zottenkern ein. Die auf diese Weise entstandene **Sekundärzotte** besteht also aus einem lockeren Bindegewebskern, einer Schicht aus Zytotrophoblastzellen und einer äußeren Synzytiumschicht (Abb. 4–**7** B).

Am Ende der dritten Woche beginnen die Mesodermzellen im Zottenkern sich zu differenzieren; es entstehen Blutzellen und Kapillaren (Abb. 4–**7** C). Mit dem Auftreten von Gefäßen wird die Sekundärzotte zur **Tertiärzotte.** Das Kapillarsystem in den Zotten gewinnt bald Anschluß an Gefäße, die sich in der Chorionplatte und im Haftstiel

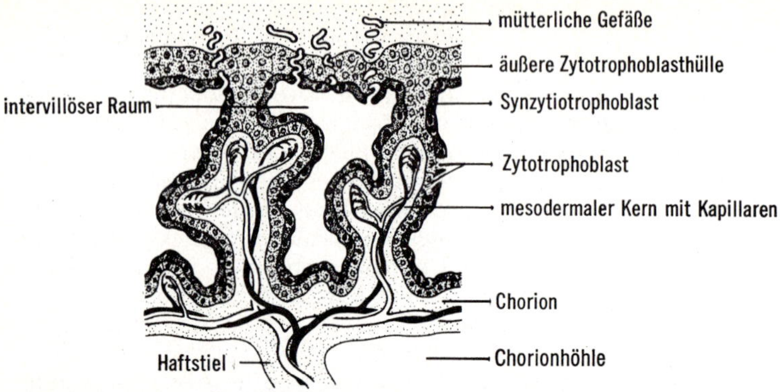

Abb. 4–**8** Schematische Darstellung einer Zotte am Ende der dritten Entwicklungswoche. Die mütterlichen Gefäße durchdringen die Zytotrophoblasthülle und ergießen sich in die intervillösen Räume zwischen den Zotten. Die Zottenkapillaren stehen mit den Gefäßen am Haftstiel in Verbindung, die ihrerseits an den intraembryonalen Kreislauf angeschlossen sind.

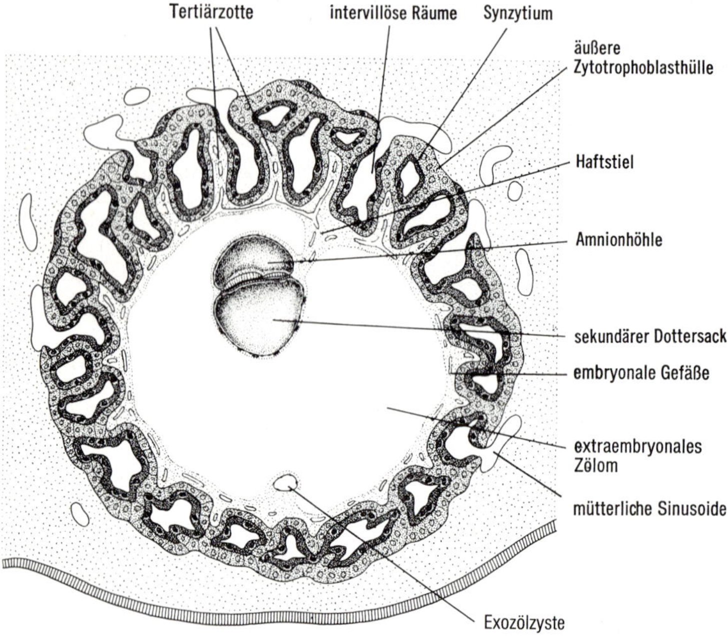

Abb. 4–**9** Embryo kurz vor der Somitenbildung mit Trophoblast am Ende der dritten Woche. Die Stammzotten geben dem Trophoblast eine charakteristische Radspeichenstruktur. Überall im Trophoblast sind intervillöse Räume vorhanden, die von Synzytium ausgekleidet sind. Die Zytotrophoblastzellen umgeben den Trophoblast vollständig und stehen mit dem Endometrium direkt in Verbindung. Der Embryo ist an seinem Haftstiel in der Chorionhöhle aufgehängt.

entwickeln (Abb. 4–**8** und 4–**9**). Diese Gefäße gewinnen ihrerseits Anschluß an das intraembryonale Kreislaufsystem und stellen damit eine Verbindung zwischen der Plazenta und dem Embryo her (s. Kapitel 7, S. 87, und 12, S. 193). Wenn in der vierten Entwicklungswoche das Herz zu schlagen beginnt, sind die Zotten bereits in der Lage, den Embryo mit den notwendigen Nahrungsstoffen und mit Sauerstoff zu versorgen. Bis dahin erfolgt die Versorgung des Embryos nur durch Diffusion.

Zur gleichen Zeit dringen die Zytotrophoblastzellen aus den Zotten in das Synzytium ein. Sie durchbrechen die Synzytiumschicht und bilden zwischen ihr und dem mütterlichen Endometrium eine neue Schicht aus Zytotrophoblastzellen. Sie umgibt schließlich den gesamten Keim als äußere **Zytotrophoblasthülle** (Abb. 4–**8**). Die Chorionblase wird so fest im Endometrium verankert (Abb. 4–**9**).

Zusammenfassung: Dritte Woche
Die dreiblättrige Keimscheibe

1. Primitivstreifen

In der 3. Woche bildet sich der **Primitivstreifen** und an seinem kranialen Ende der **Primitivknoten** aus. Zellmaterial aus dem Ektoderm wandert entlang des Primitivstreifens in die Tiefe und bildet die **intraembryonale Mesodermschicht**. Das intraembryonale Mesoderm breitet sich zwischen Ektoderm und Entoderm nach lateral aus, bis es an den Rändern der Keimscheibe das extraembryonale Mesoderm erreicht, das den Dottersack und das Amnion bedeckt (Abb. 4–**2** und 4–**3**).

2. Chordafortsatz

Die im Primitivknoten invaginierenden Zellen schieben sich nach kranial vor und bilden den **Chordafortsatz** (Abb. 4–**4**). Die Primitivgrube wird zu einem Kanal im Chordafortsatz. Der Chordafortsatz schaltet sich vorübergehend als Chordaplatte in das Entoderm ein, so daß der Kanal in seinem Innern als **Canalis neurentericus** die Amnionhöhle mit dem Dottersack verbindet (Abb. 4–**4** A und 4–**5** A). Die Chordaplatte gliedert sich wieder aus dem Entoderm aus und bildet die **Chorda**, während sich unter ihr die Entodermschicht verschließt.

3. Chorionzotten

Das Chorionmesoderm dringt in die Trabekel des Trophoblast ein und wandelt sie in Chorionzotten um. Im extraembryonalen Mesoderm entstehen Gefäße, die die Chorionzotten über den Haftstiel mit der Embryonalanlage verbinden (Abb. 4–**8** und 4–**9**).

Kapitel 5

Vierte bis achte Woche

Differenzierung der Keimblätter und Ausbildung der Körperform

– Embryonalperiode –

Der Zeitraum zwischen der 4. und 8. Entwicklungswoche heißt **Embryonalperiode.** In dieser Zeit entwickeln sich aus den drei **Keimblättern,** dem **Ektoderm,** dem **Mesoderm** und dem **Entoderm,** die Organanlagen. Man kann ganz allgemein sagen, daß am Ende der Embryonalperiode die wichtigsten Organsysteme bereits angelegt sind. Die Anlage der Organe führt zu einem tiefgreifenden Wandel in der äußeren Gestalt des Embryos. Am Ende des 2. Monats wird die endgültige Körperform dann in ihren Hauptzügen sichtbar.

Derivate des Ektoderms

Am Anfang der 3. Woche ähnelt das Ektoderm einer flachen Scheibe, die kranial etwas breiter ist als kaudal (Abb. 4–**1** und 4–**2**). Aus dem Ektoderm geht die Anlage des **Zentralnervensystems** und das **Oberflächenektoderm** hervor. Die Anlage des Zentralnervensystems wird als **Neuralplatte** vom Chorda-Mesoderm-Komplex im Ektoderm induziert (vgl. Kap. 20 Exp. Embryol., S. 389). Die Neuralplatte bildet sich während der Entwicklung des Chordafortsatzes vor dem Primitivknoten als Verdickung im darüberliegenden Ektoderm aus.

Am Ende der 3. Woche stellt die Neuralanlage eine pantoffelförmige Platte dar, die sich auf den Primitivstreifen zu ausbreitet (Abb. 5–**1** A, B). Innerhalb der nächsten Tage stellen sich die lateralen Ränder der Neuralplatte zu den **Neuralfalten** auf. Zwischen den Neuralfalten liegt die **Neuralrinne** (Abb. 5–**2** A, B). Die Neuralfalten wandern aufeinander zu und verschmelzen in der Mittellinie. Auf diese Weise entsteht das **Neuralrohr** (Abb. 5–**2** C).

Die Verschmelzung der Neuralfalten beginnt in der späteren Halsregion (im Bereich des 4. Somiten) und schreitet von dort in kranialer und kaudaler Richtung fort (Abb. 5–**3** A, B). Am kranialen und kaudalen Ende des Embryo steht das Neuralrohr vorübergehend mit der Amnionhöhle über den **Neuroporus anterior** bzw. **posterior** in offener Verbindung (Abb. 5–**3** B und 5–**4** A). Der Neuroporus anterior

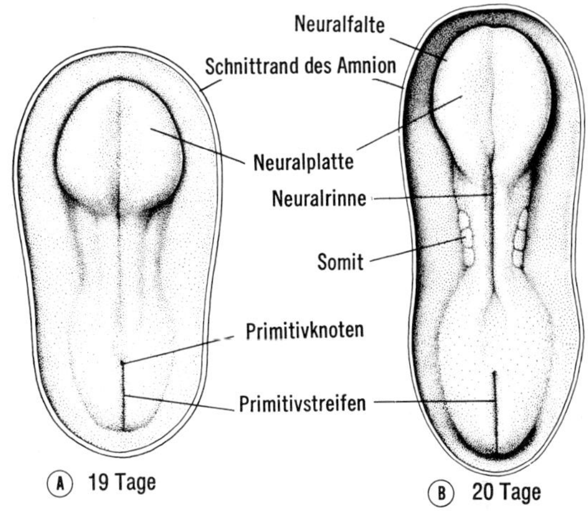

Abb. 5–**1** Dorsalansicht eines Embryos kurz vor der Somitenbildung (etwa 19 Tage alt) (modifiziert nach *Davis*). Das Amnion wurde entfernt. Die Neuralplatte ist gut zu erkennen. B. Dorsalansicht eines etwa 20 Tage alten menschlichen Embryos (modifiziert nach *Ingalls*). Beachte die Entwicklung der Somiten und die Entstehung der Neuralrinne sowie der Neuralfalten.

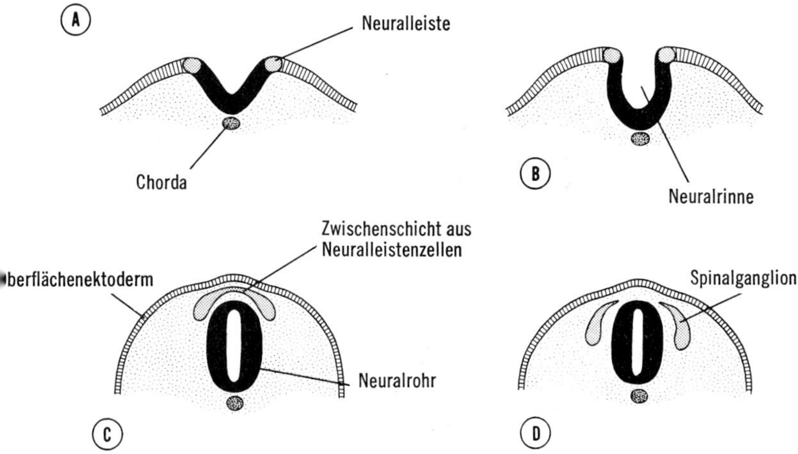

Abb. 5–**2** Schematische Querschnitte in aufeinanderfolgenden Stadien bei der Bildung der Neuralfalten, der Neuralrinne und des Neuralrohres. Die Neuralleistenzellen sitzen zuerst in einem Bezirk zwischen Neuralrohr und Oberflächenektoderm (C) und entwickeln sich dann zu den Spinalganglien und den sensiblen Kopfganglien (D).

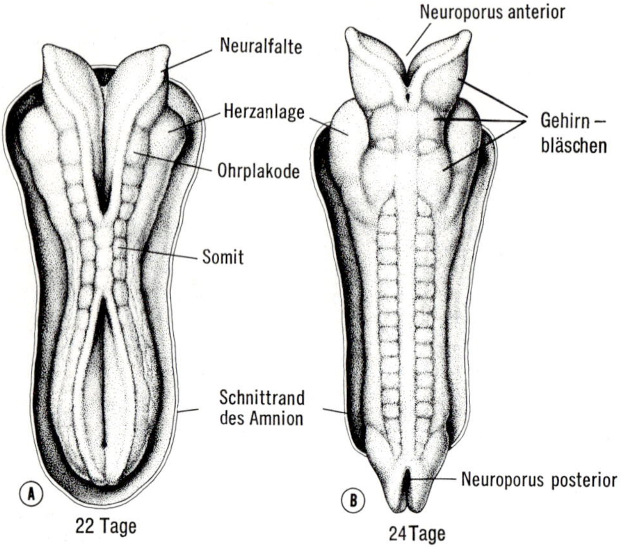

Abb. 5–**3** A. Dorsalansicht eines menschlichen Embryos im Alter von etwa 22 Tagen (modifiziert nach *Payne*). Beiderseits vom Neuralrohr lassen sich sieben Somiten erkennen. B. Etwa 24 Tage alter menschlicher Embryo in Dorsalansicht (modifiziert nach *Corner*). Beachte im kranialen Abschnitt des Embryos die Vorwölbung der paarigen Herzanlage.

schließt sich etwa am 25. Tag (18–20 Somiten), der Neuroporus posterior dagegen erst am 27. Tag (25 Somiten).

Das Neuralrohr bildet in seinem unteren schmalen Abschnitt die Anlage des Rückenmarkes. In seinem kranialen breiten Anteil entwikkeln sich als Anlage des Gehirns die Gehirnbläschen (Abb. 5–**3** B) (s. Kap. 15, S. 304).

Nachdem sich das Neuralrohr geschlossen hat, werden im Oberflächenektoderm der Kopfanlage zwei Verdickungen sichtbar, die **Ohrplakode** und die **Linsenplakode** (Abb. 5–**4** B). Die Ohrplakode liegt dorsal von der zweiten Schlundfurche. In der weiteren Entwicklung stülpt sie sich zum **Ohrgrübchen** ein. Am Ende der 4. Woche schiebt sich das Oberflächenektoderm über das Grübchen, so daß ein **Ohrbläschen** entsteht (s. Kap. 17, S. 356). Die Linsenplakode wird durch das **Augenbläschen** induziert, das seinerseits eine Aussackung des 1. Gehirnbläschens darstellt. Die Linsenplakode stülpt sich ebenfalls ein und verliert im Laufe der 5. Woche ihre Verbindung zum Oberflächenektoderm. Sie wird so zum **Linsenbläschen** (s. Kap. 16, S. 346).

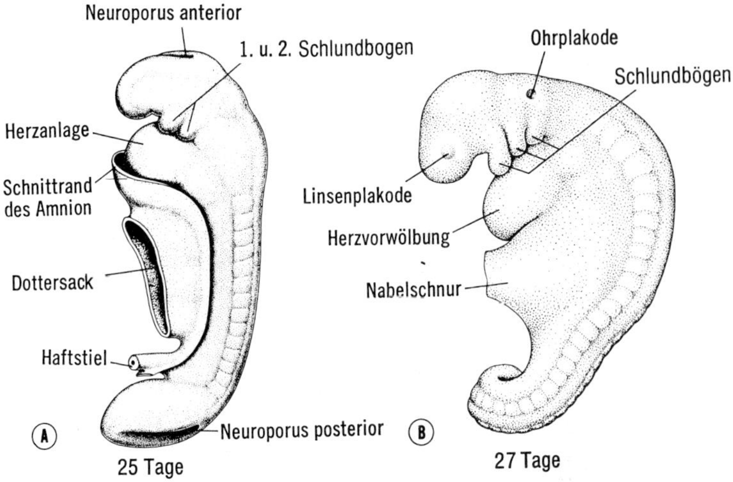

Abb. 5–**4** A. Lateralansicht eines 14-Somiten-Embryos (Alter etwa 25 Tage). Beachte die Vorwölbung der Herzanlage und den ersten und zweiten Schlundbogen, die durch die erste Schlundfurche voneinander getrennt sind (modifiziert nach *Heuser*). B. Schematische Zeichnung eines etwa 27 Tage alten Embryos mit 28 Somiten. Die ersten drei Schlundbögen sowie die Linsen- und Ohrplakode sind sichtbar (modifiziert nach *Streeter*).

Ganz allgemein kann man sagen, daß aus dem Ektoderm die Organe und Strukturen entstehen, die den Kontakt zur Umwelt herstellen: 1. das Zentralnervensystem, 2. das periphere Nervensystem, 3. das Sinnesepithel von Ohr, Nase und Auge und 4. die Epidermis einschließlich der Haare und Nägel. Außerdem leiten sich noch folgende Strukturen vom Ektoderm ab: die subkutanen Drüsen, die Milchdrüse, die Hypophyse und der Zahnschmelz.

Derivate des Mesoderms

Der Begriff **Mesoderm** bezeichnet das mittlere Keimblatt als Ganzes. Er wird aber auch für Gewebe benutzt, die aus dem mittleren Keimblatt stammen oder wie das extraembryonale Mesoderm ihm homolog sind. Der Begriff **Mesenchym** bezeichnet embryonales Bindegewebe, das in der Regel aus dem mittleren Keimblatt stammt. Davon gibt es Ausnahmen wie das Mesenchym im Kopfbereich, das aus der Neuralleiste entsteht.

Anfangs besteht das Mesoderm aus einer dünnen Schicht von beiderseits der Mittellinie locker angeordneten Zellen (Abb. 5–**6** A).

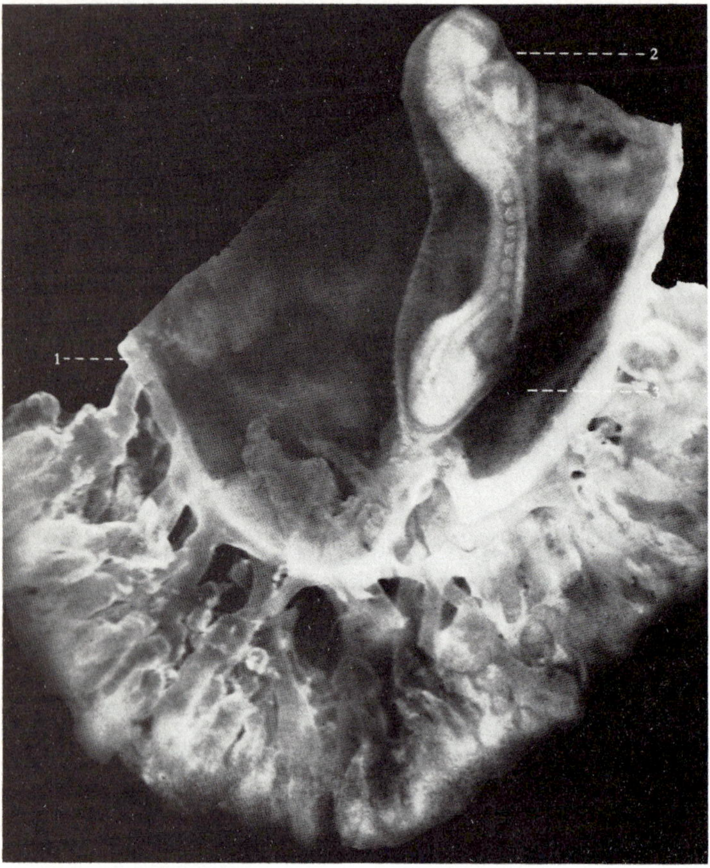

Abb. 5–**5** Photographische Aufnahme eines menschlichen Embryos mit 13 Somiten (etwa 24 Tage alt). Der vom Amnion umgebene Embryo ist über den Haftstiel mit dem Chorion verbunden. 1 Chorion mit Zotten, 2 Kopferhebung über dem Herz, 3 Rumpferhebung. (Aus *E. Blechschmidt:* Die pränatalen Organsysteme des Menschen. Hippokrates-Verlag, Stuttgart 1973.)

Etwa am 17. Tag proliferiert der mediale Abschnitt und bildet eine dickere Gewebsplatte, die als **paraxiales Mesoderm** bezeichnet wird (Abb. 5–**6** B). Weiter lateral bleibt die Mesodermschicht dünn und heißt dort **Seitenplatte**. Die Seitenplatte teilt sich in zwei Schichten (Abb. 5–**6** B, C): 1. in die **parietale Mesodermschicht**, die in das extraembryonale Mesoderm, welches das Amnion bedeckt, übergeht und 2. in die **viszerale Mesodermschicht**, die in das Mesoderm, das den Dottersack bedeckt, übergeht (Abb. 5–**6** C, D). Gemeinsam begrenzen beide

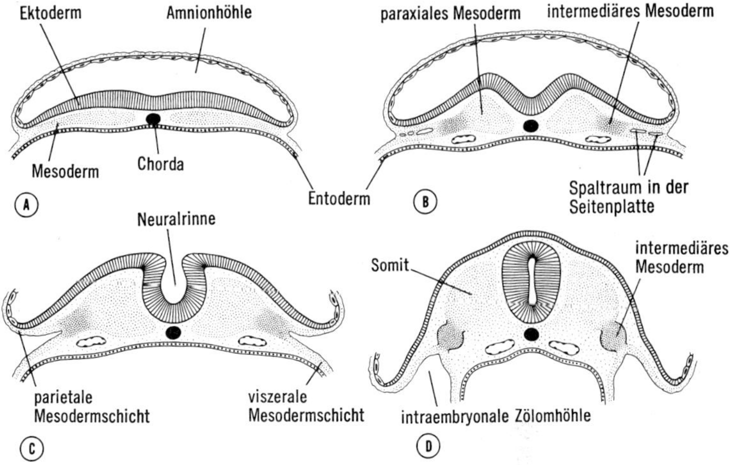

Abb. 5–**6** Die Querschnitte zeigen die Entwicklung des mittleren Keimblattes. A. Am 17. Tag. B. Am 19. Tag. C. Am 20. Tag. D. Am 21. Tag. Aus dem dünnen Mesodermblatt entstehen das paraxiale Mesoderm (Material für die Somiten), das intermediäre Mesoderm (Material für die exkretorischen Einheiten) und die Seitenplatte, die sich in die parietale und die viszerale Mesodermschicht aufspaltet, die ihrerseits die intraembryonale Zölomhöhle begrenzen.

Schichten die neugebildete **intraembryonale Zölomhöhle**, die beiderseits mit dem extraembryonalen Zölom in Verbindung steht. Das Gewebe zwischen dem paraxialen Mesoderm und den früheren Seitenplatten heißt **intermediäres Mesoderm** (Somitenstiel) (Abb. 5–**6** B, D).

Entstehung der Somiten. Gegen Ende der 3. Woche gliedert sich das paraxiale Mesoderm beiderseits vom Neuralrohr in einzelne Segmente, die als **Somiten** bezeichnet werden. Innerhalb der Somiten bilden die Mesodermzellen vorübergehend einen epithelialen Zellverband (Abb. 5–**7** A). Die Funktion der Somiten besteht in der Ausbildung der Grundform des embryonalen Körpers und in der **segmentalen Gliederung** des mesodermalen Anlagematerials. Das erste Somitenpaar entsteht im kranialen Abschnitt des Embryos. Daran anschließend werden in kraniokaudaler Richtung etwa 3 weitere Somitenpaare pro Tag gebildet. Am Ende der 5. Woche sind etwa 42 bis 44 Paare vorhanden (Abb. 5–**3** und 5–**4**). Es entstehen 4 okzipitale, 8 zervikale, 12 thorakale, 5 lumbale, 5 sakrale und 8 bis 10 kokzygeale Somitenpaare. Das erste okzipitale und die letzten 5 bis 7 kokzygealen Paare bilden sich später wieder zurück. Während dieser Entwicklungsstadien wird das Alter des Embryos normalerweise durch die Zahl der Somiten angegeben, da sie eines der charakteristischsten äußeren Merkmale darstellen. Die Tab. 5–**1** wurde nach den Embryonenbeschreibungen verschiedener Autoren zusammengestellt und gibt das ungefähre Alter eines Embryos an, bezogen auf seine Somitenzahl.

Tabelle 5–**1** Somitenzahl, bezogen auf das ungefähre Alter in Tagen

Alter	Somitenzahl	Alter	Somitenzahl
Tage		Tage	
20	1–4	25	17–20
21	4–7	26	20–23
22	7–10	27	23–26
23	10–13	28	26–29
24	13–17	30	34–35

Auflösung der Somiten. Am Anfang der 4. Woche beginnen die Somiten sich wieder aufzulösen. Als erstes löst sich der epitheliale Zellverband in der ventralen und medialen Wand der Somiten auf. Dieser Abschnitt des Somiten wird als **Sklerotom** bezeichnet (Abb. 5–**7** B). Die Sklerotomzellen bilden einen lockeren netzartigen Gewebeverband, der in dieser Form als embryonales Bindegewebe oder **Mesenchym** bezeichnet wird. Die Mesenchymzellen können sich in verschiedene Richtungen differenzieren. Sie können zu **Fibroblasten** werden, wie sie z. B. im Bindegewebe bei der Bildung von retikulären, kollagenen und elastischen Fasern vorkommen; oder zu **Chondroblasten**, die bei der Entstehung von Knorpel auftreten; oder zu **Osteoblasten** bei der Knochenbildung (s. Kap. 9, S. 128). Die aus dem Sklerotom stammenden Mesenchymzellen wandern nach ventromedial auf die Chorda zu und bilden dort das Anlagematerial für die **Wirbelsäule** (Abb. 5–**7** B, D).

Nach der Auswanderung des Sklerotoms bleibt die epitheliale dorsale Wand des Somiten als **Dermatom** zurück. Unter dem Dermatom vereinigen sich die freien Enden der Somitenwand zu einer neuen Zellplatte, die als **Myotom** bezeichnet wird (Abb. 5–**7** B, C). Jedes Myotom enthält das Anlagenmaterial für die Muskulatur des entsprechenden Segmentes (s. Kap. 10, S. 146). In den Myotomen verschmelzen die einkernigen Myoblasten zu vielkernigen Muskelschläuchen, die innerhalb eines Segmentes parallel zum Neuralrohr angeordnet sind.

Nachdem sich das Myotom unter dem **Dermatom** gebildet hat, verlieren die Dermatomzellen ebenfalls ihren epithelialen Charakter und breiten sich unter dem darüberliegenden Ektoderm aus (Abb. 5–**7** D). Sie entwickeln sich später zur **Dermis** und zum **subkutanen Gewebe** (s. Kap. 19, S. 377). Jeder Somit bildet also ein **Sklerotom** als Ausgangspunkt für die knorpelige und später knöcherne Anlage der Wirbelsäule, ein **Myotom** mit der entsprechenden segmentalen Muskulatur und ein **Dermatom,** das sich über den dazugehörigen Hautbezirk erstreckt. Zu jedem Myotom und Dermatom entwickelt sich außerdem ein segmentaler Spinalnerv.

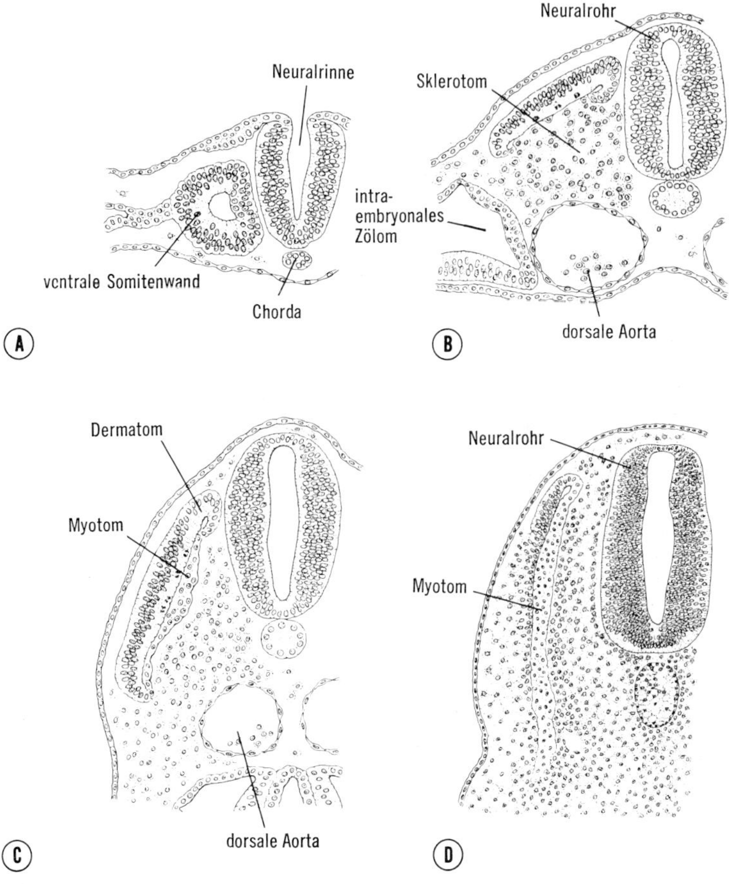

Abb. 5–**7** Aufeinanderfolgende Stadien bei der Entwicklung der Somiten. A. Die Mesodermzellen ordnen sich epithelartig um eine kleine Höhle an. B. Die Zellen der ventralen und medialen Somitenwand verlieren ihre epitheliale Anordnung und wandern auf die Chorda zu. Diese Zellen werden als Sklerotom bezeichnet. C. Aus der dorsalen Somitenwand entsteht das Dermatom und darunter das Myotom. D. Das Myotom enthält die Muskelanlagen. Die Dermatomzellen verlieren ihre epitheliale Anordnung und breiten sich unter dem Ektoderm aus, um die Dermis zu bilden.

Intermediäres Mesoderm. Dieser Abschnitt des mittleren Keimblattes enthält das Anlagematerial für die Harnorgane. Das intermediäre Mesoderm verbindet vorübergehend das paraxiale Mesoderm mit der Seitenplatte (Abb. 5–**6** D). In der Zervikal- und oberen Thorakalregion entstehen segmental angeordnete Blasteme für jeweils eine exkretorische Einheit. Sie werden als **Nephrotome** bezeichnet. Weiter kaudal entsteht ein unsegmentiertes Blastem, der **nephrogene Strang.** Aus dem intermediären Mesoderm entstehen von kranial nach kaudal aufeinanderfolgend die Vorniere, die Urniere und die Nachniere (s. Kap. 11, S. 153).

Parietales und viszerales Mesoderm. Aus dem parietalen Mesoderm entstehen das Bindegewebe und die Muskulatur der Leibeswand sowie die Rippen. Aus dem viszeralen Mesoderm entstehen die Bindegewebs- und Muskelschichten des Magen-Darm-Kanals. Als ursprüngliche Begrenzung der embryonalen Zölomhöhle bilden sie außerdem die dünnen mesothelialen Zellschichten, die später als Peritoneum, Pleura sowie Peri- und Epikard die großen Leibeshöhlen auskleiden (s. Kap. 14, S. 288).

Beide Mesodermschichten stammen aus der Seitenplatte und kleiden das intraembryonale Zölom aus (Abb. 5–**6** C, D und 5–**8** A, B).

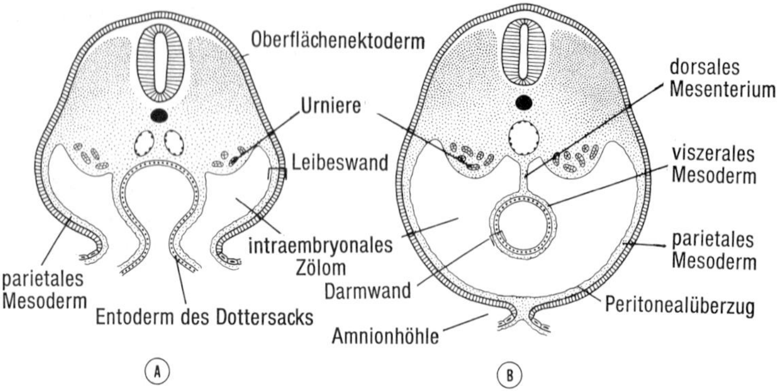

Abb. 5–**8** A. Schematischer Querschnitt durch einen etwa 21 Tage alten Embryo in Höhe der Urniere. Das intraembryonale Zölom geht in die extraembryonale Chorionhöhle und die Darmrinne in den Dottersack über. B. Nach der Abfaltung gegen Ende der 4. Woche. Das parietale Mesoderm bildet zusammen mit dem Oberflächenektoderm die Leibeswand; das viszerale Mesoderm bildet zusammen mit dem Entoderm die Darmwand.

Blut, Blutgefäße und Herzschlauch. Etwa in der Mitte der 3. Woche differenzieren sich im Mesoderm die ersten Blutgefäße. Sie werden als **Blutinseln** in einem halbmondförmigen Bereich vor der Prächordalplatte sichtbar (Abb. 12–**3**). Die Blutinseln bestehen aus Zellnestern, die sich außen zu Endothelzellen (**Angioblasten**) und innen zu **primitiven Blutzellen** differenzieren (Abb. 5–**9**). Durch Aussprossen der

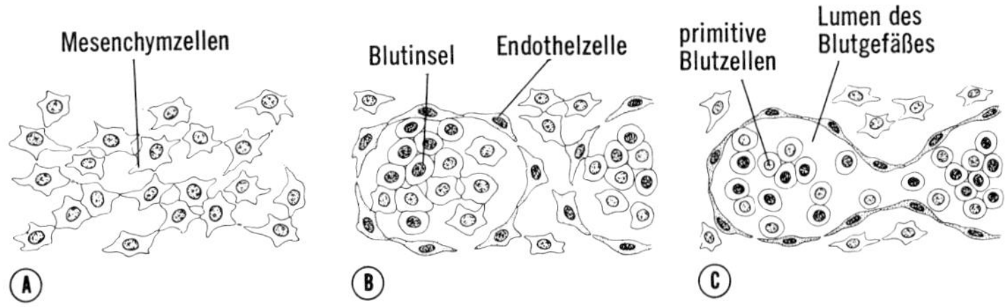

Abb. 5–**9** Verschiedene Stadien der Blutgefäßbildung. A. Undifferenzierte Mesenchymzellen. B. Bildung von Blutinseln. C. Primitive Kapillare. Die Mesenchymzellen differenzieren sich zu primitiven Blutzellen und Endothelzellen.

Endothelzellen verbinden sich die Blutinseln miteinander. Mit dem Einsetzen eines Blutstromes entsteht daraus entsprechend den hämodynamischen Gegebenheiten ein Gefäßnetz.

Die Bildung von Blutzellen und Blutgefäßen ist nicht auf den eigentlichen Embryo beschränkt, sondern findet auch im extraembryonalen Mesoderm der Zotten, des Haftstieles und in der Wand des Dottersackes statt (Abb. 12–**1**). Durch weiteres Aussprossen treten die **extraembryonalen Gefäße** mit denen innerhalb des Embryos in Kontakt und verbinden so den Embryo mit der Plazenta.

Folgende Gewebe und Organe gehen aus dem Mesoderm hervor: 1. Bindegewebe, Knorpel und Knochen; 2. quergestreifte und glatte Muskulatur; 3. die Zellen des Blutes und der Lymphe, sowie die Wandungen des Herzens, der Blut- und der Lymphgefäße; 4. die Nieren und Keimdrüsen mit den dazugehörigen Ausführungsgängen; 5. der Rindenanteil der Nebenniere; 6. die Milz.

Die Derivate des Entoderms und die Abfaltung des Embryos

Aus dem Entoderm entwickelt sich im wesentlichen der Magen-Darm-Kanal. Die Bildung des Darmrohres ist dabei eng mit der **kraniokaudalen Krümmung** der Embryonalanlage und mit ihrer **lateralen Abfaltung** verbunden. Die kraniokaudale Krümmung ist durch das rasche Wachstum des Neuralrohrs bedingt. Die laterale Abfaltung kommt durch die Bildung der Somiten und durch das Einschwenken der parietalen Mesodermschicht bei der Bildung der Leibeswand zustande. Gleichzeitig mit diesen Bewegungen schnürt sich das Darmrohr vom Dottersack ab und verlagert sich in die Leibeshöhle. Die ursprünglich weite Öffnung zwischen Dottersack und Darmrinne wird dabei zum engen **Dottergang** (Abb. 5–**10** und 5–**11**).

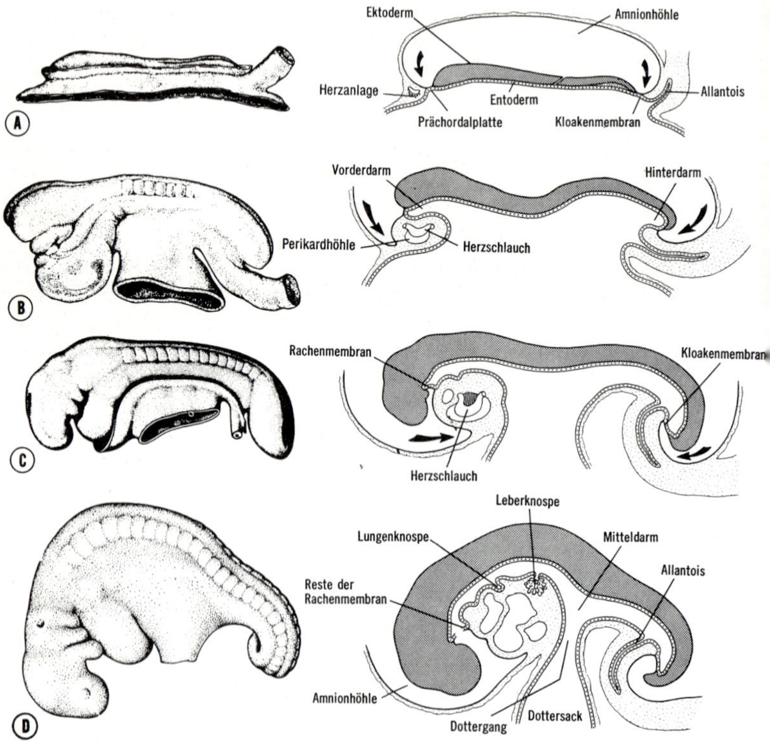

Abb. 5–**10** Menschliche Embryonen in verschiedenen Entwicklungsstadien mit den entsprechenden schematischen Längsschnitten, die die kraniokaudale Krümmung und ihre Auswirkung auf die Gestalt des Darmrohres und die Lage des Herzens zeigen. A. Embryo vor der Somitenbildung. B. Embryo mit sieben Somiten. C. Embryo mit 14 Somiten. D. Am Ende des ersten Monats. Durch die Krümmung und Abfaltung grenzt sich der Embryo am Nabel gegen seine extraembryonalen Anteile ab. Durch den Nabelring treten der Dottergang mit seinen Mesodermschichten und Gefäßen und der Haftstiel mit dem Allantoisdivertikel.

Im Stadium der Keimscheibe besteht das Entoderm aus einer flachen Zellschicht, die das Dach des Dottersackes bildet (Abb. 5–**10** A). Mit der Entwicklung und dem Wachstum der Neuralanlage wölbt sich die Embryonalanlage immer mehr in die Amnionhöhle vor und krümmt sich in kraniokaudaler Richtung. Die Krümmung tritt am stärksten im Kopf- und Schwanzbereich hervor. Dort bilden sich eine **Kopffalte** und eine **Schwanzfalte** aus (Abb. 5–**10** B).

Infolge der kraniokaudalen Krümmung wird ein immer größerer Teil des entodermalen Dottersackes in den eigentlichen Embryonalkörper miteinbezogen. (Abb. 5–**10** C). Im kranialen Abschnitt des Embryos bildet das Entoderm den **Vorderdarm**, im kaudalen Bereich dagegen den **Hinterdarm**. Der **Mitteldarm** steht vorübergehend mit dem Dottersack über den weiten **Dottergang (Ductus omphaloentericus)** in offener Verbindung (Abb. 5–**10** D). Dieser Gang ist ursprünglich sehr breit, wird aber mit dem weiteren Wachstum des Embryo schmal und lang. Die Grenze zwischen Vorderdarm und Mitteldarm ist die **vordere Darmpforte**. Entsprechend heißt der Übergang in den Hinterdarm **hintere Darmpforte**. Beide wandern im Verlauf der Abfaltung auf den Nabel zu.

Das kraniale Ende des Vorderdarms ist durch die **Rachenmembran** (Buccopharyngealmembran) verschlossen (Abb. 5–**10** C). In der Rachenmembran liegen Ektoderm und Entoderm direkt aufeinander. Am Ende der 3. Woche reißt die Rachenmembran auf. Dadurch wird eine offene Verbindung zwischen der Amnionhöhle und dem primitiven Darm hergestellt (Abb. 5–**10** D). Der Hinterdarm endet entsprechend an der Kloakenmembran (Abb. 5–**10** C). Die **Kloakenmembran** wird später in die **Anal-** und die **Urogenitalmembran** unterteilt, die beide erst in einem späteren Entwicklungsstadium einreißen (vgl. Abb. 11–**25** und 13–**35**).

Gleichzeitig mit der kraniokaudalen Krümmung erfolgt die **laterale Abfaltung** des Embryo. Oberflächenektoderm und parietales Meso-

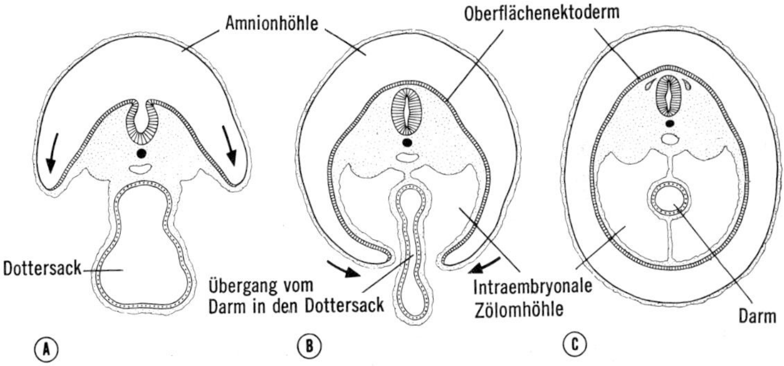

Abb. 5–**11** Schematische Querschnitte in verschiedenen Entwicklungsstadien, die die Auswirkung der lateralen Abfaltung zeigen. A. Die parietale Mesodermschicht und das Oberflächenektoderm falten sich ein, um die Leibeswand zu bilden. Die viszerale Mesodermschicht und das Entoderm falten sich ein, um das Darmrohr zu bilden. B. Durch von kranial und von kaudal her erfolgende Verschmelzung in der Mittellinie wird die Verbindung zwischen intraembryonalem Zölom und Chorionhöhle sowie zwischen Darmrohr und Dottersack auf den Nabelbereich eingeengt. C. Grundform des Körpers oberhalb des Nabels. Das Darmrohr ist über ein dorsales und ein ventrales Mesenterium mit der Leibeswand verbunden.

derm schlagen sich von lateral her ein, um die ventrale Leibeswand zu bilden. In entsprechender Weise falten Entoderm und viszerales Mesoderm sich von lateral her ein und verwandeln so die Darmrinne in ein Darmrohr, das nur im Bereich des Nabels noch über den engen Dottergang mit dem jetzt extraembryonal gelegenen Dottersack in Verbindung steht (Abb. 5–**11** A, B).

Funktion des Dottersacks. Bei den Nicht-Säugern unter den Wirbeltieren ist der Dottersack das Ernährungsorgan des Embryos. Bei den Säugern wird er durch die Plazenta ersetzt, bleibt jedoch weiterhin ein wesentliches Element in der Frühentwicklung. Aus dem Dottersack gehen die Keimzellen und die Stammzellen für die Blutbildung hervor. Vor Ausbildung der Leber ist er das entsprechende Stoffwechselorgan des Embryos. Er erreicht beim Menschen eine Größe von 5 mm (Abb. 5–**12** B). Nach der Abfaltung liegt er in der Chorionhöhle (Abb. 5–**14**).

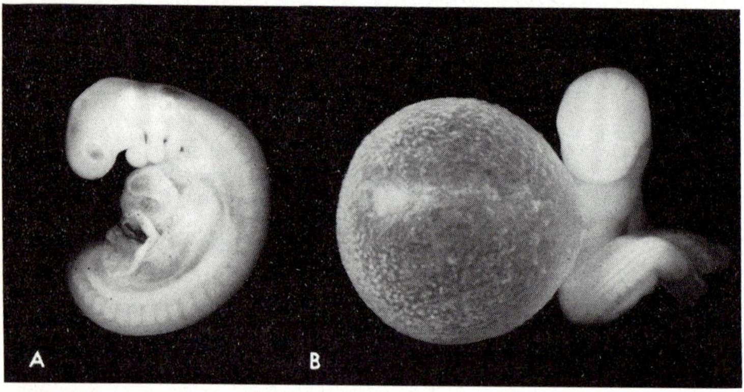

Abb. 5–**12** Menschlicher Embryo mit 28 Somiten. A. Von lateral. B. Von frontal. Der große Dottersack (B) wurde in A entfernt, um das Augenbläschen, die Schlundbögen, die Ohrplakode und die Herzvorwölbung sichtbar zu machen. (Mit freundlicher Genehmigung der Carnegie Institution of Washington.)

Funktion der Allantois. Bei eierlegenden Vertebraten ist die Allantois extraembryonales Speicherorgan für harnpflichtige Substanzen. Die Blutgefäße im Allantoismesoderm übernehmen die Atmungsfunktion, wenn der Dottersack im Verlauf der Entwicklung kleiner wird. Bei den meisten Säugern ist der entodermale Anteil der Allantois rudimentär ausgebildet. Aus dem mesodermalen Anteil leiten sich jedoch der Haftstiel mit den Nabelgefäßen sowie die Gefäße in den Chorionzotten und schließlich in der Plazenta ab (vgl. Abb. 12–**1** und 12–**3**).

Bei der Ausbildung der Schwanzfalte wir die **Allantois** teilweise in den Embryonalkörper einverleibt und wird dort zum ventralen Anteil der

Kloake, aus dem die **Harnblase** hervorgeht (vgl. Abb. 11–**9**). Der distale Anteil der Allantois verbleibt im Haftstiel (Abb. 5–**10** D).

Das Entoderm bildet also ursprünglich die epitheliale Auskleidung des primitiven Darmes, der Allantois und des Dottersackes (Abb. 5–**10**). In der weiteren Entwicklung liefert es: 1. die epitheliale Auskleidung des Respirationstraktes; 2. das Parenchym der Tonsillen, der Schilddrüse, der Nebenschilddrüse, des Thymus, der Leber und des Pankreas (s. Kap. 13, S. 246); 3. die epitheliale Auskleidung der Harnblase und der Harnröhre (s. Kap. 11, S. 153); und 4. die epitheliale Auskleidung der Paukenhöhle und der Tuba auditiva (s. Kap. 17, S. 361).

Die äußere Körperform während des zweiten Monats

Gegen Ende des 1. Monats besitzt der menschliche Embryo etwa 28 Somiten. Die ventrale Leibeswand ist geschlossen. Die äußere Gestalt wird durch die Somiten und die Schlundbögen bestimmt (Abb. 5–**12**). Das Entwicklungsstadium wird durch die Zahl der Somiten angegeben. Im Verlauf des 2. Monats wird das Auszählen der Somiten jedoch

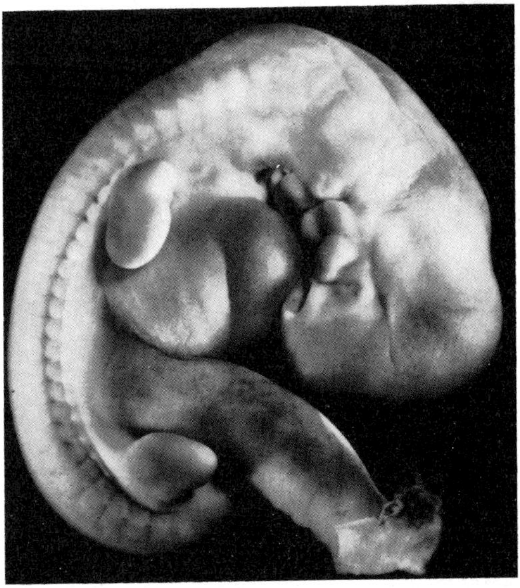

Abb. 5–**13** Aufnahme eines menschlichen Embryos in der fünften Woche (9,8 mm; 29,9 x) mit paddelförmigen Arm- und Beinknospen. (Mit freundlicher Genehmigung von Prof. *E. Blechschmidt*, Göttingen.)

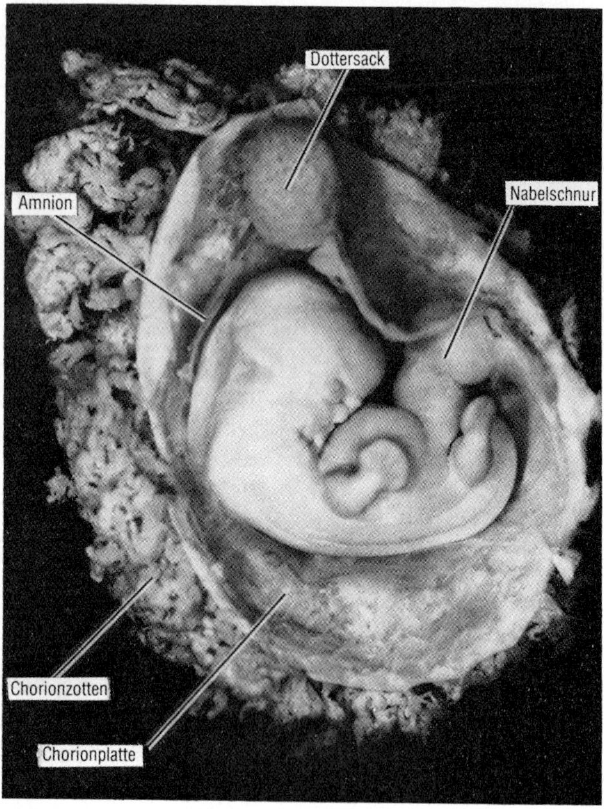

Abb. 5–**14** Aufnahme eines menschlichen Embryos in der sechsten Woche (13 mm). Der Dottersack liegt in der Chorionhöhle. (Mit freundlicher Genehmigung von Prof. *E. Blechschmidt*, Göttingen.)

zunehmend schwieriger. Man geht daher zur Angabe der **Scheitel-Steiß-Länge** (SSL) in mm über. Die SSL ist das Maß vom Scheitel bis zum Mittelpunkt zwischen den beiden Gesäßerhebungen. Sie ist zunächst mit der Gesamtlänge des Embryos identisch. Da bei den einzelnen Embryonen die Rumpfbeugung verschieden stark ausgeprägt ist, erscheint es verständlich, daß die Maße, die in Tab. 5–**2** wiedergegeben sind, nur eine annähernde Angabe für das wirkliche Entwicklungsstadium eines Embryos darstellen.

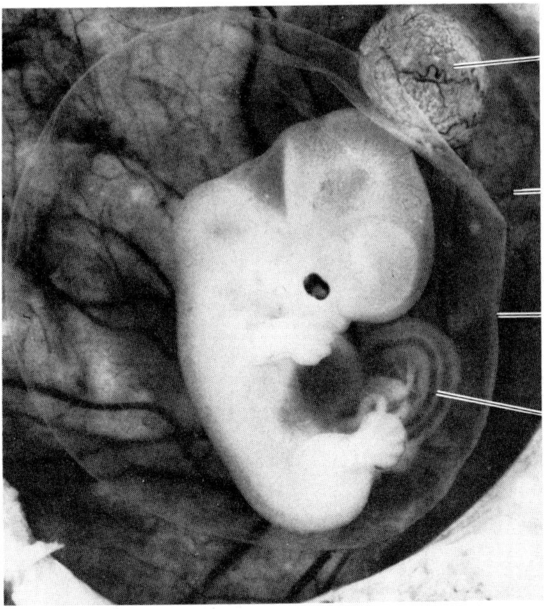

Abb. 5–**15** Menschlicher Embryo (SSL 21 mm, 7. Woche; 4 x). Die Chorionhöhle ist eröffnet, das Amnion noch intakt. Da der Embryo unfixiert ist, scheinen die Gehirnanlage und der pigmentierte Augenbecher durch. Man erkennt die Rautengrube, den Bogen des Mittelhirnbläschens und über dem Auge die Anlage der rechten Großhirnhemisphäre. (Aus *W. J. Hamilton, H. W. Mossman:* Human Embryology. Williams & Wilkins, Baltimore 1972.)

Tabelle 5–**2** Scheitel-Steiß-Länge (SSL) und ungefähres Alter in Wochen

SSL in mm	Alter in Wochen	SSL in mm	Alter in Wochen
5–8	5	17–22	7
10–14	6	28–30	8

Während des 2. Monats verändert sich das Aussehen des Embryos besonders durch das Wachstum des Kopfes und durch die Ausformung der Gliedmaßen und des Gesichtes. **Zu Beginn der 5. Woche treten die oberen und unteren Gliedmaßen als paddelförmige Knospen auf** (Abb. 5–**13**). Die oberen liegen dorsal zur Herzvorwölbung und reichen vom vierten zervikalen bis zum ersten thorakalen Somiten, woraus sich ihre spätere Innervation durch den Plexus brachialis erklärt. Die Knospen der unteren Extremitäten treten etwas später auf, und zwar etwas kaudal von der Nabeleintrittsstelle in der Höhe der lumbalen und oberen sakralen Somiten. Mit dem weiteren Wachstum flacht sich die Endpartie der Knospen ab und wird durch eine zirkuläre Einschnürung gegen den proximalen, mehr zylindrisch geformten Anteil der Knospen abgesetzt. Bald treten am distalen Abschnitt vier radiär verlaufende Furchen auf, die fünf etwas dickere Felder gegeneinander abgrenzen. Sie sind die Anlagen für die Finger und Zehen (Abb. 5–**14**). Während sich Finger und Zehen bilden, trennt eine zweite Einschnürung den proximalen Anteil der Knospen in zwei weitere Abschnitte. Damit wird die typische Gliederung der Extremität in drei Abschnitte sichtbar (Abb. 5–**16**).

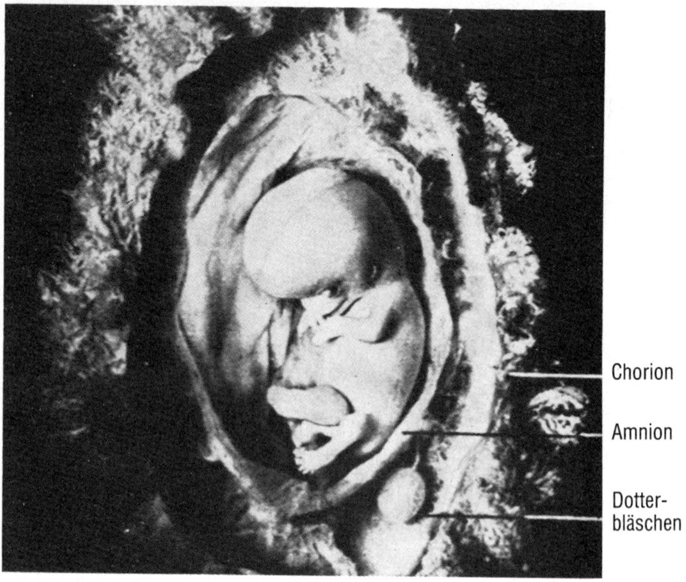

Abb. 5–**16** Aufnahme eines menschlichen Embryos in der siebten bis achten Woche (SSL 25 mm). Chorion und Amnion sind eröffnet. Am Ende der Embryonalperiode sind das Auge, die Ohrmuschel und die Zehen ausgebildet. Die Nabelschnur ist durch den physiologischen Nabelbruch aufgetrieben. Der Dottersack liegt noch in der Chorionhöhle. (Mit freundlicher Genehmigung von Prof. *D. Starck*, Frankfurt am Main.)

Aus der bisherigen Beschreibung geht hervor, daß alle größeren Organe oder Organsysteme zwischen der 4. und 8. Woche angelegt werden. Dies ist die Zeit der **Organogenese.** Während der Organogenese ist der Embryo gegenüber schädigenden Faktoren besonders

M anfällig. Die meisten **kongenitalen Mißbildungen** entstehen in dieser kritischen Entwicklungsperiode. Aufgrund dieser Zusammenhänge kann der Zeitpunkt, zu dem eine Mißbildung entstanden ist, nachträglich bestimmt werden. Bei einem Kind mit einer schweren Mißbildung des Gehirns, z.B. einer Anenzephalie, muß die Schädigung am 23. bis 25. Tag der Entwicklung erfolgt sein. Entsprechend müssen bei einem Kind ohne Gliedmaßen (Amelie) die Extremitätenknospen in der 5. Woche geschädigt worden sein.

Für die Entwicklung des Menschen liegt eine definierte Einteilung in Entwicklungsstadien bis zum Ende der Embryonalperiode vor (vgl. Kap. 20, S. 409).

Zusammenfassung: Vierte bis achte Woche – Embryonalperiode –

In der **Embryonalperiode** differenzieren sich die für jedes Keimblatt charakteristischen Gewebe. Die Organsysteme werden angelegt **(Organogenese)**. Durch die **kraniokaudale Krümmung** und die **Abfaltung vom Dottersack** entsteht aus der Keimscheibe die Grundform des Körpers. Die Amnionhöhle weitet sich nach ventral aus und umgibt vollständig den Embryo (Abb. 5–**10**) und 5–**11**).

1. Das Ektoderm

Aus dem Ektoderm, dem äußeren Keimblatt, entstehen die Organe, die den Kontakt zur Außenwelt aufrechterhalten: (1) das Zentralnervensystem, (2) das periphere Nervensystem, (3) die sensorischen Epithelien des Ohres, der Nase und des Auges, (4) die Epidermis mit den Haaranlagen und (5) die Hypophyse, die Milchdrüse und die Schweißdrüsen sowie der Zahnschmelz (Abb. 5–**1** bis 5–**4**).

2. Das Mesoderm

Das Mesoderm, das mittlere Keimblatt, schiebt sich zwischen Ektoderm und Entoderm ein (Abb. 5–**6**). Die segmentale Gliederung des Körpers geht auf die Ausbildung der **Somiten** im Mesoderm zurück. Es entstehen: aus den **Myotomen** der Somiten die quergestreifte Muskulatur, aus den **Sklerotomen** Knorpel und Knochen des Achsenskeletts und aus den **Dermatomen** das subkutane Bindegewebe (Abb. 5–**7**). Das Mesoderm kleidet die Leibeshöhle aus und legt sich als **parietales Mesoderm** dem Ektoderm und als **viszerales Mesoderm** dem Entoderm an (Abb. 5–**8**). Es steuert die bindegewebige Komponente zu den aus dem Ektoderm und aus dem Entoderm abstammenden Organen bei. Aus dem Mesoderm gehen der **Stütz- und Bewegungsapparat** sowie das **Blutgefäß- und Lymphgefäßsystem** und das **Urogenitalsystem** hervor.

3. Das Entoderm

Aus dem Entoderm, dem inneren Keimblatt, entstehen die epitheliale Auskleidung des **Gastrointestinaltraktes,** des **Respirationstraktes** und der **Harnblase** (Abb. 5–**10**). Außerdem geht das Parenchym der Tonsillen, der Schilddrüse, der Nebenschilddrüsen, des Thymus, der Leber und des Pankreas aus dem Entoderm hervor. Die **Paukenhöhle** und die **Tuba auditiva** werden ebenfalls von Entoderm ausgekleidet.

Die **Keimblattlehre,** das heißt die Regeln über die Abstammung der Gewebe aus den Keimblättern, gilt nicht für den Kopfbereich. Hier stammt ein großer Teil des Bindegewebes aus der Neuralleiste, aus den Plakoden und aus der Prächordalplatte. Speziell die Knorpelspangen der Schlundbögen stammen von Neuralleistenzellen ab.

Kapitel 6

Dritter bis zehnter Monat

Entwicklung des Fetus

– Fetalperiode –

Der Zeitraum vom Beginn des dritten Monats bis zur Geburt heißt **Fetalperiode.** Sie zeichnet sich durch schnelles Wachstum des Körpers aus. In der Fetalperiode tritt die Differenzierung hinter der Zellvermehrung zurück. Es entstehen daher kaum noch Mißbildungen, obwohl zytotoxische Faktoren zu Zelluntergang und späteren funktionellen Einbußen führen könne.

Das Alter des Fetus wird in der Fetalperiode durch die **Scheitel-Steiß-Länge (SSL)** oder durch die **Scheitel-Fersen-Länge (SFL),** dem Maß vom Scheitel bis zur Ferse (Stehhöhe), ausgedrückt. Die Tabelle 6–**1** gibt das Alter des Fetus in Lunarmonaten und die entsprechenden Scheitel-Steiß-Längen wieder. Im dritten bis fünften Monat steht das Längenwachstum im Vordergrund. Eine wesentliche Gewichtszunahme erfolgt erst in den drei letzten Schwangerschaftsmonaten (vgl. auch Abb. 20–**2**, S. 411).

Tabelle 6–**1** Längenwachstum und Gewichtsentwicklung in der Fetalperiode

Alter		Scheitel-Steiß-Länge	Gewicht
Wochen	Lunarmonate	cm	g
9–12	3	5–8	10–45
13–16	4	9–14	60–200
17–20	5	15–19	250–450
21–24	6	20–23	500–820
25–28	7	24–27	900–1300
29–32	8	28–30	1400–2100
33–36	9	31–34	2200–2900
37–40	10	35–36	3000–3400

Eine der auffälligsten Veränderungen während des Fetallebens ist die relative Verlangsamung des Kopfwachstums verglichen mit dem des übrigen Körpers. Zu Beginn des dritten Monats nimmt der Kopf etwa die Hälfte der Scheitel-Steiß-Länge ein (Abb. 6–**1**), zu Beginn des fünften Monats etwa ein Drittel der Scheitel-Steiß-Länge und zum Zeitpunkt der Geburt ein Viertel der Scheitel-Fersen-Länge (Abb. 6–**2**).

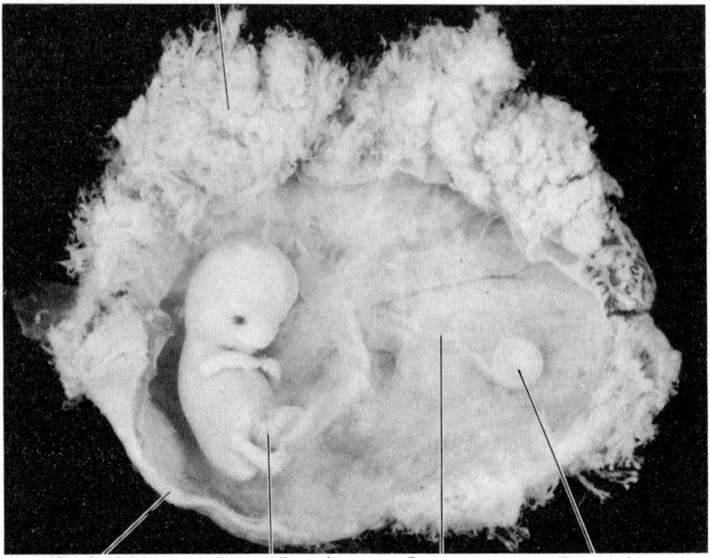

Abb. 6–**1** Fetus in der 9. Woche. Der Kopf ist groß im Verhältnis zum Körper. Dottersack und Dottergang liegen in der Chorionhöhle. In der Nabelschnur sind Darmschlingen zu erkennen (physiologischer Nabelbruch). Das Chorion besitzt auf der Seite der Nabelschnur viele buschige Zotten (Chorion frondosum), während es am gegenüberliegenden Pol bereits glatt ist (Chorion laeve, Chorionglatze).

Während des **dritten Monats** wird das Gesicht immer menschenähnlicher. Die anfangs nach lateral gerichteten Augen verlagern sich auf die Ventralseite des Gesichtes (Abb. 6–**3**). Die Ohren nehmen allmählich ihre endgültige Lage an der Seite des Kopfes ein. Die Gliedmaßen erreichen ihre relative Länge im Vergleich zum übrigen Körper, wenn auch die unteren Gliedmaßen immer noch ein wenig kürzer und weniger entwickelt sind als die oberen. Die äußeren Genitalien entwickeln sich so weit, daß das Geschlecht des Fetus durch äußere Untersuchung bestimmt werden kann.

Zunächst ist die Nabelschnur nur noch durch den **physiologischen Nabelbruch** aufgetrieben (Abb. 6–**1**). In der 11. Woche ziehen sich die Darmschlingen in die Leibeshöhle zurück. Am Ende des 3. Monats lassen sich bei abortierten Feten als Zeichen der Muskelaktivität bereits Reflexe auslösen. *In utero* sind die Bewegungen jedoch noch zu schwach, um von der Mutter wahrgenommen zu werden.

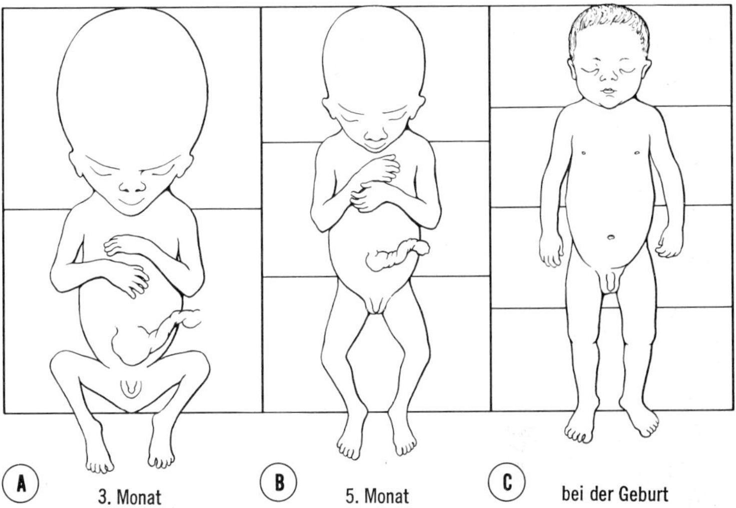

Abb. 6–**2** Schematische Zeichnungen, die das Größenverhältnis des Kopfes zum Rumpf in verschiedenen Entwicklungsstadien zeigen. A. Beachte die Vorwölbung der Nabelschnur an ihrem Abgang von der Leibeswand. Sie wird durch die Darmschlingen verursacht, die in das extraembryonale Zölom innerhalb der Nabelschnur vorragen (s. Abb. 6–**1**).

Im **vierten** und **fünften Monat** wächst der Fetus rasch in die Länge, so daß seine Scheitel-Steiß-Länge (SSL) am Ende der ersten Hälfte des intrauterinen Lebens etwa 15 cm beträgt, also die Hälfte der Länge des Neugeborenen. Die Gewichtszunahme ist dagegen in diesem Zeitraum sehr gering. Am Ende des 5. Monats wiegt der Fetus noch weniger als 500 g.

An der Körperoberfläche ist die **Lanugo-Behaarung** ausgebildet. Augenbrauen und Haupthaar sind ebenfalls sichtbar. **Im fünften Monat werden die Kindsbewegungen von der Mutter in der Regel deutlich wahrgenommen.**

In der zweiten Hälfte der Schwangerschaft nimmt das Gewicht beträchtlich zu, vor allem während der letzten 2½ Monate, in denen 50 % des Geburtsgewichtes (etwa 3200 g) hinzukommen. Im **sechsten Monat** hat der Fetus eine runzelige Haut, da das Unterhautfettgewebe noch fehlt.

Die Haut ist rötlich gefärbt. Ein Kind, das im sechsten oder zu Beginn des siebenten Monats geboren wird, ist kaum lebensfähig, da die Lungen und das Zentralnervensystem noch nicht genügend ausgereift sind. Die Koordination zwischen beiden Systemen fehlt noch.

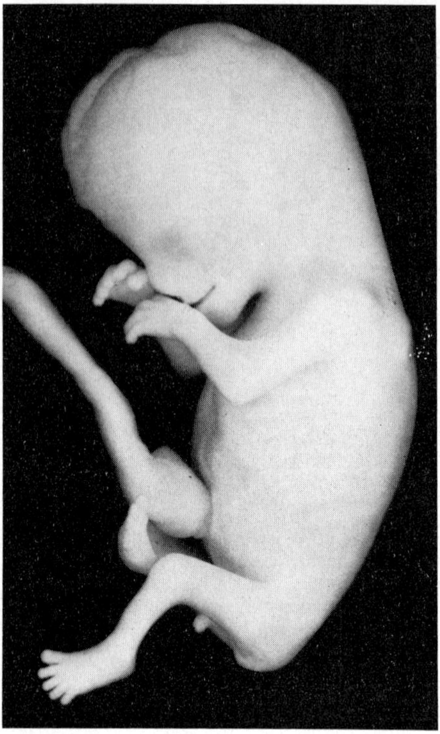

Abb. 6–**3** Fetus in der 12. Woche. Der Ansatz der Nabelschnur ist noch durch Darmschlingen aufgetrieben. Normalerweise ziehen sich die Darmschlingen in der 11. Woche in die Leibeshöhle zurück. Das Geschlecht des Embryos läßt sich erkennen.

In den letzten Monaten runden sich dann seine Formen durch die Ablagerung von subkutanem Fett ab (Abb. 6–**5**). Gegen Ende der Schwangerschaft ist die Haut von einer weißlichen, fettigen Substanz, der **Vernix caseosa,** bedeckt, einem Ausscheidungsprodukt der Talgdrüsen. Mit **28 Wochen** ist der Fetus im Prinzip lebensfähig (**Frühgeburt**).

Am Ende des **zehnten Lunarmonats** übertrifft der Schädel die übrigen Körperpartien an Umfang und bestimmt damit den Durchtritt der Frucht durch den Geburtskanal. Bei der Geburt wiegt der Fetus 3000–3500 g. Die SSL beträgt etwa 36 cm, die SFL etwa 50 cm. Die Geschlechtsmerkmale sind voll ausgebildet. Die Hoden befinden sich normalerweise im Skrotum.

Berechnung des Geburtstermins

Die Berechnung des Geburtstermins ist am genauesten, wenn man vom Tag der Befruchtung ausgeht und 266 Tage oder 38 Wochen

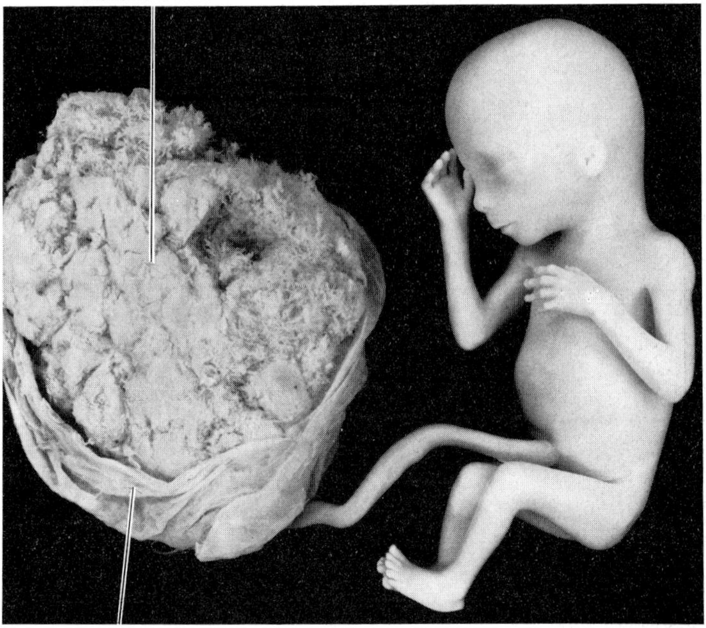

Abb. 6–**4** Fetus in der 18. Woche, durch die Nabelschnur mit seiner Plazenta verbunden. Die Haut ist durchscheinend, da das subkutane Fett noch fehlt. Auf der mütterlichen Seite der Plazenta sind die Kotyledonen zu erkennen, die kindliche Seite wird vom Amnion bedeckt.

hinzurechnet. Die Eizelle wird normalerweise 12 Stunden nach der Ovulation befruchtet. Der Koitus muß innerhalb von 24 Stunden vor der Befruchtung stattgefunden haben.

Vom Zeitpunkt der Befruchtung an dauert die Schwangerschaft 266 Tage oder 38 Wochen.

Eine Schwangere sucht in der Regel den Frauenarzt auf, wenn die Regel zweimal hintereinander ausgeblieben ist. Nach so langer Zeit kann sie sich meistens an den Koitus nicht mehr genau erinnern, so daß der genaue Zeitpunkt der Befruchtung schwer zu bestimmen ist.

Der Geburtshelfer geht bei der Berechnung des Geburtstermins vom 1. Tag der letzten Regel aus und rechnet 280 Tage oder 40 Wochen hinzu.

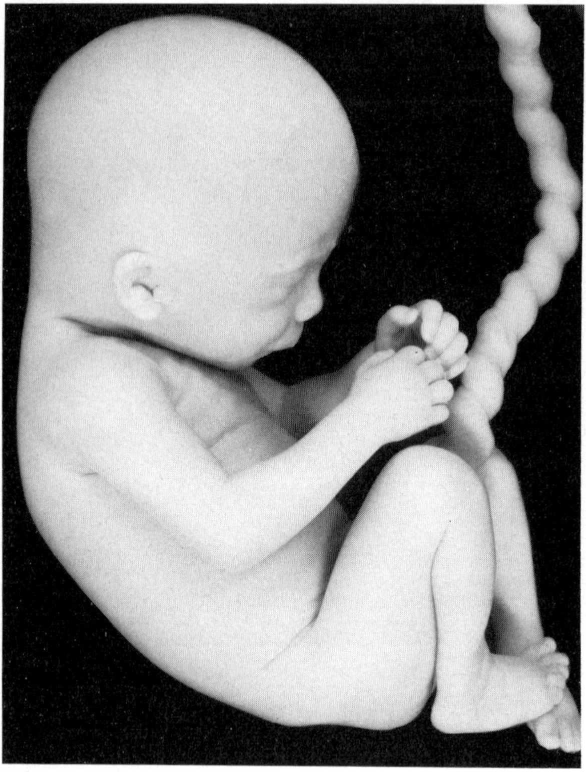

Abb. 6–5 Fetus im 7. Monat. Dieser Fetus ist im Prinzip lebensfähig. Er zeigt durch subkutane Fettablagerung bedingte rundliche Konturen. Die Nabelschnur ist spiralig gewunden.

Gerechnet vom 1. Tag der letzten Regel beträgt die Schwangerschaft 280 Tage oder 40 Wochen = 10 Lunarmonate = rund 9 Kalendermonate. Ein Lunarmonat dauert 28 Tage = 4 Wochen.

Die letzte Regel wird meistens genau angegeben. Bei Frauen mit regelmäßigem 28tägigem Zyklus ist diese Berechnung sehr genau. Bei unregelmäßigem Zyklus sind jedoch Fehler möglich. Der Zeitraum zwischen Ovulation und darauffolgender Menstruation ist zwar konstant (14 ± 1 Tage), Der Abstand zwischen Ovulation und der vorhergehenden Menstruation dagegen sehr variabel. Eine zusätzliche Fehlerquelle entsteht, wenn die Frau etwa 14 Tage nach der Befruchtung eine kleine Blutung hat, die durch das invasive Wachstum des Trophoblast bei der Implantation bedingt ist (s. Kap. 3, S. 46). Trotz der möglichen Fehlerquellen bei der Bestimmung des Geburtstermins werden doch die meisten Kinder in einer Zeitspanne von 10–14 Tagen um den errechneten Termin herum geboren.

Abweichungen in der Gewichtsentwicklung

Das Längenwachstum und die Gewichtsentwicklung zeigen eine beträchtliche Variabilität und stimmen manchmal nicht mit dem errechneten Alter des Fetus überein. Größe und Gewicht sind im wesentlichen genetisch determiniert. Umweltfaktoren können jedoch ebenfalls eine Rolle spielen. Hochgradige Unterernährung und starkes Rauchen führen zu einer Wachstumshemmung. Eine andere Ursache ist die Plazentainsuffizienz. Ausgetragene Kinder mit einem Geburtsgewicht von 2500 g werden häufig irrtümlich für eine Frühgeburt gehalten. Eine **Frühgeburt** liegt jedoch nur bei einem Gewicht von 2500 g oder mehr und einer auf 28 bis 38 Wochen verkürzten Schwangerschaft vor.

Das ausgetragene, aber untergewichtige Neugeborene ist ein Sonderfall, der als **„small for date"** bezeichnet wird und einer besonderen Behandlung bedarf. Es zeigt häufig eine runzelige Haut, die durch das Fehlen von subkutanem Fettgewebe zustande kommt. Die Ursache für das „small for date"-Syndrom ist unbekannt. Wahrscheinlich liegt eine Störung der Plazentafunktion vor.

Manchmal sind ausgetragene Kinder größer und schwerer als normal. Dies kommt besonders bei **diabetischen Müttern** vor. Man nimmt an, daß die hyperglykämischen Episoden bei der Mutter zu einer kompensatorischen Ausschüttung von Insulin beim Fetus führen, die ihrerseits eine Wachstumssteigerung auslösen. Die in Tab. 6–**1** aufgeführten Durchschnittswerte sind zwar für die Altersbestimmung eines Fetus unentbehrlich, die große Variabilität muß dabei jedoch immer berücksichtigt werden.

Zusammenfassung:
Dritter Monat bis zur Geburt
– Fetalperiode –

Die **Fetalperiode** ist gekennzeichnet durch das **Größenwachstum** der Frucht und die **Ausreifung der Organsysteme.** Im 3., 4. und 5. Monat überwiegt das **Längenwachstum** (etwa 5 cm pro Monat), während in den beiden letzten Monaten der Schwangerschaft die **Gewichtszunahme** im Vordergrund steht (etwa 700 g pro Monat).

Die **Körperproportionen** verändern sich in charakteristischer Weise. Im 3. Monat nimmt der Kopf etwa die Hälfte und im 5. Monat etwa 1 Drittel der Körperlänge (Scheitel-Steiß-Länge) ein. Bei der Geburt beträgt der Anteil des Kopfes nur noch etwa 1 Viertel der Gesamtlänge (Scheitel-Fersen-Länge) (Abb. 4–**2**).

Im 5. Monat werden die **Kindsbewegungen** wahrgenommen. Der Fetus besitzt eine Lanugobehaarung.

Die Überlebensfähigkeit einer **Frühgeburt** während des 6. oder zu Beginn des 7. Monats hängt von der Ausreifung des Respirationstraktes und des Zentralnervensystems ab.

Die **Dauer der Schwangerschaft** wird mit 280 Tagen oder 40 Wochen nach dem 1. Tag der letzten Regel gerechnet oder genauer 266 Tage = 38 Wochen nach der Befruchtung.

Kapitel 7

Entwicklung der Eihäute und der Plazenta

Zu Beginn des zweiten Monats besitzt der **Trophoblast** eine große Zahl von sekundären und tertiären Zotten, die in charakteristischer Weise radiär angeordnet sind (vgl. Abb. 4–**9** und 7–**1**). Die Zotten sind im Mesoderm der **Chorionplatte** verankert und peripher über die äußere **Zytotrophoblasthülle** mit der mütterlichen Dezidua verbunden **(Stammzotten)**. Die Oberfläche der Zotten besteht aus dem Synzytium, das auf einer Schicht aus Zytotrophoblastzellen ruht, die ihrerseits einen gefäßreichen mesodermalen Kern umschließt (Abb. 7–**2** A).

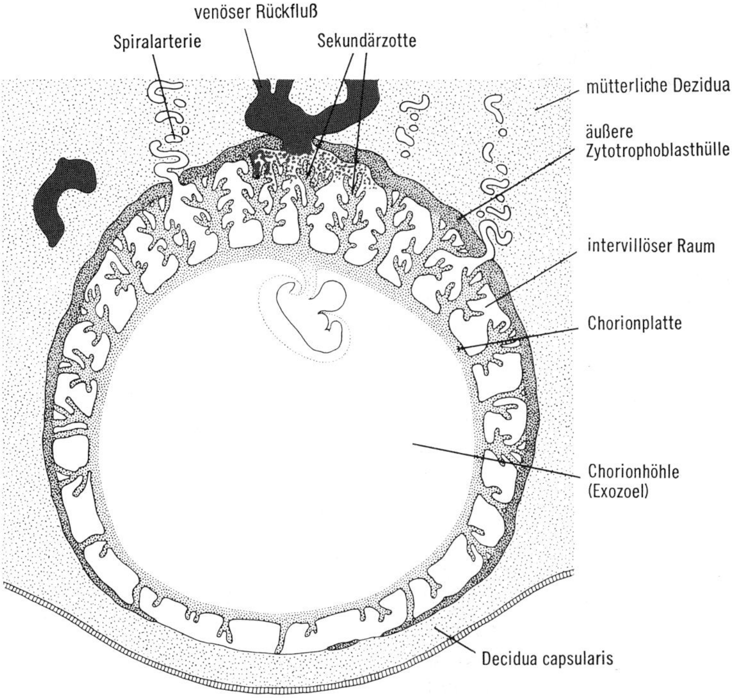

Abb. 7–**1** Schematische Darstellung eines menschlichen Embryos zu Beginn des zweiten Monats. Am embryonalen Pol sind die Zotten zahlreich und gut ausgebildet, am abembryonalen Pol sind sie selten und nur wenig entwickelt (modifiziert nach *Ortmann*).

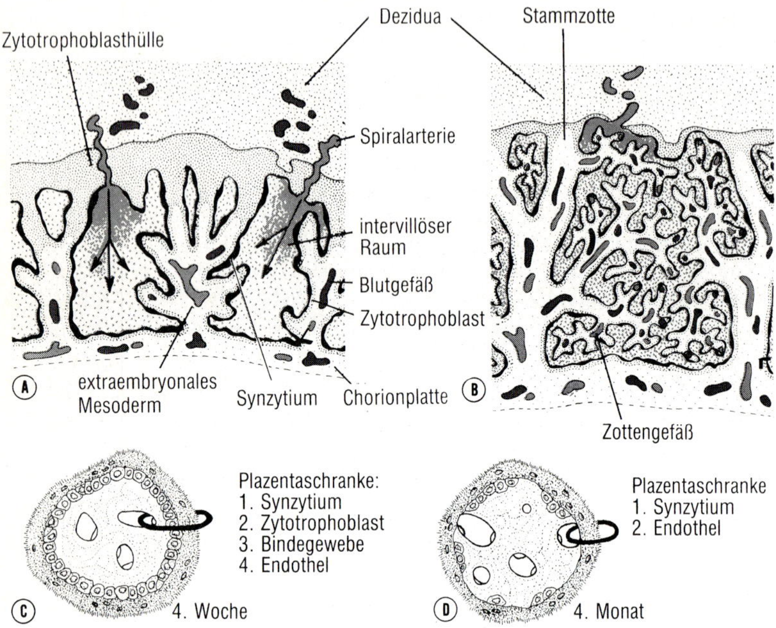

Abb. 7–**2** Schematische Darstellung des Zottenaufbaues in verschiedenen Entwicklungsstadien. A. In der vierten Woche. Das extraembryonale Mesoderm wächst in den sekundären Stammzotten auf die Deziduaplatte zu. B. Während des vierten Monats. In vielen kleinen Zotten liegt die Kapillarwand direkt dem Synzytium an (modifiziert nach *Starck*). C und D. Entsprechende Zottenquerschnitte zu A und B.

Zuerst findet sich das gefäßreiche Mesoderm nur an der Chorionseite der Zotten und dringt dann allmählich gegen die Dezidua vor. Das Kapillarsystem im Kern der Zotten nimmt bald Verbindung mit den Kapillaren des Chorion und des Haftstieles auf. Auf diese Weise ensteht das extraembryonale Gefäßsystem (Abb. 12–**1** und 12–**3**), das sich seinerseits mit den intraembryonalen Blutgefäßen verbindet.

In den folgenden Monaten sprossen zahlreiche Knospen aus den vorhandenen Zottenstämmen in die umgebenden **lakunären** oder **intervillösen Räume** aus. Die neugebildeten Zotten haben zuerst die gleichen Schichten wie die Stammzotten. Zu Beginn des vierten Monats verschwinden jedoch die Zytotrophoblastzellen und ein Teil der Bindegewebszellen. Von nun an trennen nur noch das Synzytium und das Endothel der Blutgefäße den mütterlichen von dem fetalen Kreislauf (Abb. 7–**2** B, D). Die Zytotrophoblastzellen verschwinden zuerst in den kleinen und anschließend in den größeren Zotten. In den **Stamm-**

zotten bleiben jedoch immer einige Zytotrophoblastzellen erhalten. Die Blutgefäße, die im Innern der Stammzotten verlaufen, sind auch am Stoffaustausch zwischen den beiden Kreisläufen nicht direkt beteiligt (Abb. 7–**2** B).

Da das Synzytium im Verlauf dieser Entwicklung sehr dünn wird, wölben sich die zellkernhaltigen Bezirke als Knoten vor. Derartige mehrkernige **Synzytiumknoten** können sich ablösen und in den Blutkreislauf der Mutter ausgeschwemmt werden. Sie können sich irgendwo im Kapillarsystem der Mutter festsetzen. Meistens lösen sie sich dort auf, ohne krankhafte Symptome hervorzurufen.

In den ersten Entwicklungswochen bedecken die Zotten die gesamte Oberfläche des Chorions (Abb. 7–**1**). Mit dem Fortschreiten der Schwangerschaft ändert sich dies jedoch. Die Zotten am embryonalen Pol wachsen weiterhin und breiten sich aus. Sie werden zum **Chorion frondosum** (buschig); die Zotten am abembryonalen Pol dagegen gehen zugrunde. Im dritten Monat ist diese Chorionseite glatt und wird als **Chorion laeve („Chorionglatze")** bezeichnet (Abb. 7–**3** A).

Dieser Unterschied zwischen embryonalem und abembryonalem Pol des Chorions spiegelt sich auch im Aufbau der Dezidua wider. Die

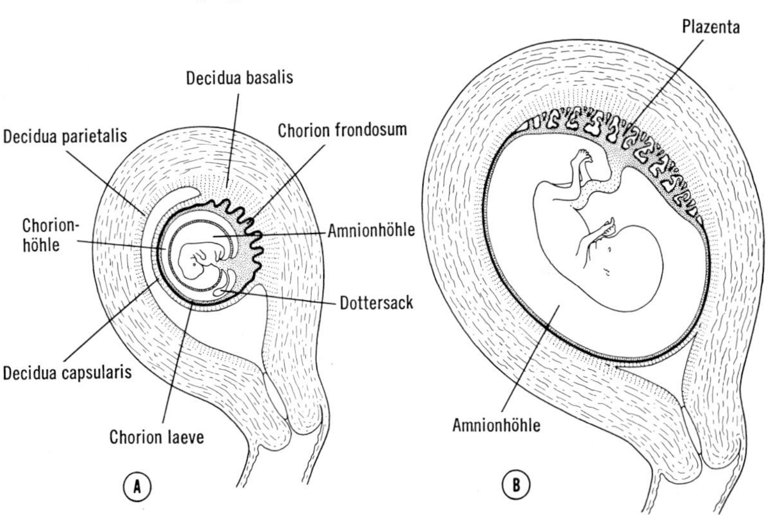

Abb. 7–**3** Schematische Darstellung der Beziehung zwischen den Eihäuten und der Uteruswand. A. Am Ende des zweiten Monats. Beachte den Dottersack in der Chorionhöhle zwischen Amnion und Chorion. Am abembryonalen Pol sind die Zotten verschwunden (Chorion laeve). B. Am Ende des dritten Monats. Amnion und Chorion verwachsen miteinander. Gleichzeitig mit dem Verschwinden der Chorionhöhle obliteriert auch das Uteruslumen.

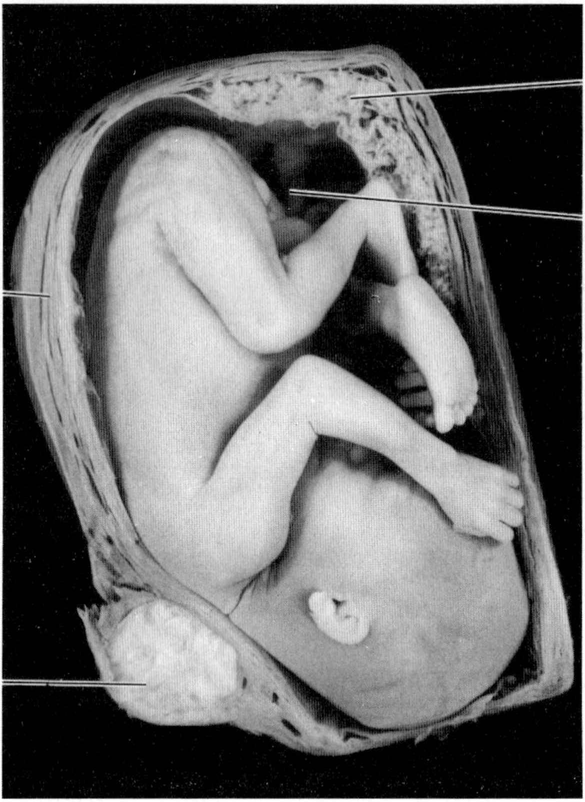

Abb. 7–**4** Fetus in der 19. Woche in seiner natürlichen Position im Uterus. Das Uteruslumen ist obliteriert. In der Uteruswand sitzt ein Myofibrom.

Dezidua über dem Chorion frondosum, die **Decidua basalis,** bildet eine kompakte Schicht, die fest mit dem Chorion verbunden ist. Diese Schicht wird als **Deziduaplatte** (Basalplatte) bezeichnet. Die Deziduaschicht über dem abembryonalen Pol heißt **Decidua capsularis** (Abb. 7–**3** A). Zuerst ähnelt diese Schicht der Decidua basalis. Mit dem weiteren Wachstum der Fruchtblase wird sie dünn ausgezogen und beginnt zu degenerieren. Das Chorion laeve trifft dann auf dei **Decidua parietalis** auf der gegenüberliegenden Uterusseite und verschmilzt mit ihr (Abb. 7–**3** und 7–**4**). **Damit ist das Uteruslumen vollständig ausgefüllt.** Es bleibt also als einziges funktionstüchtiges Choriongewebe des **Chorion frondosum** zurück, das zusammen mit der **Decidua basalis** die **Plazenta** bildet.

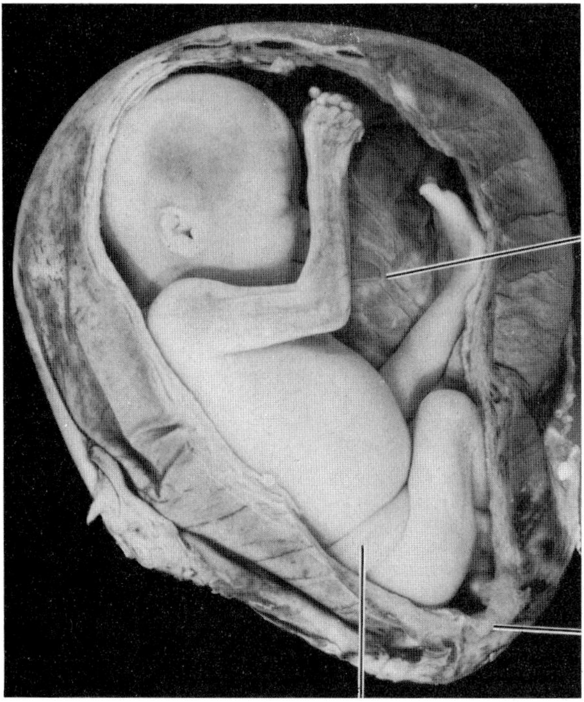

Abb. 7–**5** Fetus in der 23. Woche im Uterus in Steißlage. Ein Teil der Uteruswand und der Eihäute wurde entfernt. Die unter dem Amnion hervortretenden Choriongefäße laufen auf die nicht sichtbare Plazenta zu. Die Nabelschnur hat sich eng um den Unterleib des Fetus gelegt und ist wahrscheinlich die Ursache für die Steißlage.

Aufbau der Plazenta

Die Plazenta besteht zu Beginn des vierten Monats aus zwei Anteilen: 1. einem **fetalen Anteil,** der vom Chorion frondosum gebildet wird, und 2. einem **mütterlichen Anteil,** der Decidua basalis. Auf der fetalen Seite wird die Plazenta durch die **Chorionplatte** begrenzt, auf der mütterlichen Seite durch die Decidua basalis, deren kompakte Schicht **Deziduaplatte** heißt und fest mit der Plazenta verwachsen ist. In der **Verbindungszone** vermischen sich Trophoblast- und Deziduazellen. Diese Zone bildet den Bereich, in dem die Trophoblastzellen in das uterine Gewebe eindringen. Sie zeichnet sich durch Riesenzellen aus, die aus der Dezidua und vom Synzytium stammen, und enthält reichlich amorphe Glucosaminoglycane. Zwischen Chorion und Deziduaplatte (Basalplatte) befinden sich die intervillösen Räume, die mit mütterlichem Blut gefüllt sind. Sie gehen aus den Lakunen des Synzytiotrophoblast hervor (Abb. 3–**3**) und sind daher von Synzytium embryonalen Ursprungs ausgekleidet. In die intervillösen Blutseen ragen die Zottenbäume hinein (Abb. 6–**1** und 7–**6**).

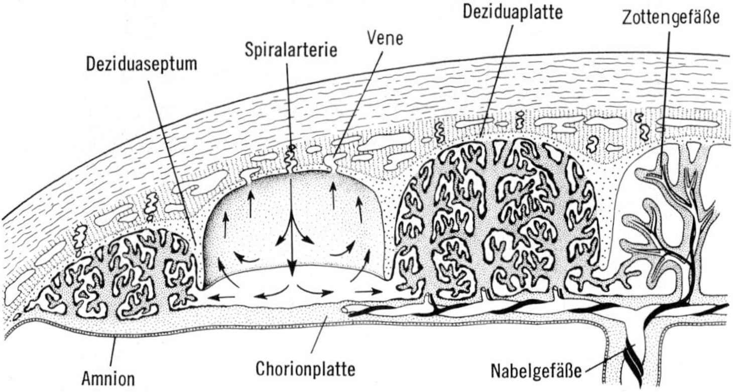

Abb. 7–**6** Die Plazenta in der zweiten Hälfte der Schwangerschaft. Die Kotyledonen sind teilweise durch die Deziduasepten aus mütterlichem Gewebe voneinander getrennt. Beachte, daß der größte Teil des intervillösen Blutstroms in den mütterlichen Kreislauf über die Endometriumvenen in der Deziduaplatte zurückkehrt. Nur ein geringer Anteil tritt in benachbarte Kotyledonen ein. Die intervillösen Räume sind von Synzytium ausgekleidet (modifiziert nach *Ramsey* sowie nach *Hamilton* u. *Boyd*).

Während des vierten und fünften Monats bildet die Dezidua eine Reihe von Septen, die **Deziduasepten** (Plazentasepten), die in die intervillösen Räume hineinragen, aber nicht bis zur Chorionplatte reichen (Abb. 7–**6**). Diese Septen haben einen Kern aus mütterlichem Gewebe; ihre Oberfläche ist jedoch von einer Schicht aus Trophoblastzellen überzogen. Infolge dieser Septenbildung wird die Plazenta in einer Reihe von Arealen oder **Kotyledonen** unterteilt (Abb. 7–**7** B). Da die Deziduasepten nicht ganz bis zur Chorionplatte reichen, bleibt die Verbindung zwischen den intervillösen Räumen benachbarter Kotyledonen bestehen.

Am **Ende der Schwangerschaft** hat die Plazenta die Form einer Scheibe von 15 bis 25 cm Durchmesser und etwa 3 cm Dicke. Sie wiegt 500–600 g. Bei der Geburt löst sie sich von der Uteruswand und wird etwa 30 Minuten nach Geburt des Kindes aus dem Uterus ausgestoßen. Bei der Betrachtung der **dezidualen, mütterlichen Seite** lassen sich 15 bis 20 leicht erhabene Areale, die **Kotyledonen,** unterscheiden.

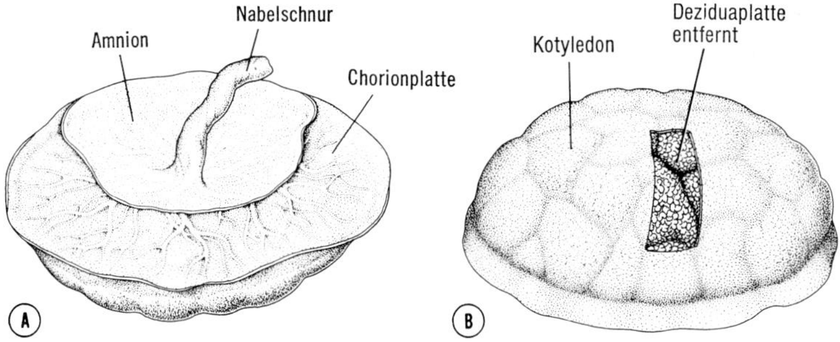

Abb. 7–**7** Die Plazenta bei der Geburt. A. Von der fetalen Seite her gesehen. Diese Seite wird vom Amnion bedeckt. B. Von der mütterlichen Seite her gesehen. Beachte die Kotyledonen. An einer Stelle ist die Dezidua entfernt.

Sie sind von einer dünnen Schicht aus Decidua basalis bedeckt (Abb. 6–**12** B). Die Furchen zwischen den Kotyledonen werden durch die Deziduasepten hervorgerufen. Ein Teil der Dezidua bleibt im Uterus zurück und wird mit den anschließenden Blutungen ausgeschieden.

Die **fetale Oberfläche** der Plazenta hat keine Kotyledonenstruktur und wird von der Chorionplatte gebildet. Man sieht eine große Anzahl von Arterien und Venen, die **Choriongefäße,** welche gegen die Nabelschnur hin konvergieren (Abb. 7–**7** A). Das Chorion wiederum ist von **Amnion** überzogen (Abb. 7–**6** und 7–**7** A). Die Nabelschnur inseriert gewöhnlich exzentrisch und gelegentlich sogar marginal. Selten inseriert sie in der Chorionmembran außerhalb der Plazenta (**Insertio velamentosa**).

Blutzirkulation in der Plazenta

Die Blutversorgung der Kotyledonen ist lange Zeit umstritten gewesen. Ursprünglich wurde angenommen, daß die Spiralarterien aus der Dezidua die intervillösen Räume der Kotyledonen über die mütterlichen Septen erreichen und daß das venöse Blut von einem der intervillösen Räume zum anderen fließt, um schließlich in einen Randsinus an der Peripherie der Plazenta abgeleitet zu werden. Diese Vorstellung ist nicht richtig. Die Füllung der Spiralarterien mit Röntgenkontrastmittel zeigt deutlich, daß der Bereich eines Kotyledons die **funktionelle Einheit der Plazenta** ist. Am Boden eines jeden Kotyledons tritt eine Spiralarterie aus. Beim Durchtritt durch die Deziduaplatte ist das Lumen der Spiralarterie eng. Der Strahl des sauerstoffreichen arteriellen Blutes ergießt sich zunächst in einen zottenfreien Raum im Zentrum des Kotyledons. Von dort wird es nach seitwärts durch das dichte Netzwerk der Zotten gedrückt, die den zentralen Raum umgeben. Es fließt in der Peripherie des Kotyledons durch die zu kapillären Spalträumen verengten Maschen der Zottenbäumchen zur Deziduaplatte zurück. Dort wird es von den überall unregelmäßig verteilten venösen Öffnungen wieder aufgenommen und in den mütterlichen Kreislauf zurückgeleitet (Abb. 7–**6**).

Auf der fetalen Seite wird – angetrieben vom kindlichen Herzen – das sauerstoffarme Blut durch zwei Nabelarterien herangeführt. Es durchströmt die Kapillaren der Zottenbäumchen. Dort wird durch das Diffusionsgefälle gegenüber dem mütterlichen Blut im intervillösen Raum Sauerstoff aufgenommen. Lösliche Abfallstoffe werden ausgeschieden. Das sauerstoffreiche Blut kehrt dann durch die Nabelvene zum Embryo zurück (Abb. 7–**6**).

Mit dem fortschreitenden Wachstum des Fetus und der Vergrößerung des Uterus wächst auch die Plazenta. Ihre Oberflächenzunahme entspricht ungefähr dem Wachstum des Uterus und beträgt während der ganzen Schwangerschaft etwa 25 bis 30% der inneren Oberfläche des Uterus. Ihre Dickenzunahme kommt durch die Verzweigung der bestehenden Zotten und nicht durch weiteres Eindringen in die mütterlichen Gewebe zustande.

Unter normalen Bedingungen enthalten die intervillösen Räume ungefähr 150 ml Blut, das sich etwa 3- bis 4mal pro Minute erneuert. Dieses Blut umspült die Chorionzotten, deren Oberfläche etwa 4 bis 14 qm beträgt. Dabei muß man jedoch berücksichtigen, daß der plazentare Austausch nicht über alle Zotten stattfindet, sondern nur über diejenigen, bei denen die fetalen Blutgefäße in engem Kontakt mit der sie überziehenden Synzytiumschicht stehen. Bei diesen Zotten besitzt das Synzytium oft einen Bürstensaum aus zahlreichen Mikrozotten, die den Stoffaustausch zwischen mütterlichem und kindlichem Kreislauf intensivieren.

Funktion der Plazenta

Die Hauptfunktionen der Plazenta sind : 1. **der Austausch von Stoffwechselprodukten** und Gasen zwischen mütterlichem und fetalem Blut bei vollständiger Trennung der beiden Kreisläufe, und 2. die **Hormonbildung**. Die trennende Schicht zwischen beiden Kreislaufsystemen wird oft als **Plazentarschranke** bezeichnet und besteht ausschließlich aus fetalem Gewebe. In den Frühstadien besteht sie aus vier Schichten: 1. der endothelialen Innenauskleidung der fetalen Blutgefäße, 2. dem Bindegewebe im Zottenkern, 3. der Zytotrophoblastschicht und 4. dem synzytialen Überzug (Abb.7–**2** C).

Vom vierten Monat an wird die Plazentaschranke wesentlich dünner, da die meisen Zotten ihrer Zytotrophoblastschicht und das die fetalen Kapillaren umgebende Bindegewebe verlieren. Das Endothel der

Kapillaren legt sich dann direkt an die Synzytiumschicht an, wodurch der Stoffaustausch wesentlich verbessert wird (Abb. 7–**2** D). Da das mütterliche Blut in den intervillösen Räumen vom fetalen Blut durch eine Plazentaschranke aus Choriongewebe getrennt ist, wird die menschliche Plazenta als **Placenta haemochorialis** bezeichnet.

Der **Austausch von Gasen,** wie Sauerstoff, Kohlendioxyd und Kohlenmonoxyd, erfolgt durch Diffusion. Gegen Ende der Schwangerschaft entnimmt der Fetus 20 bis 30 ml Sauerstoff pro Minute aus dem mütterlichen Kreislauf. Es ist daher verständlich, daß bereits eine kurze Unterbrechung zu einer Schädigung des Fetus führt. Der Austausch von **Stoffwechselprodukten**, wie Aminosäuren, freien Fettsäuren, Kohlenhydraten und Vitaminen sowie von **Elektrolyten**, nimmt mit fortschreitender Schwangerschaft ständig zu.

Die **Übertragung von mütterlichen Antikörpern** auf den Fetus ist eine reguläre Funktion der Plazenta. Es handelt sich um Antikörper vom Typ IgG aus der Gruppe der γ-Globuline des Serums. Sie werden selektiv vom Synzytium durch **Pinozytose** aufgenommen und an die fetalen Kapillaren abgegeben. Auf diese Weise erhält das Kind Antikörper gegen Diphtherie, Pocken, Masern und andere Infektionskrankheiten. Gegen Windpocken und Keuchhusten werden dagegen keine Antikörper übertragen. Der transplazentare Antikörpertransfer entspricht einer passiven Immunisierung.

Bei der **Rh-Inkompatibilität** führt der Übertritt mütterlicher Antikörper, die gegen die roten Blutkörperchen des Fetus gerichtet sind, zum Blutzerfall beim Fetus. Wenn die Erythrozyten des Fetus das **Rh-Antigen** tragen (Rh-positiv), und die der Mutter nicht (rh-negativ), kann die Mutter Antikörper gegen die kindlichen Erythrozyten bilden. Die Sensibilisierung erfolgt wahrscheinlich durch kleine Blutungen an der Oberfläche der Zotten. Die von der Mutter gebildeten Antikörper gegen die fetalen Erythrozyten gelangen über die Plazenta in den Fetus und lösen dort eine Hämolyse aus (**Erythroblastose**). Der Zerfall der kindlichen Erythrozyten kann zum Fruchttod führen. Durch die Bestimmung des Bilirubins (als Abbauprodukt aus den zerfallenden Erythrozyten) in der Amnionflüssigkeit kann das Ausmaß der Hämolyse festgestellt und, wenn notwendig, eine intrauterine Bluttransfusion in die Leibeshöhle des Fetus eingeleitet werden. Wenn die Mutter nach der Schwangerschaft nicht desensibilisiert wird, ist ein weiteres Rh-positives Kind extrem gefährdet, da die Antikörper in der Mutter bereits vorhanden sind.

Hormonproduktion. Am Ende des vierten Monats bildet die Plazenta soviel **Progesteron,** daß es für die Erhaltung der Schwangerschaft ausreicht, auch wenn das Corpus luteum entfernt wird oder in seiner Funktion gestört ist. Das Steroidhormon wird wahrscheinlich im Zytoplasma des Synzytiums synthetisiert. Neben dem Progesteron bildet die Plazenta in zunehmendem Maße **östrogene Hormone**. Die Östrogenbildung erreicht kurz vor Beendigung der Schwangerschaft ihr Maximum.

Der Synzytiotrophoblast erzeugt außerdem Gonadotropine (HCG = **Human Chorionic Gonadotropin**), die ähnlich wie die luteinisierenden Hormone des Hypophysenvorderlappens wirken. HCG wird von der Mutter über den Urin ausgeschieden. Es wird in der frühen Schwangerschaft zum Schwangerschaftsnachweis benutzt. Ein weiteres Hormon der Plazenta ist **"human placental lactogen"**. Es ähnelt dem Wachstumshormon der Hypophyse und verschafft dem Fetus Priorität in bezug auf den Blutzuckerspiegel. Es wirkt in Richtung auf eine diabetogene Stoffwechsellage bei der Mutter.

Gegen **Ende der Schwangerschaft** treten eine Reihe von Veränderungen in der Plazenta auf, die als Anzeichen für einen verminderten Stoffaustausch aufgefaßt werden können. Diese Veränderungen umfassen: 1. eine Vermehrung des fibrösen Bindegewebes im Zottenkern; 2. die Verstärkung der Basalmembran der fetalen Kapillaren; 3. die Obliteration kleinerer Zottenkapillaren; und 4. die Ablagerung von Fibrinoid auf der Zottenoberfläche in der Verbindungszone und der Chorionplatte. Die gesteigerte Fibrinoidbildung führt häufig zur Infarzierung von einzelnen intervillösen Blutseen oder sogar ganzer Kotyledonen. Der Kotyledon erhält dann ein weißliches Aussehen.

Amnion und Nabelschnur

Infolge der kraniokaudalen Krümmung des Embryos kommt die Umschlagsfalte zwischen Amnion und Oberflächenektoderm auf die Ventralseite des Embryos zu liegen (Abb. 5–**10** und 5–**11**). Die **amnioektodermale Umschlagfalte** bildet dann ein Oval, das als **primitiver Nabelring** bezeichnet wird. In der Mitte des zweiten Monats laufen folgende Gebilde durch den Nabelring (Abb. 7–**8**). 1. der **Haftstiel mit der Allantois und den Nabelgefäßen**, bestehend aus zwei Arterien und einer Vene; 2. der **Stiel des Dottersackes** (Dottergang), begleitet von den **Dottergefäßen** (Vasa omphalomesenterica); und 3. der Kanal, der die **intra-** und **extraembryonale Zölomhöhle** miteinander verbindet (Abb. 7–**8** C). Der Dottersack selbst liegt in der **Chorionhöhle**, das heißt in dem Raum zwischen Amnion und Chorion.

Im Laufe der weiteren Entwicklung verengt sich der primitive Nabelring. Dadurch werden die in ihm verlaufenden Gebilde dicht zusammengedrängt. Gleichzeitig vergrößert sich die Amnionhöhle auf Kosten der Chorionhöhle. Im Verlauf dieser Entwicklung schlägt sich das Amnion auf den aus dem Nabel austretenden Dottersack und auf den Haftstiel über und umhüllt sie. Dadurch entsteht die **Nabelschnur**.

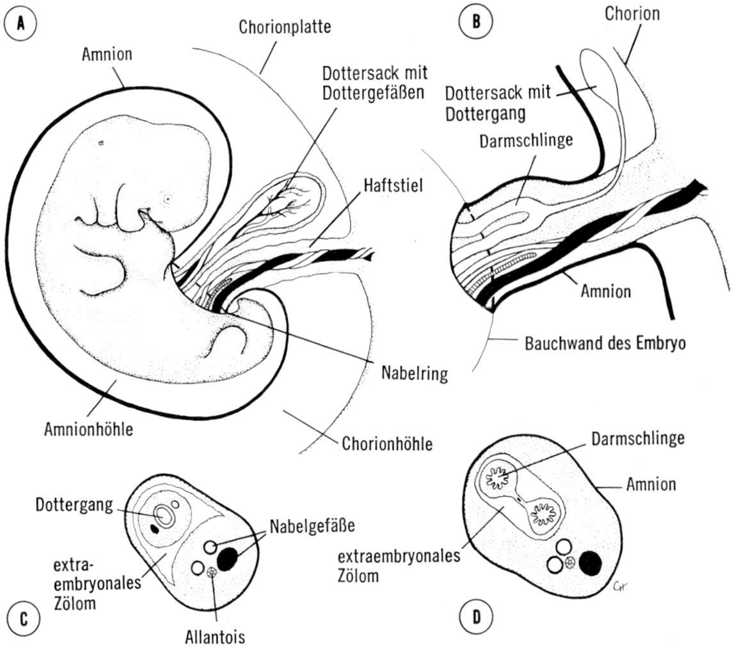

Abb. 7–**8** A. Schematische Darstellung eines fünf Wochen alten Embryos mit den Gebilden, die durch den primitiven Nabelring treten. C. Querschnitt durch die Gebilde im primitiven Nabelring. Der Dottersack mit den Dottergefäßen wird zusammen mit dem Haftstiel vom Amnion eingefaßt. B. Schematische Darstellung der Nabelschnur beim 10 Wochen alten Embryo. D. Entsprechender Querschnitt. Dem Dottergang folgend tritt eine Darmschlinge in das extraembryonale Zölom der Nabelschnur aus.

Die Nabelschnur enthält dann den Dottergang mit den Dottergefäßen sowie den ehemaligen Haftstiel mit Allantoisdivertikel und Nabelgefäßen (Abb.7–**8** B). Der Dottersack selbst liegt in der Chorionhöhle. Am Ende des dritten Monats hat sich die Amnionhöhle auf Kosten der Chorionhöhle so sehr vergrößert, daß sich Amnion und Chorion aneinanderlegen. **Die Chorionhöhle obliteriert.** Der Dottersack geht zugrunde.

Die Leibeshöhle ist vorübergehend zu klein, um die sich rasch entwikkelnden Darmschlingen aufzunehmen, so daß einige von ihnen in das extraembryonale Zölom innerhalb der Nabelschnur hinausgedrängt werden. Auf diese Weise kommt es zum sogenannten **physiologischen Nabelbruch** (s. Kap. 13, S. 278). Etwa gegen Ende des dritten Monats werden die Darmschlingen in den Embryonalkörper zurückgezogen und die Zölomhöhle in der Nabelschnur obliteriert. Nachdem dann außerdem die Allantois, der Dottergang und die Dottergefäße obliteriert sind, bleiben nur die **Nabelgefäße** in der Nabelschnur zurück. Sie sind von einem sulzigen Gewebe umgeben, das wenig mesenchymale Zellen und viele Glucosaminoglycane enthält. Es wird als **Wharton-Sulze** bezeichnet und dient als prallelastische Schutzschicht für die Blutgefäße. Die Media der Arterienwände besteht aus vielen Muskelzellen und elastischen Fasern. Beide Komponenten bewirken zusammen mit den spiralenförmigen Verdickungen der endothelialen Auskleidung die rasche Konstriktion und Kontraktion der Nabelgefäße direkt nach der Geburt. Ganz selten bleibt der Dottersack bis zur Geburt erhalten. Er liegt dann zwischen Amnion und Chorion im Bereich des Nabelschnuransatzes an der Plazenta.

Bei der Geburt hat die **Nabelschnur** einen Durchmesser von etwa 2 cm und ist 50 bis 60 cm lang. Spiralige Windungen der Gefäße können die sog. „falschen Knoten" hervorrufen. Eine enorm lange Nabelschnur kann zur Einschnürung des Fetus bis zur **Strangulation,** eine zu kurze Nabelschnur dagegen zur **vorzeitigen Plazentalösung** unter der Geburt führen.

Die Amnionhöhle ist mit einer klaren, wäßrigen, von den Amnionzellen erzeugten Flüssigkeit gefüllt. In den ersten Schwangerschaftsmonaten ist der Embryo mit seiner Nabelschnur in dieser als Schutzkissen dienenden Flüssigkeit aufgehängt. Die **Amnionflüssigkeit** (das **Fruchtwasser**) erfüllt folgende Aufgaben: 1. Sie fängt Stöße auf. 2. Sie verhindert Verwachsungen des Embryos mit dem Amnion. 3. Sie ermöglicht fetale Bewegungen. 4. Während des Geburtsvorganges bildet sie bei intakten Eihäuten einen hydrostatischen Keil, der die Eröffnung des Zervikalkanals unterstützt.

Die Amnionflüssigkeit wird etwa alle drei Stunden einmal ausgetauscht. Dies weist auf die großen **Flüssigkeitsverschiebungen** hin, die zwischen Amnionhöhle und mütterlichem Kreislauf stattfinden. Der Fetus schluckt vom 5. Monat an seine eigene Amnionflüssigkeit. Er trinkt pro Tag etwa 400 ml. Das ist ungefähr die Hälfte der Gesamtmenge. Feten, die entweder infolge einer Ösophagusatresie oder durch das Fehlen der nervösen Steuerung des Schluckmechanismus nicht schlucken können, wie es bei einem Anenzephalus der Fall ist, zeichnen sich gewöhnlich durch eine Vemehrung der Amnionflüssigkeit aus (**Hydramnion**). Normalerweise wird die Amnionflüssigkeit über den Darm des Fetus resorbiert und gelangt durch das Blut über die Plazenta in den mütterlichen Kreislauf. Gegen Ende der Schwangerschaft wird täglich Urin in die Amnionflüssigkeit ausgeschieden. Der Urin ist wenig konzentriert, da die Plazenta noch als Ausscheidungsorgan fungiert.

Eihäute bei Zwillingen

Der Aufbau der Eihäute bei Zwillingen ist von der Art der Zwillingsbildung und bei eineiigen Zwillingen vom Zeitpunkt der Trennung der beiden Anlagen abhängig.

Die meisten Zwillinge sind **zweieiige Zwillinge**. Die Zwillingsbildung kommt dadurch zustande, daß zwei Oozyten gleichzeitig ausgestoßen und von zwei verschiedenen Spermatozoen befruchtet werden. Da die Genzusammensetzung bei beiden Zygoten ganz unterschiedlich ist, besteht zwischen den Zwillingen keine größere Ähnlichkeit als bei Geschwistern, die nicht gleich alt sind. Sie können das gleiche oder das entgegengesetzte Geschlecht haben. Beide Zygoten nisten sich getrennt im Uterus ein und jede bildet ihre eigene Plazenta, ihr eigenes Amnion und ihre eigene Chorionhülle (Abb. 7–**9** A).

Wenn die beiden Plazenten jedoch dicht nebeneinander sitzen, können sie miteinander verschmelzen. Durch die Verschmelzung der beiden Plazenten kann es zur Bildung einer Anastomose zwischen den Choriongefäßen und zu einem Austauch von roten Blutkörperchen zwischen beiden Zwillingen kommen (Abb. 7–**9** B). Da die zweieiigen Zwillinge genetisch nicht identisch sind, besitzt dann einer oder beide Zwillinge zwei Sorten von Erythrozyten, die sich z. B. in ihren Blutgruppen voneinander unterscheiden (**Erythrozytenmosaizismus**). Beim Rind kann durch eine Anastomose der Choriongefäße von zwei Früchten mit entgegengesetztem Geschlecht die Geschlechtsentwicklung der weiblichen Frucht gestört werden (**Zwicke** oder **"freemartin"**). Die Ovaranlage wird im indifferenten Stadium durch den männlichen Zwilling teilweise in einen Hoden verwandelt. Es handelt sich interessanterweise nicht um eine Hormonwirkung, sondern um den Übertritt eines Hoden-induzierenden embryonalen Induktors (s. Kap. 11, S. 185, Determination des gonadalen Geschlechtes).

Die zweite Art der Zwillingsbildung besteht darin, daß beide sich aus einer einzelnen befruchteten Eizelle entwickeln. Es handelt sich dann um **eineiige (identische) Zwillinge**. Sie entstehen dadurch, daß sich die Zygote im Lauf ihrer Entwicklung durchschnürt. Die früheste Trennung soll im Zweizellenstadium vorkommen. In diesem Fall entwikkeln sich zwei getrennte Zygoten innerhalb einer Zona pellucida. Wenn sich die Zona pellucida aufgelöst hat, nisten sich beide Blastozysten getrennt ein und jeder Embryo entwickelt seine eigene Plazenta und Chorionhülle (Abb. 7–**11** A). Bei diesen Zwillingen sind die Eihäute wie bei zweieiigen Zwillingen angelegt. Man kann dann jedoch noch aufgrund der genauen Übereinstimmung der Blutgruppen, der Fingerabdrücke, des Geschlechtes und der äußeren Merkmale, wie der Augen- und Haarfarbe, nachweisen, daß es sich um eineiige Zwillinge handelt.

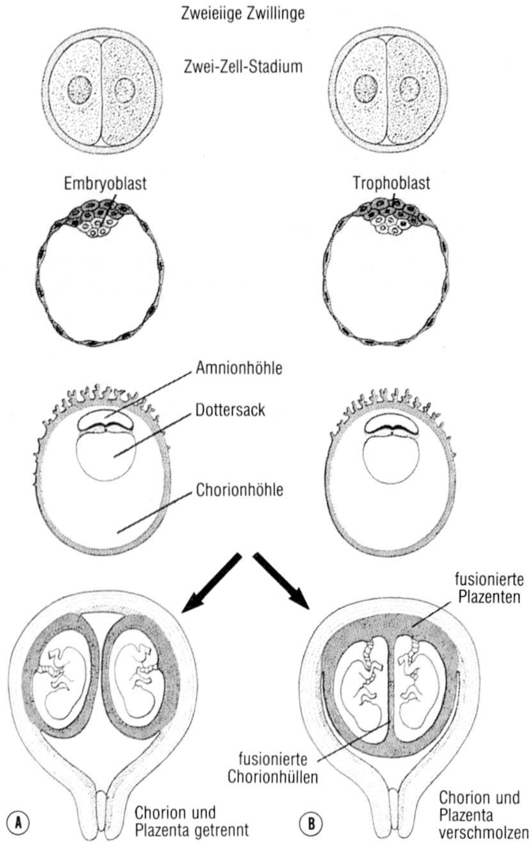

Abb. 7–**9** Eihäute bei Zwillingen.

In den meisten Fällen tritt die **Durchschnürung der Zygote im frühen Blastozystenstadium** auf. Innerhalb der gleichen Blastozyste spaltet sich der innen gelegene Embryoblast in zwei getrennte Zellhaufen (Abb. 7–**11** B). Die beiden Embryonen besitzen dann eine gemeinsame Plazenta und eine gemeinsame Chorionhülle, jedoch getrennte Amnionhöhlen (Abb. 7–**11** B). In seltenen Fällen tritt die Trennung im Stadium der zweiblättrigen Keimscheibe kurz vor dem Erscheinen des Primitivstreifens ein (Abb. 7–**11** C). Auf diese Weise entstehen Zwillinge mit einer einzigen Plazenta und einer gemeinsamen Chorion- und Amnionhülle.

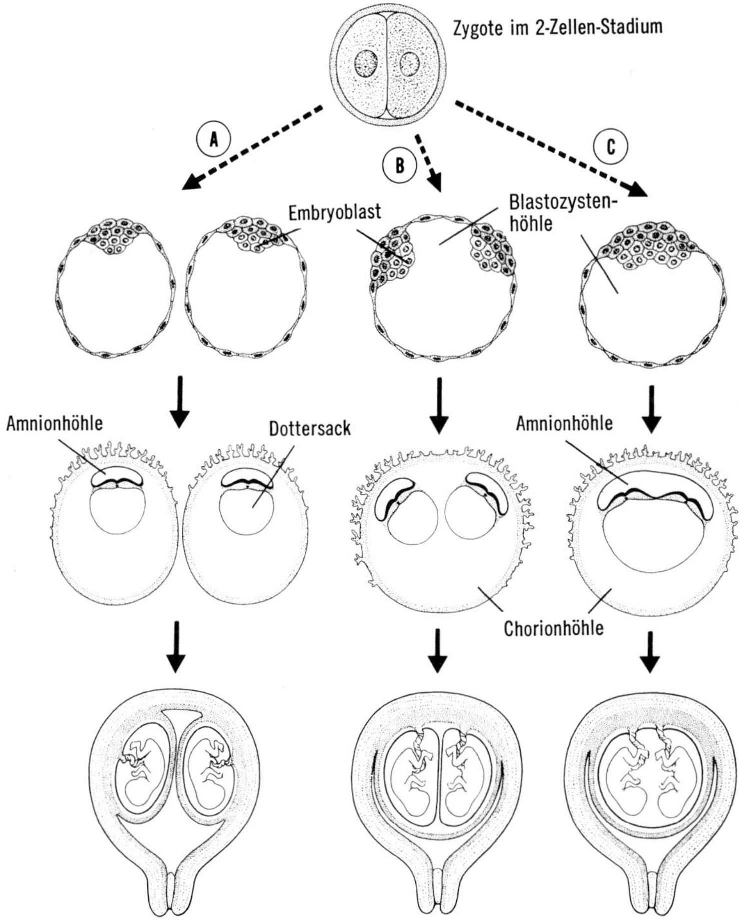

Abb. 7–**10** Schematische Darstellung der verschiedenen Möglichkeiten für die Bildung der Eihäute bei eineiigen Zwillingen. A. Die Aufspaltung erfolgte im Zweizellenstadium. Jeder Embryo besitzt seine eigene Plazenta sowie sein eigenes Amnion und Chorion. Nach der Implantation können die Plazenten und die Chorionhüllen miteinander verwachsen, wie bei zweieiigen Zwillingen auch. Die beiden Amnionhüllen sind jedoch immer durch Choriongewebe getrennt. B. Aufspaltung des Embryoblasten in zwei vollständig getrennte Zellhaufen. Beide Embryonen haben eine gemeinsame Plazenta und eine gemeinsame Chorionhülle, jedoch zwei getrennte Amnionhöhlen. C. Aufspaltung des Embryoblasten in einem späteren Entwicklungsstadium. Die Embryonen besitzen eine gemeinsame Plazenta, eine gemeinsame Amnion- und eine gemeinsame Chorionhöhle.

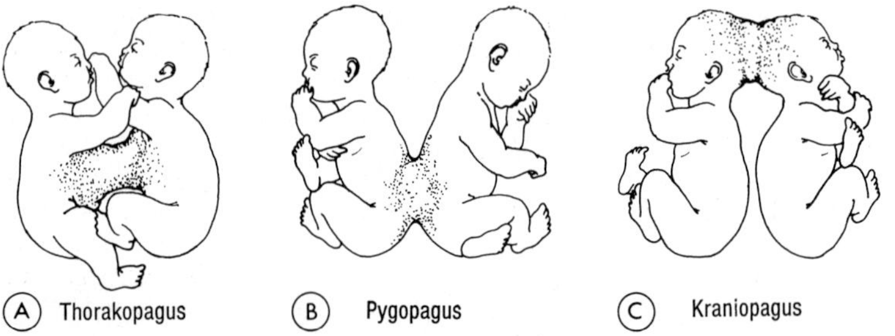

Abb. 7–**11** Doppelmißbildungen nach unvollständiger Durchschnürung einer Zygote in einem späteren Stadium. Sie können operativ getrennt werden, sofern nicht lebenswichtige Organe nur einfach angelegt sind.

Ein **gemeinsames Chorion** kommt nur bei eineiigen Zwillingen vor. Die Verschmelzung beider Plazenten und in entsprechender Weise die Aneinanderlagerung und Verschmelzung der Chorionhüllen kann dagegen auch bei zweieiigen Zwillingen vorkommen. In diesem Fall findet sich zwischen den beiden Amnionhäuten immer noch Choriongewebe.

Die **Blutversorgung der Zwillinge** ist in der Regel ausgewogen. Große Anastomosen können jedoch auch zu einer ungleichen Durchblutung und dadurch zur Entwicklung eines sehr kleinen und eines großen Zwillings führen.

Die **Zwillingshäufigkeit** weist von Land zu Land große Unterschiede auf und liegt zwischen 0,65% aller Geburten in Japan und 1,45% in Norwegen. In den Vereinigten Staaten beträgt die Zwillingshäufigkeit unter der weißen Bevölkerung 1,08%, in der schwarzen Bevölkerung 1,36%. Etwa 70% davon sind zweieiige und 30% eineiige Zwillinge. Die Häufigkeit von eineiigen Zwillingen ist vom Alter der Mutter unabhängig, während der Anteil von zweieiigen Zwillingen mit dem Alter der Mutter ansteigt. Wenn bei der ersten Schwangerschaft Zwillinge zur Welt kamen, ist die Wahrscheinlichkeit für weitere Zwillingsgeburten um das drei- bis fünffache erhöht.

Die Häufigkeit von Zwillingen hängt im wesentlichen von der genetischen Konstitution der Mutter ab. Drillinge kommen in einer Häufigkeit von 1 auf 7600 Schwangerschaften vor. Vierlinge und Fünflinge sind sehr selten. In letzter Zeit sind Mehrlingsgeburten häufiger vorgekommen. In den meisten Fällen ging der Mehrlingsgeburt eine Behandlung mit Gonadotropinen bei Ovulationsstörungen voraus.

Wenn sich die Zygote in einem späteren Entwicklungsstadium spaltet, kann es zu einer unvollständigen Durchschnürung im Axialbereich der Keimscheibe kommen. Solche unvollständig getrennten Keimscheiben können sich zu **Mehrfachbildungen** oder **Doppelmißbildungen** entwikkeln. Je nach der Art und dem Ausmaß der Verwachsung werden sie als **Thorakopagus** (πήγνυμι = ich verbinde), als **Pygopagus** und als **Kraniopagus** bezeichnet (Abb. 7–**11**). In einigen Fällen sind eineiige Zwillinge nur durch eine gemeinsame Hautbrücke oder durch eine gemeinsame Leberbrücke miteinander verbunden (**Siamesische Zwillinge**). Einige dieser Mehrfachbildungen konnten erfolgreich operativ voneinander getrennt werden.

Zusammenfassung: Entwicklung der Eihäute und der Plazenta

1. Chorion und Chorionzotten

Bei der Implantation in der zweiten Woche bildet der Zytotrophoblast durch Zellfusion eine „Riesenfreßzelle", das **Synzytium,** mit der er sich in die Uterusschleimhaut hineinfrißt. Im Synzytium entstehen Lakunen **(lakunäres Stadium),** in die mütterliches Blut hineinfließt. Der Zytotrophoblast dringt in die Synzytiumtrabekel zwischen den Lakunen ein und wandelt sie in **primäre Zotten** um. Durch Konfluation der durchgewanderten Zytotrophoblastanteile entsteht eine **Zytotrophoblasthülle,** die den Trophoblast gegen das mütterliche Gewebe abgrenzt (Abb. 4–**7** und 7–**1**).

Durch die Auskleidung mit extraembryonalem Mesoderm wird die Trophoblasthöhle zur **Chorionhöhle** und der Trophoblast zum **Chorion.** Das Chorionmesoderm dringt in die primären Zotten ein und wandelt sie in **sekundäre Zotten** um. Mit der Ausbildung von Gefäßen im mesodermalen Kern entstehen die **Tertiärzotten.**

Stammzotten sind in der Chorionplatte auf der einen Seite und in der äußeren Zytotrophoblasthülle auf der anderen Seite verankert. Von ihnen abgehend flottieren die Zottenaufzweigungen und Verästelungen im mütterlichen Blut, das die **intervillösen Räume,** die ehemaligen Lakunen, durchströmt (Abb. 7–**1**, 7–**3** und 7–**6**).

2. Die Eihäute in der Fetalperiode

Im 2. Monat bilden sich die Chorionzotten am abembryonalen Pol zurück **(„Chorionglatze", Chorion laeve),** während sie im Bereich der Plazenta erhalten bleiben **(Chorion frondosum)** (Abb. 7–**3** A).

Im 3. Monat verschmilzt das Amnion mit dem Chorion. **Die Chorionhöhle obliteriert.** Die Decidua capsularis verschmilzt mit der Decidua parietalis. **Das Uteruslumen obliteriert** (Abb. 7–**3** B). Die **Nabelschnur** wird nun von Amnion bedeckt und enthält die Reste des Dottersackes sowie die Gebilde des Haftstiels mit den Nabelgefäßen (7–**8**).

3. Die Plazenta

Die Plazenta besteht aus zwei Anteilen: (1) einem **fetalen Anteil,** der die Zottenbäumchen des Chorions enthält und (2) einem **mütterlichen Anteil,** der von der Decidua basalis abstammt. Die Spiralarterien durchbrechen die **Deziduaplatte (Basalplatte)** der Plazenta. Der Bereich einer **Spiralarterie** ist durch Deciduasepten, die von der Basalplatte ausgehen, abgegrenzt. Im Blutstrom der Spiralarterie baden die Zottenverästelungen eines **Kotyledons,** der den Bereich einer Spiralarterie ausfüllt. Das Blut strömt durch mütterliche Sinusoide in der Basalplatte zurück (Abb. 7–**6**). Im 4. Monat verschwindet die Zytotrophoblastschicht und das fetale Bindegewebe zwischen den fetalen Kapillaren und dem Synzytium (Abb. 7–**2**). Da das mütterliche Blut direkt mit dem Synzytium des Chorion in Kontakt kommt, ist die menschliche Plazenta eine **Placenta haemochorialis.**

4. Zwillinge

Zweieiige Zwillinge stammen von zwei getrennt befruchteten Eizellen ab. Sie besitzen getrennte Amnion- und Chorionhöhlen sowie getrennte Plazenten, die jedoch verschmolzen sein können (Abb. 7–**9**). **Eineiige Zwillinge** können in Abhängigkeit von dem Zeitpunkt der Auftrennung eines Keimes in zwei Embryonalanlagen bereits eine gemeinsame Amnionhöhle, nur ein gemeinsames Chorion oder nur eine gemeinsame Plazenta besitzen. Sie können auch wie zweieiige Zwillinge vollständig voneinander getrennt sein (Abb. 7–**10**).

Kapitel 8

Angeborene Mißbildungen und ihre Ursachen

Definition und Häufigkeit

Angeborene Mißbildungen sind als „auffallende morphologische Defekte" definiert, die zum Zeitpunkt der Geburt vorliegen. Die Zahlenangaben über die Häufigkeit von angeborenen Mißbildungen differieren stark. In Untersuchungen, die auf amtlichen Statistiken beruhen, schwankt der Prozentsatz der Kinder mit Mißbildungen zwischen 0,75 und 1,98%. Diese Angaben erscheinen sehr niedrig, wenn man sie mit den Statistiken aus Krankenhäusern und Kliniken vergleicht, aus denen sich eine Schwankungsbreite zwischen 1,43 und 3,3% errechnen läßt. Die zuletzt genannten Zahlen sind vermutlich die exakteren, doch sind auch bei ihnen die großen Unterschiede auffällig. Das kann auf tatsächlichen Häufigkeitsunterschieden in den verschiedenen Ländern beruhen oder mit einer unterschiedlichen Auslegung des Begriffes Mißbildung zusammenhängen. Die Rassenzusammensetzung mag ebenfalls die Häufigkeitszahlen beeinflussen, da Häufigkeit und Mißbildungsformen von Rasse zu Rasse verschieden sind.

In einer weltweiten Übersicht über die Häufigkeit von angeborenen Mißbildungen, die etwa 20 Millionen Geburten umfaßt, zeigte sich, daß der Anteil an angeborenen Mißbildungen aufgrund von Geburtsurkunden 0,83% beträgt. Wenn man die Daten aus Krankenhäusern und Kliniken zugrunde legt, beträgt er 1,26 und nach einer gründlicheren Untersuchung durch eine Gruppe von Pädiatern 4,50%. In der letzten Gruppe ist die Häufigkeit in den Vereinigten Staaten am höchsten (8,76%) und in Deutschland am niedrigsten (2,20%). Wenn die Zahlenangaben auf Untersuchungen von Kindern im Alter zwischen 6 und 12 Monaten beruhen, ist der Prozentsatz zumeist doppelt so hoch. An einer Stelle wurde dann eine Häufigkeit von 7,5% angegeben.

Man kann also davon ausgehen, daß 2 bis 3% aller lebend Geborenen bei der Geburt eine oder mehrere charakteristische Mißbildungen aufweisen, und daß sich dieser Anteil am Ende des ersten Lebensjahres durch die Aufdeckung von Mißbildungen verdoppelt, die bei der Geburt noch nicht bemerkt wurden.

Ätiologie der Mißbildungen

Der menschliche Embryo ist gegen äußere mechanische Schädigungen durch den Uterus, die Eihäute und das Fruchtwasser gut geschützt. Gegen schädliche Stoffe innerhalb des mütterlichen Organismus schirmt ihn die Plazenta ab, die lange Zeit als fast undurchdringbare Schranke galt. So wurde bis in die frühen 1940er Jahre angenommen, daß angeborene Fehlbildungen hauptsächlich durch Erbfaktoren hervorgerufen würden. Mit der Entdeckung von GREGG,daß Röteln in der Frühschwangerschaft Mißbildungen beim Embryo verursachen, wurde dann plötzlich klar, daß angeborene Mißbildungen beim Menschen auch durch Umwelteinflüsse entstehen können. Die bahnbrechende Arbeit von WARKANY u. KALTER, die zeigen konnten, daß eine spezifische Mangelernährung bei der schwangeren Ratte teratogen wirkt, hat seither zu zahlreichen Untersuchungen angeregt und zur Entdeckung einer großen Zahl von teratogenen Umweltfaktoren für den sich die entwickelnden Säugetierembryo geführt.

Trotz der raschen Entwicklung auf dem Gebiet der **Teratologie** hat unser Wissen über die kongenitalen Mißbildungen beim Menschen nur wenig zugenommen. Heute schätzt man, daß ungefähr 10% aller bekannten Mißbildungen beim Menschen auf Umweltfaktoren zurückzuführen sind und weitere 10% auf genetische und chromosomale Faktoren. Die verbleibenden 80% werden wahrscheinlich durch das komplexe Zusammenspiel von verschiedenen genetischen Faktoren und Umwelteinflüssen verursacht.

Infektiöse Ursachen

Röteln (Rubeola). GREGG hat 1941 als erster darauf hingewiesen, daß Röteln, wenn sie bei Frauen im Frühstadium einer Schwangerschaft auftreten, zu angeborenen Mißbildungen beim Kind führen können. Es ist heute erwiesen, daß das Rubeola-Virus Mißbildungen des Auges (Katarakt und Mikrophthalmie), des Innenohres (angeborene Taubheit infolge Zerstörung des Corti-Organs), des Herzens (Persistenz des Ductus arteriosus und Vorhof- und Kammerseptumdefekte), und gelegentlich der Zähne (Zahnschmelz) hervorrufen kann. Das Virus soll in einigen Fällen auch für Gehirnmißbildungen und Schwachsinn verantwortlich sein. In letzter Zeit wurde bekannt, daß das Virus einen intrauterinen Wachstumsrückstand, Myokardschäden und Gefäßmißbildungen verursacht.

Die Art der Mißbildung hängt vom embryonalen Entwicklungsstadium ab, in dem die Infektion stattfindet. Katarakte z. B. entstehen durch Infektion in der 6. Schwangerschaftswoche, Taubheit durch Infektion in der 9. Woche. Herzmißbildungen treten nach einer Infektion in der 5. bis 10. Woche, Zahndeformitäten nach einer Infektion in der 6. bis

9. Woche auf. Eine funktionelle Schädigung des Zentralnervensytems (z. B. zentrale Taubheit) kann noch nach einer Infektion im zweiten Trimester auftreten.

Über das Ausmaß der Mißbildungen von Kindern infizierter Mütter Voraussagen zu machen, ist aber außerordentlich schwierig, da Röteln einen milden Verlauf haben und übersehen werden können oder von ungewöhnlichen klinischen Symptomen begleitet sind und deshalb unerkannt bleiben. Ferner gibt es, worauf bereits hingewiesen wurde, angeborene Fehlbildungen, die erst entdeckt werden, wenn das Kind ein Alter von 2 bis 4 Jahren erreicht hat. Andererseits können Hautausschläge, die von anderen Viren verursacht werden, fälschlicherweise für Röteln gehalten werden. In einer sorgfältigen Untersuchung wurde das Risiko von Mißbildungen bei Säuglingen, die unmittelbar nach der Geburt untersucht werden, mit 47% angegeben, wenn die Infektion während der ersten vier Schwangerschaftswochen eintrat. Bei einer Infektion in der 5. bis 8. Woche sind es 22%, bei einer Infektion in der 9. bis 12 Woche 7% und bei einer Infektion in der 13. bis 16. Woche 6%.

Wenn man Fehlentwicklungen wie Schwachsinn und Zahndefekte, die oft erst im späteren Leben zutage treten, mit einbezieht, werden die eben genannten Prozentzahlen wahrscheinlich höher sein (65% der Fälle von angeborener Taubheit aufgrund einer Rubeola-Infektion werden erst im 4. Lebensjahr entdeckt.)

In den letzten zehn Jahren sind zwei wesentliche Fortschritte erzielt worden, die für die Rubeola-Embryopathie von Bedeutung sind. Es stehen jetzt Labormethoden zur Verfügung, mit denen bei den Patienten das Virus nachgewiesen und der Antikörperspiegel im Blut bestimmt werden kann. Ein wichtiger Anwendungsbereich dieser Nachweismethoden besteht darin, daß man bei einer Patientin die Immunität nachweisen und damit das Auftreten von Rubeola während der Schwangerschaft nicht fürchten muß. Eine epidemiologische Untersuchung von 6000 Frauen hat ergeben, daß sie in 85% der Fälle immun waren. Der zweite Punkt bezieht sich auf die Infektionskette. Der Fetus kann über die Plazenta infiziert werden, ohne daß eine Mißbildung entsteht. Die Infektion kann dann beim Kind noch einige Monate oder Jahre fortbestehen. Diese Kinder zeigen gewöhnlich keine Krankheitssymptome und können das Virus auf das Krankenhauspersonal, das heißt auf Schwestern, Ärzte und andere Pflegepersonen übertragen. Heute steht ein sicherer und wirksamer Impfstoff zur Verfügung, mit dem in den USA über 35 Mill. Frauen aktiv immunisiert worden sind.

Zytomegalie-Virus. Nur für drei Viren, das Röteln-Virus, das Zytomegalie-Virus und das Herpes-simplex-Virus, ist mit Sicherheit nachgewiesen, daß sie Mißbildungen und fetale chronische Infektionen, die nach der Geburt fortbestehen, erzeugen. Die kongenitale Zytomegalie beruht aller Wahrscheinlichkeit nach auf einer intrauterinen Infektion mit einem beim Menschen vorkommenden Zytomegalie-Virus durch die symptomlos erkrankte Mutter. Durch die Infektion kommt es unter anderem zur Mikrozephalie, zu zerebralen Verkalkungen, zu Blindheit und Chorioretinitis, sowie zu Hepatosplenomegalie. Bei einigen Kindern finden sich ein Kernikterus und multiple Hautblutungen. Früher wurde das Krankheitsbild nur nach Autopsie aufgrund von Riesenzellen mit großen Kernen und Einschlußkörperchen diagnostiziert. Die Einschlußkörperchen treten besonders in den Nierenepithelien auf und können in den Urin übertreten. Eine Infektion des Embryos oder Fetus führt oft zum Fruchttod. Beim Überlebenden kann durch die zerstörende Meningoenzephalitis eine schwere zerebrale Schädigung zurückbleiben. Da das Krankheitsbild bei der Schwangeren zumeist nicht diagnostiziert wird, weiß man nicht, welche Schäden durch eine Infektion in einem frühen Entwicklungsstadium und welche durch eine spätere Infektion entstehen. Es ist nicht unwahrscheinlich, daß eine Infektion des Embryos in einem frühen Entwicklungsstadium zu einer so schweren Schädigung führt, daß ein Überleben nicht möglich ist. In den Fällen, die diagnostiziert werden können, handelt es sich wahrscheinlich nur um Feten, die in der Spätschwangerschaft infiziert worden sind.

Herpes-simplex-Virus. Es gibt einige Berichte über eine intrauterine Infektion mit Herpes simplex. Die Infektion erfolgt in der späten Schwangerschaft. Als Schädigungen wurden Mikrozephalie, Hepatosplenomegalie und Schwachsinn beschrieben. Meistens wird das Kind wie bei Geschlechtskrankheiten bei der Geburt infiziert. Die Krankheitssymptome entwickeln sich dann als typische entzündliche Reaktionen während der ersten drei Lebenswochen.

Andere Virusinfektionen. Mißbildungen nach einer Infektion der Schwangeren mit Masern, Mumps, Hepatitis, Poliomyelitis, Windpokken, Echo-Viren und Coxsackie-Viren sind beschrieben worden. Neuere statistische Untersuchungen lassen jedoch erkennen, daß wahrscheinlich keine von ihnen Mißbildungen verursacht.

Toxoplasmose. Es ist nachgewiesen worden, daß eine Infektion der Mutter durch das Protozoon **Toxoplasma gondii** angeborene Mißbildungen verursacht. Das betroffene Kind kann zerebrale Verkalkung, Hydrozephalus oder Schwachsinn aufweisen. Auch über Chorioretinitis, Mikrophthalmus und andere Augenmißbildungen ist berichtet worden. Genaue Zahlen über die Häufigkeit von Mißbildungen infolge einer Toxoplasmoseinfektion sind nicht zu erhalten, da die Erkrankung der Schwangeren wie bei der Zytomegalie gewöhnlich unentdeckt bleibt.

Syphilis. Früher wurde die Syphilis für die wichtigste Ursache von Mißbildungen gehalten. Inzwischen stellte sich jedoch heraus, daß dies nicht ganz richtig ist. Als die Syphilis noch eine weitverbreitete Krankheit war, wurden angeborene Mißbildungen, wie Lippen- und Gaumenspalte, Spina bifida und andere, oft dieser Krankheit zugeschrieben. Als die Krankheit jedoch seltener wurde, wurde auch die Verbindung zwischen ihr und den angeborenen Mißbildungen seltener. Es steht jedoch außer Frage, daß die Syphilis bei der Nachkommenschaft zu angeborener Taubheit und zu Schwachsinn führen kann. Außerdem tritt in vielen anderen Organen, z. B. in der Lunge und in der Leber, eine charakteristische diffuse Fibrose auf.

Strahlen

Die teratogene Wirkung von ionisierenden Strahlen ist seit vielen Jahren bekannt. Man weiß, daß Mikrozephalie, Schädelmißbildungen, Spina bifida, Blindheit, Gaumenspalte und Mißbildungen der Extremitäten nach der Behandlung schwangerer Frauen mit großen Dosen von Röntgenstrahlen oder mit Radium auftreten. Beim Menschen ist die Dosis, die noch als ungefährlich angesehen werden kann, nicht bekannt. Bei Mäusen ist es jedoch möglich, den Fetus schon mit so kleinen Dosen wie 5 R zu schädigen. Dabei hängt die Art der Mißbildung von der Strahlendosis ab und von dem Entwicklungsstadium, in dem die Bestrahlung stattfindet.

Untersuchungen der Nachkommenschaft von japanischen Frauen, die zur Zeit der Atomexplosion über Hiroshima und Nagasaki schwanger waren, zeigten, daß von den Überlebenden 28% eine Fehlgeburt hatten, 25% Kinder zur Welt brachten, die innerhalb des ersten Lebensjahres starben und 25% der überlebenden Kinder Mißbildungen des Zentralnervensystems wie Mikrozephalie und Schwachsinn aufwiesen.

Außer der direkten Strahlenwirkung auf den Embryo müssen auch die indirekten Wirkungen auf die Keimzellen in Betracht gezogen werden. Tatsächlich konnte nachgewiesen werden, daß relativ kleine Strahlungsdosen bei Mäusen Mutationen verursachen, die ihrerseits zum Auftreten von angeborenen Mißbildungen in den folgenden Generationen führen.

Chemische Stoffe

Arzneimittel. Die Rolle der Arzneimittel bei der Entstehung von Fehlbildungen beim Menschen ist schwer zu beurteilen, da die auf diesem Gebiet durchgeführten Untersuchungen zwangsläufig retrospektiv sind. Von den vielen während der Schwangerschaft eingenommenen Arzneimitteln haben sich nur wenige tatsächlich als teratogen für das Kind erwiesen. Das beste Beispiel ist **Thalidomid**, ein zur Behandlung von Übelkeit und Schlaflosigkeit angewandtes Medikament. 1962 beobachtete man in Westdeutschland, daß **Amelie** und **Meromelie** (völliges oder partielles Fehlen der Extremitäten), zwei seltene hereditäre Mißbildungen, plötzlich häufiger auftraten. Die Durchsicht der vorgeburtlichen Krankengeschichten der betreffenden Kinder führte daraufhin zu der Entdeckung, daß viele der Mütter in der frühen Schwangerschaft Thalidomid eingenommen hatten. Die Aufdeckung des kausalen Zusammenhanges zwischen Thalidomid und Meromelie war nur deshalb möglich, weil das Medikament eine so ungewöhnliche Art der Mißbildung hervorrief (vgl. Abb. 9–**10**). Bei einem häufiger auftretenden Defekt, wie der Hasenscharte oder einer Herzmißbildung, hätte der Zusammenhang mit dem Arzneimittel leicht übersehen werden können.

Die durch Thalidomid hervorgerufenen Schäden sind: Fehlen oder schwere Deformitäten der langen Röhrenknochen, intestinale Atresie und Herzmißbildungen. Nachdem die direkte Beziehung zwischen Thalidomid und Meromelie bekannt geworden war, wurde das Medikament sofort aus dem Handel gezogen. Die Häufigkeit der Meromelie hat danach schlagartig abgenommen.

Alle in der Karzinomtherapie eingesetzten **Zytostatika** sind Teratogene. Sie schädigen durch gezielte Eingriffe in die DNS-Synthese oder die Mitose schnell wachsende Zellpopulationen. Ein anderes Beispiel ist **Aminopterin**. Diese Verbindung gehört zu der Gruppe der Antimetaboliten und ist ein Folsäureantagonist. In Dosen, die höher als die teratogenen liegen, ist das Präparat imstande, die Schwangerschaft zu unterbrechen. Bei an Tuberkulose leidenden Frauen ist es deshalb in der Frühschwangerschaft zu therapeutischen Schwangerschaftsunterbrechung benutzt worden. In vier Fällen, in denen es nicht zum Abort kam, wurden Mißbildungen bei der Nachkommenschaft gefunden. Die festgestellten Defekte waren Anenzephalie, Meningozele, Mikrozephalus, Lippen- und Gaumenspalte.

Zu den Medikamenten mit teratogenem Potential gehören **Antiepileptika,** die von Epileptikerinnen während der Schwangerschaft eingenommen werden. In einer retrospektiven Studie über 427 Schwangerschaften bei 186 Epileptikerinnen war die Häufigkeit von auffälligen Mißbildungen, wie Herzfehlern, Kiefer-Gaumen-Spalten und Mikrozephalie, doppelt so hoch als erwartet. Speziell *Diphenylhydantoin* ruft ein breites Spektrum an Mißbildungen hervor, wie kraniofaziale Defekte, Hypoplasien der Finger und Nägel, Wachstumsstörungen und Schwachsinn. Alle Defekte zusammengenommen ergeben ein typisches Krankheitsbild, das als **„fetales Hydantoin-Syndrom“** bezeichnet wird. *Trimethadion,* das zur Behandlung von Petit-mal-Anfällen eingesetzt wird, scheint ebenfalls teratogen zu sein. Die Verbindung ruft ein charakteristisches Syndrom hervor, das mit Ohrmißbildungen, Gaumenspalten, Herzmißbildungen sowie Anomalien im Urogenitalbereich und im Skelettsystem einhergeht **(Trimethadion-Syndrom)**. Wie beim Diphenylhydantoin ist es mit einer verzögerten körperlichen und geistigen Entwicklung verbunden.

Neuroleptika und **Tranquilizer** stehen im Verdacht, Mißbildungen zu erzeugen. Insbesondere *Phenothiazine* und *Lithium* werden als Teratogene diskutiert. Auf jeden Fall ist die Behandlung mit diesen Medikamenten während der Schwangerschaft mit einem hohen Risiko verbunden. Entsprechende Beobachtungen liegen für die Tranquilizer *Meprobamat, Chlordiazepoxid* und *Diazepam (Valium)* vor. In einer prospektiven Studie traten bei 12% der Kinder von mit Meprobamat behandelten Müttern und 11% von mit *Chlordiazepoxid* behandelten Müttern schwere Mißbildungen auf im Vergleich zu 2,6% in der Kontrollgruppe. Ebenso haben retrospektive Untersuchungen für *Diazepam* gezeigt, daß die Inzidenz der Lippenspalte und Gaumenspalte bei Kindern von Müttern, die Diazepam während der Schwangerschaft eingenommen haben, auf das 4fache erhöht ist.

Neben den aufgeführten Medikamenten sind möglicherweise eine Reihe anderer Verbindungen ebenfalls schädlich für den Embryo oder Fetus. Hierzu gehören *Propylthiouracil* und *Kaliumjodid* (Struma und geistige Behinderung), *Streptomyzin* (Taubheit), *Sulfonamide* (Kernikterus), das Antidepressivum *Impramin* (Extremitätenmißbildungen), *Tetracykline* (Knochen- und Zahnanomalien), *Amphetamine* (Lippen- und Gaumenspalten sowie Anomalien des Herz-Kreislauf-Systems), das Antikoagulans *Warfarin* (Chondrodysplasie und Mikrozephalie) sowie *Chinin* (Taubheit). Schließlich mehren sich die Anhaltspunkte dafür, daß *Aspirin* (Salizylsäure), das häufigste in der Schwangerschaft eingenommene Medikament, möglicherweise die Frucht schädigen kann, wenn es in hohen Dosen eingenommen wird.

Ein Problem von zunehmender Bedeutung für die heutige Gesellschaft stellt die Wirkung der sogenannten **sozialen Drogen** dar, wie LSD *(Lysergsäure Diäthylamid)*, PCP *(Phencylidin*, „angel dust"), *Marihuana, Alkohol* und *Zigaretten.* Beim LSD sollen Extremitätenmißbildungen und Schädigungen des Zentralnervensystems vorkommen. Eine Zusammenfassung von mehr als 100 Publikationen zu diesem Thema kommt jedoch zu der Auffassung, daß reines LSD in geringen Dosen nicht teratogen ist und keine genetischen Folgeschäden erzeugt.

Ein schlüssiger Nachweis für die Teratogenizität von Marihuana, PCP und Zigaretten steht ebenfalls noch aus. Es ist jedoch unbestritten, daß starkes Rauchen während der Schwangerschadt zu einer Verringerung des Geburtsgewichtes führt. Der Zusammenhang zwischen Alkoholabusus der Mutter und angeborenen Mißbildungen ist inzwischen sehr gut dokumentiert. Zu den typischen Defekten gehören kraniofa-

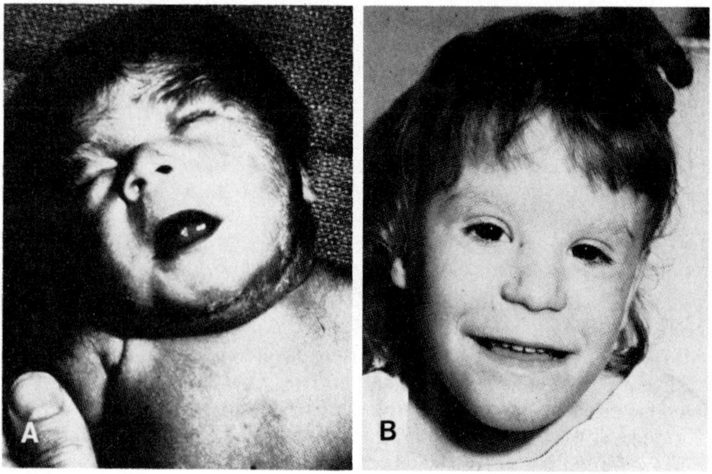

Abb. 8–1 Kinder mit „fetalem Alkohol-Syndrom". A. Schwerer Fall. B. Leichte Symptomatik. In beiden Fällen ist eine verkürzte Augenspalte und eine Hypoplasie des Oberkiefers vorhanden. (Dr. *David Smith*, Department of Pediatrics, University of Washington.)

ziale Anomalien (verkürzte Augenspalte und Hypoplasien des Oberkiefers), Deformationen der Extremitäten (beeinträchtigte Mobilität der Gesenke und der Haltung) sowie kardiovaskuläre Mißbildungen, wie der Ventrikel-Septum-Defekt. Mit geistiger Behinderung und Wachstumsstörungen werden diese Mißbildungen als **„Fetales Alkoholsyndrom"** zusammengefaßt (Abb. 8–**1**). Möglicherweise hat bereits ein mäßiger Alkoholkonsum während der Schwangerschaft einen schädlichen Einfluß auf die Embryonalentwicklung.

Hormone

Gestagene. Synthetische Gestagene wurden vor einigen Jahren zur Abortprophylaxe angewandt. Aus der Gruppe der Gestagene haben *Ethisteron* und *Norethisteron* eine deutliche androgene Wirkungskomponente, die in vielen Fällen zur Maskulinisierung der Genitalien in weiblichen Embryonen geführt hat. Die Klitoris war vergrößert und die Labioskrotalfalten waren teilweise miteinander verschmolzen. Entsprechende Anomalien lassen sich bei der Ratte durch synthetische Gestagene ebenfalls experimentell erzeugen.

Diäthylstilböstrol. Das synthetische Östrogen Diäthylstilböstrol wurde ebenfalls bei drohendem Abort während der ersten drei Schwangerschaftsmonate gegeben. Die Kinder aus diesen Schwangerschaften sind größtenteils bereits erwachsen. Jetzt wurde bei jungen Frauen im Alter von 16–22 Jahren, die *in utero* einer Stilböstrolbehandlung ausgesetzt waren, gehäuft ein adenomatöser Tumor der Vagina gefunden. Diese Tumoren sind offenbar bereits in der embryonalen Anlage der Vagina erzeugt worden. Darüber hinaus leidet ein hoher Prozentsatz der Frauen an Fertilitätsstörungen, die zumindest teilweise auf kongenitalen Mißbildungen des Uterus, der Tuben und der oberen Vagina zurückgehen. Männliche Embryonen, die in utero einer Diaethylstibo-estrol-Behandlung ausgesetzt waren, sind ebenfalls betroffen. Es findet sich eine erhöhte Rate an Hodenmißbildungen und an abnormen Sperma-Befunden. Im Gegensatz zu Frauen konnte jedoch bei Männern kein erhöhtes Risiko für Karzinome des Genitaltraktes nachgewiesen werden.

Kortison. Experimentelle Untersuchungen haben wiederholt gezeigt, daß Kortison, wenn es Mäusen und Kaninchen in bestimmten Schwangerschaftsstadien injiziert wird, einen hohen Prozentsatz von Gaumenspalten bei der Nachkommenschaft erzeugen kann. Der Nachweis, daß Kortison auch beim Menschen Gaumenspalten erzeugt, ließ sich jedoch nicht erbringen.

Diabetes der Mutter. Störungen im Kohlenhydratstoffwechsel während der Schwangerschaft aufgrund eines mütterlichen Diabetes sind die Ursache für ein gehäuftes Auftreten von Totgeburten, perinatalen Todesfällen, übergroßen Kindern und von Mißbildungen. Das Risiko für kongenitale Anomalien ist bei diabetischen Müttern drei- bis viermal so hoch wie bei nicht-diabetischen Müttern. Bei Diabetikerinnen mit langer Anamnese soll es auf 80% ansteigen. Eine Vielzahl von Mißbildungen mit Anomalien des Herzens, des Skelettsystems und des Zentralnervensystems wurde beschrieben. Defektbildungen des Skeletts sind besonders häufig. Sie bestehen in einer teilweisen oder vollständigen Agenesie der Sakralwirbel in Verbindung mit einer Hypoplasie der unteren Extremitäten **(„Kaudales Defekt-Syndrom“)**. Die für diese Mißbildungen verantwortlichen Faktoren ließen sich noch nicht abgrenzen, obwohl es Hinweise gibt, daß veränderte Glukose- oder Insulinspiegel eine Rolle spielen. Insbesondere besteht eine signifikante Korrelation zwischen dem Schweregrad und der Dauer der mütterlichen Erkrankung und der Inzidenz von Mißbildungen. Es wurde berichtet, daß Frauen, die in ihrer Vorgeschichte mißgebildete Kinder und Anzeichen von gestörtem Kohlenhydratstoffwechsel aufwiesen, weniger Fehlgeburten, Totgeburten und Kinder mit angeborenen Mißbildungen hatten, wenn sie zuvor mit Insulin oder Schilddrüsenpräparaten oder beiden eingestellt wurden. Es läßt sich jedoch schwer zeigen, daß diese Frauen ohne Behandlung keine normalen Kinder zu Welt gebracht hätten.

Mangelernährung

Obgleich sich viele Ernährungsstörungen, insbesondere Avitaminosen, in der experimentellen Forschung als teratogen erwiesen haben, gibt es noch keinen endgültigen Beweis, daß sie beim Menschen teratogen sind. Mit Ausnahme des endemischen Kretinismus, der mit mütterlichem Jodmangel zusammenhängt, sich beim Menschen keine Analogien zu den Tierexperimenten beobachtet worden.

Hypoxie

Bei vielen Versuchstieren erzeugt Hypoxie Mißbildungen. Ob das gleiche für den Menschen gilt, muß noch abgewartet werden. Kinder, die in relativ großen Höhen geboren werden, sind gewöhnlich leichter und kleiner, als Kinder, die nahe dem Meeresspiegel auf die Welt kommen. Die Häufigkeit kongenitaler Mißbildungen ist jedoch die gleiche. Frauen mit zyanotischen Herzkrankheiten bringen deshalb oft kleine Kinder zur Welt, die aber gewöhnlich keine schweren Mißbildungen zeigen.

Chemikalien in der Umwelt

Vor einigen Jahren fiel in Japan auf, daß Mütter, die sich im wesentlichen von Fisch ernährt hatten, Kinder mit multiplen neurologischen Symptomen im Sinne von zentralen Lähmungen zur Welt brachten. Die nähere Untersuchung zeigte, daß der Fisch eine ungewöhnlich große Menge an **organischem Quecksilber** enthielt, das durch die Großindustrie in die Minamata-Bucht und andere Küstengewässer Japans eingeleitet worden war. Die meisten der Mütter selbst zeigten keine Krankheitssymptome. Daraus geht hervor, daß der Fetus gegenüber Quecksilber empfindlicher ist als die Mutter. Ein ähnliches Syndrom wurde in den Vereinigten Staaten beobachtet, nachdem mit quecksilberhaltigen Fungiziden behandeltes Saatgut an Schweine verfüttert und anschließend das Fleisch auf den Markt gebracht worden war. Ebenso wurden im Irak mehrere Tausend Neugeborene geschädigt, nachdem die Mütter mit quecksilberhaltigen Fungiziden behandeltes Korn als Nahrungsmittel verwandt hatten.

Unter den **Herbiziden** wurde das Entlaubungsmittel 2,4,5-T am häufigsten mit Mißbildungen in Zusammenhang gebracht. Die Vermutungen über die Embryotoxizität stammten aus Vietnam, schwedisch Lappland und Arizona. Eine daraufhin eingeleitete gründliche Untersuchung der Wirkungen von 2,4,5-T auf die Fortpflanzung von Säugern konnte jedoch keinen Nachweis über die Teratogenität des Herbizids erbringen. Keine der zur Zeit vorliegenden Arbeiten weist darauf hin, daß 2,4,5-T in der zur Zeit üblichen Anwendung ein Risiko für den Menschen darstellt. (Report of the 2,4,5-T Advisory Committee.

Submitted to William D. Rickelshaus, Administrator, Environmental Protection Agency. Washington, D. C., 1971.)

Chromosomale und genetische Faktoren

Die normale Somazelle enthält beim Menschen 46 Chromosomen, die sich in 23 Paaren ordnen lassen. (Abb. 1–**1** B). Nachdem das normale Chromosomenmuster bekannt war, stellte sich bald heraus, daß eine Reihe von Patienten eine **abnorme Chromosomenzahl** besitzen. Einige dieser Anomalien betreffen die Autosomen, – in den meisten Fällen ist ein Extrachromosom vorhanden –, andere die Geschlechtschromosomen, insbesondere das X-Chromosom. Ist ein zusätzliches Chromosom vorhanden, also drei statt der üblichen zwei, besteht bei dem Individuum eine Trisomie für dieses Chromosom; das Krankheitsbild heißt **Trisomie** (vgl. Kap. 1, S. 8). Wenn ein Chromosom fehlt, entsteht eine **Monosomie**, die jedoch sehr selten vorkommt. Durch die Anfärbung der für jedes Chromosom charakteristischen Banden können heute überzählige Chromosomen oder Chromosomenbruchstücke bereits vor der Geburt mit Sicherheit identifiziert werden (vgl. Amniozentese, S. 123).

Autosomenaberrationen

Trisomie 21. Die Trisomie 21 ruft den Mongolismus (DOWN-Syndrom) hervor (Abb. 8–**2**). Sie wird durch Non-disjunction des Chromosom 21 während der Meiose verursacht (vgl. Kap. 1, S. 9). Da der Mongolismus mit zunehmendem Alter der Mutter häufiger wird, nimmt man an, daß die Non-disjunction während der Oogenese und nicht während der Spermatogenese auftritt. Bei Müttern im Alter bis zu 25 Jahren kommt Mongolismus mit einer Häufigkeit von 1 auf 2000 Geburten vor, bei Müttern über 40 dagegen mit einer Häufigkeit von 1 auf 100 Geburten.

In einigen Fällen von Mongolismus ist das Extrachromosom 21 an ein anderes Chromosom angeheftet, meistens an eines der 13–15 oder 21–22 Gruppe. Es besteht eine **Translokation** eines Chromosoms 21. Die Zellen enthalten dann 46 Chromosomen. Eines von ihnen ist jedoch außergewöhnlich groß, da es eigentlich aus zweien besteht.

Manchmal findet man eine Translokation des Chromosoms 21 bei einem Elternteil eines Kindes mit Trisomie 21. Dieser Elternteil besitzt dann 45 Chromosomen, ist aber klinisch normal, da alles normale Chromosomenmaterial vorhanden ist. Die Träger eines solchen Chromosomenmusters werden als **balanzierter Überträger** bezeichnet. Die Paarung und Trennung des translozierten Chromosoms und der zwei einzelnen normalen Homologe (21 und 13–15) in der Meiose bestimmt die Zusammensetzung der Chromosomen in den Gameten. Viele der möglichen Kombi-

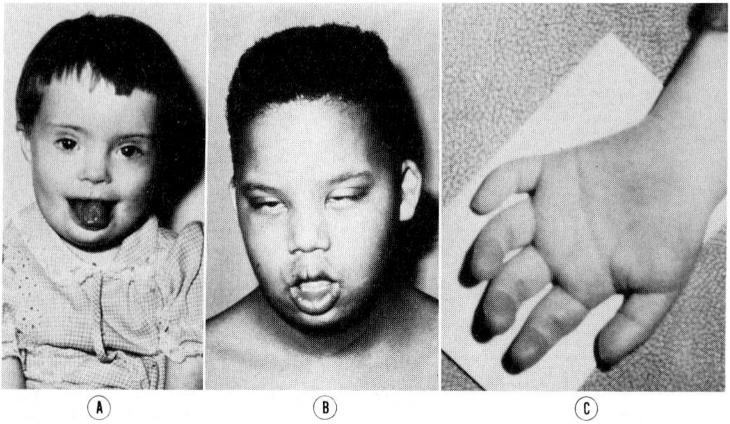

Abb. 8–**2** A und B. Kinder mit Mongolismus. Das Syndrom zeigt folgende Symptome: breites Gesicht, große Zunge, wülstige Unterlippe, breite Hände mit einer einzelnen querverlaufenden Fuche (Affenhand [C]). Der charakteristische Ausdruck der Augen entsteht durch den Epikanthus, einer sichelförmigen Hautfalte am inneren Rand des oberen Augenlides. Die Kinder sind in der Regel schwachsinnig und haben häufig angeborene Herzmißbildungen. (Dr. *J. Miller*, Department of Neurology, University of Virginia.)

nationen sind wahrscheinlich in der weiteren Entwicklung des Embryos Letalfaktoren. Wenn jedoch ein normaler Gamet mit einer Chromosomenkombination 13–15 plus 21 sich mit einem translozierten Chromosom 13–15–21 plus einem freien 21 kombiniert, entsteht die für den Mongolismus charakteristische Trisomie 21.

Eine zytogenetische Untersuchung ist in diesem Fall besonders wichtig. Wenn die Eltern eines mongoloiden Kindes normale Chromosomen besitzen, beträgt die Wahrscheinlichkeit für ein zweites mongoloides Kind 1–2%. Ist jedoch einer der Elternteile Träger eines translozierten Chromosoms 21, ist die Wahrscheinlichkeit, daß ihnen ein zweites mongoloides Kind geboren wird, sehr viel größer. Sie steigt dann auf etwa 1:3 an.

Trisomie 18. Kinder mit dieser Chromosomenanordnung zeigen folgende, auf ein einheitliches Krankheitsbild hinweisende Symptome: Schwachsinn, angeborene Herzfehler, tiefsitzende Ohren und Abknikkung der Finger und Hände (Abb. 8–**3**). Oft findet man noch zusätzlich Mikrognathie, Nierenfehlbildungen, Syndaktylie und Mißbildungen am Skelettsystem. Die Häufigkeit beträgt 0,3 auf 1000 Geburten. Die Kinder sterben in den meisten Fällen im Alter von 2 Monaten.

Trisomie 13. Die wichtigsten Defekte bei diesem Syndrom sind: Schwachsinn, angeborene Herzfehler, Taubheit, Lippen- und Gau-

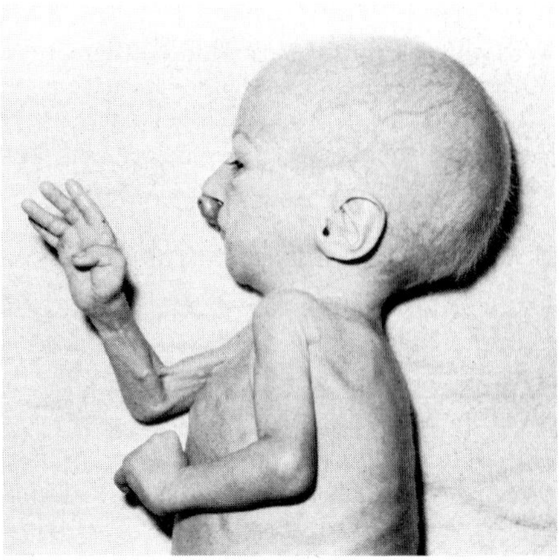

Abb. 8–**3** Kind mit Trisomie 18. Charakteristisch ist das vorstehende Hinterhaupt, Vorliegen einer Lippenspalte, fliehender Unterkiefer, tiefer Ohrenansatz und einer oder mehrere spastisch gebeugte Finger. (Dr. *J. Miller*, Department of Neurology, University of Virgina.)

menspalte und Augenmißbildngen wie Mikrophthalmie, Anophthalamie und Kolobom (Abb. 8–**4**). Die Häufigkeit der Aberration beträgt 0,2 auf 1000 Geburten. Die Kinder sterben zumeist im Alter von 3 Monaten.

Chromosomale Defekte bei Fehlgeburten

In den letzten Jahren sind eine Reihe von zytogenetischen Untersuchungen bei Spontanaborten durchgeführt worden, um die Beziehung zwischen Chromosomenaberrationen und Fehlgeburten aufzuklären. Chromosomenaberrationen sollen bei Aborten in einer Häufigkeit von 10 bis 64% vorkommen. Wenn man auch den genauen Prozentsatz

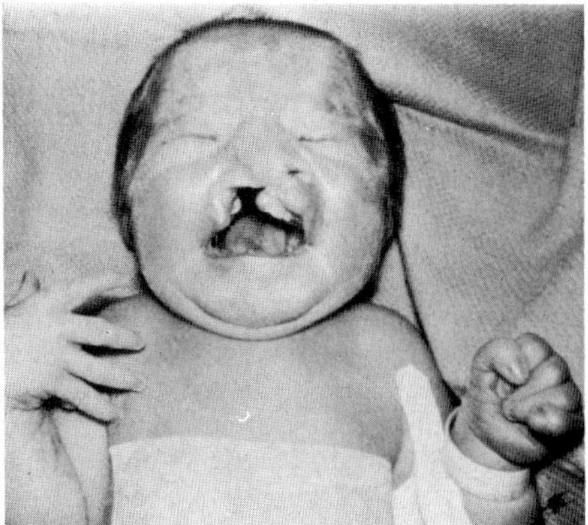

Abb. 8–**4** Kind mit Trisomie 13. Es zeigt eine Kiefer-Gaumen-Spalte, fliehende Stirnpartie und Mikrophthalmie. Häufig ist das Syndrom auch mit Polydaktylie verbunden. (Dr. *J. Miller*, Department of Neurology, University of Virgina.)

nicht kennt, so kann man doch sagen, daß Chromosomenaberrationen bei Fehlgeburten etwa 50mal häufiger sind als bei ausgetragenen Kindern. Die Chromosomenaberrationen betreffen sowohl die Autosomen als auch die Geschlechtschromosomen. Die Monosomie für das X-Chromosom scheint dabei eine der häufigsten Anomalien zu sein.

Aberrationen der Geschlechtschromosomen

Die Chromosomenanalyse zeigt, daß eine Infertilität auf einer abnormen Anzahl von Geschlechtschromosomen beruhen kann. Wahrscheinlich entstehen die Geschlechtschromosomenanomalien ebenfalls durch Non-disjunction während der Meiose.

Klinefelter-Syndrom. Die Patienten haben eine XXY Kombination an Geschlechtschromosomen. Das Syndrom ist charakterisiert durch Sterilität, Hodenatrophie, hyaline Degeneration der Samenkanälchen und Gynäkomastie. In 80% der Fälle ist ein Geschlechtschromatin-Körperchen nachweisbar. Dies weist darauf hin, daß die X-Inaktivierung wie im weiblichen Organismus stattfindet. In der Gesamtbevölkerung beträgt die Häufigkeit 1 auf 500 Männer. Unter Schwachsinnigen steigt die Häufigkeit auf 1 zu 100 an. Die häufigste Ursache scheint Non-disjunction der XX-Chromosomen zu sein.

Gelegentlich weisen Patienten mit Klinefelter-Syndrom 48 Chromosomen auf, das heißt 44 Autosomen und 4 Geschlechtschromosomen (XXXY). Dieser Geschlechtschromosomensatz entsteht entweder durch Non-disjunction der Geschlechtschromosomen bei den Gameten beider Eltern oder durch Non-disjunction der X-Chromosomen in der Eizelle, sowohl in der ersten als auch in der zweiten Reifeteilung (Abb. 1–**6**). Die zweite Möglichkeit ist am wahrscheinlichsten. Wenn bei einem Patienten in verschiedenen Organen unterschiedliche Kombinationen von Geschlechtschromosomen vorhanden sind, wird dies als **Mosaizismus** bezeichnet. Mosaizismus entsteht wahrscheinlich durch Non-disjunction der Geschlechtschromosomen während der mitotischen Furchungsteilungen.

Turner-Syndrom. Bei diesem Krankheitsbild ist nur ein X-Chromosom vorhanden. Es liegt also der Chromosomensatz 45, XO vor. Es handelt sich um Frauen mit zweifelsfrei weiblichem Äußeren. Weitere häufig auftretende Symptome sind Pterygium colli (Abb. 8–**5**), Lymphödem der Extremitäten und Mißbildungen des Skelettsystems. Die Intelligenz ist jedoch normal. Da kein Y-Chromosom vorhanden ist, entwikkeln sich keine Hoden. Es entsteht konstitutiv ein Ovar. Nach der Geburt sind von den Ovarien jedoch nur noch bindegewebige Stränge vorhanden. Die Degeneration der Ovarien kommt wahrscheinlich durch das Absterben der XO-Oozyten zustande. Ohne Oozyten kön-

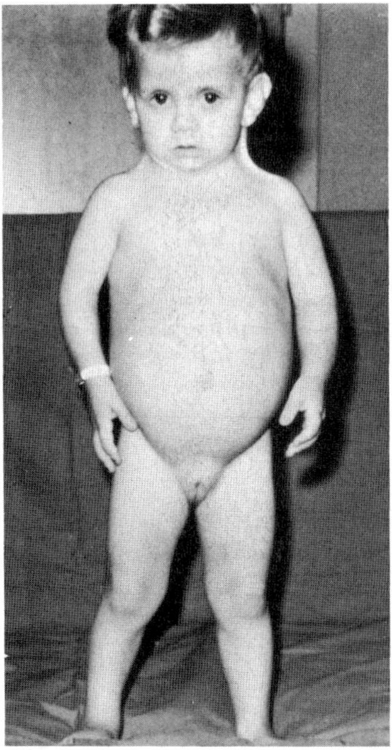

Abb. 8–**5** Kind mit Turner-Syndrom. Die auffälligen Zeichen sind die Hautfalten zwischen Warzenfortsatz und Akromion (Pterygium colli), gedrungener Körperbau, rechteckiger Brustkorb und das Ausbleiben der Pubertät. (Dr. *J. Miller*, Department of Neurology, University of Virgina.)

nen keine Follikel induziert und damit keine weiblichen Sexualhormone gebildet werden.

Die genetische Analyse hat ergeben, daß dieses Syndrom zumeist durch Non-disjunction im männlichen Gameten während der Meiose hervorgerufen wird. Wie im Fall des Klinefelter-Syndroms zeigen auch die Patientinnen mit Turner-Syndrom gelegentlich Mosaizismus (XO/XX; XO/XY; oder XO/XYY-Kombinationen werden beobachtet). Die Häufigkeit von XO-Frauen wird zur Zeit mit 2 auf 3000 in der normalen Bevölkerung angegeben.

Triple-X-Syndrom. Patientinnen mit Triple-X-Syndrom sind infantil, mehr oder weniger schwachsinnig und haben schwache Menses. Sie besitzen in ihren Zellen zwei Geschlechtschromatin-Körperchen und werden deshalb manchmal als „superfemale" bezeichnet. Das Triple-X-Syndrom entsteht durch die Befruchtung einer XX-Oozyte mit einem X-enthaltenden Spermium. Einige der Patientinnen sind sicher fortpflanzungsfähig und haben erstaunlicherweise ohne Ausnahme normale Kinder. Rein theoretisch sollten die Triple-X-Patientinnen

Oozyten mit einem und Oozyten mit zwei X-Chromosomen in gleicher Anzahl hervorbringen. Die Befruchtung der abnormen XX-Oozyten sollte dann zur Bildung von XXX-und XXY-Zygoten führen.

Strukturanomalien der Chromosomen

Außer der Vermehrung oder Verminderung der Chromosomenzahl gibt es Veränderungen in der Struktur der Chromosomen. Sie entstehen nach Chromosomenbrüchen. Chromosomenbrüche können durch Viren, durch Strahlung oder durch Medikamente verursacht werden.

Häufig geht das kleinere Bruchstück eines Chromosoms verloren. Es entsteht eine **partielle Deletion**. Ein bekanntes Beispiel ist das **„cri du chat"-Syndrom**, bei dem eine partielle Deletion am Chromosom 5 (5p–) besteht. Das Weinen der Kinder erinnert an das Schreien von Katzen. Das Syndrom geht mit Mikrozephalie, Schwachsinn und Herzfehlern einher. Es sind viele relativ seltene Syndrome bekannt, die durch das Fehlen kleiner Chromosomenstücke entstehen. Manchmal vereinigen sich die durch Chromosomenbrüche entstandenen Enden zu einem **Ringchromosom**. Ringchromosomen wurden beim Turner-Syndrom und bei Trisomie 18 beobachtet.

Gen-Defekte

Es ist seit langem bekannt, daß viele angeborene Mißbildungen beim Menschen erblich sind und daß einige eindeutig nach den Mendel-Regeln vererbt werden. In vielen Fällen kann man die Fehlbildung direkt einer Veränderung eines einzelnen Gens zuordnen, so daß man von einer **Einzel-Gen-Mutation** spricht. Diese Art der Fehlbildung macht schätzungsweise 10% aller Mißbildungen beim Menschen aus.

Mutationen führen allerdings nicht nur zu angeborenen Mißbildungen, daß heißt zu bei der Geburt vorhandenen, groben morphologischen Defekten, sondern auch zu einer großen Zahl von angeborenen Stoffwechselanomalien. Diese Krankheiten, unter denen die Phenylketonurie, die Homozystinurie und die Galaktosämie am besten bekannt sind, führen in den meisten Fällen zu einem mehr oder weniger ausgeprägten Schwachsinn oder sind mit ihm verbunden. Eine ausführliche Darstellung der betroffenen Stoffwechselwege und Enzymdefekte würde jedoch über den Rahmen dieses Buches hinausgehen.

Phänokopie. Wenn der Phänotyp einer bekannten erblichen Mißbildung durch spezifische Umweltfaktoren erzeugt werden kann, bezeichnet man dies als Phänokopie. So kann z. B. ein aus einer pränatalen Rötelninfektion herrührender Katarakt als Phänokopie des erblichen, durch ein mutiertes Gen verursachten Kataraktes aufgefaßt werden. Liegt einer sporadisch auftretenden Abnormität ein Gen-Defekt zugrunde, so ist die Wahrscheinlichkeit des Wiederauftretens der Mißbildung innerhalb der gleichen Familie recht hoch. Wenn es sich jedoch bei dieser Mißbildung um eine Phänokopie handelt, ist die Gefahr eines Wiederauftretens gering. Wenn ein pränataler Faktor, wie z. B. Röteln, nicht nachgewiesen werden kann, ist es oft unmöglich, eine Phänokopie von anderen Ursachen für eine negative Familienanamnese zu unterscheiden.

Allgemeines über die Wirkung von Teratogenen

Aus dem, was bisher über die Wirkungsweise von teratogenen Faktoren bei Säugetieren bekannt geworden ist, zeichnen sich einige allgemeine Regeln ab. Es ist noch zu früh, sie als „Gesetze" zu bezeichnen. Man muß sie jedoch berücksichtigen, wenn man bei Kindern, die von speziellen teratogenen Faktoren geschädigt worden sind, eine Prognose stellen will.

1. Das Entwicklungsstadium des Embryos ist für die Empfindlichkeit gegenüber teratogenen Faktoren maßgebend. Die Säugetierentwicklung beginnt mit einer raschen Vermehrung von Zellen, die wenig oder gar keine Differenzierung zeigen. Diese Periode erstreckt sich von der Befruchtung bis zur Ausbildung der Keimblätter (1. und 2. Woche) und wird als **Vorkeimblattperiode** (Blastogenese) bezeichnet. Der folgende Entwicklungsabschnitt heißt **Embryonalperiode** (4. bis 8. Woche). In der Embryonalperiode werden die einzelnen Organe angelegt. Im Anschluß an eine Phase der Zellvermehrung im Bereich der Anlage und nach der morphologischen Ausgestaltung der Organstruktur setzt die spezifische Differenzierung der Zellen ein. Der letzte Entwicklungsabschnitt, die **Fetalperiode** (3.–10. Monat) zeichnet sich durch das Größenwachstum der einzelnen Organsysteme aus.

Für die Wirkungsweise eines Teratogens in der **Vorkeimblattperiode** gibt es nach allgemeiner Auffassung zwei Möglichkeiten: Das Teratogen schädigt alle oder den größten Teil der Zellen und führt auf diese Weise zum Absterben des Embryos. Im zweiten Fall zerstört das Teratogen nur wenige Zellen. Die Regulationsfähigkeit des Embryos kann dann den Schaden kompensieren und es kommt zu keiner Mißbildung. Einige teratogene Faktoren, z. B. die Vitamin-A-Hypervitaminose und die Bestrahlung, die in späteren Entwicklungsstadien hochgradige Mißbildungen erzeugen, haben daher in der ersten Entwicklungsphase keine Wirkung auf den Embryo. Zur Zeit sind nur wenige Fälle bekannt, in denen Teratogene, die im ersten Entwicklungsabschnitt verabreicht wurden, Mißbildungen erzeugt haben.

In der **Embryonalperiode**, das heißt im Stadium der intensiven Differenzierung, sind die meisten teratogenen Stoffe hoch wirksam und erzeugen zahlreiche Mißbildungen. **Die Art der erzeugten Mißbildung hängt davon ab, welche Organanlage zum Zeitpunkt der Teratogenwirkung am empfindlichsten war.** Jede Organanlage scheint in den frühen Differenzierungsstadien die größte Empfindlichkeit zu besitzen. Die einzelnen Organsysteme durchlaufen nacheinander ihre empfindlichen Phasen. Dies konnte eindeutig an Ratten gezeigt werden, die mit einer folsäurefreien Diät ernährt wurden. Bei diesen Ratten konnten Mißbildungen am Zentralnervensystem und am Herzen vom 7. bis zum 9. Tag, am Skelett, an den Nieren und am übrigen Gefäßsystem vom 9. bis zu 11. Tag und Knochendefekte zwischen dem 11. und 14. Tag erzeugt werden. Die Tragzeit der Ratte beträgt 21 Tage. Eine entsprechende Phasenspezifität liegt bei Mißbildungen des Menschen vor, die durch Röteln oder Thalidomid verursacht wurden. In Abhängigkeit vom Entwicklungstag greift das Teratogen eine Organanlage nach der anderen jeweils in der kritischen Phase an.

In den dritten Entwicklungsabschnitt, das heißt, in die **Fetalperiode**, fällt das Größenwachstum der Organsysteme. Die Empfindlichkeit gegenüber teratogenen Substanzen nimmt in dieser Phase rasch ab. Nur wenige Organe, wie das Kleinhirn, die Großhirnrinde und einige Abschnitte des Urogenitalsystems, setzen noch ihre Differenzierung fort. Es ist deshalb nicht unwahrscheinlich, daß diese Organanlagen gegen Teratogene bis in die späte Schwangerschaft hinein empfindlich bleiben. Für diese Möglichkeit sprechen auch Experimente mit Ratten, bei denen durch eine Behandlung mit Teratogenen in den späten Schwangerschaftsstadien eine schwere Schädigung der Großhirnrinde erzeugt werden konnte. Es ist daher nicht auszuschließen, daß auch beim Menschen Umweltfaktoren die Gehirnentwicklung in der zweiten Hälfte der Schwangerschaft und im Säuglingsalter stören und dadurch zerebrale Defekte verursachen können.

2. Die Wirkung eines teratogenen Faktors hängt vom Genotyp ab. Eine Reihe von Experimenten weist darauf hin, daß ein teratogener Stoff das Auftreten jener Mißbildungen fördert, die bereits spontan, also ohne Behandlung, auftreten, und daß Mißbildungen in dieser Form letztlich auf eine zugrunde liegende genetische Labilität zurückzuführen sind. Wenn ein bestimmter Mäusestamm, dessen Nachkommenschaft regelmäßig zwei Prozent Skelettmißbildungen aufweist, 24 Stunden ohne Futter gehalten wird, führt dies zu einer Vemehrung der Skelettdefekte um 22%.

Ein weiteres Beispiel für die Bedeutung des genetischen Hintergrunds wird in der Tatsache gesehen, daß nicht nur verschiedene Spezies, sondern auch verschiedene Stämme und Unterstämme unterschiedlich auf gleichartige teratogene Stoffe reagieren. Diese Unterschiede sind hauptsächlich quantitativer Art mit Schwankungen bis zu 70%.

Wenn eine geeignete Dosis von Kortison trächtigen Mäusen vom Stamm A und vom Stamm C 57 injiziert wird, kommt es zur Bildung von Gaumenspalten in der gesamten Nachkommenschaft des Stammes A und in 19 % des Stammes C 57. Wenn Männchen des Stammes C 57 mit Weibchen vom Stamm A gekreuzt werden, haben 43 % der Jungen Gaumenspalten. Kreuzt man jedoch ein C 57-Weibchen mit einem Männchen des Stammes A, sinkt die Häufigkeit auf 4 % ab; diese Beobachtung zeigt, daß sowohl die Gene der Mutter als auch die des Embryos die Empfindlichkeit gegen ein Teratogen beeinflussen können.

3. Eine teratogene Substanz wirkt in spezifischer Weise auf einen bestimmten Stoffwechselschritt. Viele teratogene Substanzen verursachen ein charakteristisches Muster von Mißbildungen, wenn sie einer bestimmten Tierart zu einem bestimmten Entwicklungszeitpunkt verabreicht werden. Wenn zwei teratogene Faktoren ganz verschiedene Mißbildungen hervorrufen, läßt dies darauf schließen, daß sie in völlig verschiedene biochemische Reaktionen des embryonalen Stoffwechselgeschehens eingreifen. Wenn die Mißbildungsmuster sich überlappen, greifen die beiden teratogenen Faktoren wahrscheinlich nur teilweise in die gleichen Entwicklungsschritte ein. Ist das Mißbildungsmuster gleich oder ähnlich, kann angenommen werden, daß beide Faktoren auf gleiche Weise wirken.

Amniozentese

Die Amniozentese, die Fruchtwasserpunktion in der Frühschwangerschaft zur Erkennung von Mißbildungen vor der Geburt, ist eine Methode, in der die Fortschritte der experimentellen Embryologie und Genetik ihre direkte klinische Anwendung finden. Bei der Amniozentese wird in der 15.–16. Schwangerschaftswoche durch die Bauchdekken hindurch die Amnionhöhle punktiert. Zu diesem Zeitpunkt sind etwa 170 ml Fruchtwasser vorhanden. Davon werden 10–15 ml entnommen. Vor der Punktion wird die Lage des Kindes und der Plazenta im Ultraschallbild kontrolliert. Eine Schädigung der Frucht wird damit praktisch ausgeschlossen.

Das Fruchtwasser enthält frei schwimmende Amnionepithelzellen, sowie abgeschilferte Zellen des Epitrichiums und aus dem Magen-Darm-Kanal. Diese Zellen werden in der Gewebekultur zur Darstellung der Chromosomen und für weitere Tests angezüchtet. In der Amnionflüssigkeit selbst wird das α-Fetoprotein zum Ausschluß von neuralen Spaltbildungen (vgl. Abb. 15–**12,** 15–**13,** 15–**14** und 15–**30**) bestimmt.

Durch die Amniozentese können strukturelle Anomalien der Chromosomen sowie Abweichungen in der Chromosomenzahl festgestellt werden (vgl. Kap. 8, S. 115ff). Die Amniozentese wird daher bei Familien mit Translokationen zur Unterscheidung zwischen Kindern mit nicht ausgeglichenem (Erkrankung) und solchen mit ausgeglichenem Chromosomensatz (balancierter Überträger) durchgeführt. Die häufigste Indikation ist der Ausschluß einer Trisomie bei Schwangeren im Alter über 40 Jahre oder bei familiärer Belastung. Bei Überträgerinnen von geschlechtsgebundenen Erbkrankheiten kann das genetische Geschlecht des Kindes bestimmt werden. Stoffwechselkrankheiten, wie z. B. die Speicherkrankheiten, können diagnostiziert werden, wenn das entsprechende Gen in den Amnionzellen zur Expression kommt und wenn eine Mikromethode zum Nachweis des Defektes zur Verfügung steht.

Bei 371 in einer Klinik aufgrund der genannten Indikationen durchgeführten Amniozentesen wurden in 4,3% der Fälle Anomalien diagnostiziert und entsprechend die Schwangerschaft unterbrochen. Die Rate der Spontanaborte im gleichen Patientengut betrug im Vergleich dazu 5,7%.

Zusammenfassung: Angeborene Mißbildungen und ihre Ursachen

Mißbildungen sind definiert als **auffallende morphologische Defekte, die zum Zeitpunkt der Geburt vorliegen.** Eine teratogene Wirkung kann so stark sein, oder ein für die Embryonalentwicklung vitales System betreffen, daß die Frucht abstirbt. Auf der anderen Seite kann die Frucht so geringgradig geschädigt sein, daß ein Überleben und die Regulation des Defektes möglich ist. Eine derartige Schädigung kann die Ursache für eine allgemeine Wachstumsstörung oder für eine funktionelle Beeinträchtigung im Sinne einer geistigen Behinderung sein.

Kongenitale Mißbildungen treten in etwa 2 bis 3% aller lebendgeborenen Kinder auf. Als bekannte Ursachen kommen in Frage **Viren,** wie das Röteln- und das Zytomegalievirus; **Strahlen; Medikamente,** wie das Thalidomid, das Aminopterin, Antikonvulsiva, Neuroleptika und Tranquilizer, **Drogen** wie PCP, Zigaretten und Alkohol; **Hormone** wie das Diäthylstilböstrol; der mütterliche Diabetes und **chromosomale Aberrationen,** wie die Trisomie 21.

Die Art der Mißbildung hängt vom Zeitpunkt der Schädigung ab **(Stadienspezifität):**

Im **Vorkeimblattstadium** von der 1. bis zur 3. Woche kommt es zum Absterben des Keimes oder zur Regulation des Defektes, so daß keine Mißbildungen beobachtet werden.

In der **Embryonalperiode** von der 4. bis zur 8. Woche werden typische Schädigungsmuster beobachtet. Die Art der Schädigung hängt davon ab, welche Organanlagen sich zum Zeitpunkt der teratogenen Wirkung gerade im Blastemstadium befinden.

In der **Fetalperiode** vom 3. bis zum 10. Monat nimmt die Empfindlichkeit gegen Teratogene rasch ab.

Über den Wirkungsmechanismus der Teratogene ist wenig bekannt. Medizinisch wird daher das Problem mit einer **postnatalen Behandlung** oder durch eine **Frühdiagnose** (Amniozentese, Nachweis von α-Fetoprotein bei neuralen Spaltbildungen, Ultraschalluntersuchungen) angegangen. Im Anschluß an die Frühdiagnose einer schweren Mißbildung kann die Schwangerschaft innerhalb der gesetzlichen Frist beendet werden.

SPEZIELLE EMBRYOLOGIE

Kapitel 9

Skelettsystem

Schädel

Am Schädel lassen sich zwei Bereiche unterscheiden: das **Neurokranium**, das eine schützende Kapsel um das Gehirn bildet, und das **Viszerokranium**, welches das Gesichtsskelett umfaßt. Beide Teile bestehen zuerst aus dichtem Mesenchym. Später wird dasselbe an einigen Stellen in desmalen Knochen und an anderen in Knorpel umgewandelt. Der Knorpel kann für das ganze Leben bestehen bleiben oder auch enchondral verknöchern.

Neurokranium. Das Neurokranium wird am besten in zwei Abschnitte eingeteilt: 1. die **Schädelbasis** oder das **Chondrokranium**, das enchondral verknöchert, und 2. die **Deckknochen**, die desmal verknöchern.

Schädeldach und desmale Verknöcherung. Die flachen Deckknochen der Schädelkapsel entwickeln sich direkt aus dem mesenchymalen Bindegewebe, das die Anlage des Gehirns umgibt. Diese Form der Verknöcherung heißt **desmale Ossifikation**. Die Mesenchymzellen verdichten sich und differenzieren sich dann zu **Osteoblasten** mit einem basophilen Zytoplasma und einem exzentrisch gelegenen Kern (Abb. 9–**1** A). Die Osteoblasten formieren sich in regelmäßigen Reihen und beginnen kollagene Fasern und eine Grundsubstanz aus Eiweiß und Schleimstoffen zu sezernieren. Es entsteht **Vorknochen** oder **Osteoid**. In einiger Entfernung von den Osteoblasten verkalkt der Vorknochen. Man nimmt an, daß die Verkalkung durch die Freisetzung des Enzyms **Phosphatase**, das von den Osteoblasten gebildet wird, zustande kommt. Der neugebildete Knochen ist von den Osteoblasten immer durch eine dünne Vorknochenschicht getrennt. Einige der Osteoblasten werden jedoch vom Knochen selbst eingeschlossen und bilden die **Knochenzellen** oder **Osteozyten** (Abb. 9–**1** A). Es entstehen nadelförmige **Knochenbälkchen**, die sich vom primären Ossifikationszentrum strahlenförmig gegen die Peripherie ausbreiten (9–**1** B).

Während die Knochenbildung im Ossifikationszentrum weiter fortschreitet, umgibt sich die ganze Anlage mit einem dichten Mesenchym, das das **Periost** bildet. Auf der Innenseite dieser Schicht differenzieren sich die Mesenchymzellen zu Osteoblasten, die parallel angeordnete Knochenlamellen auf der Oberfläche des primären Ossifikationszentrums ablagern. Diese parallel verlaufende, vom Periost gebildeten Knochenlamellen heißen **periostaler Knochen**.

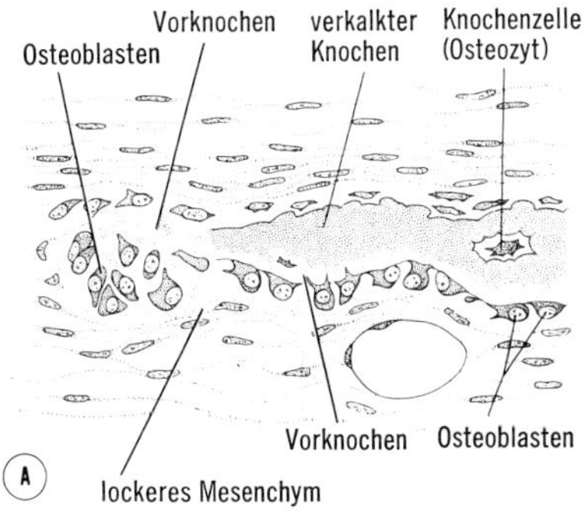

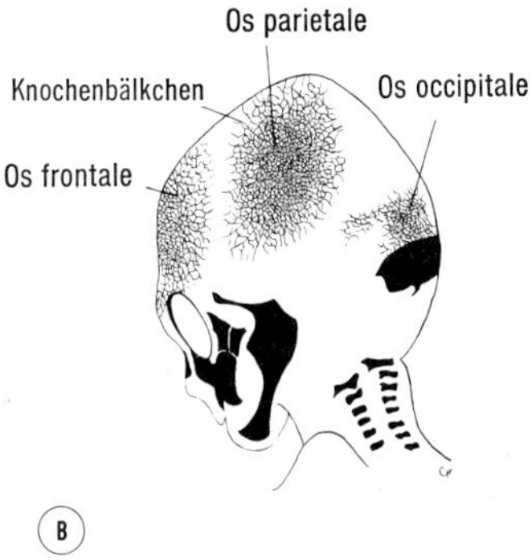

Abb. 9–**1** A. Schematische Darstellung der desmalen Ossifikation. Auf der linken Seite werden die Mesenchymzellen in unregelmäßig angeordnete Osteoblasten umgewandelt, die Vorknochen ablagern. Nach rechts ordnen sich die Osteoblasten in regelmäßigen Reihen an und fahren fort, Vorknochen oder Osteoid zu produzieren. In einiger Entfernung von den Osteoblasten wird der Vorknochen in Knochenmatrix umgewandelt, die dann verkalkt. Der neugebildete Knochen bleibt von den Osteoblasten immer durch eine dünne Schicht aus Vorknochen getrennt. Einige der Osteoblasten werden in dem kalzifizierten Knochen eingeschlossen und wandeln sich in Knochenzellen oder Osteozyten um. B. Schematische Darstellung der Schädelknochen eines drei Monate alten Embryos (gezeichnet nach einem aufgehellten und mit Alizarin gefärbten Präparat). Beachte, wie sich die Knochenbälkchen von dem primären Ossifikationszentrum der flachen Schädelknochen ausbreiten.

Die desmal verknöcherten Deckknochen der Schädelkapsel vergrößern sich durch Apposition neuer Schichten an der äußeren Oberfläche bei gleichzeitiger Resorption der Knochenbälkchen an der Innenseite durch vielkernige **Osteoklasten.**

Zum Zeitpunkt der Geburt sind die Deckknochen in den **Schädelnähten** *(Suturae)* noch durch Bindegewebe voneinander getrennt. Dort, wo mehr als zwei Knochen aneinandergrenzen, weiten sich die Nähte zu den **Fontanellen** aus. In der **großen Fontanelle** treffen sich die beiden Stirn- und Scheitelbeine, in der **kleinen Fontanelle** die beiden Scheitelbeine und das Hinterhauptsbein (Abb. 9–**2** A). Während des Geburtsvorganges können sich die Deckknochen in den Nähten von Fontanellen übereinander schieben und dadurch den Kopfdurchmesser im Geburtskanal verringern. Beim Kleinkind kann durch Palpation der Fontanellen geprüft werden, ob die Verknöcherung normal verläuft, oder ob, wie z. B. beim **Hydrozephalus**, der intrakranielle Druck erhöht ist.

Im ersten Lebensjahr zeigen die Deckknochen ein besonders starkes Wachstum, das sich noch bis zum 7. Lebensjahr fortsetzt. Es entspricht

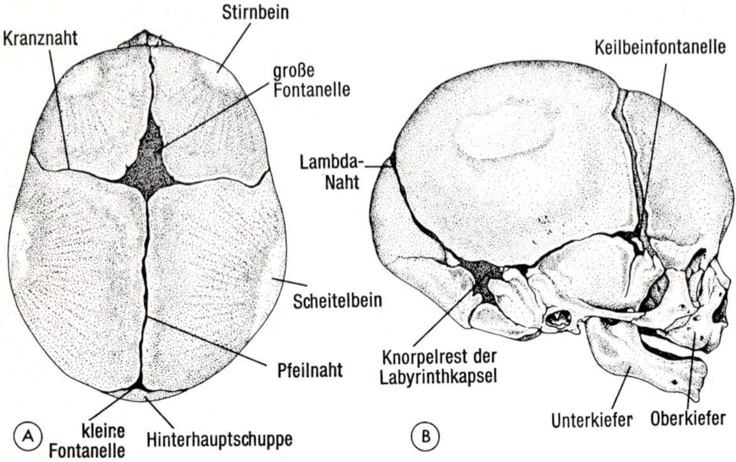

Abb. 9–2 Schädel eines Neugeborenen. A. Ansicht von oben. B. Von lateral. Die kleine Fontanelle schließt sich etwa drei Monate nach der Geburt, die große Fontanelle im zweiten Lebensjahr. Durch Verknöcherung verschwinden beim Erwachsenen viele der Schädelnähte vollständig.

der Größenzunahme des Gehirns. **Die kleine Fontanelle schließt sich etwa im 3. Monat nach der Geburt, die große Fontanelle im 2. Lebensjahr.** Obwohl bei einem 5- bis 7jährigen Kind der Schädel fast ausgewachsen ist, verknöchern ein Teil der Nähte erst im Erwachsenenalter.

Die Entwicklung der Schädelbasis. Die Knochen der Schädelbasis entstehen zunächst als knorpelige Anlagen, die erst später verknöchern. Der knorpelig angelegte Teil des Schädels wird als **Chondrokranium** bezeichnet. Die Chorda spielt bei der Bildung des Chondrokraniums eine wichtige Rolle. Das Mesenchym, das den kranialen Abschnitt der Chorda umgibt, differenziert sich zu **parachordalem Knorpel**. Die dadurch entstehende Knorpelplatte ist die Anlage der **Pars basilaris** des Hinterhauptsbeines (Abb. 9–**3** A, B). An den parachordalen Knorpel schließen sich nach kaudal vier Sklerotome an, die von okzipitalen Somiten abstammen. Das kranialste dieser Sklerotome verschwindet, die restlichen drei bleiben erhalten und bilden einen unsegmentierten Knorpel, der sich mit dem parachordalen Knorpel vereinigt und damit die Anlage der Pars basilaris bis zum Hinterhauptsloch verlängert (Abb. 9–**3** B). Später dehnt sich die knorpelige Anlage des **Os occipitale** nach dorsal um das Neuralrohr herum aus. Der obere Abschnitt des Hinterhauptsbeines, die **Squama occipitalis**, verknöchert desmal und schiebt sich zwischen die ebenfalls desmal verknöchernden Scheitelbeine **(Ossa parietalia)** (Abb. 9–**1** B).

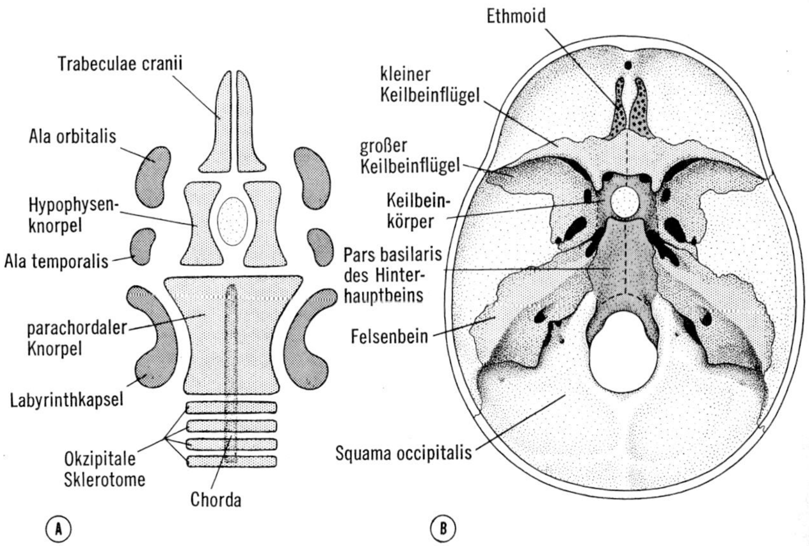

Abb. 9–**3** A. Darstellung der verschiedenen Anlagekomponenten, die bei der Entwicklung der Schädelbasis oder des Chondrokraniums eine Rolle spielen (modifiziert nach *Clara*). B. Vereinfachte Dorsalansicht des Chondrokraniums beim Erwachsenen von dorsal mit der endgültigen Lage der einzelnen in A dargestellten Komponenten.

Rostral vom Parachordalknorpel liegen die **Hypophysenknorpel** und die **Trabeculae cranii** (Abb. 9–**3** A). Sie verschmelzen miteinander und bilden den Körper des **Keilbeins** *(Os sphenoidale)* und des **Siebbeins** *(Os ethmoidale)*. Auf diese Weise entsteht eine langgestreckte mediale Knorpelplatte, die von der Nasenregion bis zur vorderen Begrenzung des Foramen magnum reicht.

Beiderseits der medialen Platte entstehen weitere Knorpelkerne. Der am weitesten rostral gelegene bildet als **Ala orbitalis** den kleinen Flügel des Keilbeins. Kaudal folgt die **Ala temporalis**, der spätere große Keilbeinflügel. Diese Teile verschmelzen anschließend mit der medialen Platte. Nur die Austrittstellen der Gehirnnerven und die Durchtritte der Gefäße bleiben frei (Abb. 9–**3** B).

Eine dritte Komponente, die lateral vom Parachordalknorpel entsteht, ist die knorpelige **Labyrinthkapsel**. Sie umgibt das Ohrbläschen. Aus ihr entsteht die **Pars petrosa** (Felsenbein) des Schläfenbeins, die mit der Anlage der **Squama temporalis** zum definitiven **Schläfenbein** *(Os temporale)* verschmilzt. Der **Processus mastoideus** des Schläfenbeins entwickelt sich erst nach der Geburt. Infolgedessen liegt der **N. facia-**

lis, der aus dem **Foramen stylomastoideum** austritt, bei der Geburt noch ungeschützt an der Oberfläche und kann leicht bei einer Zangenentbindung verletzt werden.

Das Chondrokranium wird durch enchondrale Verknöcherung in die knöcherne Schädelbasis umgewandelt. Die enchondrale Verknöcherung verläuft in gleicher Weise wie beim Extremitätenskelett.

Viszerokranium. Das Viszerokranium (der Gesichtsschädel) geht im wesentlichen aus dem Material der ersten beiden Schlundbögen hervor (Abb. 9–**4**). Aus dem ersten, dem **Mandibularbogen** entsteht der

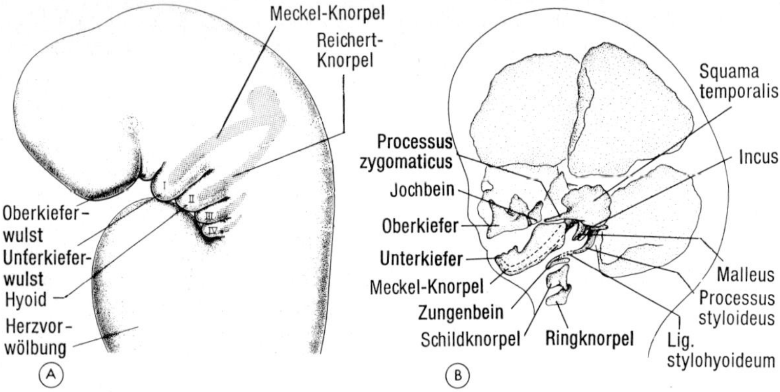

Abb. 9–**4** A. Schlundbögen und Schlundknorpel bei einem Embryo in der 4. Woche. B. Die Umwandlung der Schlundbogenregion zum Viszerokranium bei einem ältern Fetus.

Oberkieferwulst und der Unterkieferwulst (vgl. Abb. 18–**1**, S. 366). Der Unterkieferwulst enthält die Knorpelspange des 1. Schlundbogens, den **Meckel-Knorpel**. Die dorsalen Enden des Meckel-Knorpels bilden zusammen mit den Enden der Knorpelspange des 2. Schlundbogens, dem **Reichert-Knorpel**, die Anlagen der Gehörknöchelchen (vgl. Abb. 13–**6**). Das **primäre Kiefergelenk** wird mit der Gehörknöchelchenkette in der Ohrkapsel eingeschlossen. Durch desmale Ossifikation entsteht um den Meckel-Knorpel herum der definitive **Unterkiefer**. Im mesenchymalen Gewebe des Oberkieferwulstes entstehen ebenfalls durch desmale Ossifikation der **Oberkiefer**, die Gaumenbeine, das Jochbein und die Schuppe des Schläfenbeins. Das **sekundäre Kiefergelenk** entwickelt sich zwischen dem Unterkiefer und dem desmal entstandenen Anteil des Schläfenbeins. Der Meckelknorpel bildet sich bis auf einen Rest, das **Lig. sphenomandibulare**, zurück. Die Verknöcherung der Gehörknöchelchen beginnt im 4. Monat, so daß hier die ersten vollständig verknöcherten Knochen entstehen (s. Kap. 17, S. 362).

Das Viszerokranium ist zunächst im Verhältnis zum Neurokranium sehr klein. Dies kommt durch das Fehlen der **Nasennebenhöhlen** und die kleinen Knochenanlagen der Kiefer zustande. Erst mit dem Durchbruch der Zähne und der postnatalen Entfaltung der Nasennebenhöhlen erhält das Gesicht seine charakteristische Ausprägung.

M Fehlbildungen des Schädels

Mißbildungen des Schädels können als große Defekte **(Kranioschisis)** mit schweren Mißbildungen des Gehirns verbunden sein. Es kommen aber auch kleinere Defekte vor, die nur auf dem Röntgenbild zu erkennen sind. Häufig treten durch einen Defekt in der Schädeldecke die Hirnhäute und Teile des Gehirns **(Enzephalozele)** oder nur die Hirnhäute **(Meningozele)** aus der Schädelkapsel hervor (s. Kapitel 15, S. 336).

Eine zweite Gruppe von Mißbildungen kommt durch den vorzeitigen Schluß einer oder mehrerer Schädelnähte zustande. Sie werden unter dem Namen **Kraniosynostosen** zusammengefaßt. Die Form des Schädels hängt davon ab, welche Naht sich vorzeitig geschlossen hat. Der vorzeitige Schluß der Pfeilnaht führt zur Ausdehnung des Schädels in der Frontal- und Okzipitalpartie. Der Schädel wird lang und schmal **(Skaphozephalie)**. Der vorzeitige Schluß der Kranznaht führt zur Bildung eines Turmschädels **(Akrozephalie)**. Wenn die Kranz- und die Lambdanaht sich nur auf einer Seite vorzeitig schließen, entsteht eine asymmetrische Kraniosynostose (vgl. Abb. 9–**2**).

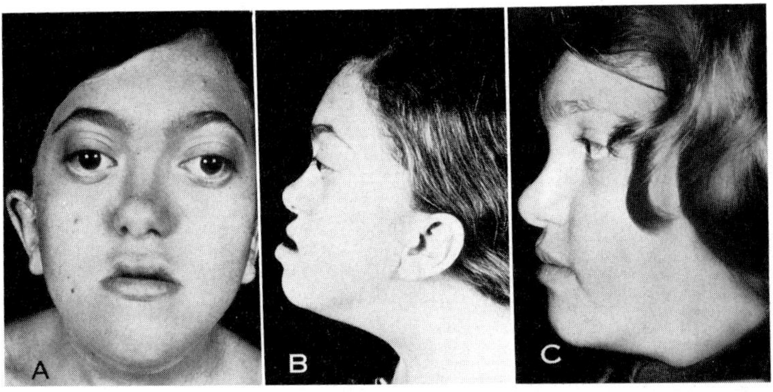

Abb. 9–**5** A und B. Patientin mit Crouzon-Syndrom. Die Pfeil- und die Kranznaht sind bei der Geburt bereits geschlossen. Die kleine und die große Fontanelle schließen sich frühzeitig. Hinzu kommen Hypertelorismus, Hypoplasie des Oberkiefers und tief ansetzende Ohren. C. Die gleiche Patientin nach der Operation. (Dr. *M. Edgerton* und Dr. *J. Jane*, Abt. für Plastische Chirurgie und Abt. für Neurochirurgie, University of Virgina.)

Eine Kraniosynostose mit Beteiligung des Gesichtsschädels ist das **Crouzon-Syndrom:** Die Pfeil und die Kranznaht sind bei der Geburt bereits geschlossen. Die große und die kleine Fontanelle schließen sich früh. Außerdem ist ein Hypertelorismus (d. h. ein abnorm weiter Augenabstand), eine Hypoplasie des Oberkiefers und ein tiefer Ansatz der Ohren für das Syndrom charakteristisch. Die geistige Entwicklung ist normal. Das Syndrom kann operativ behandelt werden (Abb. 9–**5**). Die operative Behandlung der Kraniosynostosen ist allerdings mit einer Tendenz zum Rezidiv belastet. Die operativ geöffneten Schädelnähte neigen dazu, sich wieder zu verschließen.

Bei der **Mikrozephalie** bleibt das Wachstum des Gehirns aus. Die Schädelveränderungen sind sekundär. Kinder mir Mikrozephalie sind in der geistigen Entwicklung zurückgeblieben.

Extremitätenskelett

Die paddelförmigen Extremitätenknospen werden am Anfang der 5. Woche sichtbar. Die Beinknospen treten etwas später auf als die Armknospen und bleiben auch weiterhin in der Entwicklung etwas zurück. (Abb. 9–**6**). Die Knospen bestehen aus einem mesenchymalen Kern, der vom parietalen Mesoderm der Leibeswand abstammt, und werden von Ektoderm bedeckt. An der Spitze ist das Ektoderm zur **Randleiste** verdickt. Die Randleiste induziert im Mesenchym das weitere Wachstum und die Differenzierung der Knospe. Bei 6 Wochen alten Embryonen grenzt sich distal die Hand-, bzw. die Fußplatte durch eine zirkuläre Einschnürung ab (Abb. 9–**6** B). Etwa gleichzeitig bilden sich

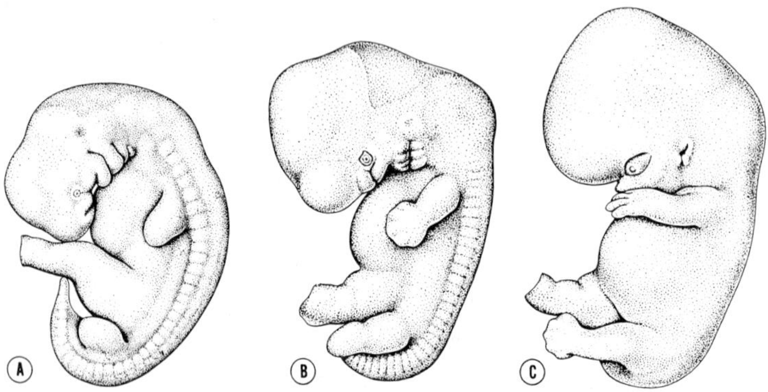

Abb. 9–**6** Zeichnungen von menschlichen Embryonen, die die Entwicklung der Gliedmaßen zeigen. A. Mit fünf Wochen. B. Mit sechs Wochen. C. Mit sieben Wochen. Die Beinknospen liegen in der Entwicklung immer etwas hinter den Armknospen zurück.

radial verlaufende Furchen aus, die die Phalangen gegeneinander abgrenzen. Durch Gewebsuntergang im Bereich der Furchen entstehen separate Finger und Zehen. Die Unterteilung im Ellenbogen- und Kniegelenk deutet sich ebenfalls zunächst durch eine zirkuläre Einschnürung an (Abb. 9–**6** B, C).

Während sich die äußeren Konturen der Gliedmaßen entwickeln, entstehen im Innern die knorpeligen Anlagen des Extremitätenskeletts. Das mesenchymale Gewebe verdichtet sich zu einem Knorpelblastem aus runden **Chondroblasten**. Die Chondroblasten umgeben sich mit kollagen Fasern und einer homogenen basophilen **Grundsubstanz**. Es entsteht **hyaliner Knorpel**. In der 6. Woche sind die ersten knorpeligen Modelle für die Knochen der Gliedmaßen vorhanden (Abb. 9–**7**). Durch enchondrale Ossifikation werden die knorpeligen Anlagen dann in Knochen umgewandelt.

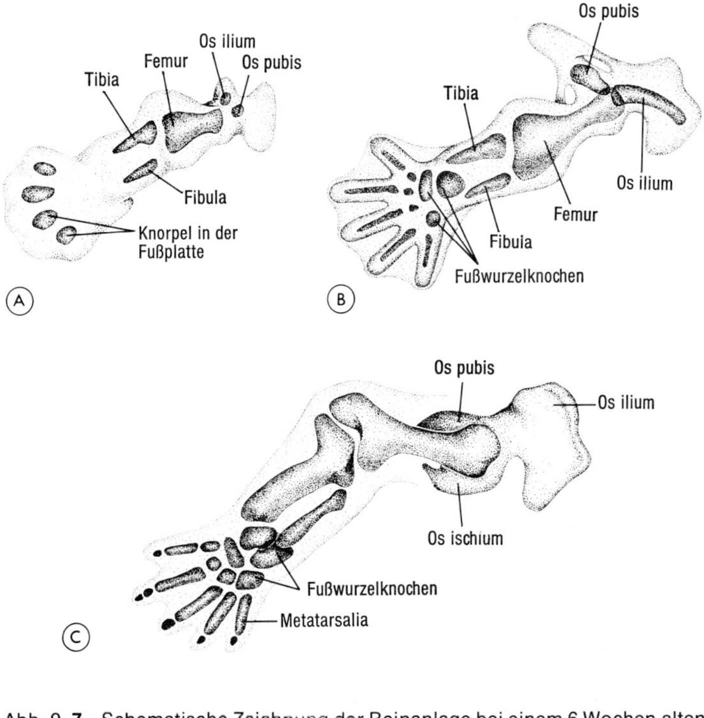

Abb. 9–**7** Schematische Zeichnung der Beinanlage bei einem 6 Wochen alten Embryo. A. Auftreten der Knorpelkerne. B. Am Ende der 6. Woche. C. Am Anfang der 8. Woche. Das Beinskelett ist als Knorpelmodell angelegt.

Enchondrale Ossifikation. Am Ende der 6. Woche sind die Röhrenknochen der Extremitäten als **Modelle aus hyalinem Knorpel** angelegt. Sie werden von einer dichten, gefäßreichen Mesenchymschicht umgeben. Dieses Mesenchym bildet das Perichondrium. Die Verknöcherung beginnt damit, daß die Mesenchymzellen im Schaftbereich des Knorpelmodells eine **Knochenmanschette** ablagern (Abb. 9–**8** B). Sie werden damit zum Periost.

Gleichzeitig dringt eine Gefäßknospe in das Zentrum des Knorpelmodells ein. Dort, wo das Gefäß den Knorpel aufgelöst hat, reagieren die Knorpelzellen mit der Ausbildung von vier Zonen. Jede Zone stellt ein spezifisches Stadium bei der Bildung von enchondralem Knochengewebe dar (Abb. 9–**8** B): 1. Eine **Wachstumszone**, in der die Knorpelzellen sich vermehren und sich in Säulen anordnen, 2. eine **Zone der Zellhypertrophie**, in der die Knorpelzellen sich stark vergrößern (Blasenknorpel). 3. Eine Zone, in der die Lakunen sich eröffnen und die interzelluläre Matrix mit Kalziumsalzen angereichert ist **(Eröffnungs-**

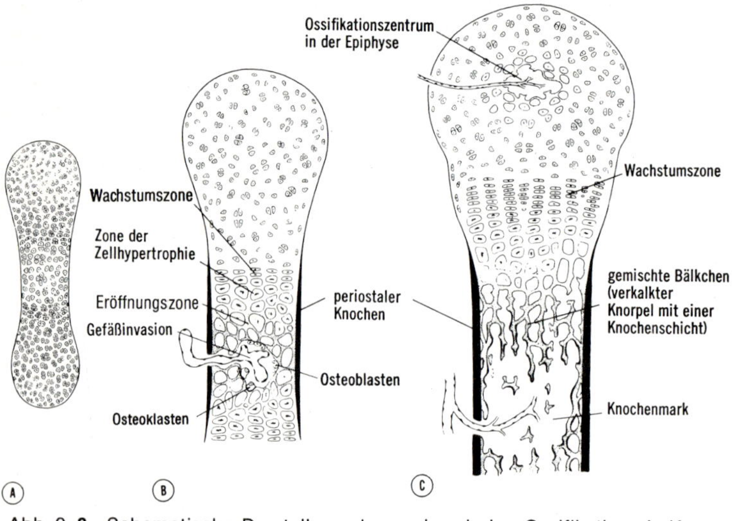

Abb. 9–**8** Schematische Darstellung der enchondralen Ossifikation. A. Knochenanlage aus hyalinem Knorpel („Modell"). B. Dort, wo eine Gefäßknospe in das Schaftzentrum eingedrungen ist, lassen sich folgende Schichten erkennen: (1) eine Zone der Zellproliferation, (2) eine Zone der Zellhypertrophie, (3) eine Zone, in der die Zellen zugrunde gehen und in der Matrixsalze abgelagert werden, (4) eine lakunäre Zone mit Osteoblasten und Osteoklasten. Beachte die Ablagerung von periostalem Knochen an der Schaftperipherie. C. Die zentralen Knochenbälkchen verschwinden, während die lateralen die Wand des Knochens verstärken. Die Ossifikation in der Epiphyse läuft in gleicher Weise ab wie im Schaft.

zone) und 4. eine Zone, in der Kapillaren mit Osteoblasten und Osteoklasten in die Lakunen eindringen **(Gefäßinvasion)**.

Die eindringenden Kapillaren werden von spezialisierten Mesenchymzellen, den **Osteoklasten** begleitet, welche die verkalkte Knorpelgrundsubstanz abbauen, so daß die ursprünglich kleinen Lakunen miteinander verschmelzen. Andere spezialisierte Mesenchymzellen, die **Osteoblasten**, ordnen sich an den Wänden der neugebildeten großen Lakunen an und lagern auf den übriggebliebenen verkalkten Knorpelbälkchen Knochensubstanz ab (Abb. 9–**8** B, C). Dieser Vorgang wird als **enchondrale Ossifikation** bezeichnet und führt zur Bildung von knochenüberzogenen Knorpelbälkchen **(gemischte Bälkchen)**.

Kurz nach ihrer Bildung wird ein großer Teil der zentral gelegenen Knochenbälkchen von **Osteoklasten** abgebaut, während die lateral gelegenen erhalten bleiben und die Wände des Knochens verstärken. Infolge dieser Resorption entsteht eine große Markhöhle im Zentrum des Knochens (Abb. 9–**8** C).

Vom Ossifikationszentrum **(primärer Knochenkern)** im Schaft **(Diaphyse)** des Knochens dringt die enchondrale Ossifikation gegen die Enden der knorpeligen Anlage vor (Abb. 9–**8** B). Auf diese Weise entsteht an beiden Enden im hyalinen Knorpel eine **Wachstumszone**, aus der heraus die Verlängerung des Röhrenknochens erfolgt (Abb. 9–**8** C).

Zur Zeit der Geburt ist die Diaphyse des Knochens gewöhnlich völlig verknöchert, während die beiden Enden, die **Epiphysen**, immer noch knorpelig sind. Kurz darauf entstehen in diesen Epiphysen Ossifikationszentren **(epiphysäre Knochenkerne)**. Die enchondrale Ossifikation verläuft hier in ähnlicher Weise wie in der Knochendiaphyse (Abb. 9–**8** C). Schließlich bestehen die Epiphysen aus spongiösem Knochen, der von einem Knorpelmantel überzogen ist.

Zwischen den Ossifikationszentren der Diaphyse und der Epiphyse bleibt über einige Zeit eine Knorpelscheibe erhalten. Diese Scheibe, die **Epiphysenscheibe (Epiphysenfuge)**, ist für das Längenwachstum des Knochens verantwortlich (Abb. 9–**9**). Auf beiden Seiten der Epiphysenscheibe schreitet die enchondrale Ossifikation weiter fort, auf der Diaphysenseite schnell, auf der Epiphysenseite sehr langsam. Wenn der Knochen in der Pubertät seine volle Länge erreicht hat, verknöchern die Epiphysenscheiben, und die Epiphysen vereinigen sich mit dem Knochenschaft.

In den langen Röhrenknochen befindet sich an jedem Ende eine Epiphysenscheibe; in den kleineren, z. B. den Phalangen, gibt es nur an einem Ende eine Epiphysenscheibe; und in unregelmäßig geformten Knochen, wie den Wirbelbögen, findet man ein oder mehrere primäre Ossifikationszentren **(Knochenkerne)** und zumeist mehrere sekundäre.

Das Längenwachstum spielt sich in den Epiphysenscheiben ab. Das **Dickenwachstum** dagegen ist ein noch komplizierterer Vorgang. Im geraden Teil des Schafts wächst der Knochen durch Ablagerung neuer Schichten von periostalem Knochen auf die äußere Oberfläche bei gleichzeitiger osteoklastischer Resorption auf der inneren **endostalen Oberfläche.** Das Ergebnis ist ein Größerwerden sowohl des äußeren wie auch des inneren Schaftdurchmessers. In der Epiphysenregion wird das Dickenwachstum durch eine radiäre Expansion des Knor-

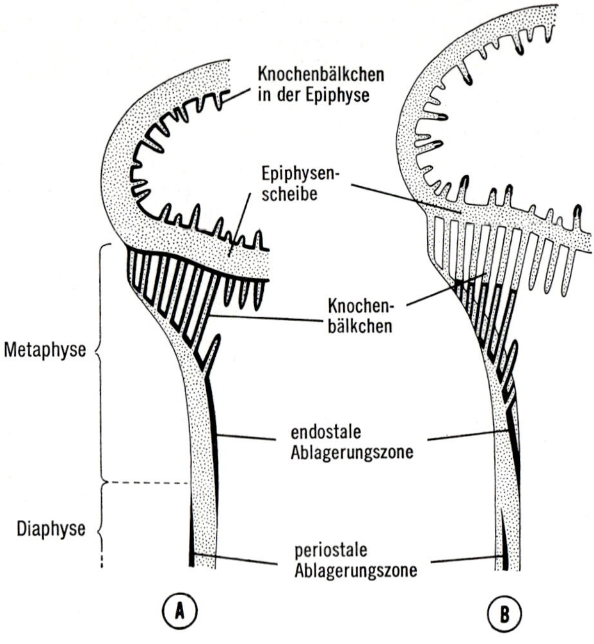

Abb. 9–9 A. Die Zeichnung zeigt einen Ausschnitt aus dem Kopf und Schaft eines langen Röhrenknochens einer jungen, wachsenden Ratte, die einige Stunden nach der subkutanen Gabe von Radiophosphor (P^{32}) getötet wurde. (Der Phosphor wird an den Stellen mit starker Knochenablagerung eingebaut.) Die dicken schwarzen Linien stellen die Oberflächen dar, an denen der aktive Phosphor abgelagert wird, das heißt beiderseits von der Epiphysenscheibe, an den Knochenbälkchen in der Metaphyse und Epiphyse, an der endostalen Oberfläche der Metaphyse und an der periostalen Oberfläche der Diaphyse. B. Verteilung des Radiophosphors einige Tage nach der Injektion. Der aktive Phosphor liegt jetzt in den Knochenbälkchen ein Stück weit über- und unterhalb der Epiphysenscheibe sowie im Inneren der Zona compacta des Schaftes. Die radioaktive Linie an der endostalen Oberfläche der trichterförmigen Metaphyse ist jetzt tief in den Knochen eingebettet. Sie wird am oberen Ende des trichterförmigen Abschnittes bereits durch Osteoklasten wieder abgebaut (modifiziert nach *Leblond* u. *Greulich*).

pelmantels und durch fortschreitende enchondrale Ossifikation auf der Innenseite erzielt. Da der Knochen in der Epiphysenregion stärker wächst als am Schaft, nehmen die beiden Schaftenden eine trichterförmige Gestalt an **(Metaphyse)** (Abb. 9–**9**). In diesen Abschnitten vollzieht sich das Dickenwachstum wiederum anders. Hier wird auf die endostale Oberfläche neuer Knochen abgelagert, während die Resorption auf der äußeren Oberfläche stattfindet.

Das Auftreten der Knochenkerne, z. B. in den **Handwurzelknochen**, kann röntgenologisch nachgewiesen und zur Bestimmung des **Knochenalters** bei Kindern benutzt werden.

M Mißbildungen der Extremitäten

Die Extremitätenmißbildungen sind sehr verschiedenartig. In der extremsten Form können alle vier Gliedmaßen fehlen **(Amelie)** oder sie bestehen nur aus Händen und Füßen, die durch kleine unregelmäßig geformte Knochen am Stamm befestigt sind **(Meromelie)** (Abb. 9–**10**). Manchmal sind alle Abschnitte zwar vorhanden, sie sind aber ungewöhnlich kurz **(Mikromelie)**.

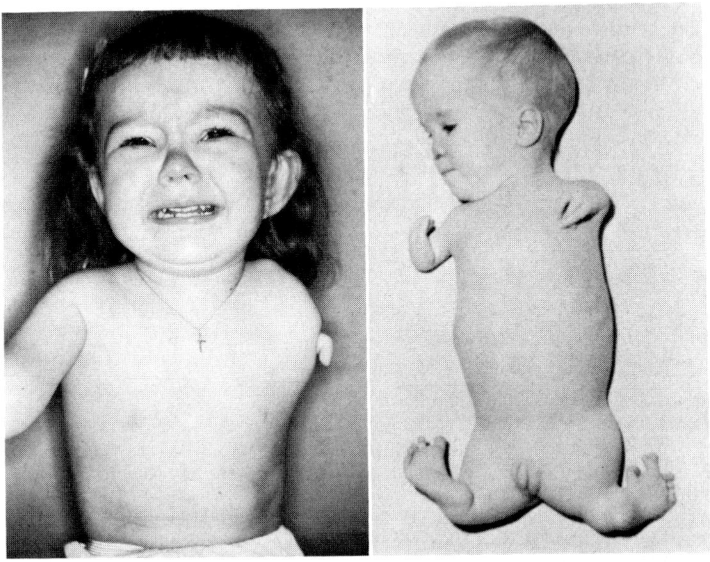

Abb. 9–**10** A. Ein Kind mit einseitiger Amelie. B. Kind mit Meromelie. Hände und Füße sind durch unregelmäßig geformte Knochen mit dem Rumpf verbunden. (Dr. *M. Edgerton*, Abt. für Plastische Chirurgie, University of Virgina.)

Gliedmaßenmißbildungen, wie Meromelie und Amelie, sind zumeist genetisch bedingt. Als in den Jahren 1957 bis 1962 jedoch in Westdeutschland gehäuft Kinder mit Meromelie geboren wurden, fiel bei genauem Studium der vorgeburtlichen Geschichte der Betroffenen auf, daß viele der Mütter **Thalidomid**, ein neues, sehr verbreitetes Arzneimittel gegen Schlaflosigkeit und Übelkeit, eingenommen hatten. Es ist heute erwiesen, daß Thalidomid, wenn es im Frühstadium der Schwangerschaft eingenommen wird, ein charakteristisches Mißbildungssyndrom erzeugen kann, das sich durch das Fehlen oder eine hochgradige Verformung der langen Röhrenknochen, durch intestinale Atresien und durch Herzmißbildungen auszeichnet (s. Kap. 8, S. 109). Nachdem Thalidomid vom Markt zurückgezogen worden war, wurde das Syndrom nicht mehr beobachtet.

Das Vorhandensein von überzähligen Fingern oder Zehen wird als **Polydaktylie** bezeichnet. Das überzählige Endglied besitzt zumeist keine funktionsfähige Muskulatur. Mißbildungen, die in dem Fehlen eines Knochens oder eines Knochenabschnittes bestehen, betreffen meist nur eine Extremität. Fehlbildungen mit überzähligen Knochen kommen meist bilateral vor. So ist z. B. das Fehlen eines Daumens meist einseitig, seine Duplikation jedoch oft beidseitig.

Neben dem völligen oder teilweisen Fehlen der Extremitäten können gelegentlich die unteren Gliedmaßen zusammengewachsen sein **(Sympodie, Sirenenbildung)**, eine seltene Mißbildung, die immer mit einer schweren Störung in der Entwicklung des Beckens verbunden ist. Die einzelne untere Extremität enthält dann meistens einen Femur, zwei oder drei Knochen unterhalb des Knies und fünf oder sechs Zehen am Fuß.

Bei der **Syndaktylie** sind Finger oder Zehen miteinander verwachsen (Abb. 9–**11** A). Normalerweise entwickelt sich zwischen den einzelnen

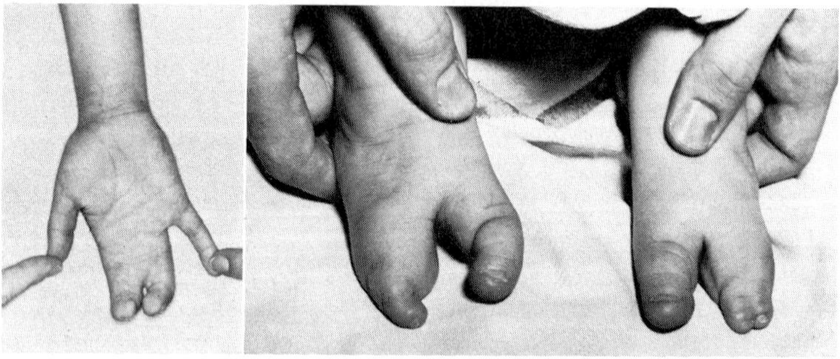

Abb. 9–**11** A. Syndaktylie der Hand. B. Spaltfuß beiderseits. Der 3. Strahl fehlt, der 1. und der 2. sowie der 4. und der 5. Strahl sind miteinander verwachsen. (Dr. *M. Edgerton*, Abt. für Plastische Chirurgie, University of Virgina.)

Strahlen in der Hand- bzw. Fußplatte eine **physiologische Nekrose**, die zur Trennung der Finger und Zehen führt. Bei der Syndaktylie bleibt die Trennung aus. Dabei kann es zur Verschmelzung der Knochenanlagen kommen. Typische Fehlbildungen sind die **Spalthand** oder der **Spaltfuß**. Es kommt dabei zu einer abnormen Spaltbildung zwischen den mittleren Metakarpal- oder Metatarsalknochen und den entsprechenden Weichteilen. Meistens fehlt der 3. Strahl vollständig. Der 1. und 2. Strahl auf der einen Seite und der 4. und 5. Strahl auf der anderen Seite sind miteinander verschmolzen (Abb. 9–**11** B).

Der **Klumpfuß** ist häufig mit Syndaktylie kombiniert. Er findet sich meistens bei Jungen. Der Fuß ist plantarflektiert (verkürzte Achillessehne) und der Vorfuß nach einwärts gerichtet (supiniert), so daß das Kind auf der äußeren Fußkante laufen würde. Es gibt eine erbliche und eine sporadische Form. Die Behandlung muß in den ersten Lebensmonaten durchgeführt werden.

Die **kongenitale Hüftgelenksluxation** kommt dagegen bei Mädchen gehäuft vor. Zumeist besteht eine erbliche Belastung. Es handelt sich um eine Hypoplasie oder verspätete Ausbildung des Pfannendaches und des Hüftgelenkskopfes bei schlaffer Gelenkkapsel. Die Diagnose bei oder kurz nach der Geburt ist wichtig, da eine sofortige Behandlung (Spreizhöschen) die Ausbildung der Luxation verhindern kann.

Wirbelsäule

In der vierten Entwicklungswoche wandern die Zellen des Sklerotoms nach medial aus und umgeben die Anlage des Rückenmarks und die Chorda (Abb. 5–**7** D). Auf diese Weise entsteht eine lange Säule aus Mesenchym. In der Säule bleiben noch Spuren ihres ursprünglichen segmentalen Aufbaus erhalten, da die Sklerotomblöcke durch weniger dichte Zonen, in denen die **Intersegmentalarterien** verlaufen, getrennt sind (Abb. 9–**12** A).

In der weiteren Entwicklung verdichtet sich der kaudale Abschnitt eines jeden Sklerotomsegments und verbindet sich mit dem kranialen Abschnitt des folgenden Sklerotoms, so daß das intersegmentale Gewebe in der Anlage des **Wirbelkörpers** aus Vorknorpel eingeschlossen wird (Abb. 9–**12** B). Der Wirbelkörper entwickelt sich also als intersegmentales Gebilde.

Zellen aus dem kranialen Abschnitt der Sklerotomsegmente füllen jeweils den Raum zwischen den aus Vorknorpel bestehenden Wirbelkörpern auf und tragen auf diese Weise zur Bildung der **Zwischenwirbelscheibe** bei. Während die Chorda im Bereich der Wirbelkörper völlig verschwindet, bleibt sie im Bereich der Zwischenwirbelscheiben erhalten. Hier vergrößert sie sich noch, macht eine schleimige

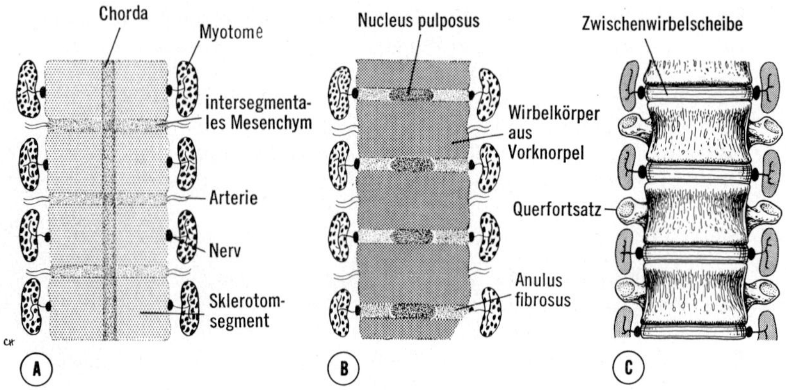

Abb. 9–**12** Schema der Wirbelsäulenentwicklung in verschiedenen Entwicklungsstadien. A. In der vierten Entwicklungswoche liegen zwischen den Sklerotomsegmenten weniger dichte intersegmentale Gewebeabschnitte. Beachte die Lage der Myotome, der Intersegmentalarterien und der segmentalen Nerven. B. Die aus Vorknorpel bestehenden Anlagen der Wirbelkörper werden von den oberen und unteren Hälften zweier aufeinanderfolgender Sklerotome und von dem intersegmentalen Gewebe gebildet. Die Chorda bleibt nur im Bereich der Zwischenwirbelscheiben erhalten und wird dort zum Nucleus pulposus. C. Die Wirbelsäule beim Erwachsenen. Die Myotome überbrücken die Zwischenwirbelscheiben.

Umwandlung durch und bildet den **Nucleus pulposus**, den die Fasern des **Anulus fibrosus** umgeben (Abb. 9–**12** C).

Die neue Anordnung der Sklerotome zu den endgültigen Wirbeln hat zur Folge, daß die Myotome die Zwischenwirbelscheiben überbrükken. Durch diese Anordnung erhalten sie die Möglichkeit, die Wirbelsäule zu bewegen (Abb. 9–**12** B, C). Aus dem gleichen Grund verlaufen jetzt die Intersegmentalarterien, die zuerst zwischen den Sklerotomen lagen, mitten über die Wirbelkörper. Die **Spinalnerven** dagegen liegen schließlich in Höhe der Zwischenwirbelscheiben und verlassen die Wirbelsäule durch die Foramina intervertebralia.

In die knorpeligen Wirbelkörper dringt von dorsal eine Gefäßknospe vor und leitet damit die enchondrale Verknöcherung ein. Die Knochenkerne werden im 3. Monat sichtbar.

Neuere Arbeiten zur Entstehung der Wirbelsäule weisen darauf hin, daß die Entwicklung der Wirbelkörper aus den Sklerotomen komplizierter ist, als es die Vorstellung von der Segmentverschiebung vermuten läßt. So trägt das obere Sklerotom mehr zum Wirbelkörper und das untere mehr zum Wirbelbogen bei.

M Fehlbildungen der Wirbelsäule

Die Bildung und anschließende Umordnung der segmentalen Sklerotome zu den endgültigen Wirbeln ist ein komplizierter Vorgang, und es ist daher keine Seltenheit, daß zwei aufeinanderfolgende Wirbel sich asymmetrisch vereinigen oder daß ein halber Wirbel fehlt. Auch kommt es nicht selten vor, daß die Anzahl der Wirbel gegenüber der Norm vermehrt oder vermindert ist. Ein typisches Beispiel für diese Anomalie ist das **Klippel-Feil-Syndrom**, das mit einer reduzierten Anzahl und Verschmelzungen von Halswirbeln einhergeht. Einer der schwersten Wirbeldefekte tritt dagegen auf, wenn sich die Wirbelbögen nicht oder nur unvollständig schließen. Eine solche Mißbildung heißt **Wirbelbogenspalte** und ist gewöhnlich von Mißbildungen des Rückenmarks begleitet, das bruchartig vorfallen und an der Oberfläche bloßliegen kann (s. Kap. 15, S. 336).

M Generalisierte Wachstumsstörungen

Die bekannteste generalisierte Mißbildung des Skelettsystems ist die **Achondroplasie** oder **Chondrodystrophie**. Die enchondrale Ossifikation ist gestört, während die desmale Ossifikation normal verläuft. Die Wachstumsstörung betrifft daher die Epiphysenfugen und die enchondral verknöchernde Schädelbasis, nicht dagegen die Deckknochen. Es entsteht ein Zwergwuchs mit extrem kurzen Röhrenknochen, einem verkleinerten Gesicht bei normal großem oder leicht vergrößertem Schädel (Abb. 9–**13**). Die geistige Entwicklung ist normal, die Intelligenz zum Teil hoch. Die Achondroplasie wird dominant vererbt. Die Häufigkeit beträgt 1 : 10000.

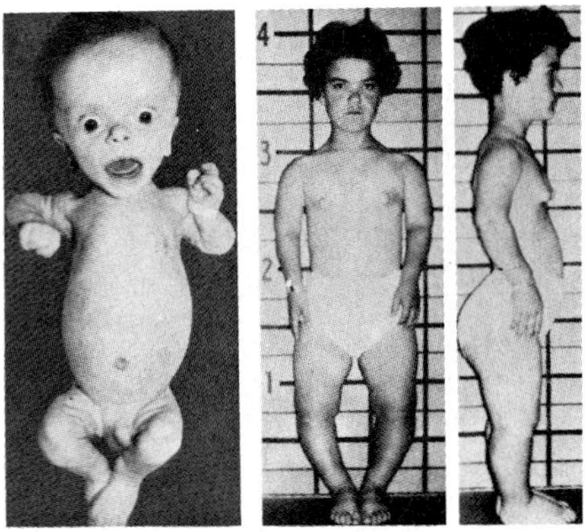

Abb. 9–**13** A. Drei Monate altes Kind mit Achondroplasie. Beachte den relativ großen Hirnschädel bei verkürzten Extremitäten. B. 15jähriges Mädchen mit Achondroplasie. Es besteht ein Zwergwuchs mit verkürzten und nach auswärts gebogenen Extremitäten mit einer kompensatorischen Lendenlordose. Aufgrund der gestörten enchondralen Verknöcherung in der Schädelbasis ist der Gesichtsschädel klein bei relativ großem Hirnschädel.

Zusammenfassung: Skelettsystem

Das Skelett entwickelt sich aus dem Mesenchym. Ein Teil der Knochen, wie die **Deckknochen** des Schädels, entsteht direkt durch **desmale Ossifikation.** Die meisten Knochen, wie die **Schädelbasis** und die **langen Röhrenknochen** der Extremitäten, werden zunächst als Knorpel angelegt und verknöchern sekundär durch **enchondrale Ossifikation.**

Desmale Ossifikation
Aus dem Mesenchym differenzieren sich **Osteoblasten,** die **Vorknochen** ablagern (Abb. 9–**1**). Im Vorknochen werden Kalziumsalze abgelagert, so daß Knochensubstanz entsteht. In die Knochenbälkchen werden die Osteoblasten als **Osteozyten** eingeschlossen. Das Wachstum einer Knochenanlage erfolgt durch Neubildung von Knochenlamellen auf der Außenseite bei gleichzeitigem Abbau durch **mehrkernige Osteoblasten** auf der Innenseite.

Enchondrale Ossifikation
An der Oberfläche des Knorpelmodells aus hyalinem Knorpel entsteht eine **periostale Knochenmanschette** (Abb. 9–**8**). Von außen dringt eine Gefäßknospe mit **Osteoklasten** und **Osteoblasten** ein. Die Osteoklasten bauen die verkalkte Knorpelgrundsubstanz ab, während die Osteoblasten auf den zurückbleibenden Knorpelspangen eine Knochenschicht ablagern **(gemischte Bälkchen).** Am Rande des **Knochenkerns** entsteht im hyalinen Knorpel eine **Wachstumszone.** Die Knorpelzellen teilen sich und ordnen sich in Säulen an **(Säulenknorpel).** Sie vergrößern sich **(Zone der Zellhypertrophie, Blasenknorpel),** bis die Gefäßknospen aus dem Knochenkern ihre Lakunen eröffnen **(Eröffnungszone)** und die Septen aus verkalkter Knorpelgrundsubstanz durch Abbau und Auflagerung von Knochen in gemischte Bälkchen umwandeln.

Schädel
Das **Neurokranium (Hirnschädel)** entwickelt sich aus der **enchondral verknöchernden Schädelbasis** und den **desmal verknöchernden Deckknochen** des Schädeldachs (Abb. 9–**2**). Die Fontanellen schließen sich erst nach der Geburt.

Das **Viszerokranium (Gesichtsschädel)** entwickelt sich aus dem Material des ersten Schlundbogens, aus dem der Oberkieferwulst und der Unterkieferwulst hervorgehen (Abb. 9–**4**). Die Knochen des **Oberkiefers** und des **Unterkiefers** entstehen durch **desmale Ossifikation.** Die Knorpelspange des ersten

Schlundbogens im Unterkiefer **(Meckel-Knorpel)** bildet sich zurück.

Extremitätenskelett
Die langen Röhrenknochen der Extremitäten entstehen durch **enchondrale Ossifikation.** Nach Ausbildung eines **primären Knochenkerns** in der **Diaphyse** erfolgt das Längenwachstum an den Enden der Anlage in der knorpeligen Wachstumszone. Wenn schließlich in der **Epiphyse** ebenfalls ein Knochenkern entsteht, wird die knorpelige Wachstumszone zur **Epiphysenfuge.** Die Epiphysenfugen verknöchern nach der Pubertät (Abb. 9–**6** bis 9–**9**).

Wirbelsäule
Die Wirbel und die Rippen entstehen aus den **Sklerotomen,** den ventromedialen Abschnitten der Somiten. Ein Wirbelkörper geht aus der Verschmelzung des kaudalen und des kranialen Abschnittes zweier benachbarter Sklerotome hervor (Abb. 9–**12**).

Kapitel 10

Muskelsystem

Quergestreifte Muskulatur

Die ursprüngliche metamere (segmentale) Anordnung der Rückenmuskulatur geht auf die Somitengliederung zurück. Die quergestreifte Skelettmuskulatur der Leibeswand stammt ebenfalls aus dem Somitenmaterial. Bereits bei der Auflösung der Somiten (Abb. 5–**7** B) wandern Vorläufer von Myoblasten in die ventromediale Leibeswand und in die Extremitätenknospen ein (vgl. Kap. 20, S. 396). Der Differenzierung der einkernigen **Myoblasten** in den Muskelanlagen geht eine Phase intensiver Vermehrung voraus. Nach der **Fusion zu mehrkernigen Muskelfasern** finden keine Teilungen mehr statt.

Myotome. Am Ort der Somiten entwickeln sich die segmental angeordneten Myotome (Abb. 5–**7** C, D, 9–**12** und 10–**1** A). Am Ende der 5. Woche teilen sie sich in einen dorsalen Anteil, das **Epimer**, und in einen ventralen Anteil, das **Hypomer** (Abb. 10–**2** A). Der **Spinalnerv**, der die segmentale Muskulatur versorgt, teilt sich ebenfalls in einen **R. dorsalis** für das Epimer und einen **R. ventralis** für das Hypomer (Abb. 10–**2** A).

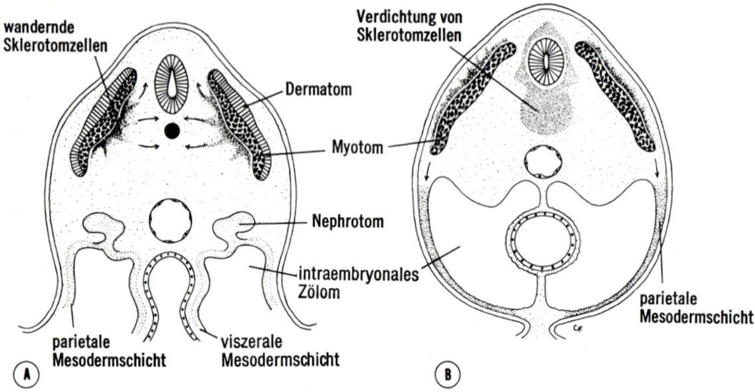

Abb. 10–**1** A. Schematischer Querschnitt durch einen 4 Wochen alten Embryo, der die Auswanderung der Sklerotomzellen zeigt. Die Zellen des Myotoms bilden eine zusammenhängende Schicht, die mit dem Dermatom eng verbunden ist. B. Entsprechender Schnitt wie in A, der die Verdichtung des Mesenchyms in der Umgebung des Rückenmarkes und die Wanderung der Dermatomzellen unterhalb des Ektoderms zeigt. Die Myotomzellen wandern nach ventral bis an die intraembryonale Zölomhöhle heran.

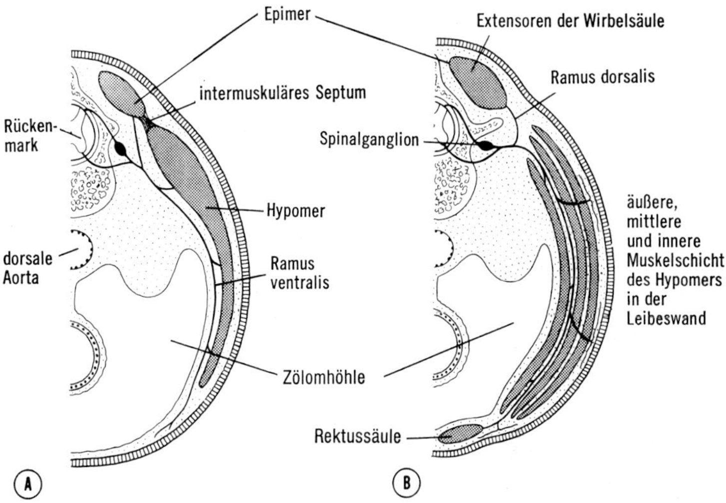

Abb. 10–**2** A. Querschnitt durch den Thoraxbereich eines 5 Wochen alten Embryo. Der dorsale Anteil der Muskulatur der Körperwand (Epimer) ist mit dem ventralen Anteil (Hypomer) durch ein bindegewebiges intermuskuläres Septum verbunden. Der entsprechende Nerv teilt sich in einen dorsalen Ast für das Epimer und einen ventralen Ast für das Hypomer. B. Entsprechender Schnitt wie in A in einem späteren Entwicklungsstadium. Das Hypomer hat drei getrennte Muskelschichten und ventral einen Längsmuskel gebildet (modifiziert nach *Clara*).

Aus den Muskelanlagen des Epimers entstehen die Extensoren der Wirbelsäule, aus dem Hypomer bilden sich die lateralen und ventralen Flexoren (Abb. 10–**2** B). Das Hypomer spaltet sich in drei Schichten auf, die im Thoraxbereich die **äußere** und **innere interkostale** sowie die tiefe **intrathorakale** oder **transversale Thoraxmuskulatur** bilden. In der Bauchwand bestehen die drei Muskelschichten aus den **Mm. obliquus externus, obliquus internus** und **transversus abdominis** (Abb. 10–**2** B). Bei den Muskeln in der Thoraxwand bleibt der segmentale Charakter durch die Anordnung der Rippen erhalten. In der Bauchwand dagegen verschmelzen die segmentalen Muskelanlagen zu großen Muskelplatten.

Außer den oben beschriebenen drei Muskelschichten entsteht an der ventralen Spitze der Hypomere eine ventrale longitudinale Muskelsäule (Abb. 10–**2** B). Im Abdominalbereich besteht diese Säule aus dem **M. rectus abdominis** und in der Zervikalregion aus der **Infrahyal-Muskulatur**. Im Thorakalbereich bildet sich der longitudinale Muskelstrang normalerweise zurück. Gelegentlich bleibt er jedoch auch hier als **M. sternalis** erhalten.

Okzipitale und präotische Myotome. In der Kopfregion verläuft die Entwicklung der Myotome nicht so übersichtlich. Anfangs lassen sich vier okzipitale Somitenpaare unterscheiden, von denen sich aber das am weitesten kranial gelegene bald nach seiner Entstehung wieder zurückbildet. Es wird allgemein angenommen, daß die Myoblasten der drei verbleibenden okzipitalen Myotome nach ventral wandern und schließlich die äußere und innere Zungenmuskulatur bilden (Abb. 10–**3** A). Die Innervation der Zungenmuskulatur durch den **N. hypoglossus**, der die Wurzeln der okzipitalen Spinalnerven enthält, spricht sehr dafür, daß sie wirklich aus den okzipitalen Somiten stammen.

Obwohl die Abstammung der äußeren Augenmuskeln beim Säugetierembryo selbst noch nicht untersucht worden ist, nimmt man an, daß diese Muskeln aus dem Mesoderm entstehen, das die Prächordalplatte umgibt. Dieses Mesoderm soll drei Myotome, die **präotischen Myotome** (Abb. 10–**3** A), liefern. Die Augenmuskeln, die sich aus diesen Myotomen herleiten, werden später vom dritten, vierten und sechsten Hirnnerv versorgt.

Extremitäten-Muskulatur. Die Stammzellen für die quergestreifte Muskulatur der Extremitäten wandern als undifferenzierte Zellen aus den Somiten in die Extremitätenknospen ein. Die Extremitätenknospen selbst entstehen aus der lateralen Leibeswand. Ein quergestreifter

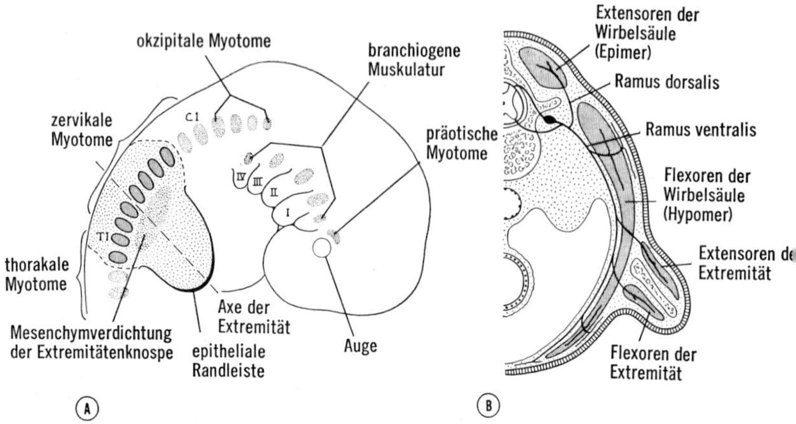

Abb. 10–**3** A. Schematische Darstellung der Myotome in Kopf-, Hals- und Thoraxbereich eines 5 Wochen alten Embryos. Die obere Extremitätenknospe geht in Höhe der unteren sechs zervikalen und oberen zwei thorakalen Segmente ab. Beachte die Lage der präotischen und okzipitalen Myotome sowie die Mesenchymverdichtung am Abgang der Extremitätenknospe. B. Querschnitt im Bereich einer Extremitätenknospe. Beachte die dorsale (Extensoren) und die ventrale Muskulatur (Flexoren) der Extremität.

Muskel besteht daher schließlich aus Muskelzellen, die aus den Somiten kommen, und aus Sehnen- und Bindegewebe, das aus der lateralen Leibeswand stammt. Die myogenen Zellen durchlaufen auf ihrer Wanderung eine Phase der Zellvermehrung. Erst wenn sich zentral die Knorpelmodelle für die Knochen abgegrenzt haben, differenzieren sich die myogenen Zellen zu noch einkernigen Myoblasten und verschmelzen zu vielkernigen Muskelfasern. Nach der Fusion teilen sie sich nicht mehr. Während der Differenzierung gliedert sich das Muskelgewebe in ein dorsales Blastem für die Extensoren und ein ventrales Blastem für die Flexoren (Abb. 10–**3** B).

Da die Extremitätenknospen aus der ventromedialen Leibeswand hervorgehen, wachsen die ventralen Äste der entsprechenden Spinalnerven in sie ein (Abb. 10–**3**). Das **Einwachsen der Nervenfasern** vollzieht sich nach folgenden Regeln: 1. Die Axone der motorischen Vorderhornzellen (Abb. 15–**9**) verbinden sich zunächst mit den auf direktem Weg erreichbaren Muskelanlagen und bilden dort motorische Endplatten aus. 2. Liegende Nervenfasern dienen als Leitstruktur für nachfolgende Axone. 3. Da eine Muskelfaser nur einen Kontakt zuläßt, suchen hinzukommende Axone weiter entfernte Muskelanlagen auf. Wenn sie keinen Kontakt finden, gehen sie zugrunde („try and error"). 4. Bereits innervierte Muskelanlagen ziehen im Verlauf von sekundären Verlagerungen und Verschmelzungen ihre Nerven hinter sich her.

In der Armanlage wird die Gliederung des ursprünglich segmentalen Muskelmaterials in **Flexoren** und **Extensoren** von den Nervenfasern im **Armplexus** nachvollzogen. Aus den übereinander gelegenen **ventralen Ästen der Spinalnerven** gehen vor der A. axillaris gelegene Nerven für die **Flexoren** *(N. musculocutaneus, N. medianus* und *N. ulnaris)* und hinter der A. axillaris gelegene Nerven für die **Extensoren** *(N. axillaris* und *N. radialis)* hervor (Abb. 10–**3** B).

Die Spinalnerven spielen nicht nur bei der Differenzierung und motorischen Innervation der Extremitätenmuskulatur eine wichtige Rolle, sondern sie sind auch für die **sensible Innervation der Dermatome** verantwortlich. Da das Dermatomgewebe aber nicht über die Segmentgrenzen hinauswandert, spiegelt die sensible Versorgung der Körperoberfläche direkt die primitive segmentale Anordnung wider (Abb. 10–**4**). Obwohl sich im Bereich der Extremitätenknospen die ursprüngliche Anordnung der Dermatome mit dem weiteren Wachstum noch stark verändert, läßt sich sie ursprüngliche Anordnung doch noch beim Erwachsenen erkennen. Die kranial gelegenen Spinalnerven versorgen die präaxiale Oberfläche der Gliedmaßen, die kaudalen die postaxiale Oberfläche und die dazwischen gelegenen Spinalnerven die distalen Partien der Extremität.

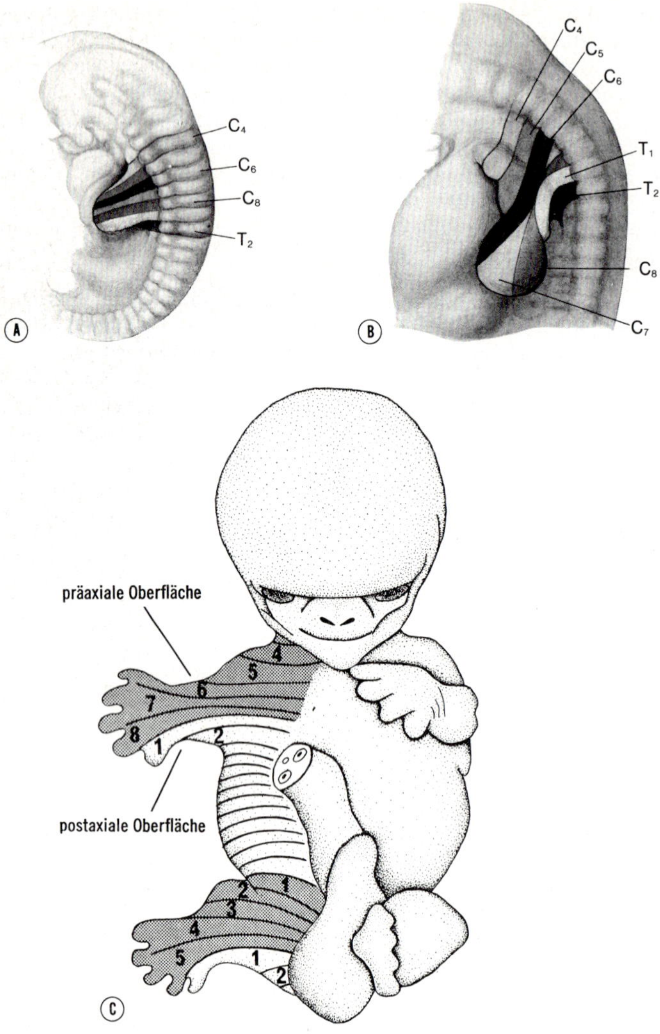

Abb. 10–**4** Schematische Darstellung der Dermatome im Bereich der Arm- und Beinknospe. Die Dermatome spiegeln die auf die Somiten zurückgehende segmentale Gliederung wider. In der weiteren Entwicklung verschwindet das primäre Muster. Eine systematische Anordnung läßt sich jedoch auch noch beim Erwachsenen erkennen. A. Armknospe mit 5 Wochen. B. Armknospe mit 6 Wochen. C. Dermatome mit 7 Wochen. (A und B aus *Langman, J., M. W. Woerdeman:* Atlas of Medical Anatomy. Saunders, Philadelphia 1978.)

Branchiogene Muskulatur. Die Myotome sind der segmental gegliederten Wirbelsäule und den Rippen zugeordnet. In entsprechender Weise enthalten auch die **Schlundbögen** Anlagematerial für Muskeln (Abb. 10–**3** A). Aus ihm geht die quergestreifte viszerale Muskulatur im Kopf- und Halsbereich hervor. Trotz ihrer ausgedehnten Wanderungen kann die Herkunft der einzelnen Muskeln in allen Fällen verfolgt werden, da sie immer von dem Nerv des Schlundbogens versorgt werden, aus dem sie stammen (s. Kapitel 13, S. 250).

Das **postnatale Wachstum** der quergestreiften Muskelfasern ist hauptsächlich auf die Größenzunahme der schon vorhandenen Fasern zurückzuführen. Der ständige Anstieg in der Kernzahl der Muskelschläuche weist jedoch darauf hin, daß fortwährend neue Zellen in die vorhandenen Fasern einverleibt werden. An die Muskelfasern schmiegen sich einkernige **Satellitenzellen** an. Sie können nach Verletzungen wieder Muskelfasern bilden. Wenn es sich jedoch um einen größeren Defekt handelt, werden die verletzten Muskelfasern durch fibröses Gewebe ersetzt.

Glatte Muskulatur

Glattes Muskelgewebe entwickelt sich hauptsächlich aus der Mesodermschicht, die den Gastrointestinaltrakt und seine Anhangsorgane umgibt. Diese Mesodermzellen bilden die Muskelhülle des **Darmes**, der **Trachea** und der **Bronchien**, aber auch der **Blutgefäße** in den Mesenterien. Die Blutgefäße, die sich in den Extremitätenknospen, im Kopf und in der Körperwand entwickeln, erhalten ihre Muskelhülle aus dem örtlichen Mesenchym. Das Mesenchym ist ganz allgemein überall im Organismus eine potentielle Quelle für glattes Muskelgewebe.

Die **glatte Muskulatur der Iris** bildet eine Ausnahme. Diese Muskeln, der *M. sphincter* und der *M. dilatator pupillae* sollen aus dem Ektoderm des Augenbechers stammen (s. Kapitel 16, S. 350).

Herzmuskulatur

Die Herzmuskulatur entwickelt sich aus der viszeralen Mesodermschicht, die den endothelialen Herzschlauch umgibt (Abb. 12–**5**). Die Myoblasten sind durch Kontaktzonen miteinander verbunden, aus denen sich die **Glanzstreifen** entwickeln. Die Myofibrillen zeigen Querstreifung. Die Myoblasten fusionieren jedoch nicht. Die fibrillenarmen spezialisierten Muskelzellen des Reizleitungssystems **(Purkinje-Fasern)** werden erst später sichtbar.

M Angeborene Mißbildungen

Das teilweise oder vollständige Fehlen eines oder mehrerer Muskeln kommt relativ häufig vor. Bekannt ist das Fehlen des M. pectoralis major. Noch schwerwiegender ist ein Defekt im Bereich des **Zwerchfells**, der den Übertritt von Bauchhöhleninhalt in die Brusthöhle erlaubt (Abb. 14–**5**). Ein Defekt in der Bauchwandmuskulatur kann die Ursache einer **Omphalozele** (Abb. 13–**32**) oder der **Ekstrophie der Blase** sein (Abb. 11–**29**).

Die Überdehnung des M. sternocleidomastoideus während der Geburt kann zu einer Blutung in das Muskelgewebe und sekundär zu einer narbigen Kontraktur führen. Auf diese Weise entsteht ein angeborener Schiefhals **(Torticollis)**.

Zusammenfassung: Muskelsystem

1. Quergestreifte Skelettmuskulatur

Die **mehrkernigen Muskelfasern** entstehen durch **Fusion** von einkernigen **Myoblasten.**

Die **dorsale Rumpfmuskulatur** entwickelt sich direkt aus den Myotomen (Abb. 10–**1**). Sie besitzt z. T. noch die ursprüngliche metamere Anordnung und wird von den dorsalen Ästen der Spinalnerven versorgt.

Die **ventrale Rumpfmuskulatur** entwickelt sich aus den ventralen Abschnitten der Myotome (Abb. 10–**2**).

Die **Muskulatur der Extremitäten** entsteht aus Myoblasten, die frühzeitig die Somiten verlassen und in die Extremitätenknospen einwandern (Abb. 10–**3**). Aus der **motorischen Innervation** läßt sich die ursprüngliche segmentale Herkunft der Muskeln zurückverfolgen. Die **sensiblen Innervationsgebiete der Spinalnerven** entsprechen den von den **Dermatomen der Somiten** besiedelten Hautbezirken (Abb. 10–**1**). Sie werden daher kurz als **„Dermatome“** bezeichnet.

Die quergestreifte Muskulatur des **Kauapparates,** der **Zunge** und des **Pharynx** stammt aus den **Schlundbögen** und wird von den entsprechenden Schlundbogennerven innerviert.

2. Glatte Muskulatur

Die glatte Muskulatur des Magen-Darm-Traktes entwickelt sich aus dem viszeralen Mesoderm.

3. Herzmuskulatur

Die Herzmuskulatur entsteht innerhalb der viszeralen Mesodermschicht, die den endothelialen Herzschlauch umgibt (Abb. 12–**5**).

Kapitel 11

Urogenitalsystem

Das Urogenitalsystem besteht aus zwei Kompenenten: 1. den **Harnorganen**, welche Abfallprodukte und überschüssiges Wasser über ein Kanälchensystem in den Nieren ausscheiden, und 2. dem **Genitalsystem**, das der Reifung und Ableitung der Keimzellen dient.

Embryologisch und anatomisch sind beide Systeme eng miteinander verflochten. Beide entwickeln sich aus einer gemeinsamen Leiste an der hinteren Wand der Bauchhöhle. Die Ausführungsgänge beider Systeme münden ursprünglich gemeinsam in die Kloake.

Im weiteren Verlauf der Entwicklung ist die enge Verbindung der beiden Systeme besonders deutlich beim Mann ausgeprägt. Hier fungiert der primitive Ausscheidungsgang zunächst als harnabführender Kanal, wird jedoch später in den Genitalgang umgewandelt. Auch beim Erwachsenen entleeren das Harnorgan und das Geschlechtsorgan ihre Produkte durch einen gemeinsamen Ausführungsgang, nämlich die Urethra.

Harnorgane

Entwicklung der exkretorischen Einheit

In der dritten Entwicklungswoche gliedert sich das intraembryonale Mesoderm in drei Abschnitte: 1. das **paraxiale Mesoderm**, aus dem die Somiten entstehen, 2. die **Seitenplatten**, die sich in eine parietale und eine viszerale Mesodermschicht aufspalten und das intraembryonale Zölom begrenzen, und 3. das **intermediäre Mesoderm**, welches das paraxiale Mesoderm und die Seitenplatten vorübergehend miteinander verbindet (Abb. 11–**1** A) (vgl. Kap. 5, S. 64).

Aus den segmentalen Abschnitten des intermediären Mesoderms entstehen die exkretorischen Einheiten des Nierensystems. Die Segmente des intermediären Mesoderms werden daher als **Nephrotome** bezeichnet. Die segmentale Gliederung ist jedoch nur in der Zervikalregion vollständig ausgebildet. Von der Thorakalregion abwärts bildet das intermediäre Mesoderm ein zusammenhängendes Blastem, das als **nephrogener Strang** bezeichnet wird (Abb. 11–**2** A).

Bei den Wirbeltieren werden drei aufeinanderfolgende Nierensysteme angelegt. Im Zervikalbereich entsteht die **Vorniere (Pronephros)**: Aus jedem Nephrotom der Vorniere entwickelt sich ein Nierenkanälchen,

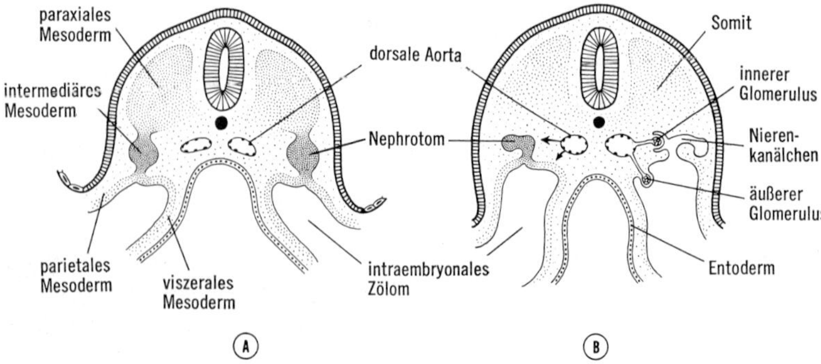

Abb. 11–**1** Schematische Querschnitte durch die Zervikalregion von Embryonen verschiedener Entwicklungsstadien, auf denen die Entstehung der Nierenkanälchen dargestellt ist. A. Im Alter von 21 Tagen. B. Im Alter von 25 Tagen. Beachte die Bildung eines äußeren und eines inneren Glomerulus sowie die offene Verbindung zwischen der Zölomhöhle und dem Nierenkanälchen (modifiziert nach *Heuser*).

das sich mit einem Flimmertrichter in die Zölomhöhle öffnet. Die entgegengesetzten Enden der Kanälchen biegen nach kaudal um und vereinigen sich miteinander zu einem longitudinalen Ausführungsgang, dem **Vornierengang**. Neben jedem Ausscheidungskanälchen entsteht ein **äußerer Glomerulus**, ein aus der Aorta gespeistes Kapillarknäuel, das sich in die Zölomhöhle vorwölbt. Ein Glomerulus und ein Ausscheidungskanälchen bilden zusammen eine **exkretorische Einheit** oder ein **Nephron**. In einer funktionierenden Vorniere werden die Abfallprodukte durch Diffusion vom Glomerulus in die Zölomhöhle abgegeben und über den Flimmertrichter in das Vornierenkanälchen eingestrudelt. Neben den äußeren Glomeruli können auch innere Glomeruli vorkommen. Ein **innerer Glomerulus** ist ein Kapillarknäuel, das sich direkt in das Ausscheidungskanälchen vorbuchtet (Abb. 11–**1** B).

In der Thorakal- und Lumbalregion entsteht die **Urniere (Mesonephros)**. Das intermediäre Mesoderm verliert die Verbindung mit der Zölomhöhle. Es entstehen keine Flimmertrichter mehr und nur noch **innere Glomeruli**. Die segmentale Gliederung geht verloren. Innerhalb des nephrogenen Stranges entstehen mehrere Nephrone pro Segment. **Der Vornierengang wird zum Urnierengang (Wolff-Gang)** (Abb. 11–**2** und 11–**3** A).

Die definitive Niere entsteht als **Nachniere (Metanephros)** aus dem kaudalen Abschnitt des nephrogenen Stranges. Aus dem Urnierengang sproßt nach dorsal die **Ureterknospe** aus. Über die Knospe stülpt sich kappenförmig das **metanephrogene Blastem** (Abb. 11–**2**). Aus den Aufzweigungen der Ureterknospe entstehen die harnableitenden

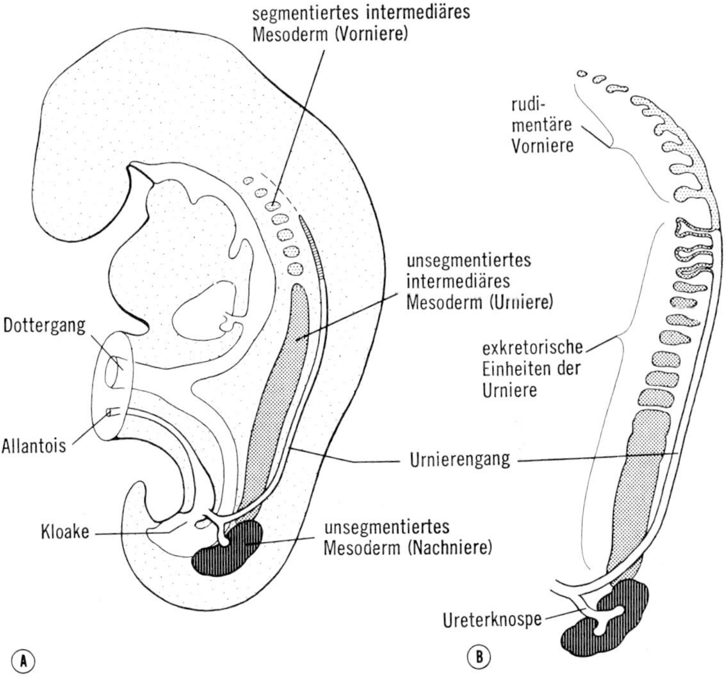

Abb. 11–**2** A. Schematische Darstellung der Lage des intermediären Mesoderms für die Vorniere, die Urniere und die Nachniere. Im Zervikal- und oberen Thorakalbereich ist das intermediäre Mesoderm segmentiert. Im unteren Thorax- sowie im Lumbal- und Sakralbereich bildet es den kompakten, unsegmentierten nephrogenen Strang. Beachte den longitudinalen Sammelgang, der ursprünglich von der Vorniere gebildet und später von der Urniere übernommen wird. B. Schematische Darstellung der Ausscheidungskanälchen der Vorniere und der Urniere bei einem 5 Wochen alten Embryo. Die Ureterknospe dringt in das metanephrogene Gewebe ein. Von der Vorniere sind nur noch Kanälchenreste und der longitudinale Sammelgang erhalten.

Kanälchen, aus dem metanephrogenen Blastem die Nephrone der Nachniere.

Vorniere

Das Vornierensystem hat nur bei Fischen und Amphibien eine funktionelle Bedeutung, jedoch nicht bei den höheren Wirbeltieren. Beim menschlichen Embryo besteht die **Vorniere** *(Pronephros)* aus sieben bis zehn soliden Strängen oder Kanälchen im Zervikalbereich (Abb. 11–**2** B). Die ersten rudimentären Nephrotome bilden sich bereits zurück, bevor die letzten entstanden sind und am Ende der fünften Woche sind die Reste des Vornierensystems bereits ganz verschwunden.

Urniere

Während sich das Vornierensystem zurückbildet, treten bereits die ersten exkretorischen Kanälchen der **Urniere** *(Mesonephros)* auf. Sie wachsen rasch und krümmen sich S-förmig. An ihrem medialen Ende entsteht ein Glomerulus. Das Epithel des Kanälchens überzieht als dünne Schicht den Kapillarknäuel, der sich in das blinde Ende hineinwölbt, und bildet auf diese Weise das innere und das äußere Blatt der **Bowman-Kapsel** (Abb. 11–**3** A und 11–**6** E). Am entgegengesetzten Ende mündet das Kanälchen in den Urnierengang ein (Abb. 11–**2** und 11–**3** A).

Bis zur Mitte des zweiten Monats hat sich die Urniere auf beiden Seiten zu einem länglichen Organ entwickelt (Abb. 11–**3** B). Sie ragt in dic Zölomhöhle vor und ist mit der hinteren Leibeswand über einen breiten Mesenterialstiel verbunden. Da die Keimdrüse sich direkt medial neben der Urniere entwickelt, wird die von beiden Anlagen

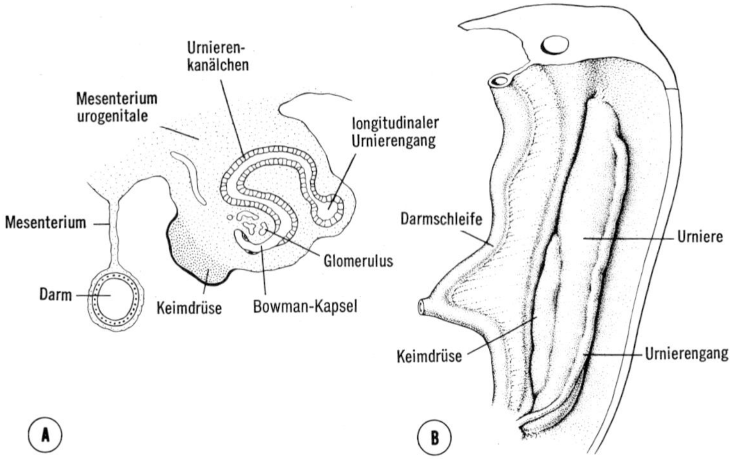

Abb. 11–**3** A. Querschnitt durch die untere Thoraxregion eines 5 Wochen alten Embryos, der die Bildung eines Ausscheidungskanälchens der Urniere zeigt. Beachte die Entwicklung der Bowman-Kapsel und der Keimdrüsenleiste. Die Urniere und Gonade sind an der hinteren Leibeswand durch ein breites Mesenterium urogenitale befestigt. B. Die Zeichnung zeigt die Beziehung zwischen der Keimdrüse und der Urniere. Beachte die Größe der Urniere im Verhältnis zu der Keimdrüse. Der longitudinale Urnierengang (Wolff-Gang) verläuft auf der Lateralseite der Urniere.

gebildete Leiste als **Urogenitalleiste** bezeichnet und entsprechend ihr Mesenterium als **Mesenterium urogenitale** (Abb. 11–**3** A). Während im kaudalen Abschnitt der Urniere noch neue Kanälchen entstehen, zeigen die kranialen Tubuli und Glomeruli bereits viele degenerative Veränderungen. Am Ende des zweiten Monats ist der größte Teil der Urnierenkanälchen und -glomeruli verschwunden. Im kaudalen Abschnitt bleiben jedoch einige Kanälchen erhalten. Ein Teil von ihnen geht später mit dem Hoden oder dem Ovar eine engere Verbindung ein. Das Schicksal des Urnierenganges hängt vom Geschlecht des Embryos ab. Beim Mann bleibt er als **Ductus deferens** erhalten, bei der Frau bildet er sich dagegen zurück (s. „Genitalsystem", S. 170).

Die Funktionstüchtigkeit des Urnierensystems konnte bei Katzen-, Kaninchen- und Schweineembryonen nachgewiesen werden. Beim menschlichen Embryo ist der Nachweis nicht geführt worden. Es besteht jedoch eine weitgehende Übereinstimmung in der Ultrastruktur der Urniere und der Nachniere.

Nachniere

Während sich die Urniere zurückbildet, entsteht als drittes Ausscheidungsorgan die **Nachniere** *(Metanephros)*. Es handelt sich dabei um die Anlage der **definitiven Niere**. Ihre Nephrone entwickeln sich aus intermediärem Mesoderm, das sich nach kaudal an den nephrogenen Strang anschließt und als **metanephrogenes Blastem** bezeichnet wird (Abb. 11–**4**). Die Ausscheidungskanälchen entwickeln sich auf die

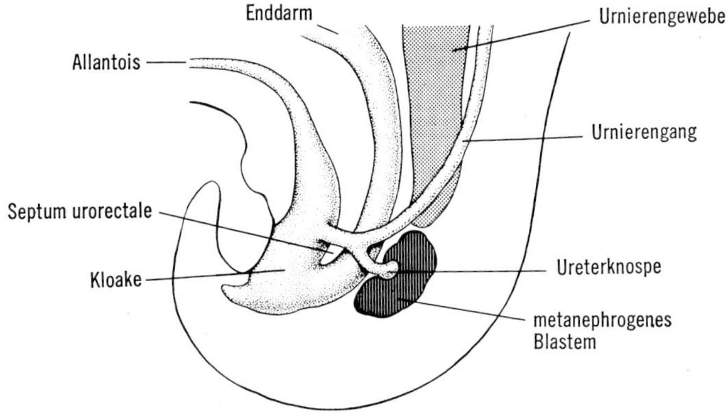

Abb. 11–**4** Darstellung der Lagebeziehungen im Bereich des Enddarms und der Kloake am Ende der 5. Woche. Die Ureterknospe dringt in das metanephrogene Blastem ein. Beachte das Septum urorectale, das später nach kaudal weiterwächst und die Kloake in den Sinus urogenitalis und den Anorektalkanal unterteilt.

gleiche Weise wie in der Urniere. Die harnableitenden Kanälchen entstehen dagegen aus der **Ureterknospe**, die aus dem Urnierengang aussproßt.

Derivate der Ureterknospe. Die Ureterknospe bildet sich in der 4. Woche in der dorsomedialen Wand des Urnierenganges kurz vor seiner Einmündung in die Kloake (Abb. 11–**4**). Die Knospe wächst in dorsokranialer Richtung vor und dringt so in das metanephrogene Blastem ein, das dann wie eine Kappe die Knospenspitze bedeckt. Der Endabschnitt der Knospe erweitert sich zur Anlage des **Nierenbeckens**, das sich in zwei bis drei größere Abschnitte aufzweigt (Abb. 11–**5** A, B). Jede Aufzweigung bildet beim weiteren Eindringen in das

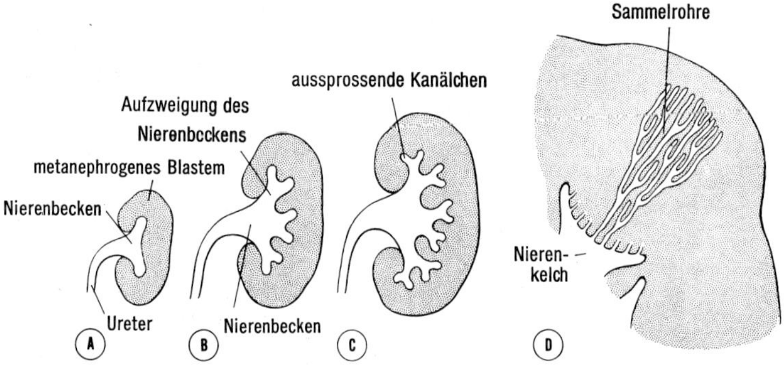

Abb. 11–**5** Schema der Entwicklung der Ureterknospe. A. Im Alter von 6 Wochen. B. Am Ende der 6. Woche. C. Mit 7 Wochen. D. Beim Neugeborenen. Die Nierenkelche entstehen durch die Verschmelzung von drei bis vier Kanälchengenerationen, die sich ursprünglich in dichotomen Verzweigungen über der Anlage des Nierenbeckens aufbauen.

metanephrogene Gewebe zwei Knospen. Die Knospen teilen sich weiter auf, bis 12 oder mehr Kanälchengenerationen entstanden sind (Abb. 11–**5** C). Während in der Peripherie die Aufzweigung der Ureterknospe bis zum Ende des 5. Monats weitergeht, erweitern sich die im Anschluß an die Verzweigung des Nierenbeckens gebildeten Kanälchen und nehmen die der folgenden drei bis vier Kanälchengenerationen in sich auf. Auf diese Weise entstehen 8–10 **Nierenkelche** als Endverzweigung des Nierenbeckens. Die zurückbleibenden Kanälchen konvergieren und bilden so in ihrer Gesamtheit die **Nierenpapillen**, die in die Nierenkelche hineinragen (Abb. 11–**5** D). Auf einer Papille treten jeweils 10–25 **Papillengänge** aus, die sich im Nierenmark und in den Markstrahlen in insgesamt etwa 1 bis 3 Millionen Sammelrohre aufzweigen, die ihrerseits über die Verbindungsstücke an die Nephrone angeschlossen sind (Abb. 11–**6** D).

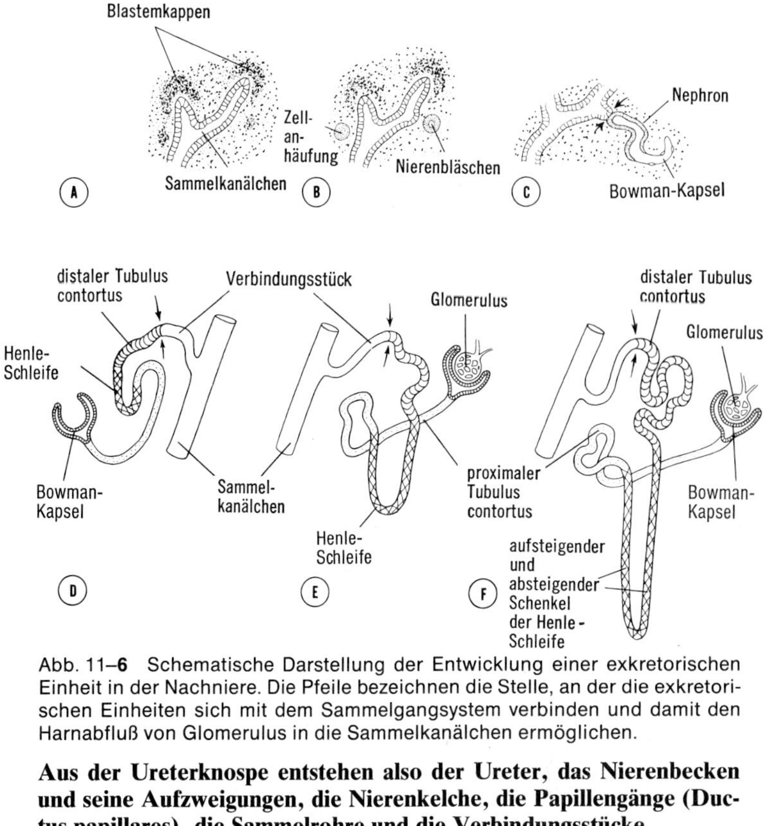

Abb. 11–**6** Schematische Darstellung der Entwicklung einer exkretorischen Einheit in der Nachniere. Die Pfeile bezeichnen die Stelle, an der die exkretorischen Einheiten sich mit dem Sammelgangsystem verbinden und damit den Harnabfluß von Glomerulus in die Sammelkanälchen ermöglichen.

Aus der Ureterknospe entstehen also der Ureter, das Nierenbecken und seine Aufzweigungen, die Nierenkelche, die Papillengänge (Ductus papillares), die Sammelrohre und die Verbindungsstücke.

Entwicklung der Nephrone. Um mit dem Wachstum des Ureterbäumchens mithalten zu können, muß sich das metanephrogene Blastem ständig vermehren. Jede neugebildete Gangknospe wird von einer **metanephrogenen Blastemkappe** bedeckt (Abb. 11–**6** A). Unter dem induktiven Einfluß der Gangknospe sondern sich am Rand der Blastemkappe Zellen ab und bilden beiderseits der weiter wachsenden Gangknospe Zellanhäufungen. Die Zellanhäufungen differenzieren sich zu den **Nierenbläschen**, aus denen die Nierenkanälchen aussprossen (Abb. 11–**6** B, C).

Das Nierenbläschen bildet zusammen mit seinem Kanälchen ein **Nephron**. Der proximale Abschnitt des Nephrons wird durch eine Kapillarschlinge eingebuchtet. Er entwickelt sich zur **Bowman-Kapsel** des Nierenglomerulus (Abb. 11–**6** C, D). Das distale Ende mündet über ein kurzes Verbindungsstück, das noch aus dem Material der Ureterknospe gebildet wird, in eines der Sammelrohre ein. Damit ist die Verbindung zwischen dem Nephron und dem System der ableitenden Harnwege hergestellt. Unter weiterem Längenwachstum differenziert sich das Nierenkanälchen in einen **proximalen Tubulus contortus**, in die **Henle-Schleife** und den **distalen Tubulus contortus** (Abb. 11–**6** E, F).

Die Nachniere liegt ursprünglich im Bereich des Beckens und verlagert sich später weiter nach kranial. Dieser sog. **Aszensus der Nieren** soll durch eine Verminderung der Körperkrümmung und durch das Wachstum des Körpers in der Lumbal- und Sakralregion zustandekommen (Abb. 11–**7**).

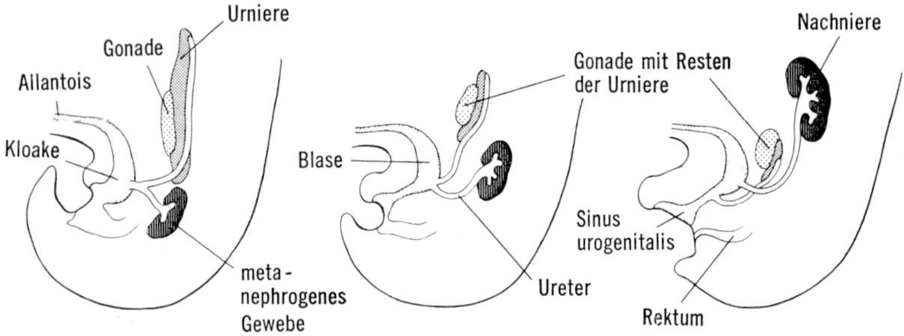

Abb. 11–**7** Aszensus der Niere. Beachte die Lageveränderung der Nachniere im Verhältnis zur Urniere. Die Urniere degeneriert fast vollständig. Nur wenige Überreste bleiben mit der Keimdrüse eng verbunden. Sowohl beim männlichen als auch beim weiblichen Embryo steigt die Keimdrüse aus ihrer ursprünglichen Lage nach kaudal ab.

Im Bereich des Beckens wird die Nachniere direkt aus der Beckenaorta versorgt. Während der Verlagerung nach kranial übernehmen entsprechend höher gelegene Äste die Versorgung. Normalerweise obliterieren die kaudalen Gefäße. Als Gefäßanomalie können jedoch zwei oder drei der embryonalen Gefäße als **überzählige Nierenarterien** erhalten bleiben.

Die Nachniere nimmt in der zweiten Hälfte der Schwangerschaft ihre **Funktion** auf. Der Urin wird in die Amnionhöhle ausgeschieden und vermischt sich mit der Amnionflüssigkeit. Die Amnionflüssigkeit wird vom Feten geschluckt und im Magen-Darm-Trakt resorbiert. Harnpflichtige Substanzen gelangen so über den Blutkreislauf in die Plazenta und treten dort in das Blut der Mutter über. Die Plazenta erfüllt damit die eigentliche Nierenfunktion. Bei einem Fehlen der Niere **(Nierenaplasie)** ist die Menge der Amnionflüssigkeit herabgesetzt (Oligohydramnie). Der Fetus ist bis zur Geburt unauffällig, da er auf die Funktion der Niere nicht angewiesen ist. Nach der Geburt stirbt das Kind innerhalb der ersten Lebenstage.

Harnblase und Urethra

In der vierten bis siebten Entwicklungswoche wird die Kloake in einen hinteren Abschnitt, den **Anorektalkanal**, und einen vorderen Abschnitt, den primitiven **Sinus urogenitalis**, unterteilt (Abb. 11–**8**).

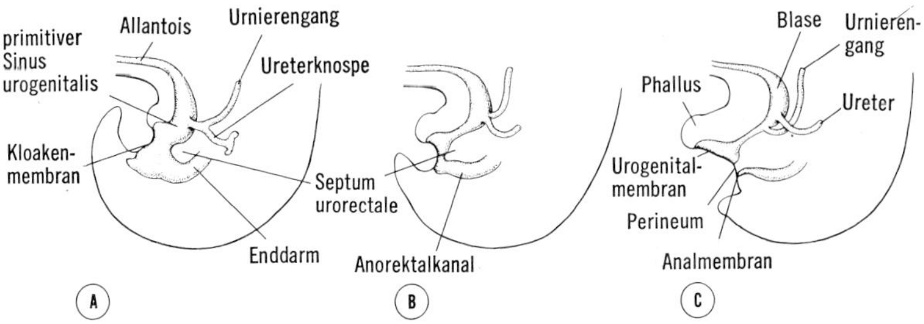

Abb. 11–**8** Es ist die Unterteilung der Kloake in den Sinus urogenitalis und den Anorektalkanal dargestellt. Der Urnierengang wird so weit in die Wand des Sinus urogenitalis einbezogen, daß die Ureteren schließlich getrennt einmünden. A. Am Ende der 5. Woche. B. Mit 7 Wochen. C. Mit 8 Wochen.

Dies wird durch Bildung einer querverlaufenden mesodermalen Leiste erreicht, die im Winkel zwischen der Allantois und dem Enddarm entsteht. Die Leiste wird **Septum urorectale** genannt. Sie wächst auf die Kloakenmembran zu, mit der sie sich am Ende der siebten Woche vereinigt. An der Verschmelzungsstelle entsteht das **primitive Perineum**. Die Kloakenmembran selbst wird dadurch in eine vordere **Urogenitalmembran** und eine hintere **Analmembran** unterteilt (Abb. 11–**8** C).

Der primitive Sinus urogenitalis gliedert sich in drei Abschnitte: 1. Der obere und größte Abschnitt ist die Anlage der **Harnblase** (Abb. 11–**9** A). Ursprünglich steht die Blase mit der Allantois in Verbindung. Nach der Rückbildung der Allantois und der Obliteration ihres Lumens bleibt als dicker fibröser Strang der **Urachus** zwischen dem Blasenscheitel und dem Nabel erhalten. Beim Erwachsenen heißt das fibröse Band **Lig. umbilicale medianum** (Abb. 11–**13** B). 2. Der **Beckenanteil des Sinus urogenitalis**, aus dem beim Mann die **Pars prostatica** und die **Pars membranacea der Urethra** und bei der Frau die Urethra als solche hervorgehen (Abb. 11–**9**) und 3. der äußere Abschnitt oder die **Pars phallica** des Sinus urogenitalis, der durch die Urogenitalmembran nach außen abgeschlossen ist (Abb. 11–**8** C). Die Pars phallica wird auch als **definitiver Sinus urogenitalis** bezeichnet, da sie bei der Frau als **Vestibulum vaginae** erhalten bleibt. Beim Mann

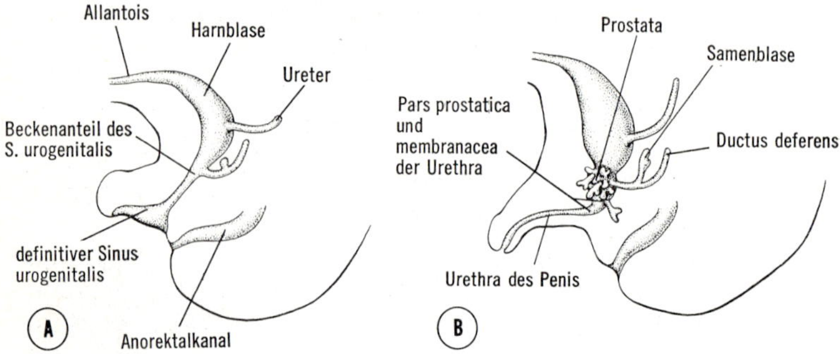

Abb. 11–**9** A. Die Entwicklung des Sinus urogenitalis zur Harnblase, zum Beckenabschnitt des Sinus urogenitalis und zum definitiven Sinus urogenitalis. B. Beim männlichen Embryo verschließt sich der definitive Sinus urogenitalis zur Urethra des Penis. Die Prostata entsteht aus Knospen, die von der Urethra ausgehen, während sich die Samenblasen aus Knospen des Ductus deferens entwickeln.

verschließt sie sich zur **Urethra des Penis** (Abb. 11–**9**) (s. Genitalsystem, S. 179).

Bei der Unterteilung der Kloake in den Sinus urogenitalis und den Anorektalkanal kommt es zu einer Lageveränderung der Urnierengänge und der Ureteren (Abb. 11–**8**). **Die Urnierengänge werden teilweise in die Wand der Harnblase mit einbezogen** (Abb. 11–**10**). Infolgedessen münden die ursprünglich vom Urnierengang abgehenden Ureteren nun direkt in die Blase. Die Einmündungen der Urnierengänge (Wolff-Gänge) wandern an der Rückwand des Sinus urogenitalis bis zum Blasenhals herab. Sie werden zu den männlichen Samenleitern oder beteiligen sich an der Entwicklung der Vagina (vgl. Genitalwege, S. 170)

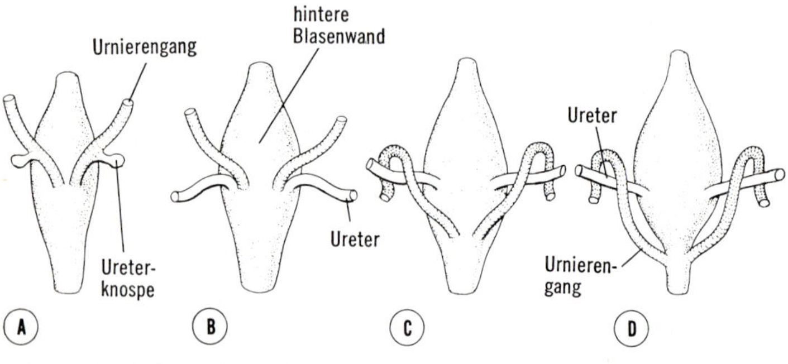

Abb. 11–**10** Schematische Darstellung der Lagebeziehung zwischen Ureteren und Urnierengängen im Laufe der Entwicklung. Ursprünglich geht der Ureter vom Urnierengang ab. Später mündet er dann getrennt in die Harnblase ein.

(Abb. 11–**8** und 11–**10** C, D). Da sowohl die Urnierengänge als auch die Ureteren mesodermale Gebilde sind, ist die Blasenschleimhaut, die durch Einbeziehung dieser Gänge entsteht, d. h. das **Trigonum vesicae**, ebenfalls mesodermalen Ursprungs. Die übrige Blase stammt vom Sinus urogenitalis ab und ist daher entodermalen Ursprungs. Mit der Zeit wird der mesodermale Überzug des Trigonum durch entodermales Epithel ersetzt, so daß schließlich die Wand der gesamten Harnblase von Epithel entodermalen Ursprungs ausgekleidet wird.

Am Ende des dritten Monats beginnt das Epithel des kranialen Urethra-Abschnittes zu proliferieren und eine Anzahl von Aussprossungen zu bilden, die in das umgebende Mesenchym eindringen. Beim Mann entstehen aus diesen Knospen die **Prostata** (Abb. 11–**9** B), bei der Frau die **Urethral-** und **Paraurethraldrüsen**.

M Fehlbildungen der Harnorgane

Kongenitale Zystenniere

Man darf davon ausgehen, daß die meisten Zysten auf Störungen während der Entwicklung der Nachniere zurückgehen. Die Entstehung von Nierenzysten wurde nach der „non-union“-Theorie dadurch erklärt, daß die Vereinigung zwischen den harnableitenden Kanälchen, die aus der Ureterknospe entstehen und den Ausscheidungskanälchen, die sich aus dem metanephrogenen Blastem entwickeln, an einigen Stellen ausbleibt (Abb. 11–**6**). Die „non-union“-Theorie hat sich jedoch als falsch herausgestellt. Einer kongenitalen Zystenniere liegt eine allgemeine Störung zugrunde, die sich auch in anderen Organen wie z. B. der Leber äußert. Es handelt sich dabei möglicherweise um eine Aufzweigungsstörung oder um eine Störung der Induktionsbeziehung zwischen Epithel und Mesenchym (vgl. Experimentelle Embryologie, S. 396).

Nach der Ausprägung der Zystenniere und der Art der erblichen Belastung werden **drei Typen nach Potter** unterschieden. Beim **Typ I** finden sich polyzystische Nieren im Kindesalter mit zystischen Erweiterungen der Sammelrohre. Im späteren Lebensalter können zusätzlich eine periportale Fibrose sowie Zysten im Gallengangssystem der Leber hinzukommen. Es besteht eine autosomal rezessive Vererbung. Beim **Typ II** ist die Zystenbildung segmental begrenzt oder nur auf eine Seite beschränkt. Beim **Typ III** sind die Zysten überall im Bereich der Sammelrohre und der Nephrone ausgebildet, so daß sich eine funktionelle Nierenaplasie entwickelt. Der Typ III wird autosomal dominant vererbt.

Bei der kongenitalen Zystenniere besteht die Möglichkeit der pränatalen Diagnostik durch Ultraschall. Die Möglichkeiten für eine Behandlung (Dialyse, später Nierentransplantation) können vor der Geburt bedacht werden. Wegen der erblichen Belastung ist eine genetische Beratung angezeigt.

M Becken- und Hufeisenniere

Von ihrem ursprünglichen Sitz im Becken verlagern sich die Nieren im Lauf der Entwicklung in die Lumbalregion (Abb. 11–**7**). Während dieses Aszensus treten sie durch die arterielle Gabel, die durch die Nabelarterien gebildet wird. Gelegentlich bleibt dieser Vorgang bei einer Niere aus. Sie bleibt dann im Becken dicht neben der A. iliaca communis liegen und wird als **Beckenniere** bezeichnet (Abb. 11–**11** A). Manchmal werden beide Nieren beim Durchtritt durch die Arte-

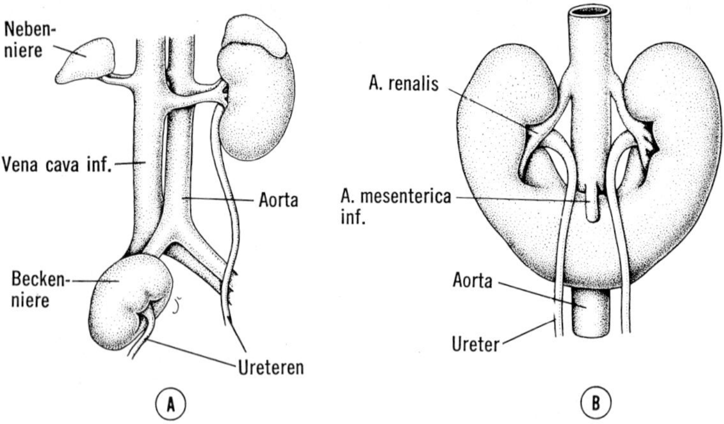

Abb. 11–**11** A. Einseitige Beckenniere. Die Lage der Nebenniere ist auf der betroffenen Seite nicht beeinflußt. B. Hufeisenniere von ventral. Beachte den Abgang der A. mesenterica inferior.

riengabel so nahe aneinander gedrückt, daß sie am unteren Pol miteinander verwachsen. Auf diese Weise entsteht die **Hufeisenniere** (Abb. 11–**11** B). Die Hufeisenniere liegt gewöhnlich im Bereich der unteren Lumbalwirbel, da ihr Aszensus durch den Abgang der **A. mesenterica inferior** verhindert wird (Abb. 11–**11** B). Die Ureteren gehen von der vorderen Oberfläche der Hufeisenniere ab und überkreuzen beim Abstieg den Isthmus auf der Ventralseite. Die Hufeisenniere kommt relativ häufig vor (etwa 1:600).

M Nierenaplasie

Die beidseitige oder einseitige Nierenaplasie entsteht wahrscheinlich durch eine frühzeitige Degeneration der Ureterknospe. Wenn die Ureterknospe nicht das metanephrogene Blastem erreicht, kann dieses sich nicht weiterentwickeln. Einseitige Nierenaplasie kommt mit einer Häufigkeit von 1:1500 vor. Die beidseitige Nierenaplasie ist dagegen selten. Das Neugeborene mit totaler Nierenaplasie stirbt kurz nach der Geburt.

M Doppelter Ureter

Die frühzeitige Aufspaltung der Ureterknospe in zwei Teile kann zu partieller oder kompletter Ureterverdoppelung führen (Abb. 11–**12** A, B). Das metanephrogene Blastem kann dann ebenfalls in zwei Anla-

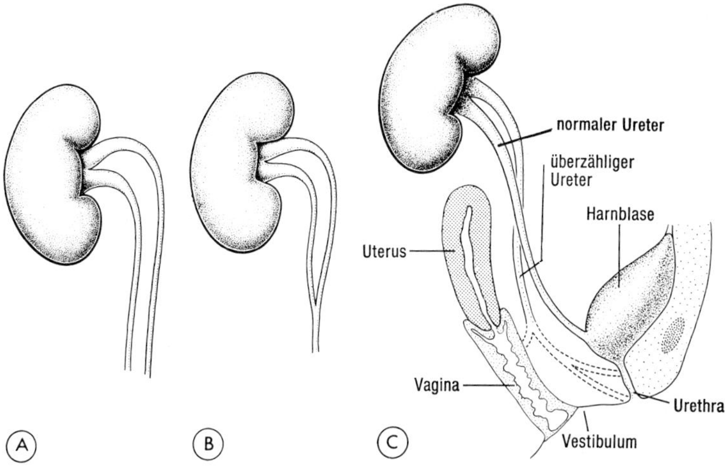

Abb. 11–**12** A und B. Vollständige und partielle Verdoppelung des Ureters. C. Einmündung eines überzähligen Ureters in die Vagina, die Urethra oder das Vestibulum. Die überzählige Ureterknospe entspringt aus dem Urnierengang kranial von der normalen Knospe. Nach der Einbeziehung des normalen Ureterabganges in den Blasenboden wandert sie mit dem Rest des Urnierenganges nach kaudal (vgl. Abb. 11–**10**).

gen geteilt sein, jede mit ihrem eigenen Nierenbecken und Ureter. Häufiger durchdringen sich jedoch die Ureterverzweigungen wieder gegenseitig, so daß die beiden Teile einige gemeinsame Parenchymlappen besitzen. In diesem Fall haben sich auf einer Seite zwei Ureterknospen am Urnierengang gebildet. Die überzählige Knospe entspringt kranial von der Normalposition. Nach der Einbeziehung des Urnierenganges in den Blasenboden bis zum Abgang der ersten normal gelegenen Knospe (vgl. Abb. 11–**10**) wandert der Abgang der zweiten Ureterknospe mit dem übrigen Urnierengang weiter nach kaudal. Der überzählige Ureter kann dadurch in die Urethra, die Vagina oder den Samenleiter einmünden (Abb. 11–**12** C).

M **Urachuszysten und -fisteln**

Wenn das Lumen des von der Blase bis zum Nabel reichenden Allantoisabschnittes über seine gesamte Länge erhalten bleibt, kann Harn aus dem Nabel fließen. Diese Mißbildung ist unter dem Namen **Urachusfistel** bekannt (Abb. 11–**13** A). Bleibt die intraembryonale Allantois nur in einem begrenzten Abschnitt erhalten, so führt die Sekretion der epithelialen Auskleidung zu einer zystischen Erweiterung, der **Urachuszyste** (Abb. 11–**13** B). Solche Zysten sind nicht bösartig, können sich aber im späteren Leben vergrößern und mit Flüssigkeit füllen.

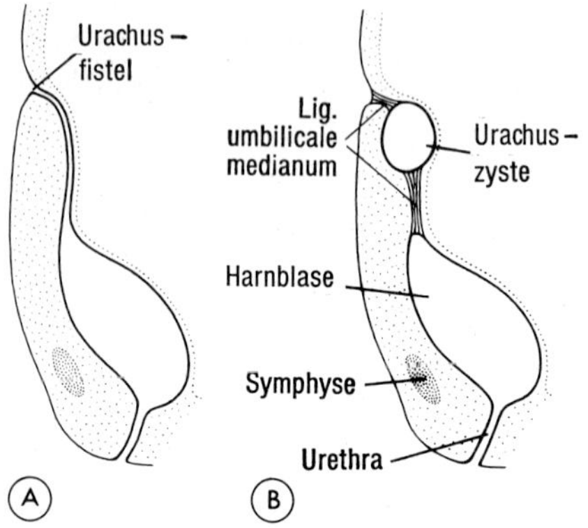

Abb. 11–**13**
A. Urachusfistel.
B. Urachuszyste.

Wenn das Lumen im kaudalen Abschnitt erhalten bleibt, entsteht eine Aussackung, die mit der Blase in Verbindung steht.

Genitalsystem

Gonaden

Das Geschlecht des Embryos ist bereits zum Zeitpunkt der Befruchtung genetisch determiniert. Die Gonaden entwickeln jedoch erst in der siebten Woche die für das männliche oder weibliche Geschlecht charakteristischen morphologischen Merkmale.

Die Gonaden werden beim vier Wochen alten Embryo als **Genitalleisten** zwischen der Urniere und dem dorsalen Mesenterium angelegt (Abb. 11–**3** B und 11–**14**). Sie entstehen durch Proliferation des Zölomepithels und Verdichtung des darunterliegenden Mesenchyms. Die Keimzellen wandern jedoch erst in der 6. Entwicklungswoche in die Gonadenanlagen ein. Sie sind als **Urkeimzellen** bereits in der 4. Woche in der Wand des Dottersackes nahe der Allantois nachweisbar

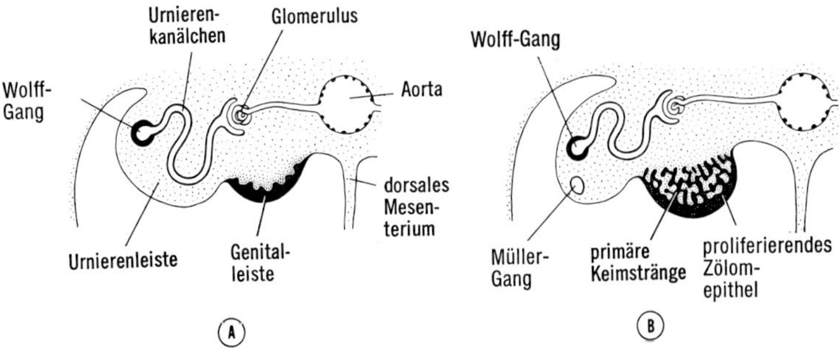

Abb. 11–**14** A. Schematischer Querschnitt durch die Lumbalregion eines 4 Wochen alten Embryos mit der zwischen dorsalem Mesenterium und Urniere liegenden Genitalleiste. Zur Lage der Schnittebene vgl. Abb. 11–**3**B. B. Entsprechender Schnitt wie in A aus einem 6 Wochen alten Embryo, der die indifferente Gonade mit den primären Keimsträngen zeigt (modifiziert nach *Giroud*).

(Abb. 11–**15** A). Von dort aus wandern sie in der 6. Woche mit amöboiden Bewegungen über das dorsale Mesenterium des Enddarms in die Genitalleisten ein (Abb. 11–**15** B).

Indifferente Gonadenanlage

Kurz vor und während der Einwanderung der Urkeimzellen bilden sich – ausgehend vom Zölomepithel – die **primären Keimstränge** (Abb. 11–**14** B). Sie bestehen aus kompakten, epithelialen Zellsträn-

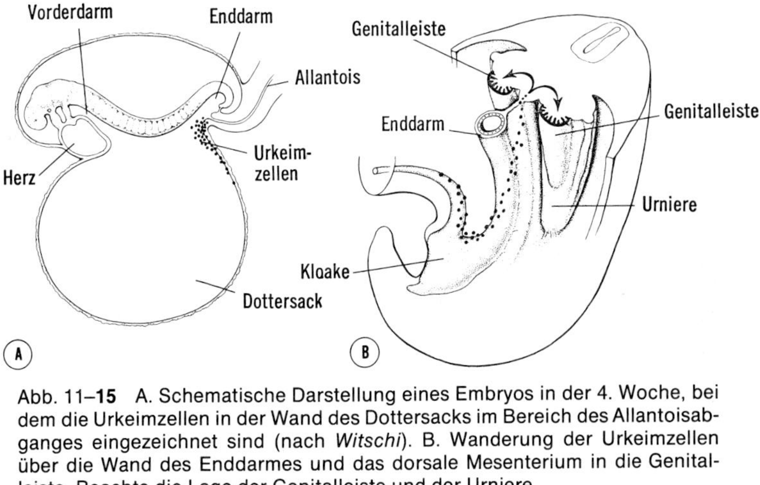

Abb. 11–**15** A. Schematische Darstellung eines Embryos in der 4. Woche, bei dem die Urkeimzellen in der Wand des Dottersacks im Bereich des Allantoisabganges eingezeichnet sind (nach *Witschi*). B. Wanderung der Urkeimzellen über die Wand des Enddarmes und das dorsale Mesenterium in die Genitalleiste. Beachte die Lage der Genitalleiste und der Urniere.

gen, in die die Urkeimzellen aufgenommen werden. In diesem Entwicklungsstadium ist es nicht möglich, morphologisch zwischen männlichen und weiblichen Gonaden zu unterscheiden. Deshalb spricht man von **indifferenten Gonadenanlagen**.

Hoden

Bei einem genetisch männlichen Embryo wachsen die primären Keimstränge in der 6. bis 8. Entwicklungswoche weiter und dringen tief in das Mark der Gonadenanlage ein. Sie stellen als **Hodenstränge** die kompakten Anlagen der Samenkanälchen dar (Abb. 11–**16** A). Gegen den Hilus der Gonadenanlage schließt sich an die primären Keimstränge ein Netz von noch dünneren Zellsträngen an, aus denen sich später die Kanälchen des **Rete testis** entwickeln (Abb. 11–**16** B).

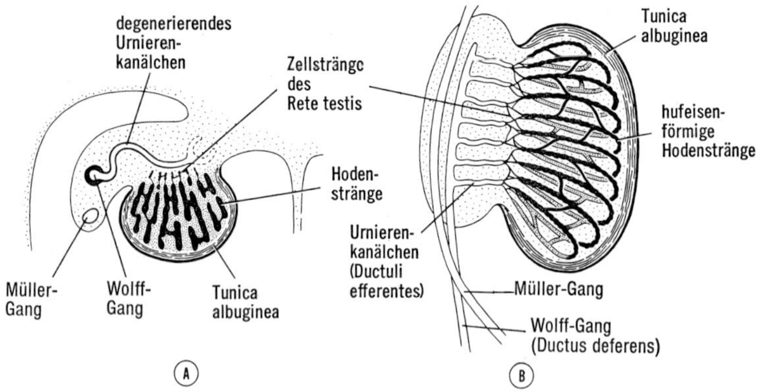

Abb. 11–**16** A. Querschnitt durch den Hoden in der 8. Entwicklungswoche. Beachte die Tunica albuginea, die Hodenstränge und das Rete testis. Der Glomerulus und die Bowman-Kapsel des Urnierenkanälchens bilden sich zurück. B. Schematische Darstellung des Hodens und der Genitalwege im 4. Entwicklungsmonat. Die hufeisenförmigen Hodenstränge gehen in die Stränge des Rete testis über. Beachte die Ductuli efferentes (Urnierenkanälchen), die in den Wolff-Gang einmünden (modifiziert nach *Giroud*).

In der weiteren Entwicklung verlieren die Hodenstränge die Verbindung mit dem Oberflächenepithel und sind am Ende der 7. Woche von diesem durch eine Schicht aus fibrösem Bindegewebe getrennt. Das Oberflächenepithel wird zum Peritonealüberzug der Hoden, das darunterliegende straffe Bindegewebe zur **Hodenkapsel (Tunica albuginea)** (Abb. 11–**16**).

Während des Fetallebens bestehen die Hodenstränge aus Urkeimzellen und Epithelzellen. Die Epithelzellen differenzieren sich zu **Sertoli-Zellen (Stützzellen)** (Abb. 1–**13** A). Die Stränge bleiben bis zur Pubertät solide und erhalten erst beim Eintritt in die Geschlechtsreife ein Lumen. Sie heißen dann **Tubuli seminiferi**. Sobald sich ein Lumen ausgebildet hat, verbinden sich die Samenkanälchen mit den Gängen des **Rete testis**, die ihrerseits in die **Ductuli efferentes** einmünden. Bei diesen Ausführungskanälchen – es sind etwa 5 bis 12 – handelt es sich um erhalten gebliebene exkretorische Kanälchen der Urniere. Sie stellen das Verbindungsglied zwischen den kleinen Gängen des Rete testis und dem **Urnierengang** oder **Wolff-Gang** her, der beim männlichen Geschlecht zum **Ductus deferens** wird (Abb. 11–**16** B).

Die **Leydig-Zellen (Zwischenzellen)** entwickeln sich im Mesenchym zwischen den Samenkanälchen. Während der Embryonalzeit produzieren sie das für die Entwicklung des männlichen Genitaltraktes notwendige **Testosteron** und sind deshalb zwischen dem 4. und 6. Entwicklungsmonat besonders zahlreich. Die männlichen Keimzellen treten erst in der Pubertät in die Phase der Zellvermehrung und in die Reifeteilungen ein (vgl. Spermatogenese, S. 16).

Ovar

Während sich beim männlichen Fetus die primären Keimstränge zu den Hodenkanälchen weiterentwickeln, werden sie beim weiblichen durch eindringendes Mesenchym in unregelmäßige Zellhaufen aufgelöst (Abb. 11–**17** A). Sie werden durch eine zweite Generation von Keimsträngen in den Markbereich der Ovaranlage verdrängt und spä-

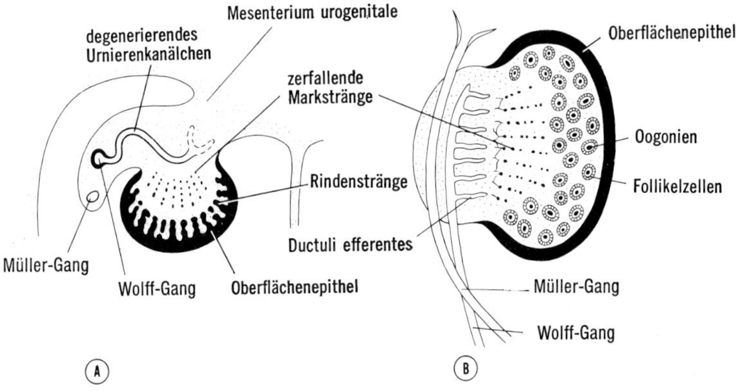

Abb. 11–**17** A. Querschnitt durch das Ovar in der 7. Entwicklungswoche mit zerfallenden primären Keimsträngen (Marksträngen) und neu entstehenden Rindensträngen. B. Schematische Darstellung des Ovars und der Genitalgänge im 5. Entwicklungsmonat. Die Markstränge degenerieren. Die Urnierenkanälchen (Ductuli efferentes) gewinnen keinen Anschluß an das Rete. In der Rindenzone des Ovars liegen Oogonien, die von Follikelzellen umgeben sind.

ter durch gefäßreiches Bindegewebe ersetzt, das dann die **Medulla ovarii** bildet.

Die zweite Generation von Keimsträngen wird ebenfalls vom Zölomepithel gebildet. Diese Stränge bleiben auf die Rindenzone der Ovaranlage beschränkt und werden deshalb als **Rindenstränge** bezeichnet (Abb. 11–**17** A). Während der Entwicklung zu einem Ovar vermehren sich die Keimzellen innerhalb der Rindenstränge durch mitotische Teilungen. Es entstehen Nester aus Keimzellen, die **Eiballen**. Dabei zerfallen die Rindenstränge. Die Eizellen treten schließlich in die Prophase der ersten Reifeteilung ein. Die einzelnen Eizellen werden von einem Ring aus Follikelzellen umgeben (Abb. 1–**9** und 11–**17** B). Die Follikelzellen verhindern weitere Mitosen und arretieren die Prophase der ersten Reifeteilung im **Diktyotänstadium**. Die Bildung von Primärfollikeln setzt im inneren Rindenbereich ein. Nicht von Follikelzellen eingeschlossene Eizellen gehen zugrunde. Die für das embryonale Ovar charakteristische Rindenschicht aus durch Eiballen aufgetriebenen Rindensträngen bildet sich zurück. Diese Entwicklung ist etwa im 6. Monat abgeschlossen. Es können nun keine neuen Eizellen mehr entstehen.

Bei der Bestimmung des **gonadalen Geschlechtes** sind die Differenzierung der primären Keimstränge in der Markregion der Gonadenanlage das Kennzeichen für die Entwicklung eines Hodens. Das anfängliche Verharren im indifferenten Stadium und die anschließende besonders ausgeprägte Entwicklung der Rindenregion ist charakteristisch für eine Ovaranlage.

Im Gegensatz zum Hoden produziert das Ovar vor der Geburt keine Hormone. Die endokrine Aktivität des Ovars setzt erst mit der Pubertät ein. Die Vermehrung der Eizellen und der Eintritt in die 1. Reifeteilung erfolgt jedoch bereits in der Embryonalzeit (vgl. Oogenese, S. 11).

Genitalwege

Indifferentes Stadium

In der sechsten Entwicklungswoche sind beim männlichen und weiblichen Embryo zwei Genitalkanäle auf jeder Seite vorhanden: 1. der **Urnierengang** oder **Wolff-Gang**, der von der Urniere kommt und in die Kloake führt und 2. der neugebildete **Müller-Gang**, der parallel zum Urnierengang verläuft und ebenfalls in die Kloake einmündet (Abb. 11–**18** A, B).

Der **Müller-Gang** entsteht aus einer longitudinalen Einstülpung des Zölomepithels im Bereich der anterolateralen Oberfläche der Urogenitalleiste (Abb. 11–**17** A). An seinem kranialen Ende besitzt der

Gang eine trichterförmige Öffnung in die Zölomhöhle (Abb. 11–**17** B). Weiter kaudal verläuft er anfangs lateral vom Urnierengang, überkreuzt diesen dann ventral, um in kaudomedialer Richtung weiterzuwachsen (Abb. 11–**18**). In der Mittellinie trifft er auf den Müller-Gang

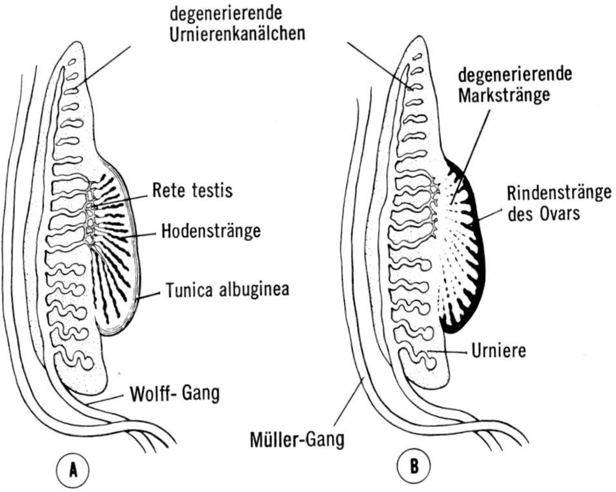

Abb. 11–**18** Die Genitalwege in der 6. Entwicklungswoche beim männlichen (A) und beim weiblichen (B) Embryo. Der Wolff- und der Müller-Gang sind bei beiden Geschlechtern vorhanden. Beachte die Beziehung der Urnierenkanälchen zur Keimdrüse.

der anderen Seite. Die beiden Gänge sind anfangs durch ein Septum voneinander getrennt, vereinigen sich jedoch später, um den **Uterovaginalkanal** zu bilden (Abb. 11–**20** A). Das Septum zwischen den beiden Gängen kann eine geraume Zeit fortbestehen. Die gemeinsame untere Spitze der beiden Gänge wächst in kaudaler Richtung weiter, bis sie auf die Hinterwand des Sinus urogenitalis trifft. Auf der Innenfläche des Sinus erzeugen die Müller-Gänge eine kleine Vorwölbung, den **Müller-Hügel** (Abb. 11–**20** A). Beiderseits des Uterovaginalkanals münden die Wolff-Gänge getrennt in den Sinus urogenitalis ein.

In Abhängigkeit vom Geschlecht des Embryos entwickelt sich der Wolff- oder der Müller-Gang weiter. Beim männlichen Geschlecht wird der Wolff-Gang zum Hauptausführungsgang der Keimdrüse **(Ductus deferens)**, während der Müller-Gang sich vollständig zurückbildet. Beim weiblichen Geschlecht entwickelt sich der Müller-Gang weiter und bildet die **Eileiter**, den **Uterus** und die **Vagina**, während der

Wolff-Gang sich nach seiner Beteiligung bei der Entwicklung der Vagina bis auf wenige Überreste zurückbildet.

Männliche Genitalwege

Mit der Rückbildung der Urniere verschwinden die Ausscheidungskanälchen oberhalb der Keimdrüse vollständig. Die Kanälchen im Bereich der sich weiterentwickelnden Hoden verlieren ihre Glomeruli und werden etwas kürzer **(Epigenitalis)** (Abb. 11–**19** A). In der weiteren Entwicklung verbinden sich diese Kanälchen mit den Strängen des Rete restis und werden schließlich zu den **Ductuli efferentes** des Hodens (Abb. 11–**19** B). Die Ausscheidungskanälchen der Urniere im Bereich des kaudalen Keimdrüsenpoles heißen **Paragenitalis** (Abb. 11–**19** A). Diese Kanälchen bleiben bis zum Ende des dritten Monats funktionstüchtig und verbinden sich nicht mit den Strängen des Rete testis. Sie verlieren dann ihre Beziehung zum Wolff-Gang (Abb. 11–**19** B). Überreste dieser Kanälchen werden gemeinsam als **Paradidymis** bezeichnet.

Obwohl sich der größte Teil des Urnierenkanälchen zurückbildet, bleibt der Wolff-Gang als solcher erhalten und wird zum Hauptausfüh-

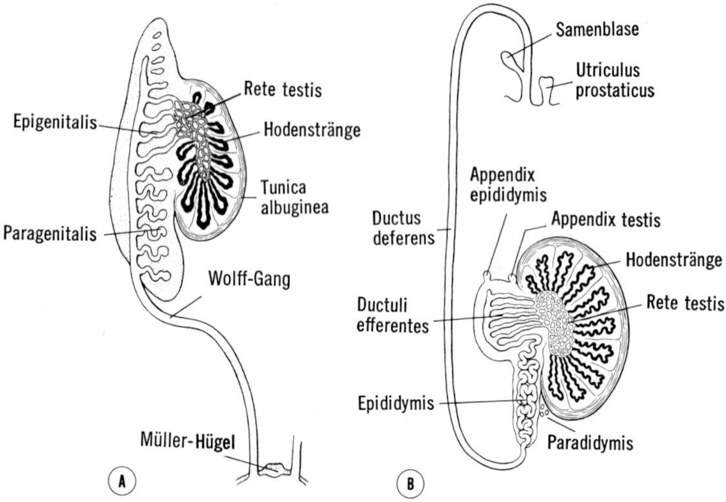

Abb. 11–**19** A. Die Genitalwege beim männlichen Embryo im 4. Monat. Der Müller-Gang hat sich bis auf die Appendix testis und den Utriculus prostaticus zurückgebildet. B. Der Genitalgang nach dem Deszensus des Hodens. Beachte die hufeisenförmigen Hodenstränge, das Rete testis und die Ductuli efferentes, die in den Ductus deferens einmünden. Die Paradidymis wird von den Überresten der paragenitalen Urnierenkanälchen gebildet.

rungsgang der Keimdrüse (mit Ausnahme des kranialen Abschnittes, der zur **Appendix epididymidis** wird) (Abb. 11–**19**). Unmittelbar unterhalb der Einmündung der Ductuli efferentes verlängert und windet er sich stark und wird damit zum **Nebenhoden**. Vom Schwanz des Nebenhodens bis zur Ausstülpung des Samenbläschens erhält der Wolff-Gang eine dicke Muskelwand und heißt dann **Ductus deferens**.

Gegen Ende der achten Woche hat sich der Müller-Gang beim männlichen Embryo vollständig zurückgebildet, abgesehen von einem kleinen kranialen Abschnitt, der als **Appendix testis** erhalten bleibt. Der kaudale Abschnitt entwickelt sich zum **Utriculus prostaticus** (Uterus masculinus) (Abb. 11–**19** B).

Weibliche Genitalwege

Beim weiblichen Geschlecht entwickelt sich der Müller-Gang zum Hauptausführungsgang für die Keimdrüse. Anfangs lassen sich drei Abschnitte unterscheiden: 1. ein kranialer, vertikal verlaufender Abschnitt, der sich in die Zölomhöhle öffnet, 2. ein horizontal verlaufender Abschnitt, der den Wolff-Gang überkreuzt und 3. ein kaudaler, vertikaler Abschnitt, der sich mit dem Gang der gegenüberliegenden Seite vereinigt (Abb. 11–**20** A).

Mit der Kaudalverlagerung des Ovars entwickeln sich die beiden ersten Abschnitte zum **Eileiter (Tuba uterina)** (Abb. 11–**20** B). Die Öffnung in die Zölomhöhle wird damit zum **Ostium abdominale** des Eileiters. Der kaudale fusionierte Abschnitt wird zum **Uterovaginalkanal**.

Der Verlauf des Müller-Ganges ist in seinem zweiten Abschnitt von großer Bedeutung für die Lage der Beckenorgane. Mit seinem mediokaudalen Verlauf verändern auch die Urogenitalleisten ihre Position und verlagern sich mehr in eine Transversalebene (Abb. 11–**21** A, B). Dort, wo die Müller-Gänge sich in der Mittellinie treffen, entsteht eine breite, transversal verlaufende Falte (Abb. 11–**21** C). Die Falte erstreckt sich von einer Beckenwand zur anderen und schließt den Uterovaginalkanal ein. Sie heißt **Lig. latum uteri**. An der oberen Kante verläuft der Eileiter, und auf der Rückseite liegt das Ovar (Abb. 11–**21** B, C).

Über die Herkunft der **Vagina** gibt es seit den Anfängen der beschreibenden Embryologie im vorigen Jahrhundert unterschiedliche Auffassungen. Ein Teil der Autoren nahm an, daß die gesamte Vagina aus den fusionierten Müller-Gängen (Uterovaginalkanal) hervorgeht. Der Bereich des Hymens wäre danach identisch mit der ursprünglichen Kontaktstelle zwischen Müller-Gängen und Sinus und entspräche der Lage des **Utriculus prostaticus** im männlichen Genitale. Andere beob-

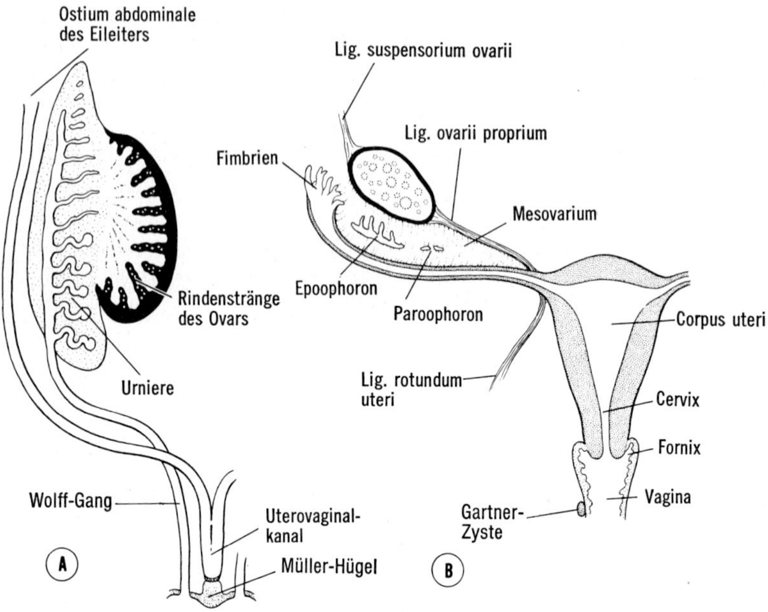

Abb. 11–**20** A. Schematische Darstellung der Genitalwege beim weiblichen Embryo am Ende des 2. Entwicklungsmonats. Beachte den Müller-Hügel und die Bildung des Uterovaginalkanals. B. Die Genitalwege im Anschluß an den Deszensus des Ovars. Vom Urnierensystem sind nur das Epoophoron, das Paroophoron und die Gartner-Zyste zurückgeblieben. Beachte das Lig. suspensorium ovarii, das Lig. ovarii proprium und das Lig. rotundum des Uterus.

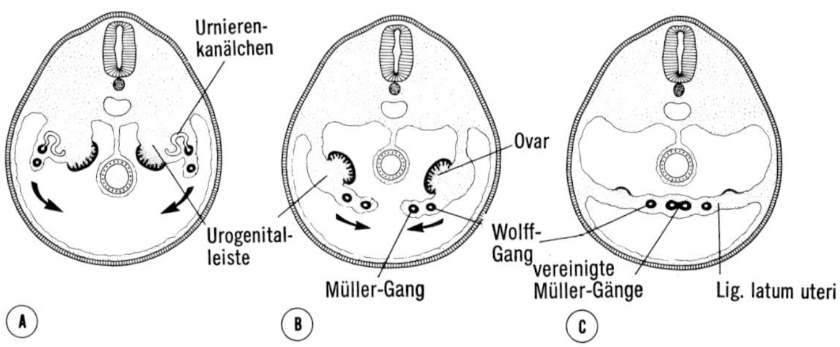

Abb. 11–**21** Nach kaudal aufeinanderfolgende Querschnitte durch die Urogenitalleiste. Die Müller-Gänge nähern sich einander und verschmelzen in der Mittellinie. Durch die Verschmelzung der Gänge entsteht eine quergestellte Falte im Beckenraum, das Lig. latum uteri. Die Ovarien liegen an der Rückseite der Querfalte.

achteten, daß die Vaginalanlage von der Einmündungsstelle am Blasenhals hinter dem Sinus herabwächst oder sich vom Sinus abschnürt.

Nachdem in der neunten Woche die kaudale Spitze der Müller-Gänge den Sinus von hinten her erreicht hat, schaltet sich zwischen Müller-Gängen und den Sinus die kompakte epitheliale **Vaginalplatte** ein (Abb. 11–**22** und 11–**23**). Die Vaginalplatte entsteht aus zwei epithelialen Höckern, auf denen die Reste der Wolff-Gänge sitzen. Die Epithelhöcker sind entweder vom Sinus nach oben wachsende Vaginalknospen, wie es Koff (1933) aus embryologischen Rekonstruktionen der Anlage schloß, oder die weiter nach unten wachsenden kaudalen Enden der Wolff-Gänge, wie es Witschi (1970) nach Bearbeitung der gleichen Schnittserien von menschlichen Embryonen deutete.

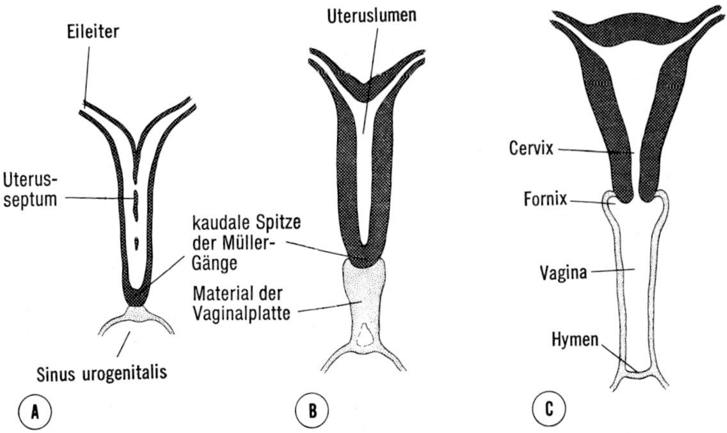

Abb. 11–**22** Schematische Darstellung der Entwicklung des Uterus und der Vagina. A. Mit 9 Wochen. Das Uterusseptum bildet sich zurück. B. Am Ende des 3. Monats. Das Material der Vaginalplatte schaltet sich zwischen den Uterus und den Sinus urogenitalis ein. C. Beim Neugeborenen. Die Vagina und die Scheidengewölbe sind durch Aushöhlung der Vaginalplatte entstanden.

Die Beobachtung der Vaginalanlage der Maus in der Organkultur zeigt, daß die Epithelhöcker mit den nicht degenerierenden unteren Spitzen der Wolff-Gänge identisch sind. Sie wachsen zusammen mit den Müller-Gängen hinter dem Sinus bis zum Perineum herab. Alle vier Genitalgänge verschmelzen dabei zur Vaginalplatte.

Die Vaginalplatte entwickelt bei Embryonen im Alter von etwa 11 Wochen von kaudal her ein Lumen (Abb. 11–**22** B und 11–**23** B). Im fünften Monat ist die Vaginalanlage vollständig durchgängig und die

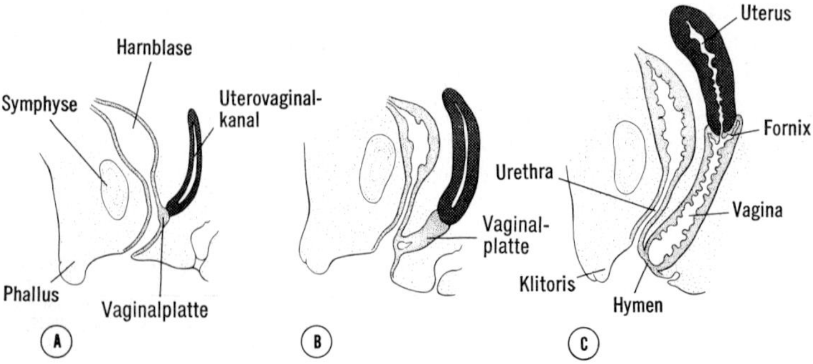

Abb. 11–**23** Schematische Sagittalschnitte, die die Entwicklung des Uterus und der Vagina in verschiedenen Stadien zeigen. Die Vagina entsteht aus der Vaginalplatte, die aus der Verschmelzung der unteren Enden der Wolff- und Müller-Gänge hervorgeht.

Ausläufer der Gewebsplatte, die den Endabschnitt des Uterus wie Flügel umfassen, werden zu den **Scheidengewölben** *(Fornix)* (Abb. 11–**23** C).

Das Lumen der Vagina bleibt von dem des Sinus urogenitalis durch eine dünne Gewebsplatte getrennt, die als **Hymen** bezeichnet wird (Abb. 11–**22** C und 11–**23** C). Es besteht aus dem Epithel des Sinus und aus einer dünnen Mesodermschicht.

Aus der Mesenchymschicht, die die Anlage des Uterus umgibt, entwickelt sich die dicke Muskelschicht des **Myometriums**. Die Vagina wird nur von wenigen Muskelfasern umhüllt.

Obwohl beim weiblichen Geschlecht das Urnierensystem keine Rolle beim Transport der Oozyten spielt, können einige Überreste der Ausscheidungskanälchen und ein kleiner Teil des Urnierenganges oder Wolff-Ganges beim Erwachsenen erhalten bleiben. Sie liegen als **Epoophoron** im Mesovarium (Abb. 11–**20** B). Die von den weiter kaudal gelegenen Urnierengängen zurückgebliebenen Reste werden als **Paroophoron** bezeichnet. Der Wolff-Gang bildet sich vollständig zurück, mit Ausnahme des kleinen kranialen Anteiles im Epoophoron. In einigen Fällen kann ein kleiner kaudaler Abschnitt erhalten bleiben, aus dem sich später eine Zyste bilden kann, die dann als **Gartner-Zyste** in der Scheidenwand liegt (Abb. 11–**20** B).

M Verdoppelung und Atresie des Uterovaginalkanals

Normalerweise entsteht der Uterus durch Verschmelzung der kaudalen Abschnitte der Müller-Gänge. Fehlende Verschmelzung an bestimmten Stellen oder entlang des gesamten Verlaufs der Gänge sind die Ursachen für alle Arten von Doppelmißbildungen des Uterus.

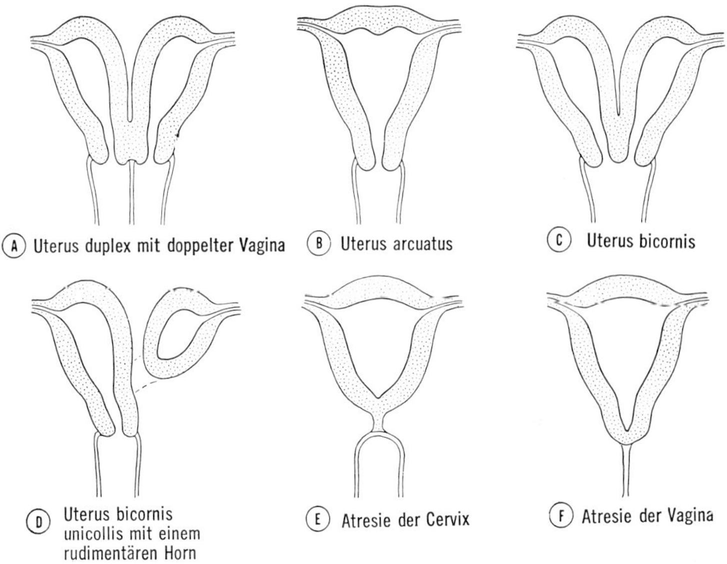

Abb. 11–**24** Schematische Darstellung der wichtigsten Anomalien des Uterus und der Vagina, die durch die Persistenz des Septum uterovaginale oder die Obliteration des Uterovaginalkanals hervorgerufen werden.

Im extremsten Fall ist der Uterus verdoppelt **(Uterus duplex oder didelphys)** (Abb. 11–**24** A). In der mildesten Form ist der Fundus uteri in der Mitte leicht eingezogen **(Uterus arcuatus)** (Abb. 11–**24** B). Eine der häufigeren Anomalien ist der **Uterus bicornis**. Hierbei hat der Uterus zwei Hörner, die in eine gemeinsame Vagina münden (Abb. 11–**24** C). Bei vielen Säugetieren unterhalb der Primaten ist dieser Zustand normal.

Eine andere Gruppe von Mißbildungen entsteht durch völlige oder teilweise Atresie eines oder beider Müller-Gänge. Ist nur eine Seite betroffen, so liegt der rudimentäre Teil als Anhängsel an der gutentwickelten Hälfte. Da sein Lumen meist keine Verbindung mit der Vagina besitzt, gibt es häufig Komplikationen **(Uterus bicornis unicollis** mit einem rudimentären Horn) (Abb. 11–**24** D). Sind beide Seiten partiell betroffen, kann eine **Atresie der Zervix** entstehen (Abb. 11–**24** E). Wenn die beiden Knospen, aus denen die Vaginalplatte hervorgeht, nicht verschmelzen oder gar nicht gebildet werden, kommt es zur Ausbildung einer **doppelten Vagina** oder zur **Atresie der Vagina** (Abb. 11–**24** A, F).

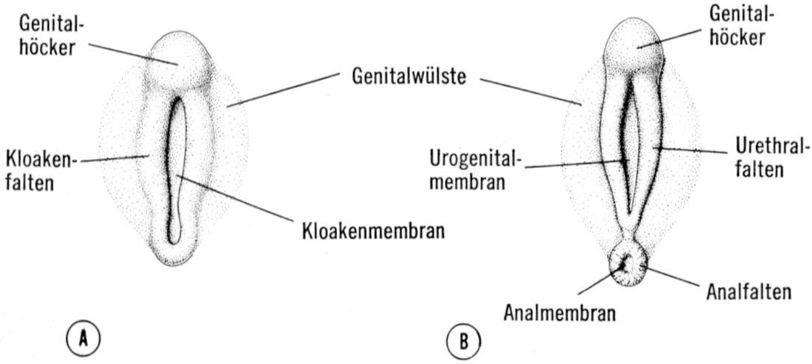

Abb. 11–**25** Indifferentes Stadium der äußeren Genitalien. A. Etwa mit 4 Wochen. B. Etwa mit 7 Wochen.

Äußere Genitalien

Indifferentes Stadium

Die Entwicklung der äußeren Genitalien geht von den **Kloakenfalten** aus. Die Kloakenfalten entstehen durch eine Verdichtung des Mesenchyms unter dem Oberflächenepithel beiderseits von der Kloakenmembran (Abb. 11–**25** A). Vor der Kloakenmembran vereinigen sich die beiden Falten und bilden den **Genitalhöcker** (Phallus). In der sechsten Woche wird die Kloakenmembran in die Urogenital- und Analmembran unterteilt. Entsprechend unterteilen sich die Kloakenfalten in einen vorderen Abschnitt, die **Urethralfalten**, und in einen hinteren Abschnitt, die **Analfalten** (Abb. 11–**25** B).

Inzwischen werden zwei weitere Erhebungen, die **Genitalwülste**, beiderseits von den Urethralfalten sichtbar (Abb. 11–**25** B). Beim männlichen Geschlecht werden diese Erhebungen später zu den **Skrotalwülsten** (Abb. 11–**26** A) und beim weiblichen zu den **Labia majora** (Abb. 11–**27** B). In der siebten Woche sehen jedoch die äußeren Genitalien bei beiden Geschlechtern noch gleich aus, so daß eine Bestimmung des äußeren Geschlechtes nicht möglich ist.

Das äußere männliche Genitale

Beim männlichen Geschlecht steht in der weiteren Entwicklung der äußeren Genitalien die rasche Verlängerung des Genitalhöckers zum **Penis** im Vordergrund (Abb. 11–**26** A). Während seines Längenwachstums zieht der Phallus die Urethralfalten ganz nach vorn, so daß sie die seitlichen Wände der tiefen **Urogenitalspalte** bilden. Diese Spalte entsteht mit dem Verschwinden der Urogenitalmembran und setzt sich auf der Unterseite des wachsenden Phallus noch fort, erreicht aber nicht den distalen Abschnitt der Glans. Die epitheliale Auskleidung

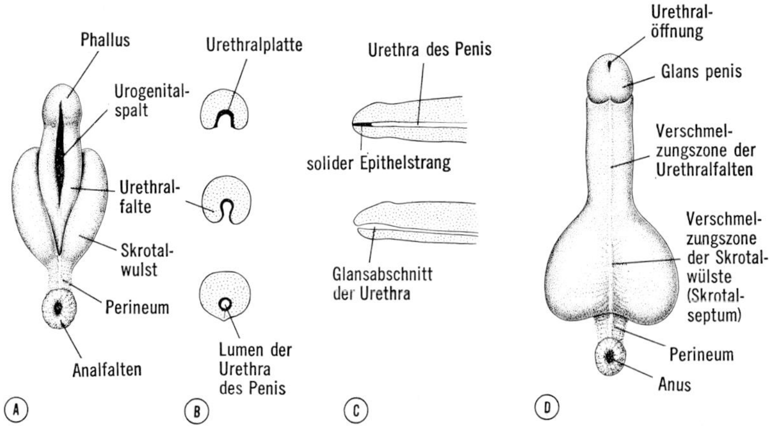

Abb. 11–**26** A. Entwicklung der äußeren Genitalien beim männlichen, 10 Wochen alten Fetus. Zwischen den Urethralfalten liegt die tiefe Urethralplatte. B. Querschnitt durch den Phallus bei der Bildung der Urethra des Penis. Die Urethralspalte wird von den Urethralfalten überbrückt. C. Entwicklung des Glansabschnittes der Urethra. D. Verhältnisse beim Neugeborenen.

der Spalte stammt vom Entoderm ab und bildet die **Urethralplatte** (Abb. 11–**26** B).

Am Ende des dritten Monats schließen sich die beiden Urethralfalten über der Urethralplatte und bilden so die **Urethra des Penis** (Abb. 11–**26** B). Diese reicht nicht bis zur Spitze des Phallus. Der distale Abschnitt der Urethra des Penis wird im vierten Monat dadurch gebildet, daß Ektodermzellen von der Spitze des Penis nach innen wandern und einen kurzen Epithelstrang bilden, der auf das Urethrallumen zuwächst. Dieser Strang wird später kanalisiert und bildet dann das definitive **Ostium urethrae** an der Spitze der Glans (Abb. 11–**26** C).

Die Genitalwülste liegen zuerst in der Leistenregion. Sie heißen beim männlichen Geschlecht **Skrotalwülste**. Im Laufe der Entwicklung wandern sie nach kaudal, wobei jeder Wulst eine Skrotumhälfte bildet, die von der anderen durch das **Skrotalseptum** getrennt ist (Abb. 11–**26** D).

Das äußere weibliche Genitale

Beim weiblichen Geschlecht treten bei der Entwicklung des äußeren Genitale nicht so tiefgreifende Veränderungen auf wie beim männlichen. Der Genitalhöcker verlängert sich nur wenig und wird zur **Klitoris** (Abb. 11–**27** A, B). Die Urethralfalten verschmelzen nicht wie beim männlichen Geschlecht, sondern entwickeln sich zu den **Labia minora**. Die **Genitalwülste** vergrößern sich erheblich und bilden die

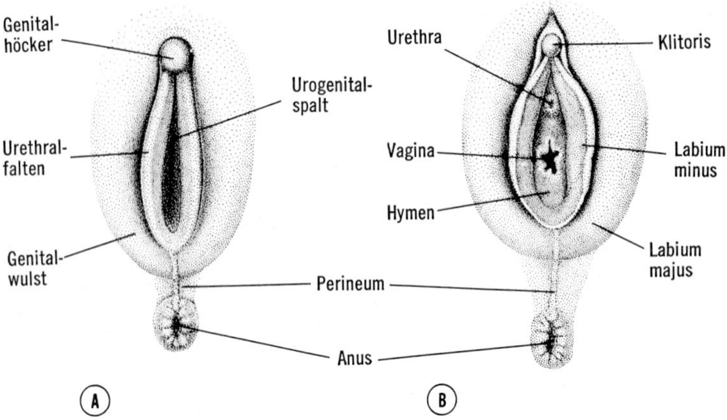

Abb. 11–**27** Entwicklung der äußeren Genitalien bei einem weiblichen, 5 Monate alten Fetus (A) und beim Neugeborenen (B).

Labia majora. Die Urogenitalspalte bleibt offen und wird zum **Vestibulum** (Abb. 11–**27** B).

M Hypospadie

Unter normalen Bedingungen schließt sich die Urogenitalspalte und wandelt sich in die Urethra des Penisschaftes durch Verschmelzung der Urethralfalten um (Abb. 11–**26** B). Wenn die Verschmelzung unvollständig ist, können abnorme Öffnungen der Urethra entlang der Unterseite des Penis auftreten. Am häufigsten finden sich diese Öffnungen in der Nähe des Glans penis, entlang dem Penisschaft oder in der Nähe der Peniswurzel (Abb. 11–**28** A). In seltenen Fällen kann die Harnröhrenöffnung sogar an der Raphe scroti liegen. Wenn die Verschmelzung der Urethralfalten vollständig ausbleibt, bildet die Urethra einen sagittalen Schlitz entlang der gesamten Länge des Penis. Die beiden Skrotalwülste können dann den Labia majora sehr ähneln. Eine Hypospadie entsteht, wenn in der kritischen Phase bei der Verschmelzung der Urethralfalten nicht genügend Androgene gebildet werden.

M Epispadie

Bei dieser Fehlbildung mündet die Harnröhre auf der Oberseite des Penis. Sie soll in erster Linie durch eine abnorme Lage des Genitalhöckers bedingt sein. Statt am vorderen Rand der Kloakenmembran scheint sich der Höcker auf der Höhe des Septum urorectale gebildet zu haben. Dadurch kommt ein Teil der Kloakenmembran kranial vom

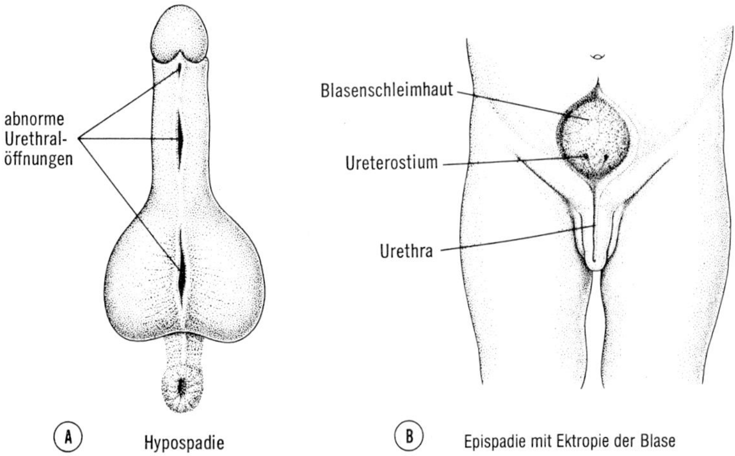

Abb. 11–**28** A. Hypospadie. Die verschiedenen Möglichkeiten der abnormen Urethralöffnungen sind dargestellt. B. Epispadie mit Ektropie der Blase. Die Blasenschleimhaut liegt an der Oberfläche frei, so daß man die Ureterostien beobachten kann. In diesem Fall erstreckt sich der Urethralspalt noch über die gesamte Länge des Penis.

Genitalhöcker zu liegen, so daß der Sinus urogenitalis auf der kranialen Seite der Penisanlage mündet (Abb. 11–**28** B). Gelegentlich, wenn sich die beiden Seiten des Genitalhöckers überhaupt nicht vereinigen, kommt es zum sogenannten **geteilten Penis**.

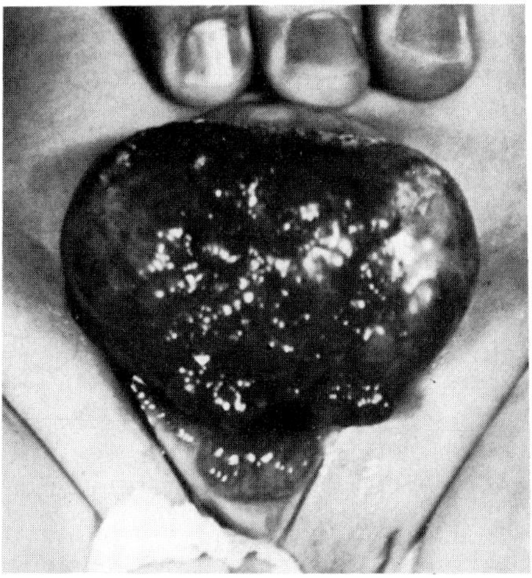

Abb. 11–**29** Ektropie der Blase bei einem Kind. (Dr. *J. Y. Gillenwater*, Department of Urology, University of Virginia.)

M Ektropie oder Ekstrophie der Blase

Bei Ektropie der Harnblase, die oft mit einer Epispadie kombiniert ist, wölbt sich die Hinterwand der Harnblase durch einen Defekt der Bauchdecke und der vorderen Blasenwand nach außen vor (Abb. 11–**28** B, 11–**29**). Unter normalen Bedingungen wird die Bauchwand vor der Harnblase durch Primitivstreifenmesoderm gebildet, das um die Kloakenmembran herumwandert. Wenn diese Wanderung durch eine ungewöhnlich große Kloakenmembran verhindert wird, kann die Ruptur der Kloakenmembran weiter nach oben reichen und eine **Ektropie der Blase** verursachen. Die Blasenschleimhaut liegt dann offen zutage, so daß auch die Ureteren und die Urethra sichtbar sind (Abb. 11–**28** B und 11–**29**). In regelmäßigen Abständen läßt sich der Abgang von Urin aus den Ureterostien beobachten.

Descensus testis

Gegen Ende des zweiten Monats sind der Hoden und die Reste der Urniere über ein **Mesenterium urogenitale** mit der hinteren Leibeswand verbunden. Die ursprünglich breite Verbindung wird mit der Rückbildung der Urniere immer schmaler und wird schließlich in der Hauptsache zum Mesenterium des Hodens (Abb. 11–**3** A). Der kraniale Abschnitt der peritonealen Umschlagsfalte erstreckt sich ursprünglich vom oberen Pol der Keimdrüse und der Urniere bis zum Zwerchfell, bildet sich aber dann mit der Urniere zurück. Der kaudale Abschnitt der Umschlagsfalte, verstärkt durch die Reste der Urniere, nimmt einen bandartigen Charakter an und heißt dann **kaudales Keimdrüsenband** (Abb. 11–**30**). In der Inguinalregion setzt sich das kaudale Keimdrüsenband in einem Bindegewebsstrang fort, der im Bereich des späteren Inguinalkanals verläuft, und der seinerseits wieder mit der Mesenchymverdichtung in den Skrotalwülsten in Verbindung steht. Der gesamte Bindegewebsstrang, der vom kaudalen Keimdrüsenpol bis in den Skrotalwulst hineinreicht, wird als **Gubernaculum testis** bezeichnet.

Im zweiten Entwicklungsmonat wächst der Embryonalkörper rasch, während das Gubernaculum sich nicht entsprechend verlängert. Infolgedessen liegt der Hoden schließlich etwa zehn Segmente weiter kaudal als es seinem ursprünglichen Anlageort entspricht. Am Anfang des dritten Monats hat er die Inguinalregion erreicht (Abb. 11–**30** B). Bei dem **Descensus des Hodens** handelt es sich also nicht um eine aktive Wanderung, sondern um eine relative Lageveränderung in bezug auf die Körperwand. **Die Blutversorgung aus der Aorta bleibt erhalten, so daß die Hodengefäße von der ursprünglichen Segmentebene in die Inguinalregion absteigen.**

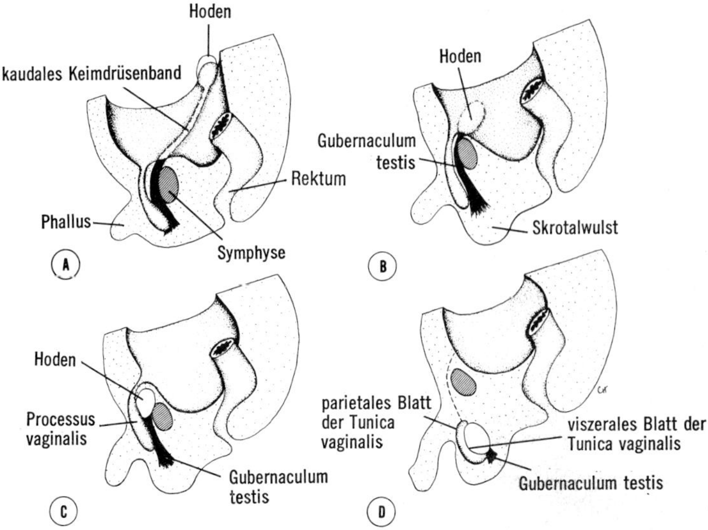

Abb. 11–**30** Schematische Darstellung des Descensus testis. A. Während des 2. Monats. B. In der Mitte des 3. Monats. C. Im 7. Monat. D. Kurz nach der Geburt. Die Zölomhöhle bildet eine Aussackung, die bis in den Skrotalwulst reicht und dort den Processus vaginalis bildet (Tunica vaginalis).

Zu Beginn des dritten Monats bildet das Peritoneum der Zölomhöhle beiderseits von der Mittellinie Aussackungen, die sich in die ventrale Leibeswand einsenken. Sie folgen in ihrem Verlauf dem Gubernaculum testis durch den Inguinalkanal bis in die Skrotalwülste hinein (Abb. 11–**30** C). Die in die Skrotalwülste hineinreichende Aussackung der Zölomhöhle heißt **Processus vaginalis**. Der Processus vaginalis wird von den Muskel- und Faszinienschichten der Leibeswand bis in die Skrotalwülste hinein begleitet. **Die Faserzüge des Gubernaculum testis verlaufen immer außerhalb des Processus vaginalis.** Der Hoden bleibt **retroperitonal** in der Abdominalhöhle in der Nähe des Inguinalkanals bis zum siebten Entwicklungsmonat liegen. Erst dann setzt er seinen Descensus durch den Leistenring und über die Schambeinkante in den Skrotalwulst fort (Abb. 11–**30** C). Wenn der Hoden bis zur Geburt im Skrotum angekommen ist, bedecken ihn die beiden Blätter des Processus vaginalis (Abb. 11–**30** D). Das Peritoneum des Processus vaginalis, das den Hoden direkt bedeckt, heißt **viszerales Blatt der Tunica vaginalis**. Der Rest des Peritonealsackes bildet das **parietale Blatt der Tunica vaginalis** (Abb. 11–**30** D). Der schmale Kanal, der den Processus vaginalis mit der Leibeshöhle verbindet, obliteriert vor der Geburt oder kurz darauf. Die letzte Phase des Descensus testis geht mit einer Verkürzung des Gubernaculum einher. Ob jedoch diese Verkürzung den Descensus des Hodens verursacht, ist noch umstritten. Es besteht dagegen kein Zweifel, daß der Descensus auch durch Hormone, wie z. B. die Gonadotropine und Androgene gesteuert wird.

Beim weiblichen Geschlecht ist der Descensus der Keimdrüse weit weniger ausgeprägt als beim männlichen. Das Ovar liegt im Endzustand knapp unterhalb des oberen Randes des kleinen Beckens. Aus dem kranialen Keimdrüsenband entsteht das **Lig. suspensorium ovarii**, das die Gefäße des Ovars enthält. Aus dem kaudalen Keimdrüsenband entsteht das **Lig. ovarii proprium**, das bis zum Uterustubenwinkel zieht, sich im **Lig. teres uteri (rotundum)** in den Leistenkanal fortsetzt und in die große Schamlippe ausstrahlt (Abb.11–**20** B).

M Kryptorchismus

Etwa zur Zeit der Geburt, jedoch mit großen individuellen Schwankungen, kommen die Hoden im Skrotum an. In einigen Fällen können einer oder beide Hoden in der Leibeshöhle über dem Leistenring bis zur Pubertät liegenbleiben und dann herabsteigen oder aber für immer die Lage im Becken beibehalten. Dieser Zustand heißt **Kryptorchismus** und scheint auf eine Störung im Hormonhaushalt und/oder mangelnde Verkürzung des Gubernaculum zurückzuführen zu sein. Ein nichtdeszendierter Hoden kann keine reifen Spermatozoen erzeugen, wahrscheinlich wegen der höheren Temperatur in der Bauchhöhle. Der abnorme Verlauf des Gubernaculum testis kann zur **Ektopie des Hodens**, das heißt zu einer abnormen Lage des Hodens führen.

M Angeborene Leistenhernie

Das Ausbleiben des Descensus testis ist oft mit einer **angeborenen Leistenhernie** verbunden. Die Verbindung zwischen der Leibeshöhle und dem Processus vaginalis innerhalb des Skrotalsackes obliteriert normalerweise nach Abschluß des Descensus testis (Abb. 11–**30** C, D).

Wenn der Durchtrittskanal offenbleibt, können Darmschlingen in das Skrotum hinabsteigen und eine kongenitale Leistenhernie verursachen (Abb. 11–**31** B). Manchmal obliteriert der Durchtrittskanal nicht vollständig, so daß kleine Zysten entlang seinem Verlauf bestehen bleiben. Diese Zysten können später Flüssigkeit sezernieren und so zu einer **Hydrocele funiculi** führen (Abb. 11–**31** C).

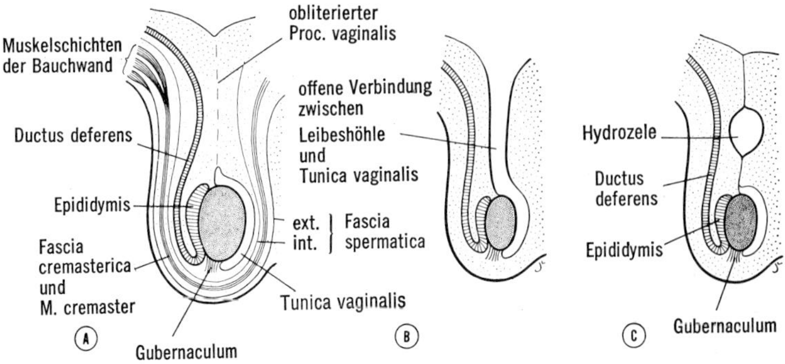

Abb. 11–**31** A. Schematische Darstellung des Hodens, des Nebenhodens, des Ductus deferens und der einzelnen Schichten der Leibeswand, die auch den Hoden im Skrotum umgeben. B. Processus vaginalis in offener Verbindung mit der Leibeshöhle. Bei diesen Verhältnissen steigen häufig Darmschlingen in das Skrotum herab und verursachen eine Inguinalhernie.

Fehlentwicklungen der Sexualorgane

Fehlentwicklungen der Sexualorgane können auf drei Ebenen entstehen: 1. durch Aberrationen der **Geschlechtschromosomen**, 2. durch Fehler bei der Determination der **Gonaden**, 3. durch Störungen bei der Entwicklung des **Genitaltraktes** und der **äußeren Geschlechtsorgane**.

Das **genetische Geschlecht** des Embryos wird bei der Befruchtung bestimmt. Es hängt davon ab, ob das Spermium ein X- oder ein Y-Chromosom trägt. Die Determination des **gonadalen Geschlechtes** ist vom Vorhandensein oder Fehlen eines Y-Chromosoms abhängig. Die genetische Information auf dem Y-Chromosom wird in den somatischen Zellen der Gonadenanlage wirksam. Unter ihrem Einfluß entstehen Hodenstränge und Leydig-Zellen. Wenn kein Y-Chromosom vorhanden ist, verharrt die Gonadenanlage zunächst im indifferenten Stadium und entwickelt sich dann selbständig zu einem Ovar. Das **somatische Geschlecht** wird vom Vorhandensein oder Fehlen einer Hodenanlage bestimmt. Von den Zellen in den Hodensträngen wird ein Faktor gebildet, der die Müller-Gänge zur Rückbildung bringt **(Anti-Müller-Hormon, AMH)**. Die Leydig-Zellen des embryonalen Hodens produzieren Testosteron, das den Wolff-Gang erhält und die Differenzierung des Nebenhodens und Samenleiters sowie das Aussprossen der Samenbläschen induziert. Unter dem Einfluß des Testosterons entwickelt sich die männliche Form des Sinus urogenitalis und ein männliches äußeres Genitale. Wenn kein Hoden vorhanden ist, bleiben die Müller-Gänge erhalten und entwickeln sich zu Uterus und Tuben weiter. Die Wolff-Gänge bilden sich kranial zurück, da die erhaltende Wirkung des Testosterons fehlt. Die kaudalen Enden der Wolff-Gänge nehmen an der Bildung der Vaginalplatte teil. Ohne Testosteron entwickelt sich das äußere Genitale selbständig (konstitutiv) in weibliche Richtung.

M Reine Gonadendysgenesie

Bei Patienten mit reiner Gonadendysgenesie werden die Gonaden nicht angelegt. Die Keimzellen fehlen ebenfalls. Es liegt keine chromosomale Anomalie vor. Das chromosomale Geschlecht kann normal weiblich (46, XX) oder normal männlich (46, XY) sein. Das somatische Geschlecht entwickelt sich entsprechend dem weiblichen Phänotyp. Die Müller-Gänge bleiben erhalten, da der Hemmfaktor nicht gebildet wird. Die Wolff-Gänge bilden sich zurück, weil die trophische Wirkung des Testosterons fehlt. Die weibliche Entwicklung verläuft normal bis zur Pubertät. Erst jetzt macht sich das Fehlen der Sexualhormone bemerkbar, die in den Gonaden nicht gebildet werden können.

M Hypoplasie des Ovars

Die Hypoplasie des Ovars ist charakteristisch für das **Turner-Syndrom**. Patienten mit Turner-Syndrom besitzen 44 Autosomen, aber nur ein X-Chromosom (45, X) (s. Kap. 8, S. 118, Abb. 8–**5**). Während der Embryonalentwicklung wandern die X0-Keimzellen in die Gonadenanlage ein. Da kein Y-Chromosom vorhanden ist, entwickelt sich dann ein Ovar. Es entstehen jedoch nur rudimentäre Follikel. Die Keimzellen gehen in der zweiten Hälfte der Schwangerschaft zugrunde. Sechs Monate nach der Geburt sind keine Keimzellen mehr vorhanden. Die Ovarien wandeln sich in bindegewebige Stränge um. Der Genitaltrakt und die äußeren Genitalorgane sind weiblich. Sie bleiben jedoch auch nach der Pubertät infantil, da von den bindegewebig degenerierten Ovarien keine Sexualhormone gebildet werden können.

Offensichtlich können sich beim Menschen X0-Urkeimzellen nicht zu Oozyten differenzieren. (Bei der Maus sind X0-Individuen dagegen fertile Weibchen.) Die Oozyten sind eine Voraussetzung für die Entstehung und Erhaltung von Follikeln und damit für die Ausbildung der endokrin aktiven Anteile des Ovars. In dieser Beziehung unterscheidet sich das Ovar grundsätzlich vom Hoden. Wenn die Keimzellen in einem Hoden zugrunde gehen, wie z. B. beim Klinefelter-Syndrom (47, XXY), kommt es zur Atrophie und Hyalinisierung der Samenkanälchen sowie zu einem Polymorphismus der Leydig-Zellen. Die endokrine Funktion des Hodens bleibt jedoch grundsätzlich erhalten.

M Testikuläre Feminisierung

Patienten mit dem Syndrom der testikulären Feminisierung besitzen einen normalen männlichen Chromosomensatz (46, XY). Der äußere Phänotyp ist jedoch vollkommen weiblich (Abb. 11–**32** A). Die zugrundeliegende Störung besteht in einer Androgen-Unempfindlichkeit aller Körpergewebe. In der Embryonalentwicklung wird durch das Y-Chromosom ein Hoden induziert. Der Hoden produziert den Hemmfaktor, der die Müller-Gänge zur Rückbildung bringt. Außerdem bilden die Hoden Testosteron. Das Testosteron kann jedoch wegen der Androgen-Unempfindlichkeit der Zielorgane nicht wirksam werden. Die Wolff-Gänge bilden sich deshalb ebenfalls zurück. Der Sinus urogenitalis differenziert sich in weibliche Richtung. Es entsteht eine kurze blind endende Vagina und ein weibliches äußeres Genitale (Abb. 11–**32** B). Beim Erwachsenen sind daher kein Uterus und keine Tuben, aber auch keine Derivate des Wolff-Ganges vorhanden. Im Abdomen oder im Bereich des Inguinalkanales sind als einzige innere Sexualorgane kleine Hoden vorhanden. Sie zeigen keine Spermatogenese. Wegen des erhöhten Risikos einer malignen Entartung werden sie in der Regel operativ entfernt (Abb. 11–**32** C). Diese Form der testikulären Feminisierung beruht auf dem Defekt des Androgen-Rezeptor-Proteins. Sie wird X-gebunden vererbt. Das Syndrom der testikulären Feminisierung kann jedoch auch durch einen Enzymdefekt im Testosteron-Metabolismus verursacht werden.

M Pseudohermaphroditismus und Intersexualität

Als **echter Hermaphrodit** wird ein Individuum bezeichnet, bei dem sowohl Hoden- als auch Ovargewebe vorhanden ist. Es kann auf einer Seite ein Hoden und auf der anderen Seite ein Ovar angelegt sein. Es können aber auch beide Gewebe in einer Gonade auftreten **(Ovotestis)**. Beim **Pseudohermaphroditen** wird das gonadale Geschlecht von einem Phänotyp verdeckt, der mehr dem anderen Geschlecht gleicht. Wenn Hoden vorhanden sind, spricht man von einem männlichen Pseudohermaphroditen, wenn Ovarien vorhanden sind, von einem weiblichen Pseudohermaphroditen.

Weibliche Pseudohermaphroditen. Die häufigste Form des weiblichen Pseudohermaphroditismus ist das **Adrenogenitale Syndrom (AGS)**. Die Patienten sind genetisch weiblich und besitzen Ovarien. Aufgrund eines Stoffwechseldefektes werden jedoch von den fetalen Nebennieren vermehrt Androgene gebildet. Sie führen zu einer mehr oder weniger stark ausgeprägten Maskulinisierung der äußeren Genitalien. Die Maskulinisierung kann sich auf eine Vergrößerung der Klitoris beschränken oder zur Ausbildung von fast männlichen Genitalien führen. Ein häufiges Bild ist Hypertrophie der Klitoris, teilweise skrotum-

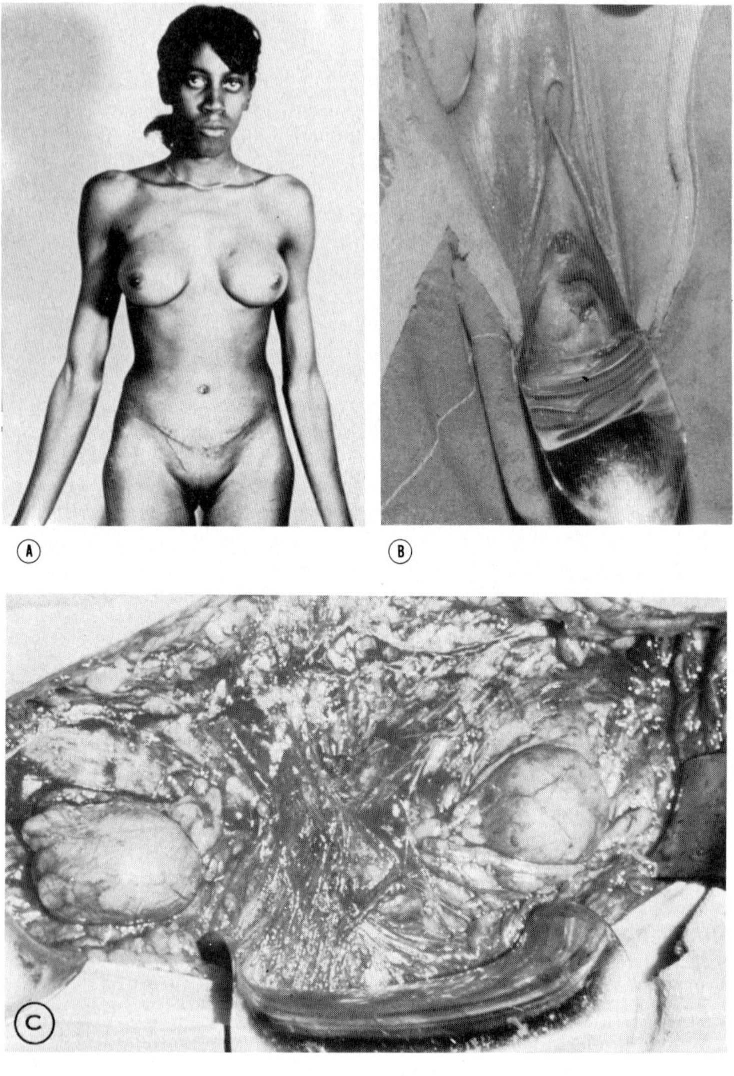

Abb. 11–**32** A. Patient mit testikulärer Feminisierung. B. Weibliches äußeres Genitale bei testikulärer Feminisierung. Das Spekulum liegt in der blind endenden Vagina. C. Blick in das Operationsgebiet. Beiderseits im Leistenkanal sind die atrophischen Hoden freigelegt. Es sind keine Nebenhoden oder sonstige Genitalgänge vorhanden. (Dr. *J. Kitchin*, Department of Obstetrics and Gynecology, University of Virginia.)

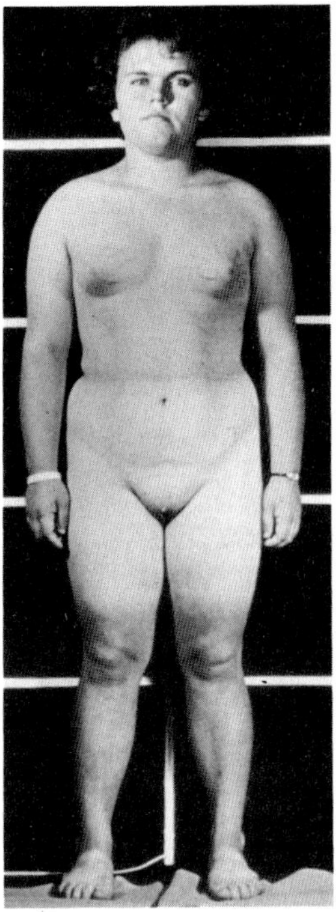

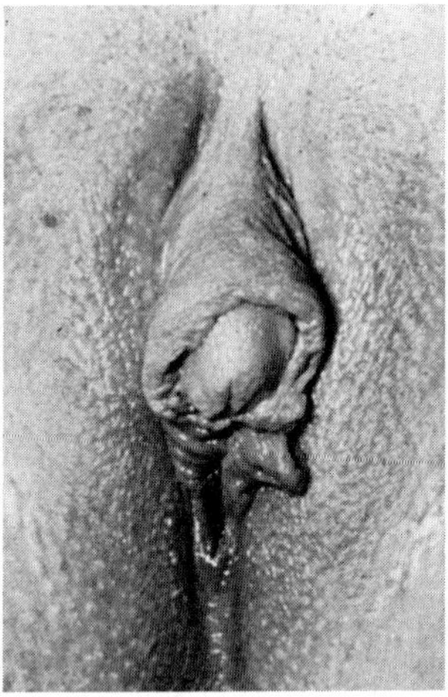

Abb. 11–**33** A. Patient mit weiblichem Pseudohermaphroditismus aufgrund eines Adrenogenitalen Syndroms. B. Äußeres Genitale mit vergrößerter Klitoris und Verschmelzung der großen Schamlippen. (Dr. *J. Kitchin*, Department of Obstetrics and Gynecology, University of Virginia.)

artige Verschmelzung der Labia majora und die Einengung des Sinus urogenitalis bis auf einen schmalen Spalt (Abb. 11–**33**).

Das Adrenogenitale Syndrom beruht auf einem rezessiv vererbten Enzymdefekt im Steroidhormonstoffwechsel. Ein ähnliches Bild kann entstehen, wenn Progestin mit einer androgenen Wirkungskomponente während der Schwangerschaft eingenommen wurde.

Männliche Pseudohermaphroditen. Die Patienten sind genetisch männlich und besitzen Hoden. Wahrscheinlich ist jedoch die endokrine Funktion der embryonalen Hoden gestört **(Hypoplasie der Hoden)**. Sie bilden den Hemmfaktor für die Müller-Gänge und die Androgene für die Differenzierung des männlichen Genitaltraktes in ungenügender Menge oder zu einem zu späten Zeitpunkt. Die Ausbildung der inneren und äußeren Geschlechtsorgane ist sehr unterschiedlich, je nachdem wieviel von den Müller-Gängen noch erhalten geblieben ist, und wie stark die Androgenwirkung war.

Das Syndrom der testikulären Feminisierung ist nach der Definition ebenfalls eine Form des männlichen Pseudohermaphroditismus, da sich trotz der vorhandenen Hoden ein weiblicher Phänotyp entwickelt.

Zusammenfassung: Urogenitalsystem

Harnorgane

Die Harnorgane entwickeln sich aus dem **intermediären Mesoderm** zwischen Somiten und intraembryonalem Zölom (Abb. 11–**1**). Von kranial nach kaudal fortschreitend entstehen die **Vorniere** *(Pronephros)*, die **Urniere** *(Mesonephros)* und im Beckenbereich die **Nachniere** *(Metanephros)* (Abb. 11–**2**). Die Nierenkanälchen der Vorniere und der Urniere münden direkt in den Urnierengang (den **Wolff-Gang**) ein, der nach kaudal herabwächst und in den vorderen Blasenabschnitt der Kloake einmündet.

Vorniere

Das Vornierensystem wird beim Menschen nur rudimentär angelegt und geht direkt in die Urniere über (Abb. 11–**2** B).

Urniere

Im segmentalen intermediären Mesoderm bilden sich Nephrone mit Glomerulus aus. Die Urniere wölbt sich zusammen mit der Gonadenanlage als **Urogenitalleiste** in die Leibeshöhle vor (Abb. 11–**3**).

Nachniere

Die definitive Niere entsteht aus der **Ureterknospe** und dem **metanephrogenen Blastem** (Abb. 11–**4**). Die Ureterknospe sproßt aus dem Wolff-Gang aus und wächst in das metanephrogene Blastem vor. Aus der Ureterknospe entstehen der Ureter, das Nierenbecken und im Nierenparenchym die Sammelrohre (Abb. 11–**5**). Über den Endverzweigungen der Ureterknospe bildet das metanephrogene Blastem **Blastemkappen,** aus denen jeweils zwei **Nierenbläschen** hervorgehen, die sich zum **Nephron** mit Glomerulus entwickeln (Abb. 11–**6**).

M Störungen in der Differenzierung führen zur **Nierenaplasie** oder zur Ausbildung der **kongenitalen Zystenniere** (3 Stadien nach Potter, erbliche Belastung).

Aszensus der Niere

Die Nachniere verlagert sich aus dem Beckenbereich in den Lumbalbereich (Abb. 11–**7**).

M Die **Beckenniere** entsteht durch einseitiges oder beidseitiges Ausbleiben des Ascensus, die **Hufeisenniere** durch Verschmelzung des metanephrogenen Blastems beider Seiten (Abb. 11–**11**).

Harnblase und Urethra
Harnblase und Urethra entstehen aus dem vorderen Abschnitt der Kloake. Durch **Einbeziehung** der unteren Abschnitte der Wolff-Gänge **in die Blasenwand** erhalten die Ureteren eine eigene Einmündung in die Blase (Abb. 11–**10**). Nach Ablösung der Ureteren wandern die Wolff-Gänge weiter nach kaudal. Sie münden als Samenleiter im Bereich der Prostata in die Urethra ein oder steigen in der weiblichen Entwicklung bei der Entstehung der Vagina bis zum Beckenboden herab, ehe sie sich zurückbilden.

M Bei der Verdoppelung der Ureterknospe wird nur die untere Knospe in die Blase einbezogen, während die obere als **überzähliger Ureter** mit dem Wolff-Gang nach kaudal verlagert wird (Abb. 11–**12**).

Genitalsystem

Indifferentes Stadium
Die **Urkeimzellen** wandern in der vierten Woche aus dem Dottersack über das dorsale Mesenterium in die indifferente Gonadenanlage ein (Abb. 11–**15**). Die indifferente Gonadenanlage entsteht als **Genitalleiste** medial vor der Urnierenvorwölbung. Die Urkeimzellen siedeln sich in den **primären Keimsträngen** an.

Im indifferenten Stadium wächst neben dem **Wolff-Gang** der **Müller-Gang** bis zur Kloake herab (Abb. 11–**18**). Der Müller-Gang öffnet sich kranial mit einem Flimmertrichter in die Leibeshöhle.

Hoden
Die Entwicklung eines Hodens wird in den somatischen Zellen der Gonadenanlage durch das Y-Chromosom induziert. Die primären Keimstränge wandeln sich in hufeisenförmige **Hodenstränge** um, aus denen die Samenkanälchen hervorgehen (Abb. 11–**16**). Zwischen den Samenkanälchen entstehen **Leydig-Zellen,** die das für die männliche Entwicklung des Genitaltraktes notwendige Testosteron produzieren.

Ovar
Wenn kein Y-Chromosom vorhanden ist, entsteht konstitutiv ein Ovar. Die primären Keimstränge verlagern sich als **Markstränge** in das Innere der Anlage, während an der Oberfläche **Rindenstränge** entstehen, in denen sich die Oogonien festsetzen. Durch mitotische Teilung der Oogonien entstehen **Eiballen.** Bis zum sechsten Monat zerfallen die Eiballen. Die Eizellen treten in die Prophase der ersten Reifeteilung ein. Sie wer-

den von Follikelzellen umgeben und im Diktyotänstadium bis zur Pubertät arretiert.

Genitalwege
In der **männlichen Entwicklung** führt das im Hoden produzierte Testosteron zur Differenzierung des **Wolff-Ganges** zu **Nebenhoden** und **Samenleiter.** Ein Teil der Urnierenkanälchen wird zu den **Ductuli efferentes,** die über die Gänge des **Rete testis** mit den Samenkanälchen verbunden sind (Abb. 11–**19**). Die Müller-Gänge bilden sich durch die Wirkung des in den Sertoli-Zellen der Hodenkanälchen gebildeten **Anti-Müller-Hormons (AMH)** zurück.

Wenn kein Hoden vorhanden ist, läuft konstitutiv die **weibliche Entwicklung** ab. Der Wolff-Gang bildet sich zurück, da die erhaltende Wirkung des Testosterons fehlt (Abb. 11–**20**). Die Müller-Gänge werden zu den **Tuben** und verschmelzen im unteren Abschnitt zum **Uterus**. An der Einmündungsstelle in die Urethra verschmelzen die Müller-Gänge mit den kaudalen Enden der Wolff-Gänge zur **Vaginalplatte,** aus der die **Vagina** entsteht (Abb. 11–**23**).

Äußere Genitalien
Im indifferenten Stadium liegt über der Ausmündung des Sinus urogenitalis der **Genitalhöcker** *(Phallus)* und an den Rändern die **Urethralfalten** (Abb. 11–**25**). Lateral schließen sich die **Genitalwülste** an.

In der **männlichen Entwicklung** wird aus dem Genitalhöcker der Penis (Abb. 11–**26**). Der Urethralspalt schließt sich zur Urethra des Penis. Aus den Urethralwülsten entwickeln sich die **Skrotalwülste,** in die die Hoden einwandern.

In der **weiblichen Entwicklung** wird aus dem Genitalhöcker die **Klitoris,** aus den Urethralfalten die **Labia minora** und aus den Genitalwülsten die **Labia majora** (Abb. 11–**27**).

Descensus testis
Das **kaudale Keimdrüsenband** wird zur Leitschiene des Hodens *(Gubernaculum testis)* bei seinem Abstieg durch den Leistenkanal in das Skrotum (Abb. 11–**30**). Die Leibeshöhle bildet eine Aussackung, die sich als **Processus vaginalis** durch den Leistenkanal erstreckt und als Tunica vaginalis im Skrotum vor dem Hoden erhalten bleibt.

Bei der Frau bleibt das kaudale Keimdrüsenband als **Lig. ovarii proprium** erhalten und setzt sich über das **Lig. rotundum uteri** bis in die großen Schamlippen fort.

Kapitel 12

Herz und Gefäßsystem

Extraembryonale Blutgefäße

Das Gefäßsystem des menschlichen Embryos entsteht in der Mitte der dritten Woche, wenn der Embryo seinen Ernährungsbedarf nicht mehr allein durch Diffusion decken kann. Zu diesem Zeitpunkt entwickeln sich im Chorion, im Haftstiel und in der Wand des Dottersackes an vielen Stellen unabhängig voneinander **Blutinseln** (Abb. 12–**1**). Die

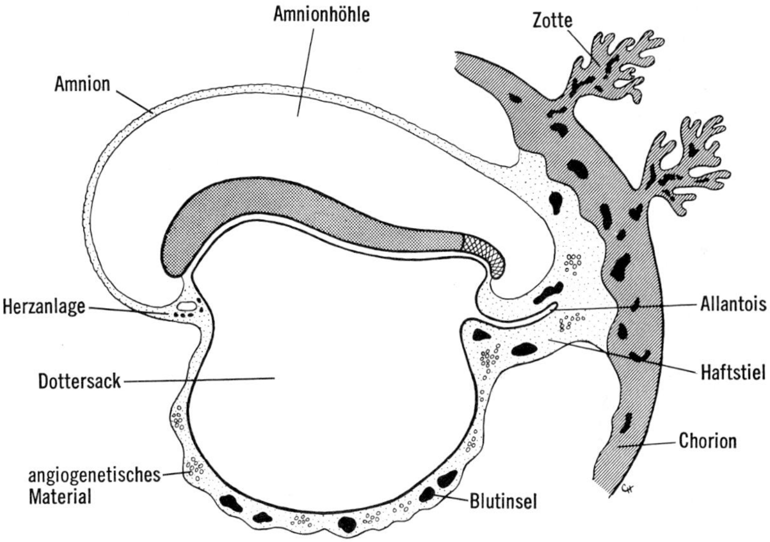

Abb. 12–**1** Die Entwicklung extraembryonaler Blutgefäße im Chorion, im Haftstiel und in der Wand des Dottersackes bei einem etwa 19 Tage alten Präsomitenembryo (modifiziert nach *Keibel* u. *Elze*). Beachte die Lage der Perikardhöhle über der Herzanlage.

Blutinseln entstehen in der Mesenchymschicht. Die Mesenchymzellen vermehren sich und bilden einzelne Zellverdichtungen, die das **angiogenetische Material** enthalten (Abb. 12–**2** A, B). Die zentral gelegenen Zellen entwickeln sich zu den primitiven Blutzellen, die peripher gelegenen Zellen flachen sich ab und bilden das Endothel (Abb. 12–**2** C). Die Blutinseln verbinden sich durch überall aussprossende Endo-

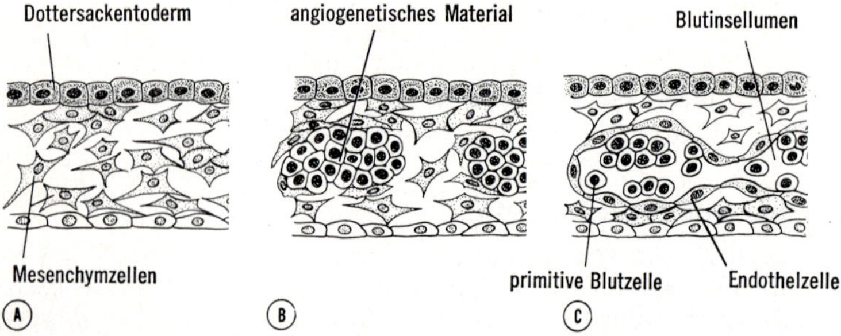

Abb. 12–**2** Aufeinanderfolgende Stadien bei der Gefäßbildung in der Wand des Dottersackes. A. Undifferenziertes Mesenchym. B. Verdichtung des angiogenetischen Materials. C. Entwicklung von Blutinseln. Aus dem Mesenchym differenzieren sich primitive Blutzellen und Endothelzellen.

thelzellen zu einem zusammenhängenden Kapillarnetz. Innerhalb des Kapillarnetzes entwickeln sich unter dem Einfluß hämodynamischer Faktoren schließlich die Blutgefäße.

Auf diese Weise entstehen nach dem Einsetzen der Herzpulsationen aus den Blutinseln in der Wand des Dottersackes die **Dottergefäße** und aus denen im Chorion die **Nabelgefäße** (Abb. 12–**3**).

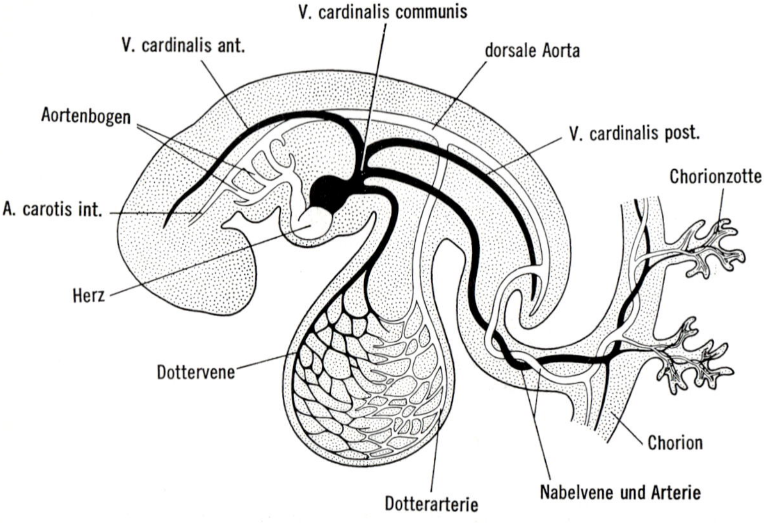

Abb. 12–**3** Schematische Darstellung der großen intra- und extraembryonalen Blutgefäße bei einem 4-mm-Embryo (am Ende der 4. Woche). Es sind nur die Gefäße auf der linken Seite des Embryos dargestellt.

Intraembryonale Blutgefäße

Die intraembryonalen Gefäße entwickeln sich ebenfalls aus Blutinseln im Mesoderm. Kurz vor der Somitenbildung treten Blutinseln in einem hufeisenförmigen Bezirk vor und zu beiden Seiten der Neuralplatte auf (Abb. 12–**4** A). Die Blutinseln liegen im viszeralen Mesoderm am Boden des intraembryonalen Zöloms (Abb. 12–**4** B). Die intraembryonale Zölomhöhle verläuft ebenfalls hufeisenförmig um die Kopfanlage herum. Aus ihrem zentralen unpaaren Abschnitt entsteht die **Perikardhöhle** (Abb. 12–**4** C). Die beiden Schenkel gehen seitlich in

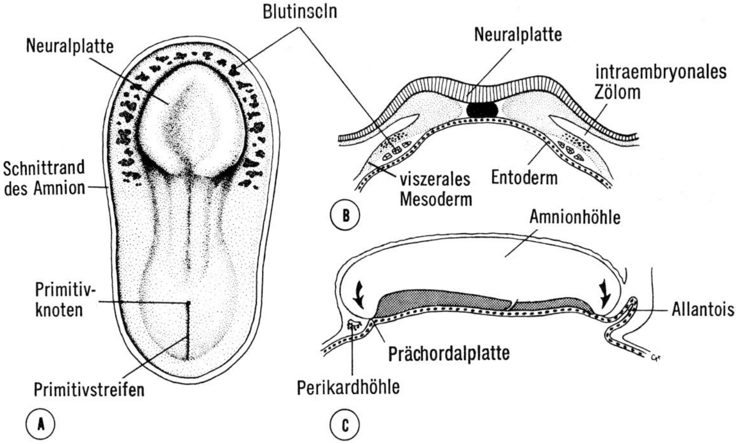

Abb. 12–**4** A. Dorsalansicht eines Präsomitenembryos (etwa 1,4 mm) nach der Entfernung des Amnion. Die Blutinseln in der viszeralen Mesodermschicht vor der Neuralplatte und beiderseits des Embryos schimmern durch das Ektoderm und die parietale Mesodermschicht hindurch (modifiziert nach *Davis*). B. Querschnitt durch einen entsprechenden Embryo, der die Lage des angiogenetischen Materials in der viszeralen Mesodermschicht zeigt. C. Sagittalschicht durch den gleichen Embryo, der die Lage der Perikardhöhle vor der Prächordalplatte zeigt.

das extraembryonale Zölom über. Aus dem angiogenetischen Material im viszeralen Mesoderm entsteht der **Herzschlauch**. Durch die kraniokaudale Krümmung und die laterale Abfaltung wird die Herzanlage in der viszeralen Mesodermschicht auf die Ventralseite des Embryos verlagert (Abb. 12–**5**). Die dorsalen Aorten entstehen aus angiogenetischem Material beiderseits von der Chorda (Abb. 12–**6** B und Abb. 12–**34**) und vereinigen sich später zur definitiven dorsalen Aorta.

Unter dem Einfluß der Pulsationen im Herzschlauch verbinden sich die intraembryonalen Blutinseln zu durchgehenden Gefäßen.

Aus den dorsalen Aorten fließt das Blut über die Dotterarterien in den Dotterkreislauf, aus dem es über die Dottervenen zum Herzen zurückkehrt (Abb. 12–**3**). Der beim Menschen unbedeutende Dotterkreislauf wird vom Plazentakreislauf überlagert und abgelöst. Das Blut fließt aus der dorsalen Aorta über die **Nabelarterien** durch den Haftstiel zum Chorion und kehrt über die **Nabelvenen** zum Herzen zurück. Der Blutrückfluß aus dem Embryo selbst erfolgt über die **Kardinalvenen** (Abb. 12–**3**) (s. „Entwicklung der Arterien", S. 226, und „Entwicklung der Venen", S. 234).

Entwicklung des Herzschlauches

Der zentrale Abschnitt der kardiogenen Zone liegt ursprünglich vor der Prächordalplatte und vor der Neuralplatte (Abb. 12–**5** A). Mit

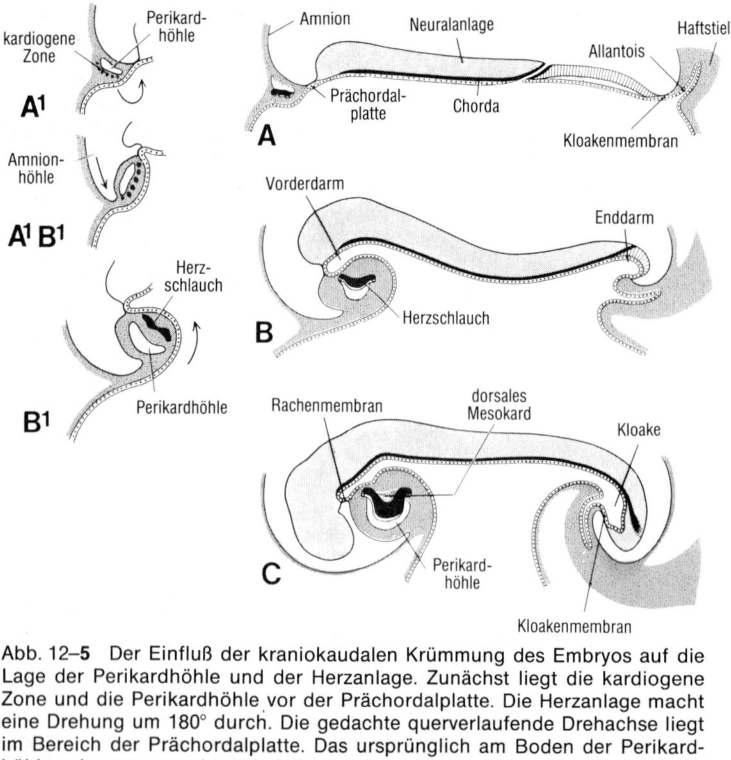

Abb. 12–**5** Der Einfluß der kraniokaudalen Krümmung des Embryos auf die Lage der Perikardhöhle und der Herzanlage. Zunächst liegt die kardiogene Zone und die Perikardhöhle vor der Prächordalplatte. Die Herzanlage macht eine Drehung um 180° durch. Die gedachte querverlaufende Drehachse liegt im Bereich der Prächordalplatte. Das ursprünglich am Boden der Perikardhöhle gelegene mesodermale Anlagematerial für den Herzschlauch wölbt sich schließlich von dorsal her in die Perikardhöhle vor. A. 18 Tage. B. 21 Tage. C. 22 Tage.

dem Schluß der Neuralrinne und der Ausbildung der Gehirnbläschen wächst die Anlage des zentralen Nervensystems nach kranial vor und wölbt sich über die kardiogene Zone und die spätere Perikardialhöhle vor (Abb. 12–**5** B). Dadurch werden die Prächordalplatte und die zentrale kardiogene Zone nach ventral verlagert (Abb. 12–**5** A, B). Der Ort der Prächordalplatte entspricht der späteren Rachenmembran. Im Verlauf dieser Entwicklungsbewegung dreht sich die kardiogene Zone und die Perikardhöhle um 180° um eine querverlaufende Achse. Die Herzanlage liegt schließlich ventral und kaudal zur Rachenmembran (Abb. 12–**5** C).

In der kardiogenen Zone entstehen zwei Endothelschläuche (Endokardschläuche), die sich über den ersten Aortenbogen in die dorsalen Aorten fortsetzen (Abb. 12–**6** A, B, Abb. 12–**34** und Abb. 12–**8**). Die beiden Endokardschläuche verschmelzen von kranial nach kaudal fortschreitend zu einem einheitlichen endokardialen Herzschlauch (Abb. 12–**7**).

Das Myokard und das Epikard leiten sich aus dem viszeralen Mesoderm her, das beiderseits über dem Endokardschlauch liegt (Abb. 12–**6** A). Die Vereinigung der beiden Herzanlagen im viszeralen Mesoderm unter dem Vorderdarm erfolgt mit dem Schluß

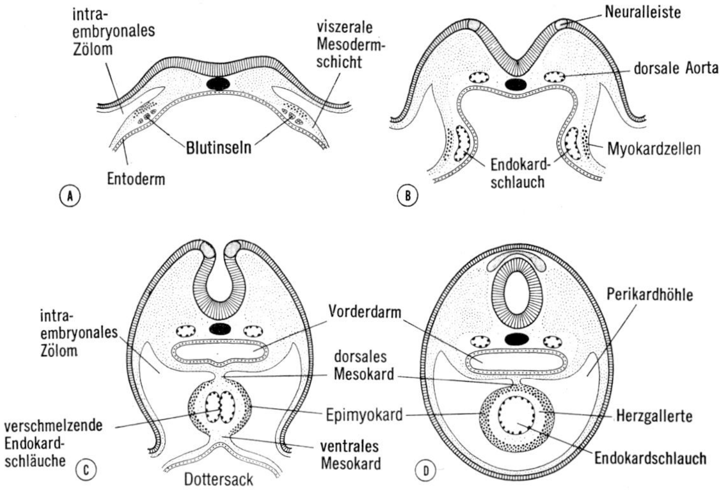

Abb. 12–**6** Schematische Darstellung der Entwicklung des Herzschlauches im Verlauf der Abfaltung. A, B. In der flachen Embryoanlage entstehen zwischen Entoderm und viszeraler Mesodermschicht Blutinseln, aus denen sich auf jeder Seite ein Endokardschlauch entwickelt. C. Beim Schluß des Darmrohres vereinigen sich beide Anlagen in der Mittellinie. D. Durch die Auflösung des ventralen Mesokards entsteht eine unpaare Perikardhöhle.

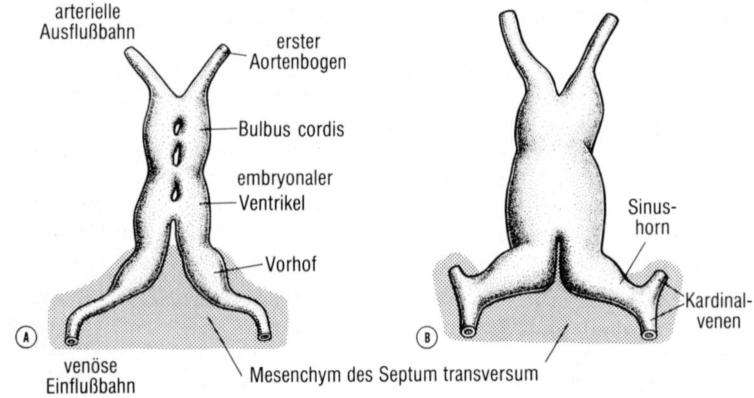

Abb. 12–**7** Verschmelzung der beiden endokardialen Herzschläuche. A. Ventralansicht etwa am 21. Tag. B. Am 22. Tag. Der paarige Vorhofabschnitt beginnt zu verschmelzen und wird in die Perikardhöhle aufgenommen, während die Sinushörner noch außerhalb im Mesenchym des Septum transversum liegen (vgl. Abb. 13–**22**).

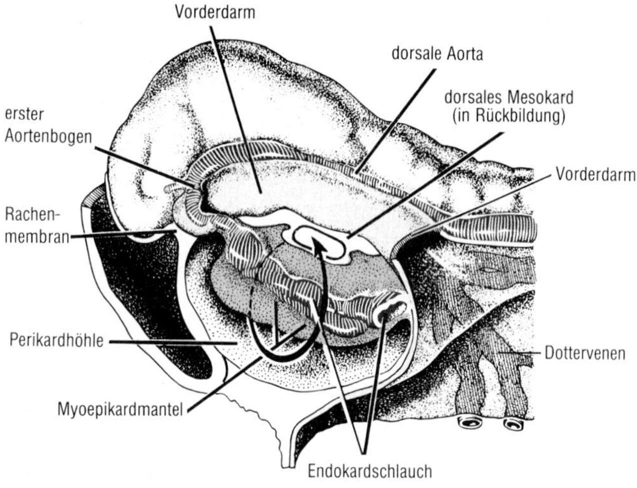

Abb. 12–**8** Darstellung der Herzanlage bei einem menschlichen Embryo im frühen Somitenstadium. Die Perikardhöhle und der sich an das Vorderdarmdivertikel anschließende Dottersack sind von links her geöffnet. Es ist kein ventrales Mesokard vorhanden. Der noch paarige kaudale Abschnitt des Endokardschlauches setzt sich auf beiden Seiten in die Dottervenen fort. Die Dottervenen der rechten Seite sind durch das Dotterentoderm hindurch zu erkennen.

des Darmrohres und der Abfaltung des Embryos vom Dottersack (Abb. 12–**6** B, C). Die Besonderheit in der Entwicklung des Herzens beim menschlichen Embryo besteht darin, daß die unpaare Perikardhöhle mit der Herzanlage bereits in einem sehr frühen Stadium vor der Ausbildung der Somiten angelegt wird. Die Herzanlage wölbt sich, aufgehängt an einem dorsalen Mesokard (Abb. 12–**8**), in die Perikardhöhle vor. Ein ventrales Mesokard wird nicht ausgebildet. Die Verschmelzung einer rechten und linken Herzanlage kommt nur in der Verschmelzung der Endokardschläuche und bei der Verlängerung des Herzschlauches im Bereich der Vorhöfe und des Sinus zum Ausdruck (Abb. 12–**7**).

Nach Vereinigung der Endokardschläuche beginnt die Herzanlage zu schlagen. Das dorsale Mesokard bildet sich zurück, so daß der Herzschlauch nur in der Einflußbahn und in der Ausflußbahn in der Wand der Perikardhöhle verankert ist (Abb. 12–**8**).

Der Endokardschlauch ist vom Myoepikardmantel zunächst durch eine Zone mit gallertartiger Grundsubstanz getrennt, die als **Herzgallerte** bezeichnet wird. Die Herzgallerte wird bald durch subendokardiales Bindegewebe ersetzt.

Bildung der Herzschleife

In der Einflußbahn des Herzschlauches sammelt sich das Blut aus den großen Venen des Embryos. Aus der Ausflußbahn gelangt das Blut direkt in die Aortenbögen (Abb. 12–**3**). Der Herzschlauch besteht aus folgenden Abschnitten (Abb. 12–**9**): 1. dem **Sinus venosus**, in den die

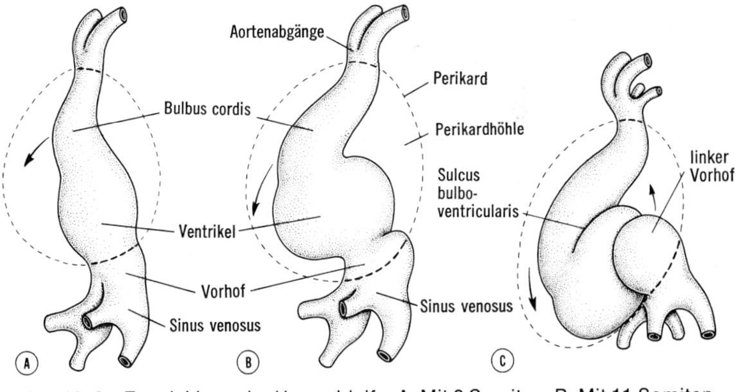

Abb. 12–**9** Entwicklung der Herzschleife. A. Mit 8 Somiten. B. Mit 11 Somiten. C. Mit 16 Somiten. Die gestrichelte Linie zeigt den Verlauf des Perikards. Die Pfeile deuten die Ausrichtung der Herzschleife nach ventral und kaudal sowie etwas nach rechts an und die Verlagerung der Einflußbahn nach kranial und dorsal sowie etwas nach links. Dabei wird der Vorhofabschnitt in die Perikardhöhle einbezogen (modifiziert nach *Kramer*).

großen Venen einmünden, 2. dem **Vorhofabschnitt**, der zunächst noch außerhalb der Perikardhöhle liegt; 3. dem **embryonalen Ventrikel**, dessen Pulsationen den embryonalen Kreislauf antreiben, und aus dem sich der linke Ventrikel entwickelt; 4. dem **Bulbus cordis**, aus dem der rechte Ventrikel und der Conus cordis hervorgehen.

Der innerhalb der Perikardhöhle gelegene Anteil des Herzschlauches umfaßt den embryonalen Ventrikel und die Ausflußbahn des Herzens, den Bulbus cordis (Abb. 12–**7**). Der Vorhofabschnitt und die Sinushörner sind noch paarig und liegen außerhalb der Perikardhöhle im Septum transversum.

In der weiteren Entwicklung wächst der Herzschlauch sehr viel rascher als die Perikardhöhle. Da er mit beiden Enden fixiert ist, kann die Verlängerung des Schlauches nicht in der Längsrichtung erfolgen. Es kommt zur Bildung einer Schleife, deren Spitze nach ventral und kaudal sowie etwas nach rechts gerichtet ist (Abb. 12–**9** A, B).

Der absteigende Schenkel der Schleife enthält den embryonalen Ventrikel, der aufsteigende Schenkel den Bulbus cordis und die Ausflußbahn des Herzens (Abb. 12–**9** B, C). Gleichzeitig verlagert sich die Einflußbahn des Herzens mit dem Sinus und dem Vorhofbereich nach dorsal und kranial sowie etwas nach links (Abb. 12–**9** C).

Aus dem embryonalen Ventrikel entwickelt sich später der **linke Ventrikel** des definitiven Herzens. Die Myokardschicht des Herzschlauches ist hier am dicksten. Durch weiteres Wachstum dieses Abschnittes verlagert sich die Herzspitze nach links (Abb. 12–**10**).

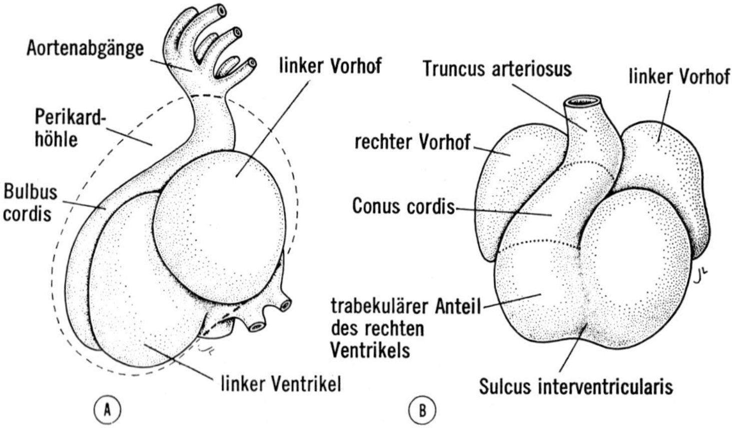

Abb. 12–**10** Das Herz eines 5-mm-Embryos (etwa 28 Tage). A. Von links. B. Von frontal (modifiziert nach *Kramer*).

Der aufsteigende Schenkel der Herzschleife enthält den **Bulbus cordis** (Abb. 12–**9**). Aus seinem unteren breiten Abschnitt geht der **rechte Ventrikel** hervor. Der obere Abschnitt des Bulbus ist der **Conus cordis** (Abb. 12–**10** B und 12–**11**). Durch die Ausbildung eines spiralig gedrehten Septums unterteilt sich der Conus cordis später in zwei getrennte Ausflußbahnen für das rechte und linke Herz. An den Conus schließt sich der **Truncus arteriosus** an, der sich später in die aufsteigende Aorta und den Stamm der A. pulmonalis unterteilt.

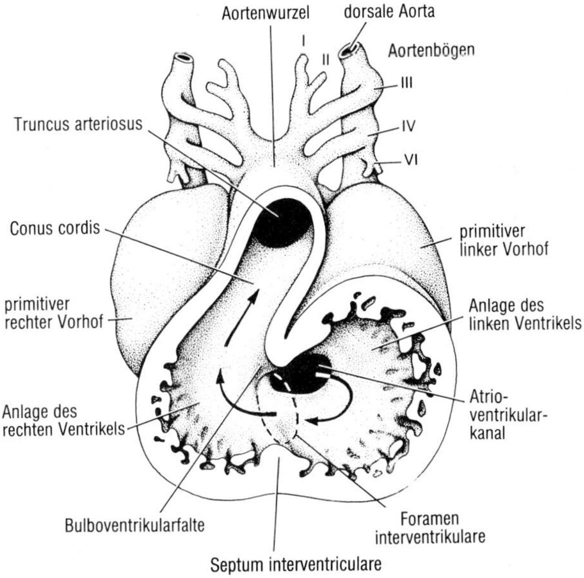

Abb. 12–**11** Frontalschnitt durch das Herz eines 6-mm-Embryos, der das Foramen interventriculare primum und die Einmündung des Vorhofs in den primitiven linken Ventrikel zeigt. Die Pfeile geben die Strömungsrichtung des Bluts an. Zwischen absteigendem und aufsteigendem Schenkel der Herzschleife bildet sich die Bulboventrikularfalte.

Während der Verlagerung der Einflußbahn des Herzens nach dorsal und kranial verschmelzen der rechte und der linke Vorhofabschnitt. Der **einheitliche Vorhof** wird dabei in die Perikardhöhle aufgenommen (Abb. 12–**9**). An den Vorhof schließt sich der **Sinus venosus** an. Im Sinus venosus vereinigen sich die Blutzuflüsse aus den großen Venen vor ihrem Eintritt in das Herz. In den Sinus venosus münden die Dottervenen, die Nabelvenen und die Stämme der Kardinalvenen ein (Abb. 12–**3**). Nach Vereinigung der beiden Sinus-venosus-Abschnitte in der Mittellinie wird der einheitliche Sinus ebenfalls in die Perikardhöhle aufgenommen (Abb. 12–**9** und 12–**10**). Er wird später in die Wand des rechten Vorhofes einbezogen.

Im embryonalen Herzen sind damit die wesentlichen Abschnitte des definitiven Herzens angelegt. Das Blut tritt von dorsal und kranial her durch den Sinus venosus in den einheitlichen Vorhof ein. Das Dach des Vorhofes wird durch den Truncus arteriosus eingebuchtet, so daß eine Unterteilung in einen rechten und einen linken Vorhof bereits angedeutet ist (Abb. 12–**11**). Ohne seine Verlaufsrichtung zu ändern, tritt der Blutstrom durch den **Atrioventrikularkanal** aus dem Vorhof (Atrium) in die Kammer (Ventrikel) des embryonalen Herzens ein. Der Atrioventrikularkanal (Abb. 12–**11**) ist ein zwischen den Erweiterungen des Vorhofs und der Kammer eng gebliebener Abschnitt des Herzschlauches. Hier entstehen später die **Atrioventrikularklappen**. Aus dem bereits mit Trabekeln versehenen Kammerabschnitt wird das Blut über den **Conus cordis** und den **Truncus arteriosus** in die Aortenbögen ausgeworfen. Im trabekulären Abschnitt des embryonalen Herzens ist die Unterteilung in einen rechten und einen linken Ventrikel durch die **Bulboventrikularfalte** und die Anlage eines muskulären **Septum interventriculare** bereits angedeutet (Abb. 12–**11**). Beide zusammen begrenzen das primitive **Foramen interventriculare**. Die Bulboventrikularfalte ist die Projektion des **Sulcus bulboventricularis** ins Herzinnere (Abb. 12–**9** C). Der Sulcus bulboventricularis bildet sich zwischen dem absteigenden und dem aufsteigenden Schenkel der Herzschleife.

In der weiteren Entwicklung werden die im Herzschlauch angelegten vier Herzkammern durch Septen und Klappen voneinander getrennt. Dabei bleibt der einheitliche embryonale Kreislauf immer erhalten. Die Umstellung auf einen Lungenkreislauf und einen Körperkreislauf erfolgt erst mit der Geburt.

Entwicklung des Sinus venosus

Der Sinus venosus trägt in hohem Maße zur definitiven Gestalt des rechten Vorhofs bei, so daß eine kurze Beschreibung seiner Entwicklung notwendig ist.

Die paarige Anlage des Sinus venosus bleibt länger erhalten als bei den übrigen Abschnitten des Herzschlauches. Bei einem Embryo von 4 mm Länge besteht der Sinus aus einem **rechten und linken Sinushorn**, die durch einen kurzen gemeinsamen Abschnitt miteinander verbunden sind (Abb. 12–**7** und 12–**12** A). In jedes Horn münden drei große Venen ein: 1. die **Dottervene**, 2. die **Nabelvene** und 3. der Stamm der **Kardinalvenen**.

Die Veränderungen in der venösen Einstrombahn des Herzens werden im wesentlichen durch die Ausbildung einer großen unpaaren Nabel-

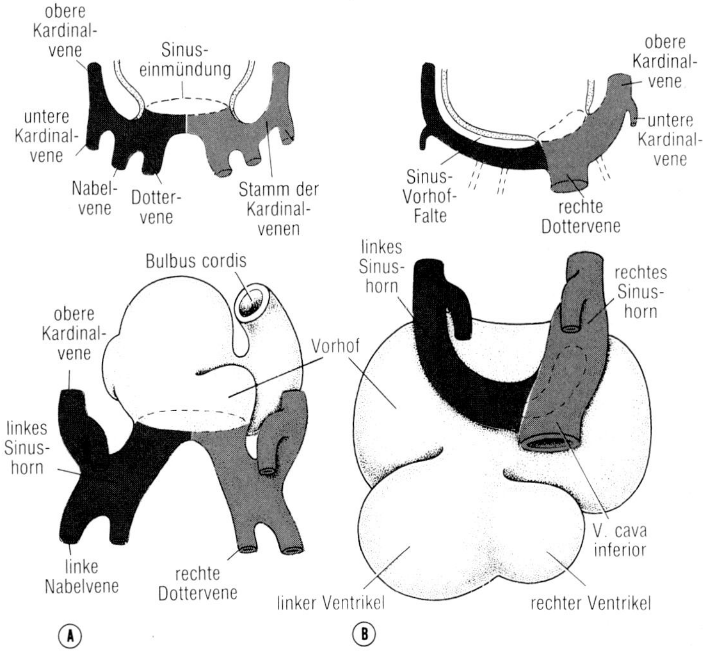

Abb. 12–**12** Die Entwicklung des Sinus venosus. Dorsalansicht. Die gestrichelte Linie zeigt die Einmündung des Sinus in den Vorhof an. Die Verlagerung der Einflußbahn nach dorsal und kranial ist innerhalb des Herzens mit einer Verlagerung der Einmündung des Sinus in den Vorhof nach rechts verbunden. A. Mit 18 Somiten (etwa 24 Tage). B. Mit etwa 35 Tagen.

vene hervorgerufen. Der Blutstrom von der Plazenta wird über den **Ductus venosus** im Bereich der Leber auf die rechte Seite herübergeleitet und tritt über die Wurzel der rechten Dottervene in den Sinus ein (vgl. Abb. 12–**41** und 12–**42**). Die weite Einmündung des Sinus in den Vorhof verengt sich und verlagert sich entsprechend dem Hauptblutstrom nach rechts. Der Sinus wird durch die **Sinus-Vorhof-Falte** vom linken Vorhof abgetrennt (Abb. 12–**12** B).

Der Stamm der linken Nabelvene obliteriert im 5-mm-Stadium, der Stamm der linken Dottervene im 7-mm-Stadium. Schließlich bildet sich auch der Stamm der linken Kardinalvenen im 60-mm-Stadium (in der 10. Woche) zurück. Der distale Abschnitt des linken Sinushorns bleibt als **V. obliqua atrii sinistra** auf der Rückwand des Herzens erhalten. Der proximale Abschnitt des linken Sinushorns und der transversale Abschnitt des Sinus selbst wandeln sich zum **Sinus coronarius** um

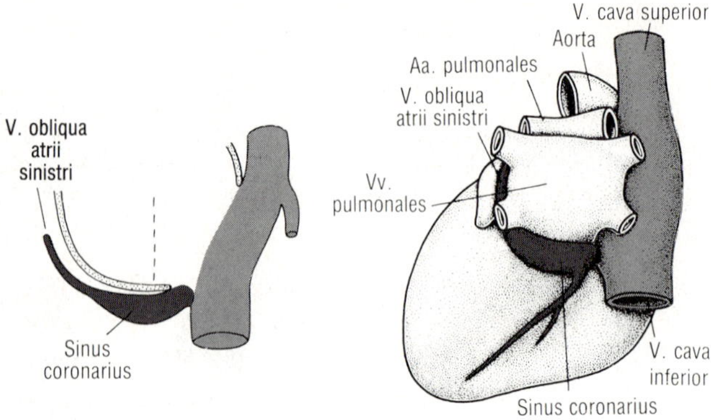

Abb. 12–**13** Definitive Lage des Sinus coronarius und der großen Venen.

(Abb. 12–**13**). Durch den definitiven Sinus coronarius wird das venöse Blut des Herzens selbst in den rechten Vorhof geleitet. Aus dem rechten Sinushorn geht die **V. cava inferior** und aus dem Stamm der rechten Kardinalvenen die **V. cava superior** hervor (Abb. 12–**13**).

Einbeziehung der Venen in die Vorhöfe

Nachdem die Venen der linken Seite obliteriert sind, vergrößert sich das rechte Sinushorn mit seinen Venen beträchtlich. Anschließend wird das rechte Horn, das die einzige Verbindung zwischen dem ursprünglichen Sinus und dem Vorhof darstellt, in den rechten Vorhof einbezogen (Abb. 12–**12** und 12–**14**). Das in den Vorhof aufgenommene Sinushorn bildet den aus Venenwand bestehenden Anteil des rechten Vorhofs. Vor der Einbeziehung sitzen an der Einmündungsstelle zwei Klappenfalten, die **rechte** und **linke Venenklappe** (Abb. 12–**14** A). Auf der rechten Seite wird die Klappe durch die Einschnürung der Sinus-Vorhof-Falte gebildet. Die linke Venenklappe ist sehr viel kleiner. Dorsokranial verschmelzen die Klappen miteinander und bilden eine Leiste, die als **Septum spurium** bezeichnet wird (Abb. 12–**14** A). Ursprünglich sind die Klappen gut ausgebildet. Wenn jedoch das rechte Sinushorn ganz in den Vorhof einbezogen ist, verschmelzen die linke Venenklappe und das Septum spurium mit der sich entwickelnden Vorhofscheidewand (Abb. 12–**14** B). Der obere Abschnitt der rechten Venenklappe verschwindet vollkommen. Der untere Abschnitt bleibt nach der Einbeziehung des Sinus venosus in den rechten Vorhof erhalten. Er verlagert sich an die Einmündungsstelle der V. cava inferior und des Sinus coronarius. Der Klappenrest wird dadurch in zwei Abschnitte unterteilt, in die **Klappe der V. cava inferior** und in die **Klappe des Sinus coronarius** (Abb. 12–**14** B).

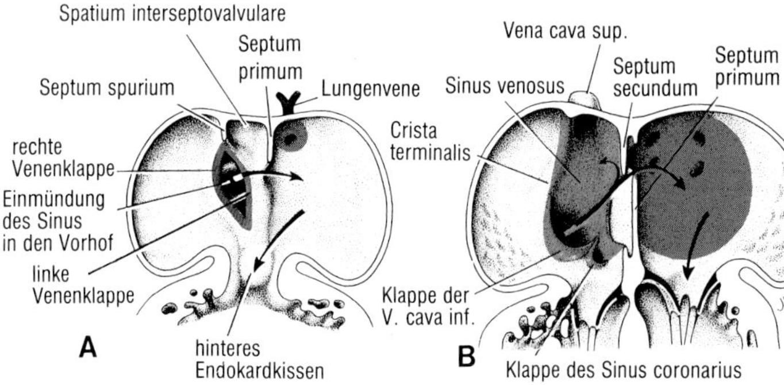

Abb. 12–**14** Längsschnitte durch das Herz in Höhe des Atrioventrikularkanals, gesehen von ventral, die die Entwicklung der Venenklappen zeigen. A. 7- bis 8-mm-Stadium (5. Woche). B. Beim Neugeborenen. Die durch Einbeziehung von Venenwand entstandenen Vorhofabschnitte sind gestrichelt eingezeichnet. Die Pfeile zeigen die Blutströmung an (modifiziert nach *His*).

Im Bereich der Vorhöfe treten damit folgende Veränderungen auf: **1. Der venöse Zufluß zum Herzen verlagert sich nach rechts.** Der Hauptblutzufluß aus der Nabelvene gelangt durch die V. cava inferior in den rechten Vorhof. Der Blutstrom wird durch die Venenklappe gegen die Vorhofscheidewand gelenkt und tritt in den linken Vorhof über. Von dort gelangt er in den linken Ventrikel. Während der Bildung der Vorhofscheidewand durch das Septum primum und das Septum secundum bleibt die Verbindung zwischen rechtem und linkem Vorhof stets funktionell offen. **2. Beide Vorhöfe weiten sich durch die Einbeziehung der einmündenden Venen aus** (Abb. 12–**14** B). In den rechten Vorhof wird das rechte Sinushorn einbezogen. Die Grenze zwischen glatter Venenwand und mit Trabekeln versehener ursprünglicher Vorhofwand ist die **Crista terminalis**. Auf der linken Seite wird in entsprechender Weise der **Stamm der Lungenvenen** in die Vorhofwand einbezogen. Die Einbeziehung reicht über die ersten Aufzweigungen des Lungenvenenstammes hinaus, so daß dadurch vier getrennte Veneneinmündungen entstehen (Abb. 12–**14** B). Die ursprüngliche trabekuläre Vorhofwandung verlagert sich dabei beiderseits in die Herzohren.

Die **Lungenvenen** entwickeln sich als Teil des venösen Eingeweideplexus an der Abgangstelle der Lungenknospe vom Darmrohr. Der intrapulmonale Abschnitt des venösen Eingeweideplexus verliert später seine Verbindung mit den Körpervenen und besitzt dann nur noch einen Abfluß über die Lungenvenen. Der Blutzustrom zum Herzen durch die Pulmonalvenen ist während der Embryonalzeit sehr gering.

Entwicklung der Herzsepten

Die Herzscheidewände entwickeln sich zwischen dem 27. und 37. Entwicklungstag. In diesem Zeitraum nimmt die Länge des Embryos von 5 mm auf etwa 16–17 mm zu. Bevor die Bildung der einzelnen Scheidewände beschrieben wird, sollen die beiden Möglichkeiten, durch die eine Unterteilung des Herzens erreicht werden kann, geschildert werden.

Zwei Gewebskissen können als Leisten oder Wülste aufeinander zuwachsen, bis sie miteinander verschmelzen und dadurch einen Teil des Herzschlauches in zwei getrennte Räume unterteilen (Abb. 12–**15** A, B). Die Gewebskissen entstehen durch die Vermehrung des Mesenchyms unter dem Endothel. Ein derartiges Septum muß nicht immer von zwei einander gegenüberliegenden Leisten ausgehen, sondern kann auch aus einem einzelnen Wulst entstehen (Abb. 12–**15** C).

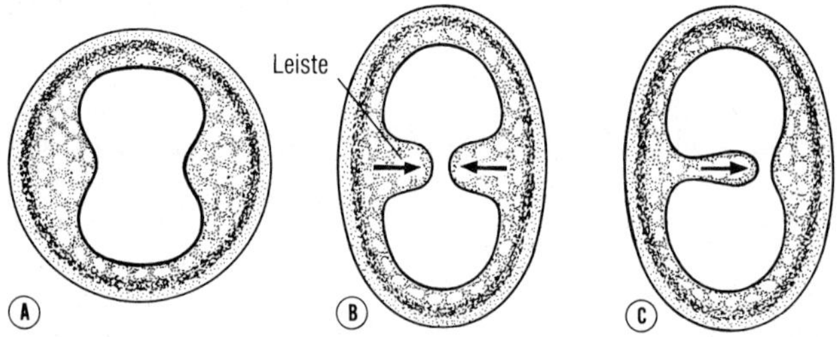

Abb. 12–**15** Septumbildung durch zwei Gewebsleisten, die miteinander verschmelzen. Sie entstehen durch Proliferation des Bindegewebes unter dem Endothel (A und B). Das Septum kann auch von einer einzelnen Leiste gebildet werden (C).

Die zweite Möglichkeit für die Anlage eines Septums ist das unterschiedliche Wachstum benachbarter Abschnitte des Herzens. Wenn zwei Bereiche sich stark ausdehnen, während ein schmaler Streifen zwischen ihnen nicht mitwächst, entsteht eine Unterteilung. Die Wände der sich ausweitenden Abschnitte legen sich aneinander und können verschmelzen. Die verschmolzenen Wandabschnitte bilden ein Septum, das jedoch nicht zu einer vollständigen Trennung führt (Abb. 12–**16** C, D). Die verbleibende Durchtrittsöffnung kann sekundär durch Proliferation geschlossen werden.

Entwicklung der Septen im Vorhof

Das Septum primum wächst vom Dach des Vorhofs sichelförmig herab und engt die ursprüngliche Öffnung zwischen dem rechten und linken Vorhof gegen die Atrioventrikularebene hin zunehmend ein. Der verbleibende Durchgang heißt **Foramen** oder **Ostium primum** (Abb.

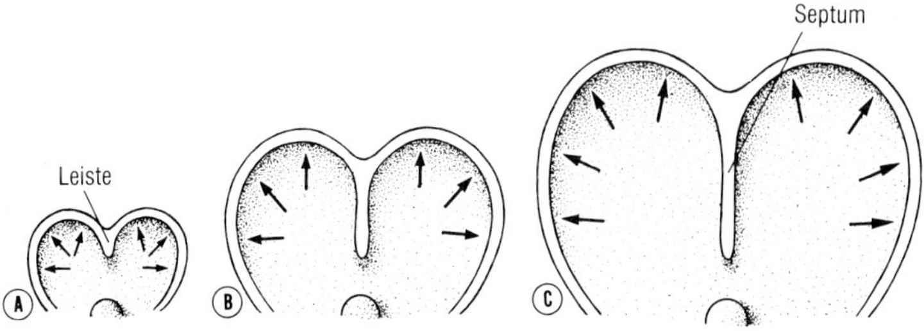

Abb. 12–**16** Septumbildung durch Verschmelzung von aufeinanderliegenden Wandabschnitten in Verbindung mit der Expansion benachbarter Herzabschnitte. Die ursprüngliche Öffnung bleibt zunächst noch erhalten.

12–**17** A und 12–**14** A). **Das Ostium primum wird durch das Septum primum verschlossen.** Kurz vor dem vollständigen Verschluß des Ostium primum reißt das Septum primum oben ein, um den Blutstrom aus der V. cava inferior in den linken Vorhof weiterhin zu ermöglichen. Das Loch im Septum primum heißt **Foramen** oder **Ostium secundum**. **Das Ostium secundum wird vom Septum secundum verschlossen.** Das Septum secundum schiebt sich ebenfalls vom Vorhofdach ausgehend rechts vom Septum primum kulissenartig über das Ostium secundum (Abb. 12–**17** C, D). Das Septum secundum wächst nicht ganz bis zur Atrioventrikularebene vor, sondern läßt an seinem unteren sichelförmigen Rand das **Foramen ovale** frei (Abb. 12–**17** E, F). Der Blutstrom aus der V. cava inferior kann daher weiterhin durch das Foramen ovale und das Ostium secundum in den linken Vorhof gelangen. Wenn nach der Geburt der Lungenkreislauf einsetzt und damit der Druck im linken Vorhof steigt, wird die obere Kante des Septum primum gegen das Septum secundum gepreßt. Dadurch wird das Foramen ovale verschlossen und der rechte und linke Vorhof werden voneinander getrennt (Abb. 12–**17** G).

Entwicklung des Septum primum. Durch die Ausdehnung des Vorhofs beiderseits vom Truncus arteriosus (Abb. 12–**11**) bildet sich im Vorhofdach eine Einsenkung. Mit der Vertiefung dieser Einsenkung erscheint auf der Innenseite eine sichelförmige Falte, die durch die Verschmelzung der benachbarten, aneinanderstoßenden Vorhofwände entsteht. Sie ist die erste Anlage des Septum primum (Abb. 12–**17** A). Die beiden Schenkel der sichelförmigen Leiste laufen auf die Endokardkissen zu, die sich im Atrioventrikularkanal entwickeln. Ausläufer des oberen und unteren Endokardkissens wachsen an der Kante des Septum primum vor und verschließen auf diese Weise allmählich das Ostium primum. Dieser Vorgang ist bei Embryonen von etwa 10 mm Länge abgeschlossen.

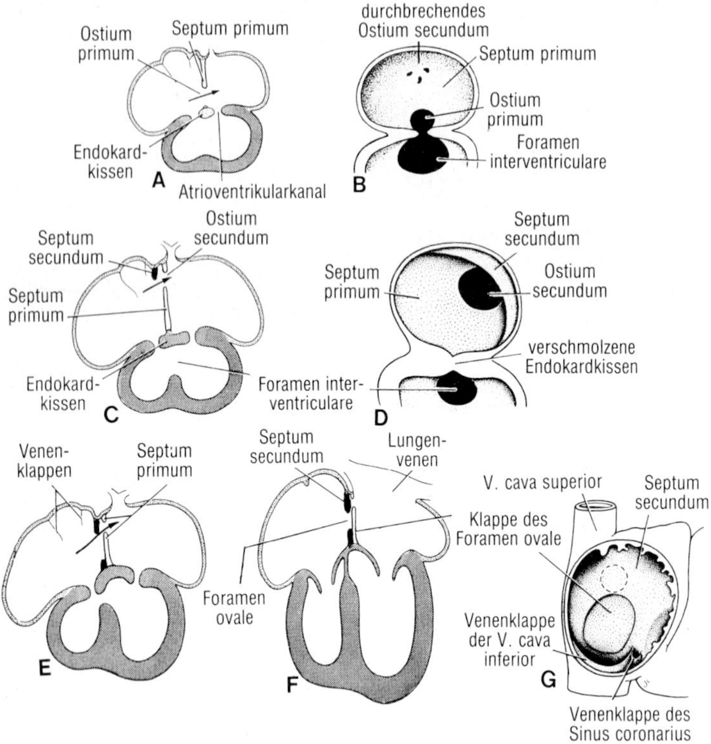

Abb. 12–**17** Schematische Darstellung der Septen im Vorhof in verschiedenen Entwicklungsstadien. A. Mit 6 mm (etwa 30 Tage). B. Wie A, jedoch in der Ansicht von rechts. C. Mit 9 mm (etwa 33 Tage). D. Gleiches Stadium wie C in der Ansicht von rechts. E. Mit 14 mm (etwa 37 Tage). F. Beim Neugeborenen. G. Ansicht des Vorhofseptums von rechts beim Neugeborenen. Die Pfeile zeigen den Blutstrom aus dem rechten in den linken Vorhof an.

Entwicklung des Septum secundum. Bei der Bildung des Septum secundum spielt die Einbeziehung des rechten Sinushorns in den rechten Vorhof und des Lungenvenenstammes in den linken Vorhof eine bedeutende Rolle. Ursprünglich wölbt sich der als Spatium interseptovalvulare bezeichnete Raum zwischen dem Septum spurium und dem Septum primum vor (Abb. 12–**14** A und 12–**17** A). Durch die Einbeziehung der Venen weiten sich die Vorhöfe aus und falten dabei das Dach des Spatium interseptovalvulare ein. Auf diese Weise entsteht die Anlage des Septum secundum (Abb. 12–**14** B und 12–**17** C). In der weiteren Entwicklung nähern sich die linke Venenklappe und das Septum spurium dem Septum secundum und verschmelzen von rechts her mit ihm, so daß es noch weiter verstärkt und vergrößert wird (Abb. 12–**14** A, B).

Unterteilung des Atrioventrikularkanals

Der Atrioventrikularkanal ist der eng gebliebene Abschnitt des Herzschlauches zwischen dem Vorhof- und dem Kammerbereich. Bei der Ausbildung der Herzschleife wird der Atrioventrikularkanal mit der Einflußbahn nach kranial und dorsal verlagert. Er liegt dann in einer etwas nach vorn geneigten Frontalebene hinter und über dem Ventrikelbereich (Abb. 12–**11**). In diesem Stadium öffnet er sich nur in den primitiven linken Ventrikel und ist vom Bulbus cordis durch die **Bulboventrikularfalte** getrennt. Aus dem Atrioventrikularkanal gehen ein **rechtes** und ein **linkes Ostium atrioventriculare** hervor, in denen sich später die Atrioventrikularklappen entwickeln. Die Unterteilung erfolgt gleichzeitig mit der Bildung des Vorhofseptums. Am oberen und unteren Rand des Atrioventrikularkanals entstehen durch Wucherung des Mesenchyms unter dem Endothel zwei Endokardkissen (Abb. 12–**14** A und 12–**18**). Die Unterteilung erfolgt schließlich durch Verschmelzen der beiden Endokardkissen (Abb. 12–**19**). Beim Verschluß des Foramen primum im Vorhof trifft der freie Rand des Septum primum auf die konvexe Fläche der miteinander verschmolzenen Endokardkissen (Abb. 12–**17** A, B).

Bei einem Defekt des Septum primum ist daher die Unterteilung des Atrioventrikularkanals häufig mitbetroffen.

Während der Unterteilung des Atrioventrikularkanals muß sich die Spitze der **Bulboventrikularfalte** zurückbilden, damit der Blutstrom aus den Vorhöfen auch direkt in den primitiven rechten Ventrikel (den proximalen Abschnitt des Bulbus cordis) gelangen kann (vgl. Abb. 12–**11** und 12–**18**). Im 9-mm-Stadium reicht der hintere Ausläufer der Falte gerade bis zur Mitte der Ansatzfläche des oberen Endokardkissens und ragt sehr viel weniger vor als im vorhergehenden Stadium. Da der Atrioventrikularkanal sich gleichzeitig nach rechts ausweitet, besitzt der aus dem Vorhofbereich eintretende Blutstrom einen direkten Zugang zum primitiven linken und rechten Ventrikel. Infolge der Rückbildung der Bulboventrikularfalte öffnet sich jetzt auch der primitive linke Ventrikel direkt über das Foramen interventriculare in den Conus cordis hinein (Abb. 12–**18**).

Bildung des muskulären Ventrikelseptums

Bei einem Embryo von 6 mm Länge besteht zwischen dem primitiven linken und dem primitiven rechten Ventrikel (dem proximalen Abschnitt des Bulbus cordis) über das **Foramen interventriculare** eine

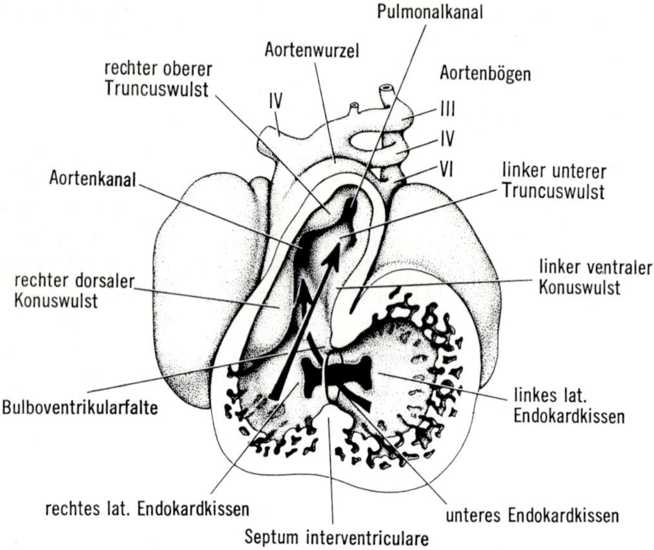

Abb. 12–**18** Frontalschnitt durch das Herz eines 9-mm-Embryos. In diesem Entwicklungsstadium tritt das Blut aus den Vorhöfen sowohl in den linken als auch in den rechten primitiven Ventrikel ein. Beachte die Entwicklung der Endokardkissen im Atrioventrikularkanal. Die Wülste im Truncus und Konus drehen sich spiralig umeinander und folgen damit der Trennungslinie zwischen den Blutströmen aus dem rechten und linken Ventrikel. Der Kreis zeigt die Lage des Foramen interventriculare.

offene Verbindung (Abb. 12–**11** und 12–**18**). Diese Öffnung wird nach unten durch das muskuläre **Septum interventriculare** und nach oben und hinten durch die **Bulboventrikularfalte** begrenzt. Beide gehen ineinander über und bilden eine ringförmige Begrenzung für das Foramen interventriculare primum.

Am Ende der vierten Woche beginnen sich die primitiven Ventrikel zu erweitern. Dies geschieht durch stetiges Wachstum des Myokards an der Außenfläche und gleichzeitige Aushöhlung und Trabekelbildung auf der Innenfläche (Abb. 12–**18**). Wenn das Myokard nur auf der Außenfläche wachsen würde, ohne innen Trabekel zu bilden, käme es zur Ausbildung eines viel zu dicken und kompakten Muskelmantels. Die Kammern des embryonalen Herzens bestehen deshalb aus einer großen Zahl von Trabekeln und einer relativ dünnen, kompakten Außenschicht.

Die mittleren Wandabschnitte der sich ausweitenden Ventrikel legen sich aneinander, verschmelzen und bilden so den größten Teil des

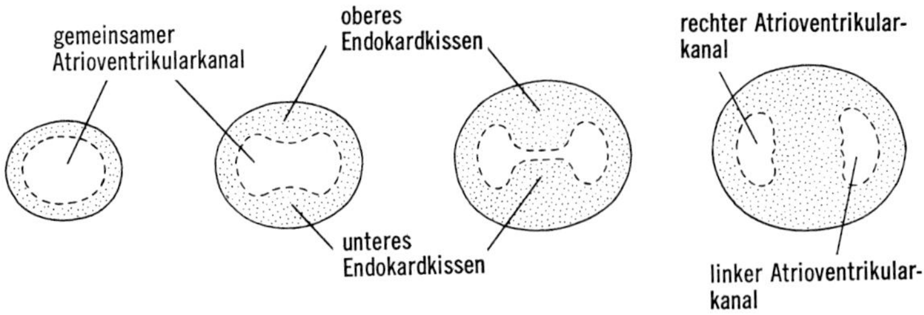

Abb. 12-**19** Entwicklung des Septums im Atrioventrikularkanal. In der Reihenfolge von links nach rechts im 4-, 6-, 9- und 12-mm-Stadium.

muskulären Kammerseptums (Abb. 12–**20** B). Der daran anschließende membranöse Teil des Septum interventriculare wird etwas später im Zusammenhang mit der Unterteilung des Conus cordis gebildet (s. unten). Manchmal ist die Verschmelzung der Kammerwände bei der Bildung des muskulären Kammerseptums unvollständig, so daß auf der Außenfläche des Herzens eine mehr oder weniger tiefe Spalte zwischen beiden Ventrikeln entsteht.

Entwicklung des Septums im Truncus arteriosus und Conus cordis

Durch die Ausweitung des Atrioventrikularkanals nach rechts und die Ausbildung des muskulären Ventrikelseptums entwickelt sich der rechte Ventrikel zu einer eigenen funktionellen Einheit. Der aus dem rechten Ventrikel ausgeworfene Blutstrom überkreuzt in der Ausfluß-

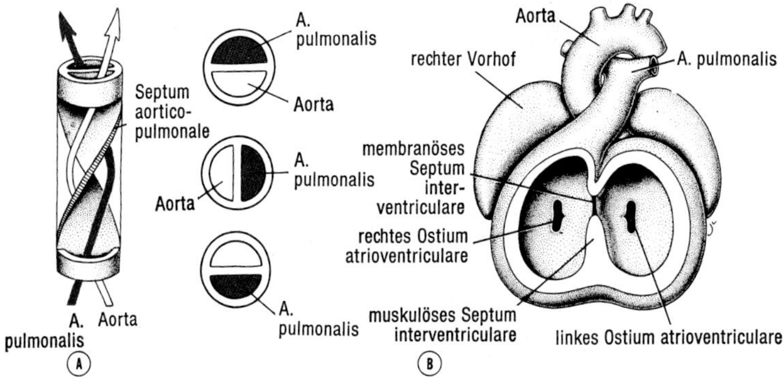

Abb. 12–**20** A. Schematische Darstellung des spiralig gedrehten Septum aorticopulmonale. B. Lage von Aorta und A. pulmonalis im 25-mm-Stadium (8. Woche). Die Gefäßstämme drehen sich umeinander.

bahn des Herzens den Blutstrom aus dem linken Ventrikel (Abb. 12–**18** und 12–**20** A). Beide Blutströme drehen sich spiralig umeinander.

Entsprechend entwickelt sich im Truncus und Conus des Herzens ein spiralig gedrehtes Septum, das die Blutströme im Truncus pulmonalis und der Aorta voneinander trennt. Bis zur Umstellung des Kreislaufes bei der Geburt (s. S. 240) fließt der Blutstrom aus dem Truncus pulmonalis über den Kurzschluß des Ductus arteriosus weiterhin in die absteigende dorsale Aorta.

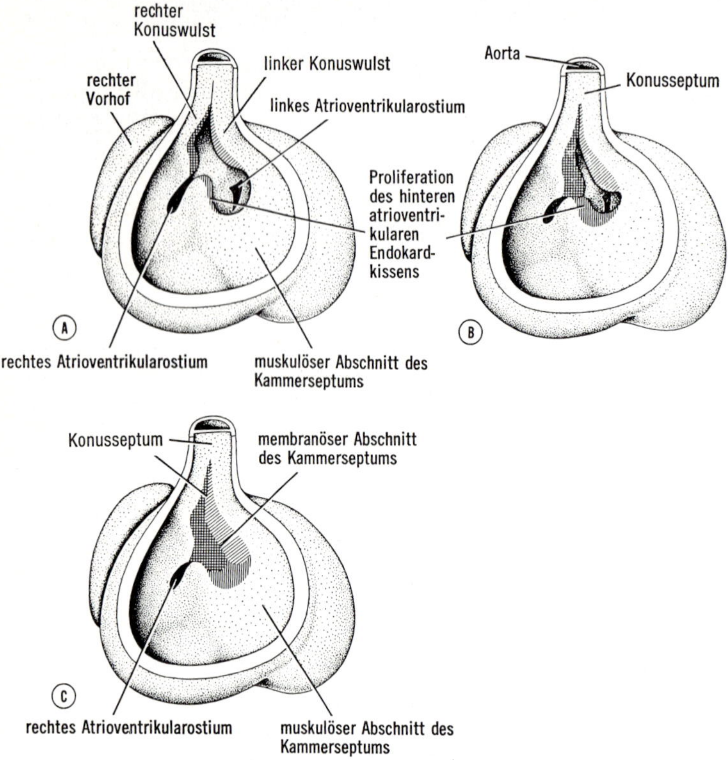

Abb. 12–**21** Schematische Darstellung der Entwicklung der Konuswülste und des Verschlusses des Foramen interventriculare. Proliferationszonen am rechten und linken Konuswulst sowie am hinteren Atrioventrikularkissen verschließen allmählich das Foramen interventriculare und bilden den membranösen Abschnitt des Septums interventriculare. A. Mit 6 Wochen (12 mm). B. Anfang der 7. Woche (14,5 mm). C. Am Ende der 7. Woche (20 mm) (modifiziert nach *Hamilton, Boyd* u. *Mossmann*).

Die Entwicklung des Septums im Trunkus und Conus beginnt im kranialen Abschnitt des Truncus arteriosus etwa im 6-mm-Stadium.

In der Gefäßwandung treten ein **rechter oberer Trunkuswulst** und ein **linker unterer Trunkuswulst** auf (Abb. 12–**18**). Die Wülste verdrehen sich spiralig umeinander, während sie sich nach oben und unten verlängern (Abb. 12–**20** A). Nach ihrer Verschmelzung trennen sie als **Septum aorticopulmonale** die Aorta und A. pulmonalis voneinander (Abb. 12–**20** B).

Etwa gleichzeitig mit dem Auftreten der Wülste im Trunkus arteriosus entwickeln sich entsprechende Wülste an der rechten dorsalen und linken ventralen Wand des **Conus cordis** (Abb. 12–**21** A). Sie wachsen zunächst langsamer als die Truncuswülste. Nach Ausbildung des Trunkusseptums geht der rechte dorsale Konuswulst in den rechten oberen Trunkuswulst und der linke ventrale Konuswulst in den linken unteren Trunkuswulst über (Abb. 12–**21** B). Durch die Verschmelzung der **Konuswülste** wird der Conus cordis in zwei Abschnitte unterteilt, die die Ausflußbahn für die Herzkammern bilden. Der anterolaterale Abschnitt bildet zusammen mit der primitiven rechten Herzkammer den **definitiven rechten Ventrikel**. Der posteromediale Abschnitt geht in die primitive linke Herzkammer über und trägt so zur Bildung des **definitiven linken Ventrikels** bei (Abb. 12–**22**).

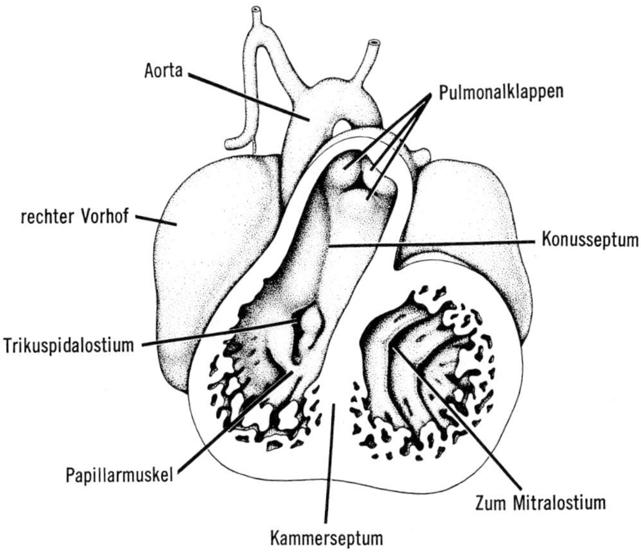

Abb. 12–**22** Frontalschnitt durch das Herz eines 16-mm-Embryos. Beachte das Konusseptum und die Lage der Pulmonalklappen.

Das große **Foramen interventriculare**, das über dem muskulären Kammerseptum liegt, wird durch die Bildung des Konusseptums verkleinert. In der weiteren Entwicklung wird diese Öffnung durch Gewebsmaterial verschlossen, das vom hinteren Endokardkissen ausgehend am oberen Rand des muskulären Kammerseptums vorwächst (Abb. 12–**21** C und 12–**22**). Dieses Gewebsmaterial verschmilzt mit den angrenzenden Teilen des Konusseptums. Wenn sich das Foramen interventriculare vollständig geschlossen hat, ist das Kammerseptum in diesem Bereich recht dick. Erst später wird ein Teil des Septums dünn und bildet die **Pars membranacea des Septum interventriculare**.

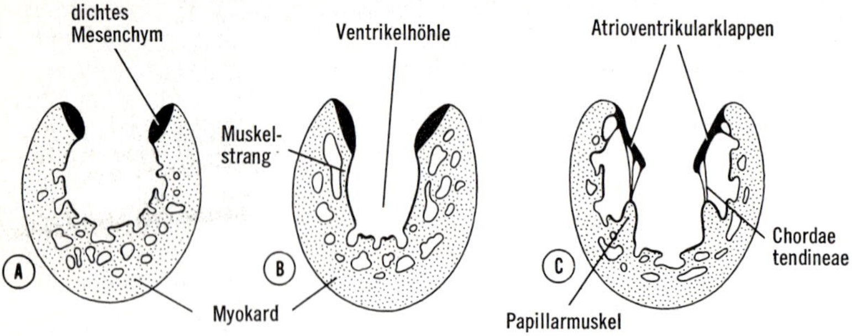

Abb. 12–**23** Die Entwicklung der Atrioventrikularklappen und der Chordae tendineae. Die Klappen werden von der Ventrikelseite her ausgehöhlt, bleiben jedoch mit der Ventrikelwand über die Chordae tendineae verbunden (modifiziert nach *Gegenbauer*).

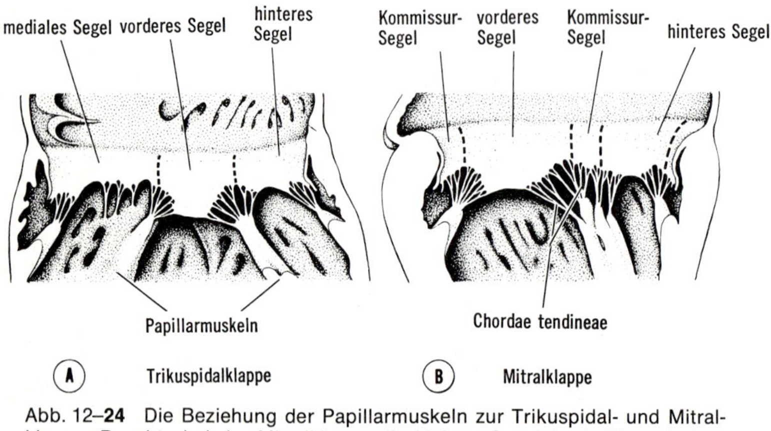

Abb. 12–**24** Die Beziehung der Papillarmuskeln zur Trikuspidal- und Mitralklappe. Beachte bei der Mitralklappe die kleinen Segelabschnitte zwischen vorderem und hinterem Segel (Kommissursegel).

Atrioventrikularklappen

Nachdem durch die Verschmelzung der Endokardpolster der Atrioventrikularkanal in ein rechtes und linkes Ostium unterteilt worden ist (Abb. 12–**19**), kommt es zu lokalisierten Mesenchymproliferationen um jedes Ostium herum (Abb. 12–**23** A). Anschließend werden diese Mesenchympolster auf der Ventrikelseite ausgehöhlt, so daß die neugebildeten Klappen nur noch durch Muskelstränge mit der Ventrikelwand verbunden sind (Abb. 12–**23** B). Schließlich degeneriert das Muskelgewebe in den Strängen auf der Ventrikelseite der Klappen und wird durch dichtes Bindegewebe ersetzt. Die Klappen bestehen dann aus von Endokard überzogenem Bindegewebe und sind durch die **Chordae tendineae** über die aus verdickten Trabekeln bestehenden **Papillarmuskeln** in der Ventrikelwand befestigt (Abb. 12–**23** C und 12–**24**). Auf diese Weise bilden sich im linken Ostium atrioventriculare zwei Klappensegel (**Bikuspidal-** oder **Mitralklappe**) und auf der rechten Seite drei Klappensegel (**Trikuspidalklappe**) (Abb. 12–**23**).

Semilunarklappen

Wenn die Unterteilung des Trunkus fast abgeschlossen ist, werden die Anlagen der Semilunarklappen als kleine Höckerchen sichtbar. Diese Höckerchen sitzen auf den Trunkuswülsten, und zwar so, daß ein Paar in die Bahn der Pulmonalis und ein Paar in die Aorta hineinragt (Abb. 12–**25**). Gegenüber von den miteinander verschmolzenen Trunkuswülsten erscheint in beiden Strombahnen ein drittes Höckerchen. Die Höckerchen höhlen sich allmählich an ihrer oberen Oberfläche aus und bilden die **Semilunarklappen** (Abb. 12–**26**). Dieser Vorgang ist im 16-mm-Stadium bereits weit fortgeschritten und bei einem Embryo von 40 mm Länge praktisch abgeschlossen.

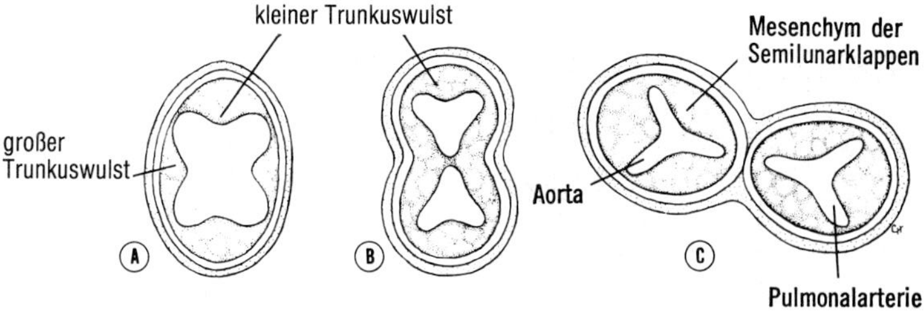

Abb. 12–**25** Querschnitte durch den Truncus arteriosus in Höhe der Semilunarklappen im Alter von 5 (A), 6 (B) und 7 (C) Wochen (nach *Kramer*).

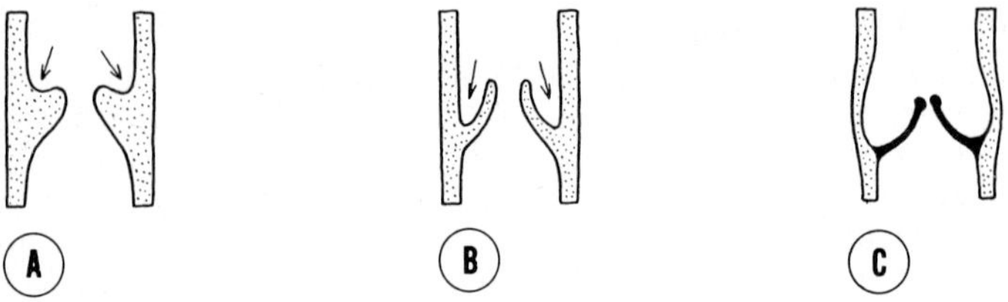

Abb. 12–**26** Längsschnitte durch die Semilunarklappen. Von links nach rechts in der 6., 7. und 9. Entwicklungswoche.

Entwicklungsstörungen des Herzens

M Anomalien des Vorhofseptums

Normalerweise verschmelzen das Septum primum und das Septum secundum vollkommen, so daß keine Öffnung zwischen dem rechten und linken Vorhof zurückbleibt. Bei 20 bis 25% aller Herzen von Erwachsenen kann jedoch eine Sonde durch das Foramen ovale schräg aufwärts vom rechten Vorhof in den linken geschoben werden. Es handelt sich dann um ein **sondendurchgängiges Foramen ovale**. Gewöhnlich ist damit kein intrakardialer Shunt verbunden. Da ein offenes, jedoch funktionell geschlossenes Foramen ovale häufig in sonst normalen Herzen vorkommt, wird es nicht zu den echten Mißbildungen gerechnet.

Eine funktionell bedeutsame Mißbildung liegt vor, wenn aufgrund eines Septumdefektes Blut aus einer Kammer in die andere übertritt. Der Schweregrad der Mißbildung ist von der Größe des Shunt-Volumens abhängig. Die Richtung des Blutstromes hängt von den relativen Druckverhältnissen im Herzen ab. Am Vorhofseptum werden ein **Ostium-secundum-Defekt** und ein **Ostium-primum-Defekt** unterschieden. Der Ostium-secundum-Defekt liegt im oberen und mittleren Abschnitt des Vorhofseptums (Abb. 12–**27** C und E). Er kann operativ leicht verschlossen werden. Beim Verschluß des Ostium primum sind die Endokardpolster im Atrioventrikularkanal beteiligt. Wenn diese Entwicklung gestört wird, entsteht ein Ostium-primum-Defekt (Abb. 12–**28**). Er liegt im unteren Bereich des Vorhofseptums und ist mit Mißbildungen im Atrioventrikularkanal verbunden (s. unten). Der Ostium-primum-Defekt ist daher schwer zu korrigieren.

Beim **Ostium-secundum-Defekt** besteht eine große Öffnung zwischen dem linken und rechten Vorhof. Die Ursache ist entweder eine übermäßige Resorption des Septum primum (Abb. 12–**27** B, C) oder eine unzulängliche Entwicklung des Septum secundum (Abb. 12–**27** D, E).

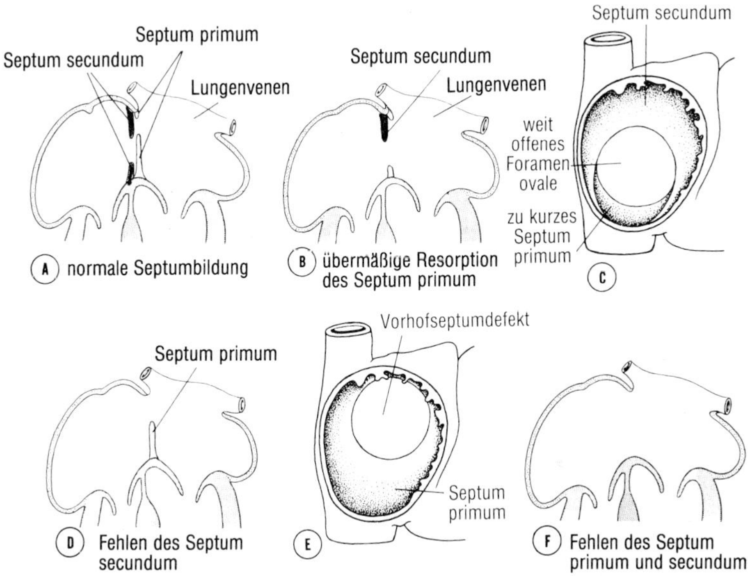

Abb. 12–**27** A. Normale Septenbildung im Vorhof. B, C. Ostium secundum-Defekt, der durch übermäßige Resorption des Septum primum entstanden ist. D, E. Entsprechender Defekt, der jedoch auf dem Fehlen des Septum secundum beruht. F. Atrium communis oder Cor triloculare biventriculare – vollständiges Fehlen des Septum primum und Septum secundum.

Das intrakardiale Shunt-Volumen kann erheblich sein. Es hängt von der Größe der Öffnung ab.

Bei der schwersten Anomalie dieser Gruppe fehlt die Septenbildung im Vorhof vollständig (Abb. 12–**27** F). Man spricht dann von einem **gemeinsamen Vorhof** oder einem **Cor triloculare biventriculare.** Das Krankheitsbild ist gewöhnlich mit anderen Herzmißbildungen verbunden.

Gelegentlich schließt sich das Foramen ovale schon vor der Geburt. Der **vorzeitige Schluß des Foramen ovale** führt zu massiver Hypertrophie des rechten Vorhofes und der rechten Kammer bei gleichzeitiger Unterentwicklung des linken Herzens. Der Tod tritt gewöhnlich kurz nach der Geburt ein.

M Anomalien des Atrioventrikularkanals

Normalerweise unterteilen die Endokardpolster nicht nur den Atrioventrikularkanal in ein rechtes und linkes Ostium, sondern beteiligen sich auch an der Bildung des Pars membranacea des Septum interventriculare und am Verschluß des Ostium primum. Wenn die Verschmelzung der Endokardpolster ausbleibt, ist die Folge ein **persistierender Atrioventrikularkanal** und ein **Septumdefekt** (Abb. 12–**28** A). Der Septumdefekt hat eine Vorhof- und eine Kammerkomponente, getrennt durch mißgebildete Segelklappen im ungeteilten Ostium atrioventriculare (Abb. 12–**28** B).

Gelegentlich verschmelzen die Endokardpolster im Atrioventrikularkanal nur teilweise. Wie in der zuvor beschriebenen Anomalie besteht

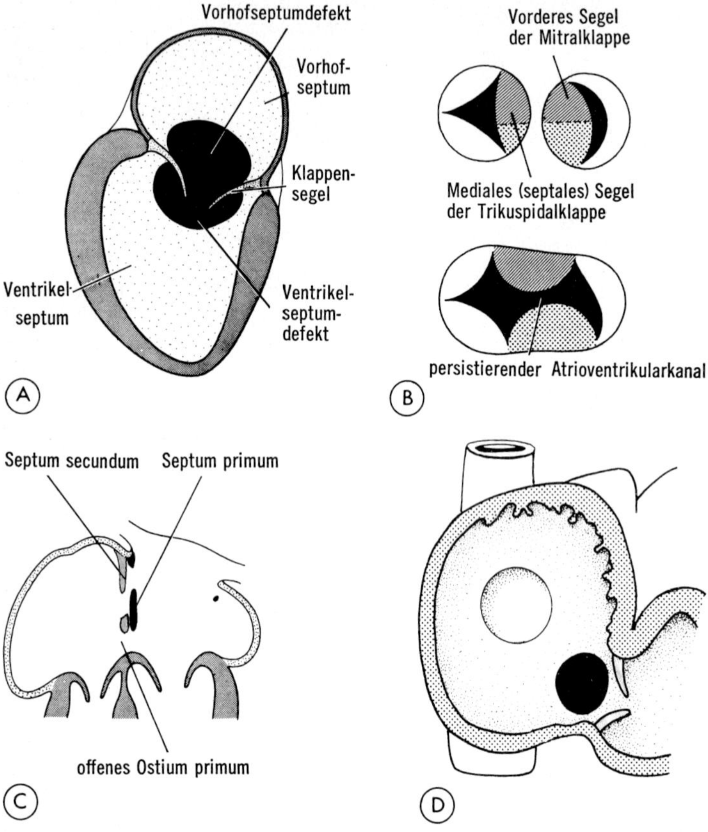

Abb. 12–**28** A. Persistierender Atrioventrikularkanal. Diese Mißbildung ist immer mit einem Vorhofseptum-Defekt sowie mit einem partiellen Ventrikelseptum-Defekt kombiniert. B. Die Klappen im Atrioventrikularkanal bei normaler Entwicklung (oben) und bei einem persistierenden Atrioventrikularkanal (unten). C, D. Ostium primum-Defekt, der auf einer unvollständigen Verschmelzung der Endokardkissen im Atrioventrikularkanal beruht.

dann ein Vorhofseptumdefekt. Das Septum interventriculare ist jedoch geschlossen (Abb. 12–**28** C). Dieser Defekt, ein **Ostium-primum-Defekt**, ist gewöhnlich mit einer Spaltung des vorderen Segels der Mitralklappe und des am Septum sitzenden Segels der Trikuspidalklappe kombiniert (Abb. 12–**28** B).

Eine weitere Mißbildung im Atrioventrikularkanal ist die **Trikuspidalatresie**. Das rechte Ostium atrioventriculare wird entweder nicht angelegt, oder die Trikuspidalklappen verschmelzen sekundär miteinander. Da die Trikuspidalklappen nicht vorhanden oder verschlossen sind, fließt das Blut aus dem rechten Vorhof durch das Foramen ovale in den linken Vorhof. Die Lunge wird über einen Defekt im Kammerseptum oder rückläufig über einen offenen Ductus arteriosus von der Aorta her versorgt (Abb. 12–**29** B). Der rechte Ventrikel ist unterentwickelt, der linke Ventrikel hypertrophiert.

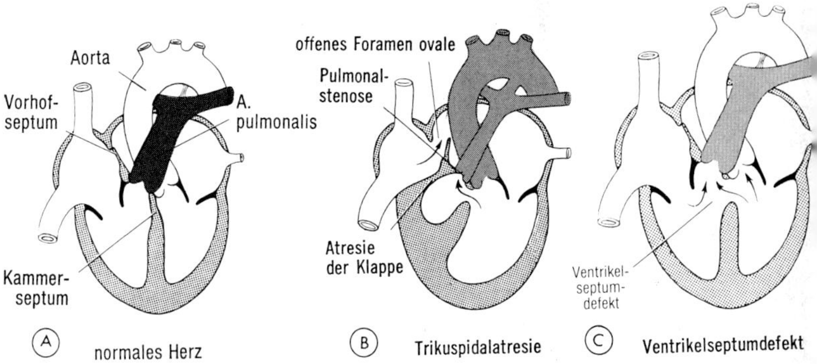

Abb. 12–**29** A. Darstellung des normalen Herzens. B. Trikuspidalatresie. Beachte den kleinen rechten und den erweiterten linken Ventrikel. C. Isolierter Defekt im membranösen Abschnitt des Ventrikelseptums.

M Anomalien des Septum interventriculare

Normalerweise wird die Pars membranacea des Kammerseptums von den rechten und linken Trunkokonalwülsten und durch Material aus dem oberen atrioventrikularen Endokardpolster gebildet. Im Hinblick auf die komplizierte Bildung der Septum interventriculare überrascht es nicht, daß es leicht zu Defektbildungen kommt. In der Tat ist ein **Defekt der Pars membranacea des Septum interventriculare** ein häufiger Befund (Abb. 12–**29** C). Häufig tritt der Defekt isoliert auf. Er kann aber auch mit Teilungsanomalien der Trunkokonalregion vergesellschaftet sein. Je nach der Größe der Öffnung kann der Truncus pulmonalis 1,2- bis 1,7mal so viel Blut führen wie die Aorta. Gelegentlich beschränkt sich der Defekt nicht auf die Pars membranacea, sondern betrifft auch die Pars muscularis des Septums.

M Anomalien des Truncus und Konus

Die häufigste Fehlbildung in diesem Herzabschnitt ist die **Fallot-Tetralogie** (Abb. 12–**30**). In ihrer klassischen Form besteht sie aus: 1. Pulmonalstenose; 2. Ventrikelseptumdefekt; 3. reitende Aorta und 4. Hypertrophie des rechten Ventrikels. Daher die Bezeichnung „Tetralogie". Der zugrunde liegende Defekt bei dieser Herzmißbildung ist eine ungleiche Teilung des Konus durch eine Verlagerung des Septum aorticopulmonale nach vorn. Die Folge davon ist ein verengtes rechtes Kammerausflußgebiet, das heißt eine Infundibulumstenose, und ein großer Defekt im Septum interventriculare. Die Aorta entspringt direkt über dem Septumdefekt aus beiden Herzkammern. Der daraus resultierende erhöhte Blutdruck im rechten Herzen verursacht eine Hypertrophie der rechten Kammerwand. Die Fallot-Tetralogie ist der wichtigste mit Zyanose einhergehende angeborene Herzfehler. Er ist mit dem Leben vereinbar.

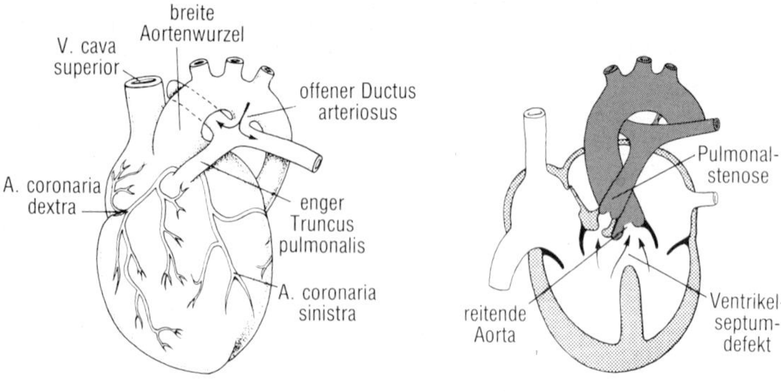

Abb. 12–**30** Fallot-Tetralogie mit (1) Stenose in der Ausflußbahn der A. pulmonalis, (2) reitender Aorta, (3) Ventrikelseptum-Defekt und (4) Hypertrophie des rechten Ventrikels.

In der normalen Entwicklung werden der Truncus und der Konus durch die Verschmelzung der beiden Spiralleisten in Aorta und Pulmonalarterie unterteilt. Wenn diese Leisten nicht verschmelzen und nicht bis zu den Ventrikeln herunterwachsen, entsteht ein **Truncus arteriosus persistens** (Abb. 12–**31**). In einem solchen Fall entspringt die Pulmonalarterie weiter oberhalb vom Ursprung des ungeteilten Truncus. Da die Leisten auch an der Bildung des Konusseptums und eines Teils

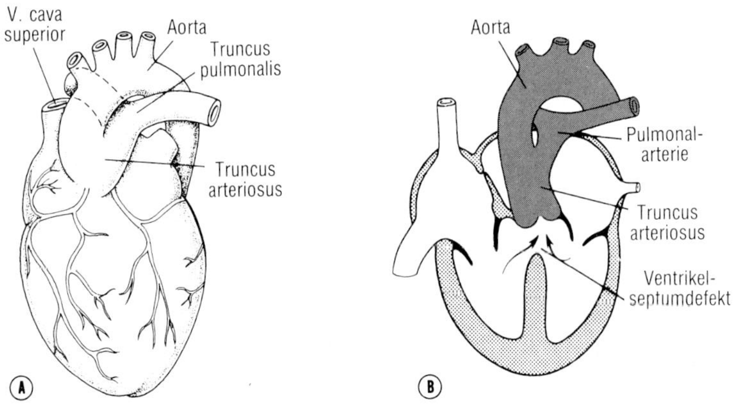

Abb. 12–**31** Persistierender Truncus arteriosus. Die Pulmonalarterie entspringt aus dem gemeinsamen Truncus. Das Septum in Truncus und Konus hat sich nicht gebildet. Die Mißbildung ist immer mit einem Ventrikelseptum-Defekt kombiniert.

des Septum interventriculare beteiligt sind, ist der persistierende Truncus immer mit einem Defekt im Ventrikelseptum verbunden. Der ungeteilte Truncus reitet dann auf beiden Ventrikeln und erhält von beiden Seiten Blut.

Manchmal nimmt das deszendierende Septum aorticopulmonale nicht seinen normalen spiraligen Verlauf, sondern wächst gerade nach unten

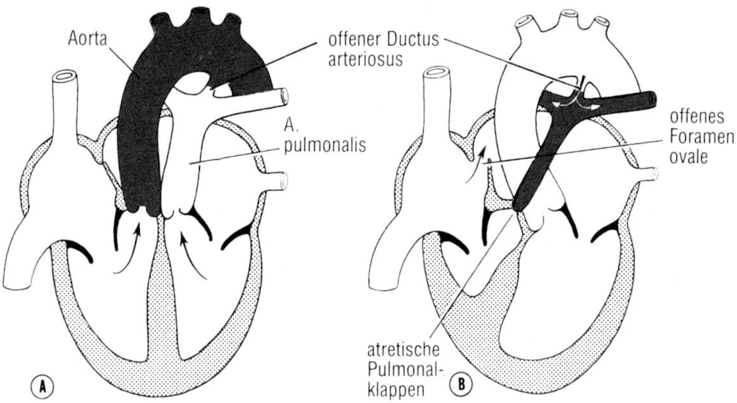

Abb. 12–**32** A. Transposition der großen Gefäße. B. Pulmonalatresie bei normaler Aortenwurzel. Der Zufluß zu den Lungen erfolgt nur über den offenen Ductus arteriosus.

herab (Abb. 12–**32** A). Dann entspringt die Aorta aus dem rechten Ventrikel und die Pulmonalarterie aus dem linken. Diese **Transposition der großen Gefäße** ist eine der häufigsten Herzmißbildungen. Manchmal besteht gleichzeitig ein Defekt der Pars membranacea des Kammerseptums. In der Regel bleibt der Ductus arteriosus offen.

M Anomalien der Semilunarklappen

In dieser wichtigen Gruppe von Mißbildungen sind die Semilunarklappen der A. pulmonalis oder der Aorta mehr oder weniger ausgeprägt miteinander verwachsen. Sie können sogar ein Diaphragma ohne Öffnung bilden. Bei einer **Pulmonalklappenstenose** können die verwachsenen Klappen eine Kuppel bilden, die in eine poststenotische Erweiterung der Pulmonalarterie hineinragt. Wenn die Klappen vollständig verschmolzen sind, ist der Stamm der A. pulmonalis eng oder sogar atretisch (Abb. 12–**32** B). Das offene Foramen ovale bildet dann die einzige Ausflußmöglichkeit für das Blut aus dem rechten Herzen. Der Ductus arteriosus ist immer offen und stellt den einzigen Zugang zum Lungenkreislauf dar.

Bei einer **Aortenklappenstenose** (Abb. 12–**33** A) kann die Fusion der verdickten Klappen so ausgeprägt sein, daß nur ein winziges Loch vorhanden ist. Die Aorta selbst ist jedoch in den meisten Fällen normal weit. Gelegentlich kann eine **subaortale Stenose** vorhanden sein.

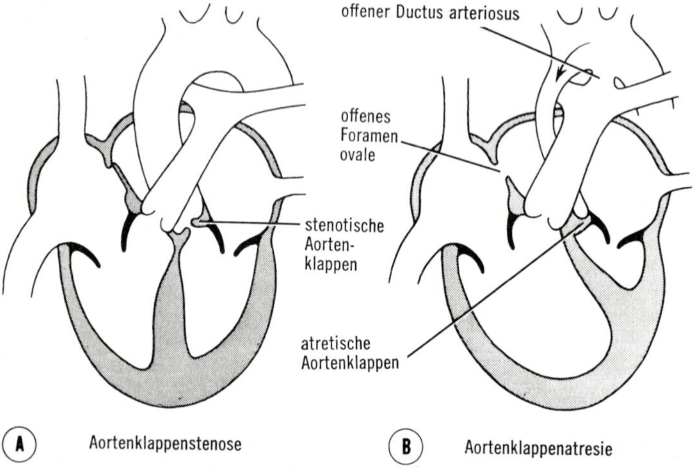

Abb. 12–**33** A. Aortenklappenstenose. B. Aortenklappenatresie. Der Pfeil im Aortenbogen gibt die Richtung des Blutstromes an. Die Koronararterien werden über diesen Rückfluß versorgt. Der linke Ventrikel ist klein und der rechte groß.

In diesen Fällen umgibt ein Ring aus fibrösem Gewebe den Ausflußtrakt des linken Ventrikels knapp unterhalb der Aortenklappen.

Wenn die Aortenklappen vollständig miteinander verwachsen sind, wie es bei der **Aortenklappenatresie** der Fall ist (Abb. 12–**33** B), sind Aorta, linker Ventrikel und linker Vorhof deutlich unterentwickelt. Die Anomalie ist gewöhnlich mit einem weit offenen Ductus arteriosus kombiniert, der das Blut in die Aorta führt.

M Lageanomalien des Herzens

Neben den oben beschriebenen Mißbildungen gibt es auch Lageanomalien des ganzen Herzens. Am häufigsten kommt die **Dextrokardie** vor. Hierbei liegt das Herz in der rechten Thoraxhälfte. Die Anomalie ist gewöhnlich mit einem totalen oder partiellen **Situs inversus** kombiniert.

Eine seltene Mißbildung ist die **Ectopia cordis**. Das Herz liegt dann frei an der Oberfläche des Brustkorbes. Sie kommt durch einen Defekt beim Schluß der Leibeswand in der Mittellinie zustande (Sternalspalte).

Ursachen der kardiovaskulären Fehlbildungen

Fetale Umwelt

1941 beobachtete Gregg, daß **Röteln** bei der Muttter, wenn sie in den ersten zehn Schwangerschaftswochen auftraten, häufig Katarakt, Taubheit und angeborene Herzmißbildungen beim Neugeborenen zur Folge hatten. Diese Beobachtung ist seither wiederholt bestätigt worden, und heute besteht kein Zweifel mehr, daß Röteln angeborene Herzmißbildungen verursachen können. Das Risiko, nach einer solchen Infektion ein mißgebildetes Kind zur Welt zu bringen, wird auf etwa 10% geschätzt. Folgende Herz- und Gefäßmißbildungen sind in der Reihenfolge ihrer Häufigkeit beobachtet worden: Persistierender Ductus arteriosus, Ventrikelseptumdefekt, Fallot-Tetralogie, Vorhofseptumdefekt und Pulmonalstenose.

Genetische Faktoren

Es gibt viele Berichte über Familien, in denen mehr als ein Mitglied einen angeborenen Herzfehler hat. Dies legt den Schluß nahe, daß diese Mißbildungen auf genetischem Wege übertragen werden. Im Gegensatz hierzu sind neuere Autoren weniger geneigt, genetische Faktoren dafür verantwortlich zu machen. Obwohl das familiäre Auftreten von Herzmißbildungen in einigen Fällen beobachtet wurde, konnte über den Vererbungsmodus bisher noch keine Klarheit gewonnen werden.

Experimentell erzeugte Herzmißbildungen

Eine große Vielfalt von angeborenen Herz- und Gefäßanomalien konnte in letzter Zeit durch die Behandlung schwangerer Ratten und Mäuse mit einer Anzahl von teratogenen Faktoren erzielt werden, wie z. B. Injektion von Trypanblau, Vitamin-A-Mangel, Röntgenbestrahlung, Sauerstoffmangel und Folsäuremangel. In vielen Fällen waren die Anomalien den beim Menschen beobachteten auffallend ähnlich.

Zusammenfassung: Entwicklung des Herzens

Herzschlauch

Die Herzanlage entsteht am Boden der **unpaaren Perikardhöhle** vor der Prächordalplatte (Abb. 12–**4**). Durch die kraniokaudale Krümmung verlagert sich die Herzanlage unter den Vorderdarm (Abb. 12–**5**). Der **Herzschlauch** entsteht durch die Verschmelzung eines rechten und eines linken Endothelrohres zu einem **Endokardschlauch**, der von einem **Epimyokardmantel** umgeben ist (Abb. 12–**6**). Der Herzschlauch besteht aus folgenden Abschnitten: (1) dem **Sinus venosus** mit zwei Sinushörnern **(Einflußbahn)**, (2) dem **Vorhofabschnitt**, (3) dem **embryonalen Ventrikel** und (4) dem **Bulbus cordis**, der in die Aortenbögen ausmündet **(Ausflußbahn)** (Abb. 12–**7**).

Herzschleife

Der **absteigende Schenkel** der Herzschleife enthält den **embryonalen Ventrikel**, der zum **linken Ventrikel** wird. Der **aufsteigende Schenkel** enthält den **Bulbus cordis** (Abb. 12–**9**). Aus dem Bulbus cordis entsteht der **rechte Ventrikel** und der **Conus cordis** mit dem **Truncus arteriosus** (Abb. 12–**10**).

Die **Einflußbahn** des Herzens mit dem Sinus venosus und dem Vorhofabschnitt **verlagert sich nach dorsal und kranial** (Abb. 12–**9** C). Aus dem Vorhofabschnitt tritt das Blut durch den **Atrioventrikularkanal** von oben und hinten in den absteigenden Schenkel der Herzschleife ein (Abb. 12–**10** und 12–**11**).

Die **Spitze der Herzschleife** zeigt nach rechts (Abb. 12–**9**). Nach Vergrößerung des linken Ventrikels weist die **Herzspitze** nach links (Abb. 12–**10** B).

Sinus venosus

Durch die Ausbildung einer unpaaren rechten Nabelvene verlagert sich die Einflußbahn des Herzens nach rechts. Die großen Venen der linken Seite bilden sich zurück. Der **Sinus venosus** wird zum **Sinus coronarius** (Abb. 12–**12** und 12–**13**). Das rechte Sinushorn wird als **Venenwand** in den rechten Vorhof einbezogen. Entsprechend wird der **Stamm der Lungenvenen** bis zur ersten Aufzweigung in die Wand des linken Vorhofs aufgenommen. Der **trabekuläre Teil** beider Vorhöfe verlagert sich in die Herzohren (Abb. 12–**14**).

Septumbildung im Vorhof
Vom Dach des gemeinsamen Vorhofs wächst das **Septum primum** auf den Atrioventrikularkanal zu (Abb. 12–**17**). Mit der Einbeziehung der Sinuswand in den rechten Vorhof richtet sich der Hauptblutstrom aus der V. cava inferior gegen den oberen Teil des Septum primum und läßt hier das **Ostium secundum** entstehen, während sich das Septum primum mit dem dorsalen und ventralen Endokardkissen im Atrioventrikularkanal vereinigt und damit das **Ostium primum** verschließt. Über das **Ostium secundum** schiebt sich überlagernd das sichelförmige **Septum secundum.** Bis zur Geburt kann der Blutstrom zwischen beiden Septen hindurch **(Foramen ovale)** in den linken Vorhof übertreten (Abb. 12–**48**). Bei der Geburt steigt der Druck im linken Vorhof an. Die beiden Septen legen sich aneinander und verschließen das Foramen ovale (Abb. 12–**49**).

M Beim **Ostium-primum-Defekt** bleibt eine Öffnung im Bereich des Ostium primum bestehen, verbunden mit Mißbildungen im Atrioventrikularkanal (Abb. 12–**28**). Beim **Ostium-secundum-Defekt** ist die Öffnung oben im Bereich des Foramen ovale lokalisiert (Abb. 12–**27** B, C).

Septumbildung im Ventrikel
Der **muskuläre Teil** des **Septum interventriculare** entsteht aus der **Bulboventrikularfalte** zwischen absteigendem Schenkel (embryonaler Ventrikel) und dem aufsteigenden Schenkel der Herzschleife (Bulbus cordis) (Abb. 12–**11** und 12–**18**). Der obere **membranöse Teil** des Kammerseptums entsteht durch die Verschmelzung der **Konuswülste** mit dem hinteren **Endokardkissen** im Atrioventrikularkanal (Abb. 12–**21**).

Unterteilung in Konus und Trunkus
Die **Ausflußbahn der Ventrikel (Conus cordis)** wird durch die Verschmelzung der **Konuswülste** und der **Truncus arteriosus** durch das spiralig gedrehte **Septum aorticopulmonale** in **Aorta ascendens** und **Truncus pulmonalis** unterteilt (Abb. 12–**20**).

M Mißbildungen, wie **reitende Aorta, Pulmonalstenose** oder **Transposition** der großen Gefäße, werden durch Störungen bei der Bildung der Septen im Konus und Trunkus hervorgerufen (Abb. 12–**30** bis 12–**32**).

Entwicklung der Arterien

Aortenbögen

Mit dem Einsetzen der Pulsationen im embryonalen Herzschlauch entwickeln sich aus den Kapillarnetzen, die aus den Blutinseln hervorgegangen sind (Abb. 12–**1** und 12–**2**), größere Blutgefäße. Es entsteht ein embryonaler Kreislauf (Abb. 12–**3**). Der arterielle Schenkel des embryonalen Kreislaufs beginnt in der Ausflußbahn des Herzens mit dem ungeteilten **Truncus arteriosus** (Abb. 12–**11**). Aus dem Truncus arteriosus entspringen die **Aortenbögen**, die das Blut beiderseits um den Schlunddarm herum in die **dorsalen Aorten** führen (Abb. 12–**34**). Die Ausbildung der Aortenbögen erfolgt gleichzeitig mit der Entwicklung der Schlundbögen (s. S. 249). **Jedem Schlundbogen ist ein Aortenbogen als Schlundbogenarterie zugeordnet**. Zunächst ist nur der erste Aortenbogen vorhanden, der dem Mandibularbogen entspricht (Abb. 12–**34**). Mit dem Größenwachstum der Kopfanlage und der Verlängerung des Schlunddarmes verlagert sich der erste Aortenbogen nach kranial. Zwischen dem ersten Aortenbogen und dem Herzen entstehen nacheinander der zweite bis sechste Aortenbogen (Abb. 12–**13**). In Verlängerung des Herzschlauches setzt sich der Truncus arteriosus nach kranial in die paarige **ventrale Aorta** fort, aus der hintereinander die Aortenbögen entspringen (Abb. 12–**35** A). Der Truncus arteriosus wird vor seiner Aufgabelung als **Aortenwurzel** bezeichnet (Abb. 12–**34**).

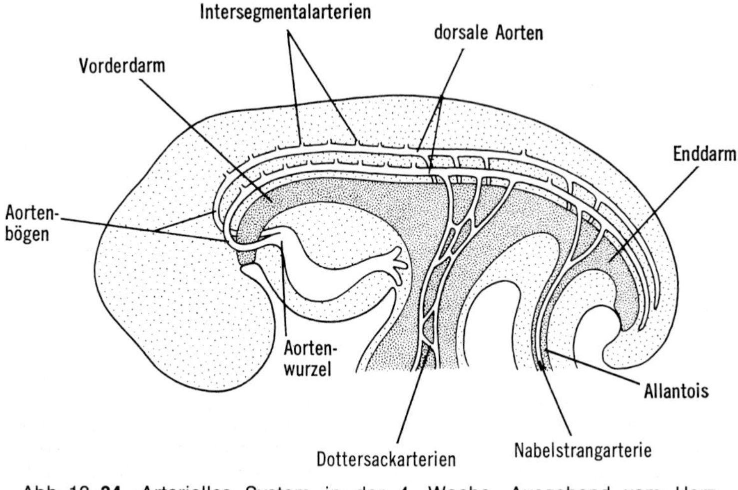

Abb. 12–**34** Arterielles System in der 4. Woche. Ausgehend vom Herzschlauch umfassen die beiden ersten Aortenbögen den Vorderdarm.

In der menschlichen Entwicklung sind die 6 Aortenbögen niemals alle gleichzeitig vorhanden. Entsprechend sind die ventralen Aorten wenig ausgeprägt. Trotzdem ist das Schema über den Gefäßverlauf, das die Abb. 12–**35** gibt, für das Verständnis der Entwicklung nützlich. Es zeigt, daß der 1., 2. und 5. Aortenbogen sich zurückbilden (Abb. 12–**35** B). Aus dem 3. Aortenbogen und dem kranialen Teil der dorsalen Aorten entsteht beiderseits die **A. carotis interna**. Aus der ventralen Aorta entsteht die **A. carotis externa**. Aus dem 4. Aortenbogen

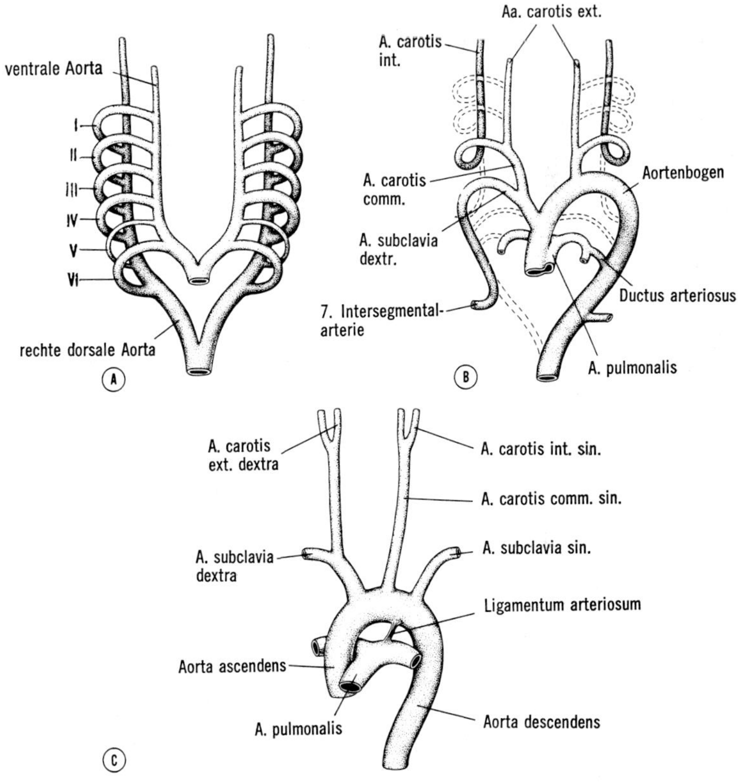

Abb. 12–**35** A. Schematische Darstellung der Aortenbögen und dorsalen Aorten vor der Umbildung zum definitiven Gefäßsystem. B. Darstellung der Aortenbögen und dorsalen Aorten nach der Umbildung. Die obliterierten Abschnitte sind gestrichelt eingezeichnet. Beachte den offenen Ductus arteriosus und die Lage der 7. Intersegmentalarterie auf der linken Seite. C. Die großen Arterien beim Erwachsenen. Vergleiche den Abstand zwischen dem Abgang der linken A. carotis communis und der linken A. subclavia in B und C.

entwickelt sich auf der linken Seite der **definitive Aortenbogen**, auf der rechten Seite der **Truncus brachiocephalicus** und der Anfangsteil der **A. subclavia dextra**. Aus dem 6. Aortenbogen geht beiderseits der Anfangsteil des **Truncus pulmonalis** und auf der linken Seite der **Ductus arteriosus** hervor. Die Verschmelzung der dorsalen Aorten zur definitiven **Aorta descendens** erfolgt von kaudal her bis zur **7. Intersegmentalarterie** (Abb. 12–**36** B). Die Intersegmentalarterien verlaufen ursprünglich zwischen den Somiten (Abb. 12–**34**). Auf der linken Seite bezeichnet daher der Abgang der 7. Intersegmentalarterie die Einmündungsstelle des 4. Aortenbogens in die Aorta descendens. Auf beiden Seiten bildet die 7. Intersegmentalarterie einen Teil der **A. subclavia**.

Bei einem **4-mm-Embryo** ist der erste Aortenbogen bereits größtenteils verschwunden (Abb. 12–**36** A). Ein kleiner Abschnitt ist noch vorhanden und kann als **A. maxillaris** bezeichnet werden. Seine definitive Lage im Kopfbereich ergibt sich aus der Verlängerung der A. carotis externa infolge der Abwärtsverlagerung des Herzens und die Ausbildung eines Halses. Der zweite Bogen verschwindet ebenfalls bald. Die zurückbleibenden Abschnitte dieses Bogens bilden die **A. hyoidea** und **A. stapedia**. Der dritte Bogen ist gut ausgebildet. Der vierte und sechste Bogen entstehen gerade. Obwohl der sechste Bogen noch nicht vollständig ist, besitzt er bereits in der primitiven **A. pulmonalis** einen Hauptast (Abb. 12–**36** A).

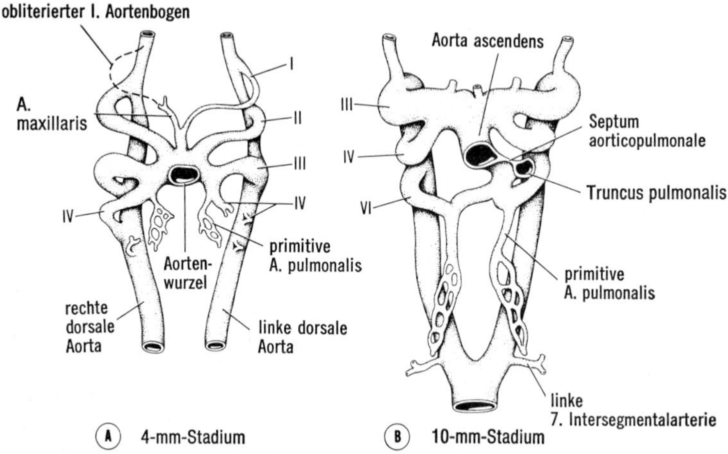

Abb. 12–**36** A. Die Aortenbögen im 4-mm-Stadium. Der erste Aortenbogen ist obliteriert, bevor der sechste sich voll entwickelt hat. B. Die Aortenbögen im 10-mm-Stadium. Beachte das Septum aorticopulmonale und die weite primitive Pulmonalarterie.

Bei einem **10-mm-Embryo** sind die ersten beiden Aortenbögen verschwunden (Abb. 12–**36** B). Der dritte, vierte und sechste Bogen sind gut ausgebildet. **Die Aortenwurzel** (der **Truncus arteriosus**) hat sich geteilt, so daß die beiden sechsten Bögen jetzt in den Truncus pulmonalis übergehen.

Beim **14-mm-Embryo** hat das Aortenbogensystem seine ursprüngliche Symmetrie fast verloren. Der definitive Gefäßverlauf läßt sich bereits erkennen (Abb. 12–**37**). Der dritte Aortenbogen bildet die **A. carotis communis** und den ersten Abschnitt der **A. carotis interna**. Der Rest der Carotis interna geht aus dem kranialen Abschnitt der dorsalen Aorta hervor. Die **A. carotis externa** leitet sich von einem der ventralen Aorta analogen Gefäß ab.

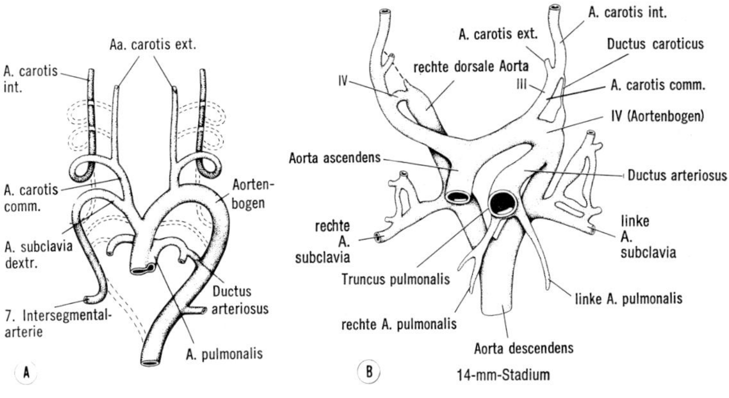

Abb. 12–**37** Die schematische Darstellung der Aortenbogenentwickung (A) ist den Verhältnissen beim 14-mm-Embryo (B) gegenübergestellt. Die A. subclavia leitet sich auf beiden Seiten von der 7. Intersegmentalarterie ab. Der Ductus arteriosus ist weit offen.

Der **vierte Aortenbogen** bleibt auf beiden Seiten erhalten, entwickelt sich jedoch links anders als rechts. Auf der linken Seite bildet er zwischen der linken Carotis communis und der linken A. subclavia einen Teil des Aortenbogens. Auf der rechten Seite entsteht aus ihm der proximale Abschnitt der A. subclavia dextra. Der distale Abschnitt der rechten Subclavia geht aus einem Abschnitt der rechten dorsalen Aorta und der siebenten Intersegmentalarterie hervor (Abb. 12–**37** B).

Der **fünfte Aortenbogen** ist unvollständig entwickelt und nur vorübergehend vorhanden. Der **sechste Aortenbogen** wird auch als **Pulmonalbogen** bezeichnet. Er gibt einen wichtigen Ast ab, der auf die Lungenknospe zuwächst. Auf der rechten Seite wird aus dem proximalen Abschnitt des Bogens das proximale Segment der rechten Pulmonalarterie. Der distale Anteil dieses Bogens verliert seine Verbindung zur dorsalen Aorta und bildet sich zurück. Auf der linken Seite bleibt der distale Abschnitt des Bogens als **Ductus arteriosus** während der Fetalzeit erhalten (Abb. 12–**37** B).

Gleichzeitig mit den Veränderungen im System der Aortenbögen finden noch eine Reihe anderer Umwandlungen statt: 1. Die dorsale Aorta zwischen der Einmündung der dritten und vierten Kiemenbogenarterie – sie wird dort als **Ductus caroticus** bezeichnet – obliteriert frühzeitig (Abb. 12–**37** B). 2. Die rechte dorsale Aorta verschwindet zwischen dem Abgang der rechten siebten Intersegmentalarterie und ihrer Einmündungsstelle in die linke dorsale Aorta (Abb. 12–**37** A). 3. Bei der Entwicklung des Halses deszendiert das Herz aus seiner ursprünglich zervikalen Lage in die Thoraxhöhle. Die A. carotis und der Truncus brachiocephalicus müssen deshalb bedeutend länger werden. Als weitere Folge des Deszensus verlagert die linke A. subclavia, die an ihrem distalen Ende in der Armknospe fixiert ist, allmählich ihre Abgangsstelle aus der Aorta auf der Höhe der siebten Intersegmentalarterie immer weiter nach oben, bis sie in die Nähe der Abgangsstelle der A. carotis communis sinistra zu liegen kommt (Abb. 12–**35** C).

Dottersack- und Nabelarterien

Die **Dotterarterien** sind ursprünglich eine Anzahl von paarig angelegten Gefäßen zur Versorgung des Dottersackes (Abb. 12–**3** und 12–**34**). Sie verschmelzen allmählich und bilden die Arterien im dorsalen Mesenterium des Darmes. Beim Erwachsenen sind es der **Truncus coeliacus** und die **A. mesenterica superior** und **inferior**. Diese Gefäße versorgen die Anhangsorgane des Vorderdarms, Mitteldarms und Enddarms (Abb. 14–**6**).

Die **Nabelarterien** sind ursprünglich paarig angelegte ventrale Äste der dorsalen Aorten. Sie verlaufen in Verbindung mit der Allantois zur Plazenta (Abb. 12–**3** und 12–**34**). Während der vierten Woche gewinnt dann jede Arterie sekundär Anschluß an einen dorsalen Ast der Aorta, die **A. iliaca communis**, und verliert ihre Verbindung mit der Ursprungsstelle. Nach der Geburt bleiben die proximalen Abschnitte der Umbilikalarterien als **A. iliaca interna** und **A. vesicalis superior** erhalten, während die distalen Abschnitte obliterieren und die **Lig. umbilicale mediale** bilden.

Mißbildungen der großen Arterien

M Offener Ductus arteriosus

Unter normalen Bedingungen schließt sich der Ductus arteriosus funktionell kurz nach der Geburt durch die Kontraktion seiner Wandmuskulatur. Der anatomische Verschluß durch Intimaproliferation dauert dann noch ein bis drei Monate. Ein offener Ductus arteriosus kann sowohl isoliert als auch in Kombination mit anderen Herzanomalien auftreten (Abb. 12–**32**). Die Anomalie ist beim Mädchen häufiger als bei Jungen.

M Aortenisthmusstenose

Bei der **Aortenisthmusstenose** *(Coarctatio aortae)* (Abb. 12–**38** A, B) ist die Lichtung der Aorta unterhalb des Ursprungs der linken A. subclavia deutlich verengt. Die Verengung kann über oder unter der Einmündung des Ductus arteriosus gelegen sein. Daher unterscheidet man zwei Typen bei der Aortenisthmusstenose: die **präduktale** und die **postduktale**. Die Ursache der Aortenverengung ist primär eine Media-

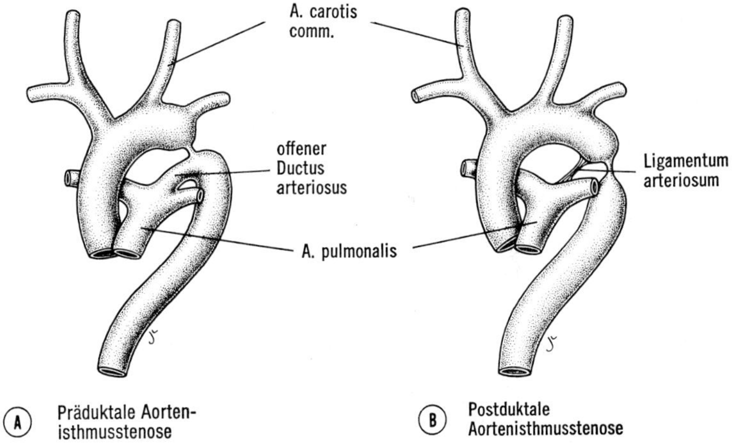

Abb. 12–**38** Aortenisthmusstenose. A. Präduktale Form. B. Postduktale Form. Der kaudale Körperabschnitt wird über große, hypertrophierte Interkostalarterien und die Aa. thoracicae versorgt.

veränderung in der Aorta mit anschließenden Intimaproliferationen. Bei der präduktalen Form persistiert der Ductus arteriosus, bei der postduktalen ist er gewöhnlich obliteriert. Bei der postduktalen Form wird ein Kollateralkreislauf zwischen dem proximalen und distalen

Anteil der Aorta über erweiterte Interkostalarterien und die A. thoracica interna hergestellt. Nur so kann die untere Körperhälfte mit Blut versorgt werden.

M Abnormer Abgang der rechten A. subclavia

Bei dieser Fehlbildung (Abb. 12–**39** A, B) wird die A. subclavia dextra durch den distalen Anteil der rechten Aorta dorsalis und die siebte Intersegmentalarterie gebildet. Der rechte vierte Aortenbogen ist obliteriert. Mit dem Kürzerwerden der Aorta zwischen der linken Carotis

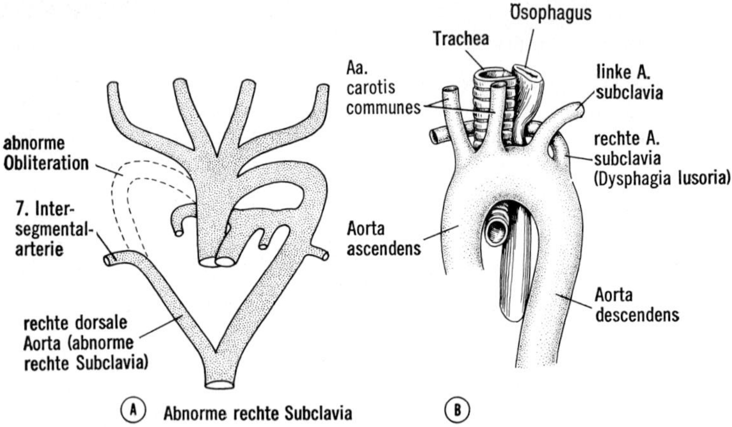

Abb. 12–**39** Abnormer Abgang der rechten A. subclavia (Dysphagia lusoria). A. Das Schema zeigt die Obliteration des rechten vierten Aortenbogens sowie die Persistenz des distalen Abschnitts der rechten dorsalen Aorta. B. Die abnorme rechte A. subclavia überkreuzt die Mittellinie hinter dem Ösophagus und kann diesen einengen.

communis und der linken Subclavia liegt die Abgangsstelle der abnormen rechten Subclavia schließlich unterhalb von der linken Subclavia. Da ihr Stamm sich aus der rechten Aorta dorsalis herleitet, muß sie, um den rechten Arm zu erreichen, die Medianlinie hinter dem Ösophagus kreuzen. Die Anomalie ist recht häufig und kann gelegentlich Schluckbeschwerden verursachen. Das Syndrom wird daher als **Dysphagia lusoria** bezeichnet. Der N. recurrens bildet bei diesen Verhältnissen nicht seine Schlinge um die A. subclavia, sondern zieht direkt vom Vagus zur Kehlkopfmuskulatur.

M Doppelter Aortenbogen

Normalerweise bildet sich die rechte dorsale Aorta zwischen der Abgangsstelle der siebten Intersegmentalarterie und ihrem Zusam-

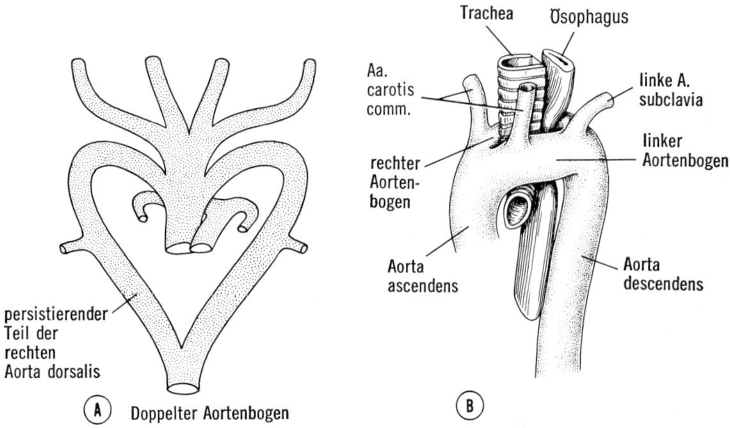

Abb. 12–**40** Doppelter Aortenbogen. A. Das Schema zeigt die Persistenz des distalen Abschnittes der rechten dorsalen Aorta. B. Der doppelte Aortenbogen bildet einen Gefäßring um die Trachea und den Ösophagus.

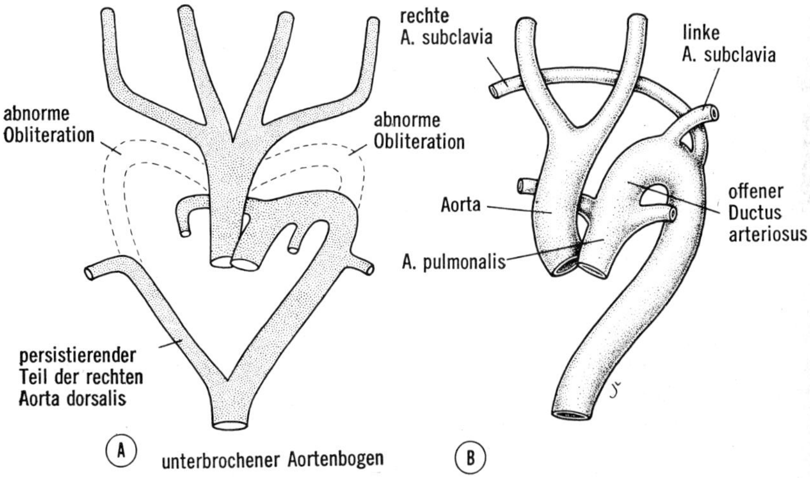

Abb. 12–**41** A. Das Schema zeigt die Obliteration des vierten Aortenbogens auf der rechten und auf der linken Seite sowie die Persistenz des distalen Abschnittes der rechten dorsalen Aorta. B. Eine Form des unterbrochenen Aortenbogens. Die Aorta versorgt den Kopf. Die A. pulmonalis versorgt über den Ductus arteriosus alle anderen Körperabschnitte.

menfluß mit der linken Aorta dorsalis zurück. Wenn dies unterbleibt, entsteht ein doppelter Aortenbogen (Abb. 12–**40** A, B). Dieser umfaßt als **Gefäßring** die Trachea und den Ösophagus und komprimiert häufig diese beiden Gebilde. Dadurch kommt es zu Atem- und Schluckbeschwerden.

M Unterbrochener Aortenbogen

Diese interessante Anomalie, die schwerwiegender ist als die vorher beschriebenen, wird durch Obliteration des vierten Aortenbogens auf der linken Seite hervorgerufen (Abb. 12–**41** A, B). Sie ist häufig mit einem abnormen Ursprung der rechten A. subclavia kombiniert. Der Ductus arteriosus bleibt weit offen und die Aorta descendens und die Aa. subclaviae erhalten Blut von geringem Sauerstoffgehalt aus der A. pulmonalis. Die Aorta versorgt nur die linke und rechte A. carotis communis.

M Rechter Aortenbogen

Bei dieser Anomalie sind der linke vierte Aortenbogen und die linke Aorta dorsalis vollkommen obliteriert und werden von den entsprechenden Gefäßen der rechten Seite ersetzt. Es kann zu Schluckbeschwerden kommen, wenn das Lig. arteriosum links liegt und hinter dem Ösophagus verläuft.

Entwicklung der Venen

In der fünften Woche sind drei große Venenpaare vorhanden: 1. die **Dottervenen** *(Vv. vitellinae)*, die das Blut vom Dottersack zum Sinus venosus leiten, 2. die **Nabelvenen** *(Vv. umbilicales)*, die in den Chorionzotten entspringen und sauerstoffreiches Blut dem Embryo zuführen und 3. die **Kardinalvenen** *(Vv. cardinales)*, die dem Blutrückfluß aus dem eigentlichen Embryonalkörper dienen (Abb. 12–**3**).

Dottervenen

Bevor die Dottervenen in den Sinus venosus eintreten, bilden sie einen Venenring um das Duodenum und durchströmen die Leberanlage (Abb. 12–**42** A, B). Die auswachsenden Leberzellbälkchen sprossen in die Strombahn der Venen ein, so daß ein weites Kapillarnetz aus **Lebersinusoiden** entsteht. Die Gefäßverbindungen zwischen den Lebersinusoiden und dem Herzen werden als **Leber-Herz-Kanäle** bezeichnet.

In der weiteren Entwicklung entsteht aus den Anastomosen um das Duodenum ein einziges Gefäß, die **V. portae** (Abb. 12–**43** A, B). Die

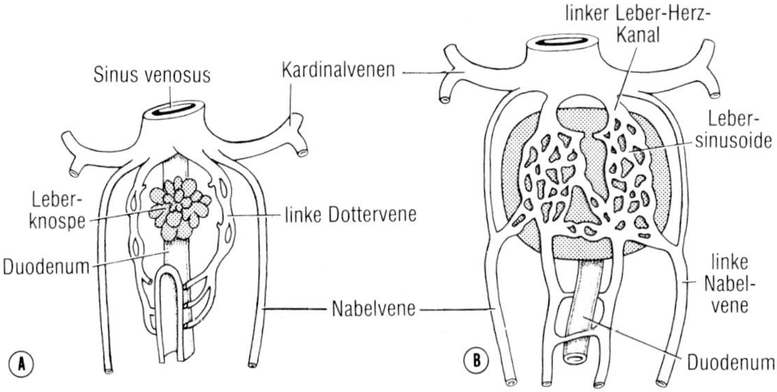

Abb. 12–**42** Die Entwicklung der Dotter- und Nabelvenen während der vierten (A) und der fünften Woche (B). Die Leberbälkchen wachsen in die Strombahn der Dottervenen ein, so daß Lebersinusoide entstehen. Um das Duodenum bildet sich ein Plexus. Der venöse Blutstrom beginnt sich von links nach rechts zu verlagern.

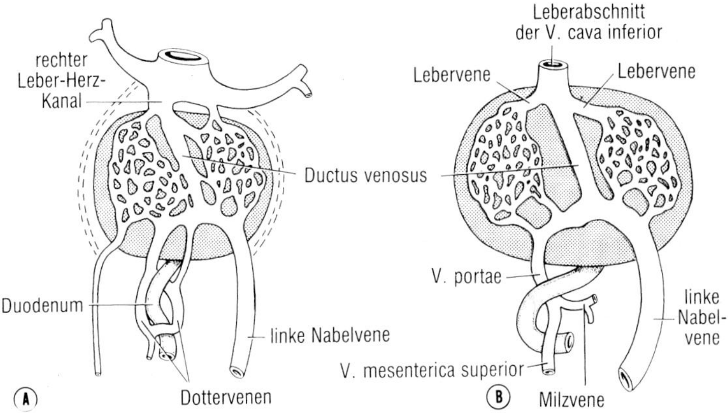

Abb. 12–**43** Entwicklung der Dotter- und Nabelvenen im zweiten (A) und dritten Monat (B). Das Blut der linken Nabelvene wird über den Ductus venosus nach rechts geleitet. Das Lebersegment der V. cava inferior entsteht aus dem rechten Leber-Herz-Kanal.

V. mesenterica superior, die das Blut aus den primitiven Darmschlingen ableitet, stammt vom distalen Abschnitt der rechten Dottervene ab. Der distale Abschnitt der linken Dottervene bildet sich vollständig zurück. Mit der Rückbildung des linken Sinushorns wird das Blut aus der linken Leberhälfte nach rechts umgeleitet und infolgedessen die rechte Dottervene (rechter Leber-Herz-Kanal) stark vergrößert. Der rechte Leber-Herz-Kanal bildet schließlich den **posthepatischen Abschnitt der V. cava inferior**. Der proximale Abschnitt der linken Dottervene obliteriert.

Nabelvenen

Die Nabelvenen laufen zuerst auf beiden Seiten an der Leberanlage vorbei. Sie nehmen jedoch bald Verbindung zu den Lebersinusoiden auf (Abb. 12–**42**). Der proximale Abschnitt beider Nabelvenen und die rechte Nabelvene bilden sich zurück, so daß nur noch die linke Nabelvene das Blut aus der Plazenta zur Leber befördert. Mit der Verstärkung des Plazentakreislaufes entsteht eine direkte Verbindung zwischen der linken Nabelvene und dem rechten Leber-Herz-Kanal. Das neue Gefäß umgeht als **Ductus venosus** das Netz der Lebersinusoide (Abb. 12–**43**). Nach der Geburt obliterieren die Nabelvene und der Ductus venosus und bilden das **Lig. teres hepatis** und das **Lig. venosum** (s. „Die Umstellung des Kreislaufes bei der Geburt“, S. 243).

Kardinalvenen

Das System der Kardinalvenen besteht aus den **vorderen Kardinalvenen** *(Vv. cardinales anteriores)* im kranialen Körperabschnitt des Embryos und aus den **hinteren Kardinalvenen** *(Vv. cardinales posterio-*

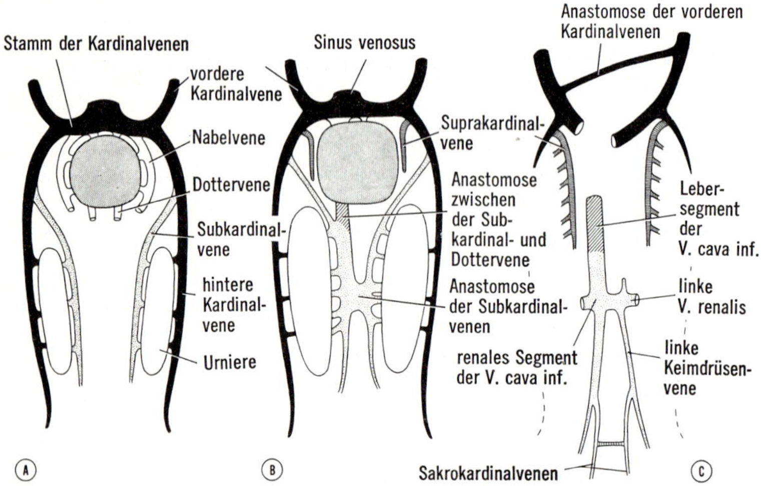

Abb. 12–**44** Schematische Darstellung der Entwicklung der V. cava inferior, der V. azygos und der V. cava superior. A. In der 4. Woche. B. In der 6. Woche. C. In der 7. Woche. Zwischen den Subkardinalvenen, den Sakrokardinalvenen und den vorderen Kardinalvenen entstehen Anastomosen.

res), die das Blut aus dem übrigen Embryonalkörper einschließlich der Urnieren zurückleiten. Die vordere und hintere Kardinalvene einer Seite vereinigen sich miteinander kurz bevor sie in das Herz eintreten und bilden die kurze **V. cardinalis communis** *(Ductus Cuvieri).* Diese mündet in das rechte bzw. linke Sinushorn dicht neben den Nabelvenen ein (Abb. 12–**12**).

Zwischen der fünften und siebten Woche bilden sich zusätzliche Venensysteme heraus: (1) Die **Subkardinalvenen** entwickeln sich zur Drainage der Urnieren (Abb. 12–**44** A). (2) Die **Suprakardinalvenen** nehmen das Blut aus den Interkostalvenen der Körperwand auf und übernehmen damit die Funktion der hinteren Kardinalvenen (Abb. 12–**44** B, C). (3) Die **Sakrokardinalvenen** entstehen mit den unteren Extremitäten (Abb. 12–**40** C).

Bei der Entwicklung des Vena-cava-Systems treten in diesen Venensystemen charakteristische **Queranastomosen** auf, die das Blut von links auf die rechte Seite herüberführen.

Die **Anastomose zwischen den vorderen Kardinalvenen** entwickelt sich zur **linken V. brachiocephalica** (Abb. 12–**45** A, B). Sie führt das Blut aus dem Kopf und dem Arm der linken Seite auf die rechte Seite herüber. Der Endabschnitt der linken hinteren Kardinalvene mündet nun in die linke V. brachiocephalica und bleibt als kleines Gefäß in Form der **linken oberen Interkostalvene** erhalten (Abb. 12–**46** B). Das Gefäß führt Blut aus dem zweiten und dritten Interkostalraum. Die **V. cava superior** entsteht rechts aus dem Stamm der Kardinalvenen und aus dem proximalen Abschnitt der vorderen Kardinalvene (Abb. 12–**45** A, B).

Die **Anastomose zwischen den Subkardinalvenen** wird zur **linken Nierenvene**. Anschließend bildet sich die linke Subkardinalvene zurück (Abb. 12–**44** B, C). Nur ihr distaler Abschnitt bleibt als Gonadenvene erhalten (Abb. 12–**44** C). Die rechte Subkardinalvene wird damit zum Hauptabfluß und entwickelt sich zum **renalen Segment der V. cava inferior** (Abb. 12–**45** B).

Die **Anastomose zwischen den Sakrokardinalvenen** wird zur **linken V. iliaca communis** (Abb. 12–**45** A, B). Die rechte Sakrokardinalvene bildet damit den unteren Abschnitt der V. cava inferior **(sakrokardinales Segment)**. Das renale Segment der V. cava inferior geht in den Leberabschnitt der V. cava über, der aus der rechten Dottervene stammt. Damit ist die Ausbildung der **V. cava inferior** abgeschlossen. Sie besteht nun aus einem **hepatischen**, einem **renalen** und einem **sakrokardinalen Segment**.

Durch die Obliteration der unteren Kardinalvenen im Bereich des Herzens gewinnen die **Suprakardinalvenen** an Bedeutung. Die vierte

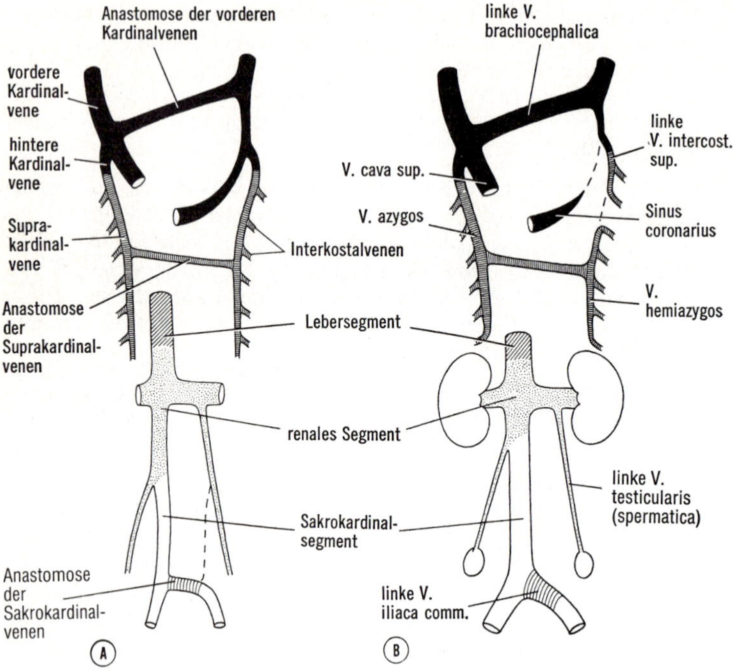

Abb. 12–**45** Die Darstellungen zeigen die weitere Entwicklung der V. cava inferior. A. Mit 9 Wochen. B. Bei der Geburt. Beachte die Anastomose zwischen den vorderen Kardinalvenen, den Suprakardinalvenen, den Subkardinalvenen und den Sakrokardinalvenen (modifiziert nach *Grünwald, McClure* u. *Butler*).

bis elfte Interkostalvenen der rechten Seite entleeren sich in die rechte Suprakardinalvene, die nun zusammen mit einem Abschnitt der hinteren Kardinalvene zur **V. azygos** wird (Abb. 12–**45** A, B). Auf der linken Seite münden die Interkostalvenen in die linke Suprakardinalvene ein. Zwischen beiden Suprakardinalvenen entwickelt sich eine **Queranastomose**, so daß die linke Suprakardinalvene sich in die V. azygos entleert und damit zur **V. hemiazygos** wird (Abb. 12–**45** B).

M Anomalien im Verlauf der Venen

Die Entwicklung der großen Hohlvenen ist sehr kompliziert. Es kommt daher häufig zu Abweichungen im Verlauf dieser Venen.

M Doppelte V. cava inferior in Höhe der Lendenwirbelsäule

Bei dieser Anomalie (Abb. 12–**46** A) hat die linke Sakrokardinalvene nicht ihre Verbindung mit der linken Subkardinalvene verloren. Die linke V. iliaca communis kann vorhanden sein oder fehlen. Die linke V. testicularis ist normal angelegt.

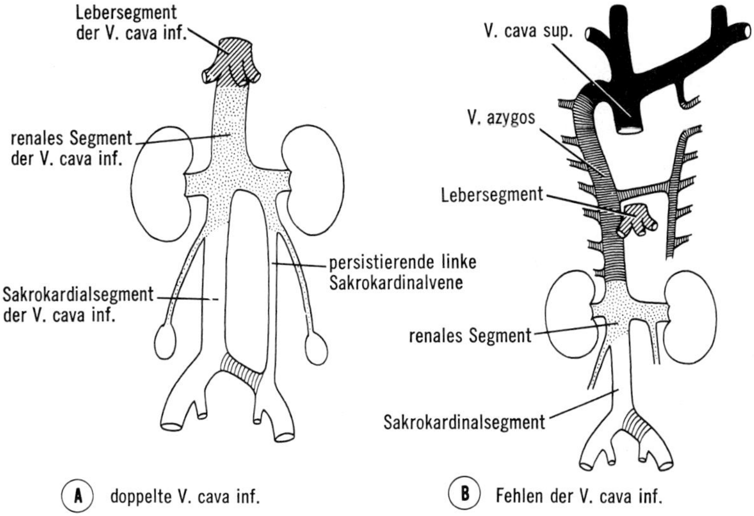

Abb. 12–**46** A. Doppelte V. cava inferior im Lumbalbereich infolge der Persistenz der linken Sakrokardinalvene. B. Fehlen der V. cava inferior. Der Blutabfluß aus der unteren Körperhälfte erfolgt über die V. azygos, die in die V. cava superior eintritt. Die V. hepatica mündet in das Herz an der Stelle der V. cava inferior ein.

M Fehlende V. cava inferior

Die rechte Subkardinalvene hat in diesem Fall keinen Anschluß an die Leber gefunden und leitet ihr Blut direkt in die rechte V. supracardinalis (Abb. 12–**46** B). Der Blutstrom aus den kaudalen Körperregionen erreicht dann das Herz über die V. azygos und die V. cava superior. Die V. hepatica mündet anstelle der V. cava inferior in den rechten Vorhof. Zumeist ist die Anomalie mit anderen Herzmißbildungen verbunden.

M Linke V. cava superior

Diese Anomalie (Abb. 12–**47** A) wird durch Persistieren der linken vorderen Kardinalvene und Obliteration der V. cardinalis communis

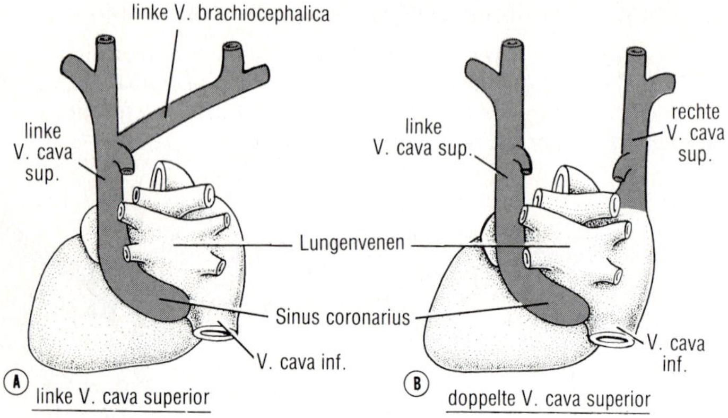

Abb. 12–**47** A. Eine linke V. cava superior tritt in den rechten Vorhof über den Sinus coronarius ein. B. Doppelte V. cava superior. Die Anastomose zwischen den beiden vorderen Kardinalvenen hat sich nicht entwickelt (Ansicht von dorsal).

und des proximalen Anteils der vorderen Kardinalvene der rechten Seite verursacht. Bei diesen Verhältnissen wird das Blut über die V. brachiocephalica von der rechten zur linken Seite geleitet.

M **Doppelte V. cava superior**

Es bleibt die linke vordere Kardinalvene erhalten, während die linke V. brachiocephalica fehlt (Abb. 12–**47** B). Die persistierende linke vordere Kardinalvene heißt dann **V. cava superior sinistra** und leitet das Blut über den Sinus coronarius in den rechten Vorhof.

Umstellung des Kreislaufs bei der Geburt

Fetaler Kreislauf

Unser heutiges Wissen über den fetalen Kreislauf beruht größtenteils auf angiokardiographischen Untersuchungen beim fetalen Lamm und beim menschlichen Fetus.

Vor der Geburt erreicht das sauerstoffbeladene Blut aus der Plazenta den Fetus über die **Nabelvene**. Im Bereich der Leber fließt der Hauptteil dieses Blutes durch den **Ductus venosus** direkt in die V. cava inferior und passiert damit im Kurzschluß die Leber. Ein kleiner Teil erreicht die Lebersinusoide und vermischt sich hier mit Blut aus dem Pfortaderkreislauf (Abb. 12–**48**). Ein **Sphinktermechanismus** im Ductus venosus in der Nähe der Einmündungsstelle der Nabelvene regu-

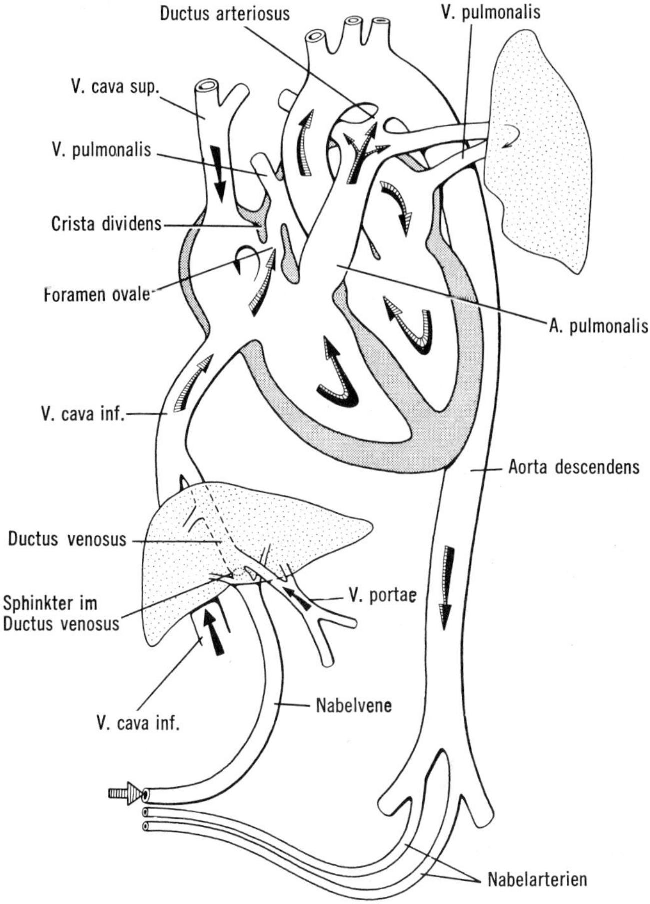

Abb. 12–**48** Der Blutkreislauf beim Menschen vor der Geburt. Die Pfeile zeigen die Richtung des Blutstromes an (gestrichelt: sauerstoffreich; schwarz: sauerstoffarm).

liert den Zufluß von Nabelschnurblut durch die Lebersinusoide. Man nimmt an, daß dieser Sphinkter sich schließt, wenn infolge einer Uteruskontraktion der venöse Rückfluß zu stark ist, und daß auf diese Weise das Herz vor einer plötzlichen Überlastung geschützt wird.

Nach kurzem Verlauf in der V. cava inferior tritt das Blut in den rechten Vorhof ein. Hier wird es durch die Klappe der V. cava inferior gegen das **Foramen ovale** geleitet, so daß die Hauptmenge des Blutstroms direkt in den linken Vorhof gelangt. Ein kleiner Teil wird jedoch durch den unteren Rand des Septum secundum, der **Crista dividens**, daran gehindert und verbleibt im rechten Vorhof. Hier mischt er sich mit dem sauerstoffarmen Blut, das aus der Kopfregion und den Armen über die V. cava superior zurückfließt.

Vom linken Vorhof aus gelangt das Blut in den linken Ventrikel und die Aorta ascendens. Da die Koronararterien und Karotiden die ersten Äste der Aorta ascendens sind, werden die Herzmuskulatur und das Gehirn mit sauerstoffreichem Blut versorgt. Das sauerstoffarme Blut aus der V. cava superior fließt durch den rechten Ventrikel in den Truncus pulmonalis. Der Widerstand in den Lungenarterien ist während des Fetallebens sehr hoch, so daß die Hauptmenge dieses Blutes durch den **Ductus arteriosus** direkt in die Aorta descendens gelangt, wo es sich mit dem Blut aus der proximalen Aorta vermischt. Von da fließt das Blut durch die beiden Nabelarterien zur Plazenta.

Auf seinem Weg von der Plazenta zu den Organen des Fetus vermindert sich der hohe Sauerstoffgehalt des Blutes in der Nabelvene allmählich durch Vermischung mit sauerstoffarmem Blut. Theoretisch kann sich das in mehr oder weniger großem Ausmaß an folgenden Stellen ereignen: 1. in der Leber durch Vermischung mit einer kleinen Blutmenge, die aus dem Pfortadersystem zurückfließt; 2. in der V. cava inferior, die sauerstoffarmes Blut aus den unteren Extremitäten, dem Becken und den Nieren führt; 3. im linken Vorhof durch Vermischung mit Blut, das aus den Lungen zurückfließt; und 4. an der Eintrittsstelle des Ductus arteriosus in die Aorta descendens.

Das aus der Planzenta kommende Blut in der Nabelvene besitzt eine Sauerstoffsättigung von 80%. Das in den Nabelarterien zurückkehrende Blut weist nur eine Sättigung von 58% auf.

Umstellung bei der Geburt

Die plötzliche Umstellung des Kreislaufes bei der Geburt kommt durch die Unterbrechung des Blutzuflusses aus der Plazenta und den Beginn der Lungenatmung zustande. Durch die Kompression des Brustkorbes bei der Geburt wird die Amnionflüssigkeit im Bronchialbaum durch Luft ersetzt und die Atmung setzt plötzlich ein. Gleichzeitig schließt sich der Ductus arteriosus durch Muskelkontraktion seiner Wand. Dadurch steigt die Blutmenge, die durch die Lungengefäße fließt, schnell an. Dies wiederum führt zu einer Erhöhung des Drucks im linken Vorhof. Gleichzeitig mit diesen Veränderungen auf der linken Seite fällt der Druck im rechten Vorhof durch die Unterbrechung des Plazentarkreislaufes ab. Das Septum primum wird an das Septum secundum angepreßt und damit das Foramen ovale funktionell geschlossen.

Im folgenden werden die einzelnen Veränderungen, die mit der Geburt im Kreislaufsystem auftreten, noch einmal zusammengestellt (Abb. 12–**49**):

1. **Verschluß der Nabelarterien** durch Kontraktion der glatten Muskulatur in der Wand der Gefäße. Er wird wahrscheinlich durch thermale

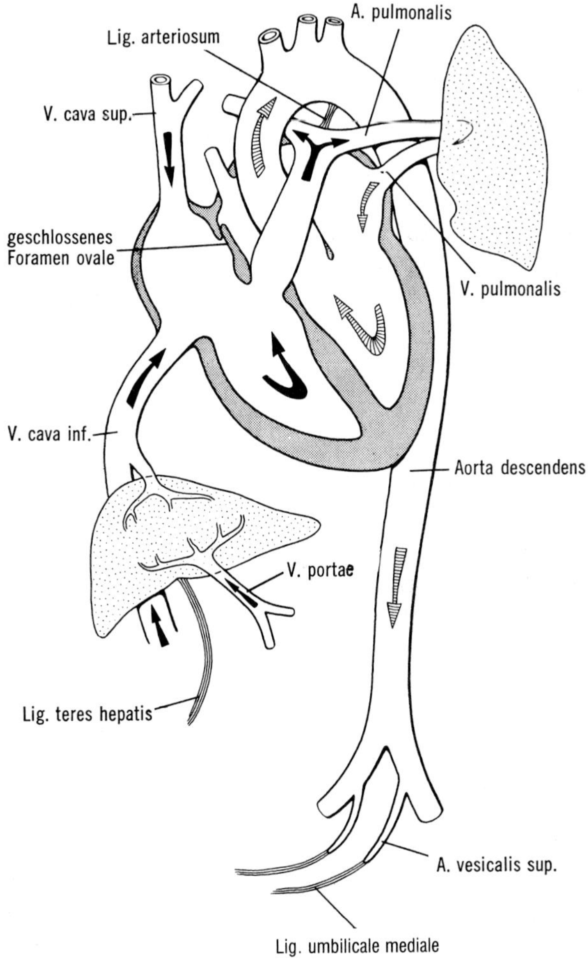

Abb. 12–**49** Der Kreislauf des Menschen nach der Geburt. Beachte die Veränderungen, die durch das Einsetzen der Atmung und die Unterbrechung des Plazentakreislaufes hervorgerufen werden.

und mechanische Reize und durch Veränderung der Sauerstoffspannung ausgelöst. Funktionell schließen sich die Arterien wenige Minuten nach der Geburt. Die tatsächliche Obliteration des Lumens durch fibröse Proliferation kann jedoch zwei bis drei Monate in Anspruch nehmen. Die distalen Anteile der Nabelarterien bilden dann auf beiden Seiten das **Lig. umbilicale mediale**, die proximalen Anteile bleiben als **Aa. vesicales superiores** durchgängig.

2. Der **Verschluß der Nabelvene und des Ductus venosus** tritt kurz nach dem Verschluß der Nabelarterien ein. Das bedeutet, daß noch Blut aus der Plazenta einige Zeit nach der Geburt zum Neugeborenen hin fließen kann und daß dadurch eine zusätzliche Blutmenge, die 1 bis 4,5% des kindlichen Gewichtes ausmachen kann, noch dem Kind zugeführt wird, bevor der Plazentarkreislauf ganz versiegt. Nach der Obliteration bildet die Nabelvene das **Lig. teres hepatis** im unteren Rand des Lig. falciforme. Der Ductus venosus, der von der Nabelvene zur V. cava inferior führt, obliteriert ebenfalls und bildet das **Lig. venosum**.

3. Der **Verschluß des Ductus arteriosus** durch Kontraktion seiner Wandmuskulatur tritt sofort nach der Geburt ein. Angiokardiographie und Herzkatheterisierung haben jedoch ergeben, daß während der ersten Tage nach der Geburt ein Links-rechts-Shunt nicht ungewöhnlich ist. Die vollständige anatomische Obliteration durch Intimaproliferation dauert etwa 1 bis 3 Monate. Beim Erwachsenen bildet der obliterierte Ductus arteriosus das **Lig. arteriosum**.

4. Der **Verschluß des Foramen ovale** kommt durch eine Druckerhöhung im linken Vorhof bei gleichzeitiger Druckverminderung auf der rechten Seite zustande. Mit dem ersten tiefen Atemzug wird das Septum primum gegen das Septum secundum gepreßt. In den ersten Lebenstagen ist dieser Verschluß jedoch noch reversibel. Schreien des Säuglings verursacht noch einen Rechts-links-Shunt, der für die zyanotischen Perioden beim Neugeborenen verantwortlich ist. Durch das dauernde Aneinanderpressen verschmelzen die beiden Septen innerhalb etwa eines Jahres miteinander. In 20 bis 25% aller Fälle kommt es aber niemals zu einem vollkommenen anatomischen Verschluß.

Zusammenfassung: Gefäßsystem

Arterien

Der Schlunddarm wird von sechs Aortenbögen eingefaßt, die sich zurückbilden oder in definitive Gefäße umwandeln (Abb. 12–**35**): (1) Der **vierte linke Aortenbogen** wird zum **definitiven Aortenbogen**; (2) aus dem **sechsten Aortenbogen** gehen die **Pulmonalarterien** hervor, die vor der Geburt auf der linken Seite über den **Ductus arteriosus** mit der absteigenden Aorta verbunden sind; (3) die rechte **A. subclavia** wird vom proximalen Abschnitt des vierten Aortenbogens und der **siebten Intersegmentalarterie** gebildet.

Venen

In der Embryonalzeit entwickeln sich drei große Venensysteme (Abb. 12–**3**): (1) die **Dottervenen**, die sich zum System der **Vena portae** entwickeln (Abb. 12–**43**); (2) die **Kardinalvenen**, aus denen die obere und untere **Vena cava** hervorgehen (Abb. 12–**44**); (3) die **Nabelvenen**, die sich nach der Geburt zurückbilden.

Die **vorderen** und **hinteren Kardinalvenen** werden ergänzt durch die **Subkardinalvenen** für die Urnieren, die **Suprakardinalvenen** für die segmentale Muskulatur und die **Sakrokardinalvenen** für die unteren Extremitäten (Abb. 12–**44**).

Bei der **Entwicklung des V.-cava-Systems** wird das Blut über **Queranastomosen** von links nach rechts geleitet: (1) Die **Anastomose** zwischen den **vorderen Kardinalvenen** wird zur **linken V. brachiocephalica.** (2) Die **Anastomose** zwischen den **Suprakardinalvenen** verbindet die **V. hemiazygos** mit der **V. azygos.** (3) Die **Anastomose** zwischen den **Subkardinalvenen** wird zur **linken V. renalis.** (4) Die **Anastomose** zwischen den **Sakrokardinalvenen** wird zur **linken V. iliaca communis** (Abb. 12–**45**).

Umstellung des Kreislaufs bei der Geburt

Vor der Geburt wird der Fetus durch den einheitlichen **Plazentakreislauf** mit Sauerstoff versorgt (Abb. 12–**48**). Bei der Geburt trennen sich der **Körperkreislauf** und der **Lungenkreislauf** (Abb. 12–**49**): (1) Der **Ductus arteriosus** verschließt sich (Lig. arteriosum). (2) Das **Foramen ovale** verschließt sich. (3) Die **Nabelvene** und der **Ductus venosus** obliterieren (Lig. teres hepatis und Lig. venosum). (4) Die **Nabelarterien** obliterieren (Lig. umbilicale mediale).

Kapitel 13

Verdauungskanal und Anhangsorgane

Durch die kraniokaudale Krümmung und die laterale Abfaltung des Embryonalkörpers wird der vom Entoderm begrenzte Raum in einen intraembryonalen Anteil, den **primitiven Darmkanal**, und in zwei extraembryonale Anteile, den **Dottersack** und die **Allantois**, unterteilt (Abb. 13–**1** A–D, 5–**10** und 5–**11**). In der Kranial- und in der Kaudalregion des Embryos bildet der primitive Darm je einen blind endenden Schlauch, den **Vorderdarm** und den **Enddarm**. Der mittlere Abschnitt, der **Mitteldarm**, bleibt vorübergehend durch den **Dottergang** mit dem Dottersack verbunden (Abb. 13–**1** D) (s. Kapitel 5, S. 69).

Die Beschreibung der weiteren Entwicklung geht von einer Einteilung des primitiven Darmkanals und seiner Anhangsorgane in vier Abschnitte aus: 1. dem **Schlunddarm** (Anlage des Pharynx), der als kranialer Anteil des Vorderdarms von der Rachenmembran bis zur Lungenknospe reicht (Abb. 13–**1** D und 13–**3**); 2. dem **kaudalen Abschnitt des Vorderdarms**, der kaudal von der Lungenknospe liegt und sich bis zur Leberknospe erstreckt; 3. dem **Mitteldarm**, der kaudal von der Leberknospe beginnt (an der vorderen Darmpforte) und bis zu dem Punkt reicht, an dem beim Erwachsenen die Grenze zwischen den rechten beiden Dritteln und dem linken Drittel des Colon transversum liegt (beim Embryo die hintere Darmpforte) und 4. dem **Enddarm**, dem Abschnitt von der hinteren Darmpforte bis zur Kloakenmembran (Abb. 13–**3**).

Die epitheliale Auskleidung des Verdauungskanals leitet sich vom Entoderm ab. Entsprechend sind die epithelialen Anteile der Verdauungsdrüsen, die aus dem Darmrohr aussprossen, entodermaler Herkunft. Die Muskel- und Bindegewebsschichten und der peritoneale Überzug stammen von der viszeralen Mesodermschicht ab.

Schlunddarm

Der Schlunddarm geht aus dem kranialen Abschnitt des Vorderdarmes hervor und erstreckt sich von der Rachenmembran bis zur Lungenknospe (Abb. 13–**1** C). Der Schlunddarm entspricht dem Pharynx-Abschnitt des Magen-Darm-Kanals. Als kranialer Teil des Vorderdarmvertikels ist er zunächst noch durch die **Rachenmembran** verschlossen (Abb. 13–**2** A). In der Rachenmembran liegen das Entoderm des Vorderdarmes und das Ektoderm am Boden der ektodermal ausgekleideten **Mundbucht (Stomodeum)** direkt aufeinander. Am

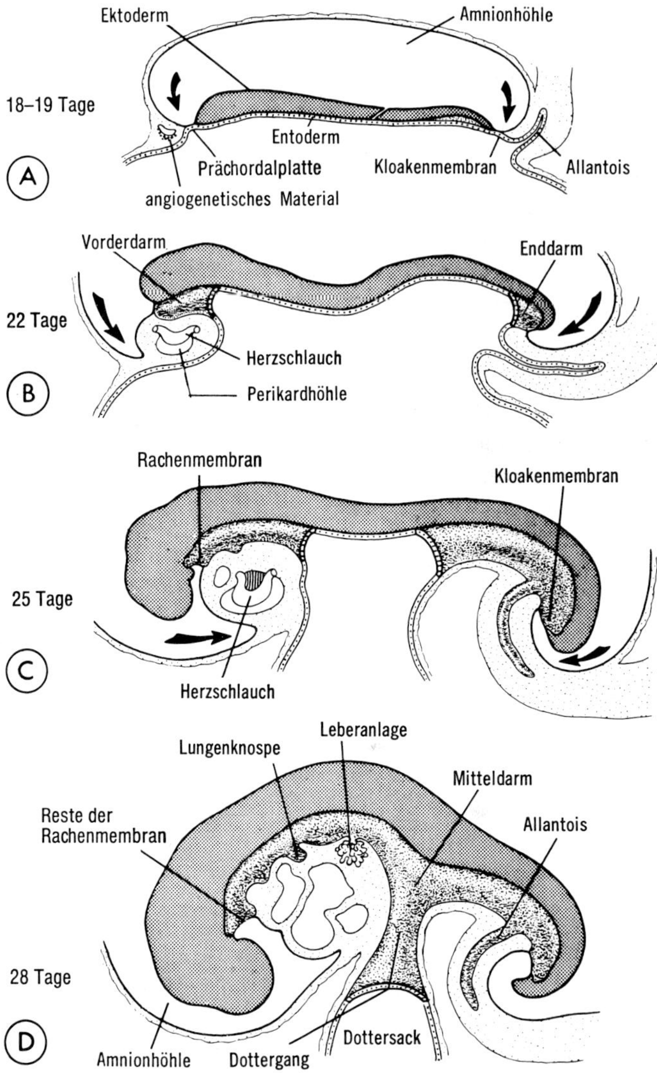

Abb. 13–**1** Schematische Sagittalschnitte durch Embryonen verschiedener Entwicklungsstadien, die den Einfluß der kraniokaudalen Krümmung und lateralen Abfaltung auf den von Entoderm ausgekleideten Hohlraum zeigen. Beachte die Entwicklung des Vorderdarmes, des Mittel- und des Enddarmes. A. Präsomitenstadium. B. 7-Somiten-Stadium. C. 14-Somiten-Stadium. D. Am Ende des 1. Monats.

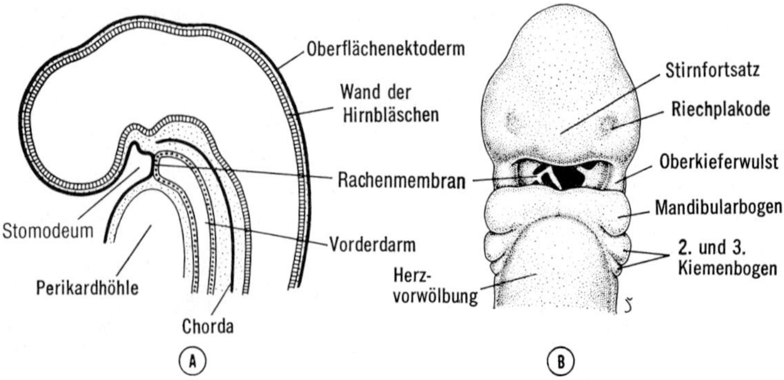

Abb. 13–**2** A. Sagittalschnitt durch den kranialen Körperabschnitt eines etwa 25 Tage alten Embryos. Die Rachenmembran wird vom Entoderm des Vorderdarmes und dem Ektoderm am Boden des Stomodeums gebildet. B. Frontalansicht eines etwas älteren Embryos, bei dem die Rachenmembran bereits eingerissen ist.

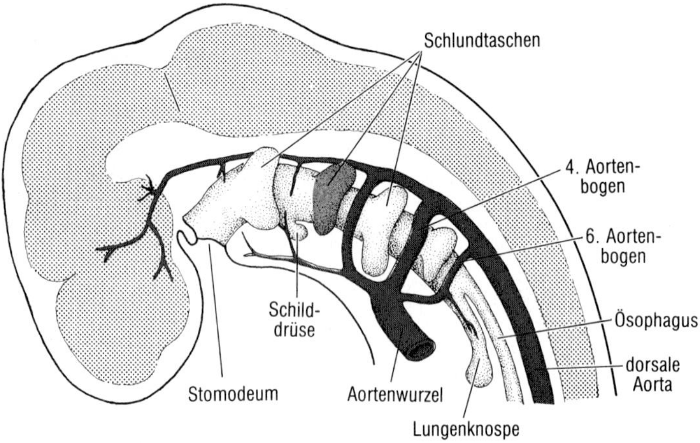

Abb. 13–**3** Die Schlundtaschen sind seitliche Aussackungen des Vorderdarms. Der 3. und 4. Aortenbogen ist zwischen den Schlundtaschen gut ausgebildet. Ein 5. Aortenbogen wird nicht gebildet. Aus dem 6. Aortenbogen entsteht die A. pulmonalis. Eine entsprechende Schlundtasche fehlt. Die Anlage der Schilddrüse und der Lunge entstehen als unpaare ventrale Ausstülpungen des Schlunddarmes.

Ende der dritten Woche reißt die Rachenmembran ein, so daß nun das Stomodeum und der Vorderdarm in offener Verbindung miteinander stehen (Abb. 13–**2** B). Während der vierten und fünften Entwicklungswoche bildet der Schlunddarm eine Reihe von Aussackungen, die

Schlundtaschen (Abb. 13–**3** B). Die Taschen treten in der lateralen Wand auf und schieben sich allmählich in das umgebende Mesenchym vor. Am Ende der fünften Woche erscheinen die Schlundtaschen vom Schlunddarm aus als schlitzförmige Öffnungen (Abb. 13–**4** A). Gleichzeitig mit der Ausbildung der Taschen erscheinen vier Furchen auf der Oberfläche des Embryos (Abb. 13–**4** B). Diese Furchen dringen als **Schlundfurchen** in das darunterliegende Mesenchym vor. Die Schlundfurchen reichen bis dicht an die Schlundtaschen heran. Sie brechen jedoch nur selten zu offenen Schlundspalten durch.

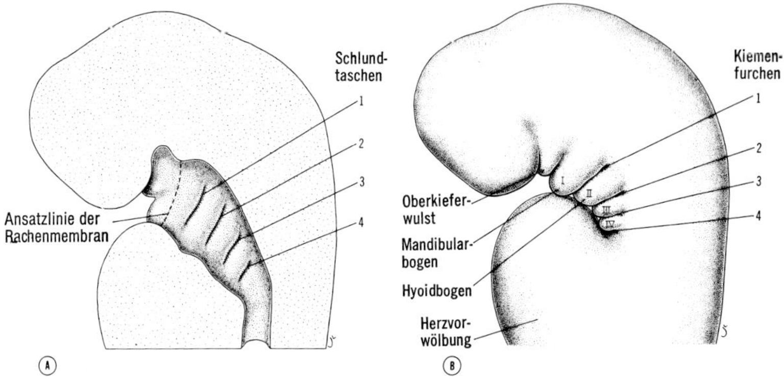

Abb. 13–**4** A. Sagittalschnitt durch den kranialen Körperabschnitt eines 5 Wochen alten Embryos (etwa 6 mm), auf dem die Öffnungen der Schlundtaschen an der lateralen Wand des Schlunddarmes zu sehen sind. Der Ort Rachenmembran ist gestrichelt eingezeichnet. B. Die Schlundbögen und Schlundfurchen bei einem 5 Wochen alten Embryo.

Bei der Bildung der ektodermalen Furchen und entodermalen Taschen wird das Mesoderm, das den Schlunddarm umgibt, zur Seite geschoben. Auf diese Weise entstehen eine Reihe von Spangen, die als **Schlundbögen** oder **Pharyngialbögen** bezeichnet werden (Abb. 13–**4** B).

Bei den niederen Vertebraten können 6 oder mehr Schlundbögen auftreten. Sie sind hier der Ausgangspunkt für die Entwicklung des Kiemenapparates. Bei der Kiemenatmung strömt das durch die Mundöffnung eintretende Wasser durch die aus der Vereinigung von Schlundtaschen und Schlundfurchen entstehenden Kiemenspalten wieder aus und umspült dabei die feinen Verzweigungen des Kiemenapparates.

Beim menschlichen Embryo formen sich die Schlundbögen zu Elementen des Gesichtsschädels und des Kehlkopfskelettes um. Aus den Schlundtaschen gehen das Mittelohr, die Tonsilla palatina, die Nebenschilddrüsen und der Thymus hervor.

Schlundbögen

Das äußere Aussehen eines vier bis fünf Wochen alten Embryos wird in charakteristischer Weise von den Schlundbögen geprägt, die durch die tiefen Schlundfurchen voneinander getrennt sind (Abb. 5–**4, **5–**13** und 13–**4** B). **Jeder Bogen enthält eine Knorpelspange, eine Schlundbogenarterie, die mit einem Aortenbogen identisch ist, und einen Schlundbogennerv** (Abb. 13–**5**). Ein Teil der Knorpelanlagen löst sich

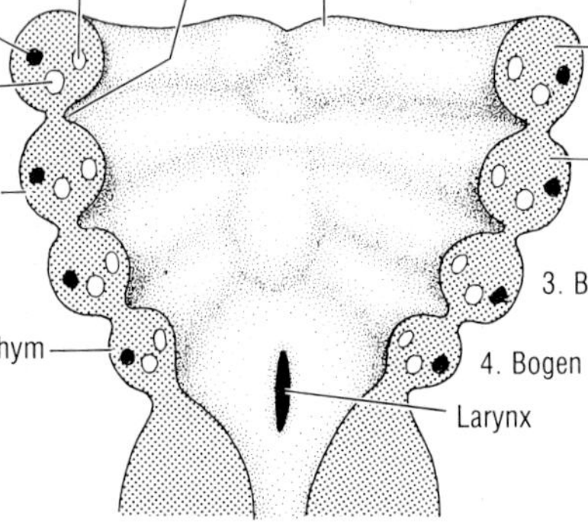

Abb. 13–**5** Schematische Darstellung der Schlundbögen. Jeder Bogen enthält eine Knorpelspange, einen Nerv und eine Arterie, die mit dem entsprechenden Aortenbogen identisch ist. Man blickt von dorsal auf die ventralen Anteile der Schlundbögen und damit auf den Boden des Schlunddarms (vgl. Abb. 13–**4**).

wieder auf, während andere als Knochen oder Knorpel für das ganze Leben erhalten bleiben (Abb. 13–**7**). Die **Muskelanlagen** der einzelnen Bögen können sich vom knöchernen oder knorpeligen Skelett ihres Bogens lösen und in benachbarte Gebiete auswandern. Die Herkunft dieser Muskeln kann jedoch immer auf Grund ihrer Nervenversorgung, die vom Ursprungsbogen her erfolgt, angegeben werden.

Erster Schlundbogen

Aus dem Material des ersten Schlundbogens geht der Oberkieferwulst und der Unterkieferwulst hervor (vgl. Abb. 9–**4** und 18–**1** A). Da die zugehörige Knorpelspange der **Meckel-Knorpel** in der Anlage des Unterkiefers liegt, wird der erste Schlundbogen als **Mandibularbogen** bezeichnet (Abb. 13–**7**). Aus dem proximalen Abschnitt des Mandibularbogens entwickeln sich zwei Gehörknöchelchen (**Malleus** und **Incus**) während der **Stapes** vom zweiten Bogen abstammt (vgl. Abb.

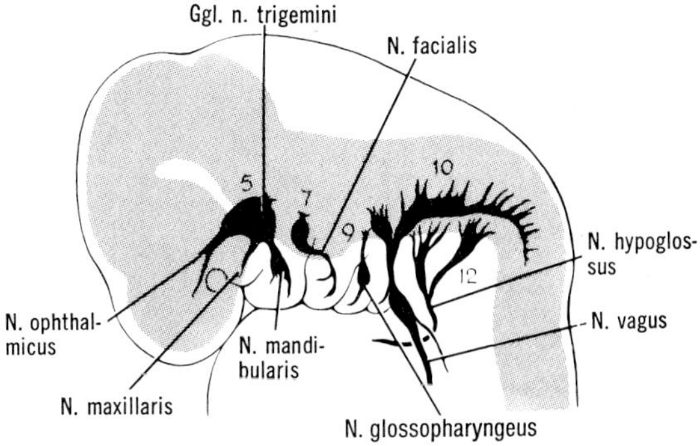

Abb. 13–**6** Jedem Schlundbogen läßt sich ein Hirnnerv zuordnen. Der N. trigeminus versorgt den ersten Schlundbogen und besitzt drei Äste; der Nerv des zweiten Bogens ist der N. facialis, der des dritten der N. glossopharyngeus. Die Derivate des vierten Bogens werden von einem oberen Schlundast des N. vagus versorgt, die des sechsten Bogens durch den N. recurrens des Vagus. Der N. hypoglossus innerviert die aus dem Boden des Schlunddarms hervorgehende Zungenmuskulatur.

17–**7**). Der definitive Unterkiefer entsteht wie der Oberkiefer durch desmale Ossifikation. Der Meckel-Knorpel bildet sich zurück. Nur ein kleiner Bereich in der Verschmelzungszone der Knorpelspangen beider Seiten an der Kinnspitze verknöchert enchondral. Mit der Ausbildung des **sekundären (definitiven) Kiefergelenkes** kommen die Gehörknöchelchen in das Mittelohr zu liegen. Im Verlauf des ursprünglichen Mandibularbogens bleibt nur das **Lig. sphenomandibulare** zurück.

Die Muskulatur des Mandibularbogens besteht aus der **Kaumuskulatur** *(M. temporalis, M. masseter* und *Mm. pterygoidei)*, dem vorderen Bauch des *M. digastricus*, dem *M. tensor tympani* sowie dem *M. tensor veli palatini*.

Die **Muskeln** des ersten Schlundbogens werden von den motorischen Fasern des *N. trigeminus* im *R. mandibularis* versorgt (Abb. 13–**6**). Die **sensible Versorgung** des gesamten Gesichtes durch die Äste des *N. trigeminus (N. ophthalmicus, N. maxillaris* und *N. mandibularis)* weist darauf hin, daß das Mesenchym aus dem ersten Bogen sich in der Dermis des gesamten Gesichtes ausgebreitet hat.

Zweiter Schlundbogen

Der Knorpel des zweiten Schlundbogens, des **Hyoidbogens**, heißt **Reichert-Knorpel**. Aus ihm entstehen der *Stapes*, der *Processus styloideus* des Schläfenbeins, das *Lig. stylohyoideum* sowie aus seinem ventralen Anteil das *kleine Horn* und der *kraniale Abschnitt des Zungenbeinkörpers* (Abb. 13–**7**).

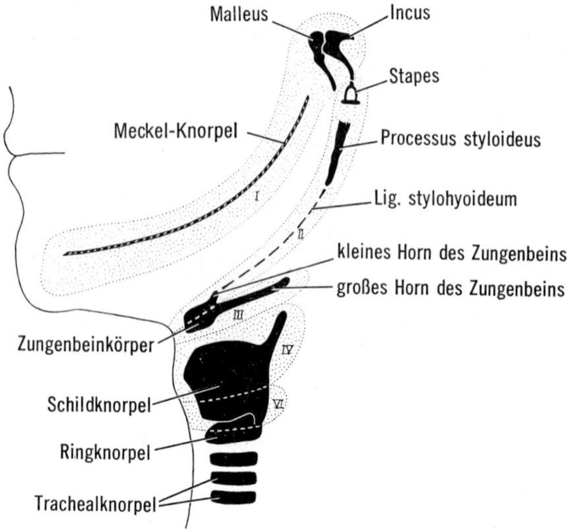

Abb. 13–**7** Die Darstellung zeigt die definitiven Gebilde, die aus den knorpeligen Anteilen der einzelnen Schlundbögen entstehen (modifiziert nach *Giroud*).

Die **Muskeln des Hyoidbogens** *(M. stapedius, M. stylohyoideus,* der *hintere Bauch des Digastricus* und die *mimische Gesichtsmuskulatur)* werden vom *N. facialis*, dem Nerv des zweiten Schlundbogens versorgt (Abb. 13–**6**).

Dritter Schlundbogen

Der **Knorpel** des Bogens bildet den kaudalen Teil und das **große Horn (Cornu majus) des Zungenbeins** (Abb. 13–**7**).

An **Muskulatur** stammt aus diesem Bogen der *M. stylopharyngeus* und wahrscheinlich der *M. constrictor pharyngis superior*. Sie werden vom Nerv des dritten Schlundbogens, dem *N. glossopharyngeus* innerviert (Abb. 13–**6**). Da ein Teil der Zunge auch aus dem dritten Bogen stammt, erfolgt die **sensible Innervation** der hinteren zwei Drittel ebenfalls über dem *N. glossopharyngeus.*

Vierter und sechster Schlundbogen

Die knorpeligen Anteile dieser Bögen verschmelzen zum **Schild-, Ring-** und **Aryknorpel** des Kehlkopfs (Abb. 13–**7**).

Die **Muskeln** des vierten Bogens (*M. cricothyroideus* und die *Konstriktoren des Pharynx*) werden vom *R. laryngeus superior* des

N. vagus, dem Nerv des vierten Schlundbogens, innerviert. Die inneren Kehlkopfmuskeln werden dagegen vom **N. laryngeus recurrens** versorgt, der ebenfalls vom Vagus abzweigt und der Nerv des sechsten Bogens ist (Abb. 13–**6**).

Schlundtaschen

Der menschliche Embryo hat auf jeder Seite fünf Schlundtaschen (Abb. 13–**3** und 13–**4** A). Die letzte dieser Taschen ist atypisch und wird oft als Teil der vierten angesehen. Da die epitheliale **entodermale Auskleidung** der Taschen zur Entstehung einer Reihe wichtiger Organe führt, wird die Entwicklung jeder Tasche für sich besprochen.

Erste Schlundtasche

Die erste Schlundtasche bildet ein gestieltes Divertikel, das mit dem Epithel der ersten Schlundfurche, dem späteren äußeren Gehörgang, in Verbindung tritt (Abb. 13–**8** A, B). Der distale Abschnitt der Ausbuchtung erweitert sich sackförmig zur Anlage der **Paukenhöhle**, während der proximale Teil eng bleibt und die **Tuba auditiva (Eustachii)** bildet. Der entodermale Überzug der Paukenhöhle beteiligt sich später an der Bildung des **Trommelfells** (s. Kapitel 17, S. 359).

Zweite Schlundtasche

Der größte Anteil dieser Tasche obliteriert. Das Epithel des verbleibenden Teils proliferiert und bildet zusammen mit dem sekundär einwandernden mesodermalen Gewebe die Anlage der **Gaumenmandel** (Abb. 13–**8** A, B). Zwischen dem dritten und fünften Monat wird die Mandel allmählich von lymphatischem Gewebe infiltriert.

Dritte Schlundtasche

Die dritte und vierte Schlundtasche zeichnen sich durch eine dorsale und ventrale Ausstülpung an ihrem Endabschnitt aus, In der fünften Entwicklungswoche wandelt sich das Epithel der dorsalen Ausstülpung der dritten Tasche in **Nebenschilddrüsengewebe** um, während sich aus der ventralen Ausstülpung die **Thymusanlage** entwickelt (Abb. 13–**8** A, B).

Das fortschreitende Wachstum des Thymus- und Nebenschilddrüsengewebes führt zu Obliteration der Tasche. In der sechsten Woche verlieren beide Drüsenanlagen ihre Verbindung mit der Pharynxwand. Der Thymus wandert dann in kaudaler und medialer Richtung und nimmt dabei die Nebenschilddrüse mit (Abb. 13–**9**). Während der Hauptanteil des Thymus rasch in seine endgültige Lage im Thorax wandert, um sich dort mit der Thymusanlage der Gegenseite zu ver-

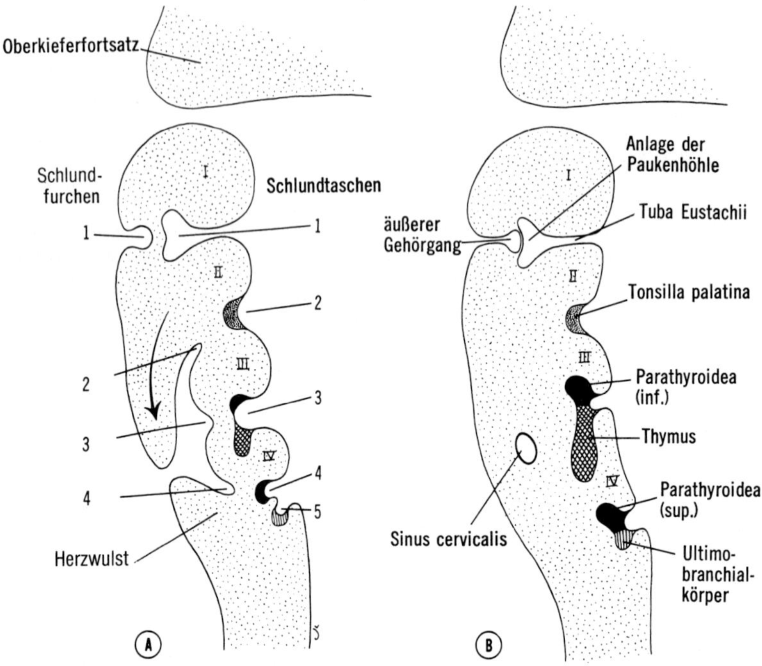

Abb. 13–**8** A. Schematische Darstellung der Entwicklung der Schlundfurchen und -taschen. Der zweite Schlundbogen überwächst den dritten und vierten, so daß die zweite, dritte und vierte Schlundfurche zugedeckt werden. B. Die Überreste der zweiten, dritten und vierten Schlundfurche bilden den Sinus cervicalis. Die weitere Differenzierung des Schlundtaschenentoderms ist angedeutet (modifiziert nach *Starck*).

einigen, wird der Schwanzteil immer länger und zerfällt schließlich in kleine Fragmente. Diese bilden sich normalerweise zurück, können aber manchmal in der Schilddrüse eingebettet oder als **isolierte Thymusnester** persistieren.

Das Nebenschilddrüsengewebe der dritten Schlundtasche findet schließlich seinen endgültigen Platz auf der dorsalen Fläche der Schilddrüse und wird zu den **unteren Epithelkörperchen** *(Glandula parathyroidea inferior)* (Abb. 13–**9**). Manchmal wird dieses Nebenschilddrüsengewebe zu weit nach unten mitgenommen und kann dann am unteren Pol der Schilddrüse oder sogar im Thorax in der Nähe des Thymus gefunden werden.

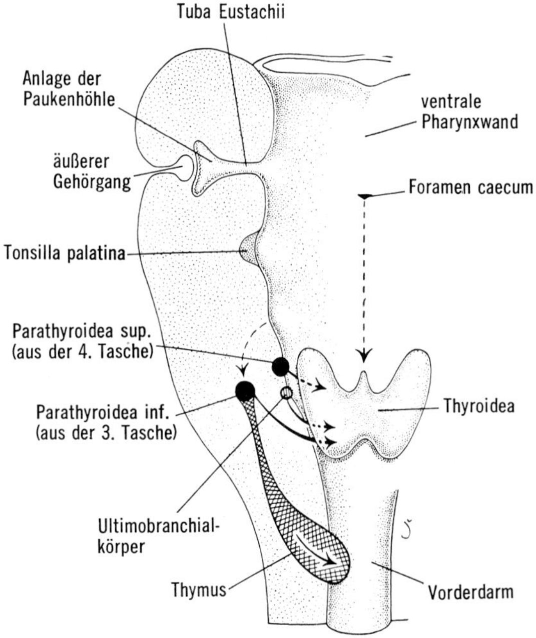

Abb. 13–**9** Schematische Darstellung der Wanderung des Thymus, der Nebenschilddrüsen und des Ultimobranchialkörpers (Ansicht von vorn). Die Schilddrüsenanlage entsteht ventral in der Wand des Schlunddarmes in Höhe des Foramen caecum und steigt dann bis zum ersten Trachealknorpel herab (modifiziert nach *Starck*).

Vierte Schlundtasche

Das Epithel der dorsalen Ausstülpung dieser Tasche bildet die **oberen Epithelkörperchen**. Die Bedeutung des ventralen Teils der Tasche ist ungeklärt. Man nimmt an, daß daraus beim Menschen noch Thymusgewebe entstehen kann, das jedoch kurz nach seiner Bildung wieder verschwindet.

Wenn das Epithelkörperchen seine Verbindung mit der Pharynxwand verloren hat, heftet es sich an die nach kaudal wandernde Schilddrüse an und kommt schließlich auf der dorsalen Oberfläche der Drüse als *Glandula parathyroidea superior* zu liegen (Abb. 13–**9**).

Fünfte Schlundtasche

Die fünfte Schlundtasche bildet eine Aussackung der vierten Schlundtasche, so daß sie häufig der letzteren zugerechnet wird. Aus ihr entsteht der **ultimobranchiale Körper**, der später in die Schilddrüse einbezogen wird.

Aus dem Zellmaterial des Ultimobranchialkörpers entstehen die **parafollikulären Zellen (C-Zellen)** der Schilddrüse. Sie sezernieren das Hormon **Kalzitonin**, das den Kalziumspiegel im Blut reguliert.

Schlundfurchen und Sinus cervicalis

Beim fünf Wochen alten Embryo sind vier Schlundfurchen vorhanden, von denen nur die erste zur definitiven Gestalt des Embryos beiträgt. Der dorsale Abschnitt der Furche wächst durch das angrenzende Mesoderm auf die erste Schlundtasche zu und bildet den **äußeren Gehörgang** *(Meatus acusticus externus)* (Abb. 13–**8** und 13–**9**). Das Epithel in der Tiefe des primitiven Gehörganges ist an der Bildung des **Trommelfells** beteiligt (s. Kapitel 17, S. 361).

Die lebhafte Proliferation des Mesoderms im zweiten Schlundbogen führt dazu, daß dieser sich nach kaudal ausdehnt und den dritten und vierten Bogen überlappt. Schließlich verschmilzt der zweite Bogen mit dem Herzwulst im unteren Halsabschnitt (Abb. 13–**8**, vgl. Abb. 5–**13**). Infolge dieses Überlappens werden die zweite, dritte und vierte Schlundfurche allmählich zugedeckt und verlieren die Verbindung mit der Oberfläche (Abb. 13–**8** B). Die Furchen bilden vorübergehend eine von Ektoderm ausgekleidete Höhle, den **Sinus cervicalis**, der aber im Laufe der weiteren Entwicklung wieder völlig verschwindet.

M Angeborene Mißbildungen

Laterale Halszysten (branchiogene Zysten)

In der sechsten Entwicklungswoche wächst der zweite Schlundbogen über den dritten und vierten Bogen hinweg und verschmilzt mit dem Herzwulst im unteren Halsbereich. Auf diese Weise werden die zweite, dritte und vierte Schlundfurche durch den zweiten Schlundbogen überdeckt (Abb. 13–**8** B und 13–**10** A). Wenn diese Entwicklung gestört wird, können Überreste der Furchen mit der Körperoberfläche über einen engen Kanal in Verbindung bleiben. Es kommt zur Bildung einer **branchiogenen Fistel** (Abb. 13–**10** A). Diese Fistel liegt im lateralen Halsbereich am vorderen Rand des M. sternocleidomastoideus und steht in den meisten Fällen mit einer tiefer gelegenen **lateralen Halszyste** in Verbindung. Die Zysten sind Überbleibsel des **Sinus cervicalis** und liegen zumeist dicht unterhalb des Kieferwinkels (Abb. 13–**10** B). Sie können jedoch überall am vorderen Rand des Sternocleidomastoideus auftreten. Häufig wird eine laterale Halszyste bei der Geburt nicht entdeckt, sondern fällt erst auf, wenn sie sich im Laufe des Lebens vergrößert (Abb. 13–**11**). Die lateralen Halszysten enthalten oftmals Cholesterinkristalle und neigen zur karzinomatösen Entartung.

Eine seltene Anomalie ist die **innere branchiogene Fistel**. Der Sinus cervicalis steht dabei mit dem Pharynx über einen kleinen Gang in Verbindung, der in den meisten Fällen im Bereich der Tonsillen mündet (Abb. 13–**10** C). In diesem Fall muß die Membran zwischen der

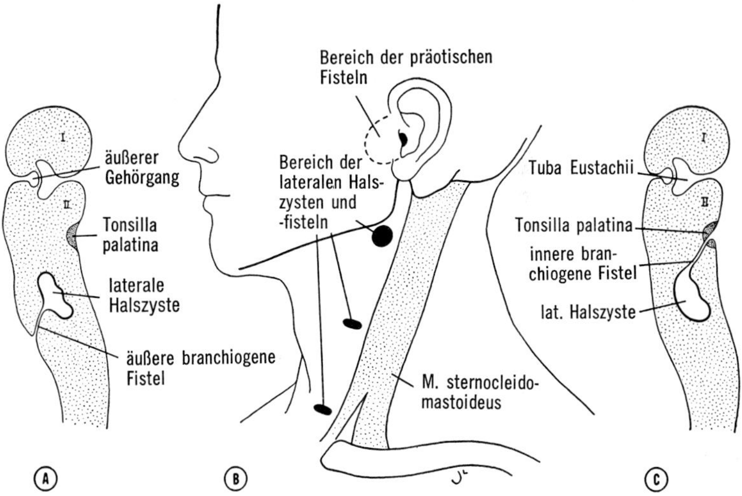

Abb. 13–**10** A. Schematische Darstellung einer lateralen Halszyste, die über eine Fistel mit der Körperoberfläche in Verbindung steht. B. Lage der lateralen Halszysten und Fisteln vor dem M. sternocleidomastoideus. Der Bezirk, in dem präotische Fisteln vorkommen, ist ebenfalls eingezeichnet. C. Laterale Halszyste, die im Bereich der Gaumentonsillen in den Pharynx mündet.

zweiten Schlundfurche und Schlundtasche irgendwann im Laufe der Entwicklung eingerissen sein.

Manchmal wird eine branchiogene Fistel mit einer **präotischen Fistel** verwechselt. Diese Fisteln liegen direkt vor dem Ohr und stehen wahrscheinlich mit den branchiogenen Fisteln in keinem Zusammenhang (Abb. 13–**10** B). Man nimmt an, daß sie durch die unvollständige Rückbildung einer der Furchen zwischen den Ohrmuschelhöckerchen entstehen (s. Kapitel 17, S. 362).

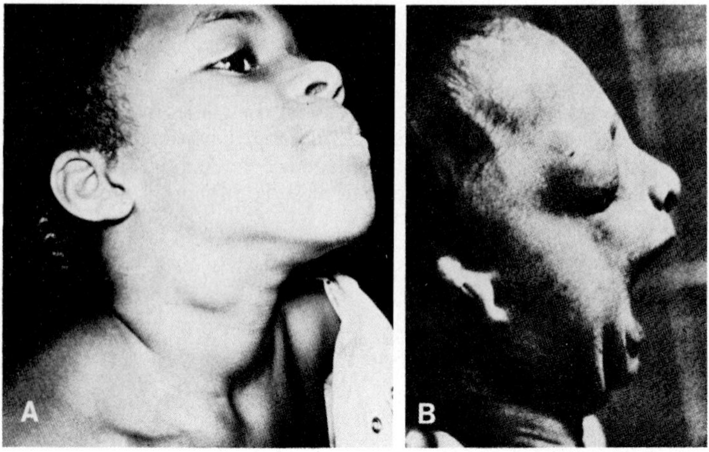

Abb. 13–**11** A. Patient mit lateraler (branchiogener) Halszyste. Die lateralen Halszysten liegen seitlich vor dem M. sternocleidomastoideus, häufig im Bereich des Kieferwinkels. Im Gegensatz dazu liegen die Thyroglossuszysten in der Mittellinie, häufig unter dem Zungenbein. (Dr. *A. Shaw*, Department of Surgery, University of Virginia.) B. Patient mit einem Syndrom des ersten Schlundbogens. Es sind eine Hypoplasie des Unterkiefers vorhanden, ein großer Mund sowie Mißbildungen im Bereich der Wange und des äußeren Ohres. (Dr. *J. Warkany:* Congenital Malformations. Year Book Medical Publishers, Chicago 1971.)

M Syndrome des ersten Schlundbogens

Die Syndrome gehen mit einer Reihe von Mißbildungen einher, die auf das Fehlen oder die abnorme Entwicklung einiger Komponenten des ersten Schlundbogens zurückgeführt werden können (Abb. 13–**11** B).

Beim **Treacher-Collins Syndrom** (*Dysostosis mandibulofacialis,* dominant vererbt) treten die folgenden Mißbildungen auf: mißgebildete Ohrmuschel, Anomalien im Mittelohr und im Innenohr, Hypoplasie des Jochbeins und des Unterkiefers sowie Defekte an der unteren Lidspalte. Da Anteile des Schlundbogenmesenchyms aus der Kopfneuralleiste stammen, nimmt man an, daß das Syndrom durch eine ungenügende Einwanderung von Neuralleistenzellen in den ersten Schlundbogen entsteht.

Beim **Pierre-Rodin-Syndrom,** das ebenfalls den ersten Schlundbogen betrifft, sind die Mißbildungen nicht so ausgedehnt. Das Syndrom umfaßt (1) eine Hypoplasie des Unterkiefers, (2) eine Gaumenspalte und (3) Defekte der Ohrmuschel und der Lidspalte.

Schlundboden

Zunge

Die Anlage der Zunge tritt in etwa vier Wochen alten Embryonen in Form von zwei **seitlichen Zungenwülsten** und einem medialen Höckerchen, dem **Tuberculum impar** auf (Abb. 13–**12** A). Die drei Wülste entstehen durch Proliferation von Mesoderm in den ventralen Abschnitten des Mandibularbogens. Ein zweiter Medianwulst, die **Copula** oder der **Hypobranchialhöcker**, wird durch Mesoderm des zweiten, dritten und teilweise des vierten Schlundbogens gebildet.

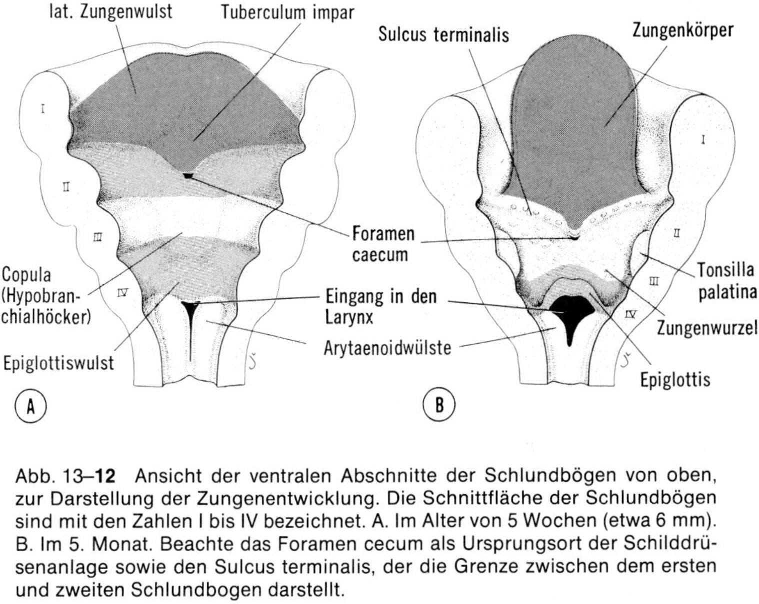

Abb. 13–**12** Ansicht der ventralen Abschnitte der Schlundbögen von oben, zur Darstellung der Zungenentwicklung. Die Schnittfläche der Schlundbögen sind mit den Zahlen I bis IV bezeichnet. A. Im Alter von 5 Wochen (etwa 6 mm). B. Im 5. Monat. Beachte das Foramen cecum als Ursprungsort der Schilddrüsenanlage sowie den Sulcus terminalis, der die Grenze zwischen dem ersten und zweiten Schlundbogen darstellt.

Schließlich erscheint ein dritter medialer Wulst, der durch den hinteren Teil des vierten Schlundbogens gebildet wird, als Anlage der **Epiglottis**. Unmittelbar dahinter beginnt, flankiert von den **Arytenoidwülsten**, die **Tracheobronchialrinne** (Larynxabgang).

Durch die Proliferation und das Einwachsen von benachbartem Mesoderm vergrößern sich die lateralen Zungenwülste, verschmelzen miteinander und bilden so die **vorderen zwei Drittel der Zunge** (Abb. 13–**12** B). Die Schleimhaut für diesen Abschnitt stammt aus dem ersten Schlundbogen und wird daher vom *dritten Ast des Trigeminus über den N. lingualis* versorgt. Zwischen den vorderen zwei Dritteln Zunge und dem hinteren Drittel liegt eine V-förmige Rinne, der **Sulcus terminalis** (Abb. 13–**12** B).

Der hintere Abschnitt, die **Zungenwurzel,** entwickelt sich aus dem zweiten, dritten und einem Teil des vierten Schlundbogens. Da beim Erwachsenen die **sensible Innervation** dieses Zungenabschnittes vom *N. glossopharyngeus* her erfolgt, hat sich wahrscheinlich Gewebe aus dem dritten Bogen über das Material aus dem zweiten geschoben. Der hinterste Abschnitt der Zunge und die Epiglottis werden vom *N. laryngeus superior* innerviert. Dies weist darauf hin, daß sie aus dem vierten Schlundbogen entstanden sind (Abb. 13–**12** B).

Einige der **Zungenmuskeln** entwickeln sich wahrscheinlich *in situ*, während andere vom Mesoderm aus den okzipitalen Somiten abstammen sollen. Für diese Theorie spricht, daß die Zungenmuskulatur vom *N. hypoglossus* innerviert wird.

Die **sensible Innervation** spiegelt die Entstehung aus den Schlundbögen wider. Die vorderen zwei Drittel werden vom *N. trigeminus,* dem Nerven des ersten Schlundbogens, und das hintere Drittel vom *N. glossopharyngeus* und *N. vagus,* den Nerven des dritten und vierten Bogens, innerviert. Da das Gewebe des zweiten Schlundbogens vom dritten Bogen überwachsen wird, nimmt der Nerv des zweiten Bogens, der *N. facialis*, nicht direkt an der Innervation teil. Die **sensorische Innervation** (Geschmacksknospen) der vorderen zwei Drittel erfolgt über Fasern, die den *N. facialis* im Mittelohr verlassen und mit der *Chorda tympani* in den *N. lingualis* einstrahlen, um mit ihm die Zunge zu erreichen.

M Ankyloglossie

Die Fehlbildung entsteht dadurch, daß sich die Zunge nicht hinreichend vom Mundboden ablöst. Normalerweise kommt es zwischen dem Mundboden und der Zungenanlage zu ausgedehnten physiologischen Nekrosen, so daß als untere Befestigung der Zunge nur das **Zungenbändchen** *(Frenulum)* zurückbleibt. Bei der häufigsten Form der Ankyloglossie erstreckt sich das Frenulum noch bis zur Zungenspitze.

Schilddrüse

Die Anlage der Schilddrüse erscheint in der dritten Entwicklungswoche als Epithelknospe am Boden des Schlunddarmes zwischen dem Tuberculum impar und der Copula. Die Abgangsstelle ist später noch als **Foramen cecum** sichtbar (Abb. 13–**12** und 13–**13**). Die Schilddrüsenanlage dringt dann in das benachbarte Mesoderm ein und wandert

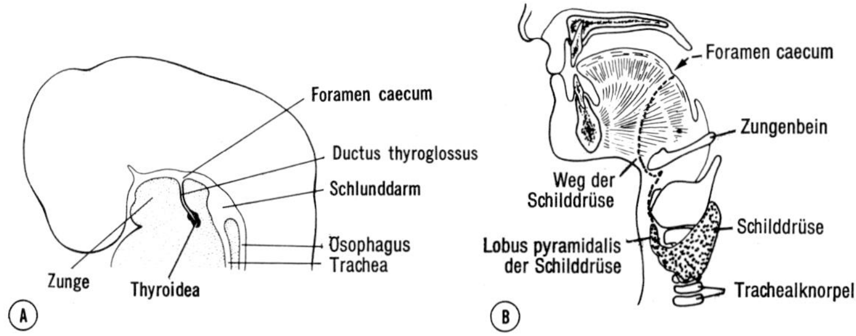

Abb. 13–**13** A. Die Schilddrüsenanlage entsteht als ein epitheliales Divertikel des Schlunddarmes in der Mittellinie direkt kaudal vom Tuberculum impar. Sie wandert dann im lockeren Mesenchym des Vorderdarmes nach kaudal, bleibt jedoch vorübergehend mit dem Vorderdarm über den Ductus thyroglossus verbunden. B. Definitive Lage der Schilddrüse. Der Abstiegsweg ist gestrichelt eingezeichnet.

vor dem Schlunddarm als zweizipfeliges Divertikel nach kaudal (Abb. 13–**13** A). Während dieser Wanderung bleibt die Drüsenanlage mit dem Boden des Schlunddarmes über einen engen Kanal, den **Ductus thyroglossus**, verbunden. Dieser Gang verliert später sein Lumen und bildet sich schließlich ganz zurück.

In der weiteren Entwicklung wandert die Schilddrüsenanlage am Zungenbein und an den Kehlkopfknorpeln vorbei weiter nach unten. In der siebten Woche erreicht sie ihre endgültige Lage vor der Trachea (Abb. 13–**13** B). Sie besteht dann aus einem kleinen medialen Isthmus und zwei seitlichen Lappen. Die Schilddrüse nimmt etwa am Ende des dritten Monats ihre Funktion auf. Zu diesem Zeitpunkt werden die ersten kolloidgefüllten Follikel sichtbar.

Das **Schilddrüsenhormon** *(Thyroxin)* spielt eine wesentliche Rolle bei der Differenzierung der Organe. Bei Amphibien löst es die Metamor-
M phose aus. Die **angeborene Unterfunktion der Schilddrüse** führt zu Zwergwuchs und Schwachsinn (**Kretinismus**, Jodmangel bei der Mutter).

M Thyroglossuszysten und -fisteln

Eine Thyroglossuszyste kann überall auf dem Wege der Schilddrüsenanlage von ihrem Ursprungsort bis in ihre definitive Position auftreten. Sie liegt immer im Bereich der Mittellinie des Halses. Wie der Name sagt, handelt es sich um ein zystisches Überbleibsel des Ductus thyroglossus, der beim Embryo die Schilddrüse mit dem Schlundboden verbindet. Etwa 50% der Zysten liegen in der Nähe des Zungenbeines oder sogar auf seiner Rückseite (Abb. 13–**14**). Sie werden aber auch am Zungengrund oder in der Nähe des Schildknorpels angetroffen.

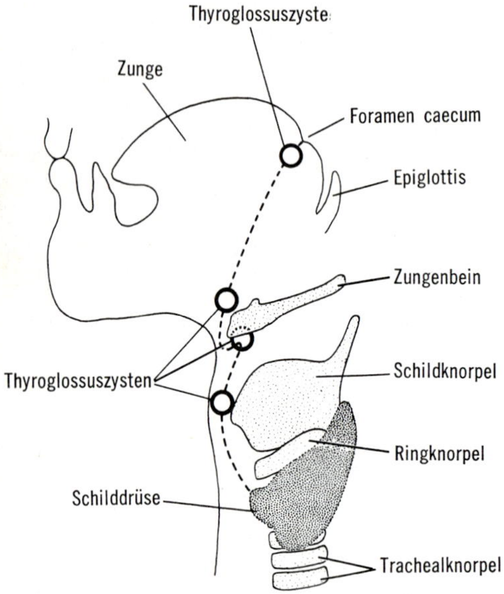

Abb. 13–**14** Die Lokalisation von Thyroglossuszysten. Die Zysten werden am häufigsten im Bereich des Zungenbeines angetroffen und sitzen immer in der Mittellinie. Der Weg der Schilddrüse bei ihrem Abstieg vom Foramen cecum bis in ihre definitive Lage vor der Trachea ist gestrichelt eingezeichnet.

Manchmal öffnet sich eine Thyroglossuszyste über einen Fistelkanal nach außen. Eine derartige **Thyroglossusfistel** entsteht gewöhnlich sekundär, wenn eine Zyste platzt. Sie kann schon bei der Geburt vorhanden sein.

Versprengtes Schilddrüsengewebe kann ebenfalls überall auf dem Weg der Schilddrüsenanlage angetroffen werden. Am häufigsten findet es sich am Zungengrund, direkt hinter dem Foramen cecum, und kann die gleichen Krankheitsbilder verursachen wie die Schilddrüse selbst.

Eine **kongenitale Hypoplasie** oder **Aplasie der Schilddrüse** kommt selten vor. In letzter Zeit wurde die Vermutung geäußert, daß Antikörper, die während der Schwangerschaft im mütterlichen Blut kreisen, eine Schilddrüsenhypoplasie beim Kind erzeugen können. Diese Autoimmuntheorie ist jedoch noch nicht ausreichend bewiesen.

Respirationstrakt

Beim drei Wochen alten Embryo (mit etwa 14 Somiten) erscheint die Anlage der Lungen als ein entodermales Divertikel, das von der ventralen Wand des Vorderdarmes kaudal vom Hypobranchialhöcker abgeht (Abb. 13–**1** D, 13–**3** und 13–**12**). Der Respirationstrakt ist somit entodermalen Ursprungs. Die Knorpelspangen und die glatte Muskulatur der Trachea und der Lungen stammen vom viszeralen Mesoderm ab, das den Vorderdarm umgibt.

Ursprünglich steht das **Lungendivertikel** über seine ganze Länge in offener Verbindung mit dem Vorderdarm. Es wird jedoch bald von ihm durch das **Septum oesophagotracheale** abgeschnürt (Abb. 13–**15** A, B). Die offene Verbindung zwischen der Anlage des Respirationstraktes und dem Vorderdarm bleibt nur im Bereich der späteren **Kehlkopföffnung** erhalten (Abb. 13–**12** B). Der Vorderdarm zerfällt damit in einen ventralen Abschnitt, die Anlage des **Respirationstraktes** und einen dorsalen Abschnitt, die Anlage des **Ösophagus**.

Trachea, Bronchien und Lungen

Während sich die Anlage des Respirationstraktes vom Vorderdarm abschnürt, wächst sie gleichzeitig nach kaudal und bildet in der Mitte die **Trachea** und nach lateral zwei Aussackungen, die **Lungenknospen** (Abb. 13–**15** B, C). Die rechte Lungenknospe teilt sich dann in drei Äste, die Anlagen der **Hauptbronchien**. Auf der linken Seite entstehen entsprechend zwei Hauptbronchien (Abb. 13–**15** C). Auf diese Weise kündigt sich bereits die Gliederung in drei **Lappen** auf der rechten Seite und in zwei auf der linken an (Abb. 13–**15** D). Die Lungen-

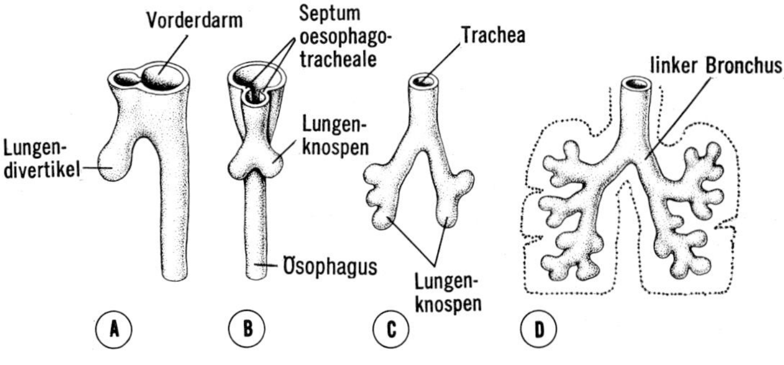

Abb. 13–**15** Die Entwicklung der Trachea und der Lungen. A. Im Alter von 3 Wochen, Ansicht von lateral. B. Mit 4 Wochen, Ansicht von ventral. C. Mit 5 Wochen. D. Im Alter von 6 Wochen (nach verschiedenen Quellen).

knospen wachsen nach lateral und nach kaudal in die Zölomhöhle vor. Sie schieben dabei die sie bedeckende viszerale Mesodermschicht vor sich her. Die Leibeshöhle wird in diesem Bereich als **Pleuroperitonealkanal** bezeichnet (Abb. 13–**16** A und 14–**1** A). Die Pleuroperitonealkanäle stehen oben mit der Perikardhöhle und nach unten mit der Peritonealhöhle in offener Verbindung. Durch den Verschluß dieser Öffnungen werden die Pleuroperitonealkanäle zu den Pleurahöhlen (s. Kap. 14, S. 288). Aus dem viszeralen Mesoderm entsteht die **viszerale Pleura** auf der Oberfläche der Lunge. Aus dem parietalen Mesoderm entsteht die **parietale Pleura** auf der Innenseite der Leibeswand (13–**16** B).

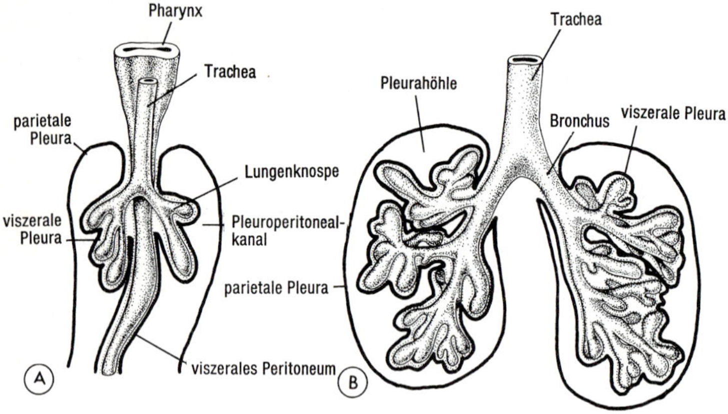

Abb. 13–**16** A. Einwachsen der Lungenknospen in die Pleuroperitonealkanäle beiderseits vom Ösophagus (vgl. auch Abb. 14–**1** und 14–**3**). In diesem Stadium verbinden die Pleuroperitonealkanäle die Perikardhöhle mit der Peritonealhöhle. B. Die Lungenknospen in einem späteren Stadium. Die Pleuroperitonealkanäle sind gegen die Peritonealhöhle abgeschlossen. Sie bilden jetzt die Pleurahöhlen. Die viszerale Pleura geht an der Lungenwurzel in die parietale Pleura über.

Im weiteren Verlauf teilen sich die Hauptbronchien wiederholt dichotom. Am Ende des sechsten Monats sind annähernd 17 derartige Teilungsschritte abgelaufen. Bevor jedoch der **Bronchialbaum** seine endgültige Gestalt erreicht, laufen noch sechs weitere Teilungsschnitte ab. Sie finden erst nach der Geburt statt. Während ihrer Entwicklung wandern die Lungen kaudalwärts. Bei der Geburt liegt die Bifurkation der Trachea in Höhe des vierten Brustwirbels. Das Mesoderm, das den Bronchialbaum umgibt, differenziert sich zu Knorpel, Muskelgewebe und Blutgefäßen, so daß der entodermale Brochialbaum schließlich von mesodermalen Geweben eingehüllt wird.

Differenzierung der Alveolen

Bis zum 7. Monat zweigt sich der Bronchialbaum in immer kleinere Gänge auf (Abb. 13–**17** A). Die Kapillardichte nimmt ebenfalls zu. Die Atmung wird jedoch erst ermöglicht, wenn ein Teil des kubischen Epithels in den Endverzweigungen sich zu **Alveolarepithelzellen** differenziert hat (Abb. 13–**17** B). Vom 7. Monat an sind genügend Alveolen und Kapillaren vorhanden, um bei einer Frühgeburt das Überleben zu ermöglichen.

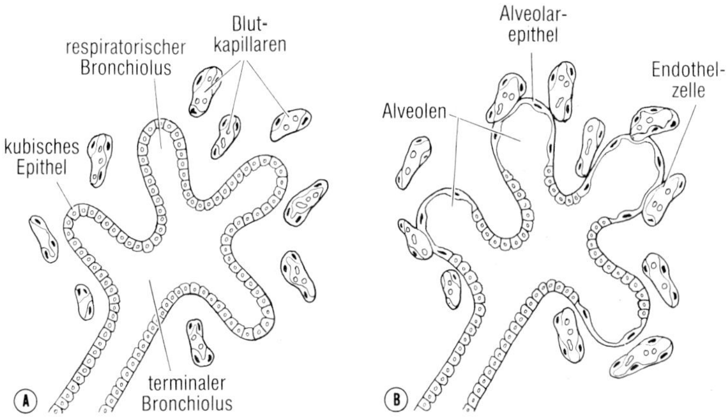

Abb. 13–**17** Schematische Darstellung der histologischen und funktionellen Entwicklung der Lunge. A. In der Phase des Gangwachstums von der 15. bis zur 25. Woche bestehen auch die Endverzweigungen aus kubischen Epithel. B. Die Differenzierung der Alveolen beginnt am Ende des 6. und zu Beginn des 7. Monats. Ein Teil des kubischen Epithels wandelt sich zu dünnem Alveolarepithel um und nimmt Kontakt zum Endothel der Blut- und Lymphkapillaren auf.

Neben den dünn ausgezogenen **Alveolarepithelzellen (Typ I)** differenzieren sich in den Alveolen Zellen mit einem schaumigen Zytoplasma **(Typ II)**, die eine **oberflächenaktive Substanz** (Phospholipide, Surfactant) produzieren. Sie führt an der Grenzschicht zwischen Luft und Alveolarepithel zu einer Verminderung der Oberflächenspannung. Dadurch wird bei der Exspiration der Rückfluß von seröser Flüssigkeit in die Alveolen verhindert. Ein Restvolumen an Luft bleibt als Schaumpolster in der Lunge zurück.

M Die Funktion der Alveolarepithelzellen Typ II ist für die **Lebensfähigkeit einer Frühgeburt** von entscheidender Bedeutung. Wenn nur ungenügende Mengen von **Surfactant** gebildet werden, ist die Oberflächenspannung an der Serum-Luft-Oberfläche groß, und die Alveolen kollabieren wieder während der Exspiration. Es entsteht eine Ateminsuffizienz, die die häufigste Todesursache bei Frühgeborenen ist: Die Alveolen sind weitgehend kollabiert und enthalten seröse Flüssigkeit, die sich nach der Fixierung im histologischen Präparat als „hyaline Membran“ darstellt. Man sprach daher vom **Syndrom der hyalinen Membranen**.

In der Lunge eines **totgeborenen Kindes** ist die Flüssigkeit nicht resorbiert, so daß die bei der Autopsie entnommenen Lungen im Wasser untersinken. Wenn das Kind jedoch geatmet hat, schwimmen die Lungen, da die seröse Flüssigkeit zumindest teilweise durch Luft ersetzt wurde.

Durch die nach der **Geburt** einsetzende Atmung blähen sich die Lungen auf und füllen die Pleurahöhlen vollständig aus. Das Wachstum der Lungen nach der Geburt geht nur unwesentlich auf eine Vergrößerung der Alveolen zurück. Es ist in der Hauptsache durch eine Vergrößerung der Zahl der respiratorischen Bronchioli und der Alveolen bedingt. Bei der Geburt sind nur etwa ein Sechstel der Alveolen ausgebildet. Die Hauptmenge der Alveolen entsteht während der ersten zehn Lebensjahre durch ständige Neubildung.

M Anomalien der Lungen

Obwohl viele Mißbildungen der Lunge und des Bronchialbaumes beschrieben wurden, z. B. blind endende Trachea mit fehlender Lunge oder Agenesie einer Lunge, sind die schweren Mißbildungen doch selten. Häufiger sieht man ungewöhnliche Teilungen des Brochialbaumes, die manchmal mit **überzähligen Lappen** verbunden sind. Diese Variationen des Brochialbaumes sind funktionell von geringer Bedeutung, können aber zu unerwarteten Schwierigkeiten bei der Bronchoskopie führen.

Von größerer Bedeutung sind **ektopische Lungenlappen**, die aus der Trachea oder dem Ösophagus entspringen. Man nimmt an, daß diese Lappen von zusätzlichen respiratorischen Knospen des Vorderdarmes gebildet werden, die sich unabhängig vom Hauptatmungssystem entwickeln.

Von großer klinischer Bedeutung sind die **angeborenen Lungenzysten**. Sie entstehen durch die Erweiterung von terminalen oder weiter zentral gelegenen Bronchien. Sie können multipel auftreten und der Lunge ein honigwabenartiges Aussehen im Röntgenbild verleihen, oder auch auf eine oder wenige größere Zysten beschränkt sein. Da zystische Gebilde in der Lunge gewöhnlich schlecht belüftet werden, sind sie oft die Ursache für chronische Infektionen. Mit der Erweiterung der thoraxchirurgischen Operationsmöglichkeiten sind viele der zystischen Lungenveränderungen heute operabel.

Kaudaler Abschnitt des Vorderdarms

Ösophagus

Die Anlage des Ösophagus erstreckt sich vom Abgang des Lungendivertikels bis zur spindelförmigen Erweiterung, aus der der Magen entsteht (Abb. 13–**3** und 13–**18**). Ursprünglich ist die Ösophagusanlage recht kurz. Mit dem Deszensus des Herzens und der Lungen verlängert sie sich jedoch beträchtlich. Der Muskelmantel entwickelt sich aus dem umgebenden Mesenchym und besteht in den oberen zwei Dritteln aus quergestreifter und im unteren Drittel aus glatter Muskulatur.

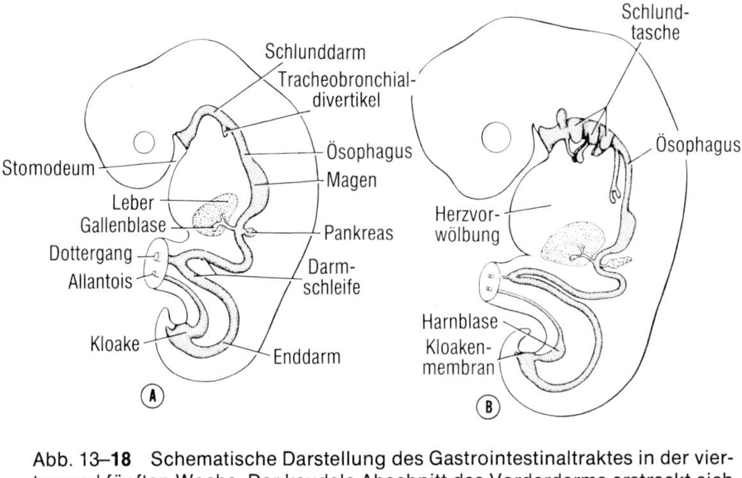

Abb. 13–**18** Schematische Darstellung des Gastrointestinaltraktes in der vierten und fünften Woche. Der kaudale Abschnitt des Vorderdarms erstreckt sich von der Lungenknospe bis zur Leberanlage.

Ösophagotrachealfistel und Ösophagusatresie

Die Mißbildungen in diesem Bereich gehen auf eine Störung bei der Entwicklung der Lungenknospe und des **Septum oesophagotracheale** zurück (Abb. 13–**15** A, B). Entweder weicht das Septum nach hinten ab oder die Ösophagusanlage wird nach vorne gedrückt durch raumfordernde Prozesse zwischen dem Vorderdarm und der Wirbelsäule.

Bei der häufigsten Form endet der proximale Abschnitt des Ösophagus als ein blinder Sack, während der distale Abschnitt über einen kleinen Gang mit der Trachea verbunden ist, der direkt oberhalb von der Bifurkation einmündet (Abb. 13–**19** A). Man nimmt an, daß diese Mißbildung durch eine spontane Deviation des Septum oesophagotracheale nach hinten zustande kommt oder daß die dorsale Wand des Vorderdarms durch mechanische Faktoren nach vorn gedrückt wird. In einigen Fällen findet sich anstelle des Fistelganges zwischen der Trachea und dem distalen Abschnitt des Ösophagus ein fibröser Strang (Abb. 13–**19** B). In seltenen Fällen öffnen sich sowohl der proximale als auch der distale Abschnitt des Ösophagus in die Trachea (Abb. 13–**19** C).

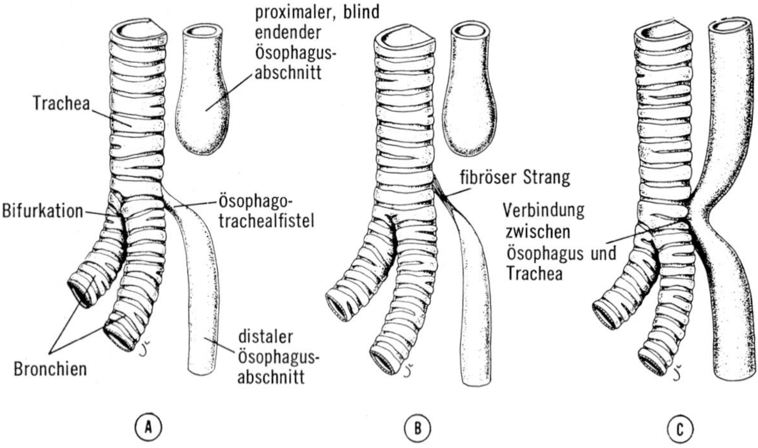

Abb. 13–**19** A. Ösophagusatresie mit Ösophagotrachealfistel. B. Ösophagusatresie. Der distale Ösophagusabschnitt ist mit der Trachea über einen fibrösen Strang verbunden. C. Der proximale und der distale Ösophagusabschnitt öffnen sich beide über einen engen Kanal in die Trachea.

Die Atresie des Ösophagus verhindert den normalen Abfluß der Amnionflüssigkeit in den Intestinaltrakt. Es kommt dadurch zu einer übermäßigen Flüssigkeitsansammlung in der Amnionhöhle **(Hydramnion)** und entsprechend zu einer Vergrößerung des Uterus. Ein Neugeborenes mit einer Ösophagusatresie kann anfangs normal erscheinen. Beim ersten Trinkversuch staut sich jedoch der proximale Abschnitt des Ösophagus rasch und die Milch dringt in die Trachea und die Lungen ein. Es kommt deshalb in den meisten Fällen zu einer Aspirationspneumonie. Wenn die Diagnose jedoch rechtzeitig gestellt wird, kann die Mißbildung mit Erfolg operiert werden.

Magen

Die Magenanlage wird in der fünften Entwicklungswoche als spindelförmige Erweiterung des Vorderdarmes sichtbar (Abb. 13–**18**). In den darauffolgenden Wochen verändern sich die Form und die Lage des Magens infolge der unterschiedlichen Wachstumsrate seiner einzelnen Wandabschnitte und durch Lageveränderungen der Nachbarorgane beträchtlich. Die Lageveränderungen des Magens sind am einfachsten zu verstehen, wenn man sich vorstellt, daß er sich um eine longitudinale und um eine dorsoventrale Achse dreht (Abb. 13–**20**).

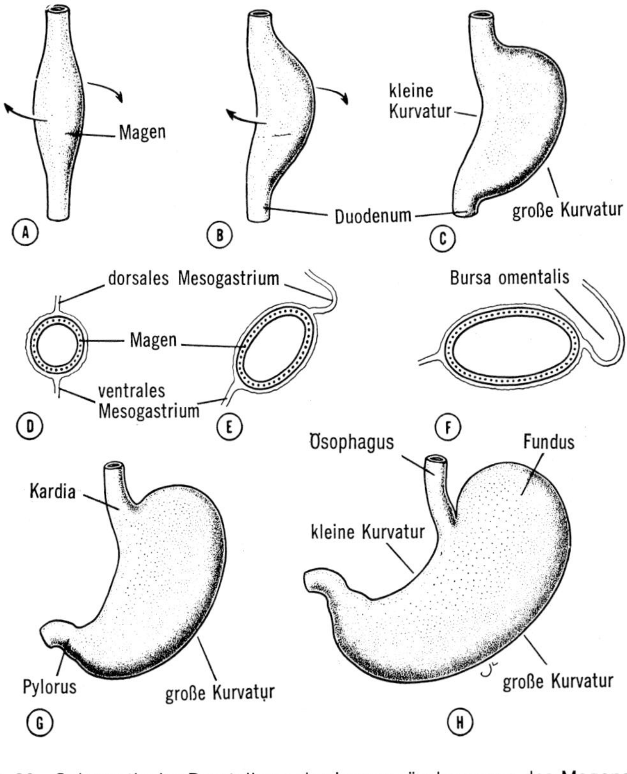

Abb. 13–**20** Schematische Darstellung der Lageveränderungen des Magens. A, B und C zeigen die Drehung des Magens um seine Längsachse von ventral gesehen. D, E und F zeigen im Querschnitt den Einfluß der Magendrehung auf das ventrale und dorsale Mesogastrium. G und H zeigen die Drehung des Magens um die dorsoventrale Achse (von ventral gesehen).

Um seine longitudinale Achse führt der Magen eine 90°-Drehung im Uhrzeigersinn aus, so daß seine linke Seite nach vorn und seine rechte Seite nach hinten sieht (Abb. 13–**20** A, B, C). Daher innerviert der linke Vagus, der ursprünglich auf der linken Seite des Magens verläuft, nun die Vorderwand. In gleicher Weise verschiebt sich der rechte Vagus auf die Hinterwand. Im Verlauf dieser Drehung wächst der ursprünglich hinten gelegene Magenanteil schneller als der ursprünglich vorn gelegene, so daß es zur Ausbildung einer **großen** und **kleinen Kurvatur** kommt (Abb. 13–**20** C). Da in diesem Entwicklungsstadium der Magen durch das dorsale und ventrale **Mesogastrium** an der hinteren und vorderen Körperwand befestigt ist (s. Kap. 14, S. 294), wird das dorsale Mesogastrium durch die Drehung um die Längsachse nach links gezogen und trägt so zur Bildung der **Bursa omentalis**, einer Tasche des Peritoneums hinter dem Magen, bei (Abb. 13–**20** D, E, F).

Das kraniale und kaudale Ende des Magens liegen ursprünglich in der Mittellinie. Während des weiteren Wachstums wandert jedoch der kaudale Abschnitt **(der Pylorus)** nach rechts und oben, der kraniale Anteil **(die Kardia)** nach links und etwas nach unten (Abb. 13–**20** G, H). Der Magen gelangt auf diese Weise in seine definitive Position, in der seine Längsachse von oben links nach unten rechts verläuft. Die große Kurvatur ist damit nach unten und die kleine Kurvatur nach oben und rechts gerichtet (Abb. 13–**20** G, H).

M Pylorusstenose

Bei der Pylorusstenose besteht eine Hypertrophie der zirkulären und zu einem geringen Grad auch der longitudinalen Muskelfasern des Magens im Pylorusbereich. Sie ist eine der häufigsten Erkrankungen des Magens beim Säugling. Man nimmt an, daß sich die Stenose während des Fetallebens entwickelt. Es besteht eine extreme Verengung des Pyloruslumens. Die Nahrungspassage ist blockiert und es kommt zum Erbrechen im Strahl. Operativ wird der Muskelring (Sphinkter) bis auf die Schleimhaut gespalten. Einige wenige Fälle sind beschrieben worden, in denen der Pylorus überhaupt nicht durchgängig war.

Andere Mißbildungen des Magens, wie Verdoppelungen oder ein Septum praepyloricum, sind selten.

Duodenum

Das Duodenum wird vom Endabschnitt des Vorderdarms und vom oberen Abschnitt des Mitteldarms gebildet. Die Grenze zwischen beiden liegt direkt distal vom Abgang der Leberknospe (Abb. 13–**18**). Bei der Drehung des Magens bildet das Duodenum eine U-förmige Schlinge, dreht sich nach rechts und kommt schließlich retroperitoneal zu liegen (s. Kapitel 14, S. 297). Während des zweiten Monats kann das Lumen des Duodenums vorübergehend obliterieren. Es tritt jedoch unter normalen Bedingungen bald wieder auf. Das Duodenum wird von oben her von der Arterie des Vorderdarms, dem **Truncus coeliacus**, und von unten durch die Arterie des Mitteldarms, die **A. mesenterica superior**, versorgt.

Leber und Gallenblase

Die Leberanlage wird in der Mitte der 3. Woche als Ausbuchtung des Entoderms am distalen Ende des Vorderdarmes sichtbar (Abb. 13–**1** D und 13–**21**). Aus dem Epithel der Leberbucht sprossen Leberzellbälk-

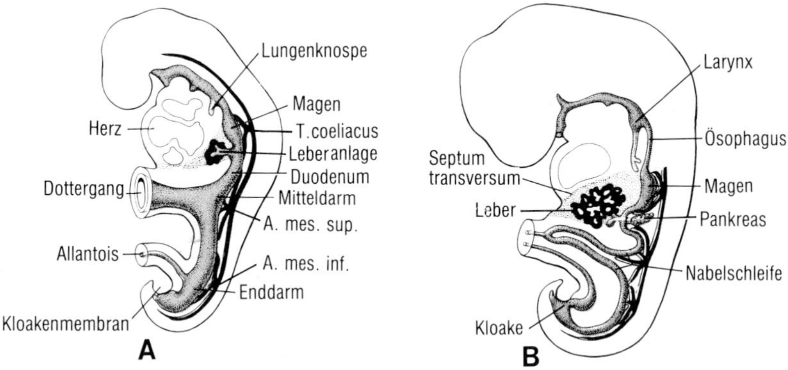

Abb. 13–**21** A. Primitiver Gastrointestinaltrakt bei einem 3-mm-Embryo (etwa 25 Tage alt). Beachte die Entwicklung des Leberdivertikels. Das Leberdivertikel wird vom Entoderm des unteren Vorderdarmabschnittes gebildet. B. Beim 5-mm-Embryo (etwa 32 Tage alt) dringen die epithelialen Leberstränge in das Mesenchym des Septum transversum ein. Beachte die Entwicklung der Nabelschleife.

chen nach ventral in das lockere Mesoderm zwischen Perikardhöhle und Dottersackstiel aus. Das Mesoderm bildet hier eine breite, horizontale Platte, die als **Septum transversum** bezeichnet wird (Abb. 13–**21** B, vgl. auch Abb. 5–**4** A, B). Das Septum transversum ist ein Teil des oberhalb des Nabels gelegenen ventralen Mesenteriums (Abb. 14–**6**). Es entsteht durch die Verschmelzung der viszeralen Mesodermschichten bei dem von kranial nach kaudal fortschreitenden Darmrohrschluß (vgl. Kap. 5, S. 69).

Im Bereich des Septum transversum durchdringen sich die epithelialen Leberbälkchen mit den Sinusoiden aus den Dotter- und Nabelvenen, so daß typisches Leberparenchym entsteht (vgl. Abb. 12–**42**). Die bindegewebigen Anteile der Leber werden dabei vom Mesoderm des Septum transversum geliefert. Durch Abschnürung vom Darmrohr entsteht aus der Leberbucht der **Ductus hepaticus** und der anschließende **Ductus choledochus**. Aus dem unteren Zipfel der Leberbucht entwikkelt sich die **Gallenblase** und der **Ductus cysticus** (Abb. 13–**22** A und 13–**23**).

Infolge ihres raschen Wachstums überschreitet die Leber bald die Grenzen des Septum transversum und wölbt sich in die Leibeshöhle vor. Zwischen der ventralen Leibeswand und der Leber wandelt sich das Septum transversum sekundär zu einer dünnen Membran um, die

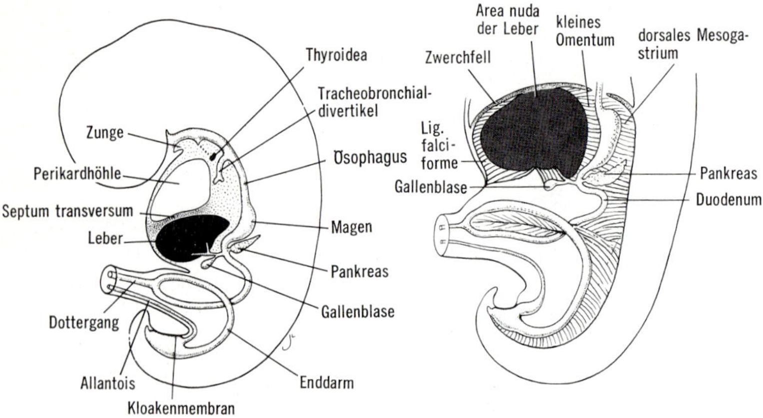

Abb. 13–**22** A. Zeichnung eines 9-mm-Embryos (etwa 36 Tage alt). Die Leber dehnt sich nach kaudal in den Bauchraum aus. Beachte die Verdichtung des Mesenchyms zwischen der Leber und der Perikardhöhle, die die Entwicklung des Zwerchfelles einleitet. B. Zeichnung eines etwas älteren Embryos. Das Lig. falciforme entsteht zwischen der Leber und der ventralen Leibeswand, das Omentum minus zwischen der Leber und dem Vorderdarm (Magen und Duodenum). Die Leber ist bis auf die Anheftungsstelle am Zwerchfell überall von Peritoneum bedeckt. Dieser Bezirk wird als Area nuda der Leber bezeichnet.

als **Lig. falciforme** bezeichnet wird (Abb. 13–**22** B). Die ursprünglich im Mesoderm des Septums gelegene Nabelvene verläuft jetzt am freien, kaudalen Rand des Lig. falciforme. In gleicher Weise wird das Septum transversum zwischen Leber und Vorderdarm (Magen und Duodenum) zu einer Membran ausgezogen und bildet das **Omentum minus**. Am kaudalen freien Rand des Omentum minus verlaufen dann der Gallengang, die V. portae und die Arteria hepatica.

Das Ligamentum falciforme und das Omentum minus sind Teile des **ventralen Mesogastrium**, das sich zwischen der ventralen Leibeswand und der kleinen Kurvatur des Magens ausspannt (Abb. 13–**22** B). Die Leber wächst als Drüse des Verdauungstraktes in das ventrale Mesogastrium hinein. Die Ausbildung des **Septum transversum** hängt mit der Vernetzung der Leberzellbälkchen und der venösen Sinusoide in der Einflußbahn des Herzens zusammen (Abb. 12–**42**). Das quergestellte Septum bereitet die später erfolgende Entwicklung des Zwerchfells vor.

Das Mesoderm an der Oberfläche der Leber entwickelt sich zum Peritonealüberzug mit Ausnahme der kranialen Leberoberfläche (Abb. 13–**22** B). In diesem Bereich bleibt die Leber mit dem Septum transversum verbunden. Dieser Abschnitt des Septums besteht aus dichtem mesodermalen Gewebe und bildet später einen Teil des Zwerchfells. Der Oberflächenbezirk der Leber, der mit dem späteren Zwerchfell verbunden bleibt, erhält keinen peritonealen Überzug und heißt **Area nuda** der Leber.

Funktion der fetalen Leber

In der zehnten Entwicklungswoche macht das Gewicht der Leber etwa 10 % des gesamten Körpergewichts aus. Das mag zum Teil an der großen Anzahl von Sinusoiden aus den Dotter- und Nabelvenen liegen. Ein anderer wichtiger Faktor, der zu dem relativ hohen Lebergewicht in diesem Entwicklungsstadium beiträgt, ist die **Hämatopoese** in der Leber. Zwischen den Leberzellen und den Wänden der Blutgefäße sitzen große Nester proliferierender Zellen, die rote und weiße Blutkörperchen produzieren. Während der letzten zwei Monate des intrauterinen Lebens nimmt die Hämatopoese allmählich ab, und bei der Geburt bestehen nur noch kleine hämatopoetische Inseln. Das Lebergewicht macht dann nur noch 5 % des gesamten Körpergewichts aus. Etwa ab der zwölften Woche produzieren die Leberzellen Galle. Die Galle gelangt über den Gallengang in den Gastrointestinaltrakt und verleiht dessen Inhalt eine dunkelgrüne Farbe.

Inzwischen haben sich die **Gallenblase** und der **Ductus cysticus** weiterentwickelt. Der Ductus cysticus hat sich mit dem Ductus hepaticus zum **Ductus choledochus** vereinigt (Abb. 13–**22** B). Infolge der Lageveränderungen des Duodenums verschiebt sich die Einmündung des Ductus choledochus von vorn nach hinten, so daß der Gang schließlich hinter dem Duodenum verläuft (Abb. 13–**23** und 13–**24**).

Pankreas

Das Pankreas entsteht aus zwei entodermalen Knospen des Duodenums (Abb. 13–**23** A). Die **dorsale Pankreasknospe** liegt gegenüber und etwas oberhalb von der Leberanlage. Die **ventrale Pankreasknospe** entsteht unterhalb der Leberanlage in enger Beziehung zum

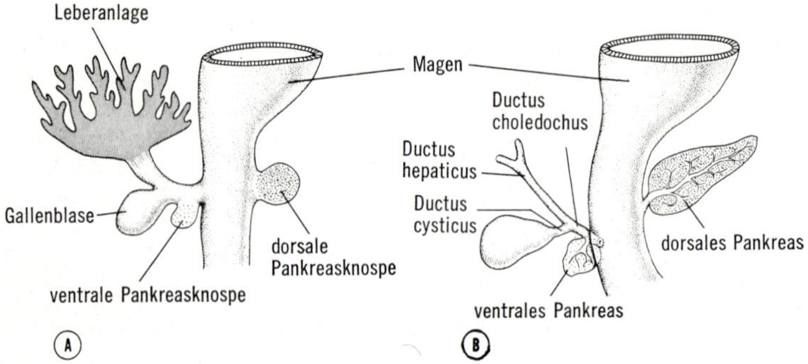

Abb. 13–**23** Aufeinanderfolgende Stadien bei der Entwicklung des Pankreas. A. Mit 30 Tagen (etwa 5 mm). B. Mit 35 Tagen (etwa 7 mm). Die ventrale Pankreasknospe liegt ursprünglich dicht neben dem Leberdivertikel. Sie wandert um das Duodenum herum nach dorsal auf die dorsale Pankreasanlage zu.

Gallengang (Abb. 13–**23** A). Sie besteht zunächst aus einer rechten und einer linken Knospe, die jedoch bald miteinander verschmelzen.

Die ventrale Pankreasanlage wandert dann auf die gleiche Weise wie die Einmündungsstelle des Ductus choledochus nach dorsal und kommt schließlich unmittelbar unter und hinter dem dorsalen Pankreas zu liegen (Processus uncinatus) (Abb. 13–**23** B und 13–**24**).

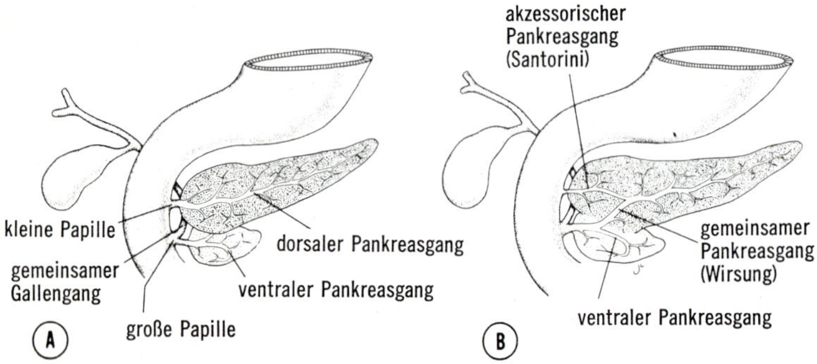

Abb. 13–**24** A. Die Pankreasanlage in der 6. Entwicklungswoche (etwa 10 mm). Die ventrale Anlage liegt dicht neben der dorsalen. Der dorsale Pankreasgang mündet auf der Papilla minor in das Duodenum ein, der ventrale Pankreasgang auf der Papilla major. B. Die Verschmelzung der Pankreasgänge. Der Hauptausführungsgang des Pankreas (Wirsung) mündet nun zusammen mit dem Ductus choledochus an der großen Papille in das Duodenum ein. Der akzessorische Pankreasgang (Santorini) endet an der kleinen Papille (modifiziert nach *Starck*).

Später vereinigen sich sowohl das Parenchym als auch die Ausführungsgänge der dorsalen und ventralen Pankreasanlage (Abb. 13–**24** B). Der gemeinsame **Ductus pancreaticus** (Wirsung) wird vom distalen Anteil des dorsalen Pankreasganges und dem gesamten ventralen Pankreasgang gebildet (Abb. 13–**24** B). Dieser Gang wird zum Hauptausführungsgang des Pankreas, während der proximale Anteil des dorsalen Pankreasganges entweder obliteriert oder als kleiner, zusätzlicher Ausführungsgang **(Ductus pancreaticus accessorius)** (Santorini) erhalten bleibt. Der Ductus pancreaticus mündet auf der Papilla duodeni major, der Ductus pancreaticus accessorius auf der Papilla duodeni minor. In etwa 10% der Fälle bleibt die Vereinigung des ursprünglich doppelten Ausführungsgangsystems aus.

Die endokrinen Zellen des Pankreas, die **Inselzellen**, sondern sich schon frühzeitig aus der epithelialen Knospe des Pankreas ab. Im 3. Monat des Fetallebens sind in allen Bereichen des Pankreas Inselanlagen vorhanden. Die Insulinsekretion setzt etwa im 5. Monat ein. Der Insulinspiegel im Fetus ist von dem der Mutter unabhängig. Daher ist es unwahrscheinlich, daß größere Insulinmengen die Plazenta passieren. Der erhöhte Gukosespiegel bei einer diabetischen Mutter kommt dagegen dem Feten zugute und ist möglicherweise die Ursache für die Geburt größerer Kinder bei Diabetikerinnen.

M Angeborene Mißbildungen

Atresie der Gallenblase und der Gallengänge

Ursprünglich ist die Anlage der Gallenblase ein Hohlorgan. Durch die Proliferation ihres Epithels verschwindet das Lumen vorübergehend. Das endgültige Lumen entwickelt sich durch Vakuolisierung der Epithelstränge. Wenn die Vakuolisierung nicht erfolgt, bleibt die Gallenblase atretisch und entwickelt sich nicht weiter.

Auch die intra- und extrahepatischen Gallengänge durchlaufen in ihrer Entwicklung ein solides, das heißt lumenloses Stadium. Wenn die endgültige Lumenbildung ausbleibt, bestehen die Gänge aus Strängen. Gelegentlich beschränkt sich eine derartige Atresie auf einen kleinen Abschnitt des Ductus choledochus (Abb. 13–**25** A). Die Gallenblase und der vor der Atresie gelegene Ductus hepaticus sind dann erheblich erweitert. Nach der Geburt tritt eine schwere, sich ständig verstärkende Gelbsucht auf.

Neben der Atresie ist auch die Verdoppelung, partielle Unterteilung und Divertikelbildung der Gallenblase häufig beschrieben worden (Abb. 13–**25**).

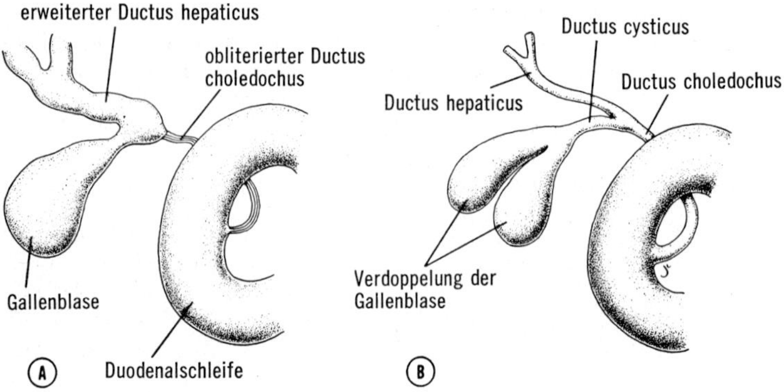

Abb. 13–**25** A. Obliteration des Ductus choledochus mit Erweiterung der Gallenblase und des Ductus hepaticus distal vom Verschluß. B. Verdoppelung der Gallenblase.

M Pancreas anulare

In der normalen Entwicklung wandert die ventrale Pankreasanlage so weit um das Duodenum herum, daß sie schließlich unter die dorsale Anlage zu liegen kommt (Abb. 13–**24**). Diese Entwicklung kann gestört sein. Die rechte Knospe der ventralen Anlage wandert dann auf dem normalen Weg, während die linke Knospe sich in entgegenge-

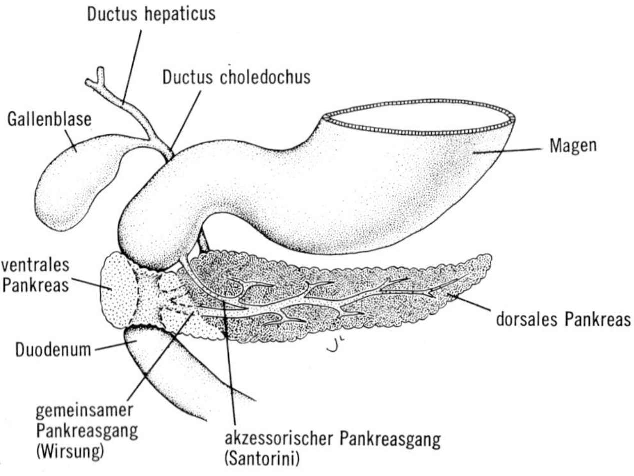

Abb. 13–**26** Pancreas anulare. Das ventrale Pankreas bildet einen Ring um das Duodenum, der zu einer Stenose des Duodenums führen kann.

setzter Richtung in Bewegung setzt. Auf diese Weise wird das Duodenum vollständig von Pankreasgewebe umgeben, und es entsteht ein **Pancreas anulare** (Abb. 13–**26**). Diese Mißbildung verursacht gewöhnlich keine Symptome. Sie kann jedoch manchmal das Duodenum einengen oder sogar zu einem vollständigen Verschluß führen.

M Versprengtes Pankreasgewebe

Heterotopes Pankreasgewebe kann überall zwischen dem distalen Ende des Ösophagus und der Spitze der primären Darmschleife auftreten. Am häufigsten wird es in der Magenschleimhaut und im Meckel-Divertikel angetroffen. Hier kann es auch alle pathologischen Veränderungen aufweisen, die für das Pankreas selbst charakteristisch sind.

Mitteldarm

Beim 5-mm-Embryo liegt der Mitteldarm zwischen der **vorderen** und **hinteren Darmpforte** und steht über den Dottergang in offener Verbindung mit dem Dottersack (Abb. 13–**1** und 13–**18**). Beim Erwachsenen beginnt der Mitteldarm distal von der Einmündungsstelle des Gallenganges in das Duodenum und umfaßt noch die proximalen zwei Drittel des Colon transversum. Der Mitteldarm wird von der **A. mesenterica superior** versorgt.

Die Entwicklung des Mitteldarmes ist durch rasches Längenwachstum gekennzeichnet, das zur Bildung der **Nabelschleife** führt (Abb. 13–**18** B, 13–**22** und 13–**27**). An ihrer Spitze bleibt die Schleife über den

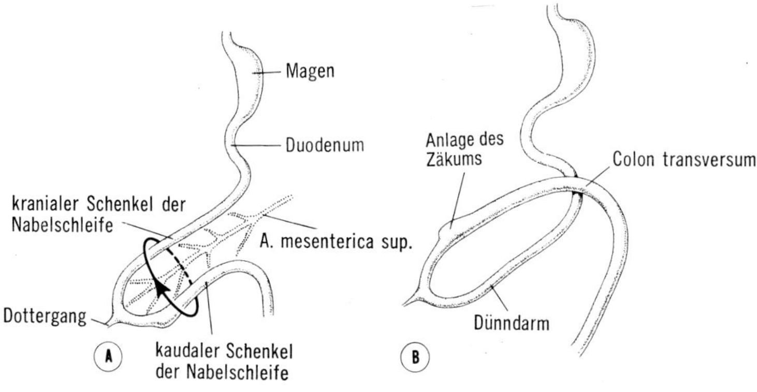

Abb. 13–**27** A. Schematische Darstellung der Nabelschleife vor der Drehung (Ansicht von lateral). Die A. mesenterica superior bildet die Achse der Schleife. Der Pfeil deutet die Drehung gegen den Uhrzeigersinn an. B. Die Nabelschleife nach der Drehung gegen den Uhrzeigersinn um 180°. Das Colon transversum kreuzt von ventral das Duodenum (modifiziert nach *Giroud*).

engen **Dottergang** oder **Ductus omphaloentericus** mit dem Dottersack verbunden. Der kraniale Schenkel der Schleife wird zum distalen Anteil des Duodenums, zum Jejunum und zu einem Teil des Ileums. Der kaudale Schenkel wird zum unteren Abschnitt des Ileums, zum Zäkum mit der Appendix, zum Colon ascendens und zu den beiden proximalen Dritteln des Colon transversum. Die Grenze zwischen kranialem und kaudalem Schenkel ist beim Erwachsenen nur zu erkennen, wenn ein Rest des Dottergangs als **Meckel-Divertikel** erhalten geblieben ist (Abb. 13–**28** und 13–**30**).

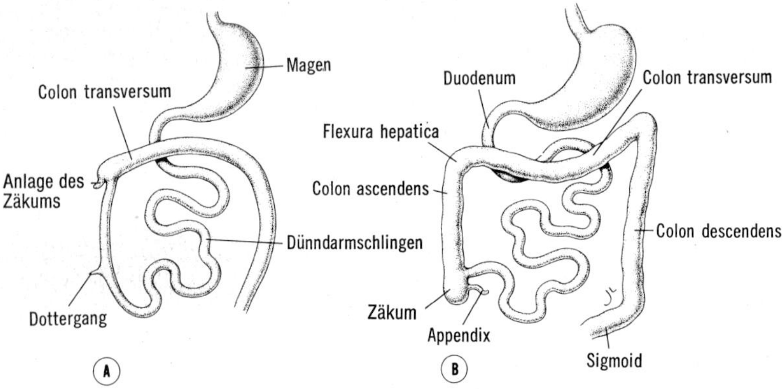

Abb. 13–**28** A. Ansicht der Darmschlingen von ventral nach der Drehung gegen den Uhrzeigersinn um 270°. Beachte die Schlingenbildung im Bereich des Dünndarms und die Lage der Zäkum-Aussackung im rechten oberen Quadranten des Abdomens. B. Die Darmschlingen nehmen ihre endgültige Lage ein. Zäkum und Appendix liegen im rechten unteren Quadranten des Abdomens (modifiziert nach *Giroud*).

Physiologischer Nabelbruch und Darmdrehung

In der weiteren Entwicklung der Nabelschleife hält das rasche Längenwachstum besonders im kranialen Schenkel an bei gleichzeitiger enormer Vergrößerung der Leber (Blutbildung). Die Leibeshöhle wird infolgedessen vorübergehend zu eng, um alle Darmschlingen zu beherbergen. In der sechsten Entwicklungswoche treten die Darmschlingen deshalb in das extraembryonale Zölom der Nabelschnur über **(physiologischer Nabelbruch)** (Abb. 13–**29**).

Während ihres Längenwachstums führt die Nabelschleife eine Drehung um eine Achse aus, die von der **A. mesenterica superior** gebildet wird (Abb. 13–**27** A). Von vorn gesehen erfolgt diese Drehung gegen den Uhrzeigersinn und beträgt im ganzen etwa 270° (Abb. 13–**27** und 13–**28**). Etwa 90° der Darmdrehung laufen außerhalb und etwa 180°

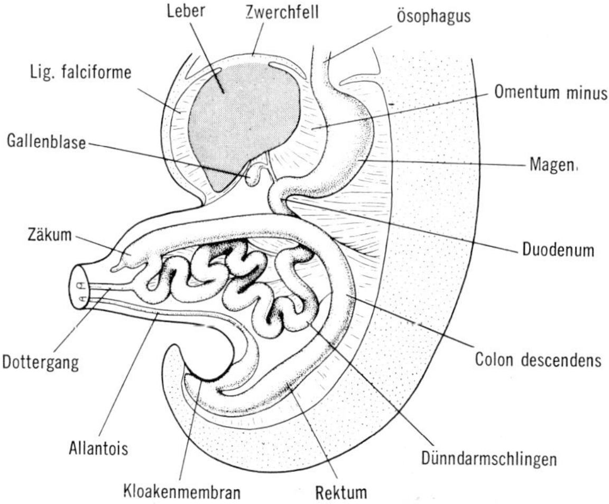

Abb. 13–**29** Physiologischer Nabelbruch bei einem etwa 8 Wochen alten Embryo (Scheitel-Steiß-Länge 30 mm). Die Schlingenbildung des Dünndarms und die Entwicklung des Zäkums findet zur Zeit des physiologischen Nabelbruchs statt.

bei der Rückkehr der Darmschlingen in die Leibeshöhle ab. Der Dünndarm verlängert sich im Verlauf der Drehung noch weiter und das Jejunum und Ileum bilden eine Reihe von Schlingen. Der Dickdarm wächst ebenfalls noch beträchtlich in die Länge, nimmt aber nicht an der Schlingenbildung teil.

Gegen Ende des dritten Monats ziehen sich die Darmschlingen aus dem physiologischen Nabelbruch wieder in die Leibeshöhle zurück. Die für diesen Vorgang verantwortlichen Faktoren sind nicht genau bekannt. Man nimmt an, daß die Rückbildung der Urnieren, die Verlangsamung des Leberwachstums und eine Vergrößerung der Leibeshöhle eine Rolle dabei spielen.

Der proximale Abschnitt des Jejunum tritt als erster wieder in die Leibeshöhle ein und kommt auf der linken Seite zu liegen. Die nachfolgenden Schlingen schließen sich der Reihe nach nach rechts an. Das **Zäkum**, das etwa im 12-mm-Stadium als kleine konische Erweiterung im kaudalen Schenkel der Nabelschleife sichtbar wird, ist der letzte Abschnitt des Darmes, der in die Bauchhöhle zurückkehrt. Es liegt vorübergehend im rechten oberen Quadranten direkt unter dem rechten Leberlappen (Abb. 13–**28** A). Von hier aus steigt es in die rechte Fossa iliaca herab, so daß das **Colon ascendens** und die **Flexura hepatica** entstehen (Abb. 13–**28** B). Im Verlauf dieser Entwicklung entsteht

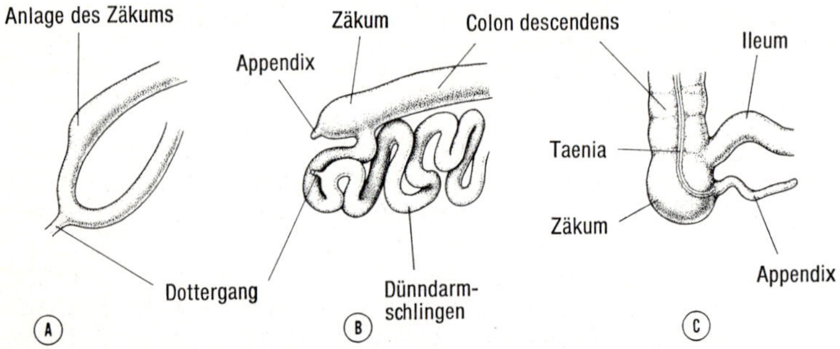

Abb. 13–**30** Aufeinanderfolgende Stadien bei der Entwicklung des Zäkums und der Appendix. A. Mit 7 Wochen. B. Mit 8 Wochen. C. Beim Neugeborenen.

am distalen Ende des Zäkums als enges Divertikel die **Appendix vermiformis** (Abb. 12–**30**). Mit der Rückkehr der Darmschlingen in die Leibeshöhle kommt es zu Verwachsungen der Mesenterien mit der hinteren Leibeswand (s. Kap. 14, S. 298).

M Angeborene Mißbildungen

Überreste des Dotterganges

Normalerweise blildet sich der Dottergang oder Ductus omphaloentericus zurück, wenn der Embryo etwa 6 Wochen alt ist. Manchmal bleibt ein kleiner Teil des Ganges erhalten und bildet dann eine Ausbuchtung des Ileums, das **Meckel-Divertikel** (Abb. 13–**31** A). Beim

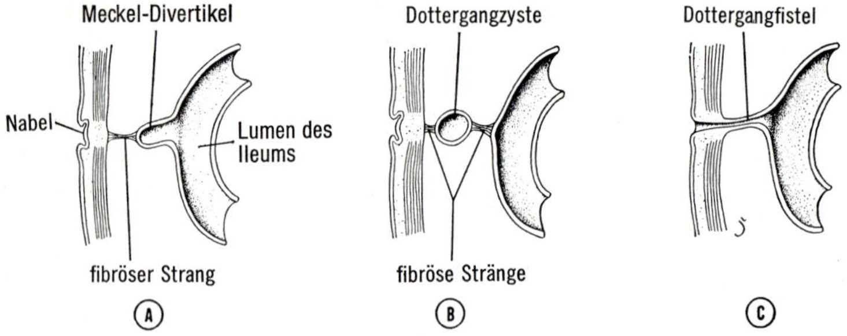

Abb. 13–**31** Überbleibsel vom Dottergang. A. Ein Meckel-Divertikel in Verbindung mit einem fibrösen Strang. B. Dottergangzyste, die mit dem Nabel und dem Ileum über fibröse Stränge verbunden ist. C. Dottergangfistel, die das Ileum mit dem Nabel verbindet.

Erwachsenen liegt dieses Divertikel etwa 60–90 cm von der Ileozäkalklappe entfernt und verursacht im allgemeinen keine Beschwerden. Wenn ein Meckel-Divertikel jedoch versprengtes Pankreasgewebe oder Magenschleimhaut enthält, kann es ulzerieren, Blutungen verursachen oder sogar perforieren.

Der Dottergang kann über seine gesamte Länge offen bleiben und eine direkte Verbindung zwischen Nabel und Verdauungstrakt herstellen. Diese Anomalie heißt **Nabel-** oder **Dottergangfistel** (Abb. 13–**31** C). Es kann dann im Bereich des Nabels zum Austritt von Fäzes kommen. Gelegentlich prolabiert das Ileum durch die Fistel. Bei einer anderen Form haben sich beide Enden des Dotterganges in fibröse Stränge umgewandelt, während der Mittelabschnitt eine große Zyste bildet, die als **Enterokystom** oder **Dottergangzyste** bezeichnet wird (Abb. 13–**31** B). Da die fibrösen Stränge die Leibeshöhle durchqueren, können sie leicht eine Strangulation oder einen Volvulus des Darmes verursachen.

M Omphalozele

Manchmal ziehen sich die Darmschlingen nicht aus der Nabelschnur in die Leibeshöhle zurück. Die Schlingen bleiben dann im extraembryonalen Zölom der Nabelschnur liegen. Bei der Geburt führen die ausgetretenen Darmschlingen zu einer starken Auftreibung der Nabelschnur. Sie werden nur von Amnion bedeckt. Eine derartige Auftreibung wird als **Omphalozele** bezeichnet (Abb. 13–**32**).

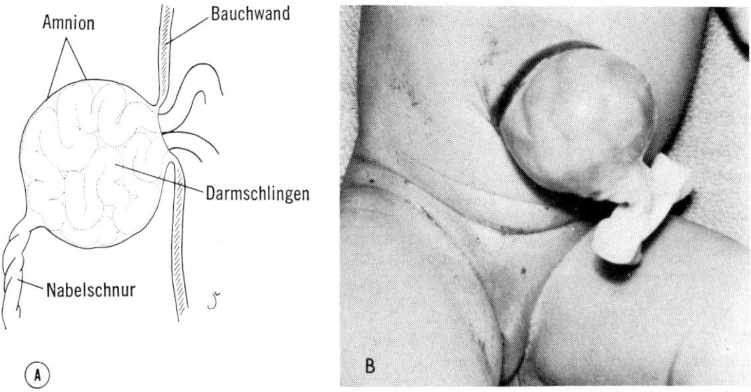

Abb. 13–**32** A. Omphalozele. Die Darmschlingen sind nicht in den Bauchraum zurückgekehrt. Der Bruchsack wird vom Amnion gebildet. B. Omphalozele beim Neugeborenen. (Dr. *A. Shaw*, Department of Surgery, University of Virginia.)

M Angeborene Nabelhernie

Die angeborene Nabelhernie kommt durch den unvollständigen Schluß der Leibeswand zustande. Im Bereich des Nabels fehlen die Muskelschichten und die Haut. Die Oberflächenschicht wird vom Amnion gebildet. Die Darmschlingen ziehen sich aus dem physiologischen Nabelbruch zurück und treten sekundär durch den Defekt in der Bauchwand wieder aus. Sie sind von Peritoneum und Amnion bedeckt, jedoch nicht von Haut. Der Bruchsack ist daher äußerst dünn und reißt häufig bei der Geburt ein.

In einigen Fällen ist der Defekt so ausgeprägt, daß alle Eingeweide einschließlich der Leber außerhalb der Leibeshöhle liegen. Diese Form wird als **Eventeration der Baucheingeweide** bezeichnet. Sie kommt dadurch zustande, daß sich die vordere Leibeswand nicht schließt. Der Defekt ist zumeist mit Mißbildungen des Urogenitalsystems, wie Ekstrophie der Blase, kombiniert (s. Kap. 11, S. 181).

M Störungen bei der Darmdrehung

Die Nabelschleife dreht sich normalerweise um 270° gegen den Uhrzeigersinn. Gelegentlich kommt es nur zu einer 90°-Drehung. Dann kehren Kolon und Zäkum nicht zuletzt, sondern als erste Darmabschnitte aus dem physiologischen Nabelbruch in die Bauchhöhle zurück (vgl. Abb. 13–**28**). Sie bleiben auf der linken Seite liegen. Die nachfolgenden Dünndarmschlingen lagern sich nach rechts an den Dickdarm an (Abb. 13–**33** A).

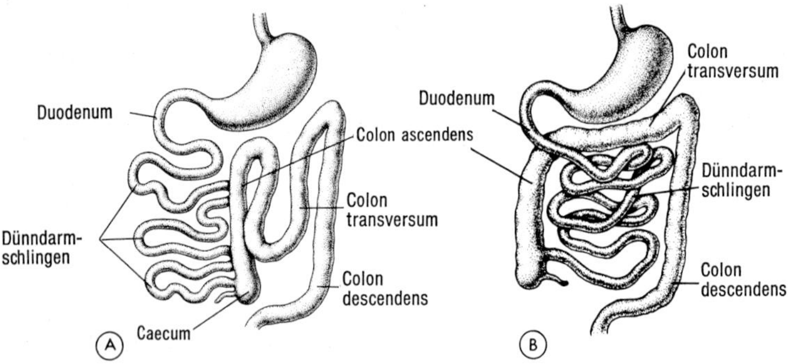

Abb. 13–**33** A. Anomalie bei der Darmdrehung. Anstatt um 270° dre Nabelschleife nur um 90°. Das Kolon kommt links, die Dünndarn rechts zu liegen. B. Entgegengesetzte Darmdrehung. Die Nabelsc sich um 90° im Uhrzeigersinn gedreht. Das Querkolon verläuft hinter denum.

Bei der **entgegengesetzten Darmdrehung** (Abb. 13–**33** B) dreht sich die Nabelschleife zunächst um etwa 90° im Uhrzeigersinn, d. h. in entgegengesetzte Richtung (vgl. Abb. 13–**27**). Dadurch kommt das Colon transversum hinter das Duodenum zu liegen. Es liegt damit auch hinter der A. mesenterica superior.

Bei Störungen der Darmdrehung besteht die Gefahr, daß es zur Abknickung von Gefäßen und zur Unterbrechung der Blutversorgung einer Darmschlinge kommt, oder daß peritoneale Verwachsungen direkt die Darmpassage verlegen.

M Verdoppelungen im Verdauungstrakt

Verdoppelungen von Darmschlingen können überall im Verdauungskanal vorkommen. Am häufigsten sind sie im Bereich des Ileum anzutreffen. Sie sind in ihrer Form und Größe sehr variabel und können als kleines Divertikel oder als große Zyste auftreten. Darmverdoppelungen bleiben immer an ihrem Ursprungssegment angewachsen, ihre Schleimhaut kann jedoch ganz anders aussehen. Bei einer Verdoppelung des Rektums wurde eine Auskleidung mit Magenschleimhaut beobachtet. Die Verdoppelungen kommen dadurch zustande, daß Teile des Verdauungskanals ein solides Stadium durchlaufen, an das sich eine Wiederherstellung des Lumens durch Vakuolisierung anschließt (Abb. 13–**34** A, B). Wenn isolierte Vakuolen sich dann

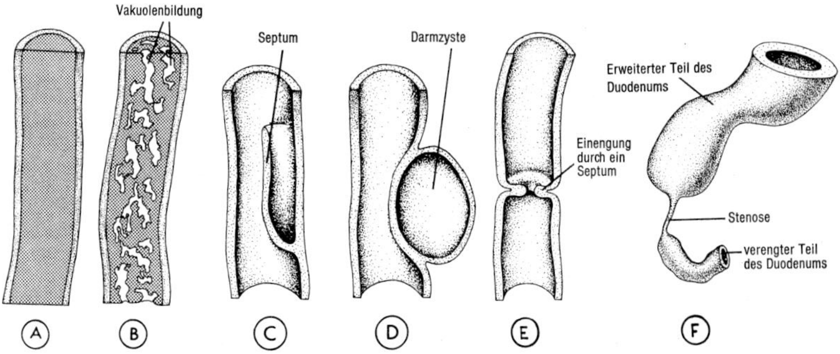

Abb. 13–**34** A. Dünndarmabschnitt mit obliteriertem Lumen. In der Normalentwicklung durchläuft der Darmkanal ein Stadium, in dem das Lumen vollständig durch Epithelzellen ausgefüllt wird. B. Durch Bildung von Vakuolen entsteht sekundär wieder ein Darmlumen. C. Dabei kann ein Septum zurückbleiben, das häufig zur Bildung eines Divertikels führt. D. Bildung einer Zyste nach dem gleichen Prinzip. E. Stenose bei lokal ungenügender Ausbildung des definitiven Darmlumens. Ein entsprechender vollständiger Verschluß heißt Atresie. F. Ausgedehnte Stenose im Duodenum. Vor der Stenose ist das Duodenum maximal erweitert, hinter der Stenose ist es verengt.

nicht vollständig mit dem Hauptlumen vereinigen, können daraus Verdoppelungen entstehen (Abb. 13–**34** C, D).

M Atresie und Stenose des Darms

Atresie und Stenose können ebenfalls überall im Verlauf des Intestinaltraktes auftreten. Bei der **Atresie** (Unterbrechung des Lumens) verschließt ein in das Lumen hineinragendes Septum das Darmrohr vollständig, bei der **Stenose** engt es nur das Lumen ein (Abb. 13–**34** E). Die Ursache besteht darin, daß sich im Anschluß an das solide Stadium das Lumen des Darmes nur unvollständig wiederhergestellt hat. Eine **Stenose** tritt besonders häufig im Duodenum auf. Die Stenose führt oft zu einer Erweiterung des proximalen Duodenumabschnittes und einer deutlichen Verschmälerung der Darmschlingen unterhalb der Stenose (Abb. 13–**34** F). Der proximale Teil des Duodenums kann in der Ausdehnung den Magen übertreffen.

Enddarm

Der Enddarm reicht beim Embryo von der **hinteren Darmpforte** bis zur **Kloakenmembran**. Aus ihm entstehen das distale Drittel des Colon transversum, das Colon descendens, das Sigmoid, das Rektum und der obere Abschnitt des Analkanals.

Der terminale Abschnitt des Enddarms mündet in die Kloake. Die Kloake wird von Entoderm ausgekleidet. In der Kloakenmembran liegen Entoderm und Ektoderm direkt einander an (Abb. 13–**35** A, B).

In der weiteren Entwicklung entsteht eine transversal verlaufende Leiste, das **Septum urorectale**, im Winkel zwischen der Allantois und dem

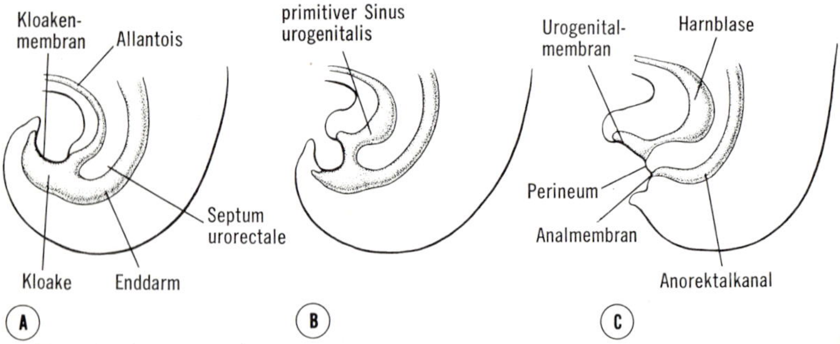

Abb. 13–**35** Die Entwicklung der Kloake in verschiedenen Entwicklungsstadien. Die Entwicklung des Septum urorectale führt zur Bildung des Anorektalkanals und des Perineums.

Enddarm (Abb. 13–**35**). Dieses Septum unterteilt die Kloake in einen vorderen Abschnitt, den **primitiven Sinus urogenitalis,** und einen hinteren, den **Anorektalkanal** Abb. 13–**35**). Wenn der Embryo sieben Wochen alt ist, erreicht das Septum urorectale die Kloakenmembran. An der Kontaktstelle entsteht das **primitive Perineum**. Die Kloakenmembran wird dadurch in die hinten liegende **Analmembran** und die vorne liegende **Urogenitalmembran** geteilt (zur weiteren Entwicklung des Sinus urogenitalis s. Kap. 11, S. 160).

Inzwischen entstehen am Rand der Analmembran Mesenchympolster. In der neunten Woche liegt die Analmembran am Boden einer Einsenkung des Ektoderms, dem **Proctodeum** (Abb. 13–**36** A). Die umgebenden Vorwölbungen heißen **Analfalten**. Bald danach reißt die Analmembran ein, und es entsteht eine offene Verbindung zwischen Rektum und der äußeren Oberfläche. Der obere Abschnitt des Analkanals ist also entodermalen Ursprungs und wird von der Enddarmarterie, der **A. mesenterica inferior**, versorgt. Das untere Drittel des Analkanals stammt dagegen vom Ektoderm ab und wird von den unteren Rektalarterien (A. rectalis media und inferior), d. h. von Ästen der **A. iliaca interna** versorgt. Die Grenze zwischen Entoderm und Ektoderm liegt später direkt unterhalb von den Columnae anales. Hier geht das kubische Schleimhautepithel in geschichtetes Plattenepithel über.

M Angeborene Mißbildungen

Atresia ani, Atresia recti

Die **Atresia ani** (nicht perforierte Analmembran) ist eine der häufigsten Fehlbildungen des Enddarms. In einfachen Fällen endet der Anal-

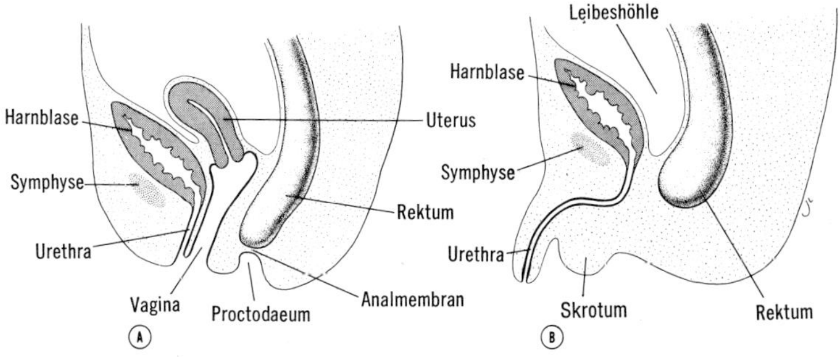

Abb. 13–**36** A. Atresie des Anus. Die Analmembran bleibt als Septum zwischen dem oberen und unteren Abschnitt des Analkanals erhalten. B. Atresie des Rektums. Die Rektumampulle hat sich nicht entwickelt und das Proctodeum fehlt.

kanal blind an der Analmembran, die dann ein Diaphragma zwischen den entodermalen und ektodermalen Abschnitten des Analkanals bildet (Abb. 13–**36** A). In schwereren Fällen findet sich eine dickere Bindegewebsschicht zwischen dem Endabschnitt des Rektums und der Oberfläche. Sie entsteht, wenn sich kein Proctodaeum entwickelt hat oder wenn eine Atresie der Pars ampullaris recti vorliegt, die als **Atresia recti** bezeichnet wird (Abb. 13–**36** B).

M Rektalfisteln

Rektalfisteln treten häufig gemeinsam mit der Atresia ani auf. Sie können das Rektum mit der Vagina, der Harnblase oder der Urethra verbinden (Abb. 13–**37**). Gelegentlich kann eine solche Fistel an der Körperoberfläche in der Analregion münden.

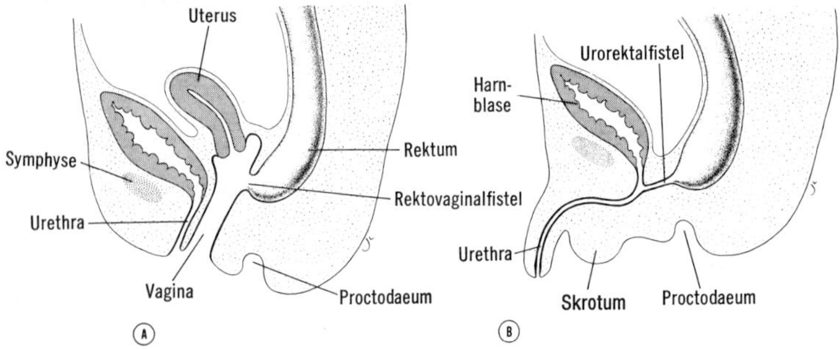

Abb. 13–**37** A. Rektovaginalfistel in Kombination mit einer Atresie des Rektums. Sie beruht auf einer Fehlentwicklung des Septum urorectale. B. Urorektalfistel in Kombination mit einer Atresie des Rektums.

Zusammenfassung: Magen-Darm-Kanal und Anhangsorgane

Der Magen-Darm-Kanal erstreckt sich von der **Rachenmembran** bis zur **Kloakenmembran** und gliedert sich in den Vorderdarm, den Mitteldarm und den Enddarm (Abb. 13–**1**).

Schlunddarm

Der kraniale Abschnitt des Vorderdarms ist der **Schlunddarm** (Abb. 13–**3**). Aus den **Knorpelspangen** der Schlundbögen geht das **Viszeralskelett** hervor (Abb. 13–**7**). Die **Schlundbogenarterien** sind mit den **Aortenbögen** identisch (Abb. 12–**35**). **Schlundbogennerven** sind der **fünfte, siebte, neunte** und

zehnte Hirnnerv (Abb. 13–**6**). Aus der **ersten Schlundtasche** gehen das **Mittelohr** und die **Tuba auditiva** hervor; aus der **zweiten Schlundtasche** entsteht die **Gaumenmandel;** aus der **dritten** der **Thymus** und die **unteren Epithelkörperchen**; aus der **vierten** die **oberen Epithelkörperchen** und aus der **fünften** der **Ultimobranchialkörper** (Abb. 13–**8** und 13–**9**). Aus der **ersten Schlundfurche** entsteht der **äußere Gehörgang.** Die folgenden **Schlundfurchen** werden vom zweiten Schlundbogen
M überwachsen und bilden den **Sinus cervicalis**, von dem **laterale Halszysten** zurückbleiben können (Abb. 13–**10**). Die Zunge entsteht am Boden der Schlundbögen (Abb. 13–**12**). Die **Schilddrüse** senkt sich aus dem Bereich des **Foramen caecum** ab (Abb. 13–**13**). Die **Lungenknospe** wird durch das **Septum ösophagotracheale** vom Schlunddarm abgeschnürt (Abb. 13–**15**). Sie wächst beiderseits in die **Pleuroperitonealkanäle** vor (Abb. 13–**16**).

Kaudaler Abschnitt des Vorderdarms

Er umfaßt den **Ösophagus**, den **Magen** und das **Duodenum** mit **Leber** und **Pankreas** (Abb. 13–**18**). Der Magen führt eine 90°-Drehung um seine longitudinale Achse und eine Kippbewegung um seine dorso-ventrale Achse durch (Abb. 13–**20**). Die Leberzellbälkchen sprossen an der vorderen Darmpforte in das Septum transversum ein (Abb. 13–**21**) und werden gleichzeitig von den Sinusoiden der Dottervenen durchdrungen (Abb. 12–**42**). Die **ventrale Pankreasknospe** entspringt aus dem Ductus choledochus und wandert mit ihm auf die Dorsalseite des Duodenums, um sich als **Processus uncinatus** von hinten her mit der dorsalen Pankreasknospe zu vereinigen (Abb. 13–**24**).

Mitteldarm

Der Mitteldarm geht aus der **Nabelschleife** hervor (Abb. 13–**27**). In der sechsten Woche liegt der Mitteldarm außerhalb der Leibeshöhle in einer Auftreibung der Nabelschnur **(physiologischer Nabelbruch)** (Abb. 13–**29**). In der zehnten Woche kehren die Darmschlingen in die Leibeshöhle zurück und führen dabei die Darmdrehung um 270° im Uhrzeigersinn aus (Abb. 13–**27** und 13–**28**).

Enddarm

Aus dem Enddarm gehen das distale Drittel des **Colon transversum**, das **Colon descendens**, das **Sigmoid** und das **Rektum** hervor. Der distale Abschnitt des Analkanals entsteht durch eine Einstülpung des Ektoderms **(Proktodeum)** (Abb. 13–**36**).

Kapitel 14

Zölom und Mesenterien

Ausbildung und Gliederung

Am Ende der dritten Entwicklungswoche gliedert sich das intraembryonale Mesoderm beiderseits der Mittellinie in das paraxiale Mesoderm, das intermediäre Mesoderm und die Seitenplatte (Abb. 5–**6**). Anschließend treten zahlreiche Interzellularspalten in der Seitenplatte auf und unterteilen sie in zwei Schichten: in das **parietale Mesoderm**, das mit dem extraembryonalen Mesoderm der Amnionhöhle in Verbindung steht, und in das **viszerale Mesoderm**, das in das Mesoderm in der Dottersackwand übergeht. Der von diesen beiden Schichten begrenzte Raum stellt das **intraembryonale Zölom** dar (vgl. 5, S. 63).

Anfangs stehen die rechte und linke intraembryonale Zölomhöhle in offener Verbindung und mit dem **extraembryonalen Zölom** (Chorionhöhle). In der weiteren Entwicklung geht diese Verbindung jedoch im Zusammenhang mit der Krümmung des Embryonalkörpers und mit der seitlichen Abfaltung verloren (Abb. 5–**11**). Das Zölom stellt eine zusammenhängende intraembryonale Höhle dar, die sich von der Thorax- bis in die Beckenregion erstreckt.

Im Präsomitenembryo verläuft der Spaltraum des intraembryonalen Zöloms hufeisenförmig vor der Neuralplatte und verbindet so die Zölomabschnitte miteinander (vgl. Abb. 12–**4**, S. 195). Aus dem unpaaren kranialen Abschnitt entwickelt sich die **Perikardhöhle**. Durch die kraniokaudale Krümmung des Embryos wird sie unter den Vorderdarm verlagert. Die Perikardhöhle steht dann über die **Pleuroperitonealkanäle** mit der Peritonealhöhle in Verbindung (Abb. 14–**1**). Die Pleuroperitonealkanäle verlaufen beiderseits vom Vorderdarm hinter dem Septum transversum und der Leberanlage. Da unterhalb der Leber kein ventrales Mesenterium mehr vorhanden ist (Abb. 14–**5**), stellt die **Peritonealhöhle** ebenfalls einen einheitlichen Raum dar. Die Lungenknospen wachsen nach rechts und links in die Pleuroperitonealkanäle hinein (Abb. 13–**6**). Die Pleuroperitonealkanäle werden damit zu den primitiven **Pleurahöhlen**. In der weiteren Entwicklung werden sie gegen die Peritonealhöhle durch Pleuroperitonealmembranen und gegen die Perikardhöhle durch die **Pleuroperikardialmembranen** abgeschlossen (Abb. 14–**3**).

Aus dem intraembryonalen Zölom entstehen drei gegeneinander abgegrenzte Leibeshöhlen: 1. die Perikardhöhle, die das Herz enthält, 2. die Pleurahöhlen mit den Lungen und 3. die Bauchhöhle mit den kaudal vom Zwerchfell liegenden Eingeweiden.

Zwerchfell

Der größte Teil des Zwerchfells entsteht aus dem **Septum transversum**, das zwischen der Perikardhöhle und dem Dottergang liegt (Abb. 13–**21**). Das Septum transversum trennt den Brustraum nicht vollständig von der Bauchhöhle, sondern es bleibt auf beiden Seiten neben dem Vorderdarm in Gestalt der **Pleuroperitonealkanäle** ein Durchgang frei (Abb. 14–**1**). **Nach dem Einwachsen der Lungenknospen weiten sich die Pleuroperitonealkanäle zu den Pleurahöhlen aus** (Abb. 14–**3** und 14–**4**).

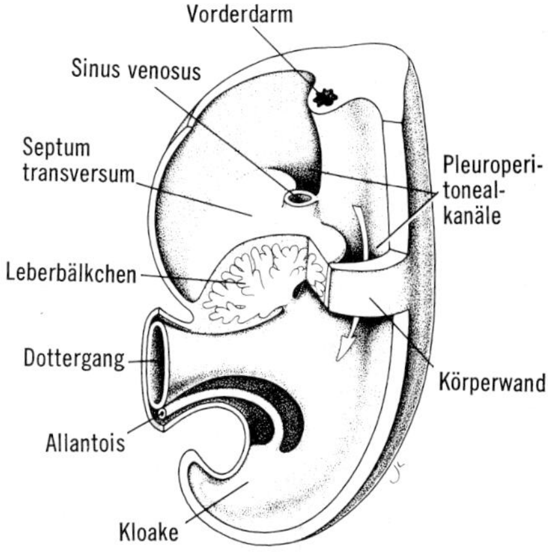

Abb. 14–**1** Modell eines Embryos im Alter von etwa 5 Wochen. Teile der Körperwand und des Septum transversum sind entfernt, so daß die Pleuroperitonealkanäle freiliegen. Beachte die Lage und Ausdehnung des Septum transversum, in dessen Mesenchym die Leberzellbälkchen eindringen.

Nach kaudal wird die Ausdehnung der Pleuroperitonealkanäle durch eine sichelförmige Falte, die **Pleuroperitonealfalte**, begrenzt. Diese Falte – sie wird ursprünglich durch das kraniale Urnierenband hervorgerufen – wölbt sich in den in der Bauchhöhle mündenden Abschnitt der Pleuroperitonealkanäle vor. In der weiteren Entwicklung dehnt sich die Falte nach medial und ventral aus, bis sie in der siebten Woche mit dem Mesenterium des Ösophagus und mit dem Septum transversum verschmilzt. Auf diese Weise wird die Verbindung zwischen den beiden Abschnitten der Zölomhöhle, dem Thoraxraum und der Bauchhöhle, durch die **Pleuroperitonealmembranen** verschlossen (Abb. 14–**2** B). Die weitere Ausweitung der Pleurahöhlen im Mesenchym der Leibeswand führt dazu, daß die Pleuroperitonealmembranen noch um eine periphere Leiste vergrößert werden (Abb. 14–**2** C). Mit

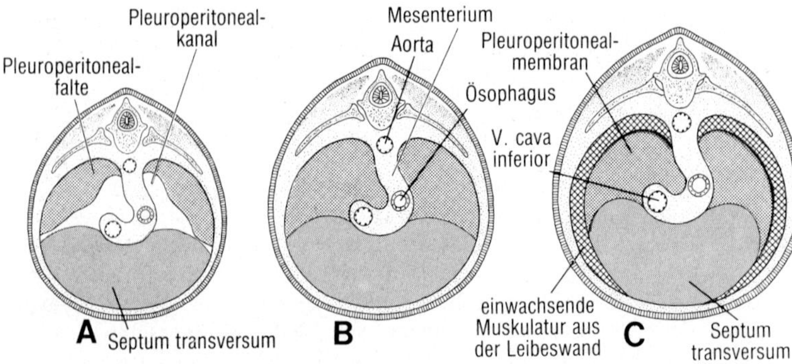

Abb. 14–**2** Schematische Darstellung der Entwicklung des Zwerchfells. A. Die Pleuroperitonealfalten beginnen in der sechsten Woche die Pleuroperitonealkanäle nach unten abzuschließen. B. In der siebten Woche vereinigen sie sich mit dem Septum transversum und dem dorsalen Mesenterium des Ösophagus. Die Pleurahöhlen sind damit gegen die Leibeshöhle abgeschlossen. C. Im vierten Monat schließt nach peripher noch ein Abschnitt an, der von der Leibeswand stammt und Muskelanlagen enthält.

der Ausbildung dieser Leiste dringen Myoblasten aus der Körperwand in die Membranen ein und bilden den muskulären Anteil des Zwerchfells.

Ursprünglich liegt das Septum transversum in Höhe der zervikalen Somiten, so daß Anteile des 3., 4. und 5. Spinalnerven in das Septum einwachsen. Sie bilden zusammen den **N. phrenicus**, der in der **Pleuroperikardialfalte** verläuft (Abb. 14–**3** A, B). Mit der weiteren Ausdehnung der Lungen und der Verlagerung des Zwerchfells nach kaudal kommt der N. phrenicus beiderseits in das Perikard zu liegen (Abb. 14–**4**). Bei der Ausdehnung der Pleurahöhlen in die Thoraxwand hinein vergrößert sich das Zwerchfell durch Einbeziehung von Material aus der Leibeswand. Die entsprechenden Muskelabschnitte des Zwerchfells werden von Interkostalnerven versorgt.

Das Zwerchfell des Erwachsenen entsteht also aus folgenden Gebilden: 1. dem **Septum transversum,** das zum **Centrum tendineum** wird, 2. den beiden **Pleuroperitonealmembranen**, die peripher noch durch Anteile aus der lateralen und dorsalen Körperwand verstärkt werden und 3. dem **Mesenterium des Ösophagus**, in dem sich die **Zwerchfellschenkel** entwickeln (Abb. 14–**2** C).

Die Pleuroperikardialmembranen

Der thorakale Anteil des Zöloms wird durch die Pleuroperikardialmembranen in die Pleurahöhlen und die Perikardhöhle unterteilt. Die

Pleuroperikardialmembranen entwickeln sich aus den Pleuroperikardialfalten, in denen der Stamm der Kardialvenen (vgl. Abb. 12–**44** A) und der N. phrenicus verläuft (Abb. 14–**3** B). Der Stamm der Kardinalvenen verlagert sich beiderseits in die Mittellinie. Die Verlagerung kommt durch den Deszensus des Herzens und die Verschiebung des Sinus venosus nach dorsal und kranial zustande. Dadurch werden die Pleuroperikardialfalten wie Mesenterien ausgezogen. Dieser Vorgang wird durch die Ausdehnung der Pleurahöhlen in die Leibeswand hinein noch verstärkt (Abb. 14–**3** B). Die **Pleuroperikardialfalten** werden

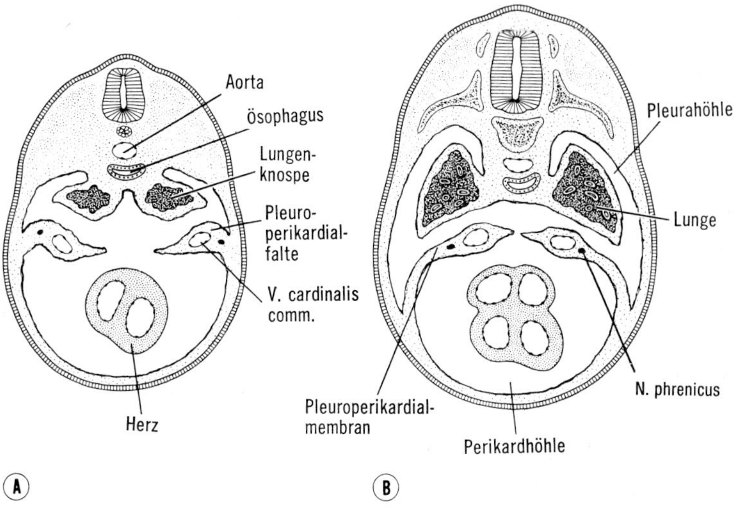

Abb. 14–**3** Die Entwicklung der Pleuroperitonealkanäle zu den primitiven Pleurahöhlen und die Ausbildung der Pleuroperikardialmembranen in zwei aufeinanderfolgenden Entwicklungsstadien. A. Der Stamm der Kardinalvenen verläuft innerhalb der Pleuroperikardialfalte. B. Durch die Ausweitung der Pleuroperitonealkanäle wird das Mesenchym der Körperwand in die Pleuroperikardialmembran und die definitive Körperwand aufgespalten.

dadurch zu **Pleuroperikardialmembranen**. Sie verschmelzen schließlich mit dem Rest des dorsalen Mesokards (Abb. 12–**6** D) und mit der Lungenwurzel vor dem Ösophagus (Abb. 14–**4**) und bilden den **Perikardbeutel**. Da der Stamm der rechten Kardinalvene sehr viel größer ist als der der linken, tritt die Trennung zwischen der Pleurahöhle und der Perikardhöhle zuerst auf der rechten Seite ein. Wenn zwischen der Pleura- und der Perikardhöhle eine Verbindung bestehen bleibt, findet sie sich fast immer auf der linken Seite.

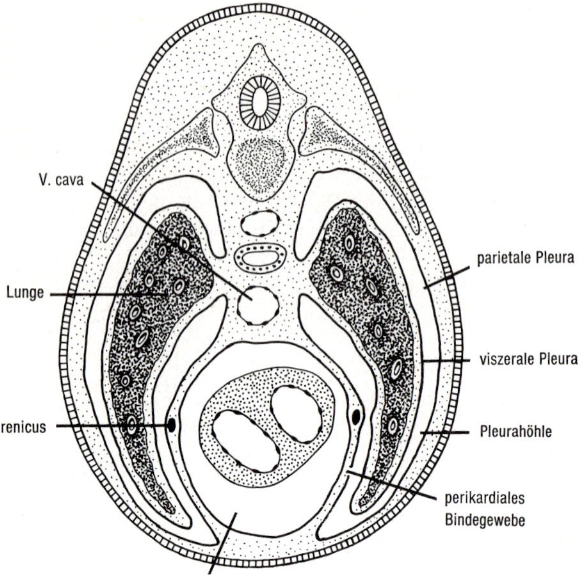

Abb. 14–**4** Querschnitt im Bereich des Thorax. Die Pleuroperikardialmembranen sind miteinander und mit der Lungenwurzel verschmolzen. Der N. phrenicus verläuft im Bindegewebe des Perikardbeutels.

Zwerchfellhernien

Die Zwerchfellhernie ist eine der bekannteren Mißbildungen beim Neugeborenen (1:2000). Ihre häufigste Ursache liegt darin, daß die Pleuroperitonealmembran den Pleuroperitonealkanal nicht verschlossen hat. Das Peritoneum und die parietale Pleura gehen dann an der hinteren Körperwand ohne Trennung ineinander über. Bei einem solchen Defekt, der **angeborenen Zwerchfellhernie von** BOCHDALEK, können die Baucheingeweide in die Pleurahöhle eintreten. In der Mehrzahl der Fälle befindet sich die Hernie auf der linken Seite, so daß Magen, Milz und ein Teil der Leber in die Thoraxhöhle eintreten können (Abb. 14–**5** A, B). Die Baucheingeweide in der Brusthöhle drängen das Herz nach vorn, während die Lungen komprimiert werden und oft hypoplastisch sind. Die Atmung ist dadurch behindert und das Neugeborene stirbt zumeist kurz nach der Geburt. Manchmal wird der defekte Zwerchfellabschnitt von einer Membran, die aus Pleura und Peritoneum besteht, überdeckt. In solchen Fällen ist der Bauchinhalt, der in die Thoraxhöhle eindringt, in den serösen Häuten eingehüllt.

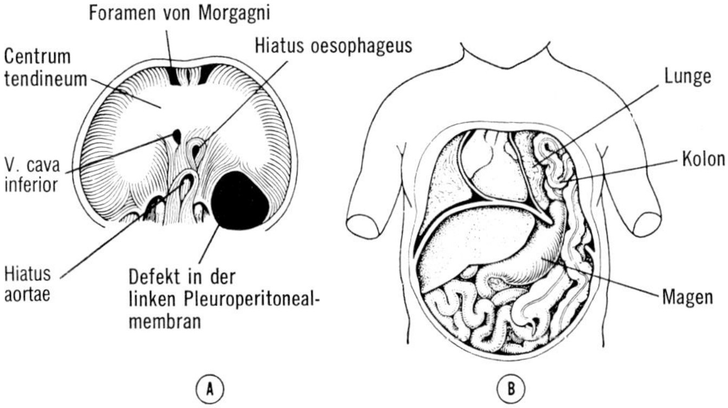

Abb. 14–**5** Angeborene Zwerchfellhernie. A. Kaudale Oberfläche des Zwerchfells mit einem großen Defekt in der Pleuroperitonealmembran auf der linken Seite. B. Hernie mit Darmschlingen und einem Teil des Magens in der linken Pleurahöhle. Es kommt häufig zur Kompression der linken Lunge und zur Verlagerung des Herzens und des Mediastinums nach rechts.

Gelegentlich unterbleibt die Entwicklung eines kleineren Teiles der Zwerchfellmuskulatur. Eine entsprechende Hernie kann unentdeckt bleiben, bis das Kind mehrere Jahre alt ist. Sie wird häufig im vorderen Abschnitt beobachtet und heißt dann **parasternale Hernie von** MORGAGNIE (Abb. 14–**5** A). Eine kleine Peritonealtasche mit Darmschlingen kann dort in den Brustraum eindringen.

Eine weitere Form des Zwerchfellbruches ist die **Ösophagushernie**. Sie soll durch einen zu kurzen Ösophagus hervorgerufen werden. Kardia und oberer Abschnitt des Magens werden im Thorax zurückgehalten. Der Magen wird auf der Höhe des Zwerchfells eingeschnürt.

Mesenterien

Ursprünglich stehen der Vorderdarm, der Mitteldarm und der Enddarm über eine breite Ansatzfläche mit der hinteren Leibeswand in Verbindung (Abb. 5–**11**). Beim 8-mm-Embryo hat sich die Verbindung eingeengt, so daß der kaudale Abschnitt des Vorderdarms, der Mitteldarm und der größte Teil des Enddarmes über ein **dorsales Mesenterium** an der Leibeswand befestigt sind (Abb. 5–**11** C und 14–**6**). Dieses Mesenterium erstreckt sich vom unteren Ende des Ösophagus bis in die Kloakenregion des Enddarmes. Ein **ventrales Mesenterium** ist nur im Bereich des unteren Ösophagusabschnittes, des Magens und des oberen Duodenums vorhanden.

Entwicklung des ventralen Mesenteriums

Der Magen und der obere Teil des Duodenums stehen ursprünglich mit dem Septum transversum direkt in Verbindung und erleichtern so das Einwachsen der Leberbälkchen in das Mesenchym des Septums (Abb. 14–**1** und 13–**21**). Die Leber wächst so rasch, daß sie nicht länger im Septum transversum Platz findet und beginnt dann, sich nach kaudal in den Bauchraum auszudehnen. Dies ist nur möglich, da sich gleichzeitig mit der Vergrößerung der Leber auch der Bauchraum nach allen Seiten beträchtlich ausweitet. Das Mesenchym des Septum transversum, das zwischen der ventralen Leibeswand und der Leber liegt, zieht sich dünn aus und bildet so das **Lig. falciforme** (Abb. 14–**6** und 13–**22**). In entsprechender Weise entsteht aus dem Mesenchym zwischen der Leber und dem ventralen Rand des Magens und des Duodenums eine dünne Schicht, die als **Omentum minus** bezeichnet wird. Der freie Rand des Lig. falciforme enthält die Nabelvene, die nach der Geburt obliteriert und sich in das **Lig. teres hepatis** umwandelt. Der freie Rand des kleinen Netzes enthält den **Ductus choledochus**, die **V. portae**, die **A. hepatica**. Beim Erwachsenen bildet der untere Rand des Omentum minus die obere Begrenzung des **Foramen epiploicum**

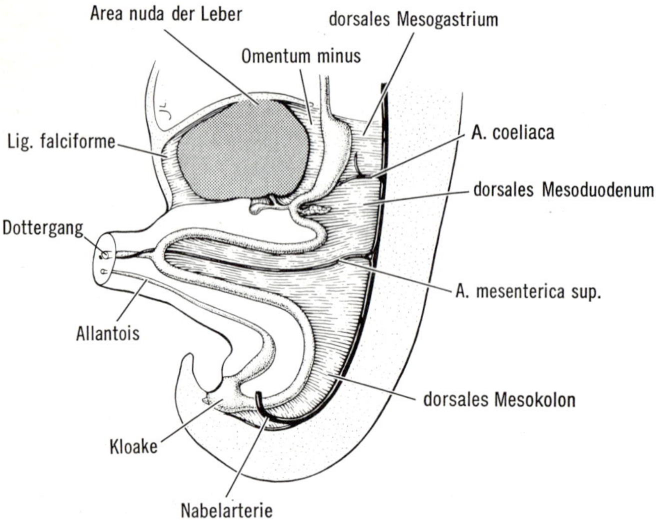

Abb. 14–**6** Schematische Darstellung des primitiven dorsalen und ventralen Mesenteriums. Die Leber ist mit der ventralen Körperwand über das Lig. falciforme und mit dem Magen über das Omentum minus verbunden. Die A. mesenterica superior verläuft im eigentlichen Mesenterium und setzt ihren Weg als A. vitellina zum Dottersack fort.

(WINSLOWI). Das Foramen epiploicum stellt den Eingang zur Bursa omentalis hinter dem Magen dar (s. unten).

Die Leber ist damit zwischen dem Lig. falciforme und dem Omentum minus befestigt und vollständig von Peritoneum bedeckt, mit Ausnahme eines Bezirkes an der oberen Oberfläche, in dem die Verbindung mit dem dichten kranialen Abschnitt des Septums, dem späteren Centrum tendineum des Zwerchfells, erhalten bleibt (Abb. 14–**6**). Dieser serosafreie Bezirk heißt **Area nuda der Leber**. An den Umschlagsstellen, an denen der peritoneale Überzug der Leber in das Peritoneum der Zwerchfellunterseite übergeht, entstehen die **Ligg. coronaria hepatis**.

Dorsales Mesenterium

Das dorsale Mesenterium erstreckt sich vom unteren Ösophagusende bis in die Kloakenregion des Enddarmes. Im Bereich des Magens heißt es **dorsales Mesogastrium**, das teilweise zum **Omentum majus** ausgezogen ist, im Bereich des Duodenums **dorsales Mesoduodenum** und im Bereich des Kolons **dorsales Mesokolon**. Das dorsale Mesenterium der Jejunum- und Ileumschlingen wird als **eigentliches Mesenterium** bezeichnet. In seiner gesamten Länge enthält das Mesenterium die Blutgefäße, Nerven und Lymphgefäße, die den Intestinaltrakt versorgen (Abb. 14–**6**).

Bursa omentalis

In der vierten Woche besteht zwischen dem kaudalen Abschnitt des Vorderdarms und der hinteren Leibeswand noch eine breite Verbindungszone. In diesem Stadium treten kleine Interzellularspalten im Mesenchym hinter dem Magen auf. Diese Spalten verschmelzen rasch zu einer hinter dem Magen gelegenen Höhle, der späteren **Bursa omentalis** (Abb. 14–**7**). Inzwischen dehnt sich die Bursa omentalis weiter hinter dem Magen aus, so daß es zu einer Aussackung des dorsalen Mesogastriums nach links kommt (Abb. 14–**8** und 14–**9**). Die weitere Ausdehnung der Bursa omentalis, bei der es sich eigentlich um eine Ausweitung der rechten Hälfte des Bauchraumes handelt, hat einen wesentlichen Einfluß auf die Lage des Magens, der Milz und des Pankreas (Abb. 14–**9**). Die Anlage der **Milz** wird in der fünften Entwicklungswoche als Proliferation des Mesenchyms zwischen den beiden Blättern des dorsalen Mesogastriums sichtbar. Bei der Bildung der Bursa omentalis verschmilzt der Abschnitt des dorsalen Mesogastriums, der zwischen der Milz und dem dorsalen Mesenterialansatz liegt, mit der hinteren Leibeswand (Abb. 14–**9** B). Die Milz behält zeitlebens ihre intraperitoneale Lage bei. Sie ist mit der dorsalen Leibeswand im Bereich der linken Niere durch das **Lig. phrenicolienale**

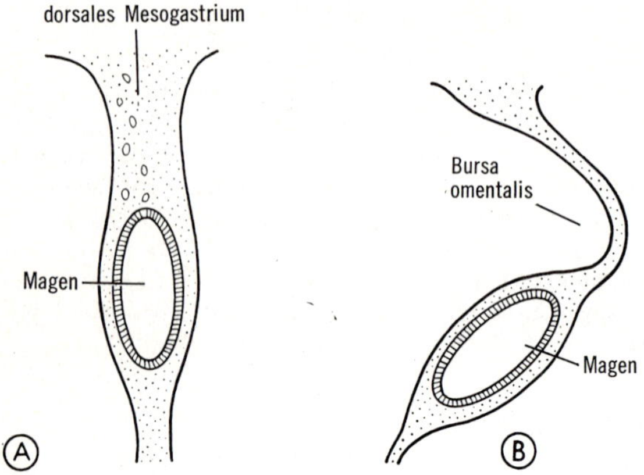

Abb. 14–**7** A. Beim 4 Wochen alten Embryo treten im dorsalen Mesogastrium Interzellularspalten auf. B. Sie verschmelzen miteinander und bilden den Ausgangspunkt für die Entwicklung der Bursa omentalis. Die Bursa omentalis ist eine Aussackung der rechten Zölomhöhle hinter dem Magen.

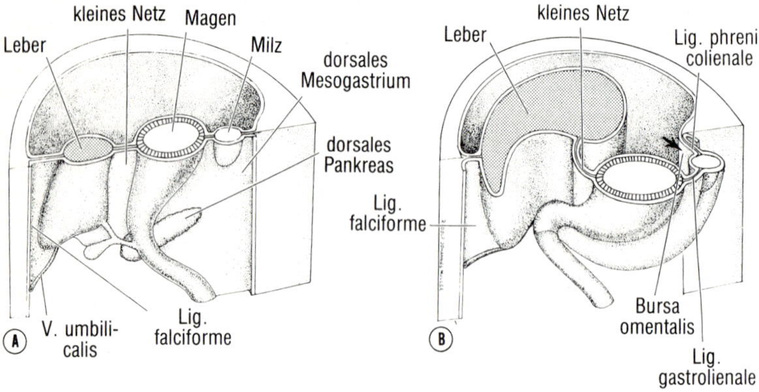

Abb. 14–**8** A. Die Lagebeziehungen zwischen Milz, Magen und Pankreas am Ende der fünften Woche. Die Milz und das dorsale Pankreas entwickeln sich im dorsalen Mesogastrium. B. Die Verhältnisse in der elften Woche. Durch die Drehung des Magens nach rechts entsteht die Bursa omentalis (vgl. Abb. 13–**18**).

oder **lienorenale** und mit dem Magen durch das **Lig. gastrolienale** verbunden.

Die Entwicklung der Bursa omentalis beeinflußt auch die **Lage des Pankreas**. Ursprünglich wächst dieses Organ in das dorsale Mesoduodenum hinein. Mit dem Pankreasschwanz dringt es später jedoch auch

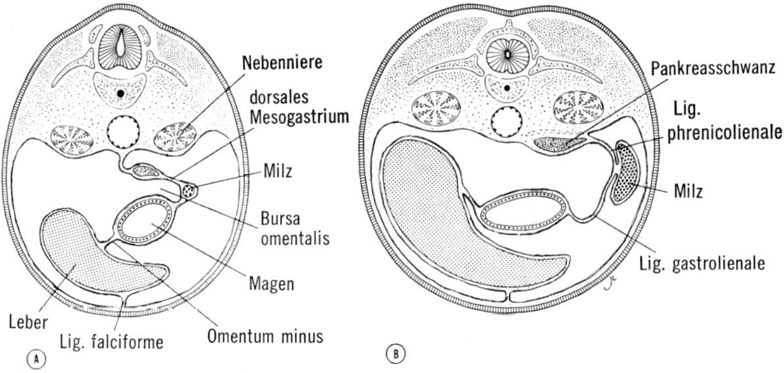

Abb. 14–**9** Querschnitte in Höhe des Magens, der Leber und der Milz, auf denen die Entwicklung der Bursa omentalis, die Drehung des Magens sowie die Lage der Milz und des Pankreasschwanzes zwischen den beiden Blättern des dorsalen Mesogastriums zu sehen sind. Im Laufe der Entwicklung kommt das Pankreas retroperitoneal zu liegen (nach verschiedenen Quellen).

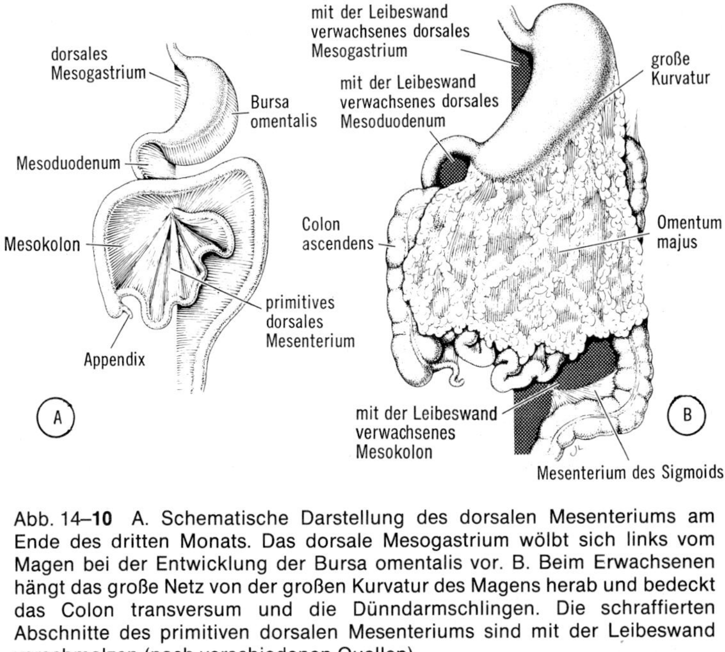

Abb. 14–**10** A. Schematische Darstellung des dorsalen Mesenteriums am Ende des dritten Monats. Das dorsale Mesogastrium wölbt sich links vom Magen bei der Entwicklung der Bursa omentalis vor. B. Beim Erwachsenen hängt das große Netz von der großen Kurvatur des Magens herab und bedeckt das Colon transversum und die Dünndarmschlingen. Die schraffierten Abschnitte des primitiven dorsalen Mesenteriums sind mit der Leibeswand verschmolzen (nach verschiedenen Quellen).

in das dorsale Mesogastrium vor (Abb. 14–**8** A). Da das linke Blatt des dorsalen Mesogastriums in diesem Bereich mit dem Peritoneum der dorsalen Leibeswand verschmilzt, nimmt der Pankreasschwanz schließlich eine retroperitoneale Lage ein (Abb. 14–**9** B und 14–**11** A).

Infolge der Lageveränderungen des Magens bildet das dorsale Mesogastrium als linke Begrenzung der Bursa omentalis jetzt eine sich nach kaudal erstreckende Aussackung (Abb. 14–**10** A). Mit dem weiteren Wachstum des dorsalen Mesogastriums entsteht eine Duplikatur, die wie eine Schürze vor dem Colon transversum und über die Dünndarmschlingen nach unten hängt (Abb. 14–**10** B und 14–**11**). Diese aus zwei Blättern bestehende Schürze ist das **Omentum majus**. Später verschmelzen die Blätter und bilden eine einheitliche Platte, die von der großen Kurvatur des Magens herabhängt. Der obere Abschnitt des hinteren Blattes des großen Netzes verschmilzt mit dem Mesenterium des Colon transversum (Abb. 14–**11** B).

Dorsales Mesoduodenum

Die Drehung des Magens und des Duodenums sowie das rasche Wachstum des Pankreaskopfes bewirken, daß das Duodenum aus seiner ursprünglich medialen Lage auf die rechte Seite der Bauchhöhle

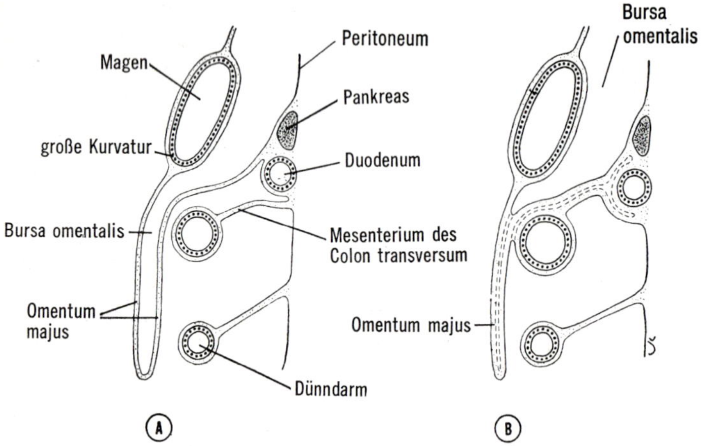

Abb. 14–**11** A. Schematischer Sagittalschnitt, der die Beziehungen zwischen dem großen Netz, dem Magen, dem Querkolon und den Dünndarmschlingen im vierten Monat verdeutlicht. Das Pankreas und das Duodenum liegen bereits retroperitoneal. B. Entsprechender Schnitt wie A beim Neugeborenen. Die beiden Blätter des großen Netzes sind miteinander und mit dem Mesocolon transversum verschmolzen. Das Mesocolon transversum bedeckt das bereits retroperitoneal gelegene Duodenum.

wandert (Abb. 14–**10** und 14–**12**). Duodenum und Pankreaskopf werden gegen die dorsale Körperwand gedrückt und die rechte Oberfläche des dorsalen Mesoduodenums verschmilzt mit dem parietalen Peritoneum. Beide Schichten lösen sich anschließend auf, so daß Duodenum und Pankreaskopf in **retroperitonealer Lage** fixiert werden. Das dorsale Mesoduodenum verschwindet vollständig bis auf den Pylorusbereich des Magens, in dem ein kleiner Teil des Duodenums die intraperitoneale Lage beibehält.

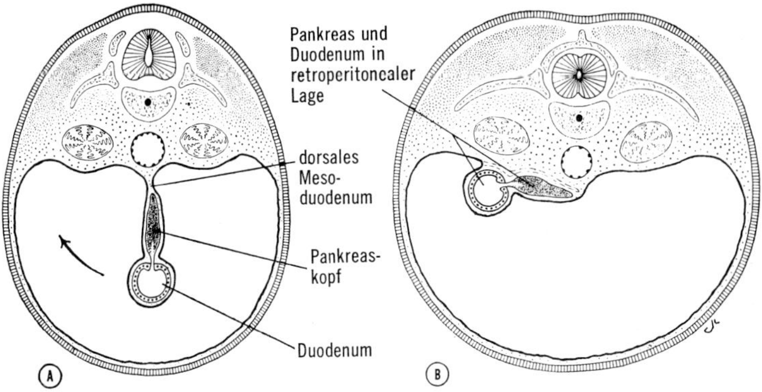

Abb. 14–**12** Querschnitte im Bereich des Duodenums in verschiedenen Entwicklungsstadien. Das Duodenum und der Pankreaskopf verlagern sich aus der Medianebene (A) nach rechts und kommen retroperitoneal zu liegen (B).

Mesenterium der Nabelschleife oder Mesenterium im engeren Sinn

Das Mesenterium im Bereich der Nabelschleife macht infolge der Drehung und Schlingenbildung des Darmes tiefgreifende Veränderungen durch (Abb. 13–**27** bis 13–**29**). Wenn der untere Schenkel der Nabelschleife auf die rechte Seite der Bauchhöhle wandert, dreht sich das dorsale Mesenterium um die Abgangsstelle der A. mesenterica superior (Abb. 14–**6** und 14–**10** A). Später, wenn das Colon ascendens und Colon descendens ihre endgültige Lage eingenommen haben, werden ihre Mesenterien gegen das Peritoneum der Bauchwand gedrückt (Abb. 14–**13**). Nach Verschmelzung der beiden Blätter sind aufsteigender und absteigender Dickdarmschenkel dauernd in retroperitonealer Lage fixiert. Die Appendix und das untere Zäkumende behalten dagegen ihr freies Mesenterium.

Die Entwicklung des **Mesocolon transversum** geht einen anderen Weg. Zuerst bedeckt es das Duodenum, als zusätzliche peritoneale Schicht

(Abb. 14–**11** A). Später verschmilzt es mit der Hinterwand der Bursa omentalis (Abb. 14–**11** B). Seine Befestigungslinie reicht schließlich von der Flexura hepatica des Colon ascendens zur Flexura splenica des Colon descendens (Abb. 14–**13**).

Das Mesenterium der Jejunum- und Ileumschlingen geht anfangs in das des Colon ascendens über (Abb. 14–**10** A). Wenn das Mesenterium des Colon ascendens mit der hinteren Leibeswand verschmilzt, erhält das Mesenterium der Jejunum- und Ileumschlingen eine neue Ansatzlinie, die sich vom intraperitoneal gelegenen Abschnitt des Duodenums bis zum Übergang des Ileums in das Zäkum erstreckt **(Mesenterialwurzel)** (Abb. 14–**13**).

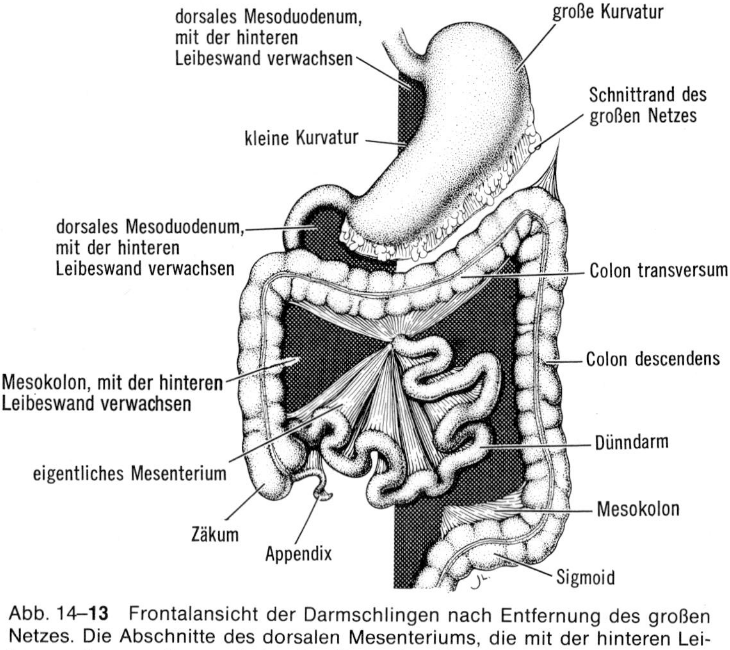

Abb. 14–**13** Frontalansicht der Darmschlingen nach Entfernung des großen Netzes. Die Abschnitte des dorsalen Mesenteriums, die mit der hinteren Leibeswand verwachsen, sind schraffiert. Beachte die Anheftungszone des eigentlichen Mesenteriums.

M Caecum mobile und Colon mobile

Normalerweise ist das Colon ascendens, mit Ausnahme seines untersten Abschnittes (etwa 2–3 cm), mit der hinteren Leibeswand verwachsen und vorn und seitlich von Peritoneum überzogen. Bleibt ein Teil des Mesokolons bestehen, so kommt es zur Ausbildung eines **Caecum**

mobile. In seiner extremsten Form wächst das Mesenterium des Colon ascendens nicht mit der hinteren Körperwand zusammen, so daß die Mesenterialwurzel auf ein kleines Gebiet um die Ursprungsstelle der A. mesenterica superior eingeengt ist. Ein derartig ungewöhnlich langes Mesenterium ermöglicht abnorme Bewegungen des Darmes und kann sogar zu einem Volvulus des Zäkum und Kolon führen. Entsprechend kann es zur retrokolischen Taschenbildung hinter dem Mesocolon ascendens kommen. Eine **retrokolische Hernie** entsteht dann durch die Einklemmung von Dünndarmschlingen hinter dem Mesokolon.

Zusammenfassung: Zölom und Mesenterien

Zölem
Das **intraembryonale Zölom** erscheint am Ende der dritten Woche zwischen der dem Entoderm anliegenden viszeralen Mesodermschicht und der dem Ektoderm anliegenden parietalen Mesodermschicht (vgl. Abb. 5–**9**). Lateral steht das intraembryonale Zölom mit der **Chorionhöhle (extraembryonales Zölom)** in offener Verbindung. Es verläuft kranial hufeisenförmig um die Kopfanlage herum (vgl. Abb. 12–**4**).

Perikardhöhle
Aus dem unpaaren kranialen Abschnitt des Zöloms entsteht die Perikardhöhle. Mit der kraniokaudalen Krümmung des Embryos verlagert sich die Perikardhöhle unter den Vorderdarm (Abb. 12–**5**). Die Perikardhöhle steht über die **Pleuroperitonealkanäle** (Abb. 14–**1**) mit der Peritonealhöhle in Verbindung.

Peritonealhöhle
Die eigentliche Leibeshöhle grenzt sich mit dem Verschluß der ventralen Bauchwand von der Chorionhöhle ab (vgl. 5–**13**).

Pleurahöhlen
Die Lungenknospen wachsen in die Pleuroperitonealkanäle hinein (vgl. Abb. 14–**3**). Die **Pleuroperitonealkanäle werden zu den Pleurahöhlen**. Sie schließen sich nach unten (gegen die Leibeshöhle) durch die **Pleuroperitonealmembranen** und nach ventral und oben (gegen die Perikardhöhle) durch die **Pleuroperikardmembranen** ab.

Magendrehung
Der Magen führt eine **Drehung im Uhrzeigersinn um 90°** aus, so daß die zunächst dorsal gelegene große Kurvatur nach links und die ventral gelegene kleine Kurvatur nach rechts verlagert wird. Zusätzlich führt der Magen eine **Kippbewegung** aus, durch die Fundus und Kardia nach links und der Pylorus nach rechts verlagert werden (Abb. 13–**18**).

Durch die Kippbewegung entsteht hinter dem Magen die **Bursa omentalis** (Abb. 14–**8**). Das dorsale Mesogastrium verschmilzt am Boden der Bursa omentalis mit der hinteren Leibeswand, so daß das Pankreas retroperitoneal zu liegen kommt (Abb. 14–**9**). An der großen Kurvatur des Magens bildet das dorsale Mesogastrium eine Aussackung, die sich als

Bauchfellduplikatur über das Colon transversum vorschiebt und als **Omentum majus** das gesamte Darmkonvolut bedeckt (Abb. 14–**10** und 14–**11**).

Duodenum
Das duodenale U kommt retroperitoneal zu liegen. Seine definitive Gestalt ergibt sich aus der Kippbewegung des Magens im Uhrzeigersinn und der gegenläufigen Drehung der Nabelschleife (Abb. 14–**7** A). Aus der **Gegenbewegung des Duodenums** erklärt sich die Verlagerung des Pankreas nach oben in das dorsale Mesogastrium sowie die Verlagerung des Ductus choledochus nach links (Abb. 14–**8** und 14–**10**).

Darmdrehung
Die Drehung der **Nabelschleife** erfolgt gegen den Uhrzeigersinn um 270° (Abb. 13–**27** bis 13–**29**). Die Achse der Darmdrehung ist die **A. mesenterica superior.** Das dorsale Mesenterium von Jejunum und Ileum verschmelzen zur schräg absteigenden definitiven **Mesenterialwurzel** (Abb. 14–**10** und 14–**13**). Die Lage des **Kolonrahmens** ergibt sich aus der letzten Phase der Darmdrehung. Das dorsale Mesenterium des Kolons verschmilzt breitflächig mit der Leibeswand (Abb. 14–**13**).

Das Zwerchfell
entsteht aus dem **Septum transversum**, den **Pleuroperitonealmembranen** und einer Leiste, die aus der Leibeswand abstammt und die Muskelanlagen des Zwerchfells enthält.

Ventrales Mesenterium
Das **ventrale Mesenterium** reicht nur bis zur vorderen Darmpforte. In das ventrale Mesenterium wächst als große Drüse des Darmtrakts die **Leber** hinein (Abb. 14–**8**). Zwischen Bauchwand und Leber entsteht das **Lig. falciforme**. An seinem unteren Rand verläuft die **Nabelvene**. Zwischen Leber und kleiner Kurvatur des Magens entsteht das **Omentum minus**. An seinem unteren Rand verläuft der **D. choledochus**, die **A. hepatica** und die **V. portae** (Abb. 14–**6**).

Dorsales Mesenterium
Das dorsale Mesenterium befestigt den Magen-Darm-Kanal über seine gesamte Länge an der dorsalen Leibeswand und stellt den Zugangsweg für Gefäße und Nerven zum Darm dar (Abb. 14–**6**). Im **dorsalen Mesogastrium** entwickelt sich die **Milz**, im **dorsalen Mesoduodenum** das dorsale **Pankreas** (14–**8**).

Kapitel 15

Zentralnervensystem

Das zentrale Nervensystem wird beim menschlichen Embryo zu Beginn der dritten Entwicklungswoche als längliche, pantoffelförmige Platte aus verdicktem Ektoderm angelegt. Die **Neuralplatte** entsteht vor dem Primitivknoten über der Chorda. Der vordere Abschnitt ist besonders breit. Die Aufrichtung der **Neuralwülste** zu den **Neuralfalten** und die Ausbildung der **Neuralrinne** beginnt im mittleren Abschnitt (Abb. 15–**1**).

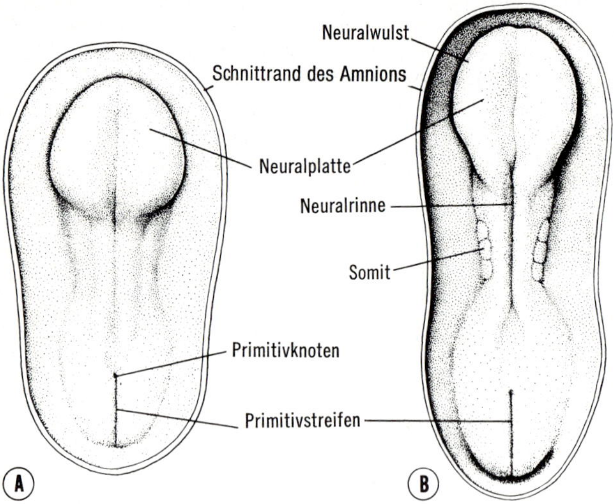

Abb. 15–**1** A. Dorsalansicht eines Embryos kurz vor der Somitenbildung (etwa 1,4 mm, Alter 19 Tage) (modifiziert nach *Davis*). Das Amnion wurde entfernt. Die Neuralplatte ist sichtbar. B. Dorsalansicht eines etwa 20 Tage alten menschlichen Embryos (modifiziert nach *Ingalls*). Beachte das Auftreten der Somiten und die Entwicklung der Neuralrinne und der Neuralfalten.

Die Neuralfalten richten sich noch weiter auf und verschmelzen miteinander, so daß das **Neuralrohr** entsteht (Abb. 15–**2** und 15–**3**). Die Verschmelzung erfolgt zuerst im Bereich des vierten Somiten und schreitet von da aus in kranialer und kaudaler Richtung fort (Abb. 15–**3** A). Am kranialen und kaudalen Ende des Embryos erfolgt die Vereinigung etwas später, so daß über den **Neuroporus anterior** bzw.

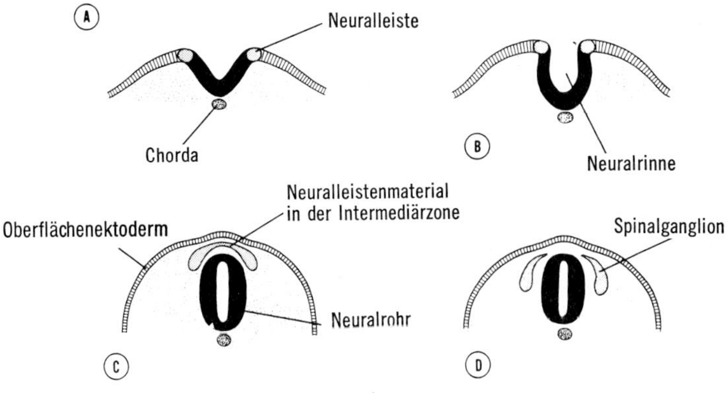

Abb. 15–**2** Die Entwicklung der Neuralfalten, der Neuralrinne, des Neuralrohres und der Neuralleiste in schematischen Querschnitten durch Embryonen in aufeinanderfolgenden Entwicklungsstadien. Die Neuralleistenzellen liegen vorübergehend in einer Intermediärzone zwischen Neuralrohr und Oberflächenektoderm (C). Nach ihrer Auswanderung bildet ein Teil der Neuralleistenzellen die Spinalganglien und die sensiblen Ganglien der Hirnnerven (D).

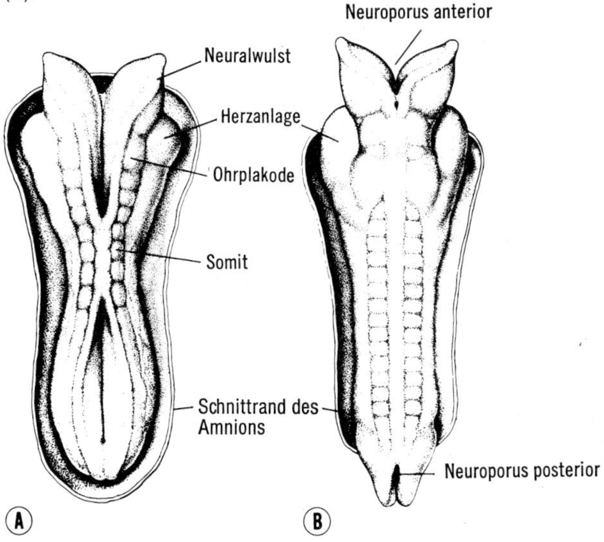

Abb. 15–**3** A. Dorsalansicht eines etwa 22 Tage alten menschlichen Embryos (modifiziert nach *Payne*). Auf jeder Seite des Neuralrohres lassen sich 7 Somiten erkennen. B. Dorsalansicht eines etwa 24 Tage alten menschlichen Embryos (modifiziert nach *Corner*). Im kranialen Abschnitt des Embryos wölbt sich beiderseits die Herzanlage vor. Die Neuralanlage steht über den vorderen und hinteren Neuroporus mit der Amnionhöhle in Verbindung.

posterior vorübergehend eine offene Verbindung zwischen dem Lumen des Neuralrohres und der umgebenden Amnionhöhle besteht (Abb. 15–**3** B). Der Verschluß des Neuroporus anterior findet im 18- bis 20-Somiten-Stadium (25. Tag) und der des Neuroporus posterior im 25-Somiten-Stadium (27. Tag) statt. Aus dem kaudalen Abschnitt des Neuralrohres entwickelt sich das **Rückenmark**, aus dem kranialen Abschnitt das **Gehirn**.

Das kraniale Ende des Neuralrohres weist schon frühzeitig drei deutliche Erweiterungen auf, die **primären Hirnbläschen**. Von vorn nach hinten werden diese Bläschen folgendermaßen benannt: 1. das **Prosenzephalon** oder **Vorderhirn**; 2. das **Mesenzephalon** oder **Mittelhirn** und 3. das **Rhombenzephalon** oder **Rautenhirn** (Abb. 15–**4**). Gleichzeitig mit der Anlage dieser Bläschen biegt sich das Neuralrohr nach ventral ein, so daß zwei Krümmungen entstehen: die **Nackenbeuge** an der Grenze zwischen Rautenhirn und Rückenmark und die **Scheitelbeuge** im Bereich des Mittelhirns (Abb. 15–**4** A).

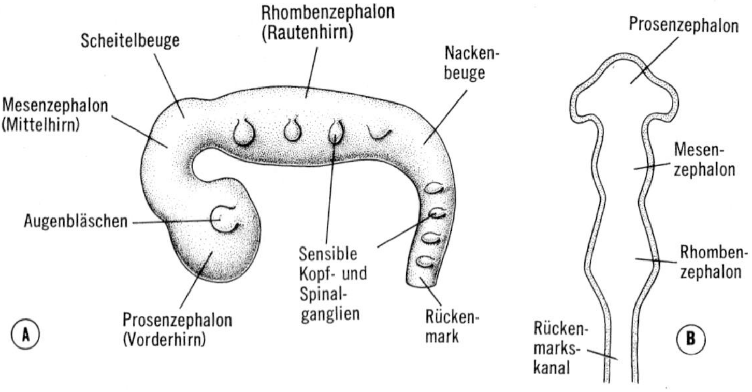

Abb. 15–**4** A. Lateralansicht der Hirnbläschen und des anschließenden Rückenmarks bei einem 4 Wochen alten Embryo (modifiziert nach *Hochstetter*). Beiderseits des Rhombenzephalon und des Rückenmarks liegen die von der Neuralleiste abstammenden sensiblen Ganglien. B. Das Hohlraumsystem der drei Hirnbläschen und des Rückenmarks.

Aus dem Prosenzephalon stülpen sich die Augenbläschen aus (Abb. 15–**4** A). Sie entwickeln sich zum Augenbecher weiter (Abb. 15–**5** A, C). In der 5. Woche entstehen vor den Augenbläschen die Anlagen für die Großhirnhemisphären. Die **Großhirnbläschen** fassen die Vorderwand des ehemaligen Prosenzephalonbläschens als **Lamina terminalis** zwischen sich und bilden zusammen die Anlage des **Telenzephalons** oder **Endhirns**. Der Rest des Prosenzephalons wird damit zum **Dienzephalon** oder **Zwischenhirn** (Abb. 15–**5** A).

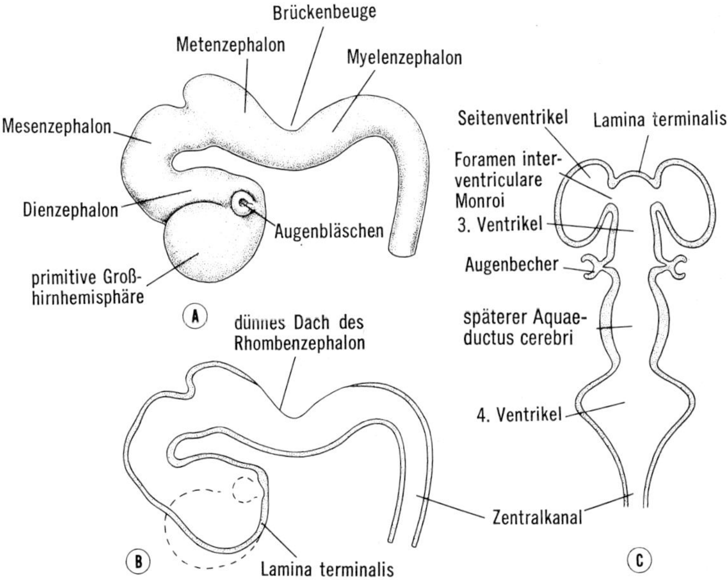

Abb. 15–**5** A. Lateralansicht der Hirnbläschen bei einem menschlichen Embryo zu Beginn der sechsten Woche (modifiziert nach *Hochstetter*). B. Medianschnitt durch die Hirnbläschen und das Rückenmark eines gleichalten Embryos wie in A. Das Dach des Rhombenzephalon ist dünn ausgezogen. C. Darstellung des Hohlraumsystems der Hirnbläschen und des Rückenmarks.

Im Bereich des **Rhombenzephalons** knickt sich die Neuralanlage nach ventral ein. Es entsteht die **Brückenbeuge**. Das Dach des Rhombenzephalons zieht sich dünn aus (Abb. 15–**5** B). Der vordere Abschnitt des Rhombenzephalons wird als **Metenzephalon** (**Nachhirn**) bezeichnet, der hintere als **Myelenzephalon** (**Markhirn**). Im Dach des Metenzephalons entwickelt sich später das Kleinhirn. Im Myelenzephalon liegen die zentralen Kerne für die Schlundbogennerven.

Die embryonalen Gehirnbläschen bleiben als **Gehirnventrikel** erhalten (Abb. 15–**5** C). Sie sind mit Zerebrospinalflüssigkeit (Liquor) gefüllt und stehen mit dem Zentralkanal des Rückenmarkes in direkter Verbindung. Die Großhirnhemisphären enthalten je einen **Seitenventrikel**. Die Seitenventrikel stehen über das **Foramen interventriculare** (Monroi) mit dem **3. Ventrikel** in Verbindung. Der 3. Ventrikel ist die Höhle des Dienzephalons. Sie wird nach vorn durch die Lamina terminalis begrenzt. Im Bereich der späteren Sehnervenkreuzung besteht ursprünglich eine offene Verbindung zum Augenbläschen. Das Lumen des Mesenzephalons verengt sich zu einem Kanal, dem **Aquaeductus cerebri**. Die Zerebrospinalflüssigkeit fließt aus dem 3. Ventrikel durch den Aquaeductus cerebri in die Höhle des Rhombenzephalonbläschens, die als **4. Ventrikel** erhalten bleibt und kaudal in den Zentralkanal des Rückenmarks übergeht.

Rückenmark

Neuroepithel, Mantelschicht und Marginalzone

Die Wand des Neuralrohres wird vom noch undifferenzierten **Neuroepithel** gebildet. Die Neuroepithelzellen erstrecken sich über die gesamte Breite der Neuralrohrwand und bilden ein dickes mehrreihiges Epithel (Abb. 15–**6**). Im Stadium der Neuralrinne und kurz nach dem Neuralrohrschluß teilen sich die Neuroepithelzellen rasch, und es kommt zu einer starken Zellvermehrung.

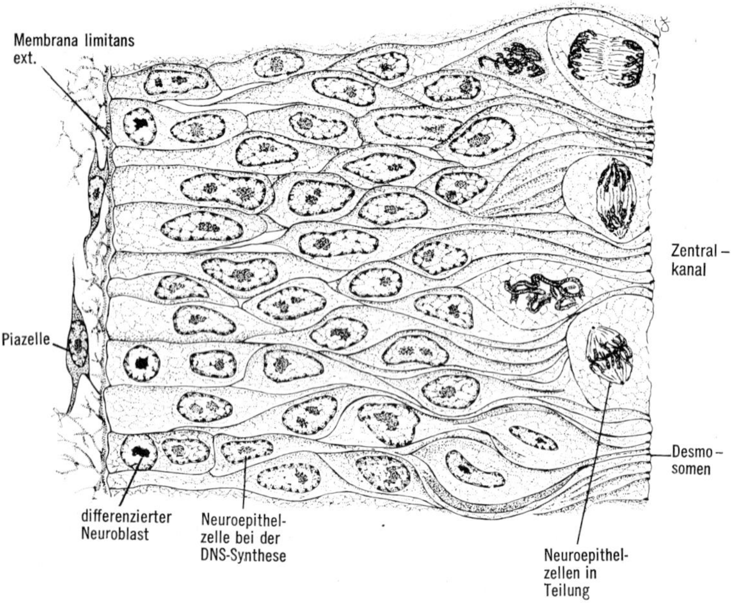

Abb. 15–**6** Querschnitt durch die Neuralrohrwand. Das Epithel besteht in der Hauptsache aus Neuroepithelzellen, die sich in der Mitose oder in der DNS-Synthesephase befinden. Nur in der Peripherie direkt unterhalb von der Membrana limitans externa differenzieren sich Neuroblasten. Sie entstehen in immer zunehmender Zahl aus den Neuroepithelzellen und bilden die Mantelzone.

Nach dem Neuralrohrschluß entsteht aus den Neuroepithelzellen ein neuer Zelltyp mit einem großen runden Kern und blassem Kernplasma sowie mit einem dunkel gefärbten Nukleolus. Bei diesen Zellen handelt es sich um primitive Nervenzellen, d. h. um **Neuroblasten** (Abb. 15–**6**). Ihre Anzahl nimmt ständig zu. Sie bilden dann eine Schicht, die sich an das Neuroepithel anlagert und als **Mantelschicht** bezeichnet wird (Abb. 15–**7**). Die Mantelschicht entwickelt sich **zur grauen Substanz des Rückenmarks**. In der im Querschnitt schmetterlingsförmigen grauen Substanz liegen die Zelleiber und Zellkerne der Nervenzellen.

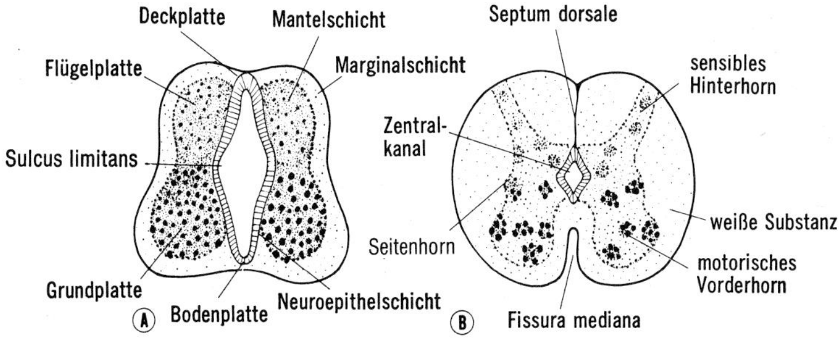

Abb. 15–**7** Die Entwicklung des Rückenmarks in zwei aufeinanderfolgenden Stadien. Beachte die Ausbildung des motorischen Vorderhorns, des sensiblen Hinterhorns und des Seitenhorns (vgl. Abb. 15–**32**).

Die äußerste Schicht des Rückenmarks enthält die Nervenfasern, die von den Neuroblasten in der Mantelschicht ausgehen und heißt **Marginalzone** (Randschleier). Die Myelinhülle der Nervenfasern läßt diese Schicht schließlich weiß erscheinen, so daß sie als **weiße Substanz des Rückenmarks** bezeichnet wird (Abb. 15–**7**).

Grund- und Flügelplatte, Deck- und Bodenplatte

Da fortwährend neue Neuroblasten in die Mantelschicht eintreten, entsteht auf jeder Seite des Neuralrohres eine ventrale und eine dorsale Verdickung. Die ventralen Verdickungen enthalten als **Grundplatten** die Zellen des motorischen Vorderhornes und entwickeln sich zum motorischen Areal des Rückenmarks, während aus den dorsalen Verdickungen, den **Flügelplatten**, die sensiblen Areale entstehen (Abb. 15–**7** A). An der inneren Oberfläche des Neuralrohres erscheint beiderseits eine longitudinale Rinne, der **Sulcus limitans**. Er stellt die Grenze zwischen den vorderen motorischen und den hinteren sensiblen Arealen dar (Abb. 15–**7** A). Die dorsal und ventral in der Mittellinie gelegenen dünnen Wandabschnitte des Neuralrohres heißen **Deckplatte** und **Bodenplatte**. Sie enthalten keine Neuroblasten und dienen in erster Linie als Durchgangsgebiet für Nervenfasern, die von einer Seite des Rückenmarks zur anderen kreuzen.

Zwischen motorischem Vorderhorn und sensiblem Hinterhorn entsteht das sehr viel kleinere Seitenhorn. Es enthält in seinem dorsalen Anteil **viszerosensible** und in seinem ventralen Anteil **viszeromotorische** Kernareale.

Histologische Differenzierung

Nervenzellen

Die **Neuroblasten** als Vorläufer von Nervenzellen entstehen ausschließlich durch Teilung aus den Neuroepithelzellen. Ursprünglich besitzen die Neuroblasen einen zentralen Fortsatz, der zum Lumen hin zieht (vorläufiger Dendrit). Wenn sie jedoch in die Mantelzone einwandern, verschwindet dieser Fortsatz und die Neuroblasten runden sich vorübergehend zu **apolaren Neuroblasten** ab (Abb. 15–**8** A). Als nächster Schritt in der Differenzierung entwickeln sich zwei neue Zytoplasmafortsätze an den entgegengesetzten Zellpolen und es entstehen **bipolare Neuroblasten** (Abb. 15–**8** B). Der eine Zellfortsatz verlängert sich rasch und wird zum **Axon,** während der andere am gegenüberliegenden Pol eine Reihe von Zytoplasmaverzweigungen entwickelt, die als **Dendriten** bezeichnet werden (Abb. 15–**8** C). Die Zelle ist damit zum **multipolaren Neuroblasten** geworden und entwikkelt sich zur Nervenzelle oder zum **Neuron** weiter. Mit der Differenzierung zum Neuroblasten verlieren die Zellen ihre Teilungsfähigkeit.

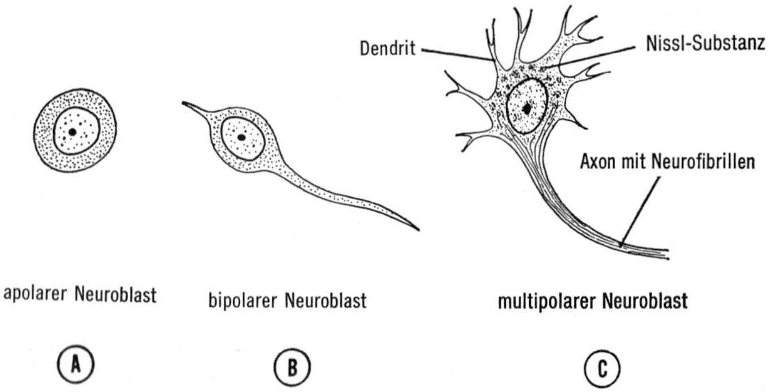

Abb. 15–**8** Verschiedene Entwicklungsstadien eines Neuroblasten. Als Neuron wird die strukturelle und funktionelle Einheit einer Nervenzelle mit allen ihren Fortsätzen bezeichnet.

Die Neuroblasten in der Bodenplatte differenzieren sich zu **motorischen Vorderhornzellen**. Ihre Axone durchbrechen die Marginalzone und bilden die ventrale **motorische Wurzel** des Spinalnerven. Sie leiten die motorischen Erregungen vom Rückenmark zur quergestreiften Muskulatur (Abb. 15–**9**). Die Nervenfasern in der dorsalen **sensiblen Wurzel** des Spinalnerven gehen von den pseudounipolaren Ganglienzellen im Spinalganglion aus (Abb. 15–**9** A). Sie enden an Neuronen in der Flügelplatte, die sich zum **sensiblen Hinterhorn** des Rückenmarks entwickeln (Abb. 15–**9** B).

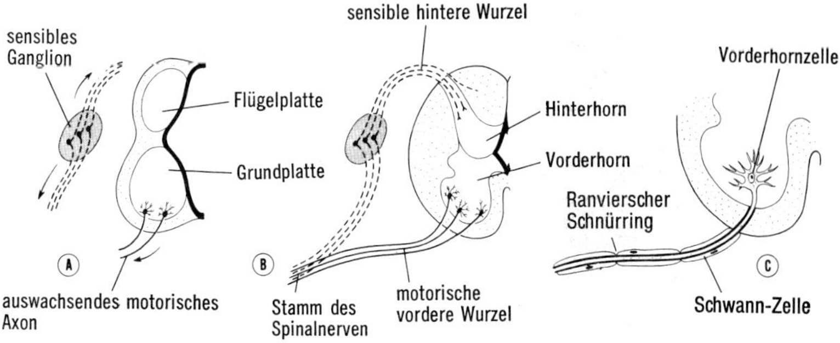

Abb. 15–**9** A. Darstellung der motorischen Axone, die aus der Grundplatte auswachsen, sowie der nach zentral und nach peripher ziehenden Fasern der Nervenzellen in den sensiblen Ganglien. B. Die Nervenfasern der ventralen motorischen und der dorsalen sensiblen Wurzel vereinigen sich zum Stamm des Spinalnerven. C. Darstellung einer Vorderhornzelle, deren Axon von Schwann-Zellen umgeben ist.

Gliazellen

Der größte Teil der primitiven Stützzellen im Neuralrohr, die als **Glioblasten** bezeichnet werden, entsteht aus Neuroepithelzellen, nachdem die Bildung von Neuroblasten aufgehört hat. Aus der Neuroepithelschicht wandern die Glioblasten in die Mantelschicht. Man nimmt an, daß einige auch bis in die Marginalzone weiterwandern. In der Mantelschicht differenzieren sie sich zu **plasmatischen** und **fibrillären Astrozyten** (Abb. 15–**10**).

Eine weitere Form der Stützzelle, die wahrscheinlich von den Glioblasten abstammt, ist die **Oligodendrogliazelle**. Dieser Zelltyp findet sich hauptsächlich in der Marginalzone und bildet die Myelinschichten um die aufsteigenden und absteigenden Axone in der Marginalzone.

In der zweiten Hälfte der Schwangerschaft tritt eine dritte Form der Stützzelle im Zentralnervensystem auf, die **Mikrogliazelle** (Abb. 15–**10**). Man nimmt an, daß dieser Zelltyp vom Mesenchym, das das Neuralrohr umgibt, abstammt.

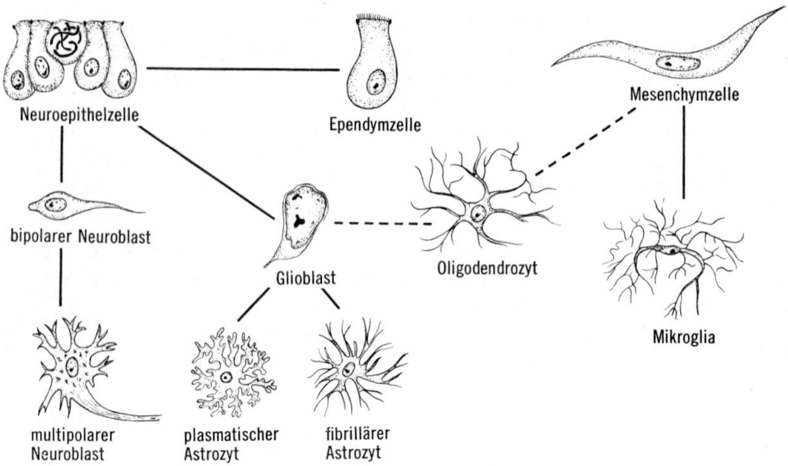

Abb. 15–**10** Schematischer Stammbaum der Nervenzelle und der einzelnen Gliazelltypen. Die Neuroblasten, die fibrillären und plasmatischen Astrozyten und die Ependymzellen stammen von den Neuroepithelzellen ab. Die Mikroglia entwickelt sich aus Mesenchymzellen. Die Abstammung der Oligodendrozyten ist noch ungeklärt.

Wenn die Neuroepithelzellen aufgehört haben, Neuroblasten und Glioblasten zu bilden, entwickeln sie sich schließlich zu den **Ependymzellen**.

Neuralleiste

Bei der Einsenkung der Neuralplatte tritt an beiden Wülsten der Neuralrinne eine charakteristische Gruppe von Zellen auf (Abb. 15–**2** A). Diese Zellen stammen aus dem Ektoderm und werden als **Neuralleistenzellen** bezeichnet. Vorübergehend bilden sie eine Zwischenzone zwischen Neuralrohr und Oberflächenektoderm (Abb. 15–**2** C). Die Neuralleiste erstreckt sich beiderseits vom Mesenzephalon bis in den Bereich der kaudalen Somiten. Wenn sich das Neuralrohr geschlossen hat, wandern die Neuralleistenzellen als Einzelzellen mit amöboiden Bewegungen aus dem Neuralleistengebiet aus und verteilen sich im gesamten Körper. Beiderseits vom Neuralrohr bilden sie segmental angeordnete Zellaggregate, aus denen sich die sensiblen Ganglien entwickeln. Im Bereich des Rückenmarks entsteht in Höhe eines jeden Somiten ein **Spinalganglion**. In entsprechender Weise entwickeln sich im Kopfbereich die sensiblen Ganglien für den 5., 7., 9. und 10. Hirnnerven (Abb. 15–**2** und 15–**4**). Aus direkt unter der Ektodermschicht wandernden Neuralleistenzellen entwickeln sich die **Pigmentzellen** des Körpers. Außerdem stammen aus der Neuralleiste die **Schwann-Zel-**

len, die Sympathikoblasten und die übrigen Zellen für das periphere vegetative Nervensystem. Im Kopfbereich entsteht aus dem Neuralleistenmaterial **Kopfmesenchym**, aus dem unter anderem die Anlage des Chondrokraniums, die Kiemenbogenknorpel und die Odontoblasten hervorgehen. In neueren Experimenten wurde beobachtet, daß die Exstirpation der Neuralleiste im Trigeminusgebiet zu Gesichtsmißbildungen führt, darunter auch zu Gaumenspalten (s. Kap. 18, S. 369).

Die Neuroblasten in den **Spinalganglien** bilden ein Axon aus, das sich sogleich nach seinem Abgang aus dem Zelleib in zwei Nervenfasern aufgabelt **(Pseudounipolare Ganglienzelle)** (Abb. 15–**9** A). Eine der beiden Nervenfasern wächst nach zentral vor und dringt in den dorsalen Abschnitt des Neuralrohres ein. Dort endet sie entweder an einer Zelle in der Flügelplatte oder steigt in der Marginalschicht zu einem höheren Gehirnzentrum auf. Diese Fasern heißen in ihrer Gesamtheit **hintere sensible Wurzel des Spinalnerven** (Abb. 15–**9** B). Die andere Nervenfaser der Spinalganglienzelle wächst nach peripher aus und vereinigt sich mit den Fasern der motorischen Vorderwurzel. Diese Fasern werden zum sensiblen Anteil des Spinalnerven. Sie enden in der Peripherie an den sensiblen Rezeptororganen.

Markscheidenbildung

Die Markscheiden der peripheren Nerven werden von den **Schwann-Zellen** gebildet. Die Schwann-Zellen stammen aus der Neuralleiste und wandern über das Spinalganglion entlang der Nervenfasern in die Peripherie. Sie umhüllen schließlich alle Axone, so daß diese nicht mehr mit anderen Zellen in Berührung kommen können. Die Axone verlaufen in Einbuchtungen der Zellmembran der Schwann-Zellen, die sich von der Oberfläche in das Zytoplasma absenken. Auf diese Weise können bis zu 20 Axone von einer Schwann-Zelle umhüllt werden. Dieser Zustand bleibt bei markscheidenlosen, langsam leitenden Nervenfasern als Endzustand erhalten.

Vom 4. Monat an entwickeln sich die Schwann-Zellen der schnell leitenden Nervenfasern zu Markscheiden. Die Einsenkung der Oberflächenmembran der Schwann-Zelle, die das Axon enthält, wickelt sich spiralig mehrmals um das Axon herum. Dadurch wird das Axon von einer Vielzahl von Membranschichten umgeben. Da die Membranen aus Myelin bestehen, entsteht auf diese Weise eine isolierende Myelinschicht um das Axon, die als Markscheide bezeichnet wird (Abb. 15–**9** C).

Im Rückenmark ist die Myelinscheide der Nervenfasern völlig anderer Herkunft. Sie wird dort von den Oligodendrogliazellen gebildet. Die Markscheidenbildung der Nervenfasern im Rückenmark beginnt etwa im vierten Monat des intrauterinen Lebens. Einige motorische Fasern, die von höheren Gehirnzentren zum Rückenmark absteigen, erhalten jedoch erst im ersten Lebensjahr eine Markscheide. Wahrscheinlich werden die Bahnen im Nervensystem ungefähr in dem Entwicklungsstadium mit einer Markscheide versehen, in dem sie ihre Funktion aufnehmen.

Lageveränderung des Rückenmarks

Im dritten Entwicklungsmonat, wenn die Scheitel-Steiß-Länge etwa 30 mm beträgt, erstreckt sich das Rückenmark über die gesamte Länge des Embryos. Die Spinalnerven treten durch die Foramina intervertebralia in der Höhe ihres Ursprungssegmentes aus (Abb. 15–**11** A). Mit zunehmendem Alter wächst die Wirbelsäule jedoch schneller in die Länge als das Neuralrohr; das untere Ende des Rückenmarks verlagert sich immer weiter nach oben. Bei der Geburt liegt es in Höhe des dritten Lendenwirbels (Abb. 15–**11** C). Infolge dieses unterschiedlichen Wachstums verlaufen die Spinalnerven schräg abwärts von ihrem

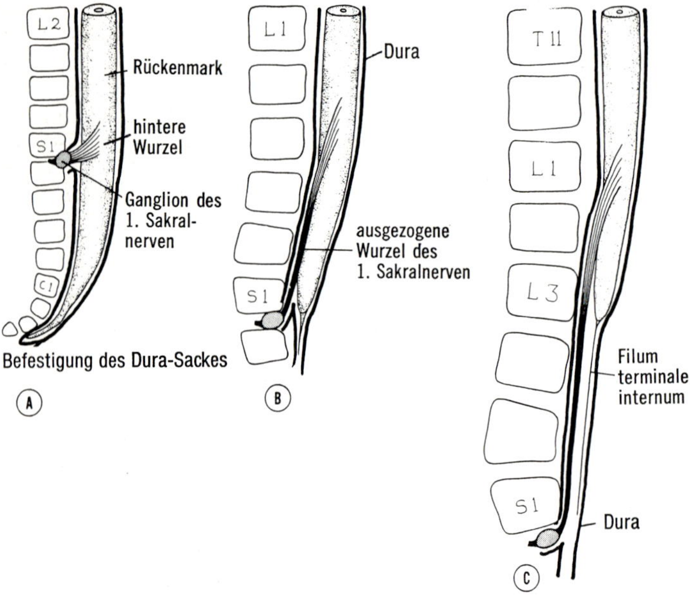

Abb. 15–**11** Schematische Darstellung des kaudalen Rückenmarks und seiner Beziehung zur Wirbelsäule in verschiedenen Entwicklungsstadien. A. Etwa im 3. Monat. B. Am Ende des 5. Monats. C. Beim Neugeborenen (modifiziert nach *Streeter*).

Ursprungssegment im Rückenmark zu dem entsprechenden Segment der Wirbelsäule.

Beim Erwachsenen endet das Rückenmark auf der Höhe von L_2. Unterhalb dieses Punktes besteht das Zentralnervensystem nur aus dem **Filum terminale internum**, das noch den Weg der Rückenmarksspitze erkennen läßt. Die Nervenfasern unterhalb des unteren Endes des Rückenmarks heißen insgesamt **Cauda equina**.

Bei der **Lumbalpunktion** wird die Nadel zur Gewinnung von Liquor im unteren Lumbalbereich eingeführt, so daß eine Verletzung des Rükkenmarks ausgeschlossen ist.

M Angeborene Mißbildungen

Am Ende der vierten Woche ist das Zentralnervensystem ein geschlossenes röhrenförmiges Gebilde und hat sich vom darüberliegenden Ektoderm abgelöst (Abb. 15–**2**). Gelegentlich unterbleibt jedoch der Neuralrohrschluß. Als Ursachen kommen Störungen bei der Induktion durch das darunterliegende Chordamesoderm in Frage oder teratogene Umweltfaktoren, die das Neuroepithel beeinflussen. Das neurale Gewebe bleibt dann entblößt an der Oberfläche liegen. Ein solcher Defekt kann sich über die gesamte Länge des Neuralrohres erstrecken oder auf ein kleines Gebiet beschränkt sein **(komplette** oder **partielle Rachischisis)**. Findet sich die Mißbildung im Bereich des Rückenmarks, spricht man von **Spina bifida**. Wenn der Neuralrohrschluß in der Gehirnregion ausbleibt, kommt es zum **Anenzephalus**.

Spina bifida

Mit dem Ausdruck **Spina bifida** werden die verschiedensten Mißbildungen bezeichnet. Die wörtliche Übersetzung bedeutet gespaltenes Rückgrat. In seiner einfachsten Form ist die Verschmelzung der dorsalen Anteile der Wirbelbögen ausgeblieben. Diese Form der Mißbildung findet sich gewöhnlich in der Lumbosakralregion. Sie wird von der Haut bedeckt und ist von außen nicht zu erkennen. Über dem betroffenen Bereich kann gelegentlich ein kleines Haarbüschel sitzen (**Spina bifida occulta**) (Abb. 15–**12** A). Das Rückenmark und die Nerven sind gewöhnlich nicht betroffen.

Sind mehr als ein oder zwei Wirbel an dem Defekt beteiligt, wölben sich die Meningen des Rückenmarks durch die Öffnung vor. Ein mit Haut überzogener Sack wird auf der Oberfläche sichtbar **(Meningozele)** (Abb. 15–**12** b und 15–**13** A). Dieser Sack kann so groß sein, daß er nicht nur die Meningen, sondern auch das Rückenmark und seine Nerven enthält. Dann heißt die Mißbildung **Meningomyelozele** und wird gewöhnlich nur von einer dünnen, leicht verletzbaren Membran

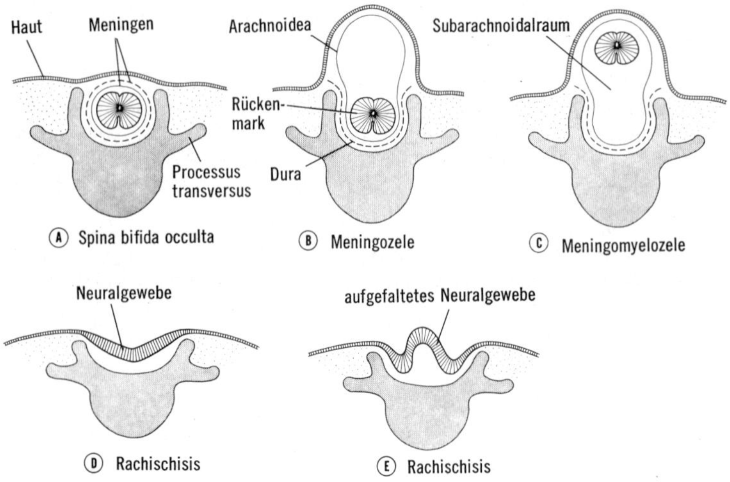

Abb. 15–**12** Die verschiedenen Formen der Spina bifida.

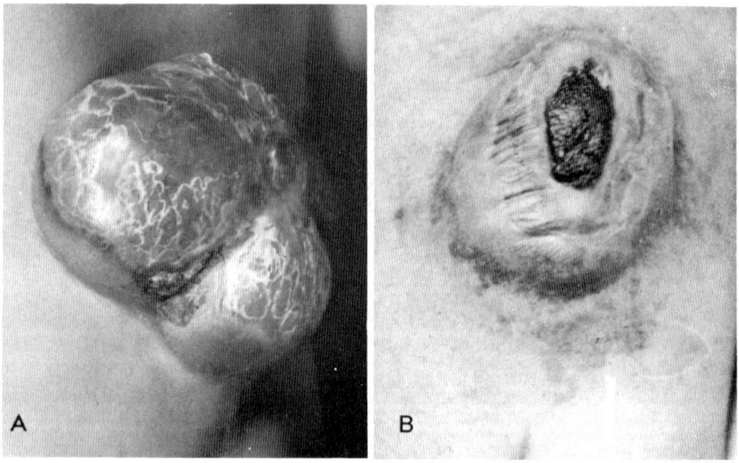

Abb. 15–**13** A. Von Haut bedeckte große Meningozele entsprechend dem Schema in Abb. 15–**12**B. Die Meningozele ist eine häufige Mißbildung. B. Große Meningomyelozele entsprechend Abb. 15–**12**C. Sie ist von einer leicht verletzbaren Membran bedeckt. (Aus *Warkany, J.:* Congenital Malformations, 1971. Mit Erlaubnis der Year Book Medical Publishers Inc., Chicago.)

bedeckt (Abb. 15–**12** C und 15–**13** B). In der Regel sind neurologische Ausfälle vorhanden.

Eine weitere Form der Spina bifida entsteht dadurch, daß das Neuralrohr selbst sich nicht geschlossen hat und das Nervengewebe dann offen zutage liegt **(Myelozele** oder **Rachischisis)** (Abb. 15–**12** D, E und 15–**14**). Das Nervengewebe kann dabei tumoröse Wucherungen aufweisen. Das überschüssige Gewebe wird jedoch kurz vor oder nach der Geburt nekrotisch.

Eine Myelomeningozele ist häufig mit einer Verlagerung der Medulla oblongata und der Tonsillen des Kleinhirns nach kaudal in den Wir-

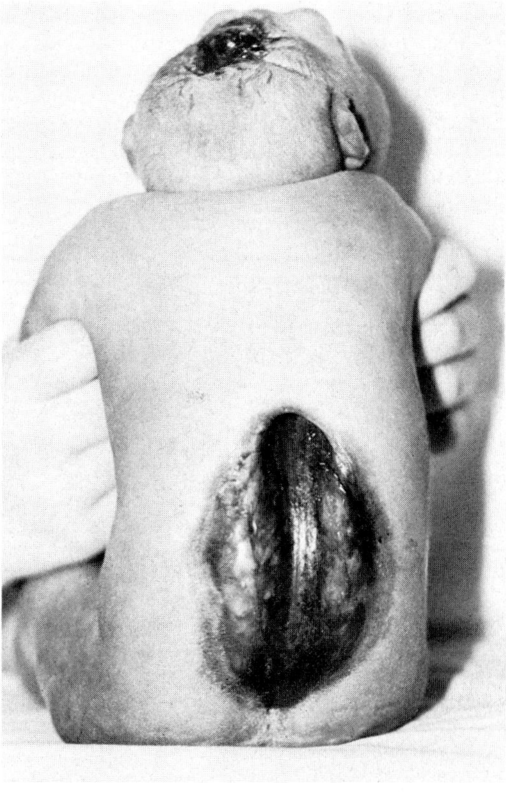

Abb. 15–**14** Kind mit Rachischisis entsprechend Abb. 15–**12** E. (Aus *Warkany, J.:* Congenital Malformations, 1971. Mit Erlaubnis der Year Book Medical Publishers, Inc., Chicago.)

belkanal hinein verbunden. Da das Rückenmark infolge der Myelomeningozele im Sakralbereich fixiert ist, kann die normale relative Verlagerung des Rückenmarks innerhalb des Wirbelkanals nicht stattfinden. Die Wurzeln der Spinalnerven steigen im Halsbereich zu den Foramina intervertebralia auf. Die Obstruktion des Foramen magnum durch die Medulla oblongata und das Kleinhirn führt zu einem (äußeren) Hydrozephalus. In ihrer Gesamtheit werden diese Fehlbildungen als **Arnold-Chiari-Syndrom** bezeichnet.

Gehirn

Mit der Anlage der Gehirnbläschen und dem Auftreten der Nacken- und Scheitelbeuge ändert sich die äußere Gestalt des kranialen Abschnittes des Neuralrohres beträchtlich (Abb. 15–**4**, 15–**5** und 15–**15**). Trotz dieser Veränderungen lassen sich in den Gehirnbläschen noch eine Reihe von morphologischen Strukturen erkennen, die für das Rückenmark charakteristisch sind. So besitzen z. B. die hinteren Gehirnbläschen beiderseits von der Mittellinie eine deutliche Unterteilung in **Grund-** und **Flügelplatten**, in denen entsprechend die motorischen und sensiblen Areale lokalisiert sind. Sogar der **Sulcus limitans**, der im Rückenmark die Grenze zwischen Flügel- und Grundplatte

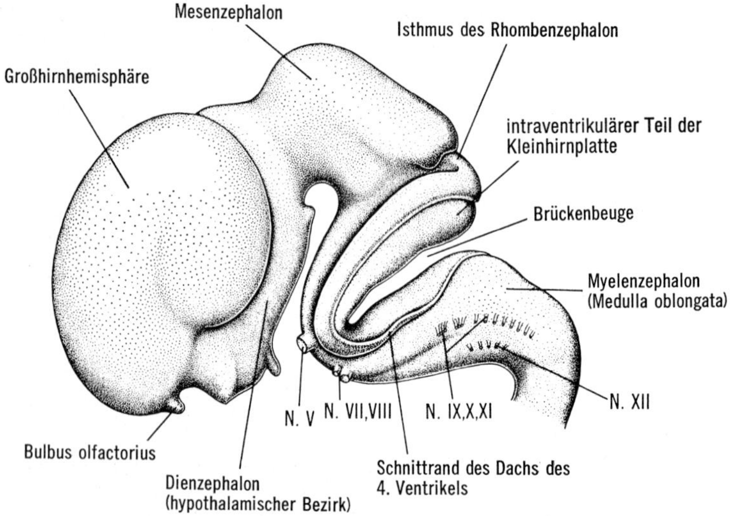

Abb. 15–**15** Seitenansicht der Hirnbläschen bei einem 8 Wochen alten Embryo (Scheitel-Steiß-Länge etwa 27 mm) (nach *Hochstetter*). Die Deckplatte des Rhombenzephalons wurde entfernt, so daß der intraventrikuläre Anteil der Kleinhirnplatte sichtbar ist. Beachte den Abgang der Hirnnerven.

bildet, ist im Rhombenzephalon und Mesenzephalon vorhanden und stellt auch hier die Grenzlinie zwischen motorischen und sensiblen Arealen dar. Im folgenden werden die Hauptbestandteile der fünf Gehirnbläschen kurz beschrieben.

Myelenzephalon

Das **Myelenzephalon** ist der hintere Teil des **Rhombenzephalons** (Abb. 15–**5**). Es erstreckt sich von der Brückenbeuge bis zum Abgang des ersten Spinalnerven (Abb. 15–**15** und 15–**16** A). Den Spinalnerven entsprechen im Myelenzephalon die Austritte der **Schlundbogennerven** (Abb. 15–**6**). Da das Myelenzephalon sich direkt an das Rückenmark anschließt, wird es auch als **Medulla oblongata** bezeichnet. Als Teil des Rhombenzephalons unterscheidet es sich vom Rückenmark dadurch, daß die Seitenwände des Neuralrohres sich um eine gedachte Längsachse in der Bodenplatte drehen, eine Bewegung, die mit dem Öffnen eines Buches verglichen werden kann (Abb. 15–**16** B, C).

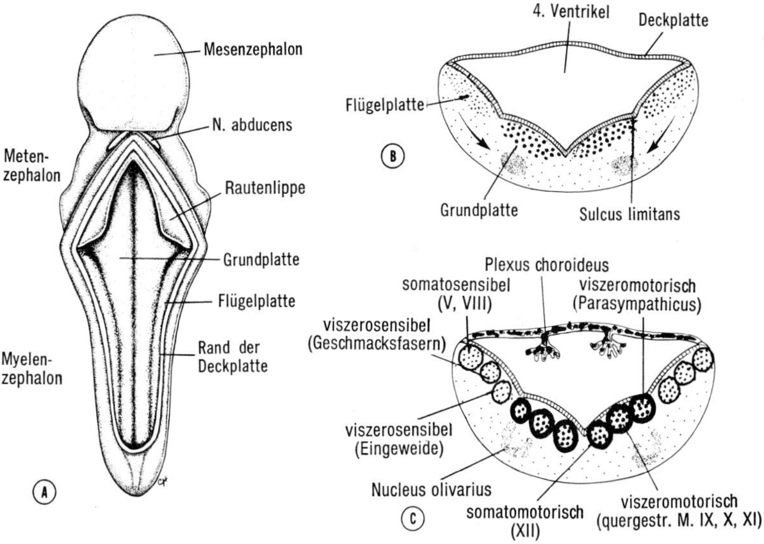

Abb. 15–**16** A. Blick von dorsal auf den Boden des 4. Ventrikels nach Entfernung der Deckplatte bei einem 10-mm-Embryo. Im Myelenzephalon sind die Grundplatte und die Flügelplatte und im Metenzephalon die Rautenlippe sichtbar. B und C zeigen die Lage und weitere Differenzierung der Grund- und Flügelplatten des Myelenzephalons in verschiedenen Entwicklungsstadien. Beachte die Ausbildung der Kerngruppen in den Grund- und Flügelplatten. Die Pfeile zeigen den Weg der Zellen aus der Flügelplatte in den Nucleus olivarius.

Infolge dieser Bewegung streckt sich die Deckplatte und besteht dann aus einer einzigen Lage von Zellen. Der Aufbau der Seitenwände des Myelenzephalons gleicht weitgehend dem des Rückenmarks. Es lassen sich eine Flügel- und eine Grundplatte unterscheiden, die durch den Sulcus limitans getrennt sind (Abb. 15–**16** B, C).

Motorische Grundplatte. Die Grundplatte im Myelenzephalon enthält wie im Rückenmark die motorischen Kernbereiche. Im Myelenzephalon gliedern sich die Kerne jedoch in drei Gruppen: 1. in eine mediale Gruppe aus **somatomotorischen Kernen**, 2. in eine intermediäre Gruppe aus **viszeromotorischen Kernen**, die von den Schlundbögen abstammende quergestreifte Muskulatur versorgen und 3. eine laterale Gruppe von **parasympathisch viszeromotorischen Kernen** (Abb. 15–**16** C).

Die **somatomotorische Kerngruppe** umfaßt die motorischen Neurone, die die quergestreifte Muskulatur innervieren, die von den zephalen Myotomen abstammt. Sie stellt als solche die Fortsetzung der Vorderhörner im Kopfbereich dar. Da sich die somatomotorischen Kerne noch nach rostral über das Metenzephalon hinaus in das Mesenzephalon fortsetzen, wird diese Kerngruppe oft als **somatomotorische Säule** bezeichnet. Im Myelenzephalon besteht sie aus den Kernbereichen des *N. hypoglossus,* der die vier okzipitalen Myotome (die Zungenmuskulatur) versorgt. Im Metenzephalon und Mesenzephalon enthält die Säule die Kerne des *N. abducens,* des *N. trochlearis* und des *N. oculomotorius.* Sie versorgen die Augenmuskulatur, die von den präotischen Myotomen abstammen soll. Die **viszeromotorische Kerngruppe** erstreckt sich bis in das Metenzephalon hinein und bildet so eine viszeromotorische Säule im Hirnstamm. Sie enthält die motorischen Kerne, die die quergestreifte, aus den *Schlundbögen* abstammende Muskulatur versorgen. Im Myelenzephalon besteht die Säule aus den Kernen des *N. accessorius, N. vagus* und *N. glossopharyngeus.* Beim Erwachsenen bilden die motorischen Neurone dieser Nerven den *Nucleus ambiguus* und das *Bulbusareal des N. accessorius.*

Die **parasympathische viszeromotorische Kerngruppe** enthält Nervenzellen, deren Axone als präganglionäre Fasern der parasympathischen Ganglien auswachsen, die ihrerseits die unwillkürliche Muskulatur des Respirationstraktes, des Magen-Darm-Kanals und des Herzens versorgen. Außerdem innervieren sie die Speicheldrüsen. Im Myelenzephalon ist diese Gruppe durch den *Nucleus dorsalis n. vagi* und den *Nucleus salivatorius inferior* repräsentiert, von dem aus über den *N. glossopharyngeus* die Parotis innerviert wird.

Sensible Flügelplatte. Die Flügelplatte enthält die sensiblen Relaiskerne, die wie die Kerne in der Grundplatte in drei Gruppen angeordnet sind (Abb. 15–**16** C). Die am weitesten lateral gelegene **somatosen-**

sible Kerngruppe erhält Impulse über den *bulbospinalen Abschnitt des Trigeminus* von der Haut im Kopfbereich. An der breitesten Stelle der Rautengrube kommen die noch weiter lateral gelegenen *sensorischen Kerne* des *N. vestibulocochlearis* (VIII) hinzu.

Die **intermediäre viszerosensible Kerngruppe** erhält Impulse von den Geschmacksknospen der Zunge und aus dem Gaumen-, Oropharynx- und Epiglottisbereich. Sie bilden später den Kern des *Tractus solitarius* (VII, IX, X).

Die **mediale viszerosensible Kerngruppe** wird durch den dorsalen sensiblen Vaguskern repräsentiert. Sie erhält afferente Impulse aus dem Magen-Darm-Kanal und vom Herzen und entspricht den viszeromotorischen parasympathischen Kernen in der Grundplatte.

Die Zellen der Flügelplatte bilden nicht nur die sensiblen Relaiskerne, sondern wandern auch abwärts bis in ein Gebiet ventrolateral von der Grundplatte. Hier bilden sie einen Teil des *Olivenkernkomplexes* (Abb. 15–**16** B, C).

Deckplatte, Plexus choroideus und Foramina von Luschka und Magendie. Die Deckplatte des Myelenzephalons besteht aus einer einschichtigen Lage von Ependymzellen und bildet das Dach des 4. Ventrikels (Abb. 15–**16** B). Sie wird von gefäßreichem Mesenchym der **Pia mater** bedeckt. Beide Schichten zusammen werden als **Tela choroidea** bezeichnet. Durch die Proliferation des Gefäßmesenchyms entstehen eine Reihe von Aussackungen, die in den benachbarten Ventrikel im Bereich der Brückenbeuge hineinragen (Abb. 15–**16** C). Die zottenartigen Einstülpungen bilden den **Plexus choroideus**, der die Zerebrospinalflüssigkeit des Zentralnervensystems abscheidet.

Im vierten Entwicklungsmonat treten in der Deckplatte des Rhombenzephalon lokalisierte, dünne Bezirke auf, die sich nach außen vorwölben und sich schließlich auflösen. Auf diese Weise entstehen Öffnungen – zwei laterale **Foramina von Luschka** und ein mediales **Foramen von Magendie** –, die es der Zerebrospinalflüssigkeit ermöglichen, frei zwischen dem Ventrikelsystem innerhalb der Hirnabschnitte und dem umgebenden Subarachnoidalraum zu zirkulieren (Abb. 15–**18** B).

Metenzephalon

Das Metenzephalon entwickelt sich aus dem vorderen Abschnitt des Rhombenzephalons und reicht von der Brückenbeuge bis zum Isthmus rhombencephali (Abb. 15–**5** A, 15–**15** und 15–**16** A). Vom Myelenzephalon unterscheidet es sich dadurch, daß hier zwei neue Hirnabschnitte entstehen: 1. dorsal das **Kleinhirn (Cerebellum)**, 2. ventral die **Brücke (Pons)**, die als Verbindungsweg für Nervenfasern zwischen dem Rückenmark und den Rindenbezirken des Groß- und Kleinhirns dient.

Grundplatte und Brücke. Die Seitenwände des Metenzephalons nähern sich einander wieder, ändern dabei jedoch nicht den ihnen zugrundeliegenden Aufbau. Eine motorische Grund- und eine sensible Flügelplatte sind auf beiden Seiten der Mittellinie leicht zu erkennen (Abb. 15–**17**). So wie im Myelenzephalon enthält jede Grundplatte drei Gruppen von motorischen Neuronen: 1. eine mediale **somatomotorische Gruppe**, die den Kern des *N. abducens* bildet, 2. eine **viszeromotorische Gruppe**, die die motorischen Kerne des *Trigeminus* und *Fazialis* umfaßt, von denen aus die Muskulatur des ersten und zweiten Schlundbogens innerviert wird, und 3. eine **parasympathische viszeromotorische Gruppe**, die den *Nucleus salivatorius superior* enthält. Von diesem Kern ausgehende Fasern verlaufen im *N. facialis* und versorgen die *Glandula submandibularis* und *sublingualis* sowie die Tränendrüsen und die Drüsen der Nasenschleimhaut.

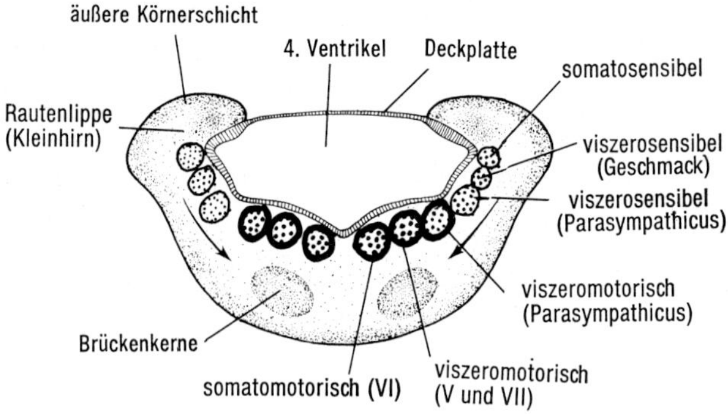

Abb. 15–**17** Querschnitt durch den kaudalen Abschnitt des Metenzephalons. Beachte die Entwicklung der einzelnen motorischen und sensiblen Kernareale in den Grund- und Flügelplatten. Ein Teil der Rautenlippe wölbt sich in den 4. Ventrikel vor, während der andere die Deckplatte noch überragt.

Im Metenzephalon breitet sich die Marginalschicht der Grundplatten stark aus, da sie als Brücke für die Nervenfasern dient, die die zerebralen und zerebellaren Rindenbezirke mit dem Rückenmark verbinden. Dieser Teil des Metenzephalons wird daher als **Pons** (Brücke) bezeichnet. Außer den genannten Nervenfasern enthält die Pons die **Brückenkerne**, die aus den Flügelplatten des Metenzephalons und Myelenzephalons stammen (Abb. 15–**17**). Die Axone dieser Kerne wachsen in das Kleinhirn ein und bilden die *Pedunculi cerebellares medii*.

Flügelplatte und Rautenlippe. Die Entwicklung der Flügelplatten des Metenzephalons ist sehr kompliziert. Der ventromediale Abschnitt der Flügelplatte enthält drei sensible Kerngruppen: 1. eine laterale **somatosensible Gruppe**, die die Nervenzellen des *pontinen Abschnitts des*

Trigeminus und einen kleinen Anteil des *vestibulokochlearen Komplexes* enthält, 2. eine **viszerosensible Gruppe**, die aus dem kranialen Kern des *Tractus solitarius* besteht, und 3. eine **parasympathische viszerosensible Gruppe**, die durch den kranialen Abschnitt des *dorsalen sensiblen Vaguskernes* repräsentiert ist (Abb. 15–**17**).

Die dorsolateralen Kanten der Flügelplatten krümmen sich nach medial und bilden die Rautenlippen (Abb. 15–**16,** 15–**17** und 15–**18**). Die Rautenlippen ragen in den vierten Ventrikel hinein und erheben sich nach oben noch über das Niveau der Deckplatte hinaus (extraventrikulärer Abschnitt). Aus ihnen entsteht das Kleinhirn (Abb. 15–**18**).

Kleinhirn

Im kaudalen Abschnitt des Metenzephalons liegen die Rautenlippen weit auseinander und laufen dann direkt unterhalb vom Mesenzephalon in der Mittellinie zusammen (Abb. 15–**16** A). Die Brückenbeuge senkt sich noch weiter ein, so daß die Rautenlippen in zephalokaudaler Richtung zur **Kleinhirnplatte** zusammengedrückt werden (Abb. 15–**18** A, B). Bei einem zwölf Wochen alten Embryo kann man an dieser Platte einen kleinen mittleren Abschnitt, die **Vermis**, und zwei laterale Bezirke, die **Hemisphären**, unterscheiden. Ein transversal verlaufender Spalt trennt dann bald den **Nodulus** von der Vermis und lateral den **Flocculus** von den Hemisphären ab (Abb. 15–**18** B). Dieser **Flocculus-**

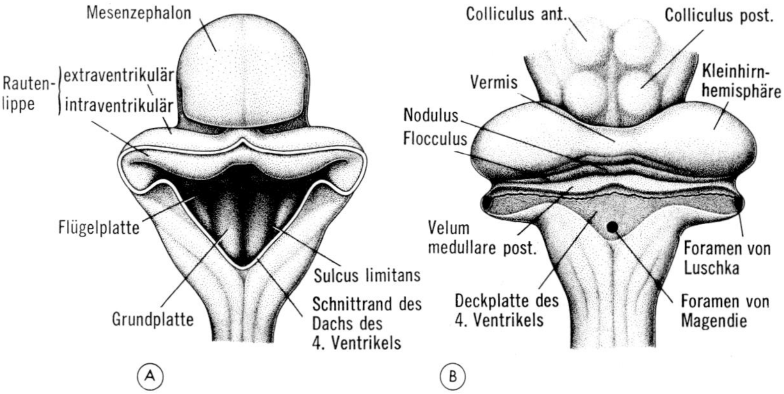

Abb. 15–**18** A. Dorsalansicht des Mesenzephalons und Rhombenzephalons in einem 8 Wochen alten Embryo. Das Dach des 4. Ventrikels wurde entfernt, so daß der Boden des 4. Ventrikels sichtbar ist (modifiziert nach *Hochstetter*). B. Entsprechende Ansicht bei einem 4 Monate alten Embryo. Beachte die Fissura choroidea sowie die laterale und die mediale Öffnung im Dach des 4. Ventrikels.

Nodulus-Lappen ist phylogenetisch der älteste Abschnitt des Kleinhirns und behält seine Verbindung zum Vestibularisgebiet bei. Später treten noch viele weitere Querfurchen auf und geben dem Kleinhirn sein für den Erwachsenen charakteristisches Aussehen (Abb. 15–**19**).

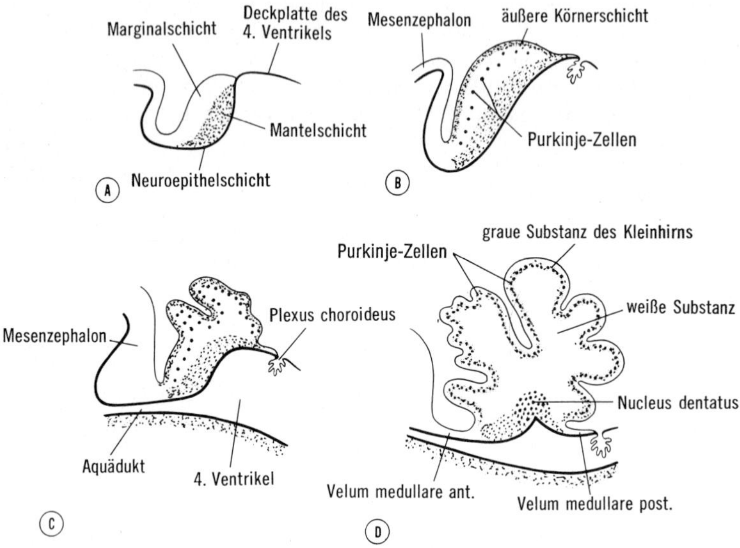

Abb. 15–**19** Sagittalschnitte durch das Dach des Metenzephalons, die die Entwicklung des Kleinhirns zeigen. A. im Alter von 8 Wochen (etwa 30 mm). B. 12 Wochen (70 mm). C. 13 Wochen. D. 15 Wochen (modifiziert nach *Keibel* u. *Mall*). An der Oberfläche der Kleinhirnplatte entwickelt sich die äußere Körnerschicht (B und C). Später wandern die Zellen der äußeren Körnerschicht nach einwärts und bilden zusammen mit den Purkinje-Zellen die definitive Kleinhirnrinde. Der Nucleus dentatus ist einer der tiefen Kleinhirnkerne.

Anfänglich setzt sich die **Kleinhirnplatte** aus dem Neuroepithel sowie aus einer Mantel- und einer Marginalschicht zusammen (Abb. 15–**19** A). In der weiteren Entwicklung wandern Neuroblasten aus dem Neuroepithel durch die Marginalschicht an die Oberfläche des Kleinhirns und bilden die **äußere Körnerschicht**. Auf der Innenseite differenzieren sich die **Purkinje-Zellen** (Abb. 15–**19** B). Die äußere Körnerschicht bildet eine Proliferationszone an der Oberfläche des Kleinhirns. Anders als bei den Neuroblasten im Neuroepithel der übrigen Gehirnabschnitte bleibt bei den Zellen dieser Schicht die Fähigkeit zur Zellteilung erhalten.

Im 6. Schwangerschaftsmonat wandern Zellen aus der äußeren Körnerschicht nach einwärts und umgeben die Purkinje-Zellen (Abb. 15–**20** A). Auf diese Weise entstehen aus der äußeren Körnerschicht

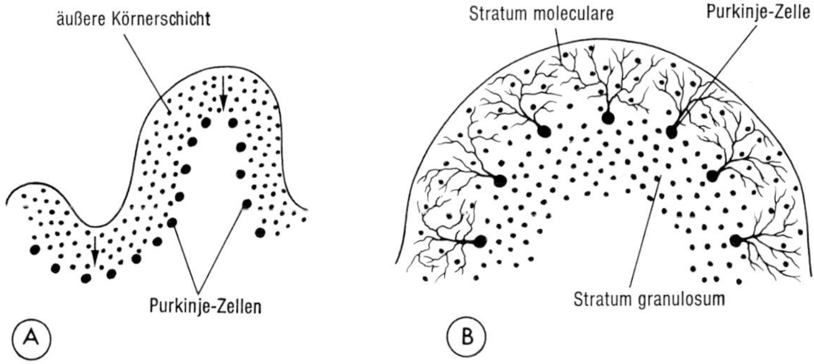

Abb. 15–**20** Verschiedene Stadien in der Entwicklung der Kleinhirnrinde. A. Die äußere Körnerschicht an der Oberfläche des Kleinhirns stellt eine Proliferationszone dar, aus der die Körnerzellen, die Korbzellen und die Sternzellen hervorgehen. Die Pfeile deuten die Wanderungsrichtung dieser Zellen an. B. Nach der Geburt bilden die Zellen das Stratum moleculare an der Oberfläche und das Stratum granulosum unterhalb der Ganglienzellschicht mit den Purkinje-Zellen.

nacheinander die Körnerzellen, die Korbzellen und die Sternzellen (kleine Ausbreitungszellen). Die Kleinhirnrinde erreicht erst nach der Geburt ihre definitive Ausformung (Abb. 15–**19** D).

M In den letzten Jahren sind Kleinkinder mit **Virusinfektionen** *(Zytomegalie-Virus)* mit verschiedenen Medikamenten behandelt worden, die die DNS-Synthese blockieren. Da die DNS-Synthese bei der Bildung der Nervenzellen aus der äußeren Körnerschicht des Kleinhirnes in diesem Lebensalter noch nicht abgeschlossen ist, hat diese antivirale Therapie möglicherweise Schäden in der Entwicklung der Kleinhirnneurone erzeugt.

Die vor und hinter dem Kleinhirn gelegenen Abschnitte der Deckplatte des vierten Ventrikels differenzieren sich zum **vorderen** und **hinteren Velum medullare** (Abb. 15–**19** D).

Mesenzephalon

Grundplatte und Hirnschenkel. Das Mesenzephalon stellt morphologisch gesehen das primitivste der Gehirnbläschen dar (Abb. 15–**4** und 15–**21**). Auf Querschnitten sind die Grund- und die Flügelplatten, getrennt durch den Sulcus limitans, leicht zu erkennen (Abb. 15–**21** A).

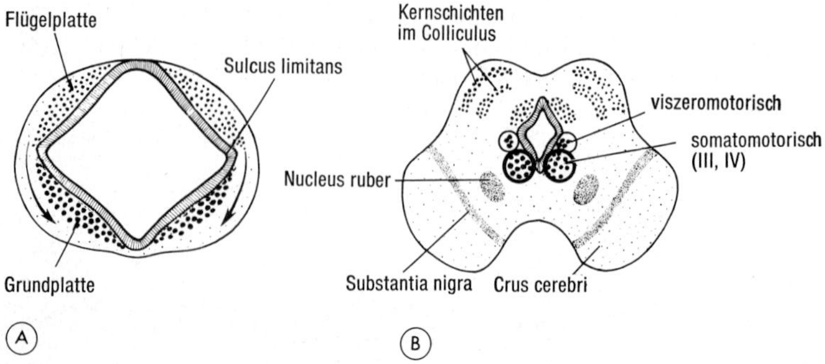

Abb. 15–**21** Darstellung der Lage und Differenzierung der Grund- und Flügelplatten im Mesenzephalon in verschiedenen Entwicklungsstadien. Die Pfeile A. geben die Wanderungsrichtung der Zellen aus der Flügelplatte an, die den Nucleus ruber und die Substantia nigra bilden. B. In der Grundplatte entstehen die Kerne für die Innervation der Augenmuskeln und der viszeromotorische Nucleus Edinger-Westphal, sowie in der Marginalschicht die Hirnschenkel. In der Flügelplatte entwickeln sich die Vierhügel (Colliculi).

Jede Grundplatte enthält zwei Gruppen von motorischen Kernen: 1. eine **mediale somatomotorische Gruppe** in Gestalt der *Okulomotorius-* und *Trochleariskerne,* von denen aus die präotischen Myotome versorgt werden (die Augenmuskulatur) und 2. eine kleine **parasympathische viszeromotorische** Kerngruppe, verkörpert durch den *Nucleus von Edinger-Westphal,* von dem aus der *M. sphincter pupillae* innerviert wird (Abb. 15–**21** B).

Die Marginalschicht jeder Grundplatte vergrößert sich und bildet einen Hirnschenkel oder ein **Crus cerebri.** Die Crura dienen als Durchgangsweg für die Nervenfasern, die aus der Hirnrinde in die unteren Zentren in der Brücke und im Rückenmark absteigen. Beim Erwachsenen bilden diese Fasern die *kortikospinalen, kortikobulbaren* und *kortikopontinen Bahnen.*

Flügelplatte und Vierhügel. Die Flügelplatten des Mesenzephalon bilden zuerst zwei longitudinale Erhebungen, die durch eine seichte Eindellung voneinander getrennt sind (Abb. 15–**18** A). Durch eine querverlaufende Furche entstehen dann die **Vierhügel** (Abb. 15–**18** B). Die Kerne in den vorderen Vierhügeln dienen als synaptische Relaisstationen für visuelle Impulse, die im Mittelhirn in motorische Impulse für automatische Kopf- und Augenbewegungen umgesetzt werden, mit denen die Augen z. B. einem sich bewegenden Gegenstand nachgeführt werden. Entsprechend werden in den hinteren Vierhügeln Informationen aus dem Hör- und Gleichgewichtsorgan (N. VIII) in motorische Stell- und Lageimpulse umgewandelt.

Die Vierhügel entstehen durch mehrere Proliferationsschübe im darunterliegenden Neuroepithel. Die Neuroblasten wandern in die Marginalzone ein und ordnen sich dort in mehreren Schichten an (Abb. 15–**21** B). Neben den Vierhügeln sollen nach Ansicht einiger Autoren die Zellen der Flügelplatte auch den **Nucleus ruber** und die **Substantia nigra** bilden.

Dienzephalon

Deckplatte und Epiphyse. Das Zwischenhirn entwickelt sich aus dem mittleren Abschnitt des Prosenzephalon und besteht aus einer Deckplatte und zwei Flügelplatten (Abb. 15–**5** und 15–**15**), während Boden- und Grundplatten fehlen. Nach hinten wird es durch eine Ebene begrenzt, die hinter der Epiphyse und den Corpora mamillaria verläuft. Seine vordere Begrenzung verläuft knapp rostral vom Chiasma opticum und den Foramina Monroi (Abb. 15–**22** A). Die Lamina terminalis ist ein Teil des Telenzephalon.

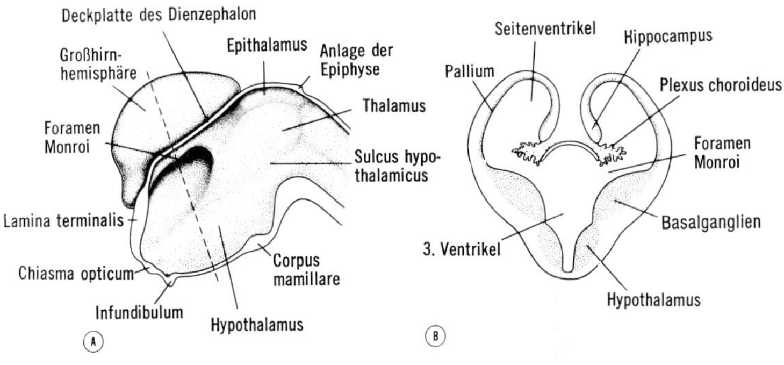

Abb. 15–**22** A. Medialansicht der rechten Hälfte des Prosenzephalons bei einem 7 Wochen alten Embryo (modifiziert nach *Hochstetter*). B. Schematischer Querschnitt durch das Prosenzephalon in Höhe der gestrichelten Linie in A. Die Basalganglien wölben sich in den Seitenventrikel und das Foramen Monroi vor.

Die Deckplatte des Dienzephalons besteht aus Ependymzellen, die von gefäßreichem Mesenchym bedeckt sind. Die beiden Schichten zusammen bilden später den **Plexus choroideus** des dritten Ventrikels (Abb. 15–**22** B). Der kaudalste Teil der Deckplatte beteiligt sich nicht an der Bildung des Plexus choroideus, sondern wird zur **Epiphyse** *(Corpus pineale)*. Die Anlage besteht zuerst aus einer Epithelverdikkung in der Medianlinie und beginnt dann in der siebten Woche sich auszustülpen (Abb. 15–**22** A und 15–**23** A). Schließlich entwickelt sie sich zu einem soliden Organ auf dem Dach des Mesenzephalons (Abb. 15–**27**). Über seine funktionelle Bedeutung sind viele Theorien aufgestellt worden. Im Bereich der Epiphyse liegen vegetative Zentren, über die beim Tier die von der Tag- und Nachtlänge abhängigen jahreszeitlichen Rhythmen gesteuert werden. Es handelt sich daher möglicherweise ursprünglich um ein sensibles Organ für Lichtreize. Beim Menschen wird häufig Kalk in der Epiphyse abgelagert. Deshalb kann sie als Orientierungspunkt bei einer Röntgenaufnahme des Schädels benutzt werden.

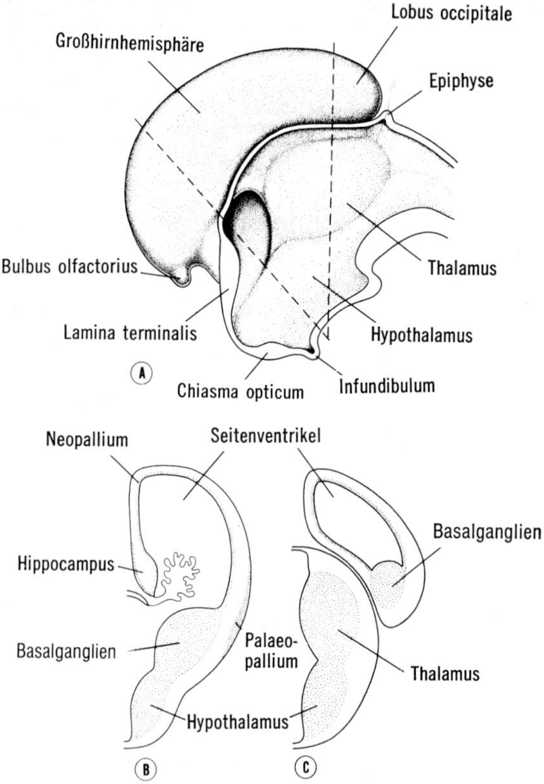

Abb. 15–**23** A. Die rechte Hälfte des Telenzephalons und Dienzephalons von medial gesehen bei einem 8 Wochen alten Embryo (modifiziert nach *Hochstetter*). B und C. Schematische Querschnitte durch die rechte Hälfte des Telenzephalons und Dienzephalons in Höhe der in A eingezeichneten gestrichelten Linie.

Thalamus und Hypothalamus. Die Flügelplatten bilden nicht nur die Seitenwände, sondern auch den Boden des Zwischenhirns. Auf der dem Lumen zugewandten Seite erscheint eine deutliche Längsrinne. Diese Rinne, der **Sulcus hypothalamicus**, unterteilt die Flügelplatte in einen dorsalen und einen ventralen Bereich, den **Thalamus** und den **Hypothalamus** (Abb. 15–**22,** 15–**23** und 15–**25**). Der Sulcus hypothalamicus ist mit dem Sulcus limitans verglichen worden. Da er jedoch nicht die Grenze zwischen sensiblen und motorischen Arealen darstellt, kann er nicht als homologe Bildung angesehen werden.

Infolge seines lebhaften Wachstums wölbt sich der **Thalamus** allmählich in die Lichtung des Dienzephalons vor. Der Thalamus dehnt sich häufig so stark aus, daß die Anlagen der rechten und linken Seite miteinander in der Mitte verschmelzen und auf diese Weise die *Adhaesio interthalamica* bilden. Im Thalamus werden alle sensiblen und sensorischen Impulse (mit Ausnahme der Riechbahn) umgeschaltet, bevor sie die Großhirnrinde erreichen. Schmerz und unbestimmte Berührungsreize können im Thalamus selbst wahrgenommen werden.

Der **Hypothalamus** im unteren Abschnitt der Flügelplatte zerfällt ebenfalls in eine Reihe von einzelnen Kernen. Diese Kerngebiete dienen als Steuerungszentren für vegetative Funktionen wie Schlaf, Verdauung, Körpertemperatur und emotionelles Verhalten. Die *Corpora mamillaria* fallen unter diesen Kernarealen besonders ins Auge, da sie sich auf der ventralen Oberfläche des Hypothalamus beiderseits der Mittellinie vorwölben (Abb. 15–**22** A und 15–**25** A).

Hypophyse. Die Hypophyse entwickelt sich aus zwei völlig verschiedenen Anteilen: 1. einer ektodermalen Ausstülpung des Stomodeum, die unmittelbar vor der Rachenmembran (Abb. 13–**2**) liegt und als **Rathke-Tasche** bezeichnet wird, und 2. einer nach unten gerichteten Erweiterung des Zwischenhirns, dem **Infundibulum** (Abb. 15–**24** A).

Bei drei Wochen alten Embryonen tritt die Rathke-Tasche als Ausstülpung des Stomodeum auf und wächst nach dorsal auf das Infundibulum zu. Am Ende des zweiten Monats verliert sie ihre Verbindung mit der Mundhöhle und steht dann mit dem Infundibulum in enger Berührung. Gelegentlich persistiert ein kleiner Teil der Tasche in der Pharynxwand **(Rachendachhypophyse)**.

In der weiteren Entwicklung vermehren sich die Zellen in der Vorderwand der Rathke-Tasche lebhaft und bilden den **Hypophysenvorderlappen** (Abb. 15–**24** B). Später wächst ein kleiner Fortsatz dieses Lappens, die *Pars tuberalis,* an dem Infundibulumstiel hoch und umschließt ihn (Abb. 15–**24** C). Die Hinterwand der Rathke-Tasche entwickelt sich zur *Pars intermedia,* die beim Menschen wenig Bedeutung zu haben scheint. Beim Erwachsenen obliteriert das Lumen der Tasche. Es kann jedoch gelegentlich ein enger Spalt erhalten bleiben.

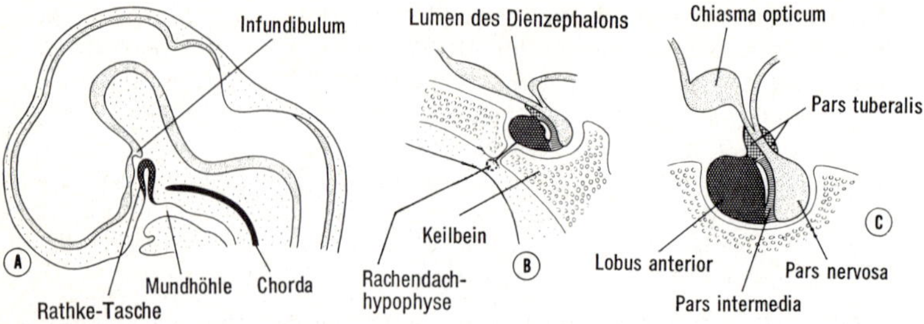

Abb. 15–**24** A. Sagittalschnitt durch den Kopfteil eines 6 Wochen alten Embryos, der die Rathke-Tasche als dorsale Aussackung der Mundhöhle und das Infundibulum als Verdickung am Boden des Dienzephalons zeigt. B und C. Sagittalschnitte durch die Anlage der Hypophyse in der 11. bzw. 16. Entwicklungswoche. Beachte die Entwicklung der Pars tuberalis, die den Stiel der Pars nervosa umgibt. Manchmal bleibt ein Rest der Rathke-Tasche zurück, der als Rachendachhypophyse funktionell aktiv werden kann.

Aus dem Infundibulum entstehen der **Hypophysenstiel** und der **Hypophysenhinterlappen** *(Neurohypophyse)* (Abb. 15–**24** C). Der Hinterlappen besteht aus Gliazellen, die sich später zu Pituizyten differenzieren.

Die Ausschüttung der Hormone des Hypophysenvorderlappens (ACTH, LH, FSH, TH, STH und Prolaktin) wird vom Hypothalamus aus gesteuert. Die Nervenzellen im Hypothalamus produzieren Releasing-Faktoren, die als Neurosekret in den Axonen der Nervenzellen zum Hypophysenstiel transportiert werden und von dort über venöse Kapillaren *(Portalkreislauf der Hypophyse)* zum Hypophysenvorderlappen gelangen. Die Hormone des Hinterlappens (Oxytozin, Vasopressin) werden ebenfalls im Hypothalamus gebildet und in den Axonen zur Hypophyse geleitet. Aus dem Hinterlappen werden sie jedoch direkt in den großen Kreislauf sezerniert.

Wenn bei Säugerfeten die Hypophyse operativ entfernt wird, sind die Entwicklung der Schilddrüse und der Kohlenhydratstoffwechsel gestört. Eine Wachstumsverzögerung wurde jedoch nicht beobachtet.

M Das **Kraniopharyngiom** ist ein Tumor, der sich von der Rathke-Tasche ableitet. Er liegt innerhalb der Schädelkapsel und verursacht ähnliche Symptome wie ein Tumor des Hypophysenvorderlappens. Die Symptome treten zumeist vor dem 15. Lebensjahr auf.

Telenzephalon

Das Telenzephalon besteht aus zwei lateralen Ausstülpungen des vordersten Hirnbläschens, den **Großhirnhemisphären**, und einem medialen Anteil, der **Lamina terminalis** (Abb. 15–**4**, 15–**5**, 15–**22** und 15–**23**). Die Höhlen des Endhirns sind die Seitenventrikel. Sie kommunizieren mit dem Lumen des Dienzephalons durch die **Foramina interventricularia Monroi**.

Großhirnhemisphären. Die Großhirnhemisphären entstehen zu Beginn der fünften Entwicklungswoche als bilaterale Aussackungen der lateralen Wand des Prosenzephalons. Wie in den übrigen Gehirnabschnitten findet die Zellproliferation hauptsächlich im Neuroepithel statt, in dem eine große Zahl an Neuroblasten für die Mantelschicht gebildet werden. Um die Mitte des zweiten Monats beginnt die Mantelschicht im basalen Abschnitt der Hemisphären sich zu vergrößern (das heißt, der Abschnitt, der ursprünglich die nach vorn gerichtete Fortsetzung des Thalamus bildet) (Abb. 15–**22** A). Infolgedessen wölbt sich dieses Gebiet in das Lumen des Seitenventrikels und in den unteren Abschnitt des Foramen Monroi vor (Abb. 15–**22** B und 15–**23** B, C). Am Boden der Seitenventrikel entstehen so zum Großhirn gehörige motorische Kerne, die als **Basalganglien** bezeichnet werden. Als Teil des **extrapyramidalen Systems** dienen sie der Regulation unbewußter Mitbewegungen.

Die übrige Hemisphärenwand stellt die Anlage der **Großhirnrinde** dar und wird als **Pallium** bezeichnet (Abb. 15–**22** B). Im Bereich, in dem die Hemisphärenwand am Dach des Zwischenhirns befestigt ist, entwickeln sich keine Neuroblasten. An dieser Stelle bleibt die Hemisphärenwand ganz dünn (Abb. 15–**22** B). Sie besteht aus einer Lage von Ependymzellen, die von Gefäßmesenchym überzogen ist und bildet den **Plexus choroideus**. Seine Lage an der medialen Oberfläche der Hemisphäre kommt durch das unterschiedliche Wachstum der einzelnen Hemisphärenabschnitte zustand. Der Plexus ist entlang der **Fissura choroidea** befestigt und ragt von dort aus in den Seitenventrikel vor (Abb. 15–**22** B, 15–**23** B und 15–**25** B).

Direkt oberhalb der Fissura choroidea verdickt sich die Wand des Palliums und bildet den **Hippocampus**, einen Rindenbezirk des Archipalliums (Abb. 15–**22** b und 15–**23** B). Der Hippocampus gehört zu dem eng mit dem Riechhirn verbundenen limbischen System. Er wölbt sich in den Seitenventrikel vor. Mit der Ausbildung des Corpus callosum (Abb. 15–**27**) und der Ausweitung des Telenzephalons wird die Formation des Hippocampus in den Temporallappen verlagert (Abb. 15–**26**).

Die Hemisphären dehnen sich immer weiter aus und bedecken schließlich die seitlichen Abschnitte des Dienzephalons, Mesenzephalons und den kranialen Anteil des Metenzephalons (Abb. 15–**15** und 15–**26**). Durch die Wachstumsbewegung der Großhirnhemisphären werden auch die Basalganglien am Boden der Seitenventrikel ausgezogen

(Abb. 15–**23**). Mit der Entwicklung der Hirnrinde verbinden immer mehr afferente und efferente Axone die Rinde mit dem Gehirnstamm und dem Rückenmark. Die Fasern nehmen jeweils den kürzesten Weg und durchbrechen dabei die Grenze zwischen der medialen Wand des Seitenventrikels und dem Dienzephalon (Abb. 15–**25**). Sie durchdringen dabei die Zone der Basalganglien. In ihrer Gesamtheit werden sie als **Capsula interna** bezeichnet. Die hindurchtretenden Fasern (weiße Substanz) unterteilen die **Basalganglien** am Boden des Telenzephalons

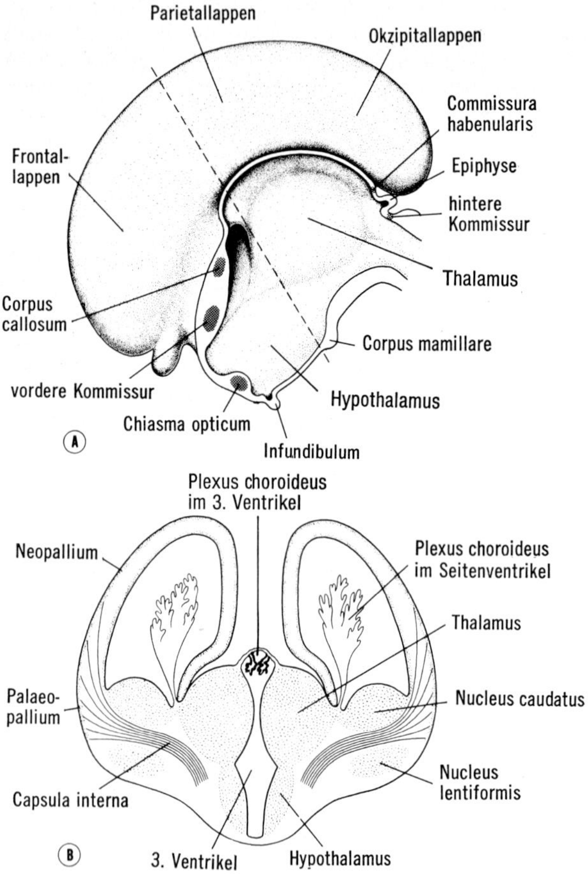

Abb. 15–**25** A. Die rechte Hälfte des Telenzephalons und Dienzephalons bei einem 10 Wochen alten Embryo von medial gesehen (modifiziert nach *Hochstetter*). B. Schematischer Querschnitt durch die Hemisphäre und das Dienzephalon in Höhe der in A eingezeichneten gestrichelten Linie.

in den *Nucleus caudatus* und das *Putamen*. Das auf diese Weise abgetrennte Putamen bildet nun zusammen mit dem aus der Wand des Dienzephalons stammenden *Gobus pallidus* den *Nucleus lentiformis* (Abb. 15–**25**). Der Kopf des Nucleus caudatus bleibt jedoch weiterhin durch Kernbrücken mit der Oberkante des Putamens verbunden. Beide Kerne bilden eine funktionelle Einheit und werden als **Corpus striatum** bezeichnet, da die hindurchtretenden Fasern ihnen ein gestreiftes Aussehen geben.

Die aus der Hirnrinde absteigenden Fasern gelangen durch die Capsula interna direkt in die Hirnschenkel am Boden des Mesenzephalons und von dort in den Bereich der Brücke (Abb. 15–**25** und 15–**27**). Die mediale Wand der Seitenventrikel verschmilzt mit der Wand des Dienzephalons. Dadurch kommt der Nucleus caudatus neben den Thalamus zu liegen (Abb. 15–**23** C und 15–**25**).

Die Großhirnhemisphären dehnen sich nach vorn, hinten und unten weiter aus und bilden dort die Stirn-, Schläfen- und Hinterhauptslappen. Der Bereich über dem Corpus striatum bleibt dabei im Wachstum zurück, so daß das Areal zwischen Frontal- und Temporallappen schließlich eine Einsenkung bildet, die als **Insel** bezeichnet wird (Abb. 15–**26** A). Das Gebiet wird später von den benachbarten Lappen überwachsen und ist bei der Geburt fast völlig von ihnen bedeckt. Gegen Ende des Fetallebens vergrößert sich die Oberfläche der Großhirnhemisphären so rasch, daß eine große Zahl von **Windungen** *(Gyri)* auftreten, die durch **Furchen** *(Sulci)* voneinander getrennt sind (Abb. 15–**26** B).

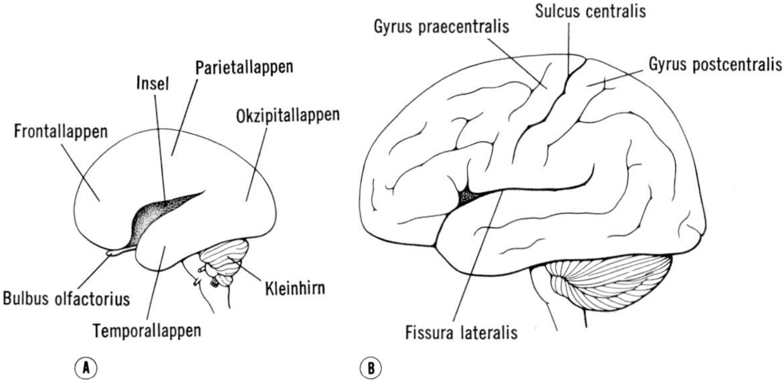

Abb. 15–**26** Die Entwicklung der Gyri und Sulci auf der lateralen Oberfläche der Großhirnhemisphäre. A. Im 7. Monat. B. Im 9. Monat (modifiziert nach *Hochstetter*).

Die Großhirnrinde entsteht durch Ausweitung der Großhirnbläschen. Der älteste Abschnitt, das **Archipallium**, ist die mediale Wand des Bläschens. Er wird als Hippocampusformation in den Temporallappen verlagert (Abb. 15–**23**). In der lateralen Wand entsteht das **Palaeopallium** (Abb. 15–**25**). Es wird zur Insel am Boden der Fissura lateralis. Das **Neopallium** überwächst als eigentliche Großhirnrinde den Gehirnstamm und die Althirnbezirke (Abb. 15–**26**).

Das **Palaeopallium** tritt in der siebten Entwicklungswoche auf und besteht aus einer Ansammlung von Zellen, die aus der Mantelschicht in die Marginalzone abwandern. Hier bilden die Zellen an der Oberfläche eine dünne kernhaltige Schicht, die als Relaisstation für olfaktorische Impulse dient.

Kurz nach dem Auftreten des Palaeopallium beginnen auch die Zellen der Mantelschicht des Neopallium in die Marginalzone abzuwandern, in der sie eine oberflächliche Rindenschicht bilden (Abb. 15–**25** B). Bei der Geburt hat diese Zone ein mehrschichtiges Aussehen, da in mehrfach aufeinanderfolgenden Wellen Zellen aus der Mantelschicht einwandern und Zellen im Kortex selbst sich differenzieren. Verschiedene Rindengebiete bilden spezielle Zellarten aus. Zum Beispiel sind im motorischen Kortex *(Gyrus praecentralis)* eine große Anzahl von **Pyramidenzellen** und in den sensiblen Arealen *(Gyrus postcentralis)* sehr viele **Körnerzellen** vorhanden.

Kommissuren. Beim Erwachsenen sind die rechte und die linke Hemisphäre durch Faserstränge miteinander verbunden, die die Mittellinie überkreuzen und als **Kommissuren** bezeichnet werden. Die wichtigsten dieser Querverbindungen benutzen als Weg die **Lamina terminalis**, die als zentraler Teil des Telenzephalons von der Deckplatte des Dienzephalons bis zum Chiasma opticum reicht (Abb. 15–**22** und 15–**27**). Als erste von den Querverbindungen tritt die **Commissura anterior** auf. Sie wird im dritten Entwicklungsmonat sichtbar und besteht aus Fasern, die den Bulbus oflactorius und die benachbarten Gehirnareale einer Hemisphäre mit den entsprechenden Bezirken der Gegenseite verbinden (Abb. 15–**25** und 15–**27**).

Als zweite Kommissur entsteht die **Commissura fornicis.** Der Fornix entsteht als längsverlaufendes Fasersystem in der Seitenwand des Telenzephalons unter dem späteren Balken, direkt über der Fissura choroidea. Die Fasern gehen vom Hippocampus aus und verlaufen bogenförmig über die Deckplatte des Dienzephalons. Sie ziehen vor dem Foramen interventriculare vorbei nach unten und enden im Corpus mammillare am Boden des Dienzephalons. Unterhalb des Balkens vereinigen sich die Schenkel des Fornix zur Fornixkommissur, in der die Fasern auf die andere Seite hinüberkreuzen.

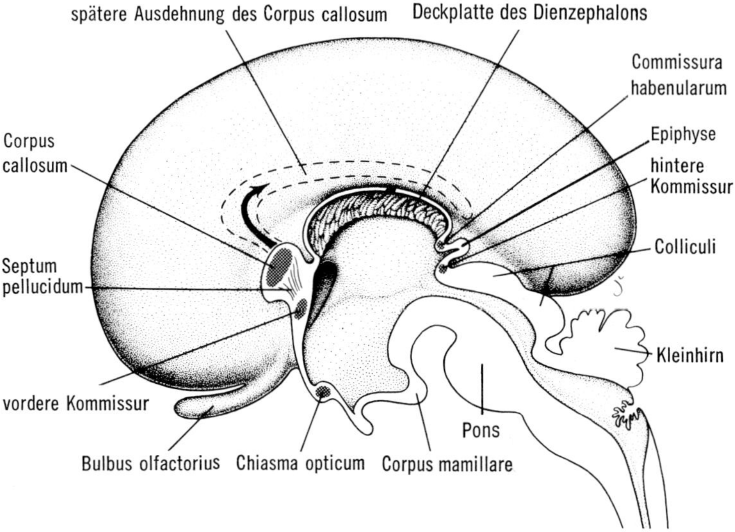

Abb. 15–**27** Die rechte Hälfte des Gehirns bei einem 4 Monate alten Embryo von der medialen Schnittfläche her gesehen mit den einzelnen Kommissuren. Die gestrichelte Linie deutet die spätere Ausdehnung des Corpus callosum an (modifiziert nach *Hochstetter*).

Die wichtigste Kommissur ist das **Corpus callosum**. Es tritt in der zehnten Entwicklungswoche auf und verbindet die nichtolfaktorischen Gebiete der rechten und linken Großhirnrinde miteinander. Anfänglich bildet es ein kleines Bündel in der Lamina terminalis. Mit der fortgesetzten Vergrößerung des Neopallium dehnt es sich sehr bald zuerst nach vorn und dann nach hinten aus und überbrückt die dünne Decke des Dienzephalons (Abb. 15–**27**).

Mit der Vergrößerung des Corpus callosum nach vorne wird ein Teil der Lamina terminalis ganz dünn ausgezogen, so daß das **Septum pellucidum** entsteht. Häufig findet sich im Septum pellucidum eine kleine Höhle, die aber zu den Hirnbläschen in keiner Beziehung steht. Man hat daran gedacht, daß die zweite Lamelle des Septums durch die Aneinanderlagerung der Hemisphärenwände vor der Lamina terminalis zustande gekommen sein könnte.

Außer den genannten Kommissuren, die sich innerhalb der Lamina terminalis entwickeln, treten noch drei weitere auf. Zwei von ihnen, die **Commissura posterior** und **Commissura habenularum**, befinden sich unmittelbar hinter bzw. vor dem Epiphysenstiel. Die dritte, das **Chiasma opticum**, tritt in der rostralen Wand des Dienzephalons auf und enthält Fasern aus den medialen Hälften der Netzhaut, die die

Mittellinie auf ihrem Weg zum Corpus geniculatum laterale und zum Colliculus anterior der Vierhügelplatte kreuzen (Abb. 15–**27**).

M Angeborene Mißbildungen

Meningozele, Meningoenzephalozele, Meningohydroenzephalozele

Allen diesen Mißbildungen liegt eine Störung bei der Ossifikation der Schädelknochen zugrunde. Am häufigsten ist die Pars squamosa des Hinterhauptbeines betroffen. Diese kann teilweise oder ganz fehlen. Der entstehende Defekt steht häufig mit dem Foramen magnum in Verbindung. Wenn die Öffnung in der Schädelkapsel klein ist, wölben sich nur die Meningen vor **(Meningozele)**. Wenn der Defekt jedoch größer ist, kann auch ein Teil des Gehirns oder sogar ein Teil des Ventrikels durch die Öffnung in den Meningealsack austreten (Abb. 15–**28** und 15–**29**). Die Mißbildung wird dann als **Meningoenzephalozele** oder entsprechend als **Meningohydroenzephalozele** bezeichnet.

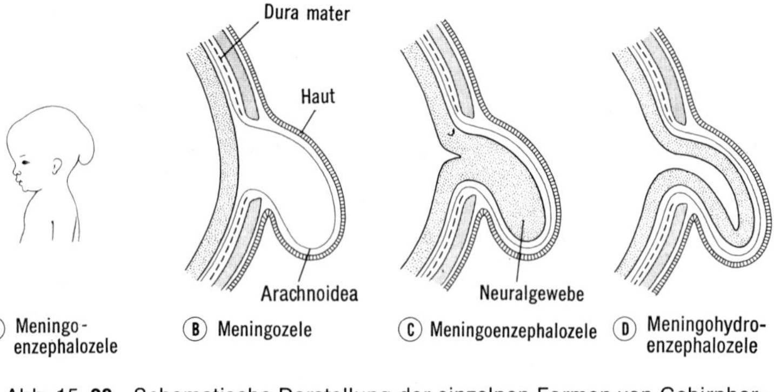

Abb. 15–**28** Schematische Darstellung der einzelnen Formen von Gehirnhernien bei gestörter Ossifikation des Schädels.

Anenzephalus

Beim Anenzephalus schließt sich der zerebrale Abschnitt des Neuralrohres nicht. Bei der Geburt findet man anstelle des Gehirns eine degenerierende Gewebsmasse, die an der Oberfläche bloßliegt (Abb. 15–**30**). Der Defekt setzt sich fast immer in ein nichtgeschlossenes Rückenmark im Zervikalbereich fort. Da das Schädeldach fehlt, erhält der Kopf ein charakteristisches Aussehen: die Augen treten stark hervor, der Hals fehlt, Gesicht und Brust bilden eine einheitliche Fläche. Da bei dem Fetus die Reflexmechanismen für den Schluckakt fehlen,

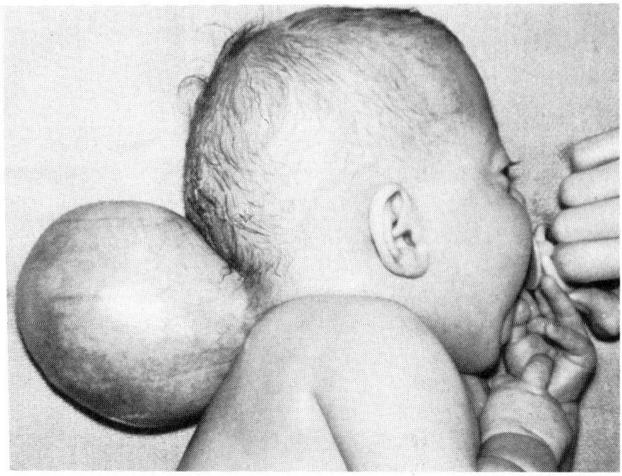

Abb. 15–**29** Kind mit Meningozele, einer relativ häufigen Mißbildung, die operativ mit gutem Erfolg behandelt werden kann. (Aus *Warkany*, J., Congenital Malformations, 1971; mit Erlaubnis der Year Book Medical Publishers, Inc., Chicago.)

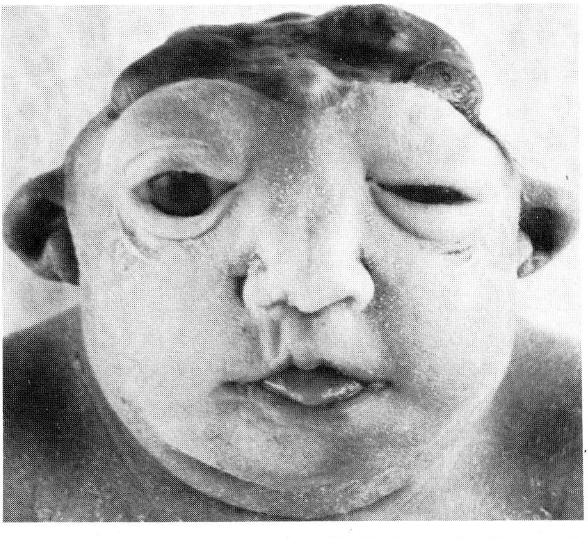

Abb. 15–**30** Anenzephalus. In der Regel sterben die Kinder wenige Tage nach der Geburt. (Aus *Warkany*, J., Congenital Malformations, 1971; mit Erlaubnis der Year Book Medical Publishers, Inc., Chicago.)

tritt in den beiden letzten Monaten der Schwangerschaft ein **Hydramnion** auf. Auf dem Röntgenbild kann die Mißbildung leicht diagnostiziert werden, da das Schädeldach fehlt.

Der Anenzephalus ist eine relativ häufige Mißbildung (1 : 1000). Sie tritt bei weiblichen Feten etwa viermal häufiger auf als bei männlichen. Ebenso kommt sie in der weißen Bevölkerung viermal so oft vor wie bei Farbigen.

Hydrozephalus

Beim Hydrozephalus ist abnorm viel Liquor cerebrospinalis innerhalb des Ventrikelsystems oder, wie beim Hydrocephalus externus, zwischen Gehirn und dura mater vorhanden. Man nimmt an, daß der Hydrozephalus des Neugeborenen in der Mehrzahl der Fälle auf einem **Verschluß des Aquaeductus cerebri** beruht. Dadurch wird die Zerebrospinalflüssigkeit daran gehindert, aus den Seitenventrikeln und dem dritten Ventrikel in den vierten Ventrikel und von dort aus in den Subarachnoidalraum abzufließen. Diese Mißbildung geht oft mit einer Erweiterung der Schädelnähte einher. Die Knochen selbst werden dabei immer dünner. In extremen Fällen kann sich der Schädel auf das Dreifache vergrößern.

Es ist offensichtlich, daß die oben genannten Mißbildungen in dieser Form nur in schweren Fällen auftreten und meist mit dem Leben nicht vereinbar sind. Viele andere Defekte des Zentralnervensystems machen sich äußerlich kaum bemerkbar. So kann zum Beispiel das **Corpus callosum** teilweise oder vollständig fehlen, ohne dabei größere Funktionsstörungen hervorzurufen. Auch das teilweise oder vollständige **Fehlen des Kleinhirns** ruft manchmal nur geringe Koordinationsstörungen hervor. Andererseits gibt es Fälle von ausgeprägtem Schwachsinn oder von Idiotie, bei denen kaum morphologische Abweichungen am Gehirn festzustellen sind.

Umwelt- und chromosomale Faktoren

Um die Teratogenität eines Umweltfaktors zu beweisen, muß man die Exposition von mißgebildeten und nichtmißgebildeten Kindern statistisch miteinander vergleichen. Da Mißbildungen beim Menschen zumeist Einzelereignisse sind, war der Nachweis bisher nur selten möglich.

Es gilt als sicher, daß Mißbildungen des Zentralnervensystems durch fetale Infektion mit dem Toxoplasmose-Erreger auftreten können. Das betroffene Kind kann Verkalkungsherde im Gehirn, Schwachsinn, Hydrozephalus oder Mikrozephalus zeigen. Auch Bestrahlung während der Frühentwicklung kann zu Mikrozephalus führen. Ob Viruserkrankungen, die den Fetus im ersten Entwicklungstrimenon befallen, Gehirnmißbildungen erzeugen können, bedarf noch weiterer Klärung. Einige Autoren haben behauptet, daß mütterliche Infektion mit asiatischer Grippe in den Frühstadien der Schwangerschaft gelegentlich zu Anenzephalus führen kann, daß jedoch das Risiko gering sei; andere wiederum berichten, daß die Grippe bei der Mutter mit keiner signifikanten Erhöhung der Mißbildungsrate verbunden ist.

Die Entdeckung, daß angeborene Mißbildungen durch Chromosomenanomalien hervorgerufen werden können, ist für das Problem des Schwachsinns von Bedeutung gewesen. Daß ein Defekt beim Menschen durch unbalancierte Chromosomen hervorgerufen werden kann, wurde zuerst durch die Entdeckung bewiesen, daß Kinder mit Mongolismus 47 Chromosomen haben, wobei das Chromosom 21 dreimal statt zweimal vorhanden ist (Trisomie 21). Auch bei Patienten mit Klinefelter-Syndrom wurden 47 Chromosomen gefunden, wobei das Extrachromosom in einem X-Chromosom besteht. Dieses Syndrom ist für etwa 1% der schwachsinnigen Kinder verantwortlich. In neuerer Zeit wurde bekannt, daß außer dem Klinefelter-Syndrom viele andere Geschlechtschromosomenanomalien mit Schwachsinn einhergehen. Auch die kongenitalen Stoffwechselanomalien, wie die Phenylketonurie, führen zu Schwachsinn, wenn sie nicht diätetisch behandelt werden.

Über die Ätiologie der Mißbildungen des Zentralnervensystems beim Menschen ist noch wenig bekannt. In den vergangenen Jahren sind jedoch eine große Zahl von Teratogenen bekannt geworden, die Mißbildungen des Zentralnervensystems in der Nachkommenschaft von Versuchstieren erzeugen. Anenzephalus, Hydrozephalus, Spina bifida, Cranium bifidum, Exenzephalus, Meningozele, Mikrozephalus und Kleinhirndefekte konnten durch eine Vielzahl von teratogenen Faktoren erzeugt werden (Vitamin A-, Riboflavin-, Folsäure-, Pantothensäure-, Vitamin E- und Nikotinsäureamid-Mangel; Hungern des Muttertieres; A-Hypervitaminose; Trypanblau; Hypoxie; Röntgenbestrahlung; und Behandlung mit Antikörpern).

Der größte Teil der Mißbildungen des Zentralnervensystems wurde durch die Behandlung trächtiger Tiere in den frühen Schwangerschaftsstadien erzeugt. In neuerer Zeit beobachtete man jedoch auch Anomalien in der Großhirnrinde bei Mäusen, nachdem in der späten Schwangerschaft hohe Dosen von Vitamin A verfüttert worden waren. Die Anomalien konnten nur mit dem Mikroskop erfaßt werden und betrafen die Degeneration oder abnorme Differenzierung der Neuroblasten in bestimmten Großhirnarealen.

Durch die Behandlung mit spezifischen Drogen in der späten Schwangerschaft konnten bei Mäusen abnorme Verhaltensmuster erzeugt werden.

Autonomes Nervensystem

Funktionell lassen sich am autonomen Nervensystem zwei Komponenten unterscheiden: ein **sympathischer Anteil**, der in der Thorakolumbalregion lokalisiert ist, und ein **parasympathischer Anteil**, der im Kopf- und Sakralbereich liegt.

Sympathisches Nervensystem

In der fünften Entwicklungswoche wandern Zellen aus der Neuralleiste der Thorakalregion als **Sympathikoblasten** beiderseits des Rückenmarks in einen Bezirk unmittelbar hinter der dorsalen Aorta ein (Abb. 15–**31**). Hier bilden sie auf beiden Seiten eine Kette von segmental angeordneten sympathischen Ganglien, die durch longitudinal verlaufende Nervenfasern miteinander verbunden sind. Diese Kette wird als **Grenzstrang** bezeichnet. Aus ihrer Lage im Thorax wandern die Sympathikoblasten in die Zervikal- und Lumbosakralregion, so daß der Grenzstrang seine definitive Länge erhält. Ursprünglich sind die Ganglien segmental angeordnet. Diese Anordnung verwischt sich später, besonders im Zervikalbereich, durch die Verschmelzung von Ganglien.

Einige der Sympathikoblasten wandern auf die Vorderfläche der Aorta und bilden dort die **präaortalen Ganglien**, wie z. B. das *Ganglion coeliacum* und *mesentericum*, die an den Abgangsstellen der gro-

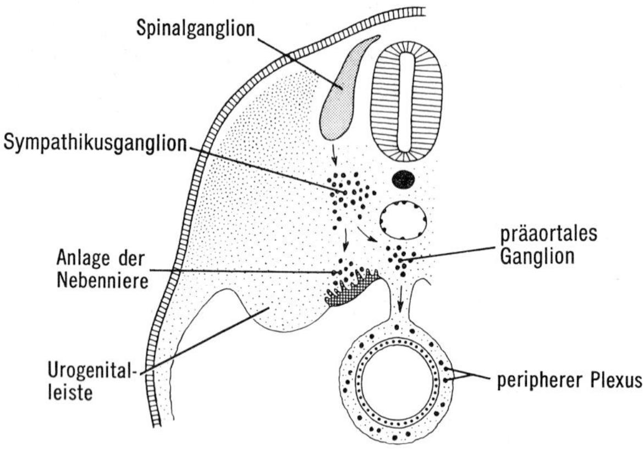

Abb. 15–**31** Schematische Darstellung der Entwicklung der sympathischen Ganglien. Ein Teil der Sympathikoblasten wandert auf das proliferierende Zölomepithel zu und entwickelt sich zum Nebennierenmark (modifiziert nach *Giroud*).

ßen Aortenäste liegen. Andere Sympathikoblasten wandern zum Herzen, zu den Lungen und in den Verdauungsstrakt, wo sie die **sympathischen Nervenplexus** der einzelnen Organe bilden (Abb. 15–**31**).

Im Anschluß an die Bildung des Grenzstranges dringen Nervenfasern, die aus der viszeromorischen Säule der Thorakolumbalsegmente des Rückenmarks stammen, in die Ganglien des Grenzstranges ein und bilden Synapsen an den dort liegenden Neuroblasten (Abb. 15–**32**). Ein Teil der Nervenfasern zieht zu höheren oder tieferen Ganglien des Grenzstranges oder zu den **präaortalen Ganglien**, bevor sie Synapsen bilden. Sie heißen **präganglionäre Fasern**, besitzen eine Myelinscheide und stimulieren die sympathischen Ganglienzellen zur Tätigkeit. In

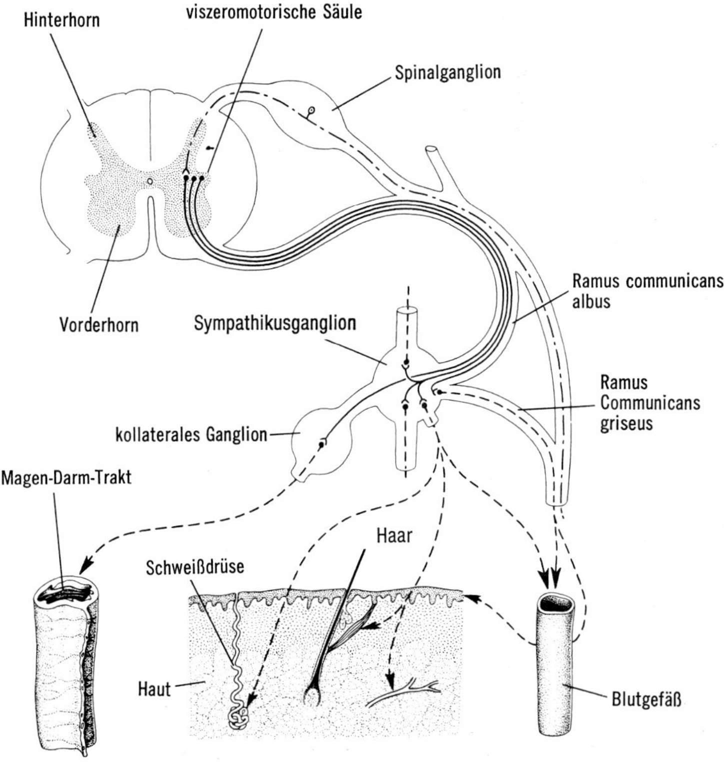

Abb. 15–**32** Schematische Darstellung der Beziehung der präganglionären und postganglionären Nervenfasern des Sympathikus zu den Spinalnerven. Die präganglionären Fasern entspringen in der viszeromotorischen Säule des Rückenmarks.

ihrem Verlauf von den Spinalnerven zu den sympathischen Ganglien bilden sie die sogenannten **Rr. communicantes albi**. Da sich die viszeromotorische Säule nur vom ersten Thorakal- bis zum zweiten Lumbalsegment des Rückenmarks erstreckt, finden sich Rr. communicantes albi nur in diesem Bereich.

Die Axone der sympathischen Ganglienzellen werden **postganglionäre Fasern** genannt und haben keine Myelinscheide. Sie verlaufen entweder zu anderen Ganglien des Grenzstranges oder zum Herzen, zu den Lungen und zum Verdauungstrakt (Abb. 15–**32**). Andere Fasern, die sogenannten **Rr. communicantes grisei** verlaufen vom Grenzstrang zu den Spinalnerven und von dort zu den peripheren Blutgefäßen, Haaren und Schweißdrüsen. Die Rr. communicantes grisei finden sich entlang des gesamten Rückenmarkes.

Nebenniere

Die Nebenniere entwickelt sich aus zwei Komponenten: 1. einem mesodermalen Anteil, der zur **Nebennierenrinde** wird, und 2. einem ektodermalen Anteil, der das **Nebennierenmark** bildet. Die Nebennierenrinde bildet Steroidhormone, die chemisch eng mit den Steroidhormonen der benachbarten Gonadenanlage verwandt sind. Das Nebennierenmark ist ein Teil des Sympathikus, dessen Zellen aus der Neuralleiste stammen (Abb. 15–**31**). Es gehört zu den sympathischen Paraganglien, die Adrenalin als Hormon direkt in das Blut ausschütten.

In der fünften Entwicklungswoche proliferieren die Zölomepithelzellen zwischen Mesenterialwurzel und der Gonadenanlage und dringen in das benachbarte Mesenchym ein (Abb. 15–**31**). Hier differenzieren sie sich zu großen Zellen, die die **fetale Nebennierenrinde** bilden (Abb. 15–**33** A). Kurz danach dringt ein zweiter Schub von Zellen aus dem Zölomepithel in das Mesenchym ein und umwächst die erste Zellmasse. Diese Zellen sind kleiner als die des ersten Schubes und bilden später die **definitive Nebennierenrinde** (Abb. 15–**33** A, B). Nach der Geburt bildet sich die fetale Rinde schnell zurück, mit Ausnahme ihrer äußersten Schicht, die sich in die Zona reticularis umwandelt. Der definitive Aufbau der Nebennierenrinde des Erwachsenen ist erst kurz vor der Pubertät abgeschlossen.

Während sich die fetale Rinde entwickelt, wandern Zellen, die im sympathischen Nervensystem ihren Ursprung haben, von der medialen Seite her ein, wo sie sich in Strängen und traubenförmig anordnen. Diese Zellen, aus denen das Nebennierenmark entsteht, bilden keine Nervenfortsätze, färben sich aber mit Chromsalzen braun, weshalb sie **chromaffine Zellen** genannt werden (Abb. 15–**31** und 15–**33**). Diese Färbeeigenschaft wird wahrscheinlich durch das Adrenalin und Nor-

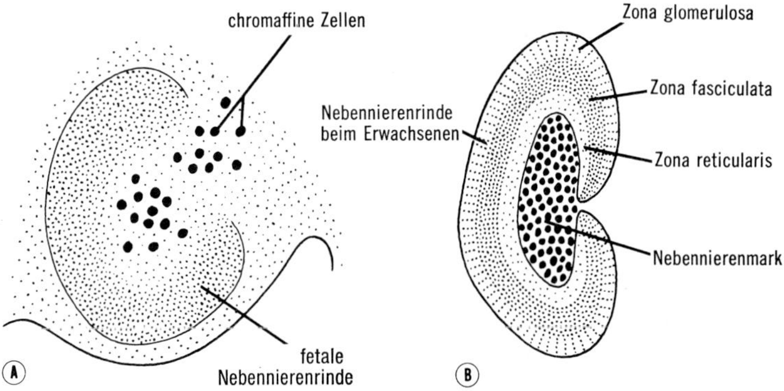

Abb. 15–**33** A. Das Eindringen der chromaffinen Zellen (Sympathikoblasten) in die fetale Rinde der Nebenniere B. In einem späteren Entwicklungsstadium umgibt die definitive Nebennierenrinde vollkommen den Markanteil.

adrenalin in den Zellen hervorgerufen. Während der Embryonalzeit ist paraganglionäres Gewebe vor der Aorta im gesamten Bauchraum vorhanden. Bei Erwachsenen ist es auf das Nebennierenmark beschränkt.

Parasympathisches Nervensystem

Die Abstammung der **parasympathischen Ganglien** im Kopfbereich, nämlich des *Ganglion ciliare, pterygopalatinum, oticum* und *submandibulare,* ist umstritten. Einige glauben, daß die Zellen dieser Ganglien aus dem Zentralnervensystem an den präganglionären Fasern der entsprechenden Nerven entlangwandern, während andere der Meinung sind, daß sie von Neuroblasten der sensiblen Ganglien des fünften, siebten und neunten Hirnnerven abstammen.

Die postganglionären Fasern der parasympathischen Ganglien im Kopfbereich versorgen den M. constrictor pupillae, die Tränendrüse, die Drüsen im Nasen- und Rachenbereich sowie die Speicheldrüsen. Der N. vagus führt präganglionäre parasympathische Fasern, die als Antagonisten des Sympathikus die Eingeweide versorgen. Die entsprechenden postganglionären Fasern entspringen von Ganglien, die im Bereich der Organe selbst liegen. Der Beckenanteil des Darmkanals sowie die Urogenitalorgane werden entsprechend vom parasympathischen Plexus versorgt, der aus den sakralen Segmenten des Rükkenmarkes S2–S4 entspringt.

Zusammenfassung: Zentralnervensystem

Neuralrohr

Das Zentralnervensystem stammt vom **Ektoderm** ab. Die **Neuralplatte** bildet sich in der dritten Woche (Abb. 15–**1**). Sie faltet sich auf und schließt sich zum **Neuralrohr** (Abb. 15–**2** und 15–**3**). Die kraniale Öffnung des Neuralrohres **(Neuroporus anterior)** verschließt sich um den 25. Tag, die kaudale Öffnung **(Neuroporus posterior)** um den 27. Tag der Entwicklung.

M Störungen beim Neuralrohrschluß führen im Lumbosakralbereich zur **Spina bifida** (Abb. 15–**12**), im Bereich der Hirnbläschen zum **Anenzephalus** (Abb. 15–**30**).

Rückenmark

Das **Rückenmark** entsteht aus dem Neuralrohr. In der Seitenwand des Neuralrohres entwickelt sich unten die **Grundplatte** mit den **motorischen Kernarealen** und oben die **Flügelplatte** mit den **sensiblen Kernarealen**. Die **Deckplatte** schließt das Neuralrohr nach oben und die **Bodenplatte** schließt es nach unten ab (Abb. 15–**7** und 15–**9**).

Gehirn

Das **Gehirn** entwickelt sich aus drei bläschenartigen Erweiterungen des Neuralrohres, den **Gehirnbläschen**: (1) dem **Rhombenzephalon**, (2) dem **Mesenzephalon** und (3) dem **Prosenzephalon** (Abb. 15–**4**).

Das **Rhombenzephalon** *(Rautenhirn)* unterteilt sich in (a) das **Myelenzephalon** *(Markhirn)* (Abb. 15–**16**) und (b) das **Metenzephalon** *(Nachhirn)* (Abb. 15–**17**). Im Rautenhirn ist das Neuralrohr aufgeklappt, so daß am Boden des vierten Ventrikels eine **Grundplatte** mit motorischen Kernarealen und eine **Flügelplatte** mit sensiblen und sensorischen Kernarealen, beide getrennt durch einen **Sulcus limitans**, unterschieden werden können. Das Dach des vierten Ventrikels besteht aus der dünn ausgezogenen Deckplatte. In den motorischen und sensiblen Kernarealen des Rautenhirns entspringen die **Pharyngialbogennerven**. Aus dem Metenzephalon geht dorsal das **Kleinhirn** (Abb. 15–**18**) als Koordinationszentrum für Haltung und Bewegung hervor. Ventral bildet sich die **Brücke** als Übergangszone von Leitungsbahnen zwischen Rückenmark, Großhirnhemisphären und Kleinhirn (Abb. 15–**17**).

Das **Mesenzephalon** *(Mittelhirn)* bewahrt weitgehend den Grundaufbau des Neuralrohres. Der Zentralkanal wird zum **Aquaeductus cerebri.** Die Grundplatte enthält die **motori-**

schen Kerne für die **Augenmuskeln**. Aus der Flügelplatte entsteht die **Vierhügelplatte** mit den vorderen Vier-Hügeln als Schaltstation für optische und den hinteren Vier-Hügeln als Schaltstation für Gehör- und Gleichgewichtsreize (Abb. 15–**21**).

Aus dem **Prosenzephalon** *(Vorderhirn)* gehen das **Dienzephalon** *(Zwischenhirn)* und das **Telenzephalon** *(Endhirn)* hervor (Abb. 15–**5**). In der Wand des Dienzephalons entstehen der **Thalamus** und der **Hypothalamus** (Abb. 15–**22** und 15–**23**).

Die **Hypophyse** entwickelt sich unter dem Hypothalamus. Der **Hypophysenvorderlappen** *(Adenohypophyse)* entsteht aus der RATHKE-Tasche, einer Aussackung der ektodermalen Mundbucht (Stomodeum) (Abb. 15–**24**). Der **Hypophysenhinterlappen** *(Neurohypophyse)* entsteht aus einer Ausstülpung am Boden des Dienzephalons *(Infundibulum)*. Die Neurohypophyse enthält Neuroglia, in der Nervenfasern aus dem Hypothalamus enden.

Das **Telenzephalon** *(Endhirn)* entsteht durch Ausstülpung der **Großhirnbläschen**, aus dem Prosenzephalon und schließt die **Lamina terminalis** ein (Abb. 15–**23**). Die Lamina terminalis ist der Ausgangspunkt für die **Kommissuren** zwischen den beiden Hemisphären (Abb. 15–**27**). Die Großhirnbläschen breiten sich nach hinten über den Gehirnstamm aus (Abb. 15–**26**). Am Boden der Großhirnbläschen entstehen die **Basalganglien**. Sie verschmelzen sekundär mit den Kernen in der Wand des Dienzephalons (Abb. 15–**25** B).

Gehirnventrikel

Aus den Gehirnbläschen geht das **Ventrikelsystem** hervor. Der Liquor wird vom **Plexus choroideus** der Seitenventrikel, des dritten Ventrikels und des vierten Ventrikels gebildet. Der Liquor tritt im vierten Ventrikel durch die Foramina von Luschka und Magendie in den Subarachnoidalraum aus.

M Ein Verschluß des **Aquaeductus cerebri** führt zum **Hydrocephalus internus**, die Verlegung des Abflusses über das Foramen magnum dagegen zum **Hydrocephalus externus**.

Kapitel 16

Auge

Augenbecher und Linsenbläschen

Als erste Anlage der Augen treten beim 25 Tage alten Embryo zwei flache Furchen auf jeder Seite des noch nicht geschlossenen Vorderhirns auf (Abb.16–**1**A). Mit dem Neuralrohrschluß werden diese Furchen zu Ausbuchtungen des Vorderhirns, die als **Augenbläschen** dem Oberflächenektoderm anliegen (Abb. 16–**1** B). Während der nun folgenden Periode des innigen Kontaktes zwischen den beiden Zellschichten induziert das Augenbläschen die Entwicklung der **Linsenplakode**. Kurz darauf beginnt das Augenbläschen sich einzustülpen und bildet den doppelwandigen **Augenbecher** (Abb. 16–**1** C und 16–**2** A). Die innere und äußere Wand des Augenbechers sind anfangs durch ein Lumen, den **Sehventrikel,** voneinander getrennt. Im Laufe der weiteren Entwicklung verschwindet dieses Lumen und die beiden Schichten liegen direkt aufeinander.

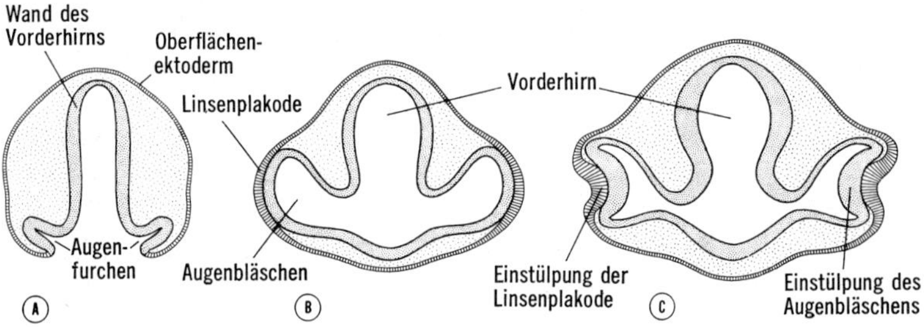

Abb. 16–**1** A. Querschnitt durch das Vorderhirn eines 25 Tage alten Embryos (etwa 14 Somiten), auf dem die Augenfurchen zu sehen sind. Das Neuralrohr ist noch offen. Im Horizontalschnitt erscheint die Öffnung auf der Ventralseite (vgl. Abb. 5–**4**) (nach *Heuser*). B. Querschnitt durch das Vorderhirn eines 4 Wochen alten Embryos. Die Augenbläschen berühren das Oberflächenektoderm. Beachte die leichte Verdickung des Ektoderms (Linsenplakode). C. Querschnitt durch das Vorderhirn eines 5-mm-Embryos. Das Augenbläschen und die Linsenplakode stülpen sich ein (nach *Mann*).

Die Invagination beschränkt sich nicht auf den zentralen Anteil des Augenbechers, sondern bezieht auch den Augenbecherstiel mit ein (Abb. 16–**2** A). Dadurch entsteht die **Augenbecherspalte**, die ein Stück weit an der Unterseite des Augenbecherstiels verläuft und dann

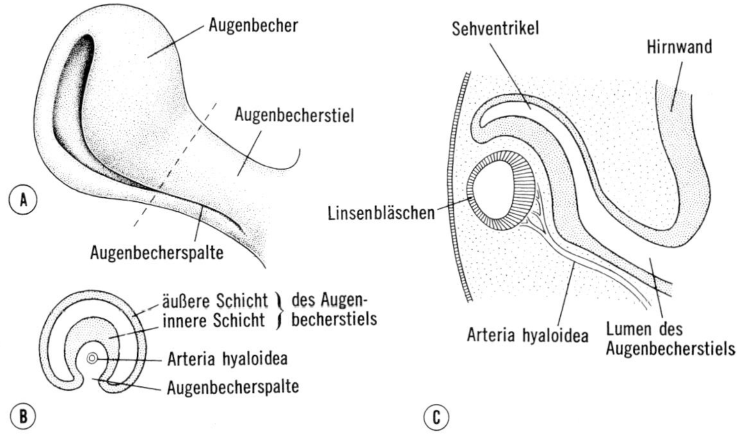

Abb. 16–**2** A. Ventrolateralansicht des Augenbechers und des Augenbecherstieles bei einem 6 Wochen alten Embryo. Die Augenbecherspalte verläuft ein Stück weit auf der Unterseite des Augenbecherstieles und endet dann flach. B. Querschnitt durch den Augenbecherstiel im Bereich der gestrichelten Linie in A mit der A. hyaloidea in der Augenbecherspalte. C. Längsschnitt durch das Linsenbläschen, den Augenbecher und den Augenbecherstiel in der Ebene der Augenbecherspalte (nach *Mann*).

flach endet. Sie ermöglicht der **A. hyaloidea**, die während der Embryonalzeit die Linse und den Glaskörper versorgt, den Zutritt zum Augenbecher (Abb. 16–**2** B, C). In der 7. Woche verschmelzen die Ränder der Augenbecherspalte, und die Öffnung des Augenbechers rundet sich zur Pupille ab.

Die **Linsenplakode** ist eine Verdickung des Oberflächenektoderms über dem Augenbläschen (Abb. 16–**1** B). Während sich das Augenbläschen zum Augenbecher entwickelt, stülpt sich die Linsenplakode zum Linsengrübchen ein, das sich schließlich in der 5. Woche als **Linsenbläschen** vom Ektoderm abschnürt (Abb. 16–**1** C und 16–**2** C). Das Linsenbläschen kommt in die Austrittsöffnung des Augenbechers zu liegen. Das Oberflächenektoderm über der Linsenanlage entwickelt sich zur durchsichtigen Hornhaut weiter.

Retina, Iris und Ziliarkörper

Die Entwicklung der **äußeren Schicht des Augenbechers** ist durch das Auftreten kleiner Pigmentgranula gekennzeichnet, die in der siebten Woche auftreten (vgl. Abb. 5–**15**). Die äußere Schicht des Augenbechers wird zum **Pigmentepithel der Retina** (Abb. 16–**3** und 16–**6**).

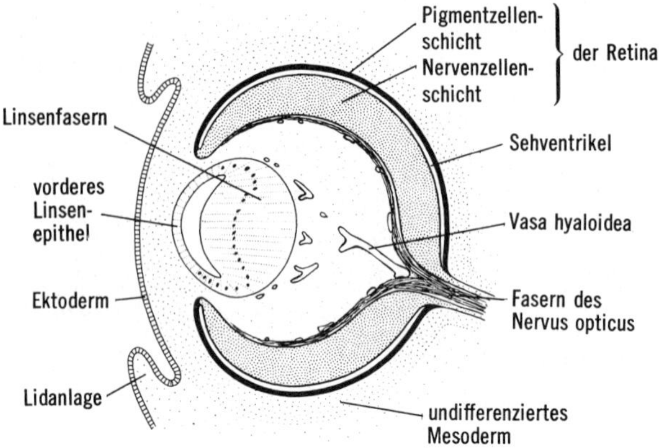

Abb. 16–**3** Längsschnitt durch das Auge eines 7 Wochen alten Embryos. Die Augenanlage ist vollständig in Mesenchym eingebettet. Die Nervenfasern der Retina laufen auf den N. opticus zu (modifiziert nach *Mann*).

Die Entwicklung der **inneren Schicht des Augenbechers** entspricht im Prinzip der Entwicklung des Gehirns. Der Spaltraum zwischen innerem und äußerem Blatt des Augenbechers ist ursprünglich als Sehventrikel ein Teil des Ventrikelystems des Gehirns (Abb. 16–**1** und 16–**3**). Die Neuroepithelzellen in der inneren Schicht des Augenbechers bilden wie im Zentralnervensystem eine Mantelschicht und eine Marginalzone aus.

Die Mantelschicht ist dem ursprünglichen Ventrikellumen zugewandt und enthält die Zelleiber und Zellkerne der Neuroblasten; die Marginalzone ist dem Innern des Augenbechers zugewandt und enthält die Axone der Nervenzellen, die durch den Augenbecherstiel zum Gehirn ziehen (Abb. 16–**3**).

In der Mantelschicht entwickeln sich die Sinneszellen, die Neurone und die Stützzellen der Retina. Die Lichtrezeptoren entwickeln sich aus einem Zellfortsatz der Sinneszellen, der wie bei anderen Sinneszellen einem Zilium homolog ist. Sie sind dem Pigmentepithel der Retina zugewandt (Abb. 16–**4**). Die Zellkerne der Sinneszellen liegen in der **äußeren Körnerschicht** der Retina. Auf die Sinneszellen folgt eine Schicht mit kurzen bipolaren Nervenzellen, deren Zellkerne die **innere Körnerschicht** bilden. Die bipolaren Nervenzellen leiten die in den Sinneszellen entstehenden Impulse an die großen Nervenzellen in der **Ganglienzellschicht** der Retina weiter. Die Axone dieser Ganglienzellen konvergieren an der Oberfläche der Retina zum Augenbecherstiel und ziehen als N. opticus zum Gehirn.

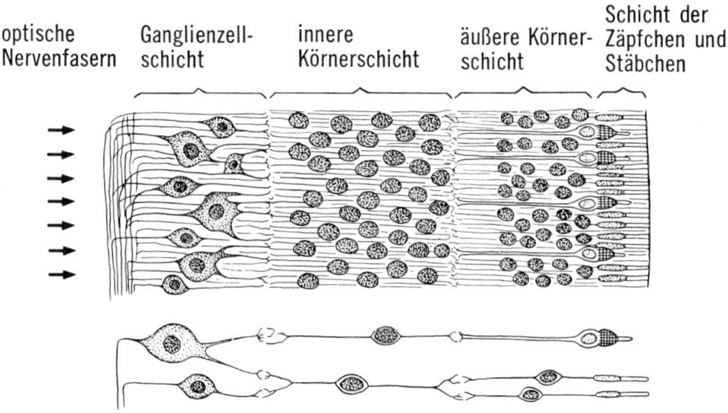

Abb. 16–**4** Schematische Darstellung der einzelnen Schichten der Pars optica retinae bei einem etwa 25 Wochen alten Fetus (modifiziert nach *Mann*). Die Pfeile geben die Richtung des Lichteinfalls an.

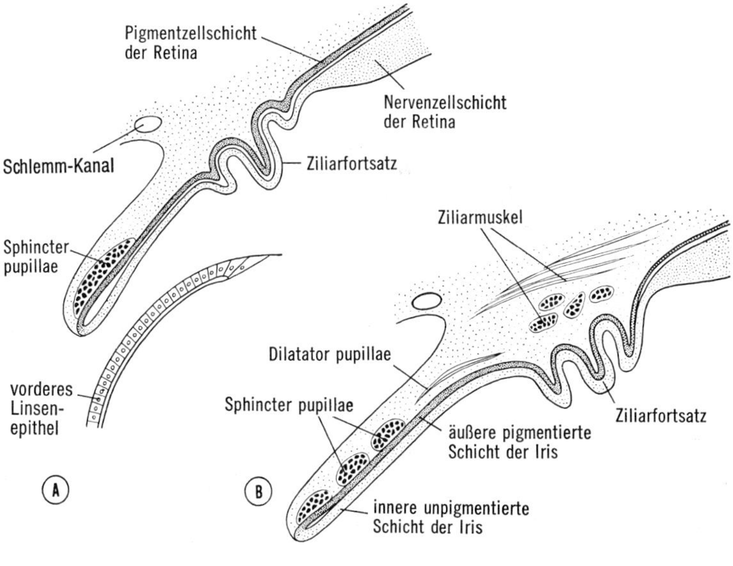

Abb. 16–**5** Die Entwicklung der Iris und des Ziliarkörpers. Der Rand des Augenbechers ist von Mesenchym umgeben, in dem sich Sphinkter und Dilatator pupillae entwickeln.

Das vordere Fünftel der inneren Schicht des Augenbechers, die *Pars caeca retinae,* verändert sich kaum und bleibt eine einzellige Schicht. Sie teilt sich später in die *Pars iridica retinae,* die die Innenschicht der Iris bildet, und die *Pars ciliaris retinae,* die an der Bildung des Ziliarkörpers beteiligt ist (Abb. 16–**5**).

Inzwischen füllt sich die Region zwischen dem Augenbecher und dem darüberliegenden Oberflächenepithel mit lockerem Mesenchym, in dem sich die **inneren Augenmuskeln** (der *M. sphincter* und *M. dilatator pupillae*) entwickeln (Abb. 16–**3** und 16–**5**). Die Muskelzellen stammen von den ektodermalen Epithelzellen des Augenbechers ab. Beim Erwachsenen besteht die Iris aus der inneren und äußeren Schicht des Augenbechers und aus einer gefäßreichen Bindegewebsschicht, welche die Pupillenmuskeln enthält (Abb. 16–**5**).

Die **Pars ciliaris retinae** ist an ihrer tiefen Faltenbildung leicht zu erkennen (Abb. 16–**5** B und 16–**6**). Außen wird sie von einer Mesenchymschicht bedeckt, die den **Ziliarmuskel** bildet. Innen ist sie mit der Linse durch lockeres Mesenchym verbunden, aus dem die **Zonula ciliaris** entsteht. Die Kontraktion des Ziliarmuskels verändert die Spannung der Aufhängefasern und damit den Grad der Linsenkrümmung.

Linse

Kurz nach der Bildung des Linsenbläschens (Abb. 16–**2** C) verlängern sich die Zellen an der Hinterwand und wandeln sich in **Linsenfasern** um, die allmählich das Lumen des Bläschens ausfüllen (Abb. 16–**3**). Die Zellen produzieren dabei spezifische Eiweißkörper, die **Linsenkristalline**, die intrazellulär abgelagert werden, und die Brechungseigenschaften der Linse bestimmen. Die in der Hinterwand des Linsenbläschens entstehenden Linsenfasern erreichen schließlich das vordere kubische Linsenepithel und bilden in ihrer Gesamtheit den **Linsenkern** (Abb. 16–**3** und 16–**6**). Zu diesem Zeitpunkt ist das Wachstum der Linse jedoch noch nicht abgeschlossen, sondern neue (sekundäre) Linsenfasern werden noch fortwährend an den Linsenkern angelagert. Diese neuen Fasern stammen von den Zellen der Äquatorialzone ab. Man nimmt an, daß dieser Vorgang bis zum 20. Lebensjahr andauert.

Choroidea, Sklera und Kornea

Am Ende der fünften Woche, wenn der Augenbecher und das Linsenbläschen gebildet sind, ist die Augenanlage überall von lockerem Mesenchym umgeben (Abb. 16–**3**). Dieses Gewebe wandelt sich bald in eine innere Schicht, die der Pia mater des Gehirns vergleichbar ist, und eine äußere Schicht, die der Dura mater entspricht, um. Während die innere Schicht sich zur gefäßreichen, pigmentierten **Choroidea** ent-

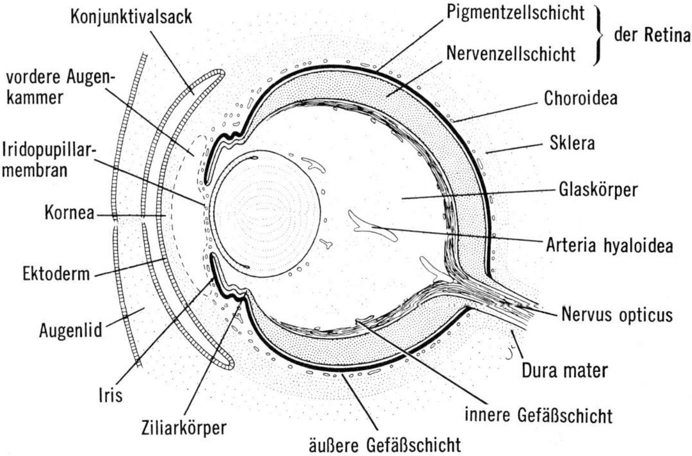

Abb. 16–**6** Sagittalschnitt durch das Auge eines 16 Wochen alten Embryos. Beachte die vordere Augenkammer, die Iridopupillarmembran, die äußere und innere Gefäßschicht, die Choroidea und die Sklera, die im Bereich des N. opticus in die Dura mater übergeht.

wickelt, wird aus der äußeren Schicht die Sklera, die sich in die Dura mater des N. opticus fortsetzt (Abb. 16–**6**).

Die Entwicklung der mesenchymalen Schichten, die über dem vorderen Augenabschnitt liegen, verläuft etwas anders. Hier entsteht als Spaltraum die **vordere Augenkammer**. Sie unterteilt das Mesenchym in eine innere dünne Schicht, die unmittelbar vor der Linse und der Iris liegt und **Membrana iridopupillaris** heißt, und in eine äußere Schicht, die zur **Substantia propria** wird und in die Sklera des Augapfels übergeht. Die vordere Augenkammer selbst wird von abgeflachten Mesenchymzellen ausgekleidet, die den hinteren Überzug der Hornhaut und den vorderen der Iridopupillarmembran bilden (Abb. 16–**6**). Von außen nach innen besteht die **Kornea** somit aus folgenden Schichten: 1. einer epithelialen Schicht aus dem Oberflächenektoderm; 2. einer Schicht dichten Bindegewebes, der Substantia propria, die in die Sklera übergeht und transparent ist; und 3. einer Epithelschicht, die an die vordere Augenkammer angrenzt. Die Membrana iridopupillaris vor der Linse verschwindet normalerweise völlig.

Glaskörper

Das Mesenchym umgibt die Augenanlage nicht nur von außen, sondern dringt auch durch die Augenbecherspalte in den Augenbecher ein. Hier beteiligt es sich an der Bildung der **Vasa hyaloidea**, die während des intrauterinen Lebens die Linse versorgen und die Gefäßschicht an der inneren Oberfläche der Retina bilden (Abb. 16–**6**). Außerdem entsteht ein zartes Netz von Fasern zwischen der Linse und der Retina. Die interstitiellen Räume dieses Netzwerkes füllen sich später mit einer transparenten gallertigen Substanz und bilden so den **Glaskörper** (Abb. 16–**6**).

Nervus opticus

Anfänglich ist der Augenbecher mit dem Gehirn durch den **Augenbecherstiel** verbunden, der auf seiner ventralen Seite eine Furche, die Augenbecherspalte, besitzt (Abb. 16–**2**). In dieser Furche liegen die Vasa hyaloidea. Die Nervenfasern, die von der Retina zum Gehirn ziehen, verlaufen zwischen den Zellen des inneren Blattes des Augenbecherstiels (Abb. 16–**7** A). In der siebten Woche schließt sich die Augenbecherspalte, so daß ein schmaler Kanal im Augenbecherstiel entsteht (Abb. 16–**7** B). Infolge der stetig wachsenden Zahl von Nervenfasern verdickt sich die Innenschicht des Augenbecherstieles und die innere und äußere Wand verschmelzen miteinander (Abb. 16–**7** C). Die Zellen der Innenschicht liefern ein Netz von Neurogliazellen, die den Sehnervenfasern Halt geben.

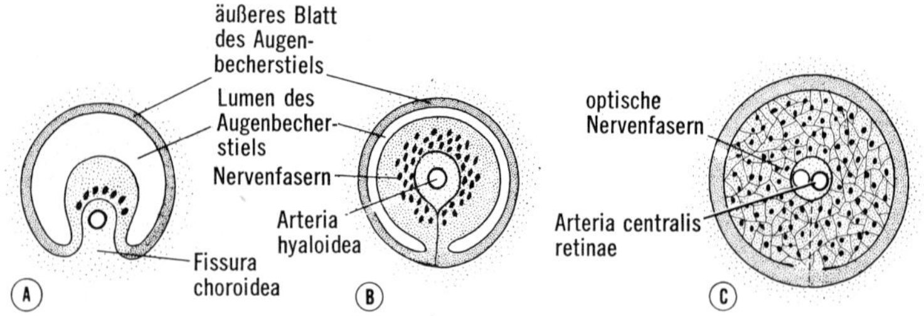

Abb. 16–**7** Die Umwandlung des Augenbecherstieles zum N. opticus. A. In der 6. Woche (9 mm). B. In der 7. Woche (15 mm). C. In der 9. Woche. Die Zentralarterie der Retina verläuft innerhalb des N. opticus (nach verschiedenen Quellen).

Der Augenbecherstiel verwandelt sich auf diese Weise in den **N. opticus**. In seinem Zentrum enthält er die **A. hyaloidea**. Der N. opticus wird von einer Fortsetzung der Choroidea und Sklera des Auges umhüllt, die den Hirnhäuten (Pia-Arachnoidea und Dura) entspricht.

Augenlider

Das Auge des Embryos erscheint zunächst weit geöffnet, da noch keine Lider angelegt sind. Die Augenlider entstehen in der siebten Woche als zwei Hautfalten, die von oben nach unten über das Auge vorwachsen (Abb. 16–**3**). In der zehnten Woche verkleben sie miteinander, so daß das Auge vollständig geschlossen ist (Abb. 16–**6**). Die Verklebung der Augenlider löst sich erst wieder im siebten Monat.

M Angeborene Mißbildungen

Iriskolobom

Normalerweise schließt sich die Augenbecherspalte in der siebten Entwicklungswoche (Abb. 16–**7**). Ist diese Entwicklung gestört, bleibt eine Spalte bestehen. Eine derartige Spalte ist gewöhnlich nur in der Iris lokalisiert und heißt dort **Iriskolobom** (Abb. 16–**8** A). Sie kann sich jedoch auch bis in den Ziliarkörper, die Netzhaut, die Choroidea und den N. opticus fortsetzen. Eine solche Anomalie tritt häufig zusammen mit anderen Augenmißbildungen auf.

Persistenz der Membrana iridopupillaris

Gewöhnlich bildet sich die Iridopupillarmembran während des intrauterinen Lebens völlig zurück. Manchmal jedoch, wenn die Resorption nicht vollständig ist, liegt vor der Pupille ein bindegewebiges Netz (Abb. 16–**8** B). Zumeist behindert diese Anomalie die Sicht nur wenig.

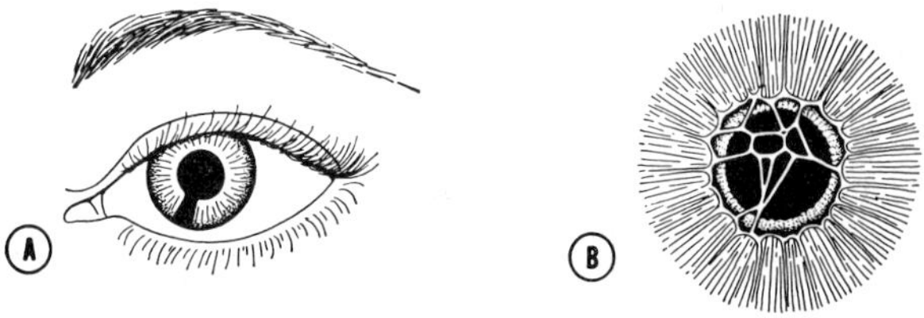

Abb. 16–**8** A. Iriskolobom. B. Teilweise persistierende Iridopupillarmembran.

Mikrophthalmie

Bei dieser Anomalie ist die Gesamtgröße des Auges vermindert. Der Augapfel kann auf zwei Drittel seiner Größe reduziert sein. Die Mikrophthalmie ist häufig mit anderen Augenanomalien verbunden. Sie kann nach einer intrauterinen Infektion durch Toxoplasmose oder mit dem Zytomegalievirus entstehen.

Anophthalmie

Manchmal fehlt das Auge vollständig und es ist unmöglich, irgendeine Spur des Augapfels zu entdecken, es sei denn mit histologischen

Methoden. Die Anophthalmie ist gewöhnlich mit anderen schweren kraniozerebralen Mißbildungen verbunden.

Zyklopie

Hierbei sind beide Augenhöhlen vereinigt und es ist nur ein einziges, in der Mitte gelegenes Auge vorhanden. Diese seltene Mißbildung tritt häufig mit einer **Rüsselnase** und anderen kraniozerebralen Mißbildungen auf.

Angeborene Katarakt

Bei der angeborenen Katarakt ist die Linse bereits während des intrauterinen Lebens trübe geworden. Diese Anomalie ist gewöhnlich genetisch bedingt, kann aber auch durch Umweltfaktoren hervorgerufen werden. 1941 beobachtete GREGG, daß Kinder von Müttern, die während der vierten bis siebten Schwangerschaftswoche an Röteln erkrankt sind, oft angeborene Mißbildungen aufweisen, am häufigsten Katarakt. Erkrankt die Mutter nach der siebten Schwangerschaftswoche, bleibt die Linsentrübung aus, das Kind kann jedoch infolge unvollständiger Differenzierung der Kochlea taub auf die Welt kommen. Diese Beobachtung deutet darauf hin, daß die Organanlagen des Embryos auf dem Höhepunkt ihrer Entwicklung am empfindlichsten sind. Tatsächlich durchläuft die Linse in der sechsten Woche ein sehr aktives Entwicklungsstadium, in dem die primären Linsenfasern gerade das Lumen des Linsenbläschens ausfüllen.

Experimentelle Befunde

Im Experiment hat sich die Augenanlage als eines der empfindlichsten Organe in der embryonalen Entwicklung erwiesen. Eine große Anzahl von Augenmißbildungen, die mit denen beim Menschen verglichen werden können, sind erzeugt worden. So konnte gezeigt werden, daß ein Virus Augenmißbildungen hervorrufen kann. Aber genau wie beim Menschen im Falle des Rötelnvirus war das Auge nur während gewisser Entwicklungsstadien empfindlich. Andere teratogene Stoffe, mit denen Augenmißbildungen erzeugt werden konnten, sind: Hypoxie, Vitaminmangel, A-Hypervitaminose, Schilddrüsenunterfunktion und Röntgenbestrahlung. Überraschend war die Feststellung, daß bestimmte Stoffe (Zysteamin) die Empfindlichkeit gegen Röntgenbestrahlung vermindern, andere sie noch verstärken (Kortison).

Zusammenfassung: Auge

In der vierten Woche entwickeln sich die **Augenbläschen** als Ausstülpungen des ersten Gehirnbläschens (Prosenzephalon). Sie induzieren im darüber gelegenen Oberflächenektoderm die **Linsenplakode** (Abb. 16–**1**). Das Augenbläschen stülpt sich zum **Augenbecher**, die Linsenplakode zum **Linsenbläschen** ein.

Aus der äußeren Schicht des Augenbechers entsteht das **Pigmentepithel**, aus der inneren Schicht die **Retina**. Die Einstülpung des Augenbechers setzt sich medial unten als **Augenbecherspalte** in den Augenbecherstiel fort (Abb. 16–**2**). Durch die Augenbecherspalte tritt die **A. hyaloidea** in den Augenbecher ein. Sie versorgt während der Embryonalzeit den Glaskörper und die Linse, später jedoch als **A. centralis retinae** nur noch die Retina.

Die Sinneszellen der Retina **(Stäbchen und Zäpfchen)** sind dem Pigmentepithel zugewandt, während die Nervenfasern auf der Innenseite des Augenbechers konvergieren und durch den Augenbecherstiel zum Gehirn ziehen. Der Augenbecherstiel wird zum **N. opticus** (Abb. 16–**3**).

Die **Hornhaut** entsteht (1) aus einer Ektodermschicht (unverhorntes Plattenepithel), (2) aus mesenchymalen Stroma, das sich in die Sklera des Augapfels fortsetzt und (3) der mesothelialen Auskleidung der vorderen Augenkammer, die sich als Spaltraum im Mesenchym bildet (Abb. 16–**6**).

Die **Augenlider** entstehen in der siebten Woche als zwei Hautfalten (Abb. 16–**3**). Sie verkleben in der zehnten Woche miteinander und bleiben bis zum siebten Monat verschlossen (Abb. 16–**6**).

M Häufige **Augenmißbildungen** sind die Linsentrübung **(angeborener Katarakt)**, eine persistierende **Membrana iridopupillaris** (Mesenchymreste vor der Linse) sowie die Persistenz der Augenbecherspalte **(Kolobom)**.

Kapitel 17

Ohr

Das Ohr des Erwachsenen, das als eine anatomische Einheit zugleich Gehör- und Gleichgewichtsorgan enthält, entwickelt sich im Embryo aus drei verschiedenen Anteilen: 1. dem **äußeren Ohr**, das als Schallaufnahmeorgan dient und das sich aus der ersten Schlundfurche und aus sechs sie umgebenden Ohrmuschelhöckern entwickelt; 2. dem **Mittelohr**, das als Schalleitungsorgan das äußere Ohr mit dem Innenohr verbindet und aus der ersten Schlundtasche entsteht; und 3. dem **Innenohr**, das die Schallwellen in Nervenimpulse verwandelt und Gleichgewichtsveränderungen registriert und vom ektodermalen Ohrbläschen abstammt.

Innenohr

Ohrbläschen

Die ersten Anlage des Ohres läßt sich bei Embryonen von etwa 22 Tagen als Verdickung des Oberflächenektoderms beiderseits des Rautenhirns erkennen (Abb. 17–**1** B). Diese Verdickungen, die **Ohrplakoden**, stülpen sich ein und bilden die **Ohrbläschen** (Abb. 17–**1** und 17–**2** A–C). In der weiteren Entwicklung teilt sich jedes Bläschen in 1. eine ventrale Komponente, aus der **Sacculus** und **Schneckengang** mit dem Corti-Organ hervorgehen, und 2. eine dorsale Komponente, die den

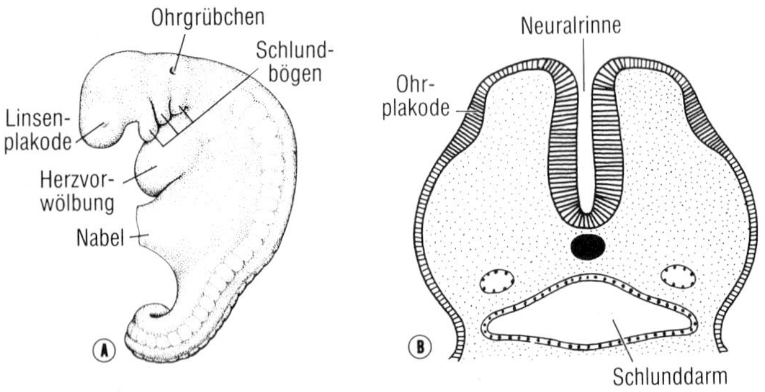

Abb. 17–**1** A. Bei einem 28 Tage alten Embryo ist das Ohrgrübchen deutlich sichtbar. B. Schematischer Querschnitt im Bereich des Rhombenzephalons. Die Ohrplakode erscheint bereits am 22. Tag.

Utrikulus, die **Bogengänge** und den **Ductus endolymphaticus** bildet (Abb. 17–**3** bis 17–**6**). Die so entstandenen epithelialen Gebilde heißen in ihrer Gesamtheit das **häutige Labyrinth**. Anfänglich ist dieses komplizierte Röhrengebilde im Mesenchym eingebettet. Mit der Zeit verwandelt sich das umgebende Mesenchym in eine knorpelige Kapsel, die verknöchert und das **knöcherne Labyrinth** bildet. Das häutige Labyrinth ist dann völlig im knöchernen Labyrinth eingekapselt. Beide sind lediglich durch enge perilymphatische Räume voneinander getrennt.

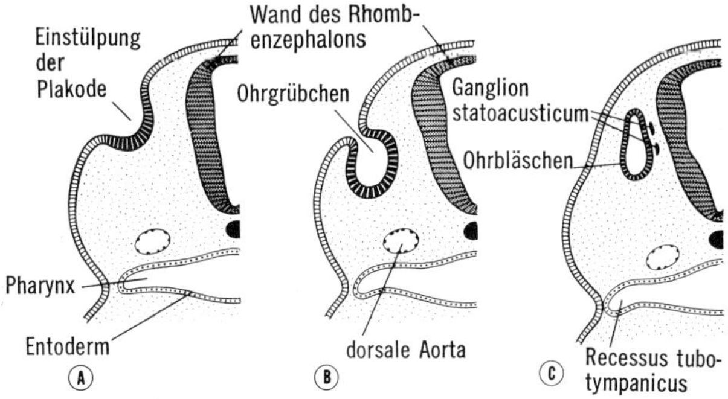

Abb. 17–**2** Schematische Querschnitte im Bereich des Rhombenzephalons, die die Entwicklung der Ohrbläschen zeigen. A. 24 Tage. B. 27 Tage. C. Im Alter von 4½ Wochen. Beachte das Auftreten des Ganglion statoacusticum.

Während der Bildung des Ohrbläschens sondern sich Zellen aus der Plakode aus und bilden das **Ganglion statoacusticum** (Abb. 17–**2** C). Die Neurone des Ganglions senden ein peripheres Axon zu den Sinneszellen im häutigen Labyrinth aus und ein zentrales Axon zum Rhombenzephalon. Der makroskopischen Gliederung des N. statoacusticus liegt keine funktionelle Gliederung zugrunde. Im Ganglion statoacusticum läßt sich dagegen eine topographische Gliederung erkennen. Der kochleare Anteil *(Ganglion spirale)* ist dem Corti-Organ (Gehör) zugeordnet, der vestibulare Anteil *(Ganglion vestibulare)* versorgt den Sacculus, Utriculus und die Bogengänge (Gleichgewicht).

Sacculus, Kochlea und Corti-Organ

In der sechsten Entwicklungswoche bildet der Sacculusanteil des Ohrbläschens eine schlauchförmige Ausstülpung an seinem unteren Pol, den **Ductus cochlearis** (Abb. 17–**3** C). Dieser dringt in das umgebende Bindegewebe spiralförmig vor, bis er am Ende des achten Monats zweieinhalb Drehungen vollzogen hat (Abb. 17–**3** D, E). Seine Ver-

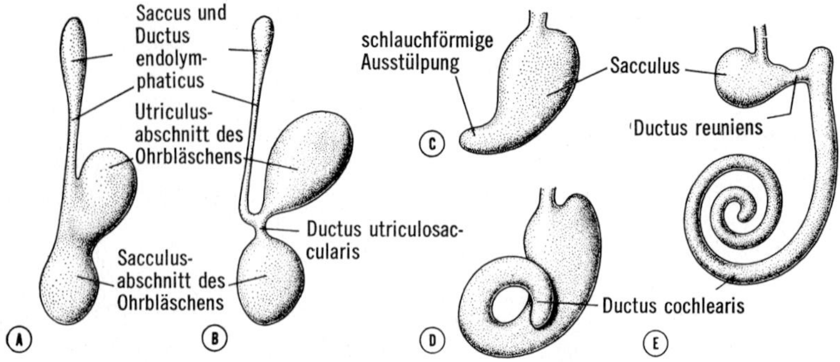

Abb. 17–**3** A und B. Die Entwicklung des Ohrbläschens. Es läßt sich ein dorsaler Utrikulus-Abschnitt mit dem Ductus endolymphaticus und ein ventraler Sacculus-Abschnitt unterscheiden. C, D und E. Die Entwicklung des Ductus cochlearis in der 6., 7. und 8. Woche. Beachte die Ausbildung des Ductus reuniens und des Ductus utriculosaccularis.

bindung mit dem Rest des Sacculus ist dann auf einen engen Kanal, den **Ductus reuniens**, beschränkt (Abb. 17–**3** E).

Das den Ductus cochlearis umgebende Mesenchym differenziert sich bald zu einer dünnen fibrösen Lamina propria an der Außenseite des Ganges sowie zu einer dicken Knorpelkapsel (Abb. 17–**4** A). In der Knorpelkapsel treten in der zehnten Entwicklungswoche Hohlräume auf, aus denen sich zwei perilymphatische Räume, die **Scala vestibuli** und die **Scala tympani**, entwickeln (Abb. 17–**4** B, C). Der Ductus cochlearis wird dann von der Scala vestibuli durch die **Vestibularmembran** oder **Reissner-Membran** und von der Scala tympani durch die **Basilarmembran** getrennt (Abb. 17–**4** C). Die Seitenwand des Ductus cochlearis bleibt durch das **Lig. spirale cochleae** am umgebenden Knorpel befestigt, während sein medialer spitzwinkliger Abschnitt einem langen knorpeligen Fortsatz aufliegt, der als **Modiolus** bezeichnet wird und die zukünftige Achse der knöchernen Schnecke darstellt (Abb. 17–**4** B).

Die Epithelzellen des Ductus cochlearis sind anfänglich gleichartig. In der weiteren Entwicklung bilden sie zwei Leisten (Abb. 17–**4** A). Die größere ist nahe dem Zentrum der Kochlea gelegen und heißt **innere Leiste** (der spätere Limbus spiralis), die andere wird als **äußere Leiste** bezeichnet (Abb. 17–**4** B). Die letztere bildet eine Reihe von inneren und drei oder vier Reihen von äußeren **Haarzellen**, den Sinneszellen des Gehörorgans (Abb. 17–**5** B, C). Sie werden von der **Membrana tectoria** bedeckt, einer ursprünglich fibrillären gallertigen Substanz, die vom Limbus spiralis getragen wird und mit ihrer Spitze auf den Haarzellen aufliegt (Abb. 17–**5**). Die Neuroepithelzellen und die dar-

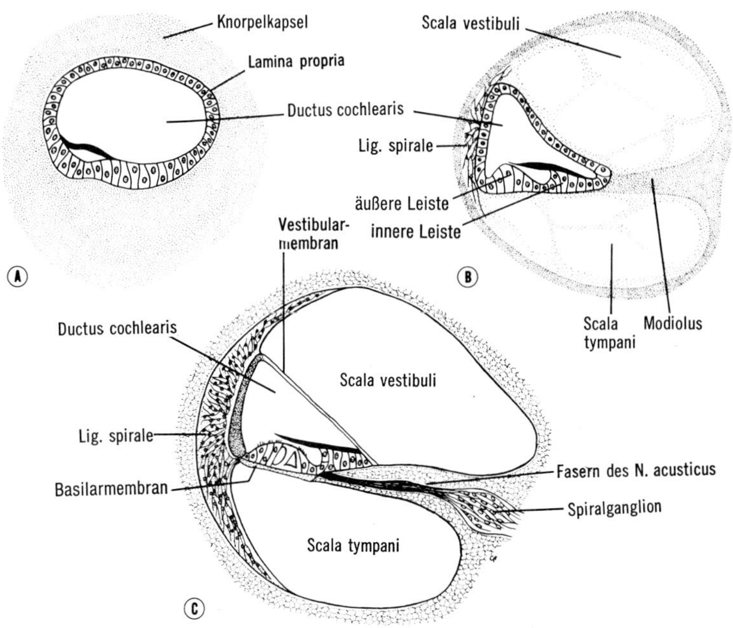

Abb. 17–**4** Schematische Darstellung der Entwicklung der Scala tympani und Scala vestibuli. A. Der Ductus cochlearis wird von einer fibrösen Lamina propria und einer Knorpelkapsel umgeben. B. In der 10. Woche treten weite perilymphatische Räume in der Knorpelkapsel auf. C. Der Ductus cochlearis wird von der Scala tympani und der Scala vestibuli durch die Basilar- und Vestibularmembran getrennt. An seiner Lateralseite ist er über das Lig. spirale mit der knöchernen Schnecke verbunden. Beachte die Fasern des N. acusticus und das Spiralganglion.

auf ruhende Membrana tectoria heißen zusammen **Corti-Organ** und stellen das eigentliche Hörorgan dar. Die Impulse, die dieses Organs aufnimmt, werden zum **Ganglion spirale** und über die Hörfasern des achten Hirnnerven ins Zentralnervensystem weitergeleitet (Abb. 17–**4** und 17–**5**).

Utrikulus und Bogengänge

In der sechsten Entwicklungswoche treten die Bogengänge als abgeflachte Ausstülpungen des Utrikulusanteils des Ohrbläschens auf (Abb. 17–**6** A, B). Die zentralen Wandabschnitte dieser Aussackungen legen sich aneinander und verschwinden, so daß die drei Bogengänge entstehen (Abb. 17–**6** E, F). An jedem dieser Kanäle weitet sich

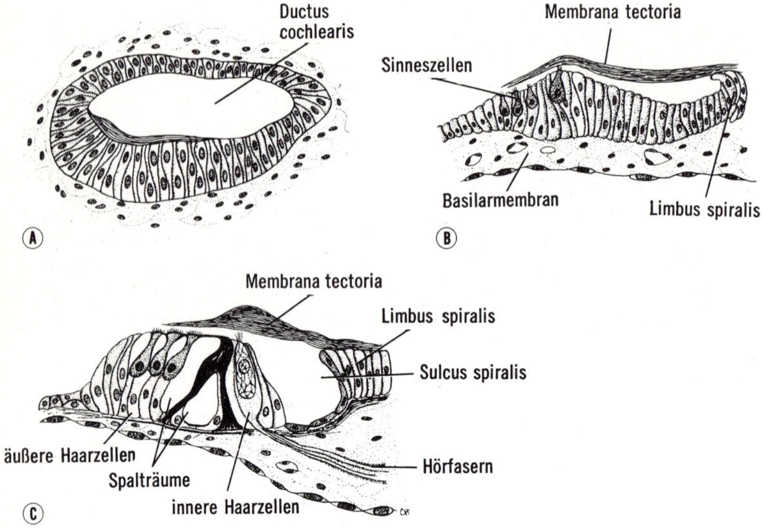

Abb. 17–**5** Die Entwicklung des Corti-Organs. A. Im Alter von 10 Wochen. B. Etwa im 5. Monat. C. Bei der Geburt. Beachte das Auftreten von Spalträumen zwischen den Sinneszellen.

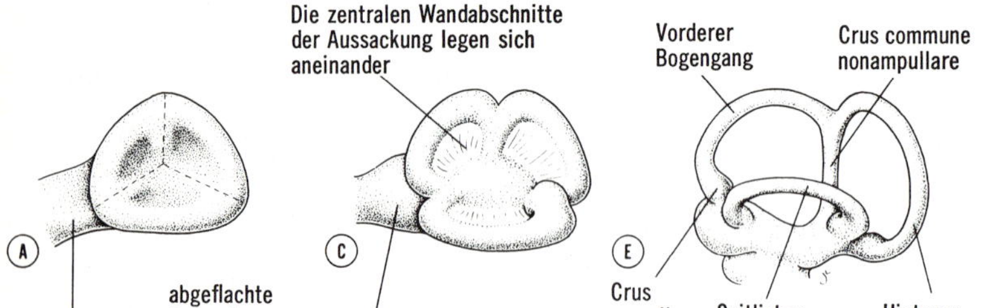

Abb. 17–**6** Schematische Darstellung der Entwicklung der Bogengänge und des distalen Utrikulus-Abschnittes. A. In der 5. Woche. C. In der 6. Woche. E. In der 8. Woche. B, D und F zeigen schematisch die Aneinanderlagerung, Verschmelzung und Auflösung der zentralen Wandabschnitte der Aussackungen. Beachte die Entwicklung der Ampullen in den Bogengängen.

das eine Ende aus und bildet das **Crus ampullare**, während das andere Ende, das sich nicht weitet, zum **Crus nonampullare** wird (Abb. 17–**6** E). Von den letzteren verschmelzen zwei, so daß nur fünf Crura, drei mit einer Ampulle und zwei ohne Ampulle, in den Utrikulus einmünden.

Die Zellen im Crus ampullare der Bogengänge bilden eine Leiste, die **Crista ampullaris**, die die Sinneszellen zur Aufrechterhaltung des Gleichgewichts enthält. Ähnliche sensorische Areale entstehen in den Wänden des Utrikulus und Sacculus, die als **Maculae staticae** bezeichnet werden. Reize, die in den Sinneszellen der Cristae und Maculae durch Lageveränderungen des Körpers entstehen, werden durch die Vestibularisfasern des achten Hirnnerven zum Gehirn geleitet.

Mittelohr

Paukenhöhle und Tuba auditiva

Im Gegensatz zum ektodermalen Ursprung des häutigen Anteils des Innenohrs leitet sich die Paukenhöhle vom Entoderm ab. Sie entsteht in erster Linie aus der ersten Schlundtasche, die eine Ausstülpung des Schlunddarmes darstellt (Abb. 17–**2** und 17–**7**). Die erste Schlundta-

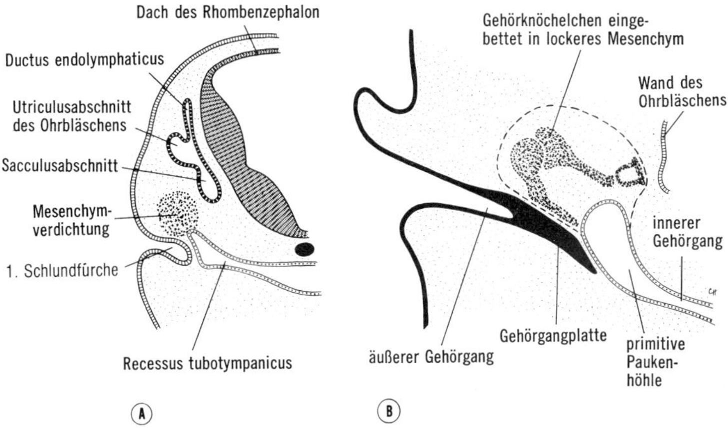

Abb. 17–**7** A. Querschnitte im Bereich des Rhombenzephalons bei einem 7 Wochen alten Embryo. Die Gehörknöchelchen entstehen aus einer Mesenchymverdichtung zwischen Ohrbläschen und primitiver Paukenhöhle. B. Schematische Darstellung des Mittelohres mit den in lockeres Bindegewebe eingebetteten knorpeligen Vorläufern der Gehörknöchelchen. Die gestrichelte Linie zeigt die spätere Ausdehnung der primitiven Paukenhöhle. Die Gehörgangplatte liegt zwischen dem primitiven äußeren Gehörgang und der späteren Paukenhöhle.

sche tritt beim etwa 3 Wochen alten Embryo auf, wächst rasch in lateraler Richtung und kommt vorübergehend mit dem Boden der ersten ektodermalen Schlundfurche in Berührung. Der distale Teil der Tasche, der **Recessus tubotympanicus**, erweitert sich und wird zur **primitiven Paukenhöhle**, während der proximale Teil eng bleibt und die **Eustachi-Röhre** oder **Tuba auditiva** bildet (Abb. 17–**7** B). Die Tube verbindet als Gang Paukenhöhle und Epipharynx miteinander. Ihre pharyngeale Öffnung ist von einer größeren Menge lymphatischen Gewebes umgeben, der **Tubentonsille**. Besonders bei kleinen Kindern führen Naseninfektionen, die mit einer Schwellung der Tubentonsille einhergehen, häufig zum Tubenverschluß und zur Entzündung der Paukenhöhle **(Otitis media)**.

Gehörknöchelchen

Am Ende der siebten Woche zeigt das Mesenchym, das direkt über der primitiven Paukenhöhle liegt, eine Anzahl von Verdichtungen, die durch Proliferation der dorsalen Spitzen des ersten und zweiten Schlundbogens entstanden sind (Abb. 17–**7**). Mit der Zeit werden aus diesen Verdichtungen die knorpeligen Vorläufer der **Gehörknöchelchen**, des **Malleus (Hammer)**, **Incus (Amboß)** und **Stapes (Steigbügel)** (Abb. 17–**8** B). Der Malleus und Incus stammen vom Knorpel des ersten Schlundbogens und der Stapes vom Knorpel des zweiten Schlundbogens ab (Abb. 17–**8** A). Die Gehörknöchelchen treten

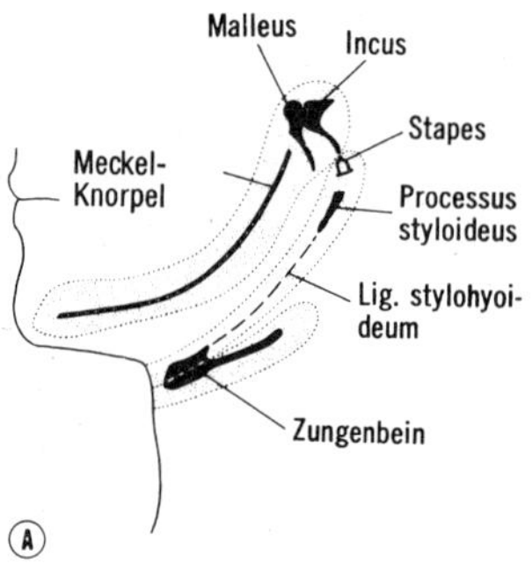

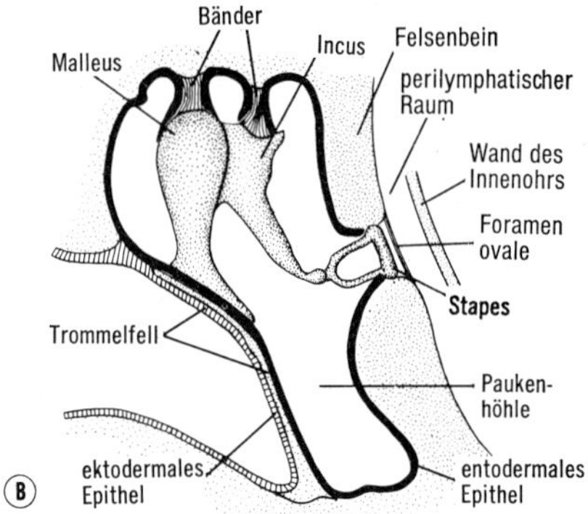

Abb. 17–**8** A. Die Entwicklung der knorpeligen Komponenten der ersten drei Schlundbögen in schematischer Darstellung. Malleus und Incus liegen in der Fortsetzung des ersten Schlundbogens und der Stapes in der Fortsetzung des zweiten. B. Schematische Darstellung des Mittelohres. Der Griff des Hammers berührt das Trommelfell. Der Steigbügel legt sich an die Membran im ovalen Fenster an.

schon in der ersten Hälfte des fetalen Lebens auf, bleiben jedoch bis zum achten Monat in Mesenchym eingebettet, das sich dann auflöst (Abb. 17–**8** B). Die entodermale epitheliale Auskleidung der primitiven Paukenhöhle breitet sich nun allmählich entlang der Wand des neu entstandenen Raumes aus und überzieht die Gehörknöchelchen. Wenn alles Mesenchym verschwunden ist, bildet das Epithel nicht nur den Schleimhautüberzug der Gehörknöchelchen, sondern verbindet sie auch wie ein Mesenterium mit der Wand der Paukenhöhle. Die Stützbänder der Gehörknöchelchen entwickeln sich später in diesen „Mesenterien".

Da der Malleus aus dem ersten Schlundbogen stammt, wird sein Muskel, der **Tensor tympani**, vom N. mandibularis innerviert. Entsprechend wird der **M. stapedius**, der am Stapes befestigt ist, vom Nerven des 2. Schlundbogens, dem N. facialis, vesorgt.

Kurz vor der Geburt dehnt sich die Paukenhöhle nach dorsal aus. Es entsteht das **Antrum mastoideum**. Die Wand des Antrums wird von entodermalem Epithel ausgekleidet. Nach der Geburt entwickelt sich der Warzenfortsatz (Processus mastoideus). In den ersten Lebensjahren wird der Warzenfortsatz pneumatisiert. Es entstehen die Warzenfortsatzzellen **(Cellulae mastoideae)**. Sie sind ebenfalls mit Epithel entodermaler Herkunft ausgekleidet und stehen direkt oder indirekt mit dem Antrum und der Paukenhöhle in offener Verbindung. Das Übergreifen einer Mittelohrentzündung auf das Antrum und die Warzenfortsatzzellen ist eine häufige Komplikation.

Äußeres Ohr

Äußerer Gehörgang

Der äußere Gehörgang entwickelt sich aus dem dorsalen Anteil der ersten Schlundfurche, die als trichterförmige Röhre nach innen wächst, bis sie die entodermale Auskleidung der Paukenhöhle erreicht (Abb. 17–**7** A). Zu Anfang des dritten Monats beginnen die Epithelzellen am Boden des Gehörganges zu proliferieren und bilden eine dichte epitheliale Platte, die als **Gehörgangplatte** bezeichnet wird (Abb. 17–**7** B). Im siebten Monat löst sich diese Platte auf und die Epithelauskleidung am Boden des erweiterten Gehörganges beteiligt sich an der Bildung des endgültigen Trommelfells. Gelegentlich persistiert die Gehörgangplatte bis zur Geburt und ruft eine angeborene Taubheit hervor.

Trommelfell

Das Trommelfell besteht aus 1. der ektodermalen epithelialen Auskleidung am Grund des Gehörganges, 2. der entodermalen Epithelauskleidung der erweiterten Paukenhöhle und 3. einer Zwischenschicht von lockerem Bindegewebe (Abb. 17–**8** B). Der Hauptteil des Trommelfells ist fest mit dem Griff des Malleus verbunden (Abb. 17–**7** B und 17–**8** B). Der verbleibende Teil des Trommelfells stellt die Trennwand zwischen dem äußeren Gehörgang und dem ursprünglichen Recessus tubotympanicus dar.

Ohrmuschel

Die Ohrmuschel entwickelt sich aus einer Anzahl von Mesenchymverdichtungen, die an den dorsalen Spitzen des ersten und zweiten Schlundbogens auftreten und die erste Schlundfurche umgeben (Abb. 17–**9** A). Die **Ohrmuschelhöcker** *(Aurikularhöcker)*, drei an jeder Seite des äußeren Gehörganges, treten während der sechsten Entwicklungswoche auf und werden allmählich in die definitive Ohrmuschel umgewandelt. Da die Verschmelzung der Ohrmuschelhöcker sehr kompliziert ist, sind Anomalien bei der Entwicklung der Ohrmuschel nicht selten.

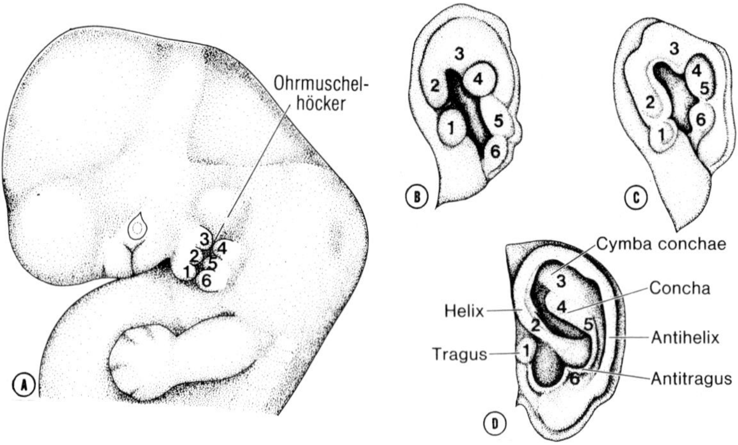

Abb. 17–**9** A. Die Lage der sechs Ohrmuschelhöcker und ihre Beziehung zur ersten Schlundfurche. B, C und D zeigen die Verschmelzung der Höcker und ihre weitere Entwicklung zur Ohrmuschel des Erwachsenen (Cymba = „kahnförmiger" oberer Abschnitt der Ohrmuschelgrube).

M Angeborene Mißbildungen

Angeborene Taubheit

Angeborene Taubheit, die gewöhnlich mit Taubstummheit verbunden ist, kann durch abnorme Entwicklung des häutigen und knöchernen

Labyrinths hervorgerufen werden, aber auch durch Mißbildungen der Gehörknöchelchen und des Trommelfells. In den schwersten Fällen können die Paukenhöhle und der äußere Gehörgang völlig fehlen.

Zunächst wurde angenommen, daß angeborene Taubheit hereditäre Ursachen hat. Es hat sich jedoch gezeigt, daß Umweltfaktoren, denen die Mutter in der frühen Schwangerschaft ausgesetzt ist, ebenfalls die normale Entwicklung des Innen- und Mittelohrs stören können. Das Rötelnvirus kann schwere Schäden am Corti-Organ hervorrufen, wenn es den Embryo in der siebten oder achten Entwicklungswoche befällt. Es wurde vermutet, daß Poliomyelitis, Erythroblastose, Diabetes und Toxoplasmose in gleicher Weise angeborene Taubheit hervorrufen können, doch sind diese Beobachtungen noch zu wenig gesichert.

Abnorme Ohrmuscheln an sich haben keine klinische Bedeutung. Sie sind jedoch manchmal eine Begleiterscheinung ernsterer innerer Mißbildungen, z. B. der Nieren. Als charakteristisches Symptom kommen sie bei Chromosomenanomalien vor, z. B. als tiefsitzende Ohren bei der Trisomie 18 (vgl. Abb. 8–**3**).

Zusammenfassung: Ohr

Das **Innenohr** (das häutige Labyrinth) geht aus der ektodermalen **Ohrplakode** hervor, die sich zum Ohrbläschen einstülpt (Abb. 17–**1**). Das Ohrbläschen gliedert sich in einen dorsalen **Ultriculusabschnitt**, aus dem der Utriculus, die Bogengänge und der Ductus endolymphaticus hervorgehen, sowie in einen ventralen **Sacculusabschnitt**, aus dem Sacculus und Corti-Organ (die Schnecke) hervorgehen (Abb. 17–**3**).

Das **Mittelohr** stammt von der ersten Schlundtasche ab (Abb. 17–**7**). Die Verbindung zwischen Paukenhöhle und Epipharynx bleibt als **Tuba auditiva** erhalten. Die **Gehörknöchelchen** leiten sich vom ersten Schlundbogen **(Malleus** und **Incus)** und vom zweiten Schlundbogen **(Stapes)** ab (Abb. 17–**8**).

Der **äußere Gehörgang** entsteht aus der ersten Schlundfurche (Abb. 17–**7**). Im **Trommelfell** grenzen das Ektoderm der ersten Schlundfurche und das Entoderm der ersten Schlundtasche aneinander. Die **Ohrmuschel** geht aus sechs Ohrmuschelhökkern (Aurikularhöckern) hervor, die die erste Schlundfurche umgeben (Abb. 17–**9**).

Kapitel 18

Gesicht, Nase und Gaumen

Gesichtswülste und Entwicklung der Oberlippe

Die ersten Anlagen für die Gesichtsstrukturen sind um die ektodermale Mundbucht, das **Stomodeum**, angeordnet (Abb. 13–**2**). Beim etwa 4½ Wochen alten Embryo treten eine Reihe von Erhebungen auf, die durch Proliferation des Mesenchyms entstehen. Kaudal vom Stomodeum kann man die **Unterkieferwülste** erkennen, seitlich die **Oberkieferwülste** und kranial eine leichte runde Erhebung, den **Stirnfortsatz** (Abb. 18–**1** A). Der Oberkieferwulst und der Unterkieferwulst stammen beide vom ersten Pharyngialbogen ab (vgl. Abb. 13–**4**). Auf beiden Seiten des Stirnfortsatzes liegt über dem Stomodeum eine Verdickung des Oberflächenektoderms, die **Riechplakode** (Abb. 18–**1** A).

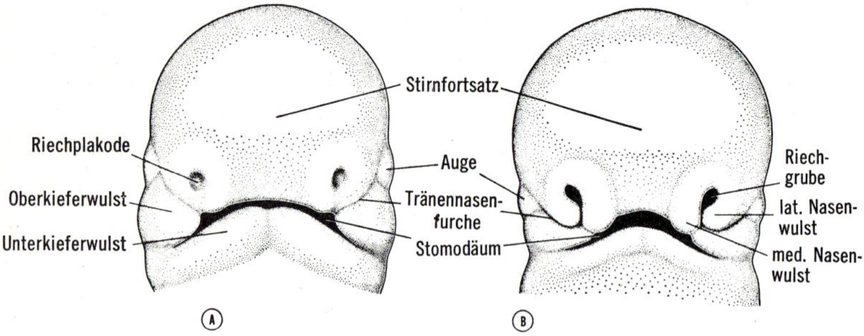

Abb. 18–**1** Frontalansicht des Gesichtes. A. Bei einem 5 Wochen alten Embryo. B. Bei einem 6 Wochen alten Embryo. Die Nasenwülste grenzen sich allmählich vom Oberkieferwulst durch tiefe Furchen ab. In der normalen Entwicklung kommt es im Bereich der Furchen nicht zu einer Spaltbildung.

Die Riechplakode ist der Ausgangspunkt für die Entwicklung des **Riechepithels** mit den entsprechenden Sinneszellen, von denen die Fila olfactoria zum Bulbus olfactorius ziehen.

In der fünften Woche wird die Riechplakode von zwei schnellwachsenden Leisten, dem **lateralen** und **medialen Nasenwulst**, umgeben. Die Riechplakode selbst bildet dann den Boden einer Einsenkung, der **Riechgrube** (Abb. 18–**1**). Gleichzeitig wachsen die Oberkieferwülste vor. Sie sind von den Nasenwülsten noch durch Furchen getrennt.

Dort, wo der laterale und mediale Nasenwulst und etwas später der Oberkieferwulst aneinandergrenzen, bildet sich zwischen dem Boden der Riechgrube und dem Dach der Mundhöhle ein epithelialer Saum aus, der sich bis zur Bucconasalmembran (Abb. 18–**7**) erstreckt. Diese **Epithelmauer** (HOCHSTETTER) löst sich kurz nach ihrer Bildung durch einwachsendes Mesenchym auf. In ihrem Verlauf können vordere Lippen- und Gaumenspalten auftreten.

Während der nun folgenden zwei Wochen verändert sich das Aussehen des Gesichtes sehr stark. Die Oberkieferwülste wachsen in medialer Richtung weiter und drücken die medialen Nasenwülste gegen die Mittellinie. Anschließend verschmelzen die letzteren miteinander – das heißt, die Furche, die sie trennt, füllt sich mit Mesoderm, das von den benachbarten Wülsten einwandert. Gleichzeitig vereinigen sie sich seitlich mit den Oberkieferwülsten. Die Oberlippe entsteht somit aus den beiden medialen Nasenwülsten und den beiden Oberkieferwülsten (Abb. 18–**2** A). Bei normaler Entwicklung treten im Bereich der Oberlippe zu keinem Zeitpunkt Spalten auf.

Die Verkleinerung der Mundspalte und die Entwicklung der Wangen ist ein wesentlicher Schritt in der Entwicklung eines Säugerembryos. Dadurch werden die Voraussetzungen für den Saugakt geschaffen. Diese Entwicklungsvorgänge sind eng mit der Verlagerung des **primären Kiefergelenkes** in die Gehörknöchelchenkette und der Ausbildung eines **sekundären Kiefergelenkes** verbunden. Beim menschlichen Embryo spielt dabei die Verschmelzung des Oberkiefer- und Unterkieferfortsatzes keine wesentliche Rolle. Wichtiger sind die Verlage-

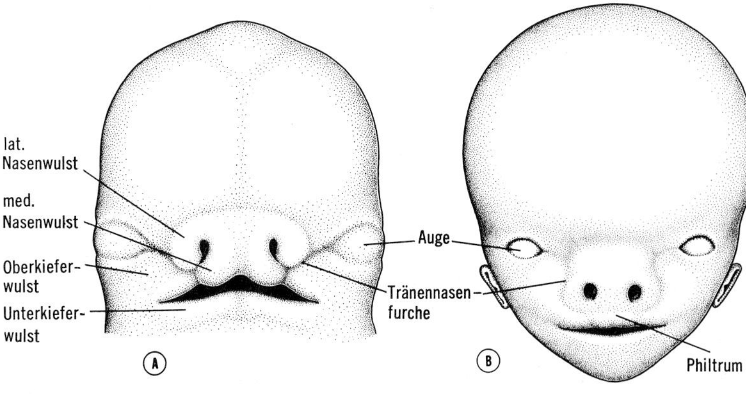

Abb. 18–**2** Frontalansicht des Gesichtes. A. Bei einem 7 Wochen alten Embryo. B. In der 10. Woche. Die Oberkieferwülste verschmelzen wieder mit den Nasenwülsten. Die Furchen füllen sich allmählich mit Mesenchym.

rung der Zunge und des Mundbodens sowie das Größenwachstum des Unterkiefers selbst.

In die Wangen und Lippen dringt sekundär mesenchymales Gewebe aus dem 2. Schlundbogen ein. Aus diesen Zellen entwickeln sich die Muskeln der Wangen und Lippen. Sie werden entsprechend vom Nerven des 2. Kiemenbogens, dem N. facialis, innerviert.

Der Oberkieferwulst und der laterale Nasenwulst sind ursprünglich durch eine tiefe Furche, die **Tränennasenfurche**, voneinander getrennt (Abb. 18–**1** und 18–**2**). Das Ektoderm am Boden der Furche bildet einen soliden epithelialen Strang, der sich vom darüberliegenden Ektoderm ablöst. Durch sekundäre Kanalisation entsteht daraus der **Tränennasengang**. Nachdem sich die Anlage des Tränennasenganges abgesenkt hat, verschmelzen der Oberkieferwulst und der laterale Nasenwulst miteinander, d. h. die Furche wird unter dem Epithel durch Mesenchym aufgefüllt.

Das Zwischenkiefersegment

Die beiden medialen Nasenwülste vereinigen sich nicht nur an der Oberfläche, sondern auch in der Tiefe. Die Gebilde, die aus den miteinander verschmolzenen Wülsten entstehen, entwickeln sich zusammen zum **Zwischenkiefersegment** (Abb. 18–**3**). Dieses umfaßt: 1.

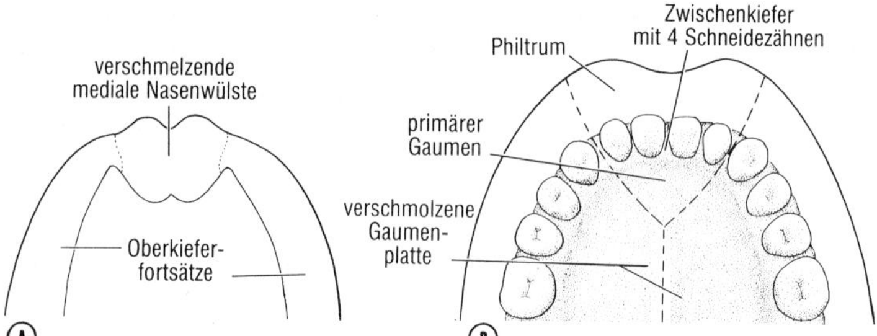

Abb. 18–**3** A. Das Zwischenkiefersegment geht aus den beiden medialen Nasenwülsten hervor. B. Aus dem Zwischenkiefersegment entstehen das Philtrum der Oberlippe, ein Teil des Oberkiefers mit 4 Schneidezähnen sowie der dreieckige primäre Gaumen.

einen **Lippenanteil**, der das Philtrum der Oberlippe bildet; 2. einen **Oberkieferanteil**, in dem die vier Schneidezähne sitzen, und 3. einen **Gaumenanteil**, der den dreieckigen **primären Gaumen** bildet (Abb. 18–**4** B). Kranial geht das Zwischenkiefersegment in den rostralen Anteil des Nasenseptums über, das aus dem Stirnfortsatz entsteht.

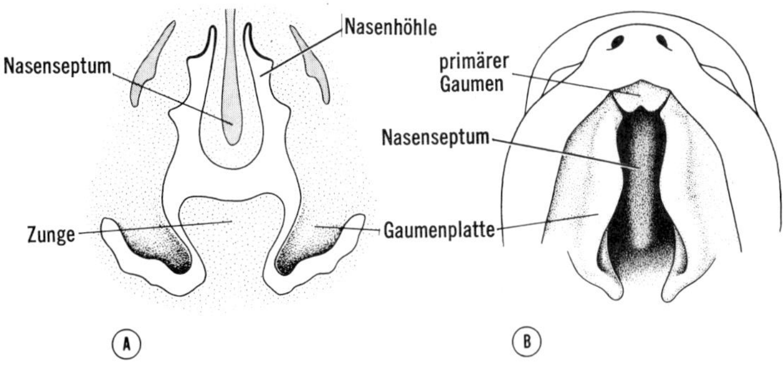

Abb. 18–**4** A. Frontalschnitt durch den Kopf eines 6½ Wochen alten Embryo. Die Gaumenplatten nehmen beiderseits von der Zunge eine vertikale Lage ein. B. Ansicht der Gaumenplatten von ventral nach Entfernung des Unterkiefers und der Zunge. Beachte die Spalten zwischen dem dreieckigen primären Gaumen und den noch vertikal stehenden Gaumenplatten.

Sekundärer Gaumen

Es wurde bereits darauf hingewiesen, daß der primäre Gaumen aus dem Zwischenkiefersegment stammt (Abb. 18–**4** B). Der Hauptanteil des definitiven Gaumens wird von zwei simsähnlichen Fortsätzen des unteren Abschnittes der Oberkieferwülste gebildet. Diese Fortsätze, die **Gaumenplatten**, treten in der sechsten Entwicklungswoche auf und sind beiderseits schräg nach abwärts gerichtet (Abb. 18–**4** A). In der siebten Woche verlagert sich die Zunge nach unten. Die Gaumenplatten richten sich auf und nehmen dann eine horizontale Lage ein (Abb. 18–**5** A, B). Sie vereinigen sich miteinander in der Mittellinie und bilden so den **sekundären Gaumen** (Abb. 18–**6** A, B, 18–**6** D).

Vorn verschmelzen die Gaumenplatten mit dem dreieckigen primären Gaumen. Das **Foramen incisivum** liegt etwa an der Stelle, an der primärer und sekundärer Gaumen zusammenstoßen. Während die Gaumenplatten miteinander verschmelzen, wächst das Nasenseptum nach unten und vereinigt sich von kranial mit dem neu geformten Gaumen (Abb. 18–**6** A).

Nasenhöhlen

In der sechsten Woche vertiefen sich die Riechgruben beträchtlich, teils bedingt durch das Wachstum der benachbarten Nasenwülste, aber auch dadurch, daß sie selbst in das darunterliegende Mesenchym eindringen (Abb. 18–7 A). Zuerst trennt die **Membrana bucconasalis** die Riechgruben von der primitiven Mundhöhle. Diese Membran reißt ein, so daß sich die primitiven Nasenhöhlen durch die neu gebildeten

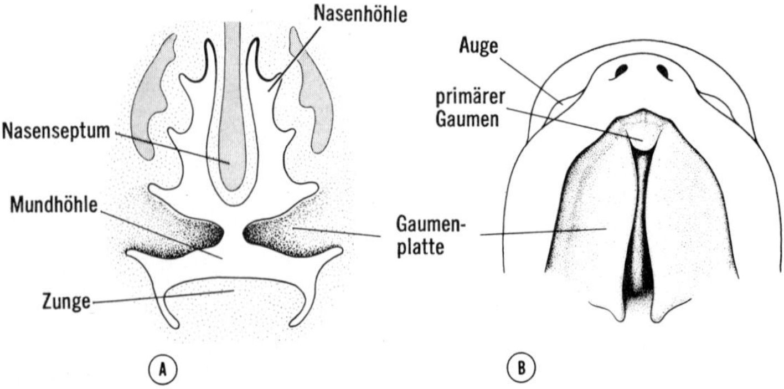

Abb. 18–**5** A. Frontalschnitt durch den Kopf bei einem 7½ Wochen alten Embryo. Die Zunge hat sich nach unten verlagert und die Gaumenplatten nehmen eine horizontale Lage ein. B. Ansicht der Gaumenplatten von ventral nach Entfernung des Unterkiefers und der Zunge. Die Gaumenplatten liegen horizontal.

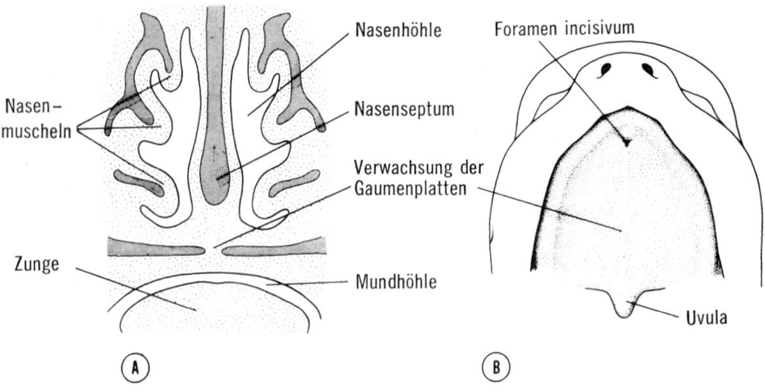

Abb. 18–**6** A. Frontalschnitt durch den Kopf eines 10 Wochen alten Embryo. Die beiden Gaumenplatten sind miteinander und mit dem Nasenseptum verwachsen. B. Ventralansicht des Gaumens. Das Foramen incisivum markiert in der Mittellinie die Stelle, an der primärer und sekundärer Gaumen aneinanderstoßen.

primitiven Choanen in die Mundhöhle öffnen (Abb. 18–**4** B und 18–**7** C). Die Choanen liegen beiderseits der Mittellinie und unmittelbar hinter dem primären Gaumen. Später, wenn der sekundäre Gaumen und die definitiven Nasenhöhlen gebildet werden (Abb. 18–**7** D), liegen die **definitiven Choanen** am Übergang der Nasenhöhle in den Pharynx.

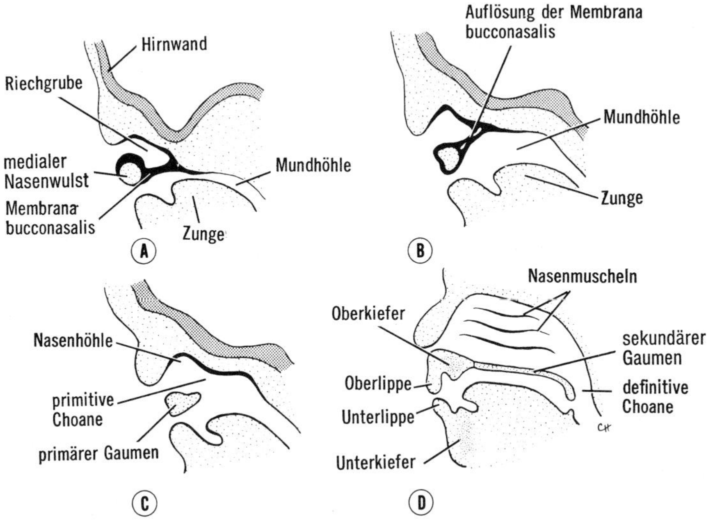

Abb. 18–**7** A. Schnitt durch die Riechgrube und den unteren Rand des medialen Nasenwulstes bei einem 6 Wochen alten Embryo. Zwischen der primitiven Nasenhöhle und der Mundhöhle liegt die Membrana bucconasalis. B. Entsprechender Schnitt wie A. Durchbruch der Membrana bucconasalis. C. In der 7. Woche steht die primitive Nasenhöhle mit der Mundhöhle in offener Verbindung. D. Sagittalschnitt durch das Gesicht eines 9 Wochen alten Embryos mit dem Zwischenkiefersegment. Es setzt sich aus einem Lippenabschnitt, einem Abschnitt des Oberkiefers und aus dem primären Gaumen zusammen (modifiziert nach *Clara*).

Die **Nasennebenhöhlen** entstehen als Aussackungen der lateralen Nasenwand. Sie wachsen in den Oberkiefer sowie in das Sieb-, Stirn- und Keilbein vor und erreichen ihre definitive Ausdehnung erst während der Pubertät.

M Angeborene Mißbildungen

Lippenspalte und Gaumenspalte

Man kann das **Foramen incisivum** als Grenzlinie zwischen den vorderen und hinteren Spaltenmißbildungen betrachten. Diejenigen, die vor dem Foramen incisivum liegen, beruhen auf einer ungenügenden Mesodermeinwanderung und einem echten Gewebsabbau im Bereich der Furchen zwischen den medialen Nasenwülsten und den Oberkieferwülsten. Es sind: die **laterale Lippenspalte**, die **Oberkieferspalte** und die **Spalte zwischen primärem und sekundärem Gaumen** (Abb.

18–**8** B, C, D und 18–**9** A, B). Diejenigen, welche hinter dem Foramen incisivum liegen, entstehen, wenn die Gaumenplatten sich nicht vereinigen. Dabei handelt es sich um die (sekundäre) **Gaumenspalte** und die **gespaltene Uvula** (Abb. 18–**8** E). Die dritte Kategorie betrifft Spalten, die sowohl vor als auch hinter dem Foramen incisivum liegen (Abb. 18–**8** F und 18–**9** C). Da die Gaumenplatten etwa eine Woche nach der Ausbildung der Oberlippe sich aneinanderlegen, und da der Verschlußmechanismus der Lippe (Verschmelzung zu dem einheitlichen Zwischenkiefersegment) ein ganz anderer als beim sekundären Gaumen ist (Nahtbildung), müssen vordere und hintere Spalten als voneinander unabhängige Mißbildungen angesehen werden.

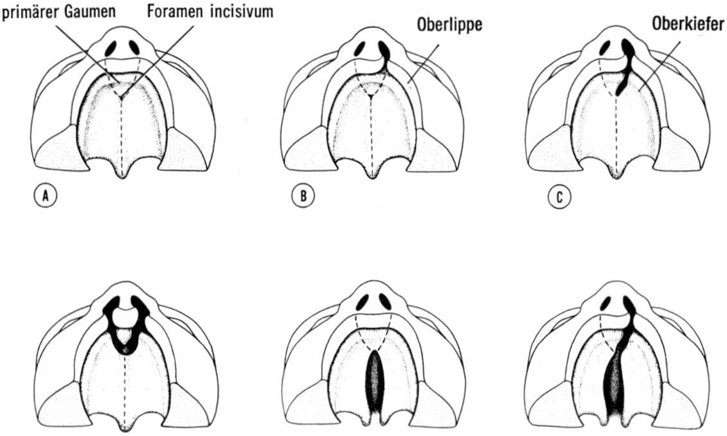

Abb. 18–**8** Ventralansicht von Gaumen, Gingiva, Lippe und Nase. A. Normale Verhältnisse. B. Einseitige bis in die Nase reichende Lippenspalte. C. Einseitige bis zum Foramen incisivum reichende Spaltbildung der Lippe und des Oberkiefers. D. Beidseitige Lippen-Oberkiefer-Spalte. E. Isolierte Gaumenspalte. F. In Kombination mit einer einseitigen Lippen-Oberkiefer-Spalte.

Die vorderen Spalten können in ihrer Ausprägung sehr verschieden sein. Es gibt kaum sichtbare Defekte im Lippenwulst, aber auch Spalten, die bis in die Nase hineinreichen (Abb. 18–**8** B und 18–**9** A). In schweren Fällen reicht die Spalte sehr tief und bezieht auch den Oberkiefer ein. Der Oberkiefer ist dabei zwischen lateralem Schneidezahn und Eckzahn gespalten. Häufig reicht eine solche Spalte bis zum Foramen incisivum (Abb. 18–**8** C, D und 18–**10** B). Die hinteren Spalten können ebenfalls verschieden stark ausgeprägt sein. Sie können den gesamten sekundären Gaumen betreffen oder auch nur die Uvula.

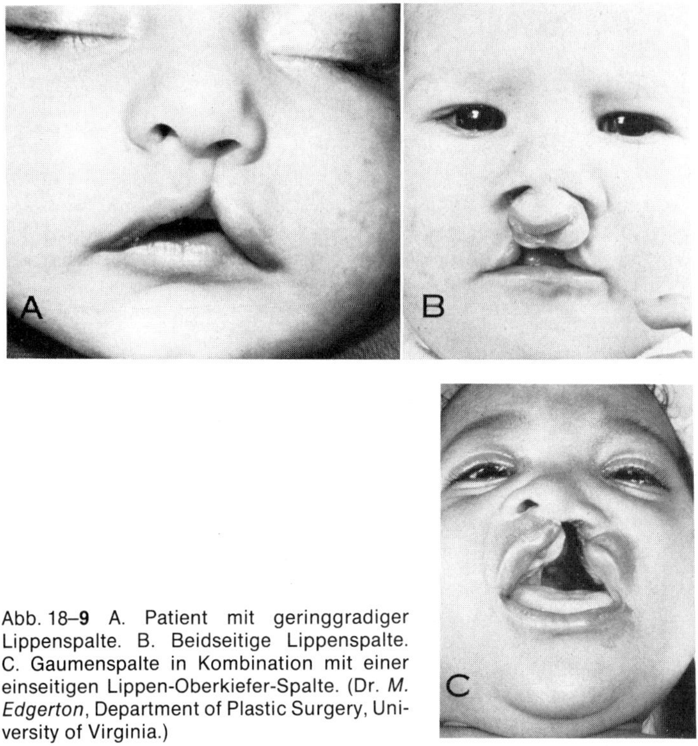

Abb. 18–**9** A. Patient mit geringgradiger Lippenspalte. B. Beidseitige Lippenspalte. C. Gaumenspalte in Kombination mit einer einseitigen Lippen-Oberkiefer-Spalte. (Dr. *M. Edgerton*, Department of Plastic Surgery, University of Virginia.)

Mediane Oberlippenspalte

Die mediane Oberlippenspalte ist eine seltene Mißbildung und soll durch eine unvollständige Vereinigung der beiden medialen Nasenwülste entstehen. Bei dieser Anomalie besteht gewöhnlich eine tiefe Furche zwischen rechter und linker Nasenhälfte (Abb. 18–**10** D).

Schräge Gesichtsspalte

Wenn der Oberkieferwulst mit dem ihm entsprechenden lateralen Nasenwulst nicht zusammenwächst, entsteht eine schräge Gesichtsspalte. Dabei liegt der Ductus nasolacrimalis gewöhnlich an der Oberfläche (Abb. 18–**10** A).

Makrostomie und Mikrostomie

Entwicklungsstörungen bei der Verkleinerung der Mundspalte und der Entwicklung der Wangen können zu einer symmetrischen oder asym-

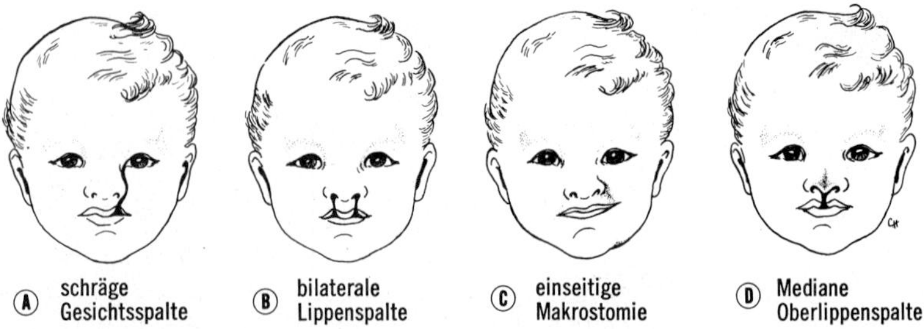

Abb. 18–**10** A. Schräge Gesichtsspalte. B. Bilaterale Lippenspalte. C. Einseitige Makrostomie. D. Mediale Oberlippenspalte, die sich in den Bereich der Nase fortsetzt.

metrischen abnorm großen **(Makrostomie)** oder einer abnorm kleinen Mundöffnung **(Mikrostomie)** führen (Abb. 18–**10** C).

Erbfaktoren

Es herrscht heute Übereinstimmung darüber, daß der wesentlichste ätiologische Faktor der Lippen- und Gaumenspalte genetischer Natur ist. Es besteht jedoch keine genetische Beziehung zwischen einer Lippenspalte und einer isolierten Gaumenspalte. Die Lippenspalte (etwa 1:1000 Geburten) wird häufiger bei männlichen als bei weiblichen Individuen beobachtet. Die Häufigkeit steigt mit dem Alter der Mutter und ist in verschiedenen Bevölkerungsgruppen unterschiedlich.

Über die Wahrscheinlichkeit für das Auftreten einer Lippenspalte gibt es einige Angaben: Bei gesunden Eltern, die bereits ein Kind mit einer Lippenspalte haben, beträgt sie 4%. Wenn zwei Kinder des gleichen Elternpaares befallen sind, steigt das Risiko für das nächste Kind auf 9%. Liegt bei einem Elternteil eine Lippenspalte vor und ist schon ein Kind mit dem gleichen Defekt geboren worden, so erhöht sich die Wahrscheinlichkeit für das nächste Kind auf 17%.

Die Gaumenspalte tritt wesentlich seltener auf als die Lippenspalte (1:2500 Geburten). Sie kommt beim weiblichen Geschlecht häufiger als beim männlichen vor, und es besteht keine Beziehung zum Alter der Mutter. Sind die Eltern gesund und haben ein Kind mit einer Gaumenspalte, ist die Wahrscheinlichkeit für das nächste Kind, mit dem gleichen Defekt behaftet zu sein, etwa 2%. Wenn in der Familie eines betroffenen Kindes ein Verwandter oder ein Elternteil mit einer ähnlichen Mißbildung vorhanden ist, beträgt die Wahrscheinlichkeit für ein weiteres Kind 7 bzw. 15%.

Umweltfaktoren

Eine **antikonvulsive Therapie** während der Schwangerschaft erhöht das Risiko für eine Gaumenspalte. In einer retrospektiven Studie über 427 Schwangerschaften bei 186 Epileptikerinnen war das Risiko für Herzmißbildungen, Gesichtsspalten und Mikrozephalus auf das Doppelte erhöht. In einer entsprechenden holländischen Studie traten Gesichtsspalten etwa 29 mal häufiger auf als in der Vergleichsgruppe. Es gilt als sicher, daß Phenylbarbitursäure und Diphenylhydantoin das Risiko für Lippen- und Gaumenspalten auf das Zwei- bis Dreifache erhöhen (vgl. auch Kapitel 8).

Experimentelle Befunde

Im Tierexperiment sind Gaumenspalten in der Nachkommenschaft von Ratten und Mäusen durch eine Vielzahl von teratogenen Substanzen erzeugt worden. Besonders mit drei experimentellen Anordnungen ist es möglich gewesen, in fast 100% der Fälle diese Mißbildung bei der Nachkommenschaft zu erzeugen. Es handel sich um Kortisoninjektionen bei empfindlichen Mäusestämmen, A-Hypervitaminose bei Ratten und Folsäuremangel bei Ratten. Aus diesen Untersuchungen hat sich ergeben, daß angeborene Gaumenspalten auf verschiedene Weise erzeugt werden können, wobei eine Vielzahl von Erb- und Umweltfaktoren eine Rolle spielen. Darüber hinaus waren diese Untersuchungen von großem Wert für die Analyse des Schließungsvorganges beim Gaumen und der Rolle, die die Zunge und das Wachstum des Unterkiefers und des Kopfes sowie die Eigenbewegungen der Gaumenplatten dabei spielen.

JOHNSTON konnte zeigen, daß die **Neuralleistenzellen**, die oberhalb und unterhalb vom Augenbecher in die Gesichtsregion einwandern, in hohem Maße zur Bildung der Gesichtswülste beitragen. Die einseitige Exstirpation der Neuralleiste im Bereich des Prosenzephalons führt häufig zur Spaltenbildung im primären Gaumen auf der gleichen Seite. Es ist daher möglich, daß eine Störung bei der Wanderung der Neuralleistenzellen, lange bevor die Gesichtswülste auftreten, zu einer Lippenspalte in einem späteren Entwicklungsstadium führen kann.

Zusammenfassung: Gesicht, Nase und Gaumen

Das **Gesicht** entwickelt sich aus Gesichtswülsten, die die Mundbucht (Stomodeum) umgeben (Abb. 18–**1**). Es sind die vom ersten Schlundbogen abstammenden **Unterkieferwülste** und **Oberkieferwülste** sowie der **Stirnfortsatz** mit den **lateralen** und **medialen Nasenwülsten**. Der Stirnfortsatz entspricht der Vorwölbung des Prosenzephalons.

Die **Nase** entsteht durch die Einsenkung der **Riechplakode** zur Riechgrube (Abb. 18–**2**). Der Boden der Riechgrube (Membrana bucconasalis) bricht direkt hinter dem primären Gaumen zur **primitiven Choane** durch. Die definitive Nasenhöhle entsteht durch die Entwicklung des sekundären Gaumens und die Verlagerung der Choanen nach dorsal in den Epipharynx (Abb. 18–**7**).

Der **primäre Gaumen** entsteht als Teil des **Zwischenkiefersegmentes** durch die Verschmelzung der medialen Nasenwülste (Abb. 18–**3**). Der **sekundäre Gaumen** entsteht durch die Aufrichtung und Verschmelzung der **Gaumenplatten** nach Absenkung der Zunge (Abb. 18–**4**).

M Die **vordere Lippen- und Gaumenspalte** ist eine in der Normalentwicklung nicht auftretende Spaltbildung zwischen medialem Nasenwulst und Oberkieferfortsatz. **Hintere Gaumenspalten** entstehen durch Störungen bei der Aufrichtung und Verschmelzung der Gaumenplatten zum sekundären Gaumen (Abb. 18–**8**).

Kapitel 19

Haut und Anhangsorgane

Haut

Die Haut **(Kutis)** entwickelt sich aus zwei Komponenten: Die oberflächliche Schicht, die **Epidermis**, entsteht aus dem Oberflächenektoderm und die tiefe Schicht, die **Dermis**, aus dem darunterliegenden Mesoderm.

Epidermis

Ursprünglich wird die Oberfläche des Embryos von einer einschichtigen Ektodermschicht gebildet (Abb. 19–**1** A). Am Anfang des zweiten Monats bildet das Epithel an seiner Oberfläche eine zweite Schicht aus abgeflachten Zellen, das **Periderm** oder **Epitrichium** (Abb. 19–**1** B).

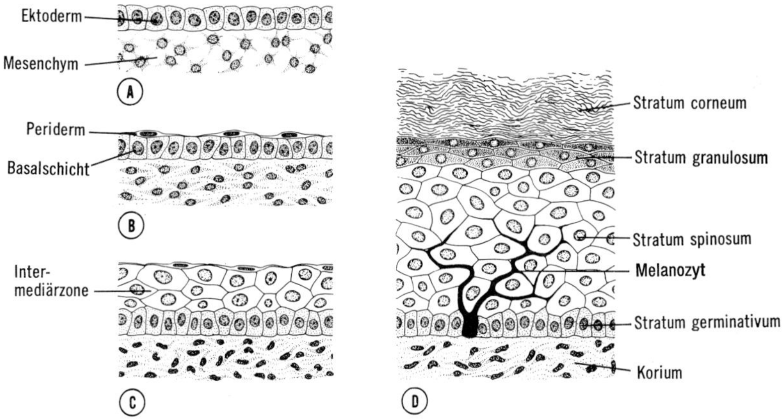

Abb. 19–**1** Die Entwicklung der Haut in verschiedenen Entwicklungsstadien in schematischer Darstellung. A. In der 5. Woche. B. In der 7. Woche; C. Im 4. Monat. D. Bei der Geburt.

Die basalen Zellen proliferieren weiter, und es entsteht eine dritte, mittlere Zellage, die sogenannte Intermediärzone (Abb. 19–**1** C). Schließlich zeichnet sich am Ende des vierten Monats innerhalb der Epithellagen der Epidermis die definitive Gliederung ab. Es können dann vier Schichten unterschieden werden (Abb. 19–**1** D). Der Schichtenbau spiegelt in typischer Weise den Ablauf der zellulären Differenzierung wider. In der untersten Schicht, dem **Stratum basale**, entsteht durch die Teilung von undifferenzierten Stammzellen ein kontinuierlicher Strom von Zellen, die nach peripher abwandern. Im **Stratum spinosum** nehmen diese Zellen eine polyedrische Gestalt an und bilden zur Erhöhung der mechanischen Festigkeit viele Desmosomen und intrazelluläre Tonofibrillen aus. Im darauffolgenden **Stratum granulosum** synthetisieren sie Keratohyalingranula. Dann sterben die Zellen ab und bilden durch Vernetzen des Keratins im **Stratum corneum** eine mehrschichtige ständig abschilfernde Hornschicht. Die flachen Zellen der Peridermschicht werden gewöhnlich während des zweiten Teils des intrauterinen Lebens abgestoßen. Sie lassen sich in der Amnionflüssigkeit nachweisen.

Innerhalb der ersten drei Entwicklungsmonate wandern Zellen aus der Neuralleiste in die Epidermis ein. Sie synthetisieren Melaninpigment, das auch an andere Zellen der Epidermis über feine zytoplasmatische Fortsätze übertragen werden kann. Als **Melanozyten** sind sie für die Pigmentierung der Haut nach der Geburt verantwortlich (Abb. 19–**1** D).

Die Hautleisten bilden an den Fingerspitzen, in der Handfläche und an der Fußsohle charakteristische Muster, die genetisch determiniert sind. Sie spielen in der Genetik und bei der Identifizierung einzelner Personen eine Rolle. Bei Kindern mit Chromosomenaberrationen kann das Muster der Hautleisten zur Diagnose mitverwandt werden.

Dermis

Die **Dermis** *(Korium, Lederhaut)* stammt vom Mesoderm ab. Während des dritten und vierten Monats bildet dieses Gewebe viele kollagene und elastische Fasern. Gleichzeitig entwickeln sich in der oberen Schicht der Dermis **Papillen**, die in die Epidermis hineinragen. Die Papillen enthalten gewöhnlich eine kleine Kapillare und ein sensibles Nervenendorgan.

Bei der Geburt ist die Haut von einer weißlichen, schmierigen Masse, der **Vernix caseosa**, bedeckt. Es handelt sich dabei um Sekrete der Hautdrüsen, vermischt mit zugrunde gegangenen Epidermiszellen und Haaren. Man nimmt an, daß die Haut dadurch gegen die mazerierende Wirkung der Amnionflüssigkeit geschützt wird.

M Die Haut des Neugeborenen kann verschieden stark verhornt sein. Manchmal jedoch zeigen die oberflächlichen Schichten eine außergewöhnliche Verhornung, die der Haut ein schuppenartiges Aussehen verleiht. Man spricht dann von **Ichthyosis**.

Haare

Die Haaranlagen treten als solide epidermale Knospen auf, die in das darunterliegende Mesenchym eindringen (Abb. 19–**2** A). An ihren Endabschnitten stülpen sich die Haarknospen ein. Die Einbuchtungen füllen sich mit Mesoderm, in dem sich Gefäße und Nervenendigungen entwickeln (Haarpapille) (Abb. 19–**2** B, C).

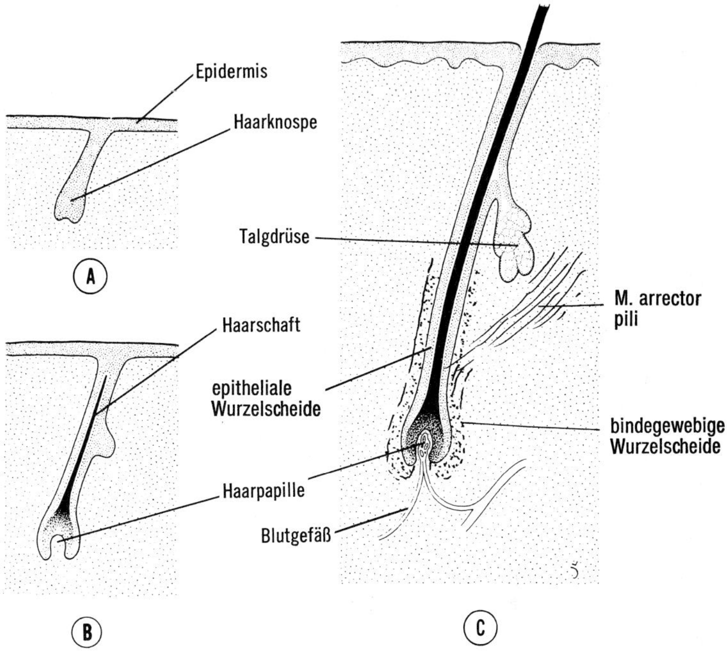

Abb. 19–**2** Die Entwicklung des Haares und einer Talgdrüse in schematischer Darstellung. A. Im 4. Monat. B. Im 6. Monat. C. Beim Neugeborenen.

Die Zellen im Innern der Haarfollikel verhornen. Sie werden von den in der Haarwurzel neu entstehenden und ebenfalls verhornenden Zellen nach oben geschoben. Auf diese Weise entsteht der **Haarschaft**. Die äußeren Zellen der Haarfollikel bilden die aus mehreren Schichten bestehende **epitheliale Wurzelscheide** (Abb. 19–**2** C). Aus der Wand der epithelialen Wurzelscheide sproßt die Anlage der **Talgdrüse** aus. Die zentral gelegenen Talgdrüsenzellen gehen zugrunde und setzen eine fettähnliche Substanz frei, die in den Haarbalg hinein sezerniert wird. Die gesamte Haaranlage ist von der **bindegewebigen Wur-**

zelscheide umgeben, die vom Mesenchym gebildet wird. In der bindegewebigen Wurzelscheide setzt ein kleiner glatter Muskel an, der **M. arrector pili**, der ebenfalls aus dem Mesenchym entsteht.

Am Ende des dritten Monats treten die ersten Haare im Bereich der Augenbrauen und der Oberlippe an die Oberfläche. Diese erste Behaarung besteht aus Wollhaaren **(Lanugo)**. Sie wird vom 8. Monat an bis zur Geburt abgestoßen und durch eine zweite Generation von Haaren ersetzt, die aus neuen Haarfollikeln entstehen. Im Bereich des Kopfes, der Lider und der Augenbrauen sind diese Haare als festere **Terminalhaare** ausgebildet, während sie am übrigen Körper der Lanugobehaarung entsprechen. In der Pubertät treten in der Schamgegend und der Achselhöhle sowie am übrigen Körper weitere Terminalhaare auf. Sie führen zur Ausbildung eines männlichen oder eines weiblichen Behaarungstyps.

M Eine ungewöhnlich starke Behaarung wird als **Hypertrichose** bezeichnet und entsteht durch die vermehrte Bildung von Haarfollikeln. Sie kann sich auf bestimmte Körpergebiete beschränken (dorsaler Medianbereich) oder sich über den ganzen Körper erstrecken. Das kongenitale Fehlen der Behaarung, die **Atrichie**, ist gewöhnlich mit Anomalien der übrigen ektodermalen Anhangsgebilde, wie der Zähne und Nägel, verbunden.

Brustdrüse

Die ersten Anlagen der Milchdrüsen bestehen in einer streifenförmigen Verdickung der Epidermis, die als **Milchleiste** bezeichnet wird. Bei einem sieben Wochen alten Embryo erstreckt sich diese Leiste auf beiden Seiten des Körpers von der Abgangsstelle der oberen bis in die Gegend der unteren Extremität (Abb. 19–**3** C). Der größte Teil der Milchleiste verschwindet kurz nach ihrer Bildung. Ein kleiner Teil in der Brustregion bleibt bestehen und dringt in das darunterliegende Mesenchym ein (Abb. 19–**3** A). Hier bilden sich 16 bis 24 Aussprossungen, von denen jede wiederum kleine solide Knospen erzeugt. Am Ende des intrauterinen Lebens werden die epithelialen Zellstränge kanalisiert und bilden die **Milchgänge** *(Ductus lactiferi)*. Die Milchgänge münden zuerst in eine kleine epitheliale Grube (Abb. 19–**3** B). Kurz nach der Geburt wird diese Grube durch Proliferation des darunterliegenden Mesenchyms in die Brustwarze umgewandelt (Eversion).

An den kurzen Milchgängen sitzt eine Vielzahl von **kompakten Endknospen**, aus denen nach der Pubertät bei Mädchen das Gangsystem der Drüse auswächst. Unter der Wirkung von Östrogen und Progesteron erfolgt mit jedem Zyklus ein Wachstumsschub, der das Gangsystem erweitert und neue kompakte Endknospen entstehen läßt. In der ersten Hälfte einer Schwangerschaft erfolgt ein massives Gang-

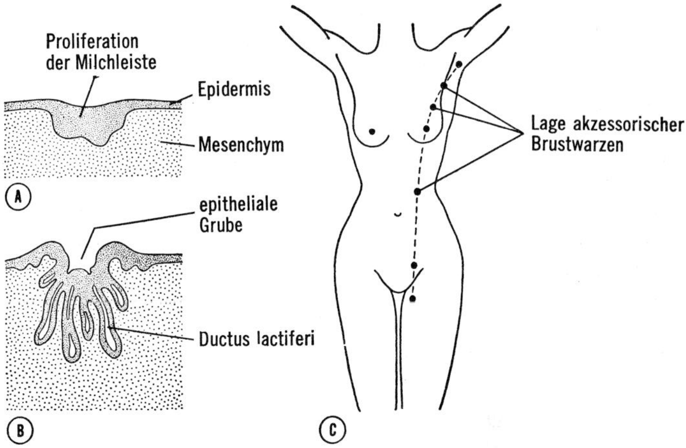

Abb. 19–**3** A und B. Schnitte durch die Anlage der Milchdrüse im 3. bzw. im 8. Monat. C. Die Lage von akzessorischen Brustwarzen. Der Verlauf der Milchleiste ist gestrichelt eingezeichnet.

wachstum. Erst gegen Ende der Schwangerschaft differenzieren sich die Endknospen zu Alveolen, in denen nach der Geburt mit dem Anlegen des Kindes die Milchproduktion induziert wird.

Normalerweise bleibt nur ein kleiner Teil der Milchleiste in der mittleren Thoraxregion bestehen. Gelegentlich aber persistieren noch weitere Abschnitte und führen zur Entstehung akzessorischer Brustwarzen. Eine solche Anomalie heißt **Polythelie**. Akzessorische Brustwarzen können an jeder Stelle der ursprünglichen Milchleiste entstehen, finden sich aber am häufigsten in der Axillarregion (Abb. 19–**3** C). Manchmal kann sich ein abnorm lokalisiertes Überbleibsel der Milchleiste zu einer vollständigen Brustdrüse entwickeln. Eine solche Fehlbildung wird **Polymastie** genannt. **M**

Gelegentlich münden die Milchgänge in die ursprüngliche epitheliale Grube, bei der jedoch die Eversion zur Warze ausgeblieben ist. Ein solcher Zustand ist zumeist angeboren und wird als **Hohlwarze** bezeichnet. Er kann aber auch durch Retraktion der Warze infolge eines schnellwachsenden Drüsentumors verursacht werden.

Zähne

Die Zähne stammen vom ektodermalen Epithel ab, das die Mundhöhle im Bereich des Stomodeums auskleidet.

In der sechsten Entwicklungswoche proliferiert das Stratum basale und bildet über dem Ober- und Unterkiefer eine bandförmige Struktur, die **Zahnleiste**. Aus dieser Leiste sprossen dann eine Anzahl von Knospen aus, die in das darunterliegende Mesenchym eindringen (Abb. 19–**4** A). Diese Knospen, in jedem Kiefer zehn, bilden die Anlage für die ektodermale Komponente der Zähne. Bald stülpen sich die Knos-

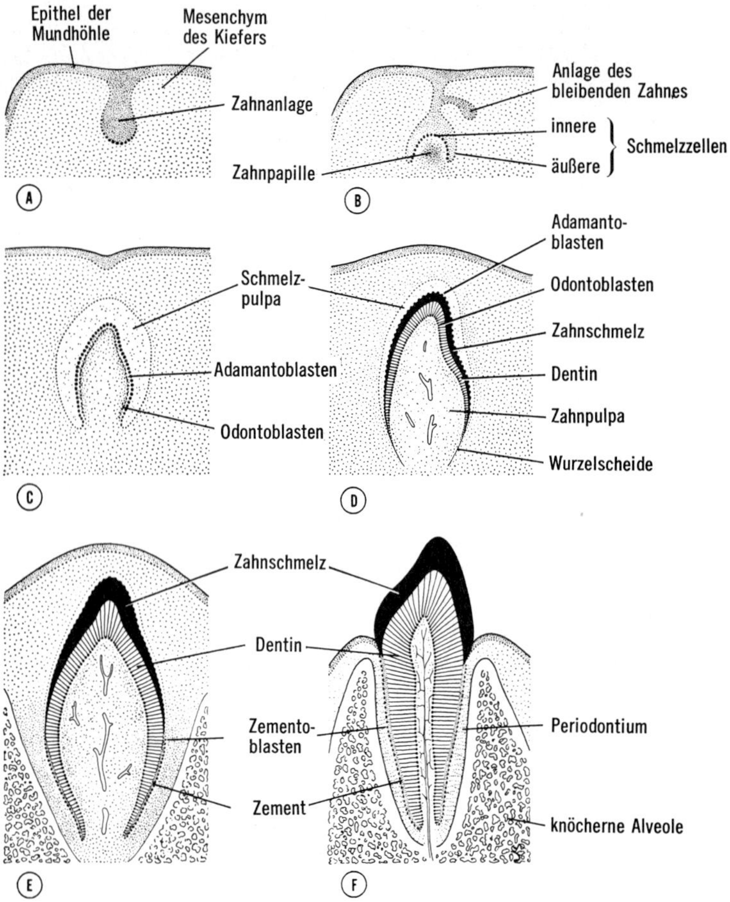

Abb. 19–**4** Schematische Darstellung der Zahnentwicklung in aufeinanderfolgenden Entwicklungsstadien. A. In der 8. Woche. B. In der 10. Woche. C. Im 3. Monat. D. Im 6. Monat. E. Im 8. Monat. F. Nach dem Zahndurchbruch.

pen unten ein, und es entsteht das sogenannte **Kappenstadium** der Zahnentwicklung (Abb. 19–**4** B). Eine solche Kappe besteht aus einer äußeren Schicht, den **äußeren Schmelzzellen**, einer inneren Schicht, den **inneren Schmelzzellen**, und einem zentralen Kern aus lockerem ektodermalen Gewebe, der **Schmelzpulpa**. Das in der Einsenkung liegende und von dem inneren Zahnepithel begrenzte Mesenchym proliferiert und verdichtet sich zur **Zahnpapille** (Abb. 19–**4** B).

Mit dem weiteren Wachstum der Zahnkappe und der Vertiefung der Einsenkung nimmt die Zahnanlage die Form einer Glocke an **(Glokkenstadium)** (Abb. 19–**4** C). Die Mesenchymzellen der Papille, die dem inneren Schmelzepithel anliegen, wandeln sich in **Odontoblasten** um. Diese Zellen erzeugen das **Prädentin**, das unmittelbar unter den inneren Schmelzzellen abgelagert wird. Mit der Zeit verkalkt das Prädentin und wird zum definitiven **Dentin**. Die Dentinschicht wird dikker, und die Odontoblasten ziehen sich in die Zahnpapille zurück, lassen jedoch im Dentin noch einen dünnen Zytoplasmafortsatz **(Tomes-Fasern)** liegen (Abb. 19–**4** D). Die Odontoblastenschicht bleibt, solange der Zahn lebt, erhalten und scheidet dauernd Prädentin ab, das dann zu Dentin umgewandelt wird. Die übrigen Zellen der Zahnpapille bilden die **Zahnpulpa** (Abb. 19–**4** D).

Währenddessen haben sich die inneren Schmelzzellen in **Adamantoblasten** (Schmelzbildner) verwandelt. Diese Zellen erzeugen lange Schmelzprismen, die über dem Dentin abgelagert werden (Abb. 19–**4** D).

Der Schmelz wird zuerst an der Zahnspitze abgelagert und breitet sich von dort allmählich gegen den Zahnhals aus, bis ein vollständiger Schmelzüberzug entstanden ist. Wenn durch Apposition neuer Schichten der Schmelz sich verdickt, ziehen sich die Adamantoblasten in die Schmelzpulpa zurück, bis sie schließlich die äußeren Schmelzzellen erreichen. Hier findet ihre Rückbildung statt, wobei vorübergehend eine dünne Membran, das **Schmelzoberhäutchen**, auf der Schmelzoberfläche zurückbleibt. Nach dem Zahndurchbruch löst sich diese Membran Stück für Stück ab.

Die **Zahnwurzel** entsteht kurz vor dem Durchbruch der Krone. Die inneren und äußeren Schmelzzellen, die im Bereich des Zahnhalses aneinanderliegen, dringen tiefer in das darunterliegende Mesenchym ein und bilden die **epitheliale Wurzelscheide** (Abb. 19–**4** D). Die der Epithelscheide benachbarten Zellen der Zahnpapille wandeln sich in Odontoblasten um und lagern eine Dentinschicht ab, die sich an die Zahnkrone anschließt (Abb. 19–**4** E, F). Immer mehr Dentin wird auf die Innenseite der bereits bestehenden Schicht abgelagert, so daß der Pulparaum sich verengt und schließlich ein Kanal entsteht, der die Blutgefäße und Nerven des Zahnes enthält.

Die an der Außenseite des Zahnes gelegenen, an das Wurzeldentin angrenzenden Mesenchymzellen differenzieren sich zu **Zementoblasten** (Abb. 19–**4** E). Die Zellen produzieren eine Hartsubstanz, den **Zement**, der als eine dünne Schicht über dem Wurzeldentin abgelagert wird. Über dieser Zementschicht bildet das Mesenchym den bindegewebigen Halteapparat, das **Periodontium** (Abb. 19–**4** E, F). Die Fasern dieses Bandapparates sind einerseits mit einem Ende im Zement und mit dem anderen in der knöchernen Wand der Alveole befestigt. Dieser Aufhängeapparat hält somit den Zahn fest in seiner Lage und wirkt gleichzeitig als Stoßdämpfer.

Mit dem weiteren Längenwachstum der Wurzel wird die Krone allmähliche durch die darüberliegenden Gewebsschichten in die Mundhöhle vorgeschoben (Abb. 19–**4** E). Der Durchbruch der **Milchzähne** findet 6 bis 24 Monate nach der Geburt statt.

Die Anlagen für die **bleibenden Zähne** liegen an der der Zunge zugewandten Seite der Milchzähne und entstehen während des dritten Entwicklungsmonats (Abb. 19–**4** B). Die Anlagen, die sich in ähnlicher Weise wie die der Milchzähne entwickeln, ruhen bis etwa zum sechsten

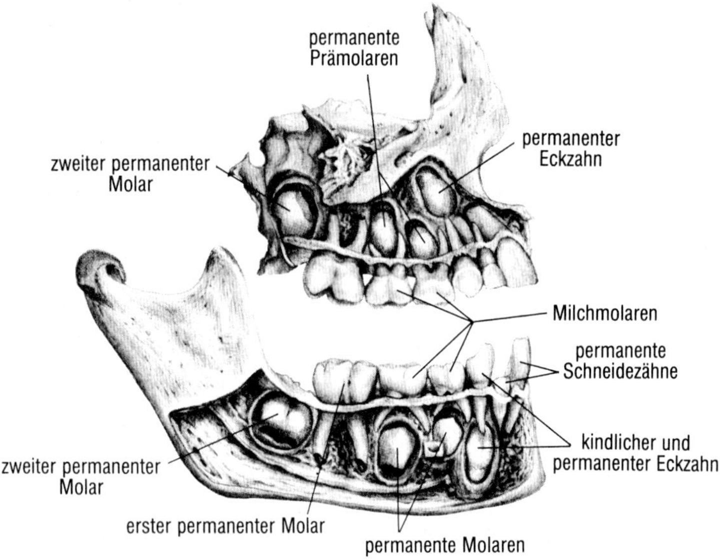

Abb. 19–**5** Zahnwechsel bei einem 8 bis 9 Jahre alten Kind (aus: Atlas of Medical Anatomy by *Langman* and *Woerdeman*. W. B. *Saunders*, Philadelphia 1978).

postnatalen Lebensjahr. Dann beginnen sie zu wachsen, während gleichzeitig die Wurzeln der entsprechenden Milchzähne von unten her durch Osteoklasten abgebaut werden (Abb. 19–**5**).

M Gelegentlich sind die zwei unteren mittleren Schneidezähne bei der Geburt schon durchbrochen. Sie sind dann zumeist anormal geformt und haben wenig Schmelz und keine Wurzeln. Mißbildungen der Zähne sind im wesentlichen erblich. Es wurden aber auch Umweltfaktoren, wie Röteln, Syphilis und Bestrahlung als Ursache für Zahnanomalien beschrieben.

Zusammenfassung: Haut und Anhangsorgane

Haut

Die epitheliale Komponente der Haut, die **Epidermis**, entsteht aus dem **Ektoderm**. Die bindegewebige Komponente, das **Korium** und die **Subkutis** leiten sich von den **Dermatomen** der Somiten und aus dem **parietalen Mesoderm** der Leibeswand ab. Die **Melanozyten** stammen aus der Neuralleiste und wandern in die Epidermis und das Korium ein (Abb. 19–**1**). Die Anhangsorgane, die **Haare**, die **Finger-** und **Fußnägel**, die **Talg-**, **Schweiß-** und **Milchdrüsen** sowie die **Zähne** entwickeln sich aus epithelialen Knospen, die in das Mesoderm vorwachsen.

Haare

Die **Haarknospen** stülpen sich unten ein und nehmen die mesodermale Haarpapille mit Blutgefäßen und Nerven auf. Im Bereich der Haarpapille verhornen die Epithelzellen und schieben sich als Haarschaft durch den Stiel der Knospe nach oben, der damit zur epithelialen Wurzelscheide wird. Jedem Haar ist eine holokrine Talgdrüse zugeordnet, die ihr Sekret in die Wurzelscheide entleert (Abb. 19–**2**). Die **Lanugobehaarung** entsteht vom 8. Monat an und wird vor der Geburt wieder abgestoßen.

Brustdrüse

Die **Milchdrüse** entsteht aus der epithelialen **Milchleiste**, die sich bis auf die epitheliale Milchdrüsenknospe zurückbildet (Abb. 19–**3**). Aus der Knospe sprossen die Milchgänge aus. Die Brustwarze entsteht durch Eversion des Grübchens, in das die Milchgänge münden. Der Fettkörper entwickelt sich in der Pubertät.

M Entlang der Milchleiste können sich zusätzlich Brustwarzen **(Polythelie)** oder zusätzliche Brustdrüsen **(Polymastie)** bilden.

Bei Ausbleiben der Eversion entsteht eine angeborene **Hohlwarze**.

Zähne

Die Zähne entstehen aus der **Zahnleiste**, die sich vom Ektoderm des Stomodeums in das Bindegewebe des Ober- und Unterkiefers absenkt. Aus der Zahnleiste gehen als Knospen die Anlagen für die Milchzähne und für die bleibenden Zähne hervor (Abb. 19–**4**). Im **Kappenstadium** stülpt sich die epitheliale Anlage kappenförmig über die mesodermale Zahnpapille. Die epitheliale Kappe besteht aus inneren Schmelzzellen und äußeren Schmelzzellen, zwischen denen ein ektodermales Retikulum liegt (Schmelzpulpa). Im **Glockenstadium** beginnen mesodermale **Odontoblasten** unter der epithelialen Glocke Prädentin abzuschneiden, das zum Dentin verkalkt. Die inneren Schmelzzellen lagern als **Adamantoblasten** Zahnschmelz auf dem Dentin ab. Die **Zahnwurzel** wird durch die epitheliale Wurzelscheide induziert und entsteht kurz vor dem Durchbruch der Krone (Abb. 19–**4** F).

Die **Milchzähne** brechen im Alter von 6 bis 24 Monaten in die Mundhöhle durch (Abb. 19–**5**). Die bleibenden Zähne werden in der Fetalzeit im dritten Monat auf der Innenseite der Milchleiste angelegt. Der **Zahnwechsel** beginnt um das sechste Lebensjahr (Abb. 19–**5**).

Kapitel 20

Experimentelle Embryologie

Determination und Induktion

Historischer Rückblick

Seit Jahrhunderten durchzieht die Embryologie eine Kontroverse, die sich erst heute zu lösen beginnt. Die einander gegenüberstehenden Meinungen wurden zum erstenmal von Aristoteles klar formuliert. Aristoteles schreibt, daß ein Embryo entweder vollständig präformiert ist und in der weiteren Entwicklung nur noch zu wachsen braucht, oder daß er sich aus einer undifferenzierten Zelle entwickelt, die fortwährend neue spezifische Eigenschaften ausbildet. Etwa bis zu Beginn des 19. Jahrhunderts wurde allgemein angenommen, daß in der Eizelle ein voll ausgebildetes, winziges Individuum vorhanden ist und daß dieses Miniaturindividuum nur noch vom Samen zum Wachstum stimuliert werden müsse. Andere glaubten, daß das Spermium das Miniaturindividuum enthielte, und daß die Entwicklung einsetze, sobald das Spermium in die dotterreiche Eizelle eingedrungen sei. Beide, die „Ovisten“ und die „Spermisten“, waren Vertreter der **Präformationstheorie**.

Im Laufe des 19. Jahrhunderts kamen viele Zweifel an der Richtigkeit der Präformationstheorie auf, da viele Forscher beobachteten, wie beim Wachstum des Embryos ganz neue Strukturen und Organanlagen auftraten, die in den vorhergehenden Stadien nicht vorhanden waren. Unter der Annahme, daß beim Embryo eine progressive Entwicklung von der einfachen zu der komplexen Form abläuft, sprach man von **Epigenese**. Aufgrund dieser Theorie analysierten viele Forscher die Entwicklung der einzelnen Organe von ihrer ersten Anlage bis zur definitiven Form. In dieser Zeit wurden daher die Grundlagen für die Kenntnisse in der deskriptiven Entwicklungsgeschichte gelegt.

Durch die in letzter Zeit erzielten Fortschritte auf dem Gebiet der molekularen Genetik scheint der alte Gegensatz zwischen Präformation und Epigenese wieder aufzuleben. Die Konstitution eines Individuums wird durch seine Gene bestimmt und die Entwicklung besteht grundsätzlich im Abruf der in den Genen gespeicherten Information. Vom genetischen Standpunkt aus muß die Entwicklung daher nach den Gesetzen der Präformationstheorie ablaufen. Vom morphologischen Standpunkt aus scheint sie dagegen den Gesetzen der Epigenese zu folgen. Der scheinbare Gegensatz entsteht durch unsere noch sehr unvollständigen Kenntnisse darüber, wie die Gene im Verlauf der Entwicklung aktiviert werden.

Primäre und sekundäre Induktion

Bald nachdem die wichtigsten morphologischen Strukturen des Embryos beschrieben worden waren, stellte sich die Frage, wie embryonale Zellen, die ursprünglich alle gleich aussehen, sich zu der Vielfalt von Zellen und Organen des Erwachsenen differenzieren können. Diese Frage kann nicht durch die Beschreibung der normalen Entwicklung beantwortet werden, sondern erfordert die Durchführung von Experimenten. Die grundlegenden Experimente wurden an den Eiern von Amphibien durchgeführt. Die 1–2 mm großen befruchteten Eier von Molchen und Fröschen werden als Laich unter Wasser abgelegt und entwickeln sich innerhalb einer schützenden Gallerthülle bis zur schwimmenden Larve. Nach Entfernen der Hülle können mit scharfen Glasnadeln unter dem Stereomikroskop Mikrooperationen an den Keimen durchgeführt werden. Die weitere Aufzucht erfolgt dann in einer einfachen physiologischen Salzlösung.

Wilhelm Roux gab 1888 den Anstoß zu dieser Form der experimentellen Embryologie, indem er eine der Blastomeren eines Zweizellenstadiums bei der Amphibienzygote mit einer heißen Nadel berührte. Er wollte prüfen, ob die zurückbleibende lebende Zelle sich zu einem ganzen Embryo entwickelt, oder ob – wie man nach der Präformationstheorie annehmen muß – nur ein halber Embryo entsteht. Aus der überlebenden Zelle, an der noch die Reste der koagulierten Zelle hafteten, entwickelte sich ein halber Embryo, so daß das Ergebnis des Experimentes der Epigenesetheorie zu widersprechen schien. In späteren Experimenten jedoch, bei denen die beiden Zellen der Zygote durch den sanften Zug mit einer Haarschlinge voneinander getrennt wurden, entwickelte sich jede Zelle zu einem vollständigen normalen Embryo. Die Durchteilungsexperimente weisen darauf hin, daß das Schicksal der Zygote beim Beginn der Entwicklung nicht determiniert ist, sondern daß jede Zelle eine weit größere Potenz besitzt, als unter normalen Verhältnissen sichtbar wird.

Welche Faktoren bestimmen also die endgültige Determination der Zellen und Gewebe, wenn das Schicksal der Zellen in der Zygote noch nicht vollständig determiniert ist? Diese Frage wurde von Spemann (1918) untersucht. Er nahm **Transplantationen an Molchkeimen** vor. Wenn er aus einer frühen Gastrula ein Stück Ektoderm entnahm, aus dem unter normalen Bedingungen Neuralplatte entsteht, und auf die Ventralseite einer anderen Gastrula im gleichen Stadium transplantierte, bildete das transplantierte Ektoderm nicht Neuralgewebe, sondern Haut. Daraus schloß er, daß das Schicksal des verpflanzten Ektoderms vor der Verpflanzung noch nicht determiniert war, sondern daß es erst durch seine neue Umgebung determiniert wurde. Bei entsprechenden Experimenten mit späten Gastrulae entwickelte sich das auf die Ventralseite verpflanzte Ektoderm zu Neuralgewebe, das heißt zu dem Gewebe, das es auch an seinem Herkunftsort gebildet hätte. Das Schicksal des Ektoderms wird also zwischen dem Stadium der frühen und der späten Gastrula determiniert und die Zellen verlieren anschließend ihre Fähigkeit, sich in eine andere Richtung zu entwickeln.

Um herauszufinden, welches Gewebe für die Determination des Ektoderms verantwortlich ist, transplantierten SPEMANN und MANGOLD ein Stück aus der Urmundlippe einer früheren Amphibiengastrula unter das ventrale Ektoderm eines gleichalten Embryos. Bei dieser Versuchsanordnung entwickelte das ventrale Ektoderm des Wirtskeimes eine Neuralrinne und anschließend ein Neuralrohr. Das Stück aus der Urmundlippe (das unter normalen Bedingungen zum Chordamesodermkomplex geworden wäre) hatte offensichtlich das darüberliegende Ektoderm so beeinflußt, daß die Zellen sich zu Neuralgewebe differenzierten. Aus diesem klassischen Induktionsexperiment zogen sie 1924 den Schluß, daß das Gewebe der Urmundlippe als **primärer Organisator** und **primärer Induktor** fungiert und die Differenzierung des Oberflächenektoderms zur Neuralplatte determiniert.

Der Begriff **Determination** bezeichnet also die irreversible Festlegung des Gewebes auf einen Entwicklungsweg. Der Begriff **prospektive Potenz** bezeichnet die Gesamtheit der Entwicklungsmöglichkeiten eines Zellareals, die unter experimentellen Bedingungen verwirklicht werden können. Im Gegensatz dazu bezeichnet **prospektive Bedeutung** die Gewebeart, in die sich das entsprechende Zellareal normalerweise entwickelt. Das Zytoplasma der Eizelle enthält bereits determinierende Faktoren, die während der Eizellenreifung synthetisiert worden sind. Sie bilden einen Gradienten vom animalen zum vegetativen Pol. Die prospektive Potenz der aus den Furchungsteilungen hervorgehenden Zellen hängt damit von der Lage des Zytoplasmas in der Eizelle ab, aus dem sie hervorgehen. Die weitere Determination erfolgt dann durch Interaktion benachbarter Zellareale, d. h. durch Induktion. Bei einigen Spezies, z. B. den Aszidien, ist die Organisation in der Eizelle so detailliert, daß die daraus hervorgehenden Zellen bereits vollständig determiniert sind **(Mosaikeier)**.

Im Anschluß an die Induktion der Neuralplatte durch den Chordamesodermkomplex entstehen in der Neuralanlage neue Strukturen, die ihrerseits als Induktoren für das benachbarte Ektoderm wirksam sind. In dieser Beziehung sind die Verhältnisse beim Augenbläschen am besten bekannt. Das Augenbläschen entsteht beiderseits als Ausstülpung des Vorderhirns (vgl. Abb. 16–**1**). Es tritt in direkten und engen

Kontakt mit dem Oberflächenektoderm, das sich dann verdickt und die Linse bildet. Wenn das Ektoderm, das sich normalerweise zur Linse entwickelt, entfernt wird, bevor der Kontakt mit dem Augenbläschen stattgefunden hat, und durch ein Stück Ektoderm aus einer anderen Region eines gleichalten Embryos ersetzt wird, bildet das verpflanzte Ektoderm in gleicher Weise unter dem Einfluß des Augenbläschens eine Linse. Verpflanzt man das Augenbläschen unter eine andere Ektodermregion des Embryos, dann bildet dieses Ektoderm unter dem Einfluß des transplantierten Augenbläschens eine Linse. Das Augenbläschen fungiert somit als **Aktivator** oder **Induktor**, während das Ektoderm das **reagierende Gewebe** darstellt. Wenn sich die Linse entwickelt hat, wirkt sie ihrerseits als Induktor und induziert im darüberliegenden Ektoderm die Entwicklung der durchsichtigen Hornhaut.

Aus den obigen Beispielen geht hervor, daß der **primäre Induktor** die Differenzierung der Neuralplatte determiniert. Im Anschluß an dieses Stadium treten **sekundäre Induktoren** in den verschiedenen Abschnitten des Neuralrohres auf und veranlassen ihrerseits die Entwicklung der Linse, der Riechgrube und des Ohrbläschens. Nach dieser Phase treten tertiäre Induktoren in Aktion wie z. B. die Linse, die zur Bildung der Kornea führt. Das Induktionsgeschehen läuft also wie eine Kettenreaktion ab. Jeder Entwicklungsschritt wird durch die vorhergehenden verursacht und ist die Voraussetzung für die folgenden.

Wirkungsweise der Induktionsstoffe

Die Induktionsexperimente werfen die grundlegende Frage auf, wie ein Induktor das reagierende Gewebe so beeinflussen kann, daß seine Entwicklung nur in einer bestimmten Richtung determiniert wird. Kommt die Induktion durch die **Diffusion** eines chemischen Stoffes vom Induktor zum reagierenden Gewebe zustande oder ist ein direkter **Zellkontakt** zwischen den Zellen notwendig, um die Differenzierung einer Zelle auszulösen?

Das Prinzip der Experimente, die zur Klärung dieser Frage durchgeführt wurden, soll am Beispiel der Linseninduktion dargestellt werden. Die Annahme einer Oberflächenreaktion wird durch den engen Kontakt, der zwischen den Zellen des Oberflächenektoderms und denen des Augenbläschens während der Induktionsphase besteht, gestützt. In dieser Phase verlängern sich die Ektodermzellen und ihre Kerne ordnen sich radiär zur Kontaktoberfläche an. Es ist dann unmöglich, die reagierenden Schichten voneinander zu trennen. Dazu kommt, daß die Linseninduktion ausbleibt, wenn eine Zellophanmembran den Kontakt zwischen dem Augenbläschen und dem Ektoderm verhindern. Wenn jedoch eine dünne Gallertschicht aus Agar zwischen die beiden Gewebe geschoben wird, tritt eine normale Linsendifferenzierung ein, obwohl die Zellen voneinander getrennt sind. Die zuletzt genannten Beobachtungen scheinen die Annahme zu rechtfertigen, daß es sich bei den Induktionsstoffen um diffusible Substanzen handelt. Untersuchungen der Linseninduktion mit radioaktiven Markierungen ergaben weitere Hinweise für die Diffusionseigenschaften der Induktorsubstanzen. Es konnte ein relativ selektiver Übertritt markierter Substanzen von Augenbrecher zur Linsenanlage beobachtet werde. Aus der Verteilung der Radioaktivität in den Linsenzellen konnte geschlossen werden, daß sowohl kleinere als auch komplexe Moleküle oder Partikel vom Induktor in das reagierende Gewebe übertragen waren.

Die besten Beweise für die Existenz diffusibler Stoffe stammten aus Experimenten über die Induktion der Nierenkanälchen von GROBSTEIN (1953). Die normale Differenzierung der Ausscheidungskanälchen im metanephrogenen Gewebe der Maus ist von einem Induktionsreiz abhängig, der von der Ureterknospe ausgeht (vgl. Abb. 11–**6**). Dieser Reiz kann durch einen Filter mit einer durchschnittlichen Porengröße von 0,1 μm dringen und ist noch über eine Entfernung von mehr als 80 μm wirksam. Elektronenoptisch konnte in dem Filter zunächst kein Zytoplasmamaterial nachgewiesen werden. Bei der Wiederholung des Experimentes mit verbesserten Methoden fanden sich in den Poren des Filters doch Zellausläufer.

Viele Befunde weisen also darauf hin, daß vom Induktor zum reagierenden Gewebe diffusible Substanzen übertreten. Unter normalen Bedingungen besteht jedoch ein enger Kontakt zwischen beiden Geweben. Die Diffusionsstrecken sind sehr kurz und gewährleisten dadurch die Begrenzung der Induktionswirkung auf einen eng umschriebenen Bereich.

Isolierung eines primären Induktionsfaktors

Der chemische Wirkungsmechanismus bei der primären Induktion der Neuralplatte in der Amphibiengastrula ist seit der ersten Beschreibung durch SPEMANN ebenfalls Thema zahlreicher Untersuchungen gewesen. Es zeigte sich, daß das induktive Prinzip nicht nur in den Zellen des Urdarmdaches vorhanden ist, sondern auch in vielen anderen Geweben.

Es lag nahe, die entstandenen Fragen durch die **biochemische Isolierung** der primären Induktionsfaktoren zu klären. Das Urdarmdach der Molchgastrula enthält jedoch für die biochemische Bearbeitung viel zu wenig Material. Deshalb benutzte die Arbeitsgruppe um H. TIEDEMANN aus Berlin als Ausgangsmaterial neun oder elf Tage lang bebrütete Hühnerembryonen. Aus den Hühnerembryonen läßt sich ein

Extrakt gewinnen, mit dem im Ektoderm der Molchgastrula die gleichen Strukturen induziert werden können, wie mit den entsprechenden Abschnitten aus dem Urdarmdach der Gastrula. Es entstehen zusätzliche Vorderköpfe, Hinterköpfe, Rümpfe und Schwänze. Der Extrakt enthält zwei Induktiosfaktoren. Der eine induziert die Entwicklung von Neuralgewebe und wird deshalb als **neuralisierender Faktor** bezeichnet. Der andere induziert die Entwicklung von entodermalen und mesodermalen Geweben und heißt deshalb **vegetalisierender Faktor**.

Durch biochemische Anreicherung ließ sich der vegetalisierende Faktor in einer relativ reinen Fraktion gewinnen. Es handelt sich um ein Protein. Die primäre Wirkung des vegetalisierenden Induktionsfaktors zeigt sich erst, wenn er in hoch konzentrierter Form angewandt wird. Sie besteht in einer Veränderung der Oberflächeneigenschaften der Ektodermzellen. Sie bilden die gleiche Art von Mikrovilli wie entodermale Zellen aus und gleichen ihnen in ihren Hafteigenschaften und in ihrem Bewegungsverhalten. Wenn man die Zellen in der Gewebekultur oder in der ursprünglichen Testgastrula weiterwachsen läßt, differenzieren sie sich aufgrund von sekundären Induktionsvorgängen zu entodermalen Geweben, wie Darm und Leber, und zu mesodermalen Geweben, wie Chorda, Muskulatur und Nierenkanälchen.

Blastozystenfusion beim Säuger

In den letzten Jahren wurden Methoden entwickelt, die es erlauben, auch in den frühen Stadien des Säugetierembryos Experimente durchzuführen. Ein typisches Experiment ist die Fusion von zwei Embryonalanlagen der Maus mit unterschiedlichen genetischen Anlagen. Die Eier werden im Furchungsstadium aus dem Eileiter der Muttertiere herausgespült. Nach Entfernen der Zona pellucida werden die beiden Keime in einem künstlichen Nährmedium zusammengebracht und so lange kultiviert, bis sie miteinander verschmolzen sind. Anschließend werden sie in den Uterus einer anderen scheinschwanger gemachten Maus wieder implantiert. Die beiden Anlagen bilden eine große Blastozyste mit verdoppelter Zellzahl. Im Verlauf der Schwangerschaft reguliert sich die Zellzahl jedoch wieder auf den normalen Stand ein. Es entstehen Mäuse, die aus Zellen von ursprünglich zwei verschiedenen Individuen zusammengesetzt sind. Sie werden als **„Chimären“** oder **„allophenische Mäuse“** bezeichnet. Wenn man z. B. eine Blastozyste aus einem Albinostamm mit einer Blastozyste aus einem pigmentierten Stamm fusioniert, entstehen Tiere mit unregelmäßig geflecktem Fell.

Eine entsprechende Fleckung des Fells beobachtet man bei Mäusen, die für ein X-gebundenes Fellfarbengen heterozygot sind. Aus dieser

Beobachtung hatte MARY LYON ihre Hypothese von der zufallsmäßigen Inaktivierung eines X-Chromosoms in jeder Zelle des weiblichen Organismus hergeleitet. Die X-Inaktivierung findet im Blastozystenstadium statt. Eine derartige nicht experimentell erzeugte, sondern genetisch bedingte Musterbildung wird als **Mosaik** bezeichnet.

Experimente zur Determination und Induktion in den ersten Entwicklungsstadien, die früher nur am Amphibienkeim oder beim Hühnerembryo durchgeführt werden konnten, lassen sich heute auch am Säugerembryo ausführen. Die getrennte Transplantation der inneren und äußeren Zellmasse (vgl. Abb. 2–**3** und Abb. 2–**8**) zeigte, daß beide Zellareale bei der Maus bereits determiniert sind. Aus der inneren Zellmasse kann nur Embryoblast entstehen, aus der äußeren Zellmasse nur Trophoblast. Zwischen beiden Komponenten lassen sich typische Induktionsbeziehungen nachweisen. Der Embryoblast wandert nach der Implanation auf die dem Uterusepithel zugewandte Seite der Blastozyste und induziert dort die Bildung des Synzytiotrophoblast (vgl. Abb. 2–**8**).

In die Blastozyste der Maus lassen sich einzelne genetisch markierte Zellen injizieren, die entsprechend ihrer prospektiven Potenz an der weiteren Differenzierung teilnehmen. Durch solche Experimente wurde gezeigt, daß **extraembryonales Entoderm** und **Mesoderm** nur von Embryoblastzellen und nicht von Trophoblastzellen gebildet wird.

B. MINTZ u. K. ILLMENSEE injizierten **Teratokarzinomzellen** in die Blastozyste der Maus. Teratokarzinome sind bösartige Geschwülste, die von Keimzellen oder frühembryonalen Geweben abstammen. Die Teratokarzinomzellen besiedelten als Keimzellen auch die Gonaden der Chimären. Es entwickelten sich funktionsfähige Spermien, so daß in der zweiten Generation Mäuse entstanden, „deren Vater ein Teratokarzinom war“. Während der Embryonalentwicklung hatten die Teratokarzinomzellen die Eigenschaft des bösartigen Wachstums verloren.

Die für Experimente mit der Blastozyste der Maus entwickelten Techniken sind die Grundlage für die extrakorporale Befruchtung und die Blastozystentransplanation, die beim Menschen zur Behandlung von Infertilität eingesetzt wird (vgl. Befruchtung, S. 29).

Differenzierung

Morphologische und biochemische Aspekte

In den ersten Entwicklungsstadien des Embryos steigt die Zahl der Blastomeren rasch an. Alle Zellen sehen morphologisch gleich aus und sind nur zu bestimmten Basisfunktionen wie Proteinsynthese und Atmung befähigt. Bei der Bildung der Keimblätter verlieren die Zellen ihre Gleichartigkeit und entwickeln neue morphologische Charakteristika. Die Ektodermzellen bilden ein hochzylindrisches Epithel, die Entodermzellen bilden lockeres mesenchymales Gewebe, und die Ektodermzellen breiten sich zu einem flachen, dünnen Epithel aus. Der Begriff Differenzierung besagt in diesem Zusammenhang, daß die Zellen neue morphologische Eigenschaften erworben haben, die sie von anderen Zellen unterscheiden. Diese Eigenschaften bleiben auch erhalten, wenn man die Zellen isoliert und in der Gewebekultur weiterzüchtet. Ektodermzellen bilden unter diesen Bedingungen einen epithelialen und Mesodermzellen einen mesenchymalen Zellverband.

Durch weitere Differenzierung entstehen aus den Keimblättern die Organanlagen. Im Bereich einer Organanlage vermehren sich die Zellen. Es treten die für das Organ typischen morphologischen Strukturen, wie z. B. Drüsenkanälchen, auf. Gleichzeitig lassen sich in den Zellen die spezifischen Differenzierungsleistungen zum ersten Mal nachweisen, die für das erwachsene Organ charakteristisch sind. Muskelzellen produzieren Muskelproteine, Knorpelzellen scheiden Knorpelgrundsubstanz aus. Drüsenzellen bilden Sekretgranula. Diese **biochemische Differenzierung** kann man der **morphologischen Differenzierung** gegenüberstellen.

Viele Organanlagen durchlaufen nach ihrer Entstehung zunächst eine Phase der Zellvermehrung, ehe sie mit der eigentlichen Differenzierung beginnen. Diese Frage wurde am Beispiel der Anlage des exokrinen Pankreas der Maus näher untersucht. Zwischen der Größe der Anlage und dem Einsetzen der biochemischen Differenzierung ergab sich eine gesetzmäßige Beziehung. Die aus dem Embryo entnommene Anlage wuchs in der Gewebekultur zunächst zu einer **kritischen Größe** heran, ehe die Zellen mit der Differenzierung begannen. Die elektronenoptische Analyse diese Modells zeigte jedoch, daß in den Zellen während der Vermehrungsphase bereits einige wenige Sekretgranula vorhanden sind. Die Unterschiede zwischen einer Phase der Zellvermehrung und einer Phase der Differenzierung scheinen also nur quantitativer Art zu sein. In der ersten Phase produzieren die Zellen im wesentlichen Strukturproteine, die für die Zellvermehrung notwendig sind und nur wenig organspezifische Eiweißkörper. Anschließend verschiebt sich das Verhältnis zugunsten der spezifischen Proteine.

Zellbewegungen

Die Ausbildung des Embryonalkörpers und die Entstehung neuer Organstrukturen war das eigentliche Thema der beschreibenden

Embryologie. Die zugrundeliegenden Bewegungsvorgänge waren jedoch unbekannt. In den letzten Jahren wurde dann deutlich, daß die Zellbewegungen im Embryo auf dem gleichen Prinzip beruhen wie die amöboiden Bewegungen von Einzellern oder von Fibrozyten in der Gewebekultur. Die amöboide Bewegung der Zellen wird durch die Kontraktion eines Fasernetzes aus Aktin- und Myosinfilamenten unter der Zelloberfläche angetrieben. Das kontraktile Prinzip ist mit demjenigen identisch, das in den differenzierten Muskelzellen verwirklicht wird. Der Nachweis, daß die Bewegung embryonaler Zellen und Zellverbände von der Funktion der intrazellulären **Aktin-** und **Myosinfilamente** abhängig ist, gelang mit dem Zellgift *Cytochalasin B*. Das Cytochalasin B zerstört die Aktinfilamente. Dadurch konnten gezielt embryonale Gestaltungsbewegungen, wie der Neuralrohrschluß, das Auswachsen von Nervenfasern oder die Aufzweigung von Drüsenanlagen, blockiert werden. Die embryonalen Zellen können sich als Einzelzellen mit Hilfe von Pseudopodien bewegen. Typische Beispiele sind die Keimzellen und die Neuralleistenzellen. Auf der anderen Seite können sie, wenn sie in einem Epithelverband fest miteinander verbunden sind, durch die Kontraktion des Fasernetzes unter der Zelloberfläche die Verformung des gesamten Epithelverbandes bewirken. Dies ist z. B. bei der Ausbildung des Neuralrohrs der Fall.

Jede Organanlage durchläuft in ihrer Entwicklung eine Phase, in der die Zellbewegungen stattfinden, die zur Ausbildung der typischen Organstruktur führen. In dieser Zeit entwickeln sie Eigenschaften, die sie später nicht mehr besitzen. Hierzu gehört das Auftreten einer **Cholinesterase-Aktivität** (DREWS 1975). Im erwachsenen Organismus besteht die Funktion der Cholinesterase darin, an der motorischen Endplatte den Neurotransmitter Acetylcholin abzubauen. Während der Embryonalzeit läßt sich Cholinesterase histochemisch in jeder Organanlage nachweisen, wenn sich der Organstruktur ausbildet. Ihre Funktion hängt daher möglicherweise mit der Regulation der Zellbewegung zusammen. Sie ist Teil eines primitiven cholinergen Systems, zu dem neben dem Azetylcholin synthetisierenden Enzym Cholin Azetyltransferase auch ein muskarinischer Rezeptor auf den embryonalen Zellen gehört.

Ein typisches Beispiel für das Verhalten der Cholinesterase ist die Entwicklung der Somiten. Wenn sich die lockeren Mesodermzellen zu Somiten anordnen, zeigen sie eine starke Aktivität. Die Fermentaktivität verschwindet, wenn sich der Somit ausgebildet hat. Bei der Bildung des Sklerotoms muß sich der epitheliale Zellverband wieder auflösen. Die Cholinesterase tritt in den beteiligten Zellen erneut auf und verschwindet erst wieder, wenn die Zellen zur Ruhe gekommen sind. Die Aggregation der Sklerotomzellen zu den Knorpelanlagen für die Wirbelkörper wird dann ebenfalls von einer Cholinesteraseaktivität begleitet. Mit der Ausscheidung von Knorpelgrundsubstanz verschwindet sie endgültig aus den Zellen (vgl. Abb. 5–**7**).

Ein anderes Enzym, das sich in ebenso charakteristischer Weise in der embryonalen Phase der Organe nachweisen läßt, ist die **alkalische Phosphatase**. Sie bewirkt die hydrolytische Spaltung von Monoestern der Phosphorsäure in alkalischem Medium. Mit der histochemischen Reaktion für alkalische Phosphatase färben sich die Urkeimzellen auf ihrer Wanderung in die Gonadenanlage selektiv an. Auf diese Weise konnte beim menschlichen Embryo die Herkunft der Urkeimzellen aus dem Dottersack nachgewiesen werden (vgl. Abb. 11–**15**).

Bei einigen Organanlagen ist die Phase der Gestaltungsbewegung besonders ausgeprägt und führt zu weiten Wanderungen von Zellmaterial durch den Embryonalkörper. Von LeDouarin u. Theillet wurde eine Methode entwickelt, die die Analyse dieser Bewegungen und die Überprüfung der bisherigen Vorstellungen erlaubt. Die Organanlagen, z. B. ein Stück Neuralrohr mit der Neuralleiste, werden aus dem Embryo einer japanischen Wachtel entnommen und an die entsprechende Stelle in einem Hühnerembryo eingesetzt. Die Wachtelzellen integrieren sich normal in den Hühnerembryo. Bei der späteren histologischen Untersuchung lassen sie sich aufgrund ihrer besonderen Chromatinstruktur leicht von den Hühnchenzellen unterscheiden. Sie haben einen kleineren Kern, der sich stärker anfärbt. Die Neuralleistenzellen lassen sich so bei der Entwicklung des vegetativen Nervensystems bis in die Darmwand hinein verfolgen (vgl. Abb. 15–**31**). Christ und Jacob aus Bochum haben mit dieser Methode nachgewiesen, daß die **Myoblasten** in den Arm- und Beinknospen aus den Somiten stammen.

Interaktion zwischen Epithel und Mesenchym

Die meisten Organanlagen, wie die Leber, die Lunge, die Drüsen und die Haare, bestehen aus einer epithelialen und einer mesenchymalen Komponente. Zwischen beiden Komponenten bestehen Wechselwirkungen, die den Induktionsprozessen in der Frühentwicklung entsprechen. Sie lassen sich untersuchen, wenn man Epithel und Mesenchym einer Anlage durch Behandlung mit Trypsin-Pankreatin voneinander trennt und ihr Verhalten in der Organkultur untersucht.

Mit dieser Methode hat Grobstein bei der Anlage der Speicheldrüse der Maus folgende Ergebnisse erzielt: Die intakte Anlage differenziert sich auf einen dünnen Membranfilter (25 µm), der auf einem Tropfen Kulturmedium schwimmt, zu einem dicht verzweigten Drüsenbäumchen. Die isolierte epitheliale Knospe geht unter den gleichen Bedingungen zugrunde. Wird sie dagegen in engem Kontakt mit ihrem

Mesenchym kultiviert, entwickelt sich wieder eine verzweigte Drüse. Wenn das Epithel auf der Oberseite und das Mesenchym auf der Unterseite des Membranfilters gezüchtet wird, entsteht ebenfalls ein Drüsenbäumchen, das nur etwas kleiner ist. Wenn die Epithelknospe mit Mesenchym aus einer anderen Organanlage, z. B. der Lunge, kombiniert wird, bleibt das Epithel zwar erhalten, es sprossen jedoch keine Gänge aus.

Aus derartigen Experimenten lassen sich folgende Schlußfolgerungen ziehen: Die epitheliale Komponente einer Anlage ist ohne ihr Mesenchym nicht in der Lage, eine Organstruktur aufzubauen oder sich biochemisch zu differenzieren. Obwohl das Mesenchym in allen Organanlagen gleich aussieht, ist es in seinen Induktionseigenschaften organspezifisch. Diese Spezifität entwickelt sich wahrscheinlich unter dem induktiven Einfluß des Epithels in den vorhergehenden Stadien. Das Mesenchym kann seine Wirkung durch den Membranfilter hindurch ausüben. Dies weist darauf hin, daß die Wirkung über diffusible Faktoren erfolgt.

In Übereinstimmung mit dieser Beobachtung konnte aus Hühnerembryonen ein Faktor angereichert werden, der in der Gewebekultur für die Pankreasanlage der Maus die mesenchymale Komponente ersetzen kann. Er hat die Eigenschaften eines Glykoproteins und ist noch wirksam, wenn er in fester kovalenter Bindung auf einer inerten Trägersubstanz aus Sepharosekügelchen aufgebracht wird. Die Epithelzellen wachsen und vermehren sich auf der Oberfläche des Sepharosekügelchen wie auf einer Bindegewebsunterlage. Der Faktor muß also nicht in die Epithelzellen aufgenommen werden, sondern entfaltet seine Wirkung an der Zellmembran.

Auch im erwachsenen Organismus sind die Epithelien ohne ihre Bindegewebsschicht nicht lebensfähig. Die induktiven Beziehungen kommen wieder zum Vorschein, wenn z. B. ein epithelialer Tumor sich sein Bindegewebe mit der entsprechenden Gefäßversorgung induziert.

Wachstumsfaktoren

Aus der großen Zahl der spezifischen Induktionsfaktoren, die während der Organentwicklung wirksam sind, konnte der „Nerve Growth Factor (NGF)“ isoliert und seine Struktur aufgeklärt werden. Der Nerve Growth Factor stimuliert das Auswachsen der Neuriten aus den Nervenzellen im Spinalganglion und aus den vegetativen Nervenzellen des Sympathicus in einer zeitlich begrenzten Phase der Entwicklung. Es handelt sich um ein Protein mit einem Molekulargewicht von 28000. Der Nerve Growth Factor wurde aus der Speicheldrüse der männlichen Maus in chemisch reiner Form isoliert. Im Gegensatz zu anderen Tieren sind die Speicheldrüsen der Maus Zielorgane für

Testosteron. Das männliche Keimdrüsenhormon induziert ein vermehrtes Wachstum und eine vermehrte Aktivität der Drüse. Dabei bilden die Drüsenzellen Nerve Growth Factor und einen mit ihm eng verwandten Eiweißkörper, den „Epithelial Growth Factor“, der das Wachstum der Epithelien stimuliert. Wie bei der Isolierung des vegetalisierenden primären Induktionsfaktors war die chemische Reinigung nur dadurch möglich, daß der Faktor in einem Gewebe entdeckt wurde, das für biochemische Bearbeitung in ausreichender Menge vorhanden ist. Man darf davon ausgehen, daß die Embryonalentwicklung durch eine Vielfalt solcher lokaler Faktoren gesteuert wird.

Chemotaxis der Keimzellen

Zu den embryonalen Induktionsfaktoren gehört auch ein chemotaktischer Faktor, der die Wanderung der Urkeimzellen aus dem Dottersack in die somatische Gonadenanlage leitet. Er wird von den Zellen der Gonadenanlage während der Wanderungsphase der Urkeimzellen gebildet. Dubois konnte die Existenz des Faktors in der Organkultur nachweisen, indem er verschieden alte Gonadenanlagen aus Hühnerembryonen und aus Mausembryonen nebeneinander auspflanzte. Die ältere Anlage enthält den Faktor in höherer Konzentration und kann die bereits in die jüngere Anlage eingewanderten Keimzellen wieder herauslocken. Der Faktor ist ein Glykoprotein (vgl. Abb. 11–**15**).

Testosteron und Faktor X

Alfred Jost kastrierte 1947 männliche Kaninchenembryonen innerhalb des Uterus. Ohne Hoden entwickelte sich ein vollkommen weiblicher Phänotyp. Der Wolff-Gang bildete sich zurück und der Müller-Gang blieb erhalten. Wenn er dagegen bei einem weiblichen Embryo neben das Ovar einen Hoden einpflanzte, blieb der Wolff-Gang erhalten und der Müller-Gang bildete sich zurück. Die erhaltende Wirkung des Hodens auf den Wolff-Gang ließ sich durch das männliche Keimdrüsenhormon Testosteron nachahmen, die rückbildende Wirkung des Hodens auf den Müller-Gang dagegen nicht. Daraus schloß Jost, daß im Hoden außer Testosteron noch ein weiterer Faktor gebildet wird, der den Müller-Gang zur Regression bringt. Er nannte ihn den unbekannten Faktor, den Faktor X.

Der Faktor X wurde inzwischen durch die Kombination von Hodengewebe und Müller-Gängen in der Organkultur näher charakterisiert. Durch Isolierung von Samenkanälchen aus Kälberfeten konnte Josso zeigen, daß der Hemmfaktor (Faktor X = „Anti-Müller-Hormon“, AMH) in den Anlagen der Samenkanälchen während der Fetalzeit gebildet wird. Es handelt sich um ein Glykoprotein dessen Wirkung nicht spezies-spezifisch ist.

Antiandrogene

Die übrigen Unterschiede zwischen dem männlichen und weiblichen Phänotyp sind nur von den in den Leydig-Zellen gebildeten Androgenen abhängig (vgl. Kap. 11, S. 185). Testosteron induziert als embryonaler Induktor die Entwicklung der männlichen Geschlechtsorgane. Die Wirkung des Testosterons als Induktor läßt sich durch die Gabe von Antiandrogenen während der Schwangerschaft stören und ganz aufheben. Das wirksamste Antiandrogen ist das Cyproteron-Acetat, das auf der Suche nach Verbindungn mit gestagener Wirkung synthetisiert wurde. Seine feminisierende Wirkung auf männliche Embryonen wurde von F. Neumann entdeckt und an verschiedenen Tierspezies untersucht. Das Antihormon verdrängt das Testosteron in den Zielorganen von seinem Rezeptorprotein. Die Differenzierung des Nebenhodens und der männlichen Drüsen wird teilweise oder vollständig unterdrückt. Das äußere Genitale zeigt in Abhängigkeit von der Dosis alle Übergänge zwischen dem weiblichen und dem männlichen Phänotyp. Durch die Anwendung der Antiandrogene konnte gezeigt werden, daß die Androgene normalerweise nicht nur die Ausprägung des Genitaltraktes bestimmen, sondern auch die sexuelle Prägung des Gehirns. Die sensible Phase für die **sexuelle Prägung des Gehirns** liegt beim Kaninchen und Meerschweinchen kurz vor der Geburt, bei der Ratte, der Maus und beim Hamster kurz nach der Geburt. Die Prägung besteht in einer irreversiblen Beeinflussung der Kerngebiete im Hypothalamus. Die weibliche Prägung führt zu einer zyklischen Ausscheidung des Luteinisierungshormons (LH) aus der Hypophyse. Eine zyklische Ausscheidung ist die Voraussetzung für die Reifung der Eizellen im Ovar. Die weibliche Prägung erfolgt, wenn in der sensiblen Phase keine Androgene zum Hypothalamus gelangen. Dies ist normalerweise bei weiblichen Feten der Fall.

Eine männliche Prägung bewirkt, daß das Luteinisierungshormon nicht zyklisch sezerniert wird. Sie erfolgt, wenn Androgene in der sensiblen Phase den Hypothalamus treffen. Dies ist normalerweise bei männlichen Feten der Fall. Durch Gabe von Androgenen in der späten Schwangerschaft können weibliche Feten männlich geprägt werden. Die Weibchen sind dann nach der Pubertät steril, da die Eizellen nicht reifen können. Durch Gabe von Cyproteron-Acetat kann die männliche Prägung verhindert werden. Die zyklische Aktivität der Hypophyse in den männlichen Versuchstieren kann durch die Transplantation eines Ovars nachgewiesen werden. In dem Ovar laufen dann Ovulationen ab.

Die sexuelle Prägung betrifft nicht nur die zyklische oder azyklische Ausscheidung vom Luteinisierungshormon, sondern auch die weibliche oder männliche Prägung des Sexualverhaltens.

Androgenrezeptorprotein und Tfm-Mutation

Das Testosteron passiert ohne besondere Hilfsmittel die Zellmembran. Es wird in den meisten Zielorganen in 5-α-Dihydrotestosteron (DHT) umgewandelt. Anschließend verbindet es sich mit dem zytoplasmatischen Rezeptorprotein. Das Rezeptorprotein läßt sich durch die spezifische Bindung von radioaktiv markiertem Dihydrotestosteron nachweisen. Auf einem Sucrose-Gradienten wandert es mit einer Sedimentationsgeschwindigkeit von ca. 9 S. Für eine biochemische Isolierung sind die vorhandenen Mengen jedoch zu gering. Aus dem Zytoplasma wandert das hormonbeladene Rezeptorprotein in den Zellkern. Es zerfällt dabei in kleinere Untereinheiten, die direkt oder unter Vermittlung durch ein weiteres saures Kernprotein Kontakt mit der DNS aufnehmen. Die Wirkungen des Testosterons in seinen Zielorganen sind vom Androgenrezeptorprotein abhängig.

Bei der **testikulären Feminisierung (Tfm)** ist das Androgenrezeptorprotein defekt. Da es sich um eine X-gebundene Mutation handelt, sind Individuen mit dem Genotyp X^{Tfm} Y befallen. Der Hoden entwickelt sich normal und bringt die Müller-Gänge zur Rückbildung. Da die Körperzellen jedoch nicht auf Testosteron ansprechen können, entsteht im Übrigen ein weiblicher Organismus (vgl. Kap. 11, S. 186). Die Tfm-Mutation bei der Maus kann dazu benutzt werden, um die Wirkungsweise des Testosteron als embryonaler Induktor näher zu untersuchen (Drews). Hierzu werden weibliche, für die Tfm-Mutation heterozygote Mäuse (Überträger) mit Männchen gepaart, die den „sex-reversed" *(Sxr)*-Faktor tragen. Sxr ist eine Reduplikation des den Hoden determinierenden Abschnittes des Y-Chromosoms. Der Sxr-Faktor kann sich bei der End-zu-End-Paarung des X- und des Y-Chromosoms in der Meiose des männlichen Überträgers durch Crossover mit dem X-Chromosom oder mit dem Y-Chromosom verbinden. Im ersten Fall wird ein X-*Sxr* Chromosom vererbt, so daß XX-Männchen (XX-Sxr) entstehen. Im zweiten Fall wird ein Y-*Sxr* vererbt, so daß wieder Überträger des Sxr-Faktors entstehen (XY-Sxr). Anhand der Nachkommen läßt sich der Erbgang nicht von einer autosomal dominanten Vererbung unterscheiden, so daß von einer „pseudoautosomalen" Vererbung mit obligatorischem Crossover zwischen „X und Y" gesprochen wird. Die Gen-Formel für die Paarung einer für die *Tfm*-Mutation heterozygoten Maus mit einem Überträger des *Sxr*-Faktors läßt sich folgendermaßen schreiben: $X^{Tfm}/X^{+} \times X^{+}/Y$-*Sxr*. Ein Achtel der Nachkommen hat dann die Gen-Formel X^{Tfm}/X^{+}-*Sxr*. Obwohl diese Tiere zwei X-Chromosomen besitzen, haben sie Hoden. Sie werden in der Embryonalzeit vom *Sxr*-Faktor induziert.

Durch die X-Inaktivierung sind die Tiere Mosaike in bezug auf das Merkmal Tfm. Die Zielorgane für das Testosteron bestehen aus einer

Mischung von Zellen mit normalem Rezeptorprotein und aus Zellen mit defektem Rezeptorprotein, je nachdem, ob das X-Chromosom mit der Tfm-Mutation oder das mit dem Wildtyp-Allel inaktiviert wurde. Deshalb entwickeln sich in diesen Tieren intersexuelle Geschlechtsorgane, deren Ausprägung vom fast weiblichen bis zum fast männlichen Phänotyp reicht.

Die Zellen mit dem Rezeptordefekt bleiben in den männlichen Organen der Tiere erhalten. Es sind undifferenzierte Zellen, oder Zellen, die eine indifferente Alternative, wie z. B. Urethraldrüsen innerhalb einer Prostata verwirklichen. Aus dieser Beobachtung lassen sich zwei Schlüsse ziehen: 1. Die zelluläre oder biochemische Differenzierung der Zellen ist direkt vom Testosteron-Rezeptorprotein-Komplex abhängig. 2. Das Aussprossen der Drüsenanlagen und die Proliferation sind nur indirekt von Androgenrezeptorprotein abhängig, weil innerhalb des Mosaiks auch die defekten Zellen daran teilnehmen können. Diese Wirkungen werden in den normalen Zellen induziert und an die benachbarten defekten Zellen weitervermittelt. Dies geschieht wahrscheinlich durch Faktoren wie sie z. B. bei der Interaktion zwischen Epithel und Mesenchym wirksam sind.

Differenzierung der Blutzellen

Die ersten Blutzellen differenzieren sich in den Blutinseln im extraembryonalen Mesoderm der Wand des Dottersackes (vgl. Kap. 12, S. 192). Von dort werden sie in die Gefäße des Embryos ausgeschwemmt. Wenn der Dottersack sich am Ende des 2. Monats zurückbildet, verlagert sich die Blutbildung in die Leber und vom 5. Monat ab auch in die Milz. Aus dem Dottersack stammende im Blut zirkulierende Stammzellen setzen sich unter dem Sinusendothel der Leber fest und bilden neue Zentren, in denen die Vermehrung der Stammzellen und die Differenzierung zur Erythrozyten abläuft. Vom 8. Monat an besiedeln die zirkulierenden Stammzellen in entsprechender Weise das Knochenmark.

Der Nachweis der im Blut zirkulierenden Stammzellen wird folgendermaßen geführt: In Mäusen werden durch Ganzkörperbestrahlung alle vorhandenen Stammzellen abgetötet. Den Mäusen wird das zu testende Blut übertragen. Darin enthaltene Stammzellen setzen sich in der Milz des bestrahlten Tieres fest und vermehren sich. Aus jeder Stammzelle (colony forming unit, CFU) entsteht eine Zellkolonie. Die Gesamtzahl der in der Milz auftretenden weißlichen Knötchen ist dann ein Maß für die Zahl der übertragenen Stammzellen. Diese Experimente sind die Grundlage für die Knochenmarktransplantation, die zur Behandlung der kindlichen Leukämie eingesetzt wird.

Das spezifische in den Erythrozyten gebildete Protein ist der Globinanteil des Hämoglobins. Jedes Globinmolekül besteht aus 4 Untereinheiten. Im Genom der Säugetiere sind fünf verschiedene Gene für Hämoglobin-Untereinheiten vorhanden. Die entsprechenden Peptidketten werden mit den griechischen Buchstaben α, β γ, δ, und ε bezeichnet. Sie unterscheiden sich voneinander nur in einer begrenzten Zahl von Aminosäuren. Diese verschiedenen Gene sind im Verlauf der Evolution durch Genverdoppelung und durch ungleiches Crossing over entstanden. In der normalen menschlichen Entwicklung wird in den ersten 2 Monaten (Dottersackphase) **embryonales Hämoglobin** gebildet. Es besteht aus Hämoglobin-Molekülen mit zwei α-Ketten und zwei ε-Ketten (Grower II, $\alpha_2\varepsilon_2$). Anschließend entsteht **fetales Hämoglobin** aus zwei α- und zwei γ-Ketten (HbF, $\alpha_2\gamma_2$). Nach der Geburt entsteht **adultes Hämoglobin** aus α- und β-Ketten mit einer geringen Menge Hämoglobin aus α- und δ-Untereinheiten (Hb A_1, $\alpha_2\beta_2$ und ca. 2% Hb A_2 aus $\alpha_2\delta_2$).

Die Stammzellen für die Erythropoese entstehen im Dottersack. Als determinierte Stammzellen können sie im Blut zirkulieren. Die Differenzierung zu Erythrozyten erfolgt jedoch nur in einer bestimmten zellulären Umgebung. Dabei werden sehr wahrscheinlich in Abhängigkeit vom Ort der Blutbildung jeweils andere Kombinationen von Strukturgenen aktiviert.

Die Wirkungsweise der Selektion auf das Muster der Genaktivierung läßt sich an diesem Beispiel deutlich erkennen. Die jeweilige Kombination der Hämoglobin-Pertidketten besitzt für die Kreislaufverhältnisse im entsprechenden Entwicklungsstadium die am besten angepaßte Sauerstoff-Bindungskapazität. Beim Erwachsenen führt das Auftreten anderer Kombinationen oder das Auftreten von embryonalen und fetalen Peptidketten zu den verschiedenen Formen der **Thalassämie** mit vermehrtem Blutzerfall.

Die Differenzierung der **Leukozyten** erfolgt in entsprechender Weise. Dabei ist die Entstehung von T-Lymphozyten im Thymus und die Entstehung von B-Lymphozyten, bei Vögeln in einer Aussackung des Dickdarms (Bursa Fabricius), bei den Säugern im Knochenmark, ein weiteres Beispiel für ortsgebundene Genaktivierung.

Genregulation in der Zelle

Jede Körperzelle enthält in ihrem Zellkern die gesamte genetische Information, die zur Entwicklung des Organismus notwendig ist. Dies kann durch die Transplantation eines Zellkerns aus einer differenzierten Zelle in eine Eizelle direkt gezeigt werden. King u. Briggs entfernten operativ den Zellkern aus der Eizelle vom Frosch und ersetzten ihn durch den Zellkern aus einer differenzierten Darmepithelzelle einer Kaulquappe. Es entwickelte sich daraus ein ganzer Frosch.

Man ist heute allgemein der Ansicht, daß das Genom bei den Eukaryoten in ähnlicher Weise reguliert wird, wie es das Modell von JACOB u. MONOD für die Bakterienzelle beschreibt. Von Regulator-Genen werden die Proteine kodiert, die als Repressoren auf der DNS sitzen und die Transkription ganzer Gen-Einheiten blockieren. Spezifische Effektoren können sich mit einem Repressor-Molekül verbinden, durch Konformationsänderung seine Bindung zur DNS lösen und so die Aktivität der Gen-Einheit induzieren. Differenzierung ist dann die Folge von Aktivierungs- und Reprimierungsereignissen, die schließlich in jeder Organanlage zur Ausbildung des entsprechenden Genmusters führen.

Bei der oben geschilderten Kerntransplantation waren die Regulatorproteine im Zytosplasma der Eizelle in der Lage, das Gen-Muster im Zellkern aus dem Darmepithel auf die Bedürfnisse der Eizelle umzuprogrammieren.

Die Rolle diffusibler Regulatorproteine wird auch bei der Fusion von unterschiedlich differenzierten Zellen sichtbar. Die Fusion von Zellen läßt sich durch abgetötete Sendai-Viren induzieren. Lebende Zellen werden in der Kultur mit dem abgetöteten Virus behandelt. Die ursprüngliche Fähigkeit des Virus, in die Zellen einzudringen, ist so abgewandelt, daß sie nun zur Verschmelzung der Zellen führt. Es entstehen **Zellhybride**. Ein typisches Beispiel ist die Verschmelzung menschlicher HeLa-Zellen mit kernhaltigen Erythrozyten des Hühnchens. Anders als bei den Säugetieren wird beim Hühnchen der Erythrozytenkern nicht aus der Zelle ausgestoßen. Er ist jedoch genetisch vollständig inaktiviert. Innerhalb der HeLa-Zellen schwillt der Kern wieder an und nimmt seine Funktion auf. Es findet ein Austausch von Proteinkomponenten zwischen beiden Kerntypen statt. In der hybridisierten Zelle werden schließlich menschliche Proteine und solche vom Hühnchen produziert.

Die einfache Übertragung der Vorstellungen über die Regulation des Genoms beim Bakterium auf die embryonale Zelle ist aus folgenden Gründen nicht ohne weiteres möglich: 1. Durch die Trennung von Transkription und Translation kann jeder Regulationsschritt grundsätzlich auch auf der Ebene der Ribosomen erfolgen, 2. Die Differenzierung wird durch gegenseitige Beeinflussung der Zellen über Induktionsstoffe induziert. Die Beziehung der embryonalen Induktoren zu den sauren Proteinen im Zellkern, die als Regulationsproteine in Frage kommen, ist noch nicht erkennbar. 3. Die Menge an DNS pro Zelle übersteigt beim Säuger um ein Vielfaches die DNS-Menge, die als Bestandteil des eigentlichen Genoms in Frage kommt. Wenn man die noch tragbare Mutationsrate als begrenzenden Faktor für die Genomgröße zugrunde legt, ist etwa 95% der vorhandenen DNS nicht-informativer Ballast (junk DNA).

Dieser Annahme liegt folgende Überlegung zugrunde: Die DNS-Menge der diploiden Säugerzelle beträgt 7×10^{-9} mg. Das entspricht einer Zahl von 3×10^{6} möglichen Genen gegenüber etwa 1000 Genen in einer Bakterienzelle. Bei einer Mutationsrate von 1 auf 10^{5} Gene pro Generation würde jedes Neugeborene mit ca. 30 neuen Mutationen belastet sein. Diese Zahl ist viel zu hoch, um das Überleben einer Spezies zu ermöglichen. Die Gesamtzahl der Enzyme und Strukturproteine im Säugetierorganismus beträgt ein Vielfaches gegenüber dem Bakterium. Sie ist aber sicher nicht um mehrere Zehnerpotenzen höher. Die Zahl der hinzukommenden Regulatorproteine, embryonalen Induktionsfaktoren und Hormone ist wiederum sehr viel kleiner als die Zahl der Enzyme. Das Beispiel der durch Verdoppelung entstandenen Gene für Hämoglobinketten zeigt den möglichen Nutzen solcher Ballast-DNS im Verlauf der Evolution. Die Erhaltung der heute vorhandenen nicht-informativen DNS-Menge ist durch die Konservierung der Chromosomenstruktur als Voraussetzung für eine erfolgreiche Fortpflanzung innerhalb einer Spezies bedingt.

Wachstum

Einer der fundamentalen Vorgänge in der Entwicklung ist das Wachstum, das als eine Zunahme in der räumlichen Ausdehnung und im Gewicht definiert ist. Wachstum kann auf verschiedene Weisen stattfinden: 1. durch die Vermehrung der Zellzahl, 2. durch eine Größenzunahme der einzelnen Zellen und 3. durch die Vermehrung der Interzellularsubstanz. Obwohl bei dem Wachstum eines bestimmten Organes oder Gewebes normalerweise alls drei Komponenten gleichzeitig angetroffen werden, soll im folgenden jeder Vorgang getrennt behandelt werden.

Zellproliferation

Der Zellzyklus wurde früher in die **Mitose-Phase** und die **Interphase**, die auch **Ruhephase** bezeichnet wurde, eingeteilt. Durch die Anwendung von tritiummarkiertem Thymidin und der Autoradiographie wurde dann deutlich, daß die Lebenszeit einer Zelle in vier verschiedenen Phasen abläuft. Die Mitose-Phase läßt sich am einfachsten erkennen. Eine Zellteilung setzt jedoch die Reduplikation der chromosomalen DNS voraus. Diese findet in der sogenannten „S-Phase" (DNS-Synthese) statt, deren Dauer davon abhängt, wie groß die Menge an DNS ist, die dupliziert werden muß. Direkt im Anschluß an die „S-

Phase“ tritt die Zelle in eine kurz dauernde „G_2-Phase“ ein, die sich vom Ende der DNS-Synthese bis zur Prophase der Mitose erstreckt. In der Mitose-Phase („M-Phase“) trennen sich die zuvor verdoppelten Chromosomen, und eine Hälfte eines jeden Chromosoms wandert in die Tochterzelle (s. Kapitel 1, S. 4). Nach der Mitose treten die Tochterzellen in die „G_1-Phase“ ein, die sich von der Telophase der Mitose bis zum Beginn der nächsten DNS-Synthese-Phase erstreckt. Die Lebenszeit einer Zelle kann also folgendermaßen dargestellt werden: $M \rightarrow | G_1 \rightarrow S \rightarrow G_2 \rightarrow M | \rightarrow G_1$.

Die Zellproliferation beim Embryo setzt sofort ein, wenn der männliche und weibliche Gamet miteinander verschmolzen sind, und führt zur Bildung der Morula. Trotz wiederholter Teilungen der Blastomeren nimmt die Gesamtgröße der **Zygote** nicht zu, und die Blastomeren selbst nehmen nach jeder Teilung in ihrer Größe ab. Es handelt sich hierbei um eines der wenigen Beispiele, bei denen die Vermehrung der Zellzahl nicht Wachstum im Sinne von Vergrößerung bedeutet (vgl. Abb. 2–**6**).

Über die Proliferationsrate der Zellen und die Dauer der einzelnen Phasen des Zellzyklus liegen recht viele Befunde aus Untersuchungen über das **Rückenmark** des Hühnchens vor. Im Stadium der Neuralrinne bilden die Neuroepithelzellen eine homogene Population, in der alle Zellen die gleichen morphologischen Charakteristika aufweisen und sich gleichartig verhalten (Langmann 1966). Wenn man die Dauer der einzelnen Phasen des Zellzyklus mit markiertem Thymidin bestimmt, ergibt sich, daß die DNS-Synthese-Phase fünf Stunden dauert, die G_2-Phase zwei Stunden, die Mitose etwa 30 Minuten und daß die G_1-Phase nicht vorhanden oder außergewöhnlich kurz ist. Die Generationszeit einer Neuroepithelzelle dauert alles in allem etwa acht Stunden. Da die Zellen der Neuralplatte und der Neuralrinne eine homogene Population bilden, verdoppelt sich die Population zahlenmäßig alle acht Stunden. Die außergewöhnliche Erhöhung der Zellzahl ist aller Wahrscheinlichkeit nach für die Ausdehnung des Nervensystems in zephalokaudaler Richtung verantwortlich und möglicherweise ein Faktor für die zephalokaudale Krümmung des Embryos (Abb. 5–**10**).

In dem Augenblick, in dem sich die Neuralrinne schließt, verändert sich die Proliferationsaktivität der Zellen. Während zuvor jede sich teilende Neuroepithelzelle zwei neue Neuroepithelzellen entstehen ließ, teilen sich nach dem Neuralrohrschluß einige der Zellen so, daß eine der Tochterzellen eine Neuroepithelzelle bleibt, während die andere die Population verläßt und an die Peripherie des Neuralrohres wandert. Die neue Zelle zeichnet sich durch einen runden blassen Kern und einen dunkel gefärbten Nukleolus aus und bildet einen primitiven Neuroblasten. Der Neuroblast besitzt nicht mehr die Fähigkeit zur Zellteilung und kann an dem Wachstumsprozeß durch Zellproliferation nicht mehr teilnehmen. In den folgenden Tagen werden immer mehr Neuroblasten gebildet, so daß die Neuroepithelpopulation kleiner wird und die Größe des proliferierenden Zellpools abnimmt (vgl. Abb. 15–**6**).

Wenn der größte Teil der Neuroblasten sich gebildet hat, entsteht aus dem proliferierenden Neuroepithelpool ein neuer Zelltyp, die primitive Gliazelle. Diese Zellen werden aller Wahrscheinlichkeit nach aus dem Neuroepithel gebildet, ohne daß eine Zellteilung vorausgeht. Dadurch nimmt die Größe des proliferierenden Zellpools rasch ab. Wenn schließlich der Kanal des Neuralrohres kollabiert, sind nur noch wenige Neuroepithelzellen übrig geblieben. Die Ausdehnung des Rükkenmarks ist von nun an durch die Vergrößerung der Neuroblasten, durch das Auftreten vieler interzellulärer Faserbündel und in geringem Ausmaße durch die Proliferation der Gliazellen bedingt.

Zellvergrößerung

Obwohl die Größenzunahme der einzelnen Zelle ein Faktor ist, der am wenigsten zum Wachstum beiträgt, kann sein Anteil in einigen Organen und Geweben wie z. B. der Linse und dem Zentralnervensystem doch nicht vernachlässigt werden. Ursprünglich besitzt der Neuroblast im Rückenmark etwa die gleiche Größe wie eine Neuroepithelzelle. Mit dem Einsetzen der Differenzierung bildet der Neuroblast jedoch in dem Netzwerk der Dendriten und im Axon eine Reihe von Zellausläufern. Auch der Zelleib vergrößert sich durch die Vermehrung der Zytoplasmamenge, die den Golgi-Apparat, die Nissl-Substanz und das endoplasmatische Retikulum enthält, beträchtlich. Das zentrale Nervensystem ist daher ein wichtiges Beispiel für ein Gewebe, in dem die Zellvergrößerung zum Wachstum des Systems beiträgt. Die großen Betz-Pyramidenzellen in der Großhirnrinde, die Purkinje-Zellen im Kleinhirn und die motorischen Vorderhornzellen im Rückenmark können sich im Vergleich zu ihrer ursprünglichen Größe auf das Fünf- bis Zehnfache ausdehnen.

Ein weiteres typisches Beispiel für Wachstum durch Zellvergrößerung stellt die Linse dar. Ursprünglich bildet die Linse ein Bläschen, bei dem die Zellen am hinteren Pol nicht wesentlich größer sind als am vorderen (Abb. 16–**2**). Mit fortschreitender Entwicklung verlängern sich die Zellen am hinteren Pol, wachsen nach vorne und füllen so das ganze Lumen des Linsenbläschens aus. Diese Zellvergrößerung wird durch die Ablagerung von intrazellulären Proteinen in Form von langgestreckten Fasern verursacht.

Vermehrung der Interzellularsubstanz

Eines der besten Beispiele für Wachstum durch Ablagerung von **Interzellularsubstanz** findet sich im **hyalinen Knorpel**. Ursprünglich bilden die Vorknorpelzellen dichte Haufen. Wenn in der weiteren Entwicklung die Zellen sich selbst vergrößern und ihre Funktion aufnehmen, sezernieren sie eine Matrix, deren Hauptkomponente aus einem Chondromukoprotein besteht. Die Kohlenhydratbestandteile dieses Komplexes werden im Golgi-Apparat gebildet, während die Synthese der Proteinkomponenten im granulären endoplasmatischen Retikulum stattfindet. Die Konjugation beider Komponenten erfolgt im Golgi-Apparat. Sie werden dann als Chondromukoprotein aus der Zelle freigesetzt. Zum gleichen Zeitpunkt, in dem die Matrix sich bildet, synthetisieren die Chondrozyten Tropokollagen, das anschließend als Kollagen in der Matrix außerhalb der Zellen abgelagert wird. In der Matrix treten immer mehr Fibrillen auf, so daß in späteren Stadien 40% des Trockengewichts der Knorpelmatrix aus Kollagen in Form eines verschlungenen Fibrillennetzwerkes besteht. Mit der Zunahme des interzellulären Materials werden die Zellen voneinander isoliert und kommen in kleine abgegrenzte Hohlräume zu liegen. Obwohl die Teilungsfähigkeit der Zellen im hyalinen Knorpel noch eine gewisse Zeit erhalten bleibt, findet die entscheidende Volumenzunahme des Gewebes in den Interzellularräumen statt. Schließlich bilden die Zellen kleine Gruppen, die durch große Mengen an Interzellularsubstanz voneinander getrennt sind. Die Ablagerung von interzellulärem Material trägt also beim hyalinen Knorpel, aber auch in einer Reihe von anderen Geweben, wesentlich zum Wachstum des Embryos bei.

Zellproliferation nach der Geburt

Obwohl das Wachstum durch Zellproliferation bei der Geburt noch nicht abgeschlossen ist, haben in diesem Entwicklungsstadium wichtige und große Zellpopulationen bereits ihre endgültige Gesamtzahl erreicht. Dies läßt sich leichter zeigen, wenn man neugeborene Tiere mit mehrmaligen Injektionen von ^{3}H-markiertem Thymidin behandelt. Große Zellpopulationen wie z. B. die motorischen Vorderhornzellen, die Purkinje-Zellen, die Ganglienzellen in den dorsalen Spinalganglien und andere Nervenzellpopulationen in der Großhirnrinde bauen kein markiertes Thymidin mehr ein. Das bedeutet, daß diese Populationen ihre Teilungsfähigkeit verloren haben. Etwas zum Zeitpunkt der Geburt, und in einigen Fällen lange vor der Geburt, haben also bestimmte Zellpopulationen ihre endgültige Größe erreicht und tragen zum Wachstum nicht mehr durch Proliferation bei. Diese Populationen werden als **statische Populationen** bezeichnet und finden sich hauptsächlich im Zentralnervensystem, sind aber auch in anderen Geweben und Organen vorhanden.

Obwohl die Ganglienzellpopulation im Zentralnervensystem nach der Geburt nicht mehr proliferiert, wächst das Zentralnervensystem noch weiter aufgrund der Gliaproliferation, der Größenzunahme der Neurone selbst und durch die Entwicklung dichter markscheidenhaltiger Faserbündel. Obwohl bei der Geburt einige Zellpopulationen bereits statisch sind, hält die Proliferation in anderen noch an. Diese Populationen werden als **expansive Populationen** bezeichnet. Ihre Proliferationsrate läßt sich bestimmen, indem man den DNS-Gehalt zu verschiedenen Zeiten nach der Geburt mißt. Da die DNS-Menge pro Zelle konstant ist, entspricht eine progressive Steigerung des DNS-Gehaltes in einem bestimmten Organ einer progressiven Zellvermehrung. Zwischen dem siebten und neunzigsten Lebenstag steigt die Zellzahl in der Rattenleber etwa auf das 6,5fache und die im Pankreas auf das 18,2fache.

Mit dem Erreichen der vollen Reife kommt das Wachstum als räumliche Ausdehnung zum Stillstand. Wenn man jedoch ein erwachsenes Tier mit markiertem Thymidin behandelt und die Gewebe auf der DNS-Synthese hin untersucht, zeigen eine Reihe von Organen und Geweben eine hohe Proliferationsaktivität. Der DNS-Gehalt in diesen Geweben bleibt konstant, das heißt die Gesamtzahl der Zellen verändert sich nicht. Die Diskrepanz zwischen der konstanten Gesamt-DNS und der beobachteten hohen DNS-Synthese zeigt, daß viele Zellen zu der Population durch Mitose hinzukommen, daß aber weniger oder gar keine zur Vermehrung der Population beitragen. Offensichtlich gehen die durch Mitose entstandenen Zellen allmählich durch Degeneration oder Abwanderung wieder verloren. Diese Beobachtung läßt sich besonders bei den Zellen des Darmepithels machen. Am Eingang in die Krypten gebildete Zellen wandern an der Oberfläche der Zotten entlang bis zur Spitze und werden dann ins Lumen abgestoßen. Entsprechend verläßt ein stetiger Strom von im Thymus entstandenen Lymphozyten dieses Organ, um in großen Mengen in den Kreislauf einzutreten. Zellpopulationen, in denen die Neubildung dem Zellverlust die Waage hält, werden als **sich verjüngende Populationen** bezeichnet. Das Ausmaß der Zellerneuerung ist sehr eindrucksvoll. Nach einer Schätzung werden im Magen-Darm-Kanal der Ratte etwa zwei Millionen Zellen täglich abgestoßen.

In den meisten der sich verjüngenden Populationen beobachtet man Teilungen in Zellen, die wenig differenziert sind. Die als **Stammzellen** bezeichneten Zellen sitzen in der Basalschicht der Haut und in den Krypten zwischen den Darmzotten. Wenn sich eine Stammzelle geteilt hat, verläßt gewöhnlich eine der Tochterzellen die Population, um hochzuwandern und sich zu differenzieren, während die andere in der Stammzellschicht zurückbleibt und mit der DNS-Synthese für die nächste Teilung beginnt. Sich verjüngende Zellpopulationen spielen bei der Erhaltung von Geweben und Organen des ausgewachsenen Tieres eine wichtige Rolle.

Stadieneinteilung der menschlichen Entwicklung

Das Entwicklungsstadium eines menschlichen Embryos kann durch sein Alter, seine Größe oder aufgrund morphologischer Kriterien wie der Ausbildung des Primitivstreifens, des Neuralrohres oder der Extremitätenanlagen angegeben werden. Nur die morphologische Bestimmmung ist von diesen drei Möglichkeiten wirklich verläßlich und erlaubt den Vergleich von Embryonen unterschiedlicher Herkunft. Hierzu ist eine auf morphologischen Kriterien beruhende Stadieneinteilung von großem Nutzen. In der embryologischen Sammlung der „Carnegie-Institution" in Washington (jetzt San Francisco) wurden die wichtigsten Schnittserien von menschlichen Embryonen zusammengefaßt. Sie stammen von verschiedenen Bearbeitern und stehen seither für neue Fragestellungen und als Vergleichsserien zur Verfügung. O'Rahilly hat diese Embryonen entsprechend ihrem Entwicklungsstand in 23 Gruppen eingeteilt. Jeder Gruppe charakterisiert ein Stadium der menschlichen Entwicklung. Die Stadieneinteilung erstreckt sich von der Befruchtung bis zum Ende der Embryonalperiode. Sie löst die ältere Einteilung in „Horizons" nach Streeter ab.

In der Abb. 20–**1** sind die **Carnegie-Stadien** gegen das Alter in Tagen und gegen die Größe in mm aufgetragen. Die Altersangabe rechnet vom Tag der Ovulation an. Da die Befruchtung direkt auf die Ovulation folgt – die Befruchtungsfähigkeit der Eizelle beträgt nur etwa 6–12 Stunden – entspricht das dem Zeitpunkt der Befruchtung **(Befruchtungsalter)**. Die Größenangabe bezieht sich in den jüngeren Stadien auf die größte Länge und geht dann in die Angabe der Scheitel-Steiß-Länge (SSL) über. Die kurze Charakterisierung der einzelnen Stadien und die Abbildungsangabe soll das Aufsuchen der entsprechenden Darstellung in der „Allgemeinen Embryologie" aufgrund von Zeit- und Größenangaben in der „Speziellen Embryologie" erleichtern.

Die Abb. 20–**2** setzt die Darstellung in die Fetalperiode und bis zur Geburt fort. Das Alter in der Fetalperiode wird in Wochen angegeben. Dabei geht man von einer Schwangerschaftsdauer von 40 Wochen (10 Lunarmonate) aus. Die Dauer der Schwangerschaft wird vom ersten Tag der letzten Regel an gerechnet **(Menstruationsalter)** und ist damit um 2 Wochen gegenüber dem **Befruchtungsalter** verschoben (vgl. Kap. 6, S. 82).

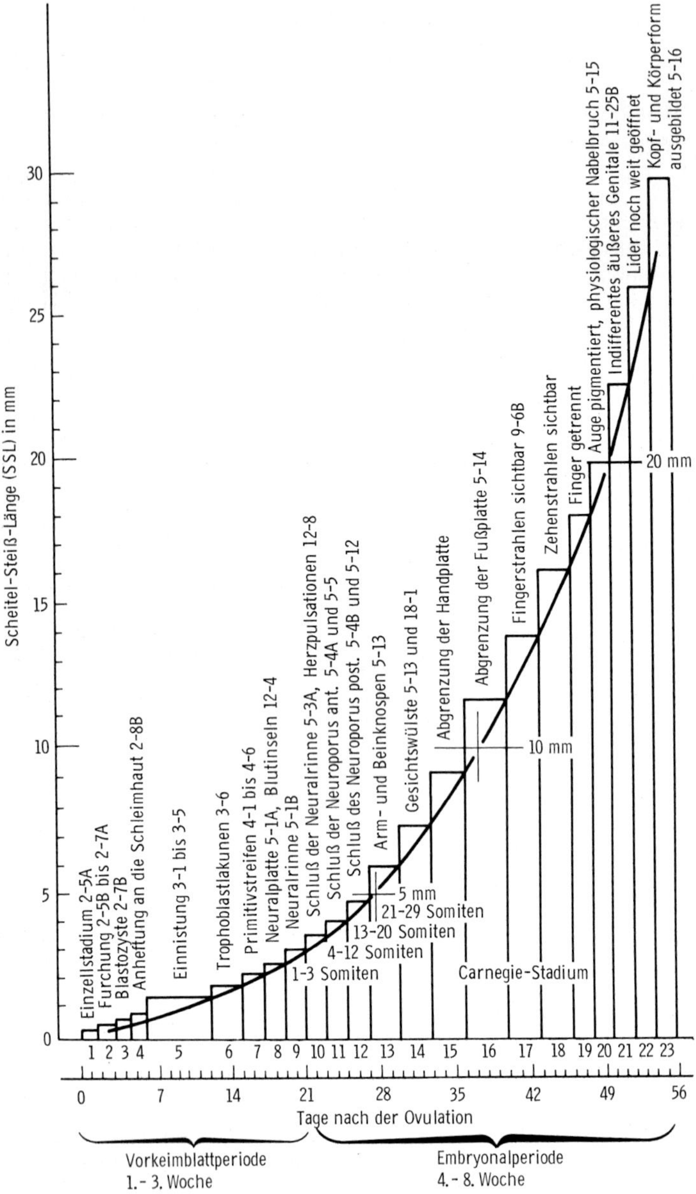
Scheitel-Steiß-Länge (SSL) in mm
0
5
10
15
20
25
30
Einzellstadium 2-5A
Furchung 2-5B bis 2-7A
Blastozyste 2-7B
Anheftung an die Schleimhaut 2-8B
Einnistung 3-1 bis 3-5
Trophoblastlakunen 3-6
Primitivstreifen 4-1 bis 4-6
Neuralplatte 5-1A, Blutinseln 12-4
Neuralrinne 5-1B
Schluß der Neuralrinne 5-3A, Herzpulsationen 12-8
Schluß der Neuroporus ant. 5-4A und 5-5
Schluß des Neuroporus post. 5-4B und 5-12
Arm- und Beinknospen 5-13
Gesichtswülste 5-13 und 18-1
Abgrenzung der Handplatte
Abgrenzung der Fußplatte 5-14
Fingerstrahlen sichtbar 9-6B
Zehenstrahlen sichtbar
Finger getrennt
Auge pigmentiert, physiologischer Nabelbruch 5-15
Indifferentes äußeres Genitale 11-25B
Lider noch weit geöffnet
Kopf- und Körperform ausgebildet 5-16
1-3 Somiten
4-12 Somiten
13-20 Somiten
21-29 Somiten
5 mm
10 mm
20 mm
Carnegie-Stadium
1 2 3 4 5 6 7 8 9 10 11 12 13 14 15 16 17 18 19 20 21 22 23
0 7 14 21 28 35 42 49 56
Tage nach der Ovulation
Vorkeimblattperiode
1.- 3. Woche
Embryonalperiode
4.- 8. Woche

Abb. 20–1

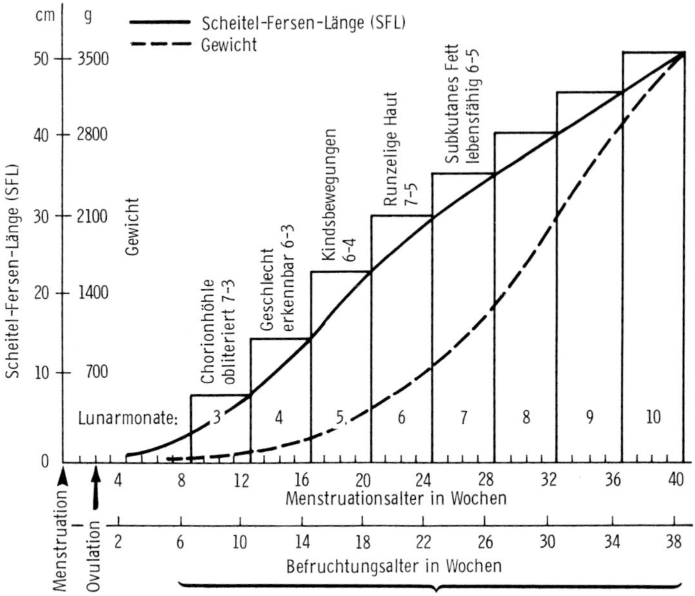

Abb. 20–**2** Gewichtsentwicklung und Scheitel-Fersen-Länge in der Fetalperiode. Das Menstruationsalter rechnet vom 1. Tag der letzten Regel, das Befruchtungsalter vom Zeitpunkt der Ovulation. Beachte, wie kurz die Embryonalperiode (Befruchtungsalter von 8 Wochen) im Verhältnis zur Gesamtschwangerschaft ist.

Im Gegensatz zur Tab. 6–**1** (S. 79) ist in der Abb. 20–**2** die **Scheitel-Fersen-Länge (SFL)** angegeben (Faustregel: **2.** bis **10**. Lunarmonat = **2** × 2, **3** × 3, **4** × 4, **5** × 5, **6** × 5, … **10** × 5 cm SFL). Aufgrund der variablen Gelenkstellung ist die Scheitel-Fersen-Länge eine wesentlich ungenauere Angabe als die Scheitel-Steiß-Länge.

Abb. 20–**1** Beziehung zwischen Alter in Tagen (Befruchtungsalter) und größter Länge bzw. Scheitel-Steiß-Länge in mm bis zum Ende der Embryonalperiode. In die Kurve sind die Carnegie-Stadien nach *O'Rahilly* eingetragen. Es wird auf die entsprechenden Abbildungen im Text hingewiesen.

Weiterführende Literatur

BALINSKY, B. I.: An Introduction to Embryology, 4. Aufl. Saunders, Philadelphia 1975
Eine Einführung in die klassische beschreibende und experimentelle Embryologie.

BLECHSCHMIDT, E.: Die pränatalen Organsysteme des Menschen. Hippokrates, Stuttgart 1973

BLECHSCHMIDT, E.: Der menschliche Embryo (Totalrekonstruktionen). Schattauer, Stuttgart 1963
Darstellungen der menschlichen Entwicklung anhand von ehemaligen Rekonstruktionen.

HAMILTON, W. J., J. D. BOYD, H. W. MOSSMANN: Human Embryology, 4. Aufl. Heffer, Cambridge 1972
Das klassische Embryologielehrbuch in englischer Sprache.

LANGMAN, M. D.: Medical Embryology, 4. Aufl. Williams & Wilkins, Baltimore 1981
Englische Originalausgabe

MOORE, K. L.: Embryologie. Lehrbuch und Atlas der Entwicklungsgeschichte des Menschen, aus dem Englischen übertragen von E. Lütjen-Drecoll, 2. Aufl. Schattauer, Stuttgart 1982
Ebenfalls klinisch orientierte Embryologie in entsprechender Aufmachung.

NILSON, L.: Ein Kind entsteht. Deutsche Bearbeitung H. Merkl. Bertelsmann, Gütersloh 1967.
Aus dem Schwedischen. Eine allgemeinverständliche Bilddokumentation unter Einbeziehung der Eltern.

O'RAHILLY, R.: Developmental Stages in Human Embryos. Part A: Embryos of the First Three Weeks (Stages 1 to 9). Carnegie Institution of Washington Publication 631, 1973.
Detaillierte Stadienbeschreibung mit Liste der Embryonen der Carnegie-Sammlung.

STARCK, D.: Embryologie, 3. Aufl. Thieme, Stuttgart 1975
Ein ausführliches Lehrbuch in deutscher Sprache.

TUCHMANN-DUPLESSIS, H., P. HAEGEL: Illustrated Human Embryology, Bd. I.: Embryogenesis, Bd. II: Organogenesis, Bd. III: Nervous System and Endocrine Glands. Masson, Paris 1972
Aus dem Französischen. Enthält viele anschauliche dreidimensionale Darstellungen.

WARKANY, J.: Congenital Malformations, Year Book Medical Publishers, Chicago 1971
Ausführliche Darstellung aller beim Menschen bekannten Mißbildungen.

WILSON, J. G., F. C. FRASER: Handbook of Teratology, Plenum Press, New York 1977
Darstellung der Methoden der experimentellen Teratologie. Beiträge verschiedener Autoren in 4 Bänden.

Sachverzeichnis

O

Q

R

Schlüssel zum Gegenstandskatalog

G K 1, 3. Auflage 1988

Sammlung von Gegenständen, auf die sich der schriftliche Teil der Ärztlichen Vorprüfung bezieht

Physiologie

4 Blutkreislauf

4.6 Fetaler und plazentarer Kreislauf

4.6.1 Organisation:
Zottenentwicklung 87ff, Aufbau der Plazenta 91ff, Blutzirkulation 93f, Funktion 94ff

4.6.2 Umstellungen:
Umstellung des Kreislaufs bei der Geburt 240f, Offenbleiben des Ductus arteriosus Botalli 231, Offenbleiben des Foramen ovale 216

Gemeinsamer Teil Anatomie – Biochemie – Biologie

Biologie

2 Genetik

2.2 Chromosomen des Menschen:
Die Chromosomen bei der Keimzellenreifung 2ff

2.5 Geschlechtschromosomen (Gonosomen) und genotypische Geschlechtsbestimmung:
genotypische Geschlechtsbestimmung (genetisches Geschlecht) 185, X-Inaktivierung (ein Beispiel) 400

2.7.5 numerische Chromosomenaberrationen:
Trisomie, Monosomie 10, Fehlverteilung der Autosomen 115f, Trisomie 21, 115, Aberrationen der Geschlechtschromosomen 118ff, 47 XXY – Klinefelter 118, 45 X – Turner-Syndrom 118, Triple-X-Syndrom 119

4 Zellvermehrung, Keimzellbildung und Zelldifferenzierung

4.1 Somatische Zellen: Mitose und Zellteilung: DNS-Reduplikation und Mitose 3f, Zellzyklus 404f

4.2 Keimzellbildung: Reifeteilungen (meiotische Teilung):
Zusammenfassung Gametogenese 19f

4.2.1 Stammzellen: Oogonien 11, Spermatogonien 16

4.2.2 Verlauf der meiotischen Teilungen:
die erste Reifeteilung 4ff, die zweite Reifeteilung 8, Non-disjunction 10

4.2.3 Funktion: Funktion der Reifeteilungen 2

4.2.4 Non-disjunction:
Störungen bei den Reifeteilungen 8ff, Dictyotän 12

4.3 Regeneration und funktionelle Veränderungen:
Stammzellen der Hämatopoese 401, Stammzellen der Spermatogenese 16

5.1.3 Entwicklung des Herzens:
Entwicklung des Herzens beim Menschen 196ff, Entwicklung des Herzschlauches 196f

5.4.3 Grundbegriffe der Entwicklungsphysiologie:
prospektive Potenz – prospektive Bedeutung 389, Determination 389, Differenzierung 394, Organisator – Induktion 389f, Genregulation 402f, Zellmigration (Zellbewegungen) 394

Anatomie

1 Allgemeine Entwicklungsgeschichte und Plazentation

1.1.1 Keimzellen: Zusammenfassung 19
Urkeimzellen 10, Wanderung und Besiedlung der Gonadenanlagen 167, Ovogonie (= Oogonie) 11, Spermatogonie 16, Gamete (weibl. oder männl. differenzierte Keimzelle), Keimbahnlehre 10
Zusammenfassung: Gametogenese 19

1.1.2 Oogenese und Bau der Eizelle:
pränatale Vermehrung der Oogonien 11, Beginn der ersten Reifeteilung 11, Arretierung im Dictyotän-Stadium 12, Untergang von Oogonien vom 5. Pränatalmonat an 11, Stadien der Follikelreifung 12ff, Arretierung der zweiten Reifeteilung 14, Follikelatresie 21

1.1.3 Spermatogenese und Bau der Samenzelle:
pränatale und postnatale Vermehrung der Spermatogonien 16, primäre Spermatozyte 16, sekundäre Spermatozyte (Präspermatide) 16, Spermatide 16, Spermio(histo)genese 17, Spermium (Spermatozoon) 17

1.2 Befruchtung, Furchung, Implantation:
Zusammenfassung: Erste Woche 38

1.2.1 Befruchtung:
Ovulation und Ovarialzyklus 21, Insemination (das Einbringen des Samens in den weiblichen Genitaltrakt, homologe Insemination mit Sperma des Ehemannes, heterologe Insemination, mit fremdem Sperma), Imprägnation (das Eindringen eines Spermiums in die Eizelle als Vorphase der Befruchtung, die als Kernverschmelzung gedacht ist. Vgl. 28), Konzeption (Empfängnis mit nachfolgender Implantation), Kapazitation 24, Akrosomreaktion 25, Aktivierung der Eizelle 27, Bildung der Vorkerne 27, chromosomale Geschlechtsbestimmung 28, Zeitdauer der Befruchtungsfähigkeit der Gameten 28, Ort der Befruchtung 24, Konzeptionsoptimum 22, künstliche Befruchtung, extrakorporale Befruchtung und Embryotransfer 29 (Follikelpunktion 14, Blastozystenfusion 392)

1.2.2 Furchung: formaler Ablauf und Bedeutung 30f, Zygote 30, Blastomeren 30, Morula 30, Tubenwanderung des Eies 30ff

1.2.3 Blastozyste:
Gestalt und Bedeutung 31, Trophoblast 31, Embryoblast (Massa cellularis interior) 31, Blastozystenhöhle 32

1.2.4 Implantation:
Implantationsmechanismus 32, 40, Implantationsort 35, Implantationszeit 36, abweichende Implantationsorte 36

1.3 Plazentation

Zusammenfassung: Entwicklung der Eihäute und der Plazenta 103

1.5 Ausbildung der äußeren Körperform
Pränatale Proportionsänderungen 81, Embryo (Embryonalperiode) 60ff, Zusammenfassung 77, Fetus (Fetalperiode) 79ff, Zusammenfassung 86, heterochrones Wachstum (Umkehrung gegenüber der Stammesgeschichte, rel. Verlangsamung des Kopfwachstums), Altersbestimmung von Keimlingen 409, morphologische Reifezeichen von Neugeborenen 81ff.

1.6 Mehrlingsbildung, Mehrfachbildung, Mißbildung
Eineiige – mehreiige Zwillinge (Mehrlinge) 99ff, Häufigkeit von Zwillingen 102, Drillingen 102, unvollständig getrennte Zwillinge (Doppelmißbildungen) 102;
Grundvorstellung über mögliche Ursachen von Mißbildungen 105ff, Zusammenfassung 125, Phasenspezifität von Mißbildungen 121

2.3 Allgemeine Anatomie des Bewegungsapparates
2.3.4 Knochenwachstum:
Längenwachstum (Epiphysenfugen) 136f, Dickenwachstum 138, Zusammenfassung 144

2.4 Allgemeine Anatomie des Kreislaufsystems
2.4.1 Gliederung des Kreislaufsystems:
prä- und postnataler Kreislauf 240f, Umstellung des Kreislaufs nach der Geburt 242

2.9 Haut und Hautanhangsgebilde
Epidermis, Schichtenbau 377, Pigmentierung (Melanozyten) 378, Behaarung 379, Lanugo-, Terminalhaar 390

3.1 Entwicklung der oberen Extremität
Grundkenntnisse über die Entwicklung 134f, Segmentbezüge 150, Ossifikationskerne der Epiphysen (137) und der Ossa carpi als Kriterien der Skelettreifung 139

4.1 Grundkenntnisse über die Entwicklung der unteren Extremität
Segmentbezüge 150, Ossifikationskerne der Epiphysen und der Ossa tarsi, vgl. obere Extremität.

5.1 Entwicklung und Wachstum von Kopf und Hals
5.1.1 Neurokranium:
Desmokranium, Chondrokranium, Osteokranium (knöcherner Schädel, der aus dem Desmokranium und dem Chondrokranium hervorgeht) 128, Kalvaria (Deckknochen, Kalotte), Fontanellen 129f
5.1.2 Viszerokranium, Gesicht, Hals:
Stomatodeum (Stomodeum) 248, 366, Membrana stomatopharyngealis (Rachenmembran) 248, 366, Stirnfortsatz mit Riechplakoden 366, Ober- und Unterkieferwülste 366, Nasenwülste, Nasen- und Mundhöhle 369;
Schilddrüse 260, Hypophyse 329f, Entwicklung von Gaumen 369, Kopfdarm (Schlunddarm) 246ff, Schlundboden 259, Schlundtaschen 253ff, Pharyngealfurchen (Schlundfurchen) 256, Viszeralbögen (Schlundbögen) und deren Abkömmlingen 250ff, Entwicklung von Rachen und Kehlkopf 259, Ösophagus und Trachea 263
5.1.3 Mißbildungen:
Anenzephalus 315, Lippenspalte, Lippen-Kiefer-Spalte, Lippen-Kie-

Niere, Nierenbecken 157ff, Harnleiter und Harnblase 161, in ihrer Bedeutung für Varietäten und Fehlbildungen dieser Organe 163ff; Fehlbildungen: Agenesie (Aplasie) 164, dystope Nieren 164, Hufeisenniere 164, Ureterverdoppelungen 165

8.1.3 Grundkenntnisse der Entwicklung der Geschlechtsorgane (Zusammenfassung 191) und des Anorektalkanals (284), in ihrer Bedeutung für die Entstehung von Fehlbildungen 185ff;
Entwicklung (166) und Deszensus der Gonaden 182, Keimdrüsenbänder männlich 182, weiblich 184, Entwicklung und Derviate der Geschlechtsgänge 170ff, Histogenese von Ovar und Hoden 168, 11ff, Aufteilung der Kloake in Sinus urogenitalis und Canalis analis 161, 284, Grundkenntnisse des Indifferenzstadiums und der Entwicklung der äußeren Genitalien aus den Geschlechtshöckern und -falten 178ff;
Beurteilung der formalen Genese von:
Hermaphroditismus und Pseudohermaphroditismus 187, Kryptorchismus 184, Hypospadie 180, Epispadie 180f, partiellen Verdoppelungen von Uterus und Vagina 176, Analatresie 285

9.1 Entwicklung des Zentralnervensystems

Zusammenfassung 344
Ausgangsmaterial:
Neuralwülste, Neuralrohr, Neuralleiste 304ff, Histogenese und Differenzierung 310ff;
Rückenmark:
Mantelzone, Marginalzone 308, Flügelplatte, Grundplatte, Seitenplatte (Seitenhorn) 309f, „Segmente“ (Dermatome) 149;
Gehirn:
Morphogenese: Scheitelbeuge, Nackenbeuge, Brückenbeuge 306f, Hirnbläschen und ihre Differenzierungen 318ff, Histogenese 310, Rhombenzephalon 319, Zerebellum 323, Mesenzephalon 325, Dienzephalon 327, Telenzephalon 330, Neenzephalisation (vgl. Neopallium 334), Ventrikelsystem 307, und Plexus choroideus 321, 327, 331, Hypophyse 329f;
Angeborene Mißbildungen:
Spina bifida occulta 315, Myelozele 317, Meningomyelozele 315, Meningozele 315, Meningoenzephalozele 336, Anenzephalus 336

10 Sehorgan

Entwicklung des Auges: Zusammenfassung 355
Augenbläschen, Augenbecher, Augenbecherspalte 346, Entstehung der vorderen Augenkammer 351, A. hyaloidea 347ff, Retina, Iris, Ziliarkörper 348ff, Choroidea, Sklera, Kornea 350f;
Fehlbildungen: Anophthalmie, Kolobom, Katarakt 353f

11 Hör- und Gleichgewichtsorgan

Grundkenntnisse der Entwicklung: Zusammenfassung 365
Ohrplakode, -bläschen 356, Bildung von Bogengängen und Schnecke, Beziehung des Innenohres zum Kopfdarm 357, Herkunft von Gehörknöchelchen 362, Mittelohr 361, Tube und Trommelfell 361, Viszeralbögen (Schlundbögen) und -taschen 249, Grundvorstellungen über die Entstehung und Lageentwicklung des äußeren Ohres 363